upgrade math

이 책을 지으신 분

■ 강순식

전 안양고등학교 교사

연세대학교 대학원 수학과 졸업(이학석사)

e-mail_kss2941@hanmail.net

＊ 이 책의 내용에 관하여 궁금한 점이나 상담을 원하시는 독자 여러분께서는 www.sehwapub.co.kr이나 전화로 연락을 주시면 적절한 확인 절차를 거쳐서 풀이에 관한 상세 설명을 받으실수 있습니다.

＊ 이 책의 문제나 풀이에 대한 의문사항이나 궁금하신 점은 저자의 e-mail로 문의 주시면 친절한 설명과 안내를 받으실 수 있습니다.

＊ 이 책의 해답과 풀이는 학습서게시판에서 내려받으실 수 있습니다.

고등수학의 기초를 튼튼하고 더욱 강하게 만들어 주는 수학 기본서

UPGRADE MATH 업그레이드 수학 | 수학 II (상)

이 책을 지으신 선생님 강순식 **도움을 주신 분들** 손지숙, 강우성, 강은혜

펴낸이 박정석 **펴낸곳** (주)씨실과 날실 **발행일** 1판 1쇄 2014년 1월 1일 **등록번호** (등록번호: 2007.6.15 제302-2007-000035)

주소 서울시 서초구 서초3동 1509-1호 **전화** (02)523-3143~4 **팩스** (02)597-6627

표지디자인 dmisen* **삽화** 부창조 **제작** dmisen*

판매대행 도서출판 세화 **주소** 서울시 용산구 청파동 3가 128-5 동양빌딩 2층

전화 (02)719-3143~4 **구입문의** (02)719-3142~3 **팩스** (02)719-3146 **홈페이지** www.sehwapub.co.kr

정가 12,000원 ISBN 978-89-93456-91-2 53410

*독자여러분의 의견을 기다립니다. 잘못된 책은 바꾸어드립니다.

고등수학의 기초를 튼튼하고 더욱 강하게 만들어 주는 수학 기본서

upgrade math

LEVEL **BASIC**

업그레이드 수학

강순식 지음

수학 Ⅱ (상)

씨실과 날실

씨실과날실은 도서출판세화의 자매브랜드입니다.

이 책을 펴내며...

업그레이드 수학–수학 II를 대한민국의 사랑하는 학생들에게 드립니다.

학생들을 지도하고 수학을 접한지 수십여 년간 수학의 매력과 학문의 즐거움에 대하여 어떻게 쉽게 전달할수 있을지에 대하여 깊은 고민을 하였습니다. 수학은 대학 입시에 중요하게 자리하고 있는 과목이기에 어떻게 해야 쉽게 학생들이 받아들일 수 있을까를 연구하였습니다.

교육 현장에서 얻은 노하우와 경험을 바탕으로 새로운 형태의 기본서 업그레이드 수학–수학 II를 내놓게 되었습니다. 수학 II의 개념과 문제를 유기적으로 결합하여 순차적으로 꾸준히 공부해 나가면, 학교내신 성적 향상과 수능 대비 및 각종 시험에서도 우수한 결과를 얻을 수 있도록 하였습니다.

1 개념 · 핵심 요점

각 대단원의 첫머리에, 필수적으로 기억해 두어야 할 공식이나 법칙, 정리 등의 핵심적인 학습 요점을 간결하게 요약 제시하였습니다.

2 보기 · 유제 문제

각 단원의 개념과 요점 설명 후 보기 문제를 통하여 어떻게 적용되는지를 알아보고 유제문제에서는 꼭 알아야 할 문제들을 수록하여 내신 성적과 수능 등 기타 다른 시험에 대비할 수 있도록 하였습니다.

3 기본(내신 출제 유형) · 업그레이드(출제 예상) 문제

기본 문제는 기본 개념을 충실하게 익히고 기초를 튼튼하게 하기 위한 문제들로 구성하였습니다.

업그레이드 문제는 기본 문제의 심화된 문제들로 구성하여 학생들이 수능이나 각종 시험에 실력을 향상시킬 수 있도록 어떠한 문제에도 적응할 수 있도록 하였습니다.

4 연습 문제

각 대단원별로 알아야 할 핵심문제들을 구성하여 복합적으로 출제한 내신 예상 문제를 힌트와 함께 수록하여, 학교 내신의 문제 유형 및 수능 대비에 대한 적응력을 배양할 수 있도록 하였습니다.

업그레이드 수학의 차별점은 이것입니다.!

업그레이드 수학은 문제 별로 유기적으로 연결되어 있어 체계적인 학습효과를 얻을 수 있습니다.

개념설명–보기문제–기본문제–유제문제–UPGRADE문제–연습문제 순으로 각 단원마다 6개 단계로 숙지할 수 있도록 방대한 양의 문제를 담고 있어 문제의 핵심을 파악할 수 있도록 도와줍니다.

업그레이드 수학으로 여러분들의 꿈을 이룰수 있길 바라겠습니다.

강순식

U 이 책의 중요 부분

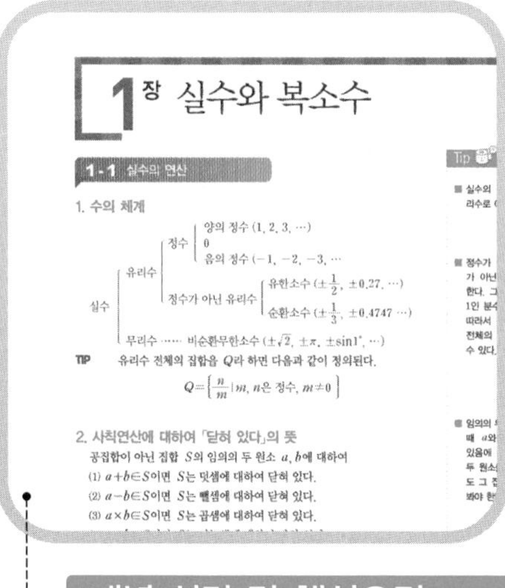

개념 설명 및 핵심요점

각 대단원의 첫머리에 필수적으로 기억해 두어야 할 개념이나 공식이나 법칙, 정리 등의 핵심적인 학습 요점을 간결하게 요약 제시하였다.

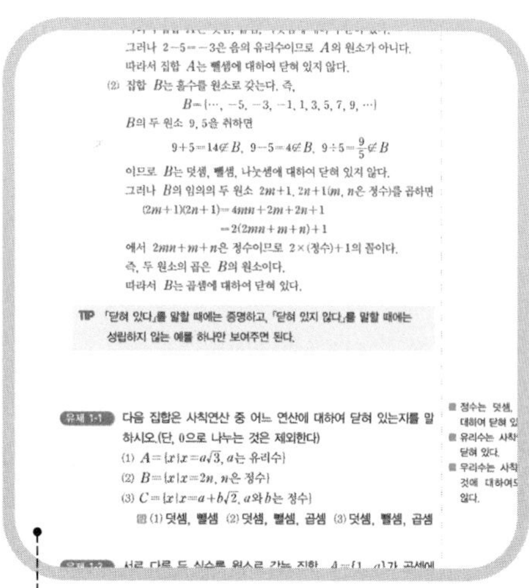

보기 및 유제 문제

각 대단원의 개념과 요점 설명 후 보기 문제를 통하여 어떻게 적용되는지를 알아보고 유제문제에서는 꼭 알아야 할 문제들을 수록하여 내신 성적과 수능 등 기타 다른 시험에 대비할 수 있도록 하였다.

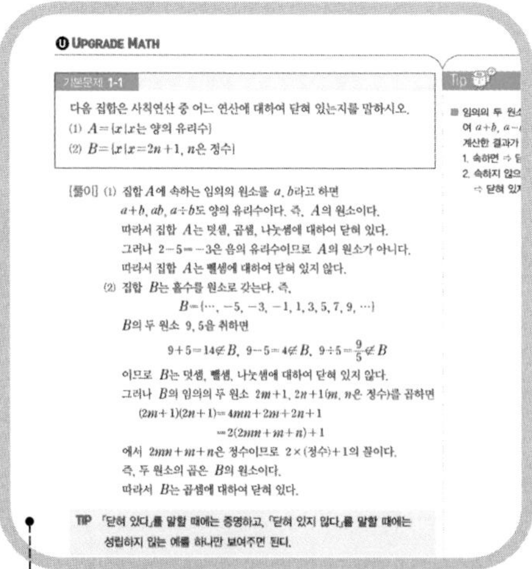

기본 및 Upgrade 문제

각 대단원에 속하는 대표적인 내신 출제 문제 유형들을 하나씩 집중적으로 소개 · 해설하였다. 각 기본문제마다 업그레이드 문제를 힌트와 함께 제시하여, 심화 문제를 용이하게 익힐 수 있도록 하였다.

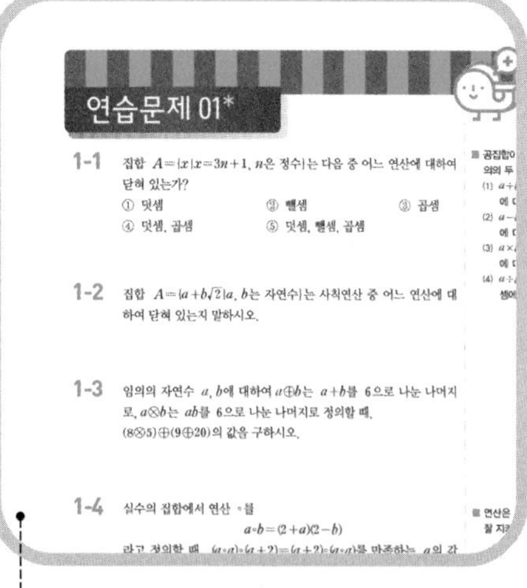

연습문제

연습문제에서는 그 단원에서 알아야 할 핵심문제들을 힌트와 함께 수록하여, 학교 내신 성적 향상 및 수능 대비에 대한 적응력을 배양할 수 있도록 하였다.

이 책의 구성과 특징

이 책은 내신과정과 수능에서 다루는 기본 개념을 중심으로 자세한 설명을 하였습니다.

이 책으로 공부하는 학생들은 이 기본 개념을 충분히 이해함으로써 어떠한 유형의 문제라도 당황하지 않고 풀 수 있는 탄탄한 능력을 갖추게 될 것입니다.

기본 개념의 숙지와 응용 문제 해결 능력을 키우기 위하여 각 장별로 다음과 같이 구성하였습니다.

개념설명 ❶

■ **개념 설명**

각 단원에서 꼭 알아야 하는 기본 개념 및 공식이나 법칙, 정리 등의 핵심적인 학습요점을 간결하게 요약 제시하였다.

보기문제 ❷

■ **보기문제**

각 단원의 개념과 요점 설명 후 보기 문제를 통하여 어떻게 적용되는지를 알아보도록 하였다.

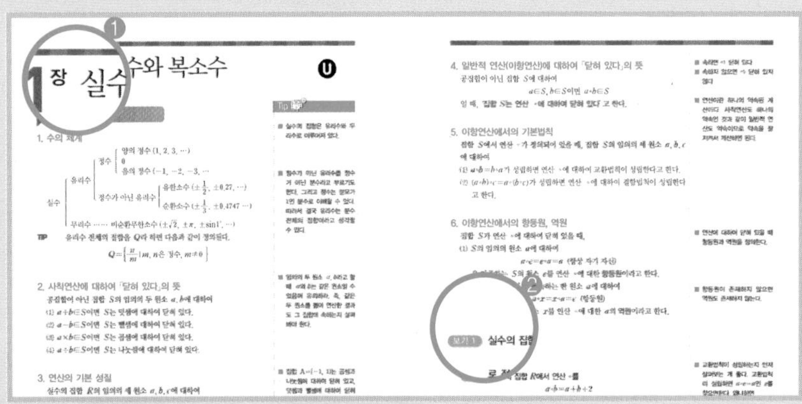

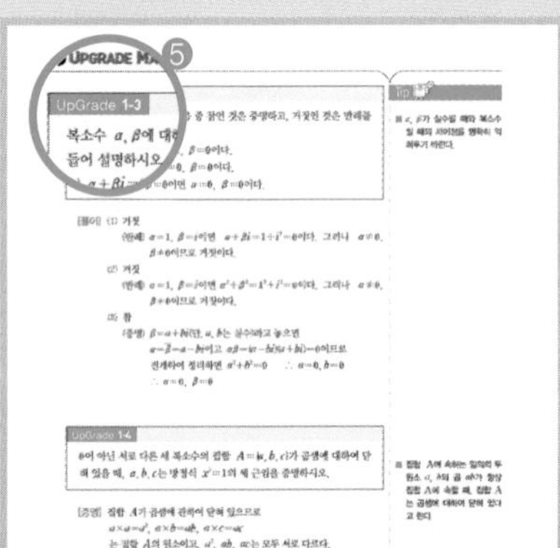

유제문제 ❹

■ **유제문제**

각 단원별로 이론 설명과 기본문제 후 필수유제를 구성하였으며 학습능력이 배양되도록 하였다.

기본문제 ❸

■ **기본문제**

각 대단원에 속하는 대표적인 내신 출제 문제 유형들을 하나씩 집중적으로 소개 · 해설하였다.

업그레이드문제 ❺

■ **업그레이드문제**

기본문제마다 업그레이드 문제를 힌트와 함께 제시하여, 심화문제를 익혀 실력을 향상시킬 수 있게 하였다.

이 책의 활용법

기본 개념을 충분히 숙지해야 합니다. 창의적 사고력은 기본 개념에 대한 지식 없이 길러질 수 없습니다. 단원의 기본 개념설명을 정독하여야 합니다. 만약 유제를 풀 수 없는 학생이 있다면, 위에 나와 있는 기본 개념 설명을 자신이 얼마나 소화했는가를 판단해 보고 다시 한번 정독하여 기본 개념을 충분히 숙지하도록 해야 할 것입니다.

종합적인 사고를 할 수 있어야 합니다. 기본 개념을 숙지한 후에는 교과 내의 각 영역은 물론 과목 상호간의 다른 개념들과의 연관성을 항상 염두에 두고 있어야 합니다. 하나의 문제는 여러가지 기본 개념들을 종합적으로 활용할 때 풀릴수 있는 경우가 많기 때문입니다. '유제문제'와 '연습 문제'는 이를 확인하기 위해 설정된 코너입니다.

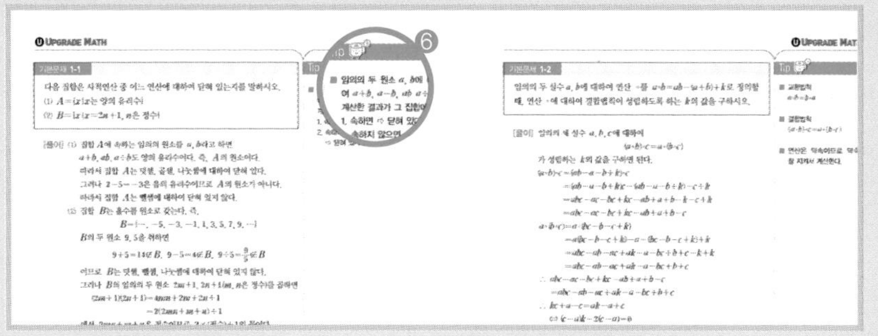

TIP ❻

■ **TIP**

각 문제별로 팁을 구성하여 주어진 문제의 의도와 핵심을 꿰뚫어 볼 수 있도록 하였다.

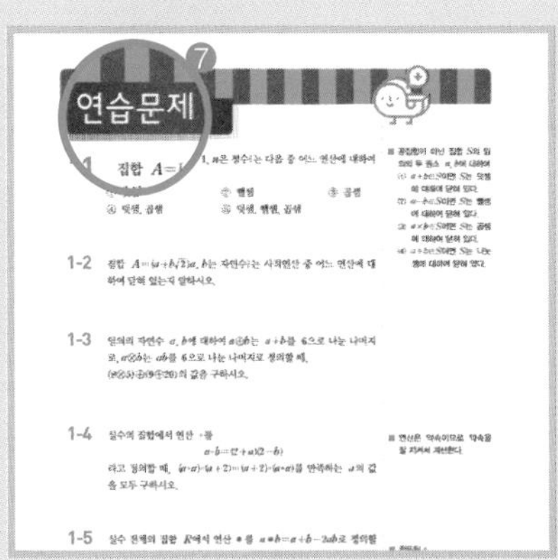

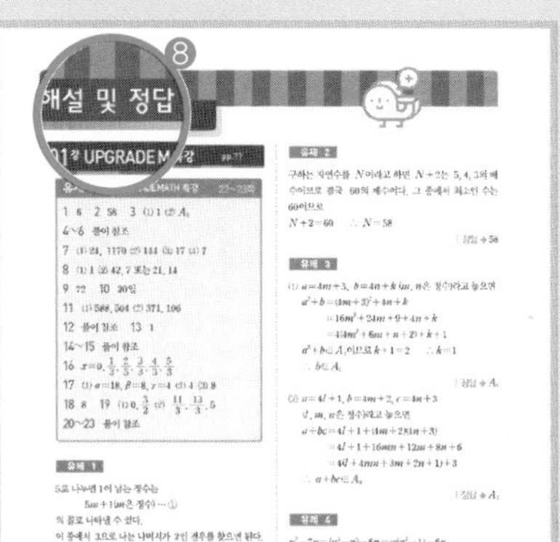

■ **다른 풀이**

다른 풀이 방법을 수록하여 다방면으로 사고의 폭을 넓힐수 있도록 하였다.

■ **참고와 설명**

문제 풀이시 참고할 수 있는 내용과 설명을 통하여 문제에 대한 완전한 통찰을 하도록 하였다.

연습문제(단원 마무리 문제) ❼

■ **연습 문제(단원 마무리)**

앞에서 학습한 내용을 확인하는 문제를 연습문제로 구성하여 기본 개념을 반복 확인하고 교과과정에 충실히 대비함으로써 문제해결력과 수학에 대한 자신감 및 고득점을 얻을 수 있도록 하였다.

유제와 연습문제 정답과 풀이 ❽

■ **유제와 연습문제 정답과 풀이**

책속의 책으로 연습문제 해답과 풀이를 분권으로 분리하여 강의 및 학습배양에 편의를 기하도록 하였다.

Contents

수학 Ⅱ (상)

Ⅰ 집합과 명제

1 집합의 연산법칙 012

1-1 집합과 원소 012

1-2 집합의 포함관계 014

1-3 집합의 연산 022

1-4 집합의 연산법칙과 원소의 개수 028

· 연습문제 01 035

2 명제 042

2-1 명제와 조건 042

2-2 명제 $p \rightarrow q$ 046

2-3 명제의 역, 이, 대우 051

2-4 필요, 충분, 필요충분 조건 057

· 연습문제 02 062

Ⅱ 함수

3 함수 070

3-1 함수 070

3-2 함수의 그래프 075

3-3 여러가지 함수 077

3-4 합성함수 083

3-5 역함수 093

· 연습문제 03 101

4 이차함수의 활용 110

4-1 일차함수 110

4-2 이차함수의 최대 · 최소 119

· 연습문제 04 135

5 유리함수와 무리함수 142

5-1 유리함수 142

5-2 무리함수 153

· 연습문제 05 162

Ⅲ 수열

6 등차수열과 등비수열 172
6-1 등차수열 172
6-2 등비수열 191
· 연습문제 06 211

• 유제와 연습문제 정답과 풀이 책속의 책

I 장

집합과 명제

제 1 장	집합의 연산법칙	012
제 2 장	명제	042

1장 집합의 연산법칙

1-1 집합과 원소

1. 집합

어떤 조건에 의하여 그 대상을 분명하게 구별할 수 있는 것들의 모임을 집합(set)이라 하며, 집합을 구성하고 있는 하나하나를 그 집합의 원소(element)라고 한다.

보기 1 다음 중 집합이 될 수 있는 것은?

① 키 큰 남자의 모임 ② 예쁜 꽃들의 모임
③ 아름다운 여인의 모임 ④ 공부를 잘하는 학생의 모임
⑤ 한국 사람의 모임

■ 추상적인 표현은 집합이 될 수 없다. 왜냐하면 그 대상이 명확하지 않기 때문이다.

[설명] 키가 크다, 예쁘다, 아름답다, 공부를 잘한다의 차이를 객관적으로 명확히 구분할 수 없으므로 ①, ②, ③, ④는 집합이라고 할 수 없다. 답 ⑤

2. 집합과 원소

(1) a가 집합 S의 원소일 때, a는 S에 속한다고 하며 $a \in S$로 나타낸다.

(2) a가 집합 S의 원소가 아닐 때, a는 S에 속하지 않는다고 하며 $a \notin S$로 나타낸다.

보기 2 자연수의 집합을 N, 정수의 집합을 Z, 유리수의 집합을 Q, 실수의 집합을 R이라 할 때, 다음 중에서 옳지 않은 것은?

① $2 \in N$ ② $-5 \in Z$ ③ $\sqrt{2} \notin Q$ ④ $\sqrt{3} \notin R$ ⑤ $2.5 \in Q$

■ $N \subset Z \subset Q \subset R$

■ 실수 { 유리수, 무리수 }

[설명] $\sqrt{3}$은 실수이므로 $\sqrt{3} \in R$ 답 ④

TIP
1. 집합은 알파벳 대문자 A, B, C, …등으로 나타내고, 원소는 소문자 a, b, c, …등으로 나타낸다.
2. 집합은 원소의 나열 순서에 관계가 없다. 즉, $\{1, 2, 3\} = \{2, 1, 3\}$
3. 같은 원소를 중복하여 나열하지 않는다.
즉, $\{1, 2, 2, 2, 3, 3, 4\} = \{1, 2, 3, 4\}$
4. 집합 S에 속하는 임의의 두 원소 a, b를 택할 때, a와 b는 같은 원소일 수 있다.
5. 기호 $\in$는 (원소)$\in$(집합)인 관계에서 사용한다.
$\in$는 element(원소)를 나타내는 수학적 기호이다.

■ $a \in S$, $b \in S$일 때, $a = b$일 수 있다.

3. 집합의 표시법

(1) 원소나열법

$\{a,\ b,\ c,\ d,\ e\}$와 같이 집합 기호 { }안에 모든 원소를 나열하여 나타내는 방법

(2) 조건제시법

조건 $f(x)$를 만족하는 x의 집합을 $\{x|f(x)\}$로 나타내는 방법

■ 원소나열법으로 나타낼 수 없는 경우에는 조건제시법으로 나타낸다.
예를 들면, $1\le x\le 5$인 실수 x의 집합은 원소의 개수가 무한개이고 일정한 규칙도 없어서 모든 원소를 { }안에 나열할 수 없다.
따라서 조건제시법으로 $\{x|1\le x\le 5,\ x$는 실수$\}$ 와 같이 나타낸다.

보기 3 다음 각 집합을 기호로 나타내시오.

(1) 10이하의 소수의 집합 A (2) 유리수의 집합 B

(3) 짝수인 자연수의 집합 C

[설명] (1) $A=\{2,\ 3,\ 5,\ 7\}$, $A=\{x|x$는 10이하의 소수$\}$

(2) $B=\{x|x$는 유리수$\}$

(3) $C=\{2,\ 4,\ 6,\ \cdots\}$, $C=\{x|x$는 짝수인 자연수$\}$

4. 유한집합, 무한집합, 공집합

(1) 유한집합 : 원소의 개수가 유한개인 집합

(2) 무한집합 : 원소의 개수가 무한개인 집합

(3) 공집합(empty set 또는 null set): 원소가 하나도 없는 집합을 공집합이라 하고, 기호 ϕ 또는 { }로 나타낸다. 이때 공집합은 유한집합이다.

■ 숫자의 0과 같이 원소가 하나도 없는 것도 편의상 집합으로 생각하고 그것을 공집합이라 한다. 숫자의 0과 공집합 ϕ는 서로 다른 개념이다.

보기 4 다음 중 유한집합, 무한집합, 공집합을 구별하시오.

(1) $A=\{x|x$는 10의 양의 약수$\}$

(2) $B=\{x|x$는 3의 배수인 자연수$\}$

(3) $C=\{x|x<1,\ x$는 자연수$\}$

[설명] (1) $A=\{1,\ 2,\ 5,\ 10\}$이므로 유한집합이다.

(2) $B=\{3,\ 6,\ 9,\ \cdots\}$이므로 무한집합이다.

(3) 집합 C는 원소가 하나도 없으므로 공집합이다.

보기 5 다음 중 옳은 것은?

① $0=\phi$ ② $\{0\}=\phi$ ③ $\{0\}=\{\phi\}$ ④ $0=\{\phi\}$ ⑤ $\{\ \}=\phi$

[설명] 영(0)과 공집합(ϕ)은 서로 다른 개념이다. 영은 숫자이고 공집합은 집합이다. 따라서 $0\ne\phi$

$\{0\}$은 0을 원소로 갖는 집합이고, 공집합은 원소가 없는 집합이며, $\{\phi\}$은 공집합을 원소로 갖는 집합이다. 따라서 ①, ②, ③, ④는 모두 옳지 않다.

답 ⑤

1-2 집합의 포함 관계

1. 부분집합

(1) 집합 A에 속하는 모든 원소가 집합 B에 속할 때, 즉

$$x \in A\text{이면}\quad x \in B$$

일 때, A는 B에 포함된다 또는 B는 A를 포함한다고 하며 기호 $A \subset B$ 또는 $B \supset A$로 나타낸다. 이때, 집합 A를 집합 B의 **부분집합**이라고 한다.

■ 벤 다이어그램

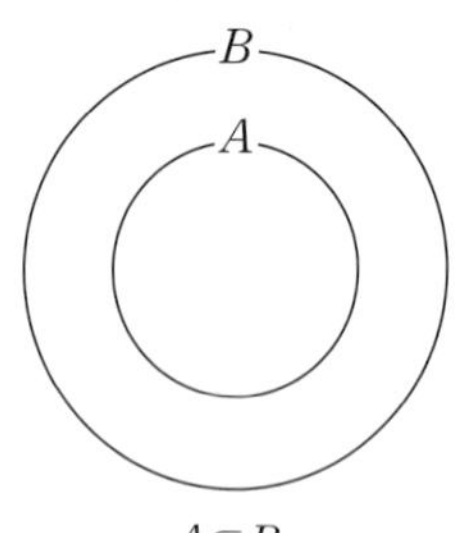

$A \subset B$

(2) 부분집합의 성질

① 임의의 집합은 자기 자신의 부분집합이다.
즉, 임의의 집합 A에 대하여 $A \subset A$

② 공집합은 모든 집합의 부분집합이다.
즉, 임의의 집합 A에 대하여 $\phi \subset A$

③ $A \subset B$이고 $B \subset C$이면 $A \subset C$

> TIP 집합의 포함 관계나 집합의 연산을 쉽게 알아보기 위해 그림으로 나타낸 것을 **벤 다이어그램**(Venn diagram)이라고 한다. 집합의 연산에서는 주로 벤 다이어그램을 이용하여 문제를 푼다.

보기 1 다음 집합의 부분집합을 모두 구하시오.

(1) ϕ (2) $\{a\}$ (3) $\{a, b\}$

■ $\phi \subset \phi$

[설명] (1) ϕ (2) ϕ, $\{a\}$ (3) ϕ, $\{a\}$, $\{b\}$, $\{a, b\}$

2. 부분집합의 개수

집합 $A=\{a_1, a_2, \cdots, a_k, \cdots, a_n\}$ $(k \le n)$에 대하여

(1) 집합 A의 부분집합의 개수는 ⇒ 2^n

(2) 집합 A의 부분집합 중에서 k개의 특정한 원소를 포함하는 부분집합의 개수는 ⇒ 2^{n-k}

(3) 집합 A의 부분집합 중에서 k개의 특정한 원소를 포함하지 않는 부분집합의 개수는 ⇒ 2^{n-k}

(4) 집합 A의 부분집합 중에서 k개의 특정한 원소 중 적어도 한 개는 포함하는 부분집합의 개수는 ⇒ 2^n-2^{n-k}

■ 부분집합의 개수를 구하는 공식은 매우 중요하다. 공식의 의미를 살펴보고 기억하라. 특히, 부분집합의 개수를 직접 세는 것보다 1 : 1 대응 관계를 이용하여 구하는 방법과 여사건으로 구하는 방법이 있음에 주목하라. (보기 3 참조)

보기 2 다음 집합 A의 부분집합의 개수를 구하시오.

$A=\{x \mid x\text{는 6의 양의 약수}\}$

[설명] $A=\{1, 2, 3, 6\}$에서 원소의 개수가 4개이므로 부분집합의 개수는
$2^4=16$

답 16

보기 3 집합 $A=\{1,\ 2,\ 3,\ 4\}$에 대하여 물음에 답하시오.

(1) 집합 A의 부분집합 중에서 1과 2를 꼭 포함하는 것의 개수를 구하시오.

(2) 집합 A의 부분집합 중에서 1과 2를 포함하지 않는 것의 개수를 구하시오.

(3) 집합 A의 부분집합 중에서 적어도 하나의 짝수를 포함하는 것의 개수를 구하시오.

[설명] (1) 집합 A의 부분집합 중에서 1과 2를 포함하는 것과 1과 2를 포함하지 않는 것은 서로 1 : 1대응인 관계이다.

즉, 집합 A의 원소 중 1, 2를 제외한 집합 $\{3,\ 4\}$의 부분집합 ϕ, $\{3\}$, $\{4\}$, $\{3,\ 4\}$에 원소 1, 2를 추가하면 된다.

$$\phi \longleftrightarrow \{1,\ 2\}$$
$$\{3\} \longleftrightarrow \{1,\ 2,\ 3\}$$
$$\{4\} \longleftrightarrow \{1,\ 2,\ 4\}$$
$$\{3,\ 4\} \longleftrightarrow \{1,\ 2,\ 3,\ 4\}$$

따라서 1과 2를 포함하는 부분집합의 개수는 1, 2를 제외한 집합 $\{3,\ 4\}$의 부분집합의 개수와 같다.

$\therefore\ 2^{4-2}=2^2=4$ 답 4

(2) 1, 2를 제외한 집합 $\{3,\ 4\}$의 부분집합의 개수와 같다.

$\therefore\ 2^{4-2}=2^2=4$ 답 4

(3) 집합 A의 부분집합 전체의 개수 $2^4=16$에서 2, 4를 포함하지 않는 부분집합의 개수 $2^{4-2}=4$를 빼면 된다.

$\therefore\ 2^4-2^{4-2}=16-4=12$ 답 12

■ 1 : 1 대응 관계를 이용하여 부분집합의 개수를 구하는 방법에 주목하라. 수학에서 자주 쓰는 방법이다.

■ 적어도~라는 문장이 들어가 있는 문제는 여사건을 생각한다.

3. 두 집합이 서로 같을 조건(상등)

(1) $A\subset B$이고 $B\subset A$일 때 두 집합 A, B는 서로 같다고 하며, $A=B$로 나타낸다.

(2) $A\subset B$이고 $A\neq B$일 때, A를 B의 **진부분집합**이라고 한다.

■ $x\in A$이면 $x\in B$ $\Leftrightarrow A\subset B$

■ $x\in B$이면 $x\in A$ $\Leftrightarrow B\subset A$

보기 4 다음 두 집합이 서로 같음을 증명하시오.

$$A=\{4a+6b\,|\,a,\ b\text{는 정수}\},\qquad B=\{2n\,|\,n\text{은 정수}\}$$

[설명] (i) $A\subset B$임을 보이자.

$x\in A$이면 $x=4a+6b=2(2a+3b)$ (a, b는 정수)이므로 $2\times$(정수)의 꼴이다. 따라서 $x\in B$ $\quad\therefore A\subset B$

(ii) $B\subset A$임을 보이자.

$x\in B$이면 $x=2n=4(-n)+6(n)$ (n은 정수)이므로 $4\times$(정수)$+6\times$(정수)의 꼴이다. 따라서 $x\in A$ $\quad\therefore B\subset A$

(i), (ii)로부터 $A\subset B$이고 $B\subset A$이므로 $A=B$

■ 보기 4는 원소의 개수가 무한개인 집합이므로 단순히 벤 다이어그램을 이용할 수도 없고, 원소를 모두 나열하여 비교할 수도 없다. 이런 경우에는 정의를 이용하여 증명한다. 어렵지만 중요하다.

기본문제 1-1

집합 $A=\{\phi,\ 1,\ \{2\},\ 3\}$일 때, 다음 중 옳지 않은 것은?

① $\phi\in A$　② $\phi\subset A$　③ $3\in A$

④ $\{2\}\in A$　⑤ $\{2,\ 3\}\subset A$

[풀이] ⑤ $\{\{2\},\ 3\}\subset A$

따라서 옳지 않은 것은 ⑤이다. 답 ⑤

Tip

■ 집합을 원소로 가질 수 있다. 집합 기호 { }안에 있는 하나하나를 원소라 한다. 원소는 기호 ∈를 써서 나타내고, 부분집합은 기호 ⊂를 써서 나타낸다.

기본문제 1-2

실수의 집합 A, B에 대하여 집합 $A\oplus B$를

$$A\oplus B=\{x\,|\,x=a+b,\ a\in A,\ b\in B\}$$

라고 정의하자. $A=\{-1,\ 1\}$, $B=\{0,\ 1\}$일 때, 다음 각 집합을 구하시오.

(1) $A\oplus B$　(2) $A\oplus A$　(3) $A\oplus(A\oplus B)$

■ 연산은 일종의 약속이므로 약속을 잘 지켜서 계산한다.

[풀이] (1) $A\oplus B$는 A의 원소와 B의 원소의 합

$(-1)+0=-1,\ (-1)+1=0,\ 1+0=1,\ 1+1=2$

을 원소로 갖는 집합이므로

$A\oplus B=\{-1,\ 0,\ 1,\ 2\}$ ⇦ 답

(2) $A\oplus A$는 A의 원소와 A의 원소의 합

$(-1)+(-1)=-2,\ (-1)+1=0,\ 1+(-1)=0,\ 1+1=2$

을 원소로 갖는 집합이므로 $A\oplus A=\{-2,\ 0,\ 2\}$ ⇦ 답

(3) $A\oplus(A\oplus B)$는 $A=\{-1,\ 1\}$와 $A\oplus B=\{-1,\ 0,\ 1,\ 2\}$의 원소의 합이므로 앞의 문제와 같은 방법으로 하면

$A\oplus(A\oplus B)=\{-2,\ -1,\ 0,\ 1,\ 2,\ 3\}$ ⇦ 답

■ $\{-1,\ 1\}\oplus\{0,\ 1\}$에서 분배법칙과 같은 원리로 계산하면 쉽게 계산된다.
나머지도 마찬가지이다.

유제 1-1 집합 $A=\{1,\ 2,\ \{1,\ 2\}\}$에 대하여 다음 중 옳지 않은 것은?

① $\phi\subset A$　② $\{1\}\not\in A$　③ $\{1,\ 2\}\subset A$

④ $\{1,\ 2\}\not\in A$　⑤ $\{\{1,\ 2\}\}\subset A$　답 ④

■ 공집합은 모든 집합의 부분집합이다.

■ $\{1,\ 2\}\in A$이고 $\{1,\ 2\}\subset A$

유제 1-2 실수의 집합 A, B에 대하여 집합 $A\otimes B$를

$A\otimes B=\{x\,|\,x=ab,\ a\in A,\ b\in B\}$라고 정의하자.

$A=\{0,\ 1,\ 2\}$, $B=\{-1,\ 0,\ 2\}$일 때, 다음 각 집합을 구하시오.

(1) $A\otimes B$　(2) $B\otimes B$　(3) $A\otimes(A\otimes B)$

답 (1) $\{-2,\ -1,\ 0,\ 2,\ 4\}$ (2) $\{-2,\ 0,\ 1,\ 4\}$
(3) $\{-4,\ -2,\ -1,\ 0,\ 2,\ 4,\ 8\}$

■ 분배법칙과 같은 원리로 계산한다.

기본문제 1-3

집합 $A=\{1,\ 2,\ 3\}$의 부분집합을 모두 구하시오.

[풀이] 집합 A의 부분집합을 원소의 개수에 따라 구하면

원소의 개수가 0개 : ϕ

원소의 개수가 1개 : $\{1\}$, $\{2\}$, $\{3\}$

원소의 개수가 2개 : $\{1,\ 2\}$, $\{1,\ 3\}$, $\{2,\ 3\}$

원소의 개수가 3개 : $\{1,\ 2,\ 3\}$

따라서 집합 A의 부분집합은

ϕ, $\{1\}$, $\{2\}$, $\{3\}$, $\{1,\ 2\}$, $\{1,\ 3\}$, $\{2,\ 3\}$, $\{1,\ 2,\ 3\}$

Tip

■ 집합 $A=\{1,\ 2,\ 3\}$의 원소의 개수가 3이므로 부분집합의 개수는

$2^3=8$

이다.

기본문제 1-4

집합 $A=\{a_1,\ a_2,\ a_3,\ a_4\}$일 때, 다음 물음에 답하시오.

(1) a_1을 포함하는 부분집합의 개수를 구하시오.

(2) a_1을 포함하지 않는 부분집합의 개수를 구하시오.

[풀이] (1) 집합 A의 부분집합 중 원소 a_1을 포함하는 부분집합은 원소 a_1을 제외한 집합 $\{a_2,\ a_3,\ a_4\}$의 부분집합에 원소 a_1을 추가하면 된다. 따라서 집합 $\{a_2,\ a_3,\ a_4\}$의 부분집 합의 개수와 같다.

$\therefore 2^{4-1}=2^3=8$

답 8

(2) 원소 a_1을 제외한 집합 $\{a_2,\ a_3,\ a_4\}$의 부분집합의 개수와 같다.

$\therefore 2^{4-1}=2^3=8$ 답 8

■ a_1을 포함하는 부분집합과 a_1을 포함하지 않는 부분집합의 개수는 1 : 1 대응 관계이므로 개수는 서로 같다.

유제 1-3 15이하의 자연수 중에서 소수를 원소로 갖는 집합을 S라 할 때, S의 부분집합의 개수를 구하시오. 답 64

■ 1보다 큰 자연수 중에서 1과 그 자신의 수 이외에는 양의 약수를 가지지 않는 수를 소수라 한다.

유제 1-4 집합 $A=\{2,\ 4,\ 6,\ 8,\ 10\}$의 부분집합 중 원소 2, 4를 반드시 포함하는 부분집합의 개수를 구하시오. 답 8

유제 1-5 자연수의 집합 $M=\{1,\ 2,\ \cdots,\ n\}$의 부분집합 중 원소 n을 포함하는 부분집합의 개수가 32일 때, n의 값을 구하시오. 답 6

■ $2^{n-1}=32$

유제 1-6 집합 $A=\{\phi,\ 1,\ 2,\ \{1,\ 2\}\}$일 때, 다음 물음에 답하시오.

(1) 원소 1, 2를 포함하지 않는 부분집합을 모두 구하시오.

(2) 원소 1, 2를 꼭 포함하는 부분집합을 모두 구하시오.

답 (1) ϕ, $\{\phi\}$, $\{\{1,\ 2\}\}$, $\{\phi,\ \{1,\ 2\}\}$

(2) $\{1,\ 2\}$, $\{\phi,\ 1,\ 2\}$, $\{1,\ 2,\ \{1,\ 2\}\}$, $\{\phi,\ 1,\ 2,\ \{1,\ 2\}\}$

■ 이런 문제는 헷갈린다.

$\phi=a$, $\{1,\ 2\}=b$

라 놓고 생각하면

$A=\{a,\ 1,\ 2,\ b\}$

이므로 생각하기가 쉽다.

기본문제 1-5

집합 $M=\{x\mid 0<x<20$이고, x는 3의 배수$\}$일 때, 다음 물음에 답하시오.
(1) M의 부분집합의 개수를 구하시오.
(2) M의 부분집합 중에서 3, 6을 포함하지 않는 것의 개수를 구하시오.
(3) M의 부분집합 중에서 3, 6은 포함하고 9를 포함하지 않는 것의 개수를 구하시오.
(4) M의 부분집합 중에서 적어도 한 개의 홀수를 포함하는 것의 개수를 구하시오.

Tip

■ 포함되지 않거나 포함되는 원소를 제외한 집합의 부분집합을 생각한다.

[풀이] (1) $M=\{3,\ 6,\ 9,\ 12,\ 15,\ 18\}$이므로 M의 원소의 개수는 6이다.
따라서 M의 부분집합의 개수는 $2^6=64$ 답 64

(2) M에서 3, 6을 제외한 집합 $\{9,\ 12,\ 15,\ 18\}$의 부분집합의 개수와 같다. 따라서 구하는 부분집합의 개수는 $2^{6-2}=2^4=16$ 답 16

(3) M에서 3, 6, 9을 제외한 집합 $\{12,\ 15,\ 18\}$의 부분집합에 3과 6을 추가하여 만든 부분집합과 같다. 따라서 구하는 부분집합의 개수는 $2^{6-3}=2^3=8$ 답 8

(4) M의 부분집합 중에서 적어도 한 개의 홀수를 포함하는 부분집합의 개수는 전체 부분집합의 개수 64에서 홀수 3, 9, 15를 전혀 포함하지 않는 부분집합의 개수를 뺀 것과 같다. 따라서 구하는 부분집합의 개수는 $2^6-2^{6-3}=64-8=56$ 답 56

■ 적어도~라는 문장이 들어가 있는 문제는 여사건을 생각한다.

유제 1-7 집합 $A=\{a,\ b,\ c,\ d,\ e\}$의 부분집합 중에서 원소 a를 포함하고 원소 b는 포함하지 않는 것의 개수를 구하시오. 답 8

유제 1-8 집합 $S=\{x\mid x$는 10의 양의 약수$\}$의 부분집합 중에서 적어도 한 개의 소수를 포함하는 부분집합의 개수를 구하시오. 답 12

■ $S=\{1,\ 2,\ 5,\ 10\}$

유제 1-9 집합 $A=\{1,\ 2,\ 3,\ 4,\ 5\}$의 부분집합 중에서

$$1\in X,\ 2\notin X,\ 3\notin X$$

을 만족하는 부분집합 X의 개수를 구하시오. 답 4

■ 1, 2, 3을 제외한 집합 $\{4,\ 5\}$의 부분집합을 구한다.

기본문제 1-6

두 집합 $A=\{2,\ a+5\}$, $B=\{3a-1,\ a+3,\ 4\}$에 대하여 $A\subset B$가 성립할 때, 상수 a의 값을 구하시오.

[풀이] $A\subset B$이므로 집합 A의 모든 원소가 집합 B의 원소이어야 한다. 즉, $2\in A$이므로 $2\in B$이다. 따라서 $3a-1=2$ 또는 $a+3=2$

$\therefore a=1$ 또는 $a=-1$

(i) $a=1$일 때 $A=\{2,\ 6\}$, $B=\{2,\ 4\}$이므로 $A\not\subset B$

(ii) $a=-1$일 때 $A=\{2,\ 4\}$, $B=\{-4,\ 2,\ 4\}$이므로 $A\subset B$

(i), (ii)로부터 $A\subset B$를 만족하는 a의 값은 $a=-1$ 답 -1

Tip

■ $x\in A$이면 $x\in B$ $\Leftrightarrow A\subset B$

기본문제 1-7

두 집합 $A=\{x\,|\,0<x\le 4\}$, $B=\{x\,|\,a<x<2a+10\}$가 $A\subset B$를 만족시킬 때, 정수 a의 개수는?

① 1 ② 2 ③ 3
④ 4 ⑤ 5

■ 실수의 포함 관계는 수직선을 이용한다.
특히, 끝 점의 포함 관계에 유의한다.

[풀이] 두 집합 A, B를 수직선을 이용하여 나타내면 오른쪽 그림과 같다. $A\subset B$이려면

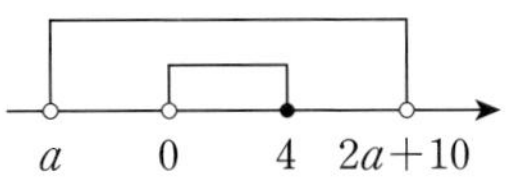

$$a\le 0,\ 2a+10>4$$

이어야 하므로

$$a\le 0,\ a>-3$$

에서 $-3<a\le 0$

따라서 정수 a는 $-2,\ -1,\ 0$의 3개이다. 답 ③

유제 1-10 두 집합 $A=\{0,\ a+1\}$, $B=\{a^2-2a,\ a-1,\ 3\}$에 대하여 $A\subset B$가 성립할 때, a의 값을 구하시오. 답 2

유제 1-11 두 집합 $A=\{2a,\ a+1,\ 4\}$, $B=\{a^2-3a,\ -2,\ 0\}$에 대하여 $A=B$일 때, 상수 a의 값을 구하시오. 답 -1

■ $A\subset B$이고 $B\subset A$ $\Leftrightarrow A=B$

유제 1-12 $A=\{x\,|\,-1\le x\le 2a\}$, $B=\{x\,|\,1-a\le x<6\}$에 대하여 $A\subset B$가 성립할 때, a의 값의 범위를 구하시오. 답 $2\le a<3$

■ 수직선을 이용한다.

UpGrade 1-1

자연수를 원소로 갖는 집합 S가 조건 "$x \in S$이면 $6-x \in S$"를 만족시킬 때, 다음을 구하시오.

(1) 원소의 개수가 1인 집합 S
(2) 원소의 개수가 2인 집합 S
(3) 원소의 개수가 3인 집합 S
(4) 원소의 개수가 4인 집합 S
(5) 원소의 개수가 5인 집합 S

[설명] 자연수를 원소로 가지므로 $x \geq 1$, $6-x \geq 1$

$\therefore 1 \leq x \leq 5$

따라서 집합 S는 1, 2, 3, 4, 5 중의 어떤 원소들로 이루어져 있어야 한다.

(1) $3 \in S$이면 $6-3=3 \in S$이므로 원소의 개수가 1인 집합 S는 $S=\{3\}$

답 ③

(2) $1 \in S$이면 $6-1=5 \in S$이고, $5 \in S$이면 $6-5=1 \in S$이므로 집합 $S=\{1, 5\}$는 조건을 만족한다.

또, $2 \in S$이면 $6-2=4 \in S$이고, $4 \in S$이면 $6-4=2 \in S$이므로 집합 $S=\{2, 4\}$는 조건을 만족한다.

따라서 원소의 개수가 2인 집합 S는 $\{1, 5\}$, $\{2, 4\}$ ⇦ 답

(3) 원소의 개수가 3인 집합 S는 $\{1, 5, 3\}$, $\{2, 4, 3\}$ ⇦ 답

(4) 원소의 개수가 4인 집합 S는 $\{1, 5, 2, 4\}$ ⇦ 답

(5) 원소의 개수가 5인 집합 S는 $\{1, 5, 2, 4, 3\}$ ⇦ 답

Tip

■ 1과 5, 2와 4는 서로 켤레로 반드시 같은 집합에 동시에 속한다. 즉 1을 포함하면 반드시 5를 포함해야 하며, 5를 포함하면 반드시 1을 포함해야 한다. 2와 4도 마찬가지이다. 그러나 3은 독립적으로 움직일 수 있다. 즉, 켤레로 된 집합 $\{1, 5\}$, $\{2, 4\}$, $\{3\}$ 중에서 몇 개의 합집합으로 된 집합은 조건을 만족한다.

유제 1-13 자연수를 원소로 갖는 집합 S가 조건

"$x \in S$이면 $8-x \in S$"

을 만족시킬 때, 원소의 개수가 3인 집합 S를 구하시오.

답 $\{1, 7, 4\}$, $\{2, 6, 4\}$, $\{3, 5, 4\}$

■ 켤레수 (1, 7), (2, 6), (3, 5), (4)를 생각한다.

유제 1-14 자연수를 원소로 갖는 집합 S가 조건

"$x \in S$이면 $\dfrac{16}{x} \in S$"

을 만족시킬 때, 집합 S의 개수를 구하시오. (단, $S \neq \phi$)

답 7

■ x는 16의 양의 약수

UpGrade 1-2

집합 $A=\{1,\ 2\}$에 대하여 집합 $P(A)$를

$$P(A)=\{X \mid X \subset A\}$$

라고 정의할 때, 다음 물음에 답하시오.

(1) 집합 $P(A)$를 구하시오.

(2) 집합 $P(A)$의 부분집합의 개수를 구하시오.

[풀이] (1) 집합 $P(A)$는 집합 A의 부분집합을 원소로 갖는 집합이므로

$P(A)=\{\phi,\ \{1\},\ \{2\},\ \{1,\ 2\}\}$ ⇦ 답

(2) 집합 $P(A)$의 원소의 개수가 4이므로 부분집합의 개수는 $2^4=16$

답 16

Tip

■ $P(A)$는 A의 부분집합을 원소로 갖는 집합이다. 따라서 $P(A)$는 원소가 집합으로 이루어져 있다. $P(A)$를 A의 **멱집합**이라고 부른다.

UpGrade 1-3

집합의 원소를 큰 수부터 나열한 뒤 뺄셈$(-)$과 덧셈$(+)$을 교대로 넣어 계산한 값을 교대합이라고 하자. 예를 들어, 집합 $\{1,\ 2,\ 4,\ 7,\ 9\}$의 교대합은 $9-7+4-2+1=5$이고, 집합 $\{3\}$의 교대합은 3이며, 공집합의 교대합은 0이다. 이때, 집합 $A=\{1,\ 2,\ 3,\ 4\}$의 모든 부분집합의 교대합의 총합을 구하시오.

[풀이] 집합 $A=\{1, 2, 3, 4\}$의 가장 큰 원소 4를 포함하는 부분집합과 4를 포함하지 않는 부분집합의 개수는 각각 $2^3=8$개씩 존재하고, 4를 포함하는 부분집합과 그 부분집합에서 4를 제외한 부분집합끼리 일대일 대응을 이룬다. 그 두 부분집합의 교대합의 합은 항상 4로 일정하다. 예를 들면, $4>a_1>a_2$라 하고 다음과 같이 짝을 만들자.

$$\{4,\ a_1,\ a_2\} \longleftrightarrow \{a_1,\ a_2\}$$

이때, 두 부분집합의 교대합의 합은

$$(4-a_1+a_2)+(a_1-a_2)=4$$

로 일정하다. 따라서 8쌍의 짝이 존재하므로 구하는 교대합의 총합은

$4\times 2^3=32$ 답 32

■ 교대합을 구할 때에는 일대일 대응 관계를 이용한다. 일일이 하나하나 계산하면 고생한다.

유제 1-15 집합 $A=\{1, 2, 3\}$에 대하여 집합 $P(A)$를 $P(A)=\{X \mid X \subset A\}$로 정의할 때, 집합 $P(A)$의 부분집합의 개수를 구하시오. 답 256

■ 멱집합

유제 1-16 집합 $A=\{1,\ 2,\ 3,\ 4,\ 5\}$의 모든 부분집합의 교대 합의 총합을 구하시오. 답 80

■ 가장 큰 원소 5를 기준으로 생각한다.

1-3 집합의 연산

1. 합집합

두 집합 A, B에 대하여 집합 A에 속하거나 집합 B에 속하는 원소로 이루어진 새로운 집합을 A와 B의 **합집합**이라고 하고, $A\cup B$로 나타낸다. 일반적으로 합집합 $A\cup B$는

$$A\cup B=\{x|x\in A \text{ 또는 } x\in B\}$$

로 정의하며, $A\cup B$를 「A 합 B」 또는 「A union B」라고 읽는다.

■ 벤 다이어그램

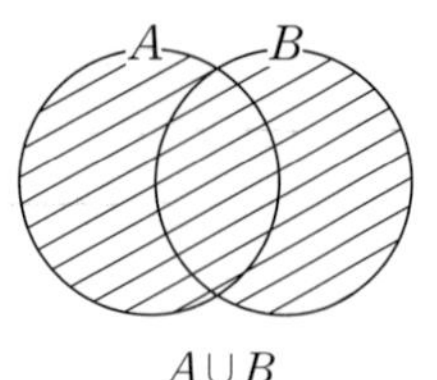

$A\cup B$

보기 1 다음 각 집합에서 $A\cup B$를 구하시오.

(1) $A=\{1, 2, 3\}$, $B=\{2, 3, 4\}$

(2) $A=\{a, b, c, d\}$, $B=\{a, b\}$

(3) $A=\{x|x\text{는 유리수}\}$, $B=\{x|x\text{는 무리수}\}$

[설명] (1) $A\cup B=\{1, 2, 3, 4\}$　　(2) $A\cup B=\{a, b, c, d\}$

(3) $A\cup B=\{x|x\text{는실수}\}$

■ 실수 $\begin{cases}\text{유리수}\\ \text{무리수}\end{cases}$

2. 교집합

두 집합 A, B에 대하여 집합 A와 집합 B에 공통으로 속하는 원소로 이루어진 새로운 집합을 A와 B의 **교집합**이라고 하고, $A\cap B$로 나타낸다. 일반적으로 교집합 $A\cap B$는

$$A\cap B=\{x|x\in A \text{ 그리고 } x\in B\}$$

로 정의하며, $A\cap B$를 「A교 B」 또는 「A intersection B」라고 읽는다.

■ 벤 다이어그램

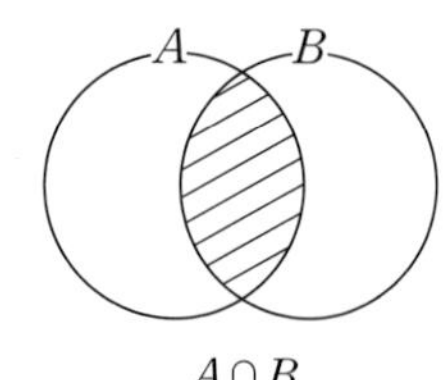

$A\cap B$

3. 서로소

두 집합 A, B에 공통인 원소가 하나도 없을 때, 즉 $A\cap B=\phi$일 때, 집합 A와 집합 B는 **서로소**라고 한다.

■ 벤 다이어그램

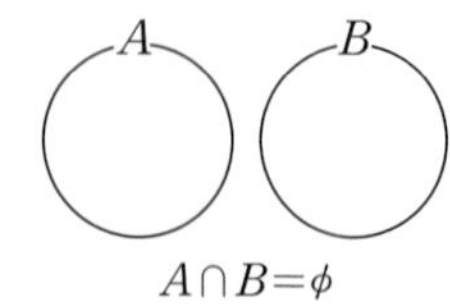

$A\cap B=\phi$

보기 2 다음 각 집합에서 $A\cap B$를 구하시오.

(1) $A=\{1, 2, 3\}$, $B=\{2, 3, 4, 5\}$

(2) $A=\{a, b, c, d, e\}$, $B=\{a, b, c\}$

(3) $A=\{2, 4, 6\}$, $B=\{1, 3, 5, 7\}$

(4) $A=\{3n|n\text{은 정수}\}$, $B=\{3n+1|n\text{은 정수}\}$

[설명] (1) $A\cap B=\{2, 3\}$　　(2) $A\cap B=\{a, b, c\}$

(3) $A\cap B=\phi$　　(4) $A\cap B=\phi$

TIP (3) 과 (4) 의 경우 두 집합 A와 B는 서로소이다.

■ 집합의 연산은 벤 다이어그램을 이용한다.

4. 차집합

두 집합 A, B에 대하여 A에는 속하나 B에는 속하지 않는 원소들로 이루어진 새로운 집합을 A에 대한 B의 **차집합**이라 하고, $A-B$로 나타낸다.
일반적으로 차집합 $A-B$는

$$A-B=\{x \mid x\in A \text{ 그리고 } x\notin B\}$$

로 정의하며, $A-B$를「A 차 B」또는「A difference B」라고 읽는다.

■ 벤 다이어그램

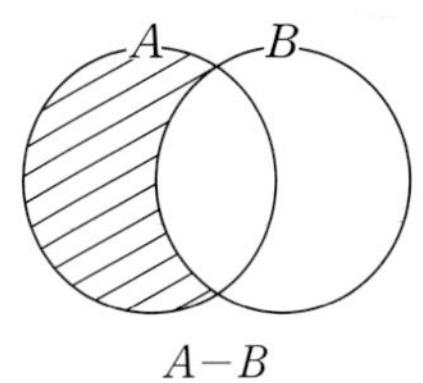

$A-B$

보기 3 $A=\{a, b, c, d, e\}$, $B=\{a, d, f, g\}$에 대하여 다음 각 집합을 구하시오.

(1) $A-B$ (2) $B-A$ (3) $B-B$

[설명] (1) $A-B=\{b, c, e\}$ (2) $B-A=\{f, g\}$
(3) $B-B=\phi$

5. 여집합

전체집합 U와 그 부분집합 A에 대하여 U에는 속하나 A에는 속하지 않는 원소로 이루어진 새로운 집합을 A의 **여집합**이라 하고, A^C로 나타낸다.
일반적으로 A의 여집합 A^C은

$$A^C=\{x \mid x\in U \text{ 그리고 } x\notin A\}$$

로 정의하며, A^C를「A의 여집합」또는「A complement」라고 읽는다.

■ 벤 다이어그램

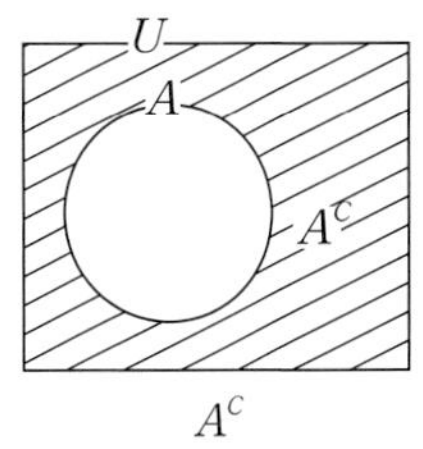

A^C

■ $A^C=U-A$

보기 4 다음 집합 A에 대하여 A^C를 구하시오.

(1) U가 자연수 전체의 집합일 때, $A=\{x \mid x\text{는 양의 홀수}\}$
(2) U가 실수 전체의 집합일 때, $A=\{x \mid x\text{는 유리수}\}$

[설명] (1) $A^C=\{x \mid x\text{는 양의 짝수}\}$
(2) $A^C=\{x \mid x\text{는 무리수}\}$

6. 집합의 연산의 성질

전체집합 U의 두 부분집합 A, B에 대하여

① $A\cup A=A,\ A\cap A=A$ ② $A\cup\phi=A,\ A\cap\phi=\phi$
③ $A\cup U=U,\ A\cap U=A$ ④ $A\cup A^C=U,\ A\cap A^C=\phi$
⑤ $(A^C)^C=A$ ⑥ $\phi^C=U,\ U^C=\phi$
⑦ $A-B=A\cap B^C$ ⑧ $A-B=\phi$이면 $A\subset B$
⑨ $A\subset B$이면 $A^C\supset B^C$ ⑩ $A\subset B,\ B\subset C$이면 $A\subset C$
⑪ $A\cap B=A$이면 $A\subset B$, $A\cup B=A$이면 $A\supset B$
⑫ $A\cup B=\phi$이면 $A=\phi$이고 $B=\phi$
⑬ $A\cap B=\phi$이고 $A\subset B$이면 $A=\phi$

■ $A-B=A\cap B^C$
$=A-(A\cap B)$
$=(A\cup B)-B$

■ $(A-B)\cup(B-A)$
$=(A\cup B)-(A\cap B)$

기본문제 1-8

전체집합 $U=\{1,\ 2,\ 3,\ \cdots,\ 9,\ 10\}$의 두 부분집합 $A=\{2,\ 4,\ 6,\ 10\}$, $B=\{3,\ 6,\ 9\}$에 대하여 다음 각 집합을 원소나열법으로 나타내시오.

(1) $A\cup B$ (2) $A\cap B$ (3) $A-B$
(4) $B-A$ (5) A^C (6) B^C
(7) $A\cap B^C$ (8) $A^C\cap B^C$ (9) $(A\cup B)^C$

[설명] 오른쪽 벤 다이어그램을 이용하자.

U, A, B
2 4 6 3
10 9
1 5 7 8

(1) $A\cup B=\{2,\ 3,\ 4,\ 6,\ 9,\ 10\}$
(2) $A\cap B=\{6\}$
(3) $A-B=\{2,\ 4,\ 10\}$
(4) $B-A=\{3,\ 9\}$
(5) $A^C=U-A=\{1,\ 3,\ 5,\ 7,\ 8,\ 9\}$
(6) $B^C=U-B=\{1,\ 2,\ 4,\ 5,\ 7,\ 8,\ 10\}$
(7) 집합 A와 (6)의 결과에서 $A\cap B^C=\{2,\ 4,\ 10\}$
(8) $A^C\cap B^C$은 (5)과 (6)의 교집합이므로 $A^C\cap B^C=\{1,\ 5,\ 7,\ 8\}$
(9) $(A\cup B)^C=U-(A\cup B)=\{1,\ 5,\ 7,\ 8\}$

Tip

■ 집합의 연산은 벤 다이어그램을 이용한다.

■ 합집합
$A\cup B$
$=\{x\mid x\in A \text{ or } x\in B\}$

■ 교집합
$A\cap B$
$=\{x\mid x\in A \text{ and } x\in B\}$

■ 차집합
$A-B$
$=\{x\mid x\in A \text{ and } x\notin B\}$
$=A\cap B^C$

■ 여집합
A^C
$=\{x\mid x\in U \text{ and } x\notin A\}$
$=U-A$
(단, U는 전체집합)

유제 1-17 전체집합 $U=\{1,\ 2,\ 3,\ \cdots,\ 9\}$의 두 부분집합

$A=\{x\mid x\text{는 홀수}\},\ B=\{x\mid x\text{는 소수}\}$

에 대하여 다음 각 집합을 원소나열법으로 나타내시오.

(1) $A\cup B$ (2) $A\cap B$ (3) $A-B$
(4) A^C (5) B^C (6) $(A\cap B)^C$
(7) $A^C\cap B$ (8) $B-A^C$

답 (1) $\{1,\ 2,\ 3,\ 5,\ 7,\ 9\}$ (2) $\{3,\ 5,\ 7\}$ (3) $\{1,\ 9\}$
(4) $\{2,\ 4,\ 6,\ 8\}$ (5) $\{1,\ 4,\ 6,\ 8,\ 9\}$
(6) $\{1,\ 2,\ 4,\ 6,\ 8,\ 9\}$ (7) $\{2\}$ (8) $\{3,\ 5,\ 7\}$

유제 1-18 전체집합 $U=\{x\mid x\text{는 실수}\}$의 두 부분집합

$A=\{x\mid 1\le x\le 6\},\ B=\{x\mid -4\le x\le 4\}$

에 대하여 다음 각 집합을 조건제시법으로 나타내시오.

(1) $A\cup B$ (2) $A\cap B$
(3) B^C (4) $A-B$

답 (1) $\{x\mid -4\le x\le 6\}$ (2) $\{x\mid 1\le x\le 4\}$
(3) $\{x\mid x<-4 \text{ 또는 } x>4\}$ (4) $\{x\mid 4<x\le 6\}$

■ 수직선을 이용한다.

기본문제 1-9

$A=\{1,\ 2,\ a^2+2\}$, $B=\{0,\ 2a+1,\ a^2+a-1\}$에 대하여 $A\cap B=\{1,\ 3\}$일 때, 상수 a의 값을 구하시오.

[설명] $A\cap B=\{1,\ 3\}$으로부터 $3\in A$이므로 $a^2+2=3$

$\therefore a^2=1 \quad \therefore a=\pm1$

(i) $a=1$인 경우

$A=\{1,\ 2,\ 3\}$, $B=\{0,\ 3,\ 1\}$이므로 $A\cap B=\{1,\ 3\}$

(ii) $a=-1$인 경우

$A=\{1,\ 2,\ 3\}$, $B=\{0,\ -1\}$이므로 $A\cap B=\phi$

따라서 (i), (ii)로부터 $a=1$

답 1

Tip

■ 교집합
$A\cap B$
$=\{x\,|\,x\in A \text{ and } x\in B\}$

■ 반드시 검산을 한다.

기본문제 1-10

다음 보기의 집합은 자연수 전체의 집합의 부분집합이다. 이 중 서로소인 집합은?

[보기]

$A=\{x\,|\,x$는 2의 배수$\}$ $\quad$ $B=\{x\,|\,x$는 소수$\}$

$C=\{x\,|\,x$는 15의 약수$\}$ $\quad$ $D=\{x\,|\,x$는 3의 배수$\}$

① A와 B ② A와 C ③ B와 C
④ B와 D ⑤ C와 D

[풀이] $A=\{2,\ 4,\ 6\cdots\}$, $B=\{2,\ 3,\ 5,\ 7,\ \cdots\}$,

$C=\{1,\ 3,\ 5,\ 15\}$, $D=\{3,\ 6,\ 9,\ \cdots\}$에서

$A\cap B=\{2\}$, $A\cap C=\phi$, $B\cap C=\{3,\ 5\}$, $B\cap D=\{3\}$,

$C\cap D=\{3,\ 15\}$이므로 A와 C는 서로소이다.

답 ②

■ 서로소
두 집합 A, B에 공통인 원소가 하나도 없을 때, 즉 $A\cap B=\phi$일 때, 두 집합 A와 B는 **서로소**라고 한다.

유제 1-19 $A=\{2,\ 5,\ a^2-a-8\}$, $B=\{4,\ a+3,\ a^2-2a-3\}$에 대하여 $A\cap B=\{4,\ 5\}$일 때, 상수 a의 값을 구하시오. 답 4

■ $4\in A$

유제 1-20 정수 a에 대하여 $A=\{2,\ a^2-1,\ a^2-a+3\}$, $B=\{3,\ a^2,\ a^2+a-1\}$이고 $A\cap B=\{3,\ 5\}$일 때, $A\cup B$를 원소나열법으로 나타내시오. 답 $\{2,\ 3,\ 4,\ 5\}$

■ $5\in B$

유제 1-21 $U=\{1,\ 2,\ 3,\ 4,\ 5\}$, $A=\{2,\ 4,\ 6\}$일 때, A와 서로소인 U의 부분집합의 개수를 구하시오. 답 8

Tip

■ $A\subset B$와 같은 조건
1. $A\cup B=B$
2. $A\cap B=A$
3. $A-B=\phi$
4. $A\cap B^C=\phi$
5. $A^C\cup B=U$
6. $A^C\supset B^C$
7. $B^C-A^C=\phi$

기본문제 1-11

전체집합 U의 두 부분집합 A, B에 대하여 $B\subset A$가 성립할 때, 다음 중 옳지 않은 것은?

① $A\cup B=A$　② $A\cap B=B$　③ $A^C\subset B^C$
④ $A-B=\phi$　⑤ $A\cup B^C=U$

[풀이] 오른쪽 벤 다이어그램을 이용하여 확인하자.
$B\subset A$이므로 $B-A=\phi$이고
$A-B\neq\phi$이다.
따라서 옳지 않은 것은 ④이다.

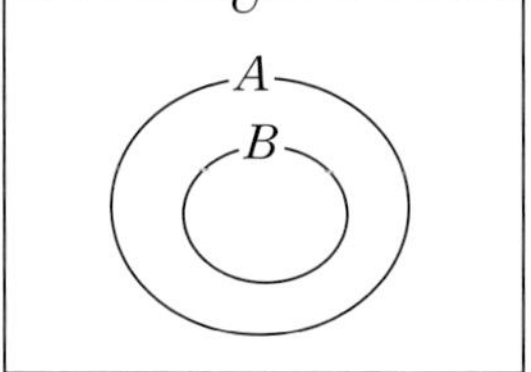

답 ④

기본문제 1-12

두 집합 $A=\{2, 3, 4, 5\}$, $B=\{4, 5, 6, 7\}$에 대하여

$$A\cap X=X,\ (A\cap B)\cup X=X$$

를 만족하는 집합 X의 개수를 구하시오.

■ $A\cup B=B$
$\Leftrightarrow A\subset B$

■ $A\cap B=A$
$\Leftrightarrow A\subset B$

[풀이] $A\cap X=X$이므로 $X\subset A$이고, $(A\cap B)\cup X=X$이므로 $(A\cap B)\subset X$이다. $\therefore (A\cap B)\subset X\subset A$
즉 $\{4, 5\}\subset X\subset\{1, 2, 3, 4, 5\}$
따라서 집합 X는 $\{1, 2, 3, 4, 5\}$의 부분집합 중 4, 5를 반드시 포함하는 것이므로 집합 X의 개수는
$2^{5-2}=2^3=8$

답 8

유제 1-22 다음 중 옳은 것은? (단, U는 전체집합)

① $A\cup B=U$이면 $A\cap B=\phi$
② $A\cup B^C=\phi$이면 $A\cup B=U$
③ $A\cap B^C=\phi$이면 $B\subset A$
④ $A\cap B^C=\phi$이면 $A\cap B=B$
⑤ $A^C\subset B^C$이면 $A\cup B=B$

답 ②

■ $A\cup B^C=\phi$이면
$A=\phi$이고 $B^C=\phi$

유제 1-23 $A=\{1, 2, 3, 4, 5, 6\}$, $B=\{3, 4, 5, 6, 7\}$일 때, $A\cap X=X$, $(A-B)\cup X=X$를 만족하는 집합 X의 개수를 구하시오.

답 16

■ $A-B=\{1, 2\}$

UpGrade 1-4

자연수 k의 양의 배수를 원소로 갖는 집합을 A_k라 할 때,
(1) $(A_4 \cap A_6) \supset A_k$를 만족하는 k의 최솟값을 구하시오.
(2) $(A_8 \cup A_{12}) \subset A_k$를 만족하는 k의 최댓값을 구하시오.

[풀이] (1) $A_k \subset (A_4 \cap A_6)$에서 $A_k \subset A_4$, $A_k \subset A_6$
따라서 k는 4의 배수이고 동시에 6의 배수이므로 k의 최솟값은 4와 6의 최소공배수인 12이다. 답 12

(2) $(A_8 \cup A_{12}) \subset A_k$에서 $A_8 \subset A_k$, $A_{12} \subset A_k$
따라서 k는 8의 약수이고 동시에 12의 약수이므로 k의 최댓값은 8과 12의 최대공약수인 4이다. 답 4

TIP 1. $A_k \subset (A_m \cap A_n)$이면 k는 m과 n의 공배수
2. $(A_m \cup A_n) \subset A_k$이면 k는 m과 n의 공약수
3. $A_m \cap A_n = A_k$이면 k는 m과 n의 최소공배수

UpGrade 1-5

전체집합 U의 두 부분집합 A, B에 대하여 연산$\triangle$를

$$A \triangle B = (A-B) \cup (B-A)$$

라고 정의하고, 이것을 A와 B의 대칭차집합이라 부른다. 다음 중 옳지 않은 것은?

① $A \triangle B = B \triangle A$　② $A \triangle \phi = A$
③ $A \triangle A = \phi$　④ $A \triangle A^C = U$
⑤ $A^C \triangle U = A^C$

[풀이] $A \triangle B = (A-B) \cup (B-A)$의
벤 다이어그램은 오른쪽 그림과 같다.
$\therefore A \triangle B = (A \cup B) - (A \cap B)$
$A^C \triangle U = (A^C \cup U) - (A^C \cap U)$
$= U - A^C = A$
따라서 옳지 않은 것은 ⑤이다. 답 ⑤

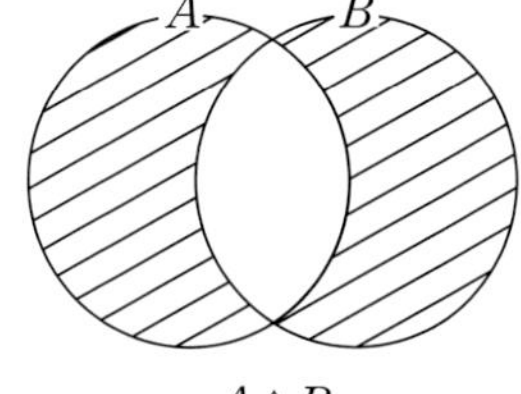

$A \triangle B$

유제 1-24 다음 물음에 답하시오.
(1) $A \triangle B = \phi$이면 $A = B$임을 증명하시오.
(2) $A \triangle B = A^C \triangle B^C$ 임을 증명하시오.
(3) 벤 다이어그램을 이용하여 다음을 증명하시오.

$$A \triangle (B \triangle C) = (A \triangle B) \triangle C$$

(4) $A \triangle (A \triangle B)$를 간단히 하시오. 답 (1) B

Tip

■ $A_4 = \{4,\ 8,\ 12,\ \cdots\}$,
$A_6 = \{6,\ 12,\ 18,\ \cdots\}$,
$A_8 = \{8,\ 16,\ 24,\ \cdots\}$,
$A_{12} = \{12,\ 24,\ 36,\ \cdots\}$

■ $A_4 \cap A_6 = A_{12}$

■ $A_2 \cap A_3 = A_k$이면 $k=6$이다.

■ $A_6 \cap A_8 = A_k$이면 $k=24$이다.

■ $A \triangle B$
$= (A-B) \cup (B-A)$
$= (A \cup B) - (A \cap B)$

■ 대칭차집합에 관한 문제는 벤 다이어그램과 정의를 적절히 활용하라.

■ 대칭차집합의 성질
1. 교환법칙
$A \triangle B = B \triangle A$
2. 결합법칙
$A \triangle (B \triangle C)$
$= (A \triangle B) \triangle C$
3. 항등원 ϕ
$A \triangle \phi = A$
4. 역원은 자기 자신
$A \triangle A = \phi$
5. $A \triangle U = A^C$
6. $A \triangle A^C = U$

1-4 집합의 연산법칙과 원소의 개수

1. 집합의 연산법칙

(1) 교환법칙 : $A\cup B=B\cup A$ $\quad A\cap B=B\cap A$

(2) 결합법칙 : $A\cup(B\cup C)=(A\cup B)\cup C$

$A\cap(B\cap C)=(A\cap B)\cap C$

(3) 분배법칙 : $A\cup(B\cap C)=(A\cup B)\cap(A\cup C)$

$A\cap(B\cup C)=(A\cap B)\cup(A\cap C)$

(4) 흡수법칙 : $A\cup(A\cap B)=A$ $\quad A\cap(A\cup B)=A$

(5) 드모르간의 법칙 : $(A\cup B)^C=A^C\cap B^C$

$(A\cap B)^C=A^C\cup B^C$

(6) 차집합 : $A-B=A\cap B^C$

■ 연산법칙은 합집합과 교집합에 관하여만 적용시킨다.

■ 기호가 같을 때에는 결합법칙을 이용하고, 기호가 다를 때에는 분배법칙을 이용한다.

■ 차집합 $A-B$은 $A-B=A\cap B^C$로 바꾸어 연산법칙을 적용시킨다.

■ $(A^C)^C=A$

■ 드모르간의 법칙
1. $(A\cup B^C)^C=A^C\cap B$
2. $(A\cap B^C)^C=A^C\cup B$
3. $(A^C\cup B^C)^C=A\cap B$
4. $(A^C\cap B^C)^C=A\cup B$
5. $(A-B)^C=(A\cap B^C)^C$
$=A^C\cup B$

보기 1 벤 다이어그램을 이용하여 다음을 증명하시오.

$$A\cap(B\cup C)=(A\cap B)\cup(A\cap C)$$

[설명] 좌변을 벤 다이어그램으로 나타내면

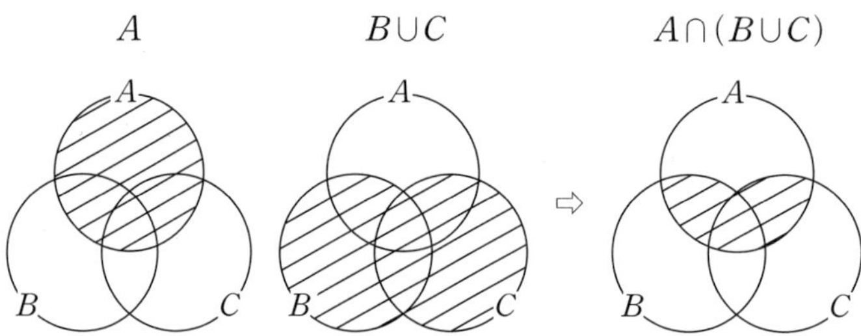

우변을 벤 다이어그램으로 나타내면

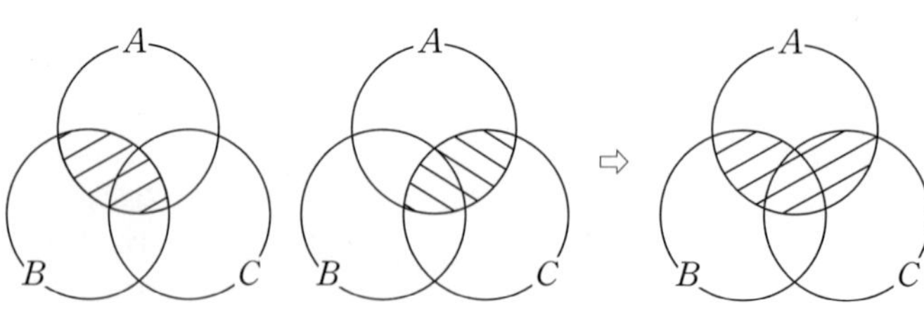

$\therefore A\cap(B\cup C)=(A\cap B)\cup(A\cap C)$

> **TIP** 1. 집합의 연산은 벤 다이어그램을 이용한다.
> 2. $(A\cup B\cup C)^C=A^C\cap B^C\cap C^C$
> $(A\cap B\cap C)^C=A^C\cup B^C\cup C^C$

2. 유한집합의 원소의 개수

전체집합 U의 세 부분집합 A, B, C에 대하여

(1) $n(A\cup B)=n(A)+n(B)-n(A\cap B)$

(2) $n(A\cup B\cup C)=n(A)+n(B)+n(C)-n(A\cap B)-n(B\cap C)$
$\qquad -n(C\cap A)+n(A\cap B\cap C)$

(3) $n(A^C)=n(U)-n(A)$

(4) $n(A-B)=n(A)-n(A\cap B)=n(A\cup B)-n(B)$

■ 벤 다이어그램을 이용하면 원소의 개수를 쉽게 계산할 수 있다.

■ 원소의 개수

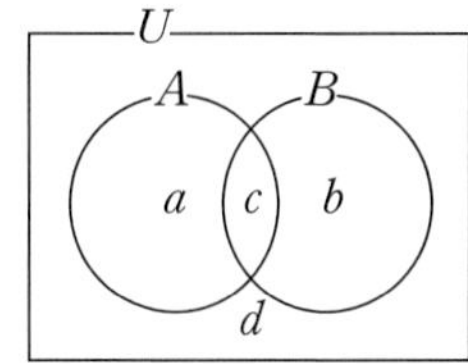

1. $n(A)=a+c$
2. $n(B)=b+c$
3. $n(A\cap B)=c$
4. $n(A-B)=a$
5. $n((A\cup B)^C)=d$
6. $n(A^C)=b+d$
7. $n((A\cap B)^C)$
   $=a+b+d$
8. $n(A\cap B^C)=a$
9. $n(A^C\cap B^C)=d$
10. $n(A^C\cap B)=b$

보기 2 벤 다이어그램을 이용하여 다음을 증명하시오.
(단, $n(A)$는 집합 A의 원소의 개수를 나타낸다.)

$$n(A\cup B\cup C)=n(A)+n(B)+n(C)-n(A\cap B)-n(B\cap C)-n(C\cap A)+n(A\cap B\cap C)$$

[설명] 오른쪽 벤 다이어그램과 같이 각 집합에 속하는 원소의 개수를 a, b, c, d, e, f, g라고 놓으면

$n(A\cup B\cup C)=a+b+c+d+e+f+g$,
$n(A)=a+d+f+g$,
$n(B)=b+d+e+g$,
$n(C)=c+e+f+g$,
$n(A\cap B)=d+g$,
$n(B\cap C)=e+g$,
$n(C\cap A)=f+g$,
$n(A\cap B\cap C)=g$

이므로 좌변과 우변을 계산한 결과가 서로 같다.

따라서

$$n(A\cup B\cup C)=n(A)+n(B)+n(C)-n(A\cap B)-n(B\cap C)-n(C\cap A)+n(A\cap B\cap C)$$

보기 3 두 집합 A, B에 대하여 다음 물음에 답하시오.

(1) $n(A)=15$, $n(B)=10$, $n(A\cap B)=6$일 때, $n(A\cup B)$를 구하시오.

(2) $n(A)=12$, $n(B)=8$, $n(A\cup B)=15$일 때, $n(A\cap B)$와 집합 A에만 속하는 원소의 개수를 각각 구하시오.

■ $A-B=A\cap B^C$

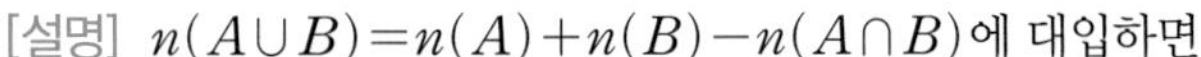

[설명] $n(A\cup B)=n(A)+n(B)-n(A\cap B)$에 대입하면

(1) $n(A\cup B)=15+10-6 \quad \therefore n(A\cup B)=19$

(2) $15=12+8-n(A\cap B) \quad \therefore n(A\cap B)=5$

집합 A에만 속하는 원소로 이루어진 집합은 $A-B$이다.

$\therefore n(A-B)=n(A)-n(A\cap B)=12-5=7$

기본문제 1-13

집합의 연산법칙을 이용하여 다음을 증명하시오.
(1) $A-(A-B)=A\cap B$
(2) $(A-B)^C-B=(A\cup B)^C$

[설명] (1) $A-(A-B)=A-(A\cap B^C)=A\cap(A\cap B^C)^C$
$=A\cap(A^C\cup B)=(A\cap A^C)\cup(A\cap B)$
$=\phi\cup(A\cap B)=A\cap B$
(2) $(A-B)^C-B=(A\cap B^C)^C\cap B^C=(A^C\cup B)\cap B^C$
$=(A^C\cap B^C)\cup(B\cap B^C)=(A^C\cap B^C)\cup\phi$
$=A^C\cap B^C=(A\cup B)^C$

Tip

■ 차집합 $A-B$은 $A-B=A\cap B^C$로 바꾸어 연산법칙을 적용시킨다.

■ 드모르간의 법칙
1. $(A\cup B)^C=A^C\cap B^C$
2. $(A\cap B)^C=A^C\cup B^C$

기본문제 1-14

전체집합 U의 두 부분집합 A, B에 대하여 다음 등식이 성립할 때 A, B의 포함 관계를 말하시오.
(1) $(A\cup B)\cap(A^C\cup B^C)=A\cap B^C$
(2) $[A\cap(A^C\cup B)]\cup[B-(B^C\cap C^C)]=A\cup B$

[설명] (1) 좌변을 간단히 하면
$(A\cup B)\cap(A^C\cup B^C)=(A\cup B)\cap(A\cap B)^C$
$=(A\cup B)-(A\cap B)$
$=(A-B)\cup(B-A)$
$\therefore (A-B)\cup(B-A)=A-B$ (우변)
$\therefore (B-A)\subset(A-B)$
$\phi=(B-A)\cap(A-B)=B-A$이므로 $B\subset A$ ⇦ 답
(2) 좌변을 간단히 하면
$[A\cap(A^C\cup B)]\cup[B-(B^C\cap C^C)]$
$=[(A\cap A^C)\cup(A\cap B)]\cup[B\cap(B^C\cap C^C)^C]$
$=[\phi\cup(A\cap B)]\cup[B\cap(B\cup C)]$
$=(A\cap B)\cup B=B=A\cup B$ (우변)
$\therefore A\subset B$ 답 $A\subset B$

■ 벤 다이어그램을 이용하면 집합의 관계를 쉽게 알 수 있다.
$(A\cup B)-(A\cap B)$
$=(A-B)\cup(B-A)$

■ $A\subset B$이면
1. $A\cup B=B$
2. $A\cap B=A$

유제 1-25 집합의 연산법칙을 이용하여 다음을 증명하시오.
$$(A-B)\cup(A-C)=A-(B\cap C)$$

유제 1-26 두 집합 A, B에 대하여 다음 등식이 성립할 때 A, B의 포함 관계를 말하시오.
$$[(A\cap B)\cup(A-B)]\cap B=A$$
답 $A\subset B$

기본문제 1-15

전체집합 $U=\{1, 2, 3, 4, 5, 6, 7\}$의 두 부분집합 A, B에 대하여

$$A\cap B=\{5\},\ A^C\cap B=\{3, 7\},\ A^C\cap B^C=\{1, 6\}$$

일 때, 다음을 구하시오.

(1) $A\cup B$　　(2) A　　(3) B

[설명] $A^C\cap B=B-A=\{3, 7\}$,
$A^C\cap B^C=(A\cup B)^C=\{1, 6\}$
이므로 오른쪽 벤 다이어그램을 이용하면

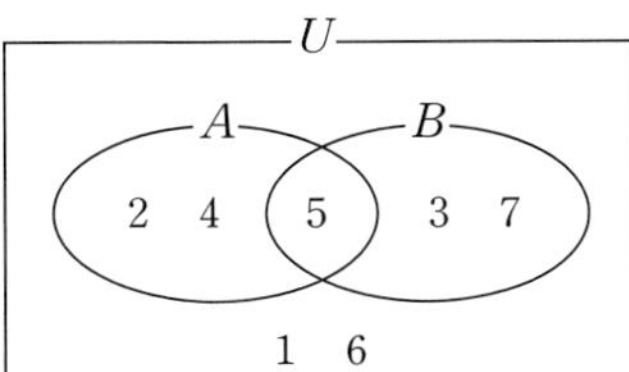

(1) $A\cup B=\{2, 3, 4, 5, 7\}$
(2) $A=\{2, 4, 5\}$
(3) $B=\{3, 5, 7\}$

기본문제 1-16

전체집합 $U=\{1, 2, 3, 4, 5, 6, 7, 8\}$의 두 부분집합 A, B에 대하여 $A=\{2, 3, 5, 7\}$, $B=\{2, 4, 6, 8\}$일 때, 집합

$$\{(A\cap B)\cup(A^C\cap B)\}\cap A^C$$

을 구하시오.

[설명] 연산법칙을 이용하여 주어진 식을 간단히 하면

$\{(A\cap B)\cup(A^C\cap B)\}\cap A^C$
$=[\{(A\cap B)\cup A^C\}\cap\{(A\cap B)\cup B\}]\cap A^C$　⇦ 분배법칙
$=[\{(A\cup A^C)\cap(B\cup A^C)\}\cap B]\cap A^C$　⇦ 분배, 흡수
$=\{(B\cup A^C)\cap B\}\cap A^C$　⇦ $A\cup A^C=U$
$=B\cap A^C$　⇦ 흡수법칙
$=B-A=\{4, 6, 8\}$

답 $\{4, 6, 8\}$

유제 1-27 $U=\{1, 2, 3, 4, 5, 6, 7, 8, 9\}$의 두 부분집합 A, B에 대하여 $(A\cup B)^C=\{9\}$, $A\cap B=\{3, 4, 5\}$, $A^C\cap B=\{1, 8\}$일 때, 집합 $A\cap B^C$을 구하시오.

답 $\{2, 6, 7\}$

유제 1-28 $U=\{1, 2, 3, 4, 5, 6, 7\}$의 두 부분집합 A, B에 대하여 $(A\cup B)^C=\{1, 7\}$, $A\cap B=\{4, 5\}$, $A\cap B^C=\{3\}$일 때, 집합 $A^C\cap B$의 모든 원소의 합을 구하시오.

답 8

Tip

■ 벤 다이어그램을 이용하라.

■ $A\cap B^C=A-B$

■ $A^C\cap B=B-A$

■ $A^C\cap B^C=(A\cup B)^C$

■ 벤 다이어그램과 연산법칙을 적절히 활용한다.

■ $A\subset B$이면
1. $A\cup B=B$
2. $A\cap B=A$

■ 벤 다이어그램을 이용하라.

기본문제 1-17

전체집합 U의 두 부분집합 A, B에 대하여

$n(U)=30,\ n(A)=10,\ n(A\cap B)=2,\ n(A^C\cap B^C)=6$

일 때, $n(B)$의 값을 구하시오.

[풀이] $A^C\cap B^C=(A\cup B)^C$이므로

$n(A\cup B)=n(U)-n(A^C\cap B^C)=30-6=24$

$n(A\cup B)=n(A)+n(B)-n(A\cap B)$에서

$24=10+n(B)-2 \quad \therefore n(B)=16$

답 16

Tip

■ $n(A\cup B)$
$=n(U)-n(A^C\cap B^C)$

기본문제 1-18

전체집합 U의 세 부분집합 A, B, C에 대하여

$n(U)=100,\ n(A^C\cap B^C\cap C^C)=10,\ n(A)=74,\ n(B)=66,$

$n(C)=80,\ n(A\cap B)=42,\ n(B\cap C)=58,\ \mathrm{n}(C\cap A)=50$

일 때, $n(A\cap B\cap C)$의 값을 구하시오.

■ 공식을 이용한다.

[풀이] $A^C\cap B^C\cap C^C=(A\cup B\cup C)^C$이므로

$n(A\cup B\cup C)=n(U)-n(A^C\cap B^C\cap C^C)=100-10=90$

$n(A\cup B\cup C)=n(A)+n(B)+n(C)-n(A\cap B)-n(B\cap C)$

$\qquad -n(C\cap A)+n(A\cap B\cap C)$에서

$90=74+66+80-42-58-50+n(A\cap B\cap C)$

$\therefore n(A\cap B\cap C)=20$

답 20

유제 1-29 전체집합 U의 두 부분집합 A, B에 대하여

$n(U)=50,\ n(A)=36,\ n(B)=29,\ n(A\cap B)=21$

일 때, $n(A^C\cap B^C)$의 값을 구하시오.

답 6

■ $n(A^C\cap B^C)$
$=n(U)-n(A\cup B)$

유제 1-30 세 집합 A, B, C에 대하여 $A\cap B=\phi$이고,

$n(A)=20,\ n(B)=16,\ n(C)=12,\ n(A\cup C)=25,$

$n(B\cup C)=20$

일 때, $n(A\cup B\cup C)$의 값을 구하시오.

답 33

■ $A\cap B=\phi$이면
$n(A\cap B)=0$이고
$n(A\cap B\cap C)=0$

유제 1-31 전체집합 $U=\{1,\ 2,\ 3,\ \cdots,\ 100\}$의 두 부분집합 A, B가 $A=\{x|x$는 2의 배수$\}$, $B=\{x|x$는 3의 배수$\}$일 때, 다음을 각각 구하시오.

(1) $n(A\cap B)$ (2) $n(A\cup B)$ (3) $n(A^C\cap B)$

답 (1) 16 (2) 67 (3) 17

■ 집합 $A^C\cap B$는 3의 배수 중 2의 배수가 아닌 수의 집합이고,
$n(A^C\cap B)$
$=n(B)-n(A\cap B)$

기본문제 1-19

30명의 학생을 대상으로 수학, 영어 두 과목에 대한 선택여부를 조사했더니, 수학을 선택한 학생이 20명, 영어를 선택한 학생이 15명, 수학, 영어의 어느 과목도 선택하지 않은 학생이 3명이었다. 다음 물음에 답하시오.

(1) 수학, 영어 두 과목 중 적어도 어느 하나를 선택한 학생은 몇 명인가?
(2) 수학, 영어 두 과목을 모두 선택한 학생은 몇 명인가?
(3) 수학 과목만을 선택한 학생은 몇 명인가?

Tip

■ 문장을 수학적인 기호로 나타낸다. 즉 학생 전체의 집합을 U, 수학, 영어를 선택한 학생의 집합을 각각 A, B라 놓고 공식을 이용한다.

[풀이] 30명의 학생 전체의 집합을 U라 하고, 수학을 선택한 학생의 집합을 A, 영어를 선택한 학생의 집합을 B라고 하면
$n(U)=30,\ n(A)=20,\ n(B)=15,\ n(A^C\cap B^C)=3$
(1) 적어도 한 과목을 선택한 학생 수 $n(A\cup B)$는
$n(A\cup B)=n(U)-n(A^C\cap B^C)=30-3=27$ 답 27
(2) 수학, 영어를 모두 선택한 학생 수 $n(A\cap B)$는
$n(A\cup B)=n(A)+n(B)-n(A\cap B)$에서
$27=20+15-n(A\cap B)\quad \therefore n(A\cap B)=8$ 답 8
(3) 수학만을 선택한 학생 수 $n(A\cap B^C)$는
$n(A\cap B^C)=n(A)-n(A\cap B)=20-8=12$ 답 12

■ 벤 다이어그램을 적절히 활용하라.

기본문제 1-20

1부터 100까지의 자연수 중에서 4 또는 6으로 나누어 떨어지는 자연수의 개수를 구하시오.

[풀이] 4의 배수의 집합을 A, 6의 배수의 집합을 B라 하면
$n(A)=25$, $n(B)=16$이고, $A\cap B$는 12의 배수의 집합이므로
$n(A\cap B)=8$이다.
4 또는 6의 배수의 집합은 $A\cup B$이므로
$n(A\cup B)=n(A)+n(B)-n(A\cap B)=25+16-8=33$ 답 33

■ $A\cap B$는 4의 배수인 동시에 6의 배수의 집합이므로 4와 6의 최소공배수인 12의 배수의 집합을 나타낸다.

유제 1-32 50명의 학생에게 a, b두 문제를 풀게 하였더니 a를 푼 학생은 30명, b를 푼 학생은 23명이었으며, a, b를 다 못 푼 학생은 5명이었다. 다음을 구하시오.

(1) a, b를 다 푼 학생의 수
(2) a만 푼 학생의 수

답 (1) 8 (2) 22

■ 벤 다이어그램을 적절히 활용하라.

UpGrade 1-6

전체집합 U의 두 부분집합 A, B에 대하여

$$n(U)=50,\ n(A)=38,\ n(B)=30,\ n(A\cap B)=x$$

일 때, x의 최댓값과 최솟값을 구하시오.

Tip

■ $(A\cup B)\subset U$이므로 $n(A\cup B)\le n(U)$

■ $(A\cap B)\subset A$이므로 $n(A\cap B)\le n(A)$

■ $(A\cap B)\subset B$이므로 $n(A\cap B)\le n(B)$

[풀이] $n(A\cup B)\le n(U)$, $n(A\cap B)\le n(A)$, $n(A\cap B)\le n(B)$ 임을 이용하자.

$n(A\cup B)=n(A)+n(B)-n(A\cap B)=38+30-x\le 50$

$\therefore x\ge 18$ …… ①

또, $x\le 38$이고 $x\le 30$이므로 $x\le 30$ …… ②

①, ②로부터 $18\le x\le 30$

따라서 x의 최댓값은 30, 최솟값은 18 ⇦ 답

UpGrade 1-7

집합 A에 속하는 모든 원소의 합을 $S(A)$로 나타낸다.
예를 들면, $A=\{1,\ 2,\ 4\}$일 때 $S(A)=7$이고 $S(\phi)=0$이다.
5개의 서로 다른 양의 정수를 원소로 갖는 두 집합

$$M=\{a_1,\ a_2,\ a_3,\ a_4,\ a_5\},\ N=\{a_i+d\,|\,a_i\in M\}$$

에 대하여 $M\cap N=\{4,\ 9\}$, $S(M)=22$, $S(M\cup N)=46$일 때, 집합 M을 구하시오.

■ 원소의 합을 구하는 공식과 원소의 개수를 구하는 공식은 서로 비슷하다.

[풀이] $S(M\cup N)=S(M)+S(N)-S(M\cap N)$이므로

$46=22+(22+5d)-13$ $\therefore d=3$

따라서 M의 한 원소 a_1에 대하여

$a_1+3=4$ $\therefore a_1=1$

마찬가지로 $a_2+3=9$ $\therefore a_2=6$

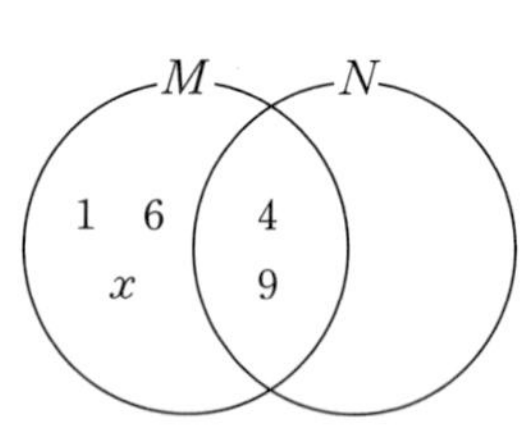

오른쪽 벤 다이어그램에서 1, 4, 6, 9는 M의 원소이고 나머지 한 원소를 x라 하면 $1+4+6+9+x=22$ $\therefore x=2$

$\therefore M=\{1,\ 2,\ 4,\ 6,\ 9\}$ ⇦ 답

유제 1-33 $n(U)=30$, $n(A)=20$, $n(B)=16$, $n(A\cap B)=x$일 때, x의 최댓값과 최솟값을 구하시오. 답 16, 6

유제 1-34 세 집합 A, B, C에 대하여 $n(A)=7$, $n(B)=5$, $n(C)=10$, $n(A\cap B)=4$, $n(A\cap B\cap C)=3$, $n((A\cup B)\cap C)=x$, $n(A\cup B\cup C)=y$일 때, x, y가 취하는 값의 범위를 각각 구하시오. 답 $3\le x\le 7$, $11\le y\le 15$

■ 벤 다이어그램을 이용하라.

연습문제 01*

1-1 집합 $A=\{0,\ 1,\ 2\}$에 대하여 두 집합 B, C를

$B=\{x+y\,|\,x\in A,\ y\in A\}$, $C=\{xy\,|\,x\in A,\ y\in A\}$

라고 할 때, 세 집합 A, B, C의 포함 관계를 말하시오.

■ [기본문제 1-2] 유형

1-2 집합 $A=\{\phi,\ 1,\ 2,\ \{1\},\ \{1,\ 2\}\}$에 대하여 다음 중 옳지 않은 것은?

① $\phi\in A$ ② $\phi\subset A$ ③ $\{1,\ 2\}\subset A$

④ $\{1,\ 2\}\in A$ ⑤ $\{\{\phi\},\ \{1\}\}\subset A$

■ (원소)∈(집합)
■ (집합)⊂(집합)

1-3 두 집합 $A=\{x\,|\,-2\le x\le -3k\}$, $B=\{x\,|\,k\le x<12\}$에 대하여 $A\subset B$가 성립할 때, k의 값의 범위를 구하시오.

■ 수직선을 이용한다. 특히, 끝점의 포함 관계에 유의한다.

1-4 집합 $A=\{1,\ 2,\ 3,\ 4,\ 5,\ 6\}$의 부분집합 중 적어도 한 개의 홀수를 원소로 갖는 부분집합의 개수는?

① 56 ② 58 ③ 60

④ 62 ⑤ 66

■ 적어도~라는 조건이 있는 문제는 여사건을 생각한다.

1-5 집합 $A=\{\phi,\ 1,\ 2,\ \{1,\ 2\}\}$의 부분집합의 개수를 구하시오.

■ 2^n

1-6 $U=\{1,\ 2,\ 3,\ 4,\ 5\}$일 때, $\{2,\ 3\}\cap A\ne\phi$을 만족시키는 U의 부분집합 A의 개수를 구하시오.

■ 여사건을 생각한다.

1-7 서로 다른 세 자연수를 원소로 갖는 집합 $A=\{a,\ b,\ c\}$에 대하여 집합 $B=\{x+y\,|\,x\in A,\ y\in A,\ x\ne y\}$라 할 때, $B=\{14,\ 17,\ 21\}$을 만족하는 집합 A를 구하시오.

■ $a+b$, $b+c$, $c+a$는 집합 B의 세 원소이다. 일반성을 잃지 않고

$a<b<c$

라고 놓고 생각한다.

1-8 집합 $S=\{1,\ 2,\ 3,\ 4,\ 5,\ 6\}$의 부분집합 중 원소가 3개이고 그 중 가장 큰 수가 5인 부분집합의 개수는?

① 6　　② 7　　③ 8
④ 9　　⑤ 10

■ 원소 5를 제외한 집합의 부분집합을 생각한다.

1-9 두 집합 $A=\{2,\ a^2-2a\}$, $B=\{3,\ a^2-a\}$에 대하여 $A=B$가 성립하는 상수 a의 값을 구하시오.

■ 두 집합 A, B가 같은 원소로 이루어져 있을 때 $A=B$

1-10 오른쪽 벤 다이어그램에서 빗금친 부분을 나타내는 집합은?

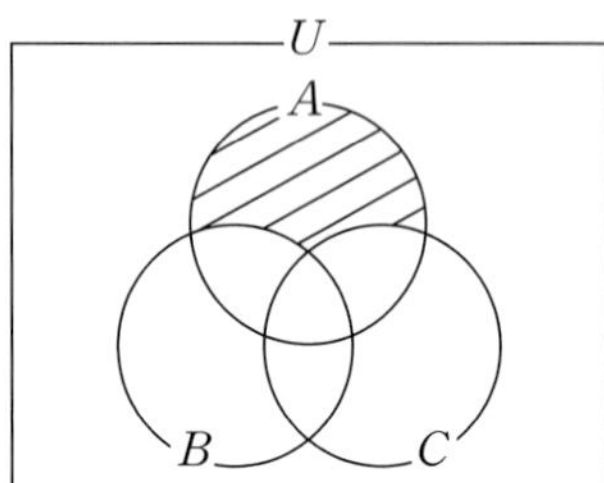

① $A\cup(B\cap C)$
② $A\cap(B\cup C)$
③ $B\cap(A\cup C)$
④ $A^C\cap(B\cup C)$
⑤ $B^C\cap(A\cup C)$

1-11 전체집합 U의 두 부분집합 A, B에 대하여

$$(A-B)\cup(B-A)=\phi$$

이 성립할 때, A, B사이의 관계는?

① $A\subset B$　　② $B\subset A$　　③ $A=B$
④ $A\cap B=\phi$　　⑤ $A-B=\phi$

■ $A\cup B=\phi$이면
$A=\phi$, $B=\phi$

1-12 두 집합 A, B에 대하여 연산△를

$$A\triangle B=(A\cup B)-(A\cap B)$$

라고 정의한다. 집합 $A=\{1,\ 2,\ 3,\ 4,\ 5\}$, $A\triangle B=\{2,\ 3,\ 5,\ 7,\ 11\}$일 때, 집합 B의 모든 원소의 합을 구하시오.

■ 대칭차집합

1-13 전체집합 U의 두 부분집합 A, B에 대하여

$$n(U)=50,\ n(A)=25,\ n(B-A)=10$$

일 때, $n(A^C\cap B^C)$의 값을 구하시오.

■ $n(B-A)$
$=n(B)-n(A\cap B)$
$=n(A\cup B)-n(A)$

1-14 집합 A, B에 대하여 $(A\cup B)\cap(A\cup B^{C})^{C}$을 간단히 하면?

① ϕ ② A ③ B
④ $A-B$ ⑤ $B-A$

■ 드모르간의 법칙

1-15 집합 $A=\{1, 2, 3, 4, 5, 6\}$의 부분집합 중 집합 $B=\{2, 4, 6, 8\}$와 서로소인 것의 개수를 구하시오.

■ $A\cap B=\phi$일 때 A와 B는 서로소

1-16 전체집합 U의 두 부분집합 A, B에 대하여
$[(A\cap B)\cup(A-B)]\cup[(B-A)\cup(A^{C}\cap B^{C})]$을 간단히 하면?

① A ② B ③ U
④ A^{C} ⑤ B^{C}

■ 집합의 연산법칙 또는 벤 다이어그램을 이용한다.

1-17 두 집합 A, B에 대하여 다음 중 옳지 않은 것은?

① $A\cap(A\cup B)=A$ ② $A\cup(A\cap B)=A$
③ $A-(A-B)=A\cap B$ ④ $(A-B)^{C}=B-A$
⑤ $A\cap(A\cap B)^{C}=A-B$

■ $A-B=A\cap B^{C}$

1-18 실수 전체의 집합을 R이라 할 때, R의 부분집합

$$A=\{x\,|\,f(x)\geq 0\},\ B=\{x\,|\,f(x)>0\},$$
$$C=\{x\,|\,g(x)\leq 0\},\ D=\{x\,|\,g(x)=0\}$$

에 대하여 다음 집합을 A, B, C, D 또는 그 여집합을 써서 나타내시오.

(1) $\{x\,|\,f(x)<0\}$ (2) $\{x\,|\,g(x)<0\}$

1-19 집합 $A=\{x\,|\,1\leq x\leq 3\}$, $B\{x\,|\,2<x<5\}$, $X=\{x\,|\,p\leq x\leq q\}$에 대하여 $A\cap X=X$, $(A-B)\cup X=X$가 성립할 때, p, q가 취하는 값 또는 그 값의 범위를 구하시오.

■ $A\cap B=A$이면 $A\subset B$

■ $A\cup B=B$이면 $A\subset B$

1-20 전체집합 $U=\{1,\ 2,\ 3,\ \cdots,\ 100\}$의 부분집합 A_k를
$A_k=\{x\,|\,x$는 k의 배수, k는 자연수$\}$
라고 정의할 때, $A_2\cap(A_3\cup A_4)$의 원소의 개수를 구하시오.

■ $A_2\cap A_3=A_6$
■ $A_2\cap A_4=A_4$

1-21 집합 S는 다음 두 조건을 만족한다.

(i) $-1\in S$ (ii) $a\in S$이면 $\dfrac{1}{1-a}\in S$

이때, 원소의 개수가 최소인 집합 S를 구하시오.

■ $-1\in S$이므로 $a=-1$을 대입한다.

1-22 두 집합 $A=\{1,\ a,\ a+1\}$, $B=\{a+1,\ a-1\}$에 대하여 $(A\cup B)-(A\cap B)=\{1,\ 2,\ 3\}$을 만족하는 상수 a의 값을 구하시오.

■ 집합의 연산

1-23 집합 $A=\{1,\ 2,\ 3,\ 4,\ 5\}$의 부분집합 중에서 원소의 개수가 2인 부분집합들의 원소의 총합을 구하시오.

■ 1을 포함하는 부분집합 중 원소가 2개인 것은 몇 개인가?

1-24 세 집합 $A,\ B,\ C$에 대하여 $n(A)=15,\ n(B)=18,\ n(C)=20,\ n(A\cap B)=12,\ n(A\cap B\cap C)=7$일 때, $n(C-(A\cup B))$의 최솟값을 구하시오.

■ 벤 다이어그램을 그려본다.

1-25 자연수 k의 양의 배수의 집합을 A_k라 할 때,
(1) $A_4\cap A_6=A_k$를 만족하는 k의 값을 구하시오.
(2) $(A_{18}\cup A_{24})\subset A_k$를 만족하는 k의 최댓값을 구하시오.

■ [*UpGrade* 1−4] 유형

1-26 전체집합 U의 두 부분집합 $A,\ B$에 대하여 연산△를 $A\triangle B=A^C\cap B^C$로 정의한다. $(A\triangle B)\triangle B=\phi$을 만족시킬 때, 다음 중 옳은 것은?

① $A\subset B$ ② $B\subset A$ ③ $A=B^C$
④ $A\cap B=\phi$ ⑤ $A\cup B=U$

■ 집합의 연산

1-27 전체집합 $U=\{1,\ 2,\ 3,\ 4,\ 5,\ 6\}$의 부분집합 A에 대하여 $\{2,\ 4,\ 6\}\cup A=\{2,\ 3,\ 4,\ 5,\ 6\}$을 만족시키는 집합 A의 개수를 구하시오.

■ 집합 A는 3과 5를 포함하고 1은 포함하면 안 된다.

1-28 다음 중 집합 $(A-B)\cap(A-C)$와 같은 것은?

① $A\cap B\cap C$ ② $A^C\cap B\cap C$ ③ $A-(B\cap C)$
④ $A-(B\cup C)^C$ ⑤ $A-(B\cup C)$

■ $A-B=A\cap B^C$

1-29 전체집합 U의 두 부분집합 $A,\ B$에 대하여 연산 △를 $A\triangle B=(A-B)^C$로 정의할 때, 다음 중 집합 $(A\triangle B)\triangle B$와 같은 것은? (단, $U\neq\phi$)

① A ② B ③ $A\cap B$
④ $A\cup B$ ⑤ $(B-A)^C$

■ $(A-B)^C$
$=(A\cap B^C)^C$
$=A^C\cup B$

1-30 전체집합 U의 두 부분집합 $A,\ B$에 대하여 $(A-B)\cup(B-A^C)$를 간단히 하면?

① A ② B ③ ϕ
④ $A\cap B$ ⑤ $A\cup B$

■ 집합의 연산법칙

1-31 전체집합 U의 두 부분집합 $A,\ B$에 대하여 연산 $*$를

$$A*B=(A\cap B)\cup(A\cup B)^C$$

라고 정의할 때, 항상 성립한다고 할 수 없는 것은? (단, $U\neq\phi$)

① $A*U=U$ ② $A*B=B*A$
③ $A*\phi=A^C$ ④ $A*B=A^C*B^C$
⑤ $A*A^C=\phi$

■ 집합의 연산법칙

1-32 전체집합 $U=\{0,\ 1,\ 2,\ 3,\ 4\}$의 두 부분집합 $A,\ B$에 대하여 $A=\{3,\ 4\}$, $(A^C\cup B)\cap A=\{3\}$을 만족하는 집합 B의 개수를 구하시오.

■ $(A^C\cup B)\cap A$
$=(A^C\cap A)\cup(B\cap A)$
$=\phi\cup(B\cap A)$
$=B\cap A$

1-33 $U=\{x\mid 1\le x\le 10,\ x$는자연수$\}$의 두 부분집합 A, B에 대하여 $A^C\cap B^C=\{1, 10\}$, $A\cap B=\{2, 7\}$, $A^C\cap B=\{4, 6, 8\}$일 때, 집합 A의 원소의 합은?

① 29　② 26　③ 23
④ 20　⑤ 17

■ 벤 다이어그램

1-34 전체집합 U의 세 부분집합 A, B, C는 공집합이 아니고, $(A-B)\cup(B-C)=\phi$을 만족한다.
이때, 집합 $(A-C)\cup(A\cap B)$를 간단히 하시오.

■ $A\cup B=\phi$이면 $A=\phi$, $B=\phi$

■ $A-B=\phi$이면 $A\subset B$

1-35 전체집합 $U=\{x\mid 1\le x\le 50,\ x$는자연수$\}$의 부분집합 A_k를 $A_k=\{x\mid x$는 k의 배수, k는 자연수$\}$라고 정의할 때,
집합 $(A_2-A_3)\cup(A_2-A_4)$의 원소의 개수는?

① 15　② 17　③ 21
④ 25　⑤ 27

■ $A-B=A\cap B^C$

1-36 전체집합 $U=\{1, 2, 3, 4, 5\}$의 서로 다른 두 부분집합 X, Y에 대하여 $(X\cup Y)-(X\cap Y)$의 가장 작은 원소가 X에 속할 때, $X\Rightarrow Y$라고 하자. U의 세 부분집합
$A=\{2, 3, 4\}$, $B=\{1, 2, 5\}$, $C=\{2, 4, 5\}$에 대하여 다음 중 옳은 것은?

① $A\Rightarrow B\Rightarrow C$　② $A\Rightarrow C\Rightarrow B$　③ $B\Rightarrow A\Rightarrow C$
④ $B\Rightarrow C\Rightarrow A$　⑤ $C\Rightarrow A\Rightarrow B$

■ 대칭차집합

1-37 자연수 n에 대하여 집합 A_n을 $A_n=\{x\mid x$는 n과 서로소인 자연수$\}$라고 정의할 때, 보기 중에서 옳은 것을 모두 고르면?

[보기]
ㄱ. $A_2=A_4$　ㄴ. $A_3=A_6$　ㄷ. $A_6=A_3\cap A_4$

① ㄱ　② ㄴ　③ ㄷ
④ ㄱ, ㄷ　⑤ ㄱ, ㄴ, ㄷ

■ 1 이외의 양의 공약수를 갖지 않는 두 정수를 서로소라고 한다.

1-38 1부터 100까지의 자연수 중에서 24와 서로소인 자연수의 개수를 구하시오.

1-39 자연수 n의 양의 배수의 집합을 A_n으로 나타내기로 한다. 다음 설명 중 옳지 않은 것은?

■ [UpGrade 1-4] 유형

① $A_4 \subset A_2$

② $A_2 \cap A_3 = A_6$

③ $(A_4 \cup A_6) \supset A_{12}$

④ m이 n의 배수이면 $A_m \cup A_n = A_m$

⑤ m과 n이 서로소이면 $A_m \cap A_n = A_{mn}$

1-40 어떤 행사에서 20종류의 스티커를 모으면 경품을 받을 수 있다고 한다. 갑은 네 종류, 을과 병은 각각 다섯 종류의 스티커를 모았다. 두 사람씩 비교하였을 때 각각 세 종류의 스티커가 공통으로 있었고, 세 사람을 함께 비교하였을 때는 두 종류의 스티커가 공통으로 있었다. 갑, 을, 병의 스티커를 모아서 경품을 받으려고 할 때, 최소로 더 필요한 스티커의 종류의 수를 구하시오.

■ 문장을 기호화 하고 집합의 원소의 개수를 구한다.

1-41 100명의 학생이 A, B, C 세 종류의 시험에 응시하여 그 결과를 보니 A에 합격한 학생은 32명, B에 합격한 학생은 26명, A, B 모두 합격한 학생은 8명, C에만 합격한 학생은 14명이었다. 세 시험 A, B, C 어디에도 합격하지 못한 학생의 수를 구하시오.

■ $n(A \cup B \cup C)$
$= n(A \cup B) + n(C - (A \cup B))$

1-42 집합 $S = \{1, 2, 3, 4, 5, 6\}$의 부분집합 중 홀수가 하나만 속하는 것을 $A_1, A_2, \cdots, A_n$이라고 하고, $A_k (k = 1, 2, \cdots, n)$의 원소의 합을 a_k라고 하자.

(1) n의 값을 구하시오.

(2) 짝수의 집합 $\{2, 4, 6\}$의 모든 부분집합의 원소의 총합을 구하시오.

(3) $a_1 + a_2 + \cdots + a_n$의 값을 구하시오.

■ 짝수로만 이루어진 부분집합에 홀수 하나만 추가하면 된다.

2장 명제

2-1 명제와 조건

Tip

■ 다음은 명제가 아니다.
1. 방정식 : $x+1=3$
2. 부등식 : $x>5$
3. 명령문
4. 감탄문
5. 의문문
6. 불확실한 문장

1. 명제와 조건

(1) 명제 : 참, 거짓을 명확히 판별할 수 있는 문장이나 식

(2) 조건 : x를 포함하는 문장이나 식이 x의 값에 따라 참, 거짓이 결정될 때, 그 문장이나 식을 조건이라 하고 기호 $p(x)$, $q(x)$, $r(x)$, …등으로 나타낸다. 이 조건 $p(x)$를 간단히 「조건 p」로 나타낸다.

TIP 1. 명제는 기호 p, q, r, …등으로 나타낸다.
2. 문자 x에 대한 조건은 기호 $p(x)$, $q(x)$, $r(x)$, …등으로 나타내는데 명제와 혼동되지 않을 때에는 간단히 기호 p, q, r, …등으로 나타낸다.

보기 1 다음 문장 중에서 명제인 것은?

① 장미꽃은 예쁘다. ② 날씨가 참 좋구나!
③ 나는 키가 크다. ④ 3은 짝수이다.
⑤ 1000은 큰 수이다.

[설명] ④는 거짓인 문장이므로 명제이다.
참인 문장뿐만 아니라 거짓인 문장도 명제이다.

보기 2 전체집합 $U=\{1,\ 2,\ 3\}$의 원소 x에 대하여 조건

$$p(x)\ :\ x\text{는 4의 약수이다.}$$

일 때, x의 값에 따라 $p(x)$의 참, 거짓이 결정된다. 즉
$x=1$이면 「1은 4의 약수이다」는 참,
$x=2$이면 「2는 4의 약수이다」는 참,
$x=3$이면 「3은 4의 약수이다」는 거짓
이므로 각각은 명제가 된다.
이와 같이 전체집합 $U(U\neq\phi)$가 주어질 때, 변수 x를 포함하는 문장으로서 U에 속하는 각 원소를 x에 대입하면 명제가 되는 것을 집합 U에서의 조건이라 한다.

■ 전체집합 U에서의 조건을 $p(x)$, $q(x)$, …로 나타낸다.

2. 진리집합

전체집합 U에서의 조건 p가 참이 되게 하는 원소들의 집합을 조건 p의 **진리집합**이라고 하며 일반적으로 진리집합은

$$P=\{x\in U\,|\,p(x)\text{가 참}\}$$

으로 나타낸다.

■ 조건 p, q, r, …의 진리집합은 각각 대문자 P, Q, R, …로 나타낸다.

보기 3 전체집합 $U=\{1,\ 2,\ 3,\ 4,\ 5,\ 6\}$일 때, 다음 조건의 진리집합 P를 구하시오.

$p(x)$: x는 6의 약수이다

[설명] $P=\{1,\ 2,\ 3,\ 6\}$

보기 4 전체집합이 실수의 집합 R일 때, 다음 조건의 진리집합 P를 구하시오.

(1) $x^2-1=0$　　(2) $x^2\geq 0$　　(3) $x^2<0$

■ $(\text{실수})^2\geq 0$

[설명] (1) $x^2-1=0$에서 $(x-1)(x+1)=0$　$\therefore x=1,\ -1$

따라서 조건 (1)을 참이 되게 하는 x는 $1,\ -1$이다.

$\therefore P=\{-1,\ 1\}$

(2) $x^2\geq 0$은 모든 실수 x에 대하여 성립하므로 $P=R$

(3) $x^2<0$은 모든 실수 x에 대하여 성립하지 않으므로 $P=\phi$

3. 명제와 조건의 부정

(1) 명제 또는 조건 p의 부정을 $\sim p$로 나타내며,

「p가 아니다」 또는 「not p」

라고 읽는다.

(2) p가 참이면 $\sim p$는 거짓이고, p가 거짓이면 $\sim p$는 참이다.
그리고 $\sim p$의 부정은 p이다. 즉 $\sim(\sim p)=p$

(3) 조건 p의 진리집합이 P이면 그 부정 $\sim p$의 진리집합은 P^C이다.

■ 부정의 예
1. $>\ \leftrightarrow\ \leq$
2. $<\ \leftrightarrow\ \geq$
3. or ↔ and
4. all ↔ some
5. 짝수 ↔ 홀수
6. $a=b\ \leftrightarrow\ a\neq b$
7. 이다 ↔ 아니다
8. 유리수 ↔ 무리수

보기 5 전체집합 $U=\{1,\ 2,\ 3,\ 4,\ 5\}$이고, 조건 $p(x)$가

$p(x)$: x는 소수이다

일 때, 그 부정 $\sim p(x)$를 말하고 $\sim p(x)$의 진리집합을 구하시오.

[설명] $\sim p(x)$: x는 소수가 아니다. $p(x)$의 진리집합이 $P=\{2,\ 3,\ 5\}$이므로 $\sim p(x)$의 진리집합은 $P^C=\{1,\ 4\}$

보기 6 전체집합이 자연수 전체의 집합 N이고, 조건 p가

p : x는 3의 배수가 아니다

일 때, 그 부정 $\sim p$를 말하시오.

[설명] $\sim p$: x는 3의 배수이다

4. '또는(or)'과 '이고(and)'의 부정

두 조건 p, q에 대하여

(1) 'p 또는 q'의 부정은 '$\sim p$ 이고 $\sim q$'

(2) 'p 이고 q'의 부정은 '$\sim p$ 또는 $\sim q$'

5. '또는(or)'과 '이고(and)'의 진리집합

전체집합 U에서의 두 조건 p, q의 진리집합을 각각 P, Q라 할 때,

(1) $\sim p$의 진리집합은 ⇨ P^C

(2) 'p 또는 q'의 진리집합은 ⇨ $P \cup Q$

(3) 'p이고 q'의 진리집합은 ⇨ $P \cap Q$

(4) 'p 또는 $\sim q$'의 진리집합은 ⇨ $P \cup Q^C$

(5) 'p이고 $\sim q$'의 진리집합은 ⇨ $P \cap Q^C$

(6) '$\sim p$ 또는 $\sim q$'의 진리집합은 ⇨ $P^C \cup Q^C$

(7) '$\sim p$이고 $\sim q$'의 진리집합은 ⇨ $P^C \cap Q^C$

TIP 조건의 부정과 진리집합의 관계

1. $\sim(\sim p)=p$ ⇨ $(P^C)^C=P$
2. $\sim(p$ 또는 $q)$ ⇨ $(P \cup Q)^C$ ⇨ $P^C \cap Q^C$ ⇨ $\sim p$이고 $\sim q$
3. $\sim(p$이고 $q)$ ⇨ $(P \cap Q)^C$ ⇨ $P^C \cup Q^C$ ⇨ $\sim p$ 또는 $\sim q$

■ $\sim(\sim p)=p$

■ or와 and의 부정

1. $\sim(p$ or $q)$
 $=\sim p$ and $\sim q$
2. $\sim(p$ and $q)$
 $=\sim p$ or $\sim q$
3. $\sim(p$ or $\sim q)$
 $=\sim p$ and q
4. $\sim(p$ and $\sim q)$
 $=\sim p$ or q

■ 진리집합

1. or → ∪(합집합)
2. and → ∩(교집합)
3. not(부정) → 여집합

보기 7 실수의 집합 R을 전체집합이라 할 때, 다음 조건의 부정을 말하시오.

(1) $x=1$ 또는 $x=2$ (2) $x=1$ 이고 $y=1$

(3) $x \leq 1$ 또는 $x \geq 2$ (4) $1 < x \leq 2$

[설명] or의 부정은 ⇨ and, and의 부정은 ⇨ or

(1) $x \neq 1$이고 $x \neq 2$

(2) $x \neq 1$ 또는 $y \neq 1$

(3) $x > 1$이고 $x < 2$ 즉, $1 < x < 2$

(4) $1 < x \leq 2$는 「$x > 1$이고 $x \leq 2$」이므로 부정은 $x \leq 1$ 또는 $x > 2$

보기 8 전체집합 $U=\{1, 2, 3, 4, 5, 6\}$에서의 조건 p, q가

p : x는 짝수이다 q : x는 소수이다

일 때, 「p이고 $\sim q$」의 진리집합을 구하시오.

■ 「p이고 $\sim q$」를 문장으로 표현하면 「x는 짝수이고 소수가 아닌 수」

[설명] $P=\{2, 4, 6\}$, $Q=\{2, 3, 5\}$이므로 「p이고 $\sim q$」의 진리집합은 $P \cap Q^C=\{4, 6\}$

기본문제 2-1

실수 전체의 집합 R을 전체집합으로 하는 두 조건 p, q가

$p : 0<x\le 3$　　$q : x<2$ 또는 $x>4$

일 때, 다음 조건의 진리집합을 구하시오.

(1) $\sim p$　　(2) p 또는 q　　(3) p이고 $\sim q$

[풀이] 두 조건 p, q의 진리집합을 각각 P, Q라 하면

$P=\{x|0<x\le 3\}$, $Q=\{x|x<2$ 또는 $x>4\}$

(1) $\sim p$의 진리집합은 P^C이므로 $P^C=\{x|x\le 0$ 또는 $x>3\}$ ⇦ 답

(2) p 또는 q의 진리집합은 $P\cup Q$이므로 $P\cup Q=\{x|x\le 3$ 또는 $x>4\}$ ⇦ 답

(3) p이고 $\sim q$의 진리집합은 $P\cap Q^C$이므로 $P\cap Q^C=\{x|2\le x\le 3\}$ ⇦ 답

Tip

■ 수직선을 이용하라.

■ 부정
1. $>$ ↔ $\le$
2. $<$ ↔ $\ge$
3. or ↔ and

■ $a<x<b$
⇔ $x>a$이고 $x<b$
따라서 그 부정은
$\sim(a<x<b)$
$=x\le a$ 또는 $x\ge b$

기본문제 2-2

전체집합 $U=\{x|1\le x\le 8$, x는 자연수$\}$에서의 조건 p, q가

p : x는 8의 약수이다.　　q : x는 소수이다.

일 때, 다음 조건의 진리집합을 구하시오.

(1) $\sim p$이고 q　　(2) p 또는 $\sim q$

[풀이] 두 조건 p, q의 진리집합을 각각 P, Q라 하면

$P=\{1,\ 2,\ 4,\ 8\}$, $Q=\{2,\ 3,\ 5,\ 7\}$

(1) $\sim p$이고 q의 진리집합은 $P^C\cap Q$이므로
$P^C\cap Q=\{3,\ 5,\ 6,\ 7\}\cap\{2,\ 3,\ 5,\ 7\}=\{3,\ 5,\ 7\}$

(2) p또는 $\sim q$의 진리집합은 $P\cup Q^C$이므로
$P\cup Q^C=\{1,\ 2,\ 4,\ 8\}\cup\{1,\ 4,\ 6,\ 8\}=\{1,\ 2,\ 4,\ 6,\ 8\}$

■ 진리집합
1. or → $\cup$(합집합)
2. and → $\cap$(교집합)
3. not(부정) → 여집합

유제 2-1 실수 전체의 집합 R을 전체집합으로 하는 두 조건 p, q가 「$p : 1\le x<3$, $q : x\le -1$ 또는 $x>2$」일 때, 다음 조건의 진리집합을 구하시오.

(1) p이고 q　　(2) p 또는 $\sim q$

답 (1) $\{x|2<x<3\}$ (2) $\{x|-1<x<3\}$

■ 수직선을 이용하라.

유제 2-2 전체집합 $U=\{x|1\le x\le 10$, x는 자연수$\}$에서의 두 조건 p, q가 「p : x는 2의 배수, q : x는 3의 배수」일 때, $\sim p$이고 q의 진리집합을 구하시오.

답 $\{3,\ 9\}$

2-2 명제 $p \to q$

1. 명제 $p \to q$

(1) 두 조건 p, q에 대하여 「p이면 q이다」의 꼴로 되어 있는 명제를 기호 $p \to q$로 나타낸다.
이때, 조건 p를 가정, 조건 q를 결론이라고 한다.

(2) 명제 $p \to q$가 참일 때에는 기호 $p \Rightarrow q$로 나타내고,
거짓일 때에는 기호 $p \not\Rightarrow q$로 나타낸다.

(3) $p \Rightarrow q$이고 동시에 $q \Rightarrow p$일 때 기호 $p \Leftrightarrow q$로 나타낸다.

(4) 명제 $p \to q$가 참임을 보일 때에는 증명하고, 명제 $p \to q$가 거짓임을 보일 때에는 가정 p를 만족하지만 결론 q를 만족하지 않는 예, 즉 반례(counterexample)를 하나만 들면 된다. 두 조건 p, q의 진리집합을 각각 P, Q라 할 때, 반례가 속하는 집합은 $P-Q=P\cap Q^C$이다.

■ 반례
명제 「$x>1$이면 $x>2$이다」는 거짓이다.
이런 경우에 거짓임을 보이기 위해 반례를 하나만 들면 된다.
반례는 $x=\frac{3}{2}$이다.
또 다른 반례는
$1<x\leq 2$
인 실수 x가 모든 반례가 된다.

2. 명제 $p \to q$의 참과 거짓

명제 $p \to q$에 대하여 두 조건 p, q의 진리집합을 각각 P, Q라고 할 때, 명제 $p \to q$의 참, 거짓과 진리집합 P, Q의 관계는 다음과 같다.

$P\subset Q$이면 $p \Rightarrow q$, $P\not\subset Q$이면 $p \not\Rightarrow q$
$p \Rightarrow q$이면 $P\subset Q$, $p \not\Rightarrow q$이면 $P\not\subset Q$

보기 1 다음 명제 중 참인 것은 진리집합을 써서 증명하고, 거짓인 것은 반례를 들어 설명하시오.
(1) $x>3$이면 $x>1$이다.
(2) $x^2=1$이면 $x=1$이다.
(3) x가 6의 약수이면 x는 10의 약수이다.

■ 명제의 참, 거짓은 진리집합의 포함 관계를 이용하거나, 반례를 이용하여 판정한다.

[설명] (1) 조건 $p : x>3$, $q : x>1$의 진리집합을 각각 P, Q라 하면
$P=\{x|x>3\}$, $Q=\{x|x>1\}$
이므로 $P\subset Q$이다. 따라서 명제 $p \to q$는 참이다.
(2) (반례) $x=-1$이면 $x^2=1$이지만 $x\neq 1$이다.
따라서 명제 「$x^2=1$이면 $x=1$이다.」는 거짓이다.
(3) (반례) $x=3$이면 x는 6의 약수이지만 10의 약수는 아니다.
따라서 명제 「6의 약수이면 10의 약수이다」는 거짓이다.

TIP 명제 「x가 6의 약수이면 x는 10의 약수이다.」에서 x를 생략하여 「6의 약수이면 10의 약수이다.」라고 쓴다.

3. '모든(all)'과 '어떤(some)'이 들어 있는 명제의 참과 거짓

전체집합 $U(U\neq\phi)$에서의 조건 $p(x)$의 진리집합을 P라 하자.

(1) 명제「모든 x에 대하여 $p(x)$이다.」는
$P=U$일 때 참, $P\neq U$일 때 거짓이다.

(2) 명제「어떤 x에 대하여 $p(x)$이다.」는
$P\neq\phi$일 때 참, $P=\phi$일 때 거짓이다.

TIP 1. '모든 x', '임의의 x', '어떠한 x에 대하여도'는 모두 같은 뜻이다. 영어로는 for all x, for every x, for arbitrary x의 뜻이다.
2. '어떤 x', '적당한 x', '~을 만족하는 x가 존재한다'는 모두 같은 뜻이다. 영어로는 for some x, there exists x의 뜻이다.

보기 1 전체집합 $U=\{1,\ 2,\ 3\}$일 때, 다음 명제의 참, 거짓을 말하시오.

(1) 모든 x에 대하여 $x>0$이다.
(2) 모든 x에 대하여 $x>2$이다.
(3) 어떤 x에 대하여 $x>2$이다.
(4) 어떤 x에 대하여 $x^2>9$이다.

[설명] 전체집합 U에서 주어진 식의 진리집합을 P라 하면
(1) $P=\{1,\ 2,\ 3\}$이 되어 $P=U$이므로 참
(2) $P=\{3\}$이 되어 $P\neq U$이므로 거짓
(3) $P=\{3\}$이 되어 $P\neq\phi$이므로 참
(4) $P=\phi$이 되어 $P=\phi$이므로 거짓

■ '모든 x에 대하여'를 $\forall x$로 나타내고 이것을 전칭기호라 부른다.

■ '어떤 x에 대하여'를 $\exists x$로 나타내고 이것을 존재기호라 부른다.

■ 기호사용법
1. 명제 '모든 x에 대하여 $p(x)$이다'를 기호 「$\forall x,\ p(x)$」로 나타낸다.
2. 명제 '어떤 x에 대하여 $p(x)$이다'를 기호 「$\exists x,\ p(x)$」로 나타낸다.

4. '모든'과 '어떤'의 부정

(1) 명제「모든 x에 대하여 $p(x)$이다.」의 부정은
⇨「어떤 x에 대하여 $\sim p(x)$이다.」

(2) 명제「어떤 x에 대하여 $p(x)$이다.」의 부정은
⇨「모든 x에 대하여 $\sim p(x)$이다.」

보기 3 다음 명제의 부정을 말하시오.

(1) 모든 실수 x에 대하여 $x^2\geq 0$이다.
(2) 어떤 실수 x에 대하여 $x<1$이다.

[설명] (1) 어떤 실수 x에 대하여 $x^2<0$이다.
(2) 모든 실수 x에 대하여 $x\geq 1$이다.

■ 부정
1. all의 부정은 some
2. some의 부정은 all
3. $>\ \leftrightarrow\ \leq$
4. $<\ \leftrightarrow\ \geq$
5. or $\leftrightarrow$ and

기본문제 2-3

다음 명제의 참, 거짓을 말하시오.

(1) $x^2=4$이면 $x=2$이다.

(2) $x+y\geq 2$이면 $x\geq 1$이고 $y\geq 1$이다.

(3) $xy=0$이면 $x=0$이고 $y=0$이다.

(4) $x^2=x$이면 $x^3=x$이다.

(5) $xy>1$이면 $x>1$이고 $y>1$이다.

(6) $x>2$이면 $x>1$이다.

(7) 6의 양의 배수이면 3의 양의 배수이다.

[풀이] 가정의 진리집합을 P, 결론의 진리집합을 Q라 하면

(1) $P=\{-2,\ 2\}$, $Q=\{2\}$ $\quad\therefore P\not\subset Q$(거짓)

(반례) $x=-2$

(2) (반례) $x=0$, $y=3$이면 가정 $x+y\geq 2$는 만족하지만 결론 $x\geq 1$이고 $y\geq 1$은 만족하지 않는다. (거짓)

(3) (반례) $x=0$, $y=1$이면 가정 $xy=0$은 만족하지만 결론 $x=0$이고 $y=0$은 만족하지 않는다. (거짓)

(4) $P=\{0,\ 1\}$, $Q=\{-1,\ 0,\ 1\}$ $\quad\therefore P\subset Q$(참)

(5) (반례) $x=\frac{1}{2}$, $y=4$이면 가정 $xy>1$은 만족하지만 결론 $x>1$이고 $y>1$은 만족하지 않는다. (거짓)

(6) $P=\{x\mid x>2\}$, $Q=\{x\mid x>1\}$ $\quad\therefore P\subset Q$(참)

(7) $P=\{6,\ 12,\ 18,\ \cdots\}$, $Q=\{3,\ 6,\ 9,\ \cdots\}$ $\quad\therefore P\subset Q$(참)

Tip

■ 명제의 참, 거짓은 진리집합의 포함 관계를 이용하거나, 반례를 이용하여 판정한다.

■ 반례가 속하는 집합은 $P-Q=P\cap Q^C$

유제 2-3 다음 명제의 참, 거짓을 말하시오.

(1) 4의 양의 약수이면 8의 양의 약수이다.

(2) $x<y$이면 $x^2<y^2$이다.

(3) $x\leq 1$이고 $y\leq 1$이면 $x+y\leq 2$이다.

(4) $x^2+y^2>0$이면 $x\neq 0$이고 $y\neq 0$이다.

(5) $xy=0$이면 $x^2+y^2=0$이다.

(6) $2x-5>0$이면 $x>2$이다.

(7) $x\neq 0$이면 $x^2>0$이다.

(8) $x>1$이면 $x^2>1$이다.

(9) a, b가 무리수이면 $a+b$도 무리수이다.

답 (1) 참 (2) 거짓 (3) 참 (4) 거짓 (5) 거짓 (6) 참 (7) 참 (8) 참 (9) 거짓

■ $(실수)^2\geq 0$

1. $x^2=0 \Leftrightarrow x=0$
2. $x^2>0 \Leftrightarrow x\neq 0$
3. $a^2+b^2=0 \Leftrightarrow a=0$ 이고 $b=0$
4. $a^2+b^2>0 \Leftrightarrow a\neq 0$ 또는 $b\neq 0$

기본문제 2-4

전체집합 U에서 두 조건 p, q의 진리집합을 각각 P, Q라 하자.
명제 $p \rightarrow \sim q$가 참일 때, 다음 중 옳은 것은?

① $P \subset Q$　② $Q \subset P$　③ $P \cap Q = \phi$
④ $P \cup Q = U$　⑤ $P = Q$

[풀이] 명제 $p \rightarrow \sim q$가 참이므로 $P \subset Q^C$이다.
$\therefore P - Q^C = \phi$　$\therefore P \cap Q = \phi$
따라서 옳은 것은 ③이다.

답 ③

Tip
■ $p \Rightarrow \sim q$
$\Leftrightarrow P \subset Q^C$

기본문제 2-5

실수 전체의 집합에서의 두 조건 p, q가

$$p : -2 < x < 3 \qquad q : a \leq x \leq b$$

일 때, $p \Rightarrow q$이기 위한 실수 a의 최댓값과 b의 최솟값의 합을 구하시오.

[풀이] 두 조건 p, q의 진리집합을 각각 P, Q라 하면

$$P = \{x \mid -2 < x < 3\}, \quad Q = \{x \mid a \leq x \leq b\}$$

$p \Rightarrow q$이므로 $P \subset Q$이어야 한다.
오른쪽 그림에서

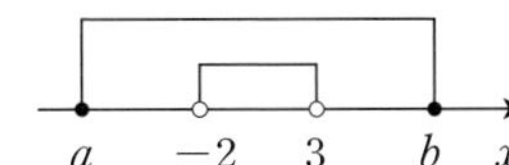

$$a \leq -2, \ b \geq 3$$

따라서 a의 최댓값은 -2,
b의 최솟값은 3이므로
$-2+3=1$

답 1

■ $p \Rightarrow q$
$\Leftrightarrow P \subset Q$

유제 2-4 전체집합 U에서 두 조건 p, q의 진리집합을 각각 P, Q라 하자. 명제 $\sim p \rightarrow q$가 참일 때, 다음 중 옳은 것은?

① $P \subset Q$　② $P \cap Q = \phi$　③ $Q^C \subset P$
④ $P \cup Q^C = U$　⑤ $Q \cap P^C = \phi$

답 ③

■ $\sim p \Rightarrow q$
$\Leftrightarrow P^C \subset Q$

유제 2-5 실수 전체의 집합에서 두 조건

$$p : 2a \leq x \leq a+2 \qquad q : -1 \leq x \leq 6$$

에 대하여 $p \Rightarrow q$이기 위한 정수 a의 개수는?

① 2　② 3　③ 4
④ 5　⑤ 6

답 ④

■ 수직선을 이용한다.

기본문제 2-6

두 조건 p, q의 진리집합을 각각 P, Q라 하자. 명제 $p \rightarrow q$가 거짓일 때 이 명제가 거짓임을 보여주는 반례가 속하는 집합으로 옳은 것은?

① $P \cap Q$　② $P \cap Q^C$　③ $P^C \cap Q$
④ $P^C \cap Q^C$　⑤ $(P \cap Q)^C$

[풀이] 명제 $p \rightarrow q$가 거짓임을 보이려면 p이고 $\sim q$인 집합에 속하는 원소가 존재함을 보이면 된다. 따라서 반례가 속하는 집합은 $P \cap Q^C$

답 ②

Tip

■ 반례
명제 $p \rightarrow q$가 거짓임을 보일 때에는 가정 p를 만족하지만 결론 q를 만족하지 않는 예를 하나만 들면 된다. 반례는 집합 $P \cap Q^C$에 속하는 원소이다.

기본문제 2-7

'모든 중학생은 고등학교에 진학한다' 의 부정은?

① 어떤 중학생은 고등학교에 진학한다
② 모든 중학생은 고등학교에 진학하지 않는다
③ 고등학교에 진학하는 중학생도 있다
④ 고등학교에 진학하지 않는 중학생도 있다
⑤ 고등학교에 진학하지 않는 중학생은 없다

[풀이] '모든 중학생은 고등학교에 진학한다' 의 부정은 '어떤 중학생은 고등학교에 진학하지 않는다' 이다. 따라서 주어진 명제의 부정은 ④와 같다.

답 ④

■ 부정
1. 모든 ⇒ 어떤
2. 어떤 ⇒ 모든

유제 2-6 명제 'x가 12의 양의 약수이면 x는 18의 양의 약수이다' 가 거짓임을 보이기 위한 반례로 알맞은 것은?

① 2　② 3　③ 4
④ 6　⑤ 9

답 ③

유제 2-7 다음 명제의 부정을 말하고, 그 부정의 참, 거짓을말하시오.

(1) 모든 실수 x에 대하여 $x<2$ 또는 $x>1$이다.
(2) 어떤 실수 x에 대하여 $0<x\le 3$이다.
(3) 모든 실수 x에 대하여 $1\le x<5$이다.

답 (1) 어떤 실수 x에 대하여 $x\ge 2$이고 $x\le 1$이다. (거짓)
(2) 모든 실수 x에 대하여 $x\le 0$ 또는 $x>3$이다. (거짓)
(3) 어떤 실수 x에 대하여 $x<1$ 또는 $x\ge 5$이다. (참)

■ 부정
1. all의 부정은 some
2. some의 부정은 all
3. $>$ ↔ $\le$
4. $<$ ↔ $\ge$
5. or ↔ and

2-3 명제의 역, 이, 대우

1. 명제의 역, 이, 대우

명제 $p \to q$에 대하여
$q \to p$를 역,
$\sim p \to \sim q$를 이,
$\sim q \to \sim p$를 대우
라고 하며, 이들 사이의 관계를 그림으로 나타내면 오른쪽과 같다.

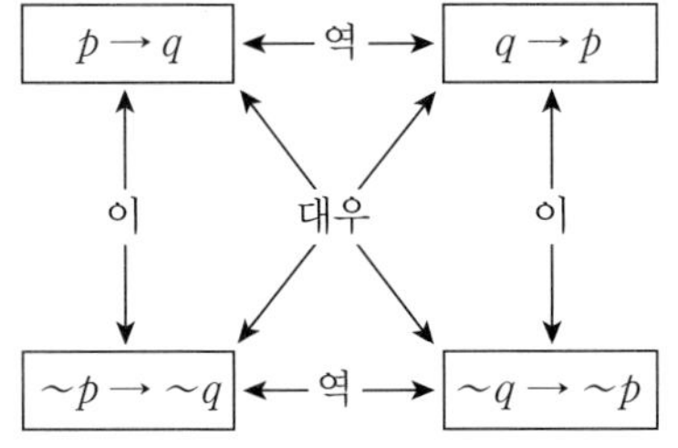

■ 역, 이, 대우의 관계를 정확히 기억하라. 그림으로 기억하면 도움이 된다.

보기 1 다음 명제의 역, 이, 대우를 각각 말하시오.

(1) $x>1$이면 $x>2$이다.
(2) $a=b$이면 $a^2=b^2$이다.
(3) $a^2+b^2=0$이면 $a=0$이고 $b=0$이다.

[설명] (1) 역 : $x>2$이면 $x>1$이다.
이 : $x\le 1$이면 $x\le 2$이다.
대우 : $x\le 2$이면 $x\le 1$이다.
(2) 역 : $a^2=b^2$이면 $a=b$이다.
이 : $a\ne b$이면 $a^2\ne b^2$이다.
대우 : $a^2\ne b^2$이면 $a\ne b$이다.
(3) 역 : $a=0$이고 $b=0$이면 $a^2+b^2=0$이다.
이 : $a^2+b^2\ne 0$이면 $a\ne 0$ 또는 $b\ne 0$이다.
대우 : $a\ne 0$ 또는 $b\ne 0$이면 $a^2+b^2\ne 0$이다.

2. 명제와 그의 역, 이, 대우의 참과 거짓

(1) 명제 $p \to q$가 참이면 대우 $\sim q \to \sim p$도 반드시 참이다.
$p \to q$가 거짓이면 대우 $\sim q \to \sim p$도 반드시 거짓이다.
(2) 명제 $p \to q$가 참이라고 해도 역 $q \to p$, 이 $\sim p \to \sim q$는 반드시 참인 것은 아니다.
(3) 명제 $p \to q$의 역과 이는 서로 대우 관계이므로 참과 거짓이 일치한다.

■ 명제 $p \to q$와 그 대우 $\sim q \to \sim p$는 참과 거짓이 항상 일치한다. 이 사실은 매우 중요하다.

TIP 조건 p, q의 진리집합을 각각 P, Q라 하자.
1. $p \to q$(참) $\Leftrightarrow$ $P\subset Q$ $\Leftrightarrow$ $Q^C\subset P^C$ $\Leftrightarrow$ $\sim q \to \sim p$(참)
2. $p \to q$(거짓) $\Leftrightarrow$ $P\not\subset Q$ $\Leftrightarrow$ $Q^C\not\subset P^C$ $\Leftrightarrow$ $\sim q \to \sim p$(거짓)

보기 2 명제 「정삼각형이면 이등변삼각형이다」가 참일 때, 다음 명제 중 반드시 참인 명제는?

① 이등변삼각형이면 정삼각형이다.
② 정삼각형이 아니면 이등변삼각형이 아니다.
③ 이등변삼각형이 아니면 정삼각형이 아니다.
④ 정삼각형이면 이등변삼각형이 아니다.
⑤ 이등변삼각형이면 정삼각형이 아니다.

[설명] 주어진 명제가 참일 때, 그 대우는 반드시 참이다.
따라서 참인 명제는 ③이다.

답 ③

■ 명제 $p \to q$가 참일 때 그 대우 $\sim q \to \sim p$도 참이다.

보기 3 명제 $p \to \sim q$가 참일 때, 다음 명제 중 반드시 참인 명제는?

① $p \to q$　② $\sim p \to q$　③ $\sim p \to \sim q$
④ $q \to \sim p$　⑤ $\sim q \to \sim p$

[설명] 반드시 참인 명제는 이 명제의 대우이다.
$p \to \sim q$의 대우는 $\sim(\sim q) \to \sim p$ 즉, $q \to \sim p$

답 ④

3. 삼단논법

$p \to q$가 참이고 $q \to r$이 참이면 $p \to r$도 참이다.
즉, $p \Rightarrow q$이고 $q \Rightarrow r$이면 $p \Rightarrow r$

■ $p \Rightarrow q$이고 $q \Rightarrow r$이면
$P \subset Q$이고 $Q \subset R$이므로
$P \subset R$
$\therefore p \Rightarrow r$

4. 증명법

(1) 귀류법 : 명제 $p \to q$가 참임을 증명하는 대신에 결론 q를 부정하여 [p이고 $\sim q$]가 모순임을 증명하는 방법이다.
즉, 가정 p가 참이고, 결론 q가 참이 아니라고 가정하면, p(가정) 또는 공리 또는 이미 참이라고 밝혀진 사실에 모순이 됨을 보여 결국 명제 $p \to q$가 참임을 보이는 방법이다.

(2) 대우증명법 : 명제 $p \to q$가 참임을 증명하는 대신에 대우 $\sim q \to \sim p$가 참임을 보이는 방법이다. 즉 결론을 부정하여 가정에 모순임을 보인다. 대우증명법은 귀류법의 일종이다.

■ 명제 $p \to q$와
대우 $\sim q \to \sim p$의 참, 거짓이 일치한다.
이런 성질을 이용하는 증명법이 대우증명법이다.

보기 4 세 조건 p, q, r에 대하여 $p \Rightarrow \sim r$, $q \Rightarrow r$일 때, 다음 중 옳은 것은?

① $p \Rightarrow r$　② $p \Rightarrow q$　③ $\sim p \Rightarrow r$
④ $p \Rightarrow \sim q$　⑤ $q \Rightarrow p$

[설명] $q \Rightarrow r$의 대우도 참이므로 $\sim r \Rightarrow \sim q$이다.
따라서 $p \Rightarrow \sim r$이고 $\sim r \Rightarrow \sim q$이므로 삼단논법에 의해
$p \Rightarrow \sim q$이다.

답 ④

■ 대우명제와 삼단논법을 이용한다.

보기 5 n이 자연수일 때, n^2이 홀수이면 n도 홀수임을 증명하시오.

■ 직접 증명하기가 어려울 때 간접증명법을 이용한다.
귀류법이 간접증명법이다.

[설명] 명제 「n^2이 홀수이면 n도 홀수이다」의 대우
「n이 짝수이면 n^2도 짝수이다」가 참임을 보이자.
n이 짝수이면 $n=2k$(k는 자연수)로 나타낼 수 있다.
이때, $n^2=4k^2=2(2k^2)$이므로 n^2은 짝수이다.
따라서 n이 짝수이면 n^2도 짝수이다
대우가 참이므로 명제 「n^2이 홀수이면 n도 홀수이다」도 참이다.
(대우증명법)

보기 6 (1) 귀류법을 이용하여 $\sqrt{2}$는 유리수가 아님을 증명하시오.
(2) $\sqrt{2}$가 유리수가 아님을 이용하여 $\sqrt{2}-1$도 유리수가 아님을 증명하시오.
(3) $\sqrt{2}$가 유리수가 아님을 이용하여 $\sqrt{3}+\sqrt{2}$도 유리수가 아님을 증명하시오.

■ $\sqrt{2}=\dfrac{b}{a}$(기약분수)
라 놓고 모순임을 보인다.

■ 1 이외의 양의 공약수를 갖지 않는 두 정수를 서로소라고 한다.

[설명] (1) $\sqrt{2}$가 유리수라고 가정하면
$\sqrt{2}=\dfrac{b}{a}$(단, a와 b는 서로소인 양의 정수)
라고 놓을 수 있다. 양변을 제곱하여 정리하면
$b^2=2a^2$ …… ①
①의 우변이 짝수이므로 b^2은 짝수이다.
b^2이 짝수이므로 b도 짝수이다.
$b=2k$(k는 자연수)라고 놓고 ①에 대입하여 정리하면
$4k^2=2a^2 \quad \therefore a^2=2k^2$ …… ②
②의 우변이 짝수이므로 a^2은 짝수이다. 마찬가지로 a도 짝수이다.
a와 b가 모두 짝수이므로 서로소라는 가정에 모순이다.
따라서 $\sqrt{2}$는 유리수가 아니다.

(2) $\sqrt{2}-1=a$(a는 양의 유리수)라고 가정하면
$\sqrt{2}=a+1$이므로 좌변은 무리수, 우변은 유리수가 되어 모순이다.
따라서 $\sqrt{2}-1$은 유리수가 아니다.

■ 유리수의 집합은 사칙연산에 대하여 닫혀있다.
(단, 0으로 나누는 것은 제외한다)

(3) $\sqrt{3}+\sqrt{2}=a$(a는 양의 유리수)라고 가정하면
$\sqrt{3}=a-\sqrt{2}$이고 양변을 제곱하여 정리하면
$3=a^2-2a\sqrt{2}+2 \quad \therefore \sqrt{2}=\dfrac{a^2-1}{2a}$
좌변은 무리수, 우변은 유리수가 되어 모순이다.
따라서 $\sqrt{3}+\sqrt{2}$는 유리수가 아니다.

기본문제 2-8

다음 명제의 역, 이, 대우를 말하고, 참과 거짓을 말하시오.
(1) $x \geq 1$이고 $y \geq 1$이면 $x+y \geq 2$이다.
(2) $xy < 1$이면 $x < 1$ 또는 $y < 1$이다.

[풀이] (1) 역 : $x+y \geq 2$이면 $x \geq 1$이고 $y \geq 1$이다. (거짓)
(반례) $x=3$, $y=0$
이 : $x<1$또는 $y<1$이면 $x+y<2$이다. (거짓)
(반례) $x=0$, $y=3$
대우 : $x+y<2$이면 $x<1$ 또는 $y<1$이다. (참)
(2) 역 : $x<1$ 또는 $y<1$이면 $xy<1$이다. (거짓)
(반례) $x=\frac{1}{2}$, $y=4$
이 : $xy \geq 1$이면 $x \geq 1$이고 $y \geq 1$이다. (거짓)
(반례) $x=\frac{1}{2}$, $y=4$
대우 : $x \geq 1$이고 $y \geq 1$이면 $xy \geq 1$이다. (참)

기본문제 2-9

명제 $p \rightarrow \sim q$의 역이 참일 때, 다음 중 반드시 참인 명제는?
① $p \rightarrow q$ ② $q \rightarrow \sim p$ ③ $\sim p \rightarrow q$
④ $\sim p \rightarrow \sim q$ ⑤ $\sim q \rightarrow \sim p$

[풀이] 명제 $p \rightarrow \sim q$의 역 $\sim q \rightarrow p$가 참이므로 그 대우 $\sim p \rightarrow q$도 참이다.
답 ③

유제 2-8 명제 「a, b가 모두 유리수이면 $a+b$, ab도 모두 유리수이다」의 역, 이, 대우를 쓰고 참과 거짓을 말하시오.
답 역, 이, 대우를 차례로 쓰면
$a+b$, ab가 모두 유리수이면 a, b도 모두 유리수이다. (거짓)
a 또는 b가 무리수이면 $a+b$ 또는 ab가 무리수이다. (거짓)
$a+b$ 또는 ab가 무리수이면 a 또는 b가 무리수이다. (참)

유제 2-9 명제 $\sim p \rightarrow q$의 이가 참일 때, 다음 중 반드시 참인 명제는?
① $p \rightarrow q$ ② $\sim q \rightarrow p$ ③ $q \rightarrow \sim p$
④ $\sim p \rightarrow \sim q$ ⑤ $\sim q \rightarrow \sim p$

답 ③

Tip

■ 명제가 참이면 그 대우도 반드시 참이다.

■ 역과 이는 대우 관계이므로 참, 거짓이 일치한다.

■ 참인 명제의 대우는 반드시 참이다.

■ 부정
1. all의 부정은 some
2. some의 부정은 all
3. $>$ ↔ $\leq$
4. $<$ ↔ $\geq$
5. or ↔ and
6. 유리수 ↔ 무리수

기본문제 2-10

명제 'x, y가 자연수일 때, xy가 짝수이면 x 또는 y가 짝수이다' 가 참임을 증명하시오.

Tip

■ 대우증명법을 이용한다.

[증명] 주어진 명제의 대우

'x, y가 모두 홀수이면 xy도 홀수이다'

가 참임을 보이면 된다.

x, y가 모두 홀수라고 하면

$x=2m-1$, $y=2n-1$(m, n은 자연수)

로 나타낼 수 있다. 이때,

$xy=(2m-1)(2n-1)=4mn-2m-2n+1$

$=2(2mn-m-n)+1$

이므로 xy는 홀수이다.

대우가 참이므로 주어진 명제도 참이다.

기본문제 2-11

두 명제 $p \to \sim q$와 $\sim r \to q$가 모두 참이라고 할 때, 다음 명제 중 반드시 참이라고 할 수 없는 것은?

① $p \to r$ ② $q \to \sim p$ ③ $\sim q \to r$
④ $\sim r \to \sim p$ ⑤ $\sim p \to q$

■ 참인 명제의 대우는 반드시 참이다.

[풀이] ① $p \to \sim q$와 $\sim q \to r$이 참이므로 $p \to r$도 참이다.
② $q \to \sim p$는 명제 $p \to \sim q$의 대우이므로 참이다.
③ $\sim q \to r$은 명제 $\sim r \to q$의 대우이므로 참이다.
④ $\sim r \to \sim p$은 참인 명제 $p \to r$의 대우이므로 참이다.
⑤ $\sim p \to q$는 명제 $p \to \sim q$의 이이므로 반드시 참이라고 할 수 없다.
따라서 반드시 참이라고 할 수 없는 것은 ⑤이다. 답 ⑤

유제 2-10 a, b가 실수일 때, $a^2+b^2=0$이면 $a=0$이고 $b=0$임을 증명하시오.

■ 귀류법

유제 2-11 세 조건 p, q, r에 대하여 $p \Rightarrow \sim q$, $r \Rightarrow q$일 때, 다음 중 옳은 것은?

① $r \Rightarrow p$ ② $\sim r \Rightarrow p$ ③ $p \Rightarrow \sim r$
④ $p \Rightarrow r$ ⑤ $q \Rightarrow \sim r$

답 ③

■ 대우와 삼단논법

UpGrade 2-1

두 명제

'날씨가 추우면 눈이 온다'

'날씨가 춥지 않으면 꽃이 핀다'

가 모두 참일 때, 다음 중 반드시 참인 것은?

① 꽃이 피면 눈이 오지 않는다
② 꽃이 피지 않으면 눈이 온다
③ 꽃이 피면 날씨가 춥지 않다
④ 눈이 오면 꽃이 피지 않는다
⑤ 눈이 오면 날씨가 춥다

Tip

■ 명제를 기호화 한다.

■ 대우명제와 삼단논법을 이용한다.

[풀이] p : 날씨가 춥다. q : 눈이 온다. r : 꽃이 핀다.
라고 하면, 주어진 두 참인 명제는 $p \Rightarrow q$, $\sim p \Rightarrow r$
이고, 명제 $\sim p \Rightarrow r$의 대우 $\sim r \Rightarrow p$도 참이다.
$\sim r \Rightarrow p$, $p \Rightarrow q$이므로 삼단논법에 의해 $\sim r \Rightarrow q$이다.
따라서 「꽃이 피지 않으면 눈이 온다」는 참이다. 답 ②

UpGrade 2-2

네 조건 p, q, r, s에 대하여 $p \Rightarrow r$, $q \Rightarrow \sim r$, $\sim q \Rightarrow s$일 때, $r \Rightarrow p$라는 결론을 얻기 위해 필요한 것은?

① $s \Rightarrow p$　② $p \Rightarrow s$　③ $r \Rightarrow s$
④ $q \Rightarrow \sim s$　⑤ $q \Rightarrow \sim p$

■ 대우명제와 삼단논법을 이용한다.

[풀이] $p \Rightarrow r$, $r \Rightarrow \sim q$, $\sim q \Rightarrow s$로부터 $r \Rightarrow p$라는 결론을 얻기 위해
$s \Rightarrow p$라는 조건이 필요하다. 답 ①

유제 2-12 A, B, C, D 네 사람이 대학 입학시험에 응시하여 그 중 한 명이 불합격 하였다고 한다. 다음 진술 중에서 옳게 진술한 사람은 오직 한 명 뿐이라고 할 때 진술을 옳게 한 사람과 불합격한 사람을 순서대로 적은 것은?

A : B가 불합격이다.
B : A가 한 말은 거짓말이다.
C : A가 불합격이다.
D : 나는 합격했다.

① A, B　② B, C　③ B, D
④ C, D　⑤ D, C

답 ③

■ 경우의 수로 나누어 조사한다. 즉
A가 참인 경우,
B가 참인 경우,
C가 참인 경우,
D가 참인 경우
에 대하여 조사한다.

2-4 필요, 충분, 필요충분조건

■ 필요, 충분, 필요충분조건은 매우 중요한 개념이다. 그림을 참고해서 개념을 정확히 이해하도록 한다.
특히, 진리집합의 포함관계에 주목하여 이해하라.

1. 필요, 충분, 필요충분조건의 정의

(1) 명제 $p \to q$가 참일 때, 즉 $p \Rightarrow q$일 때
p는 q이기 위한 충분조건,
q는 p이기 위한 필요조건

TIP
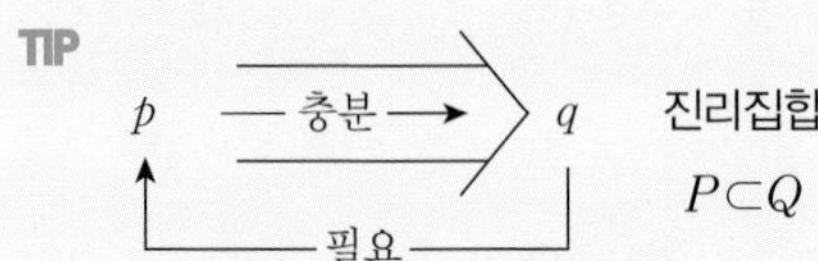

진리집합
$P \subset Q$

(2) 명제 $p \Rightarrow q$와 $q \Rightarrow p$가 모두 참일 때, 즉 $p \Leftrightarrow q$일 때
p는 q이기 위한 필요충분조건 (또는 서로 동치)
q는 p이기 위한 필요충분조건 (또는 서로 동치)

■ $p \Rightarrow q$이고 $q \Rightarrow p$일 때 $p \Leftrightarrow q$로 나타낸다.

TIP
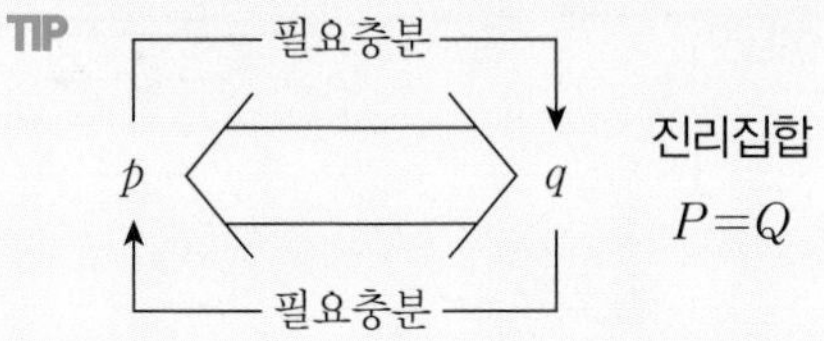

진리집합
$P = Q$

2. 필요, 충분, 필요충분조건과 진리집합의 포함 관계

두 조건 p, q의 진리집합을 각각 P, Q라 하면

$$P \subset Q \Rightarrow p \Rightarrow q, \qquad P = Q \Rightarrow p \Leftrightarrow q$$

(1) $P \subset Q$일 때, p는 q이기 위한 충분조건,
q는 p이기 위한 필요조건

(2) $P = Q$일 때, p와 q는 서로 필요충분조건

TIP p가 q이기 위한 필요조건이면 $q \Rightarrow p$이므로 반대로 생각했을 때 q는 p이기 위한 충분조건이다. 이와 같이 충분조건으로 바꾸어 생각하면 문제를 이해하는데 도움이 된다.
또한, $p \Rightarrow q$, $q \Rightarrow r$, $r \Rightarrow p$이면 세 조건 p, q, r은 서로 필요충분조건임에 주목하라.

■ 필요충분조건
$p \Rightarrow q$, $q \Rightarrow r$, $r \Rightarrow p$

보기 1 ☐ 안에 필요, 충분, 필요충분 중에서 알맞은 용어를 골라 써 넣으시오.

(1) $x=2$는 $x^2=4$이기 위한 ☐조건이다.

(2) $x>1$은 $x>2$이기 위한 ☐조건이다.

(3) $-1<x<1$은 $|x|<1$이기 위한 ☐조건이다.

[설명] (1) $p : x=2 \quad q : x^2=4$

라 하고, 두 조건 p, q의 진리집합을 각각 P, Q라 하면

$$P=\{2\}, \quad Q=\{-2, 2\}$$

이므로 $P\subset Q$이다. 따라서 $p \Rightarrow q$

$p \Rightarrow q$이므로 p는 q이기 위한 충분조건이다. 답 충분

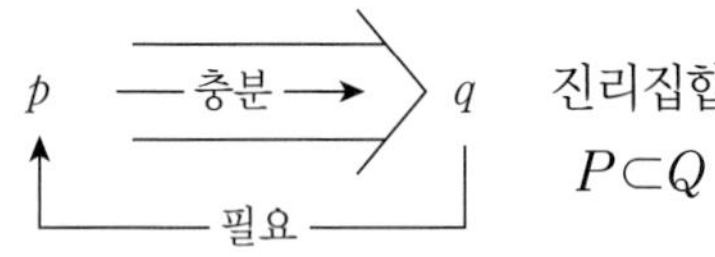

(2) $p : x>1 \quad q : x>2$

라 하고, 두 조건 p, q의 진리집합을 각각 P, Q라 하면

$$P=\{x|x>1\}, \quad Q=\{x|x>2\}$$

이므로 $Q\subset P$이다. 따라서 $q \Rightarrow p$

$q \Rightarrow p$이므로 p는 q이기 위한 필요조건이다. 답 필요

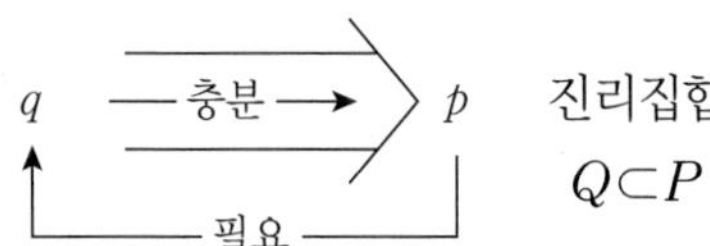

(3) $p : -1<x<1 \quad q : |x|<1$

라 하고, 두 조건 p, q의 진리집합을 각각 P, Q라 하면

$P=\{x|-1<x<1\}, \quad Q=\{x|-1<x<1\}$

이므로 $P=Q$이다. 따라서 $p \Leftrightarrow q$

$p \Leftrightarrow q$이므로 p는 q이기 위한 필요충분조건이다. ⇦ 답

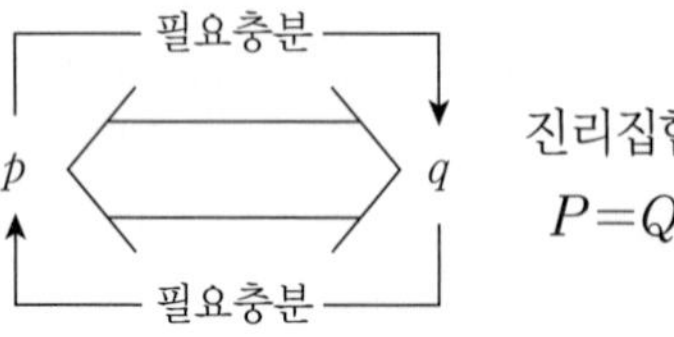

Tip

■ 명제를 기호화 한다.

■ 진리집합의 포함 관계를 이용한다.

■ 수직선을 이용한다.

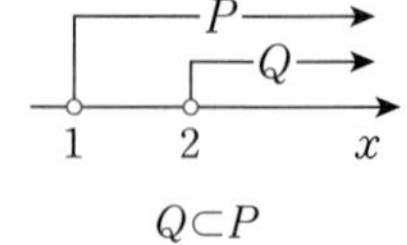

■ $|x|<a(a>0)$
$\Leftrightarrow -a<x<a$

기본문제 2-12

다음 $\square$ 안에 필요, 충분, 필요충분 중에서 알맞은 용어를 골라 써 넣으시오.

(1) $x=1$은 $x^2=x$이기 위한 $\square$조건이다.

(2) $x<2$는 $x<1$이기 위한 $\square$조건이다.

(3) $|x|<1$은 $x^2<1$이기 위한 $\square$조건이다.

Tip

■ 참인 명제는 증명하고, 거짓인 명제는 반례를 하나만 들면 된다.

■ 진리집합의 포함 관계를 이용하여 필요, 충분, 필요충분 조건을 조사한다.

[풀이] (1) 두 조건 $p : x=1$, $q : x^2=x$의 진리집합을 각각 P, Q라 하면

$P=\{1\}$, $Q=\{0, 1\}$ $\quad\therefore P\subset Q$

$p \Rightarrow q$이므로 p는 q이기 위한 충분조건이다. 답 충분

(2) 두 조건 $p : x<2$, $q : x<1$의 진리집합을 각각 P, Q라 하면

$P=\{x\,|\,x<2\}$, $Q=\{x\,|\,x<1\}$ $\quad\therefore Q\subset P$

$q \Rightarrow p$이므로 p는 q이기 위한 필요조건이다. 답 필요

(3) 두 조건 $p : |x|<1$, $q : x^2<1$의 진리집합을 각각 P, Q라 하면

$P=\{x\,|\,-1<x<1\}$, $Q=\{x\,|\,-1<x<1\}$ $\quad\therefore P=Q$

$p \Leftrightarrow q$이므로 p는 q이기 위한 필요충분조건이다. ⇦ 답

기본문제 2-13

전체집합 U에서의 두 조건 p, q의 진리집합을 각각 P, Q라 하자. $\sim p$는 q이기 위한 필요조건이지만 충분조건이 아닐 때, 다음 중 옳은 것은?

① $P\subset Q$ ② $P\subset Q^C$ ③ $P^C\subset Q$

④ $Q\subset P$ ⑤ $P\cup Q^C=U$

■ $\sim p$가 q이기 위한 필요조건이면 반대로 생각했을 때 q는 $\sim p$이기 위한 충분조건이다.
따라서 $q \Rightarrow \sim p$
이와 같이 충분조건으로 바꾸어 생각하면 문제를 이해하는데 도움이 된다.

[풀이] $\sim p$는 q이기 위한 필요조건이므로 $q \Rightarrow \sim p$

그 대우는 $p \Rightarrow \sim q$ $\quad\therefore P\subset Q^C$ 답 ②

유제 2-13 다음 $\square$ 안에 필요, 충분, 필요충분 중에서 알맞은 용어를 골라 써 넣으시오. (단, a, b는 실수)

(1) $a=b$인 것은 $a^2=b^2$이기 위한 $\square$조건이다.

(2) $a=0$, $b=0$은 $a^2+b^2=0$이기 위한 $\square$조건이다.

(3) $a+b=0$은 $a=0$, $b=0$이기 위한 $\square$조건이다.

답 (1) 충분 (2) 필요충분 (3) 필요

■ 참인 명제는 증명하고, 거짓인 명제는 반례를 하나만 들면 된다.
$p \rightarrow q$와 $q \rightarrow p$의 참, 거짓을 모두 조사한다.

기본문제 2-14

$|x-1| \le 2$이기 위한 필요조건이 $a \le x \le 4$이고, 충분조건이 $b \le x \le 2$일 때, a의 최댓값과 b의 최솟값의 합을 구하시오.

Tip

■ 진리집합의 포함 관계를 조사한다.

[풀이] $|x-1| \le 2$에서 $-2 \le x-1 \le 2$ $\quad \therefore -1 \le x \le 3$

$a \le x \le 4$는 $-1 \le x \le 3$이기 위한 필요조건이므로

$\{x \mid -1 \le x \le 3\} \subset \{x \mid a \le x \le 4\}$ $\quad \therefore a \le -1$ …… ①

또, $b \le x \le 2$는 $-1 \le x \le 3$이기 위한 충분조건이므로

$\{x \mid b \le x \le 2\} \subset \{x \mid -1 \le x \le 3\}$ $\quad \therefore -1 \le b \le 2$ …… ②

①, ②에서 a의 최댓값은 -1, b의 최솟값은 -1

$\therefore (-1)+(-1)=-2$

답 -2

기본문제 2-15

네 조건 p, q, r, s에 대하여 q는 $\sim p$이기 위한 충분조건, s는 $\sim q$이기 위한 필요조건, r은 s이기 위한 필요조건, r은 $\sim q$이기 위한 충분조건일 때, 다음 보기 중 옳은 것을 모두 고르면?

[보기]
ㄱ. p는 r이기 위한 충분조건이다.
ㄴ. s는 p이기 위한 필요조건이다.
ㄷ. $\sim q$는 r이기 위한 필요충분조건이다.

① ㄱ, ㄴ　② ㄱ, ㄷ　③ ㄴ
④ ㄴ, ㄷ　⑤ ㄱ, ㄴ, ㄷ

■ 필요조건을 반대로 생각하여 충분조건으로 바꾼다.

■ 대우와 삼단논법을 이용한다.

[풀이] $q \Rightarrow \sim p$, $\sim q \Rightarrow s$에서 $p \Rightarrow \sim q \Rightarrow s$이고,

$s \Rightarrow r$, $r \Rightarrow \sim q$에서 $s \Rightarrow r \Rightarrow \sim q$이다. 따라서

$$p \Rightarrow \sim q \Rightarrow s$$
$$\nwarrow r \swarrow$$

즉, p는 $\sim q$, s, r이기 위한 충분조건이고, 세 조건 $\sim q$, s, r은 서로 필요충분조건이다.

따라서 옳은 것은 ㄱ, ㄴ, ㄷ 이다.

답 ⑤

■ $p \Rightarrow s$이므로 s는 p이기 위한 필요조건이다.

유제 2-14 $x \ge a$는 $-3 \le x \le 5$이기 위한 필요조건이고, $b \le x \le 2$는 $-3 \le x \le 5$이기 위한 충분조건일 때, a의 최댓값과 b의 최솟값의 합을 구하시오.

답 -6

■ 수직선을 이용한다.

UpGrade 2-3

다음 [ ] 안에 필요, 충분, 필요충분 중에서 알맞은 용어를 골라 써 넣으시오. (단, 문자는 모두 실수)

(1) $x+y=0$은 $x=0$, $y=0$이기 위한 [ ]조건이다.

(2) $xy=0$은 $x^2+y^2=0$이기 위한 [ ]조건이다.

(3) $x^2=y^2$은 $|x|=|y|$이기 위한 [ ]조건이다.

[풀이] (1) 두 조건 $p : x+y=0$, $q : x=0$, $y=0$
에 대하여 $p \not\Rightarrow q$이고 $q \Rightarrow p$이다.
따라서 p는 q이기 위한 필요조건이다. 답 필요

(2) 두 조건 $p : xy=0$, $q : x^2+y^2=0$
에 대하여 $p \not\Rightarrow q$이고 $q \Rightarrow p$이다.
따라서 p는 q이기 위한 필요조건이다. 답 필요

(3) 두 조건 $p : x^2=y^2$, $q : |x|=|y|$
에 대하여 $p \Rightarrow q$이고 $q \Rightarrow p$이다. 즉 $p \Leftrightarrow q$
p는 q이기 위한 필요충분조건이다. 답 필요충분

UpGrade 2-4

다음 [ ] 안에 필요, 충분, 필요충분 중에서 알맞은 용어를 골라 써 넣으시오.

(1) $A=B$는 $(A\cap B)\subset(A\cup B)$이기 위한 [ ]조건이다

(2) $(A-B)\cup(B-A)=\phi$은 $A=B$이기 위한 [ ]조건이다

(3) $A\cup B=A$는 $B=\phi$이기 위한 [ ]조건이다(단, $A\neq\phi$)

[풀이] (1) $(A=B) \Rightarrow \{(A\cap B)\subset(A\cup B)\}$이므로 충분조건이다.
(역은 성립하지 않는다.) 답 충분

(2) $\{(A-B)\cup(B-A)=\phi\} \Leftrightarrow (A=B)$이므로 필요충분조건이다.
답 필요충분

(3) $(B=\phi) \Rightarrow (A\cup B=A)$이므로 필요조건이다.
(역은 성립하지 않는다.) 답 필요

유제 2-15 x, y가 실수일 때, 다음에서 p는 q이기 위한 어떤 조건인지 말하시오.

(1) $p : x+y$는 유리수 $q : x, y$는 모두 유리수

(2) $p : xy>x+y>4$ $q : x>2$이고 $y>2$

(3) $p : xy+1>x+y>2$ $q : x>1$이고 $y>1$

답 (1) 필요 (2) 필요 (3) 필요충분

Tip

■ 참인 명제는 증명하고, 거짓인 명제는 반례를 하나만 들면 된다.

■ $x^2+y^2=0$
$\Leftrightarrow x=0, y=0$

■ $|x|^2=x^2$

■ $(A\cap B)\subset(A\cup B)$
는 항상 성립하는 관계이다.

■ $(A-B)\cup(B-A)=\phi$
$\Leftrightarrow A-B=\phi$이고
$B-A=\phi$
$\Leftrightarrow A\subset B,\ B\subset A$
$\Leftrightarrow A=B$

■ $A\cup B=A$
$\Leftrightarrow B\subset A$

■ $a>b$
$\Leftrightarrow a-b>0$

■ $x>2, y>2$
$\Leftrightarrow x-1>1, y-1>1$

연습문제 02*

2-1 전체집합 U에서 두 조건 p, q의 진리집합을 각각 P, Q라 할 때, 다음 명제 중 'p이면 $\sim q$이다'가 거짓임을 보이는 원소가 속하는 집합은?

① $P \cap Q$ ② $P \cap Q^C$ ③ $P \cup Q^C$
④ $P^C \cap Q$ ⑤ $P^C \cap Q^C$

■ 반례
가정은 만족하지만 결론을 만족하지 않는 예

2-2 두 조건 $p : x \leq -1$, $q : 1 \leq x < 3$에 대하여 'p 또는 q'의 부정은?

① $-1 < x < 1$ 또는 $x > 3$
② $-1 < x < 1$ 또는 $x \geq 3$
③ $-1 \leq x < 1$ 또는 $x > 3$
④ $-1 < x \leq 1$ 또는 $x > 3$
⑤ $-1 \leq x < 1$ 또는 $x \geq 3$

■ 부정
1. $\sim(p \text{ or } q)$
$= \sim p \text{ and } \sim q$
2. $\sim(p \text{ and } q)$
$= \sim p \text{ or } \sim q$
3. $\sim(p \text{ or } \sim q)$
$= \sim p \text{ and } q$
4. $\sim(p \text{ and } \sim q)$
$= \sim p \text{ or } q$
5. $> \leftrightarrow \leq$
6. $< \leftrightarrow \geq$

2-3 명제 '$a+b$가 무리수이면 a, b가 모두 무리수이다'의 역, 이, 대우 중 참인 것을 모두 고르면?

① 역 ② 대우 ③ 역, 이
④ 역, 이, 대우 ⑤ 없다.

■ 주어진 명제와 그 대우는 참, 거짓이 일치한다.
그리고 역과 이도 대우 관계이므로 참, 거짓이 일치한다.

2-4 다음 명제의 역, 이, 대우가 모두 참인 것은?

① $x > 0$, $y > 0$이면 $xy > 0$이다.
② x, y가 정수이면 $x+y$, xy가 모두 정수이다.
③ $|x| + |y| = 0$이면 $x^2 + y^2 = 0$이다.
④ $x > 1$이면 $x^2 > 1$이다.
⑤ $xy > 1$이면 $x > 1$ 또는 $y > 1$이다.

■ 명제 $p \rightarrow q$에 대하여
역 : $q \rightarrow p$
이 : $\sim p \rightarrow \sim q$
대우 : $\sim q \rightarrow \sim p$

2-5 세 조건 p, q, r에 대하여 $p \Rightarrow \sim q$, $r \Rightarrow q$일 때, 다음 중 옳은 것은?

① $r \Rightarrow p$ ② $\sim r \Rightarrow p$ ③ $p \Rightarrow \sim r$
④ $p \Rightarrow r$ ⑤ $q \Rightarrow \sim r$

■ 대우와 삼단논법

2-6 전체집합 $U=\{1,\ 2,\ 3,\ 4,\ 5\}$에 대하여 다음 중에서 참이 아닌 것은? (단, $x\in U$, $y\in U$)

① 모든 x에 대하여 $x+3<9$이다.
② 어떤 x에 대하여 $x^2=4$이다.
③ 어떤 x에 대하여 $x^2>20$이다.
④ 모든 x와 모든 y에 대하여 $x^2+y^2\geq5$이다.
⑤ 어떤 x와 어떤 y에 대하여 $x^2+y^2\leq2$이다.

■ 전체집합 $U(U\neq\phi)$에서의 조건 $p(x)$의 진리집합을 P라 하자.
(1) 명제 「모든 x에 대하여 $p(x)$이다.」는 $P=U$일 때 참, $P\neq U$일 때 거짓이다.
(2) 명제 「어떤 x에 대하여 $p(x)$이다.」는 $P\neq\phi$일 때 참, $P=\phi$일 때 거짓이다.

2-7 세 조건 p, q, r의 진리집합을 각각 P, Q, R이라 할 때, $(P\cup Q)\cap R=\phi$이 성립한다. 다음 중 참인 명제는?

① $p\rightarrow r$　② $q\rightarrow r$　③ $\sim p\rightarrow r$
④ $q\rightarrow\ \sim r$　⑤ $\sim q\rightarrow r$

2-8 두 명제 $p\rightarrow\ \sim q$, $\sim r\rightarrow q$가 모두 참일 때, 다음 보기의 명제 중 참인 것을 모두 고르면?

[보기]
ㄱ. $q\rightarrow\sim p$　ㄴ. $\sim q\rightarrow r$　ㄷ. $p\rightarrow\sim r$

① ㄴ　② ㄱ, ㄴ　③ ㄱ, ㄷ
④ ㄴ, ㄷ　⑤ ㄱ, ㄴ, ㄷ

■ 대우와 삼단논법

2-9 명제 'a, b가 자연수일 때, $a+b$가 홀수이면 ab는 짝수이다.'의 역, 이, 대우 중에서 참인 것을 모두 고르면?

① 역　② 이　③ 대우
④ 역, 이　⑤ 역, 이, 대우

■ 주어진 명제와 그 대우는 참, 거짓이 일치한다.
그리고 역과 이는 대우 관계이므로 참, 거짓이 일치한다.

2-10 명제 '$-2\leq x<-2k$이면 $k\leq x<10$이다'가 참일 때, 실수 k의 값의 범위는?

① $-5\leq k\leq-2$　② $-5\leq k<-2$　③ $-5<k\leq-2$
④ $2<k\leq5$　⑤ $2\leq k<5$

■ $p\Rightarrow q$
$\Leftrightarrow P\subset Q$

2-11 세 조건 p, q, r에 대하여 q는 p이기 위한 충분조건, $\sim q$는 $\sim r$이기 위한 충분조건, r은 p이기 위한 필요조건일 때, q는 r이기 위한 어떤 조건인지 말하시오.

■ 필요충분조건

$q \Rightarrow p$, $r \Rightarrow q$, $p \Rightarrow r$

2-12 두 조건 p : $-3 \le x \le 1$, q : $x > a$에 대하여 q가 $\sim p$이기 위한 충분조건이 되도록 하는 상수 a의 값의 범위를 구하시오.

■ $q \Rightarrow \sim p$
$\Leftrightarrow Q \subset P^C$

2-13 $A \cap B \cap C = A$는 $A \cup B \cup C = B \cup C$이기 위한 어떤 조건인지 말하시오.

■ $A \cap B \cap C = A$
$\Leftrightarrow A \subset (B \ \cap C)$

2-14 $A \cup (B-A) = B$이기 위한 필요충분조건을 구하시오.

2-15 두 조건 p, q의 진리집합 P, Q가

$$P \cup (Q \cap P^C) = P$$

를 만족할 때, p는 q이기 위한 어떤 조건인지 말하시오.

■ 분배법칙

2-16 전체집합 U의 두 부분집합 A, B에 대하여

$$(A \cup B) \cap (A^C \cup B^C) = B \cap A^C$$

가 성립하기 위한 필요충분조건을 구하시오.

■ 대칭차집합

2-17 다음 보기 중 참인 명제를 모두 고르면?

■ 귀류법

[보기]
ㄱ. 자연수 n에 대하여 n^2이 홀수이면 n도 홀수이다.
ㄴ. 자연수 m, n에 대하여 mn이 짝수이면 m 또는 n이 짝수이다.
ㄷ. 실수 x, y에 대하여 $x+y>0$이면 $x>1$ 또는 $y>-1$이다.

① ㄱ, ㄴ ② ㄱ, ㄷ ③ ㄴ
④ ㄴ, ㄷ ⑤ ㄱ, ㄴ, ㄷ

2-18 다음 명제 중에서 그 역이 참인 것은? (단, 문자는 모두 실수이다.)

① $a=b$이면 $am=bm$이다.
② $x>1$이면 $x^2>1$이다.
③ $x\geq1$이고 $y\geq1$이면 $x+y\geq2$이다.
④ $a=b$이고 $c=d$이면 $a+c=b+d$이다.
⑤ $a^2+b^2>0$이면 $a\neq0$또는 $b\neq0$이다.

■ 명제 $p \rightarrow q$의 역은
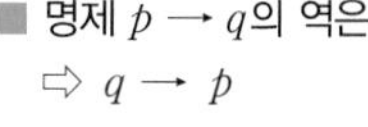
⇨ $q \rightarrow p$

2-19 x, y가 실수일 때, $xy\geq0$은 $|x|+|y|=|x+y|$이기 위한 어떤 조건인지 말하시오.

■ $|a|=a$
⇔ $a\geq0$

2-20 두 명제 $p \rightarrow q$와 $\sim r \rightarrow \sim q$가 모두 참일 때, 다음 중 반드시 참이라고 할 수 없는 것은?

① $q \rightarrow r$　② $p \rightarrow r$　③ $\sim r \rightarrow \sim p$
④ $\sim p \rightarrow \sim r$　⑤ $\sim q \rightarrow \sim p$

■ 대우와 삼단논법

2-21 다음 네 가지 명제로부터 이끌어 낼 수 있는 것은?

> (가) 논리적이지 않은 사람은 긍정적이지 않다.
> (나) 다정한 사람은 정열적이다.
> (다) 논리적인 사람은 유머를 이해한다.
> (라) 논리적이지 않은 사람은 정열적이지 않다.

① 논리적이지 않은 사람은 다정하지 않다.
② 유머를 이해하는 사람은 긍정적이다.
③ 정열적이지 않은 사람은 긍정적이지 않다.
④ 긍정적인 사람은 다정한 사람이다.
⑤ 정열적이지 않은 사람은 유머를 이해하지 못한다.

■ 문장을 기호화 한다.

■ 대우와 삼단논법

2-22 $-1\leq x\leq2$이기 위한 충분조건이 $a\leq x\leq1$이고, 필요조건이 $b\leq x\leq3$일 때, a의 최솟값과 b의 최댓값의 곱은?

① 5　② 4　③ 1
④ -1　⑤ -3

■ 진리집합의 포함 관계를 조사한다.

2-23 다음에서 p는 q이기 위한 어떤 조건인지 말하시오.
(단, 문자는 모두 실수)

(1) $p : x<0$, $q : x+|x|=0$
(2) $p : a^2=b^2$, $q : a=b$
(3) $p : x=3$, $q : x^2=3x$
(4) $p : |a|+|b|=0$, $q : a^2+b^2=0$

■ 실수의 성질
1. $(\text{실수})^2\geq 0$
2. $|\text{실수}|\geq 0$

2-24 세 조건 p, q, r의 진리집합을 각각 P, Q, R라 할 때, $P-Q=R$을 만족한다. 다음 보기 중 참인 것을 모두 고르면?

[보기]
ㄱ. $p \to r$ ㄴ. $p \to q$
ㄷ. $r \to p$ ㄹ. $q \to \sim r$

① ㄷ ② ㄱ, ㄴ ③ ㄷ, ㄹ
④ ㄱ, ㄴ, ㄷ ⑤ ㄴ, ㄷ, ㄹ

■ $P-Q=R$
$\Leftrightarrow P\cap Q^C=R$
$\Leftrightarrow R\subset P,\ R\subset Q^C$

2-25 삼각형 ABC에 대한 명제
'$\overline{\text{AB}}=\overline{\text{AC}}$이면 $\angle\text{B}=\angle\text{C}$이다'
의 역, 이, 대우 중에서 참인 명제를 모두 적으면?

① 대우 ② 역, 이 ③ 이, 대우
④ 역, 대우 ⑤ 역, 이, 대우

■ 명제 $p \to q$에 대하여
역 : $q \to p$
이 : $\sim p \to \sim q$
대우 : $\sim q \to \sim p$

2-26 명제 'm, n이 자연수일 때, m^2+n^2이 홀수이면 mn은 짝수이다.'의 역, 이, 대우 중 참인 것을 모두 적으면?

① 대우 ② 역, 이 ③ 이, 대우
④ 역, 대우 ⑤ 역, 이, 대우

■ 명제와 그 대우는 참, 거짓이 항상 일치한다.

2-27 a, b가 실수일 때, 다음 중 $|a-b|=|a+b|$가 성립하기위한 충분조건인 것은?

① $a^2b-ab^2=0$ ② $ab=0$ ③ $a=b$
④ $a^2+b^2=0$ ⑤ $(a-b)^2=(a+b)^2$

■ $|a|^2=a^2$

2-28 양쪽에 숫자가 쓰여진 카드가 있다. 카드의 한 쪽에 홀수가 쓰여져 있으면 다른 쪽에 쓰여져 있는 숫자는 3의 배수가 아니라고 한다.
1, 3, 4, 6이 쓰여진 카드를 차례로 보여줄 때, 위의 규칙에 맞는 카드인지 확인할 필요가 있는 카드에 쓰여져 있는 숫자를 모두 고르면?

① 1, 3　　② 3, 4　　③ 4, 6
④ 1, 3, 6　　⑤ 1, 4, 6

■ p : 홀수,
q : 3의 배수가 아닌 수
라고 하면 규칙은 $p \Rightarrow q$
이므로 그 대우
$\sim q \Rightarrow \sim p$
도 규칙이다.

2-29 전체집합 U에서 세 조건 p, q, r의 진리집합을 각각 P, Q, R이라 할 때, $(P-Q)\cup(Q-R^C)=\phi$이 성립한다. 다음 중 옳은 것은?

① p는 r이기 위한 충분조건이다.
② $\sim r$은 q이기 위한 충분조건이다.
③ p는 $\sim r$이기 위한 충분조건이다.
④ p는 q이기 위한 필요조건이다.
⑤ r은 q이기 위한 필요조건이다.

■ $A\cup B=\phi$
$\Leftrightarrow A=\phi,\ B=\phi$

2-30 다음 ☐ 안에 필요, 충분, 필요충분 중에서 알맞은 용어를 골라 써 넣으시오. (단, x, y는 실수)

(1) $(x-1)^2=0$은 $x^2-1=0$이기 위한 ☐조건이다.
(2) $A-(A\cap B)=\phi$은 $A\subset B$이기 위한 ☐조건이다.
(3) $x^2-xy+y^2=0$은 $x=y=0$이기 위한 ☐조건이다.

■ $x^2-xy+y^2=0$
$\Leftrightarrow \left(x-\frac{1}{2}y\right)^2+\frac{3}{4}y^2=0$

■ (실수)$^2\geq 0$

2-31 (1) 명제 「$0<x<1$을 만족하는 모든 x에 대하여 $|x-a|<1$이다」가 참이 되게 하는 상수 a의 값의 범위를 구하시오.
(2) 명제 「$0<x<1$을 만족하는 어떤 x에 대하여 $|x-a|<1$이다」가 참이 되게 하는 상수 a의 값의 범위를 구하시오.

■ $P=\{x|0<x<1\}$,
$Q=\{x||x-a|<1\}$
라 하면
(1) $P\subset Q$
(2) $P\cap Q\neq\phi$

2-32 다음 명제가 참임을 증명하시오.

(1) x, y가 실수일 때, $x+y>0$이면 $x>0$또는 $y>0$이다.
(2) a, b가 자연수일 때, $a+b$가 홀수이면 a, b중에서 하나는 짝수이고 다른 하나는 홀수이다.

■ 귀류법

Ⅲ 장

함수

제 3 장	함수	070
제 4 장	이차함수의 활용	110
제 5 장	유리함수와 무리함수	142

3장 함수

3-1 함수

1. 함수의 뜻

공집합이 아닌 두 집합 X, Y에 있어서 X의 각 원소에 Y의 원소가 하나씩 대응할 때 이 대응을

X에서 Y로의 함수

라 하고, 기호로는 문자 f, g, h, …등을 써서

$$f : X \to Y \text{ 또는 } X \xrightarrow{f} Y$$

로 나타낸다.

Tip

■ 대응 관계 $f : X \to Y$가 함수가 될 조건
정의역에 속하는 두 원소
⇨ x_1, $x_2 \in X$에 대하여
$x_1 = x_2$이면
$f(x_1) = f(x_2)$
(대우)
$f(x_1) \neq f(x_2)$이면 $x_1 \neq x_2$

보기 1 다음 대응 관계에서 함수가 아닌 것을 모두 고르면?

(1)
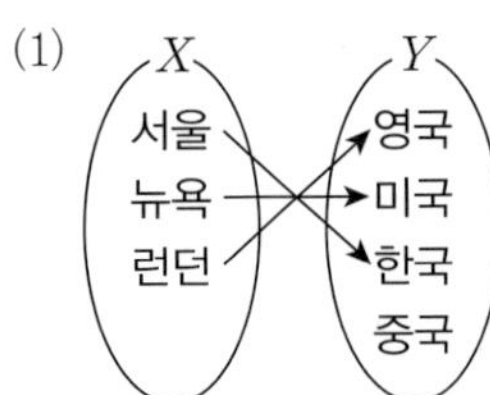

(2)
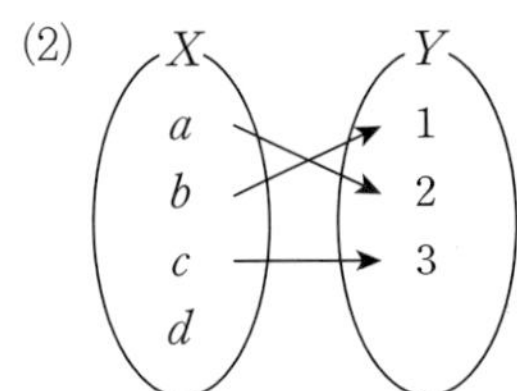

(3)
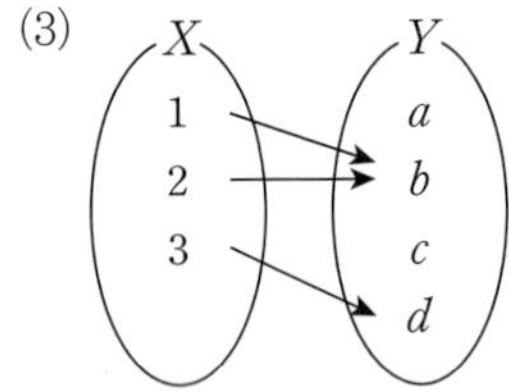

(4)
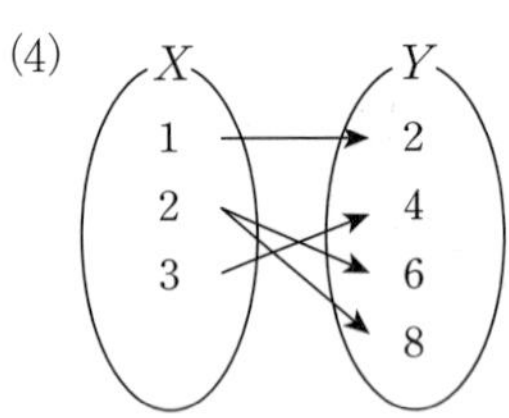

[설명] X에서 Y로의 대응이 함수이려면

(i) X의 각 원소에 대응하는 Y의 원소가 반드시 있어야 하고,

(ii) X의 각 원소에 Y의 원소가 하나씩만 대응하여야 한다.

(1)과 (3)은 X의 각 원소에 Y의 원소가 하나씩만 대응하므로 함수이다.

(2)는 X의 원소 d에 대응하는 Y의 원소가 없으므로 함수가 아니다.

(4)는 X의 원소 2에 대응하는 Y의 원소가 6, 8로 두 개이므로 함수가 아니다.

답 (2), (4)

■ (4)에서 $x_1 = 2$, $x_2 = 2$라고 놓으면 $x_1 = x_2$이므로 함수가 될 조건은
$$f(x_1) = f(x_2)$$
이다. 그런데
$$f(x_1) = 6,\ f(x_2) = 8$$
로 대응되는 값이 서로 다르므로 함수가 아니다.

2. 함숫값, 독립변수, 종속변수

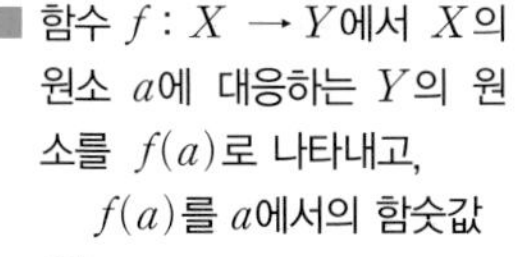
함수 $f: X \to Y$에서 X의 원소 a에 대응하는 Y의 원소를 $f(a)$로 나타내고,
$f(a)$를 a에서의 함숫값
또는
f에 의한 a의 상
이라고 한다.

함수 $f: X \to Y$에서

X의 원소 x가 Y의 원소 y에 대응할 때, 기호

$f: x \to y$, $x \xrightarrow{f} y$, $y=f(x)$

등으로 나타내고,

y는 x의 함수이다

라고 한다.

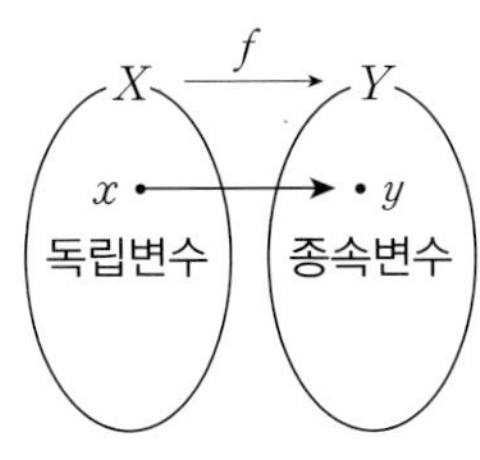

이때, y를 f에 의한 x의 **함숫값**이라 하고 $f(x)$로 나타낸다.

또, x를 **독립변수**, y를 **종속변수**라고 한다.

3. 정의역, 공역, 치역

함수 $f: X \to Y$가 있을 때

X를 f의 **정의역**,

Y를 f의 **공역**

이라 하고,

정의역에 속하는 원소 $x \in X$의

함숫값 $f(x)$의 전체의 집합

$\{f(x) \mid x \in X\}$

를 f의 **치역**이라고 하며 $f(X)$로 나타낸다.

이때, 치역 $f(X)$는 공역 Y의 부분집합이다.

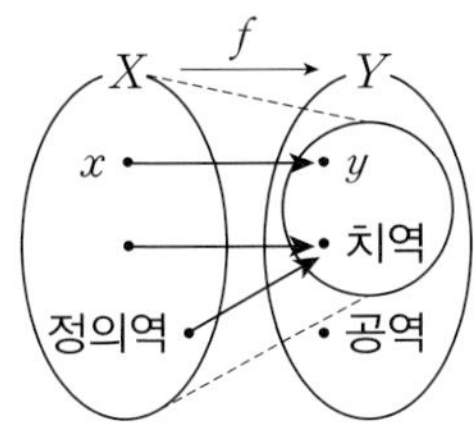

■ 정의역이 분명할 때에는 정의역을 생략할 수 있다.
예를 들면,
다항함수의 정의역은 실수 전체의 집합이고,
분수함수의 정의역은 분모가 0이 아닌 실수의 집합이며,
무리함수의 정의역은 근호 속의 값이 0이상인 실수의 집합이다.
그러나 특정한 집합에서 함수를 다루고자 할 때에는 반드시 정의역을 명시해야 한다.

보기 2 정의역과 공역이 모두 실수인 함수 f가 다음과 같을 때, $f(0)$, $f(1)$, $f(-1)$를 각각 구하시오.

(1) $f(x)=2x-1$ (2) $f: x \to x^3$

[설명] (1) $f(0)=2\cdot0-1=-1$, $f(1)=2\cdot1-1=1$,
$f(-1)=2\cdot(-1)-1=-3$

(2) x의 함숫값 $f(x)$가 x^3이므로 $f(x)=x^3$이다.

$\therefore f(0)=0^3=0$, $f(1)=1^3=1$, $f(-1)=(-1)^3=-1$

보기 3 $X=\{-1, 0, 1, 2\}$, $Y=\{x \mid x\text{는 실수}\}$일 때, X에서 Y로의 함수 $f: x \to x^2+1$의 치역을 구하시오.

[설명] $f(x)=x^2+1$이므로

$$f(-1)=2,\ f(0)=1,\ f(1)=2,\ f(2)=5$$

따라서 구하는 치역은 $\{1, 2, 5\}$이다. 답 $\{1, 2, 5\}$

기본문제 3-1

두 집합 $X=\{-1,\ 0,\ 1,\ 2\}$, $Y=\{0,\ 1,\ 2,\ 4\}$에 대하여 다음 중 X에서 Y로의 함수가 아닌 것은? (단, $x\in X$)

① $f : x \to x+|x|$　② $f : x \to x^2$

③ $f(x)=|x|$　④ $f(x)=\begin{cases} x+1 & (x\geq 1) \\ x^3+1 & (x<1) \end{cases}$

⑤ $f(x)=\begin{cases} -x+2 & (x\geq 0) \\ x^3+2 & (x<0) \end{cases}$

■ 함수 f가 X에서 Y로의 함수가 될 조건은
⇨ $f(X)\subset Y$
즉, 치역이 공역의 부분집합이 되어야 한다.

[풀이] 대응 관계를 그림으로 나타내면 각각 다음과 같다.

①
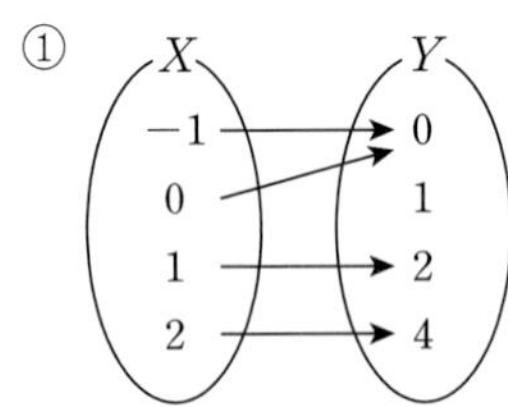

②
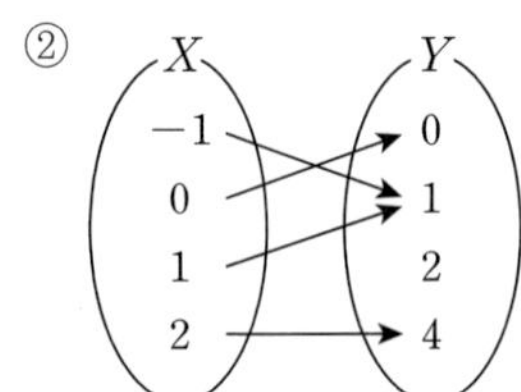

③
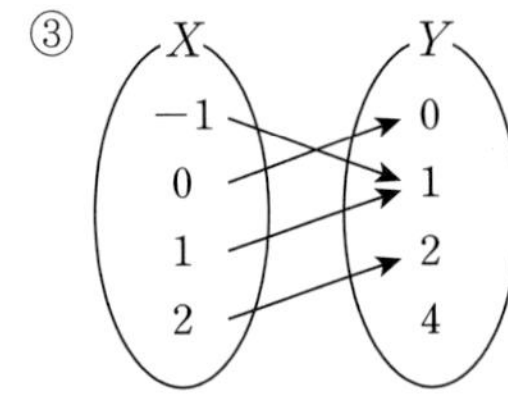

④
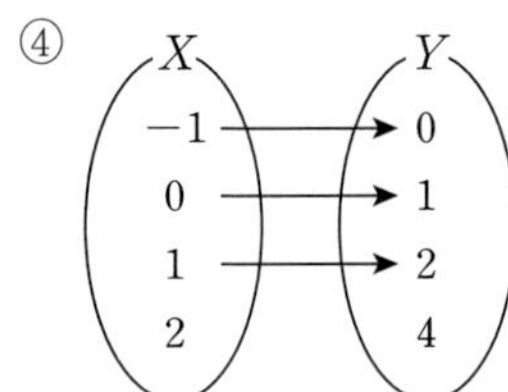

⑤
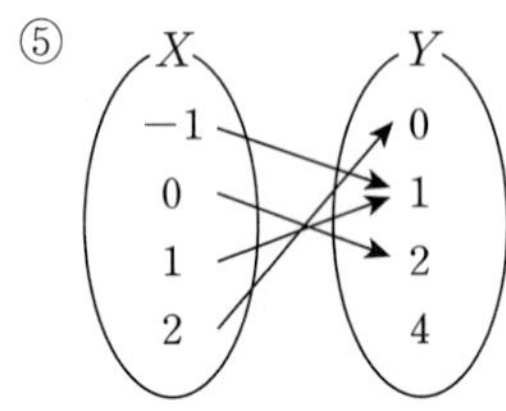

①, ②, ③, ⑤는 X의 각 원소에 Y의 원소가 하나씩만 대응하므로 함수이다.

그러나 ④에서는 2에 대응하는 Y의 원소가 없으므로 함수가 아니다.

답 ④

유제 3-1 두 집합 $X=\{-1,\ 0,\ 1\}$, $Y=\{-1,\ 0,\ 1,\ 2\}$에 대하여 다음 중 X에서 Y로의 함수가 아닌 것은?

① $f : x \to x+1$　② $f : x \to x^2$

③ $f : x \to x^3$　④ $f : x \to |-x|+1$

⑤ $f : x \to x-|x|$

답 ⑤

■ $f(X)\subset Y$를 만족하는지 조사한다.

기본문제 3-2

다음 물음에 답하시오.

(1) 실수 전체의 집합 R에서 R로의 함수 f가

$$f(x)=\begin{cases} x-1 & (x\text{는 유리수}) \\ -x & (x\text{는무리수}) \end{cases}$$

로 정의될 때, $f(\sqrt{2})+f(1-\sqrt{2})+f(2)$의 값을 구하시오.

(2) 음이 아닌 정수 전체의 집합에서 정의된 함수 f가

$$f(x)=\begin{cases} x+1 & (0\le x\le 3) \\ f(x-3) & (x>3) \end{cases}$$

로 정의될 때, $f(2)+f(19)$의 값을 구하시오.

■ 정의는 약속이므로 정의를 정확히 이해하여 문제를 푼다.

[풀이] (1) $\sqrt{2}$와 $1-\sqrt{2}$는 무리수이고, 2는 유리수이므로

$f(\sqrt{2})+f(1-\sqrt{2})+f(2)=-\sqrt{2}-(1-\sqrt{2})+(2-1)$

$=-\sqrt{2}-1+\sqrt{2}+1=0$ 답 0

(2) $f(2)=2+1=3$,

$f(19)=f(19-3)=f(16-3)=\cdots=f(1)=1+1=2$

$\therefore f(2)+f(19)=3+2=5$ 답 5

기본문제 3-3

정수 전체의 집합 Z에서 Z로의 함수 f가

$$f(x)=(x^2\text{을 4로 나눈 나머지})$$

로 정의될 때, 함수 f의 치역을 구하시오.

[풀이] 정수의 전체의 집합 Z는 짝수와 홀수로 나눌 수 있다.

(i) $x=2n$(n은 정수)인 경우

$x^2=(2n)^2=4n^2=4(n^2)\quad \therefore f(x)=0$

(ii) $x=2n+1$인 경우

$x^2=(2n+1)^2=4n^2+4n+1=4(n^2+n)+1\quad \therefore f(x)=1$

(i), (ii)로부터 함수 f의 치역은 $\{0,\ 1\}$ 답 $\{0,\ 1\}$

유제 3-2 집합 $A=\{x\,|\,-1\le x\le 4\}$에 대하여 A에서 A로의 함수 $f(x)=ax+b$의 공역과 치역이 일치할 때, 실수 a, b의 곱 ab의 값을 구하시오. (단, $ab\neq 0$) 답 -3

■ (i) $a>0$인 경우 (ii) $a<0$인 경우로 나누어 생각한다.

유제 3-3 자연수 전체의 집합 N에서 N으로의 함수 f가

$$f(n)=(3^n\text{의 일의 자리의 숫자})$$

로 정의될 때, f의 치역을 구하시오.

답 $\{1,\ 3,\ 7,\ 9\}$

■ 3^n의 일의 자리의 숫자는 주기를 갖는다.

UpGrade 3-1

임의의 실수 x, y에 대하여 함수 f가

$$f(x+y)=f(x)+f(y)$$

를 만족시키고 $f(1)=2$일 때, 다음 물음에 답하시오.

(1) $f(0)$, $f(3)$, $f(-4)$의 값을 각각 구하시오.

(2) $f(-x)=-f(x)$임을 증명하시오.

[풀이] (1) $x=0$, $y=0$을 대입하면

$f(0+0)=f(0)+f(0)$ $\quad\therefore f(0)=0$

$x=1$, $y=1$을 대입하면

$f(1+1)=f(1)+f(1)$ $\quad\therefore f(2)=2f(1)=4$

$x=2$, $y=1$을 대입하면

$f(2+1)=f(2)+f(1)$ $\quad\therefore f(3)=4+2=6$

$x=1$, $y=-1$을 대입하면

$f(1-1)=f(1+(-1))=f(1)+f(-1)$

$\Leftrightarrow f(0)=f(1)+f(-1)$

$\therefore f(-1)=f(0)-f(1)=0-2=-2$

$x=-1$, $y=-1$을 대입하면

$f(-1-1)=f((-1)+(-1))=f(-1)+f(-1)$

$\Leftrightarrow f(-2)=2f(-1)=2\cdot(-2)=-4$

$x=-2$, $y=-2$를 대입하면

$f(-2-2)=f((-2)+(-2))=f(-2)+f(-2)$

$\Leftrightarrow f(-4)=2f(-2)=2\cdot(-4)=-8$

답 $f(0)=0$, $f(3)=6$, $f(-4)=-8$

(2) $f(x+y)=f(x)+f(y)$에서

y대신에 $-x$를 대입하면

$f(x-x)=f(x+(-x))=f(x)+f(-x)$

$\Leftrightarrow f(0)=f(x)+f(-x)$

$f(0)=0$이므로 $0=f(x)+f(-x)$

$\therefore f(-x)=-f(x)$

유제 3-4 임의의 실수 x, y에 대하여 함수 f가

$$f(x+y)=f(x)f(y),\ f(x)>0$$

을 만족시키고 $f(1)=3$일 때, 다음 물음에 답하시오.

(1) $f(0)$, $f(-1)$, $f(2)$의 값을 각각 구하시오.

(2) $f(x-y)=\dfrac{f(x)}{f(y)}$임을 증명하시오.

답 (1) $f(0)=1$, $f(-1)=\dfrac{1}{3}$, $f(2)=9$

Tip

■ x, y대신 적당한 값을 대입한다.

■ 함수에 대한 증명문제를 하나 풀어보자.

[예제]

함수 $f: X \to Y$가 주어지고, 집합 A와 B가 X의 부분집합이면

$f(A\cup B)=f(A)\cup f(B)$

임을 증명하시오.

[증명]

(i) $y\in f(A\cup B)$이면

$x\in A\cup B$인 원소 x가 존재해서 $y=f(x)$를 만족한다. (함수의 정의)

$\therefore x\in A\cup B$

$\Leftrightarrow x\in A$ 또는 $x\in B$

$\Leftrightarrow y\in f(A)$ 또는 $y\in f(B)$

$\therefore y\in f(A)\cup f(B)$

따라서

$f(A\cup B)\subset f(A)\cup f(B)$

(ii) $y\in f(A)\cup f(B)$이면

$y\in f(A)$ 또는 $y\in f(B)$

$\Leftrightarrow$ A 또는 B에 속하는 원소 x가 존재해서 $y=f(x)$를 만족한다.

$\Leftrightarrow x\in A\cup B$, $y=f(x)$

$\therefore y\in f(A\cup B)$

따라서

$f(A)\cup f(B)\subset f(A\cup B)$

(i), (ii)로부터

$f(A\cup B)=f(A)\cup f(B)$

3-2 함수의 그래프

1. 순서쌍, 곱집합

(1) 순서쌍

집합 X의 한 원소와 집합 Y의 한 원소를 순서대로 짝을 지어 만든 쌍 $(x,\ y)$를 순서쌍이라고 한다.

예를 들면, $X=\{1,\ 2\}$, $Y=\{a,\ b,\ c\}$에서 X의 한 원소와 Y의 한 원소를 짝을 지은 것, 즉 $(1,\ a)$, $(1,\ b)$, $(1,\ c)$, $(2,\ a)$, $(2,\ b)$, $(2,\ c)$의 각각을 순서쌍이라고 한다.

■ R이 실수 전체의 집합일 때, 곱집합 $R\times R=\{(x,\ y)\,|\,x,\ y\in R\}$은 좌표평면 위의 모든 점을 나타낸다.
이때, $R\times R=R^2$으로 나타낸다.
즉, R^2은 좌표평면을 나타내는 기호이다.

(2) 곱집합

집합 X의 한 원소와 집합 Y의 한 원소를 순서대로 짝을 지어 만든 모든 순서쌍 $(x,\ y)$를 원소로 하는 집합을 X와 Y의 곱집합이라 하고, 기호 $X\times Y$로 나타낸다. 즉

$$X\times Y=\{(x,\ y)\,|\,x\in X,\ y\in Y\}$$

보기 1 $X=\{1,\ 2\}$, $Y=\{a,\ b\}$에 대하여 다음 곱집합을 각각 구하시오.
(1) $X\times Y$ (2) $Y\times X$ (3) $X\times X$

[설명] (1) $X\times Y=\{(1,\ a),\ (1,\ b),\ (2,\ a),\ (2,\ b)\}$
(2) $Y\times X=\{(a,\ 1),\ (a,\ 2),\ (b,\ 1),\ (b,\ 2)\}$
(3) $X\times X=\{(1,\ 1),\ (1,\ 2),\ (2,\ 1),\ (2,\ 2)\}$

TIP 두 순서쌍 $(1, a)$와 $(a, 1)$은 서로 다른 원소이다. 즉

$$(1, a)\neq(a, 1)$$

따라서 곱집합은 교환법칙이 성립하지 않는다. 즉

$$X\times Y\neq Y\times X$$

2. 함수의 그래프

함수 $f: X\to Y$, $y=f(x)$에 대하여 정의역 X의 한 원소 x와 그 함숫값 $f(x)$의 순서쌍 $(x,\ f(x))$의 전체의 집합, 즉

$$G=\{(x,\ f(x))\,|\,x\in X\}$$

를 함수 f의 그래프라고 한다.

■ [보기 2]의 그래프

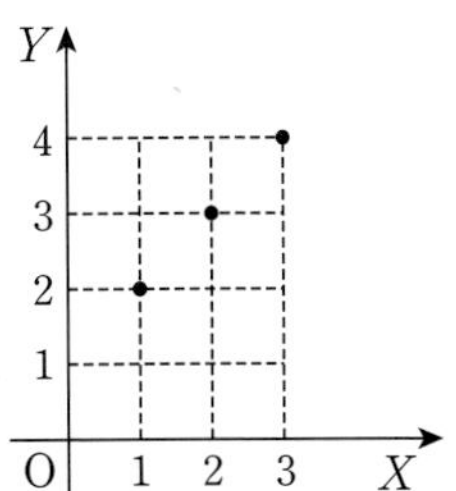

보기 2 두 집합 $X=\{1,\ 2,\ 3\}$, $Y=\{1,\ 2,\ 3,\ 4\}$에 대하여

$$f: X\to Y,\ x\to x+1$$

일 때, 함수 f의 그래프를 집합을 써서 나타내시오.

[설명] $\{(1,\ 2),\ (2,\ 3),\ (3,\ 4)\}$ ⇦ 답

기본문제 3-4

다음 중 함수의 그래프가 아닌 것을 모두 고르면? (정답 2개)

①

②

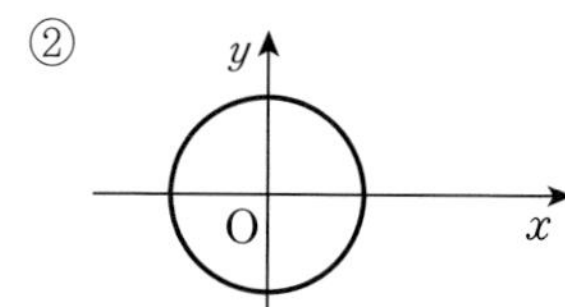

③

④

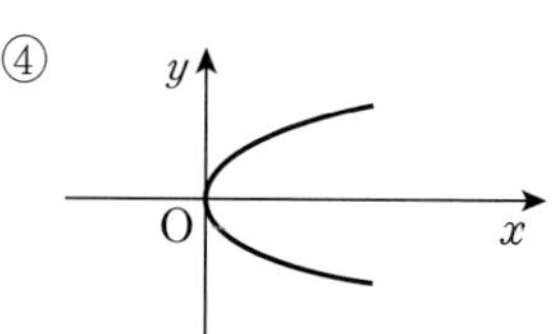

⑤

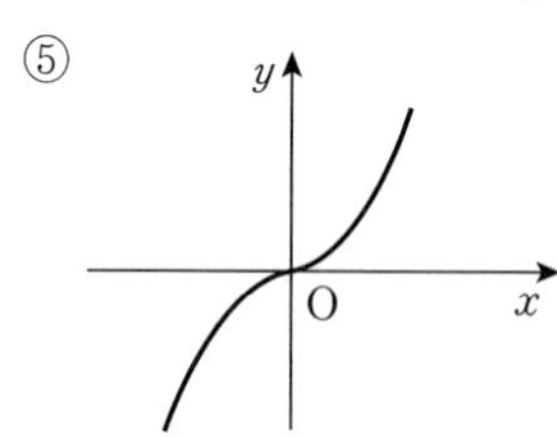

Tip

■ 직선 $x=a$를 그어서 그래프와 한 점에서 만나면 함수이다.

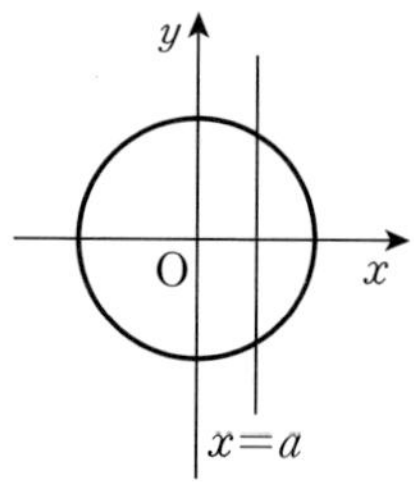

원의 그래프는 직선 $x=a$와 두 점에서 만나므로 함수가 아니다.

[풀이] 함수의 정의역에 속하는 각 원소 $x=a$에 대응하는 y의 값이 오직 하나만 존재하여야 한다. 따라서 직선 $x=a$를 그을 때, 그래프와 한 점에서 만나면 함수이고, 두 점 이상에서 만나면 함수가 아니다.
따라서 함수의 그래프가 아닌 것은 ②, ④

답 ②, ④

유제 3-5

두 집합

$X=\{-2,\ -1,\ 0,\ 1,\ 2\},\quad Y=\{1,\ 2,\ 3,\ 4,\ 5\}$

에 대하여

$$f: X \rightarrow Y,\ x \rightarrow |x|+x+1$$

일 때, 다음 물음에 답하시오.

(1) 함수 f의 그래프를 $X \times Y$의 그림 위에 나타내시오.

(2) 함수 f의 치역을 구하시오.

답 (1)

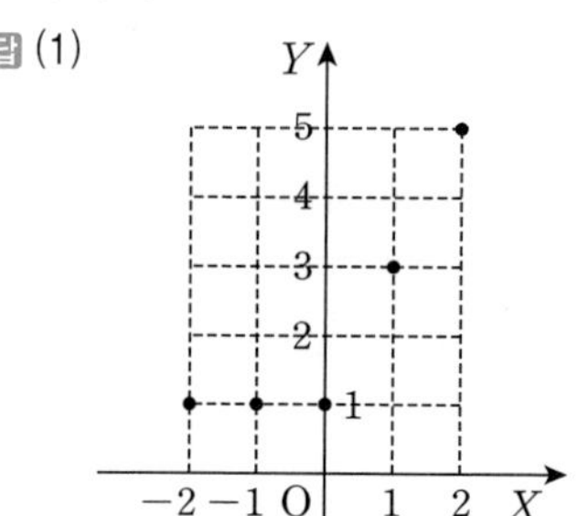

(2) $\{1,\ 3,\ 5\}$

3-3 여러 가지 함수

1. 일대일함수

함수 $f: X \to Y$에서 X의 임의의 두 원소 x_1, x_2에 대하여

$x_1 \neq x_2$이면 $f(x_1) \neq f(x_2)$

또는 $f(x_1)=f(x_2)$이면 $x_1=x_2$ ⇦ 대우

일 때, 함수 f를 **일대일함수**라고 한다.

[설명] 다음 함수는 일대일함수이다.

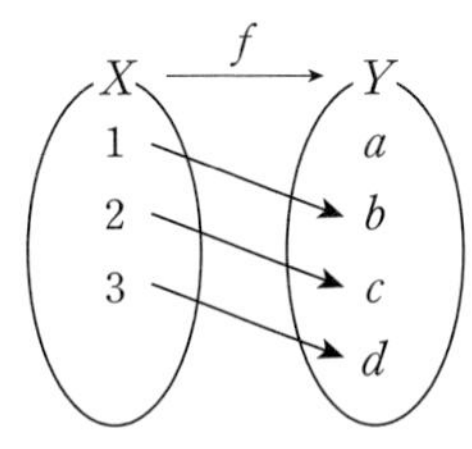

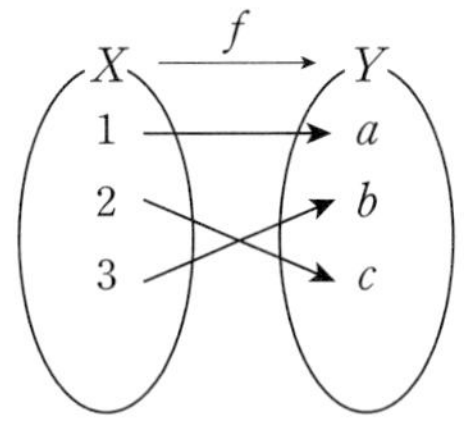

■ 다음 함수는 일대일함수가 아니다.

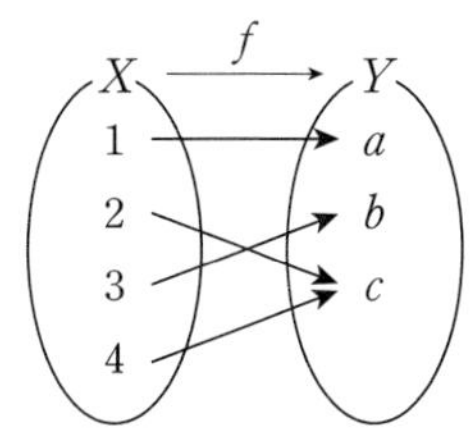

$2 \neq 4$이지만

$f(2)=f(4)=c$

이므로 일대일함수가 아니다.

2. 일대일 대응

함수 $f: X \to Y$에서

(i) 치역과 공역이 같고, ⇦ $f(X)=Y$

(ii) X의 임의의 두 원소 x_1, x_2에 대하여

$x_1 \neq x_2$이면 $f(x_1) \neq f(x_2)$ ⇦ 일대일함수

일 때, 함수 f를 **일대일 대응**이라고 한다.

[설명] 다음 함수는 일대일 대응이다.

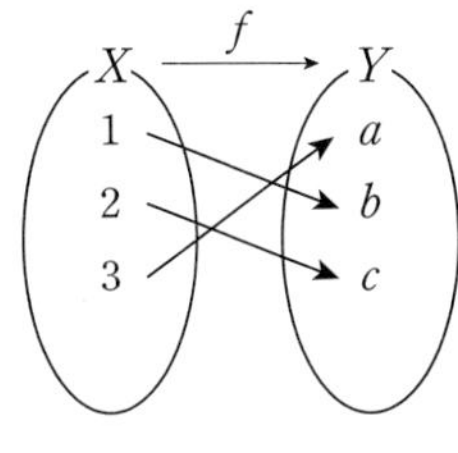

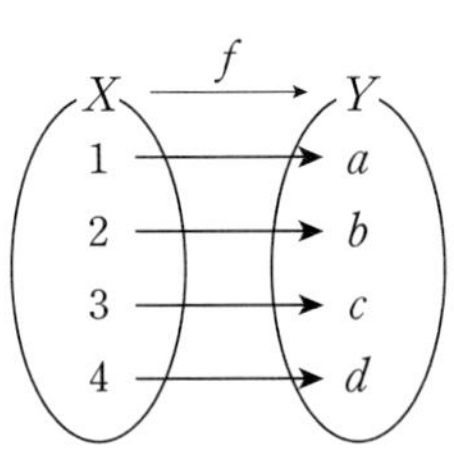

■ 다음 함수는 일대일 대응이 아니다.

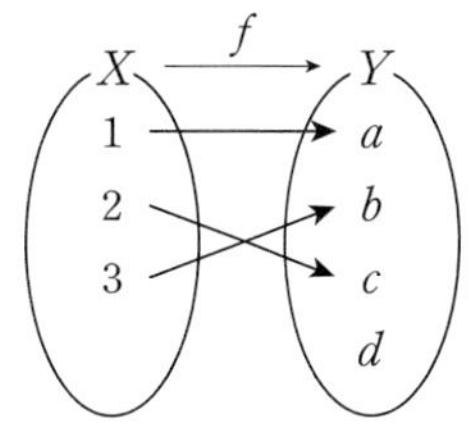

$f(X) \neq Y$이므로

일대일 대응이 아니다.

TIP 일대일 대응 (또는 일대일함수)의 그래프의 특징은

⇨ 증가함수 또는 감소함수

(예) (1)

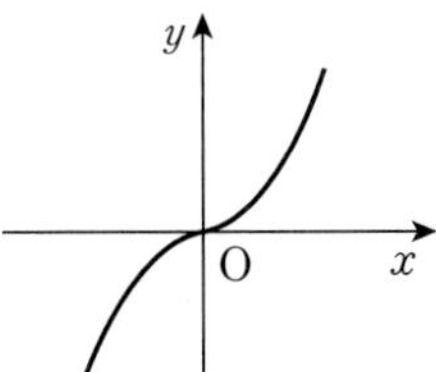

(2)

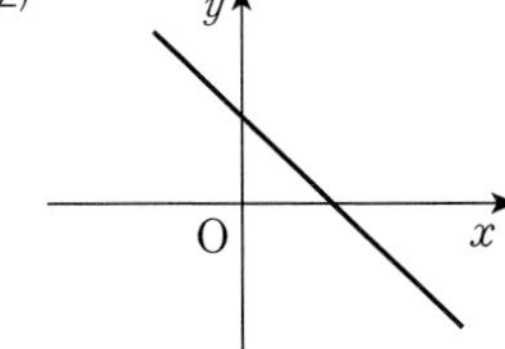

■ 다음 함수는 일대일 대응이 아니다.

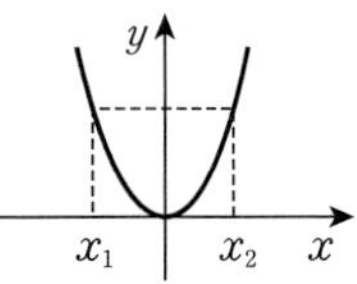

$x_1 \neq x_2$이지만

$f(x_1)=f(x_2)$

이므로 일대일함수가 아니다. 따라서 일대일 대응도 아니다.

3. 항등함수

함수 $f : X \to Y$에서

(i) $X=Y$이고,

(ii) X의 임의의 원소 x에 대하여 $f(x)=x$일 때, 함수 f를 X에서의 항등함수라 하고 기호 I_X로 나타낸다. 정의역을 분명히 알 수 있는 경우에는 I로 나타낸다.

■ 항등함수는 일대일 대응이다.

[설명] 다음 함수는 항등함수이다.

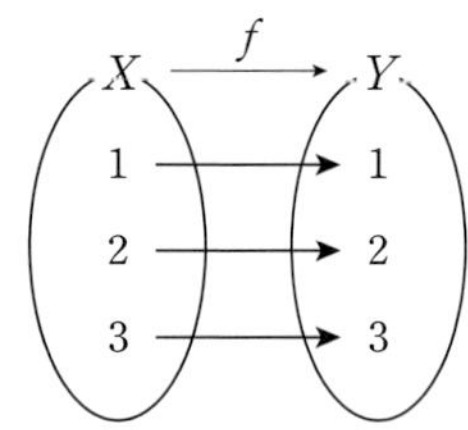

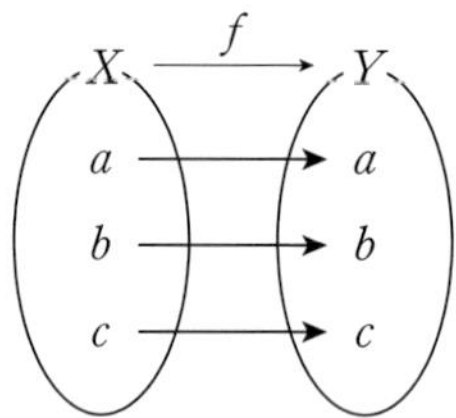

■ 함수의 개수를 구하는 방법

[예제] 두 집합

$X=\{1,\ 2,\ 3\}$,

$Y=\{a,\ b,\ c\}$

에 대하여 다음 조건을 만족하는 함수

$f : X \to Y$

의 개수를 각각 구하시오.

(1) 함수의 개수

(2) 일대일 대응의 개수

(3) 상수함수의 개수

[풀이]

(1) 1, 2, 3에 대응 가능한 공역의 원소는 각각 a, b, c로 3가지씩이므로 $3\times3\times3=27$(개)

(2) 1에 대응 가능한 원소는 a, b, c로 3가지, 2에 대응 가능한 원소의 개수는 1에 대응하고 남은 2가지, 3에 대응 가능한 원소의 개수는 1, 2에 대응하고 남은 1가지이므로 $3\times2\times1=6$(개)

(3) 치역의 원소가 각각 a, b, c인 3개의 상수함수가 있다.

4. 상수함수

함수 $f : X \to Y$에서 X의 모든 원소가 Y의 한 원소에만 대응될 때, 함수 f를 상수함수라고 한다.

즉, 치역의 원소가 하나뿐인 함수 f를 상수함수라고 한다.

[설명] 다음 함수는 상수함수이다.

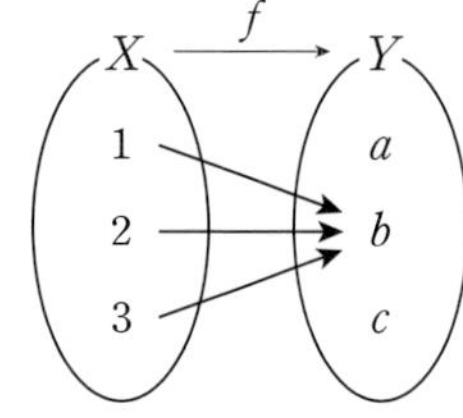

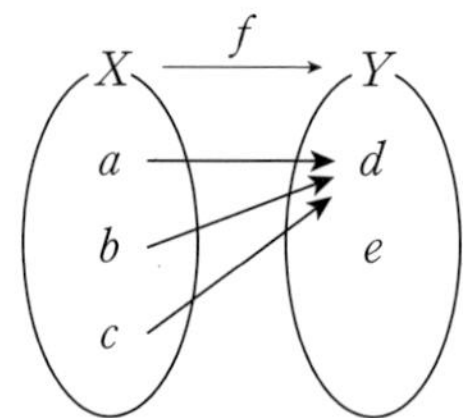

5. 두 함수가 서로 같을 조건

두 함수 $f : X \to Y$, $g : U \to V$에 대하여 다음 두 조건을 만족할 때, 두 함수는 같다고 하고, 기호 $f=g$로 나타낸다.

(i) $X=U$ ⇦ 정의역이 서로 같다.

(ii) $x\in X$이면 $f(x)=g(x)$ ⇦ 함숫값이 서로 같다.

보기 1 정의역이 $X=\{-1,\ 0,\ 1\}$인 두 함수 $f(x)=x$, $g(x)=x^3$에 대하여 $f=g$임을 증명하시오.

■ 정의역이 같고, 함숫값이 같으면 두 함수는 같다고 한다. [보기] 1에서는 함숫값이 서로 같은지만 조사하면 된다.

[설명] $f(-1)=g(-1)=-1$, $f(0)=g(0)=0$, $f(1)=g(1)=1$
이므로 $f=g$

기본문제 3-5

다음 중 실수 전체의 집합 R에서 R로의 함수 $f(x)$가 일대일 대응인 것은?

① $f(x)=3$ ② $f(x)=x+1$ ③ $f(x)=x^2$
④ $f(x)=|x|$ ⑤ $f(x)=-x^2$

[풀이] 일대일 대응의 그래프는 증가하거나 감소한다.

① $f(x)=3$는 상수함수이므로 일대일 대응이 아니다.

② $f(x)=x+1$의 그래프는 증가하므로 일대일 대응이다.

③ $f(x)=x^2$의 그래프는 아래로 볼록한 포물선이므로 증가하거나 감소하지 않는다. 따라서 일대일 대응이 아니다.

④ $f(x)=|x|$는 $x=0$에서 꺾인 그래프이므로 증가하거나 감소하지 않는다. 따라서 일대일 대응이 아니다.

⑤ $f(x)=-x^2$의 그래프는 위로 볼록한 포물선이므로 증가하거나 감소하지 않는다. 따라서 일대일 대응이 아니다.

따라서 일대일 대응인 것은 ②이다. 답 ②

Tip

■ 일대일 대응의 그래프의 특징

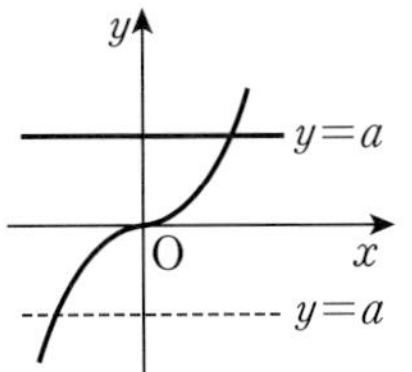

⇨ 증가하거나 감소한다.
즉, x축에 평행한 직선 $y=a$의 그래프와 반드시 만나고 오직 하나의 교점을 갖는다.

■ $f(x)=|x|$의 그래프

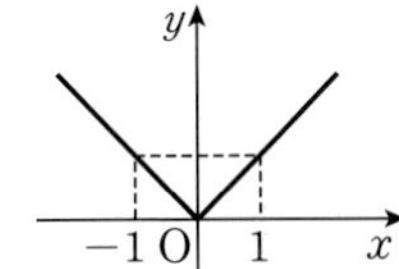

기본문제 3-6

실수 전체의 집합 R에서 R로의 함수 $f(x)=|x-1|+kx+1$이 일대일 대응이 되도록 하는 실수 k의 값의 범위를 구하시오.

[풀이] $f(x)=|x-1|+kx+1=\begin{cases}(k+1)x & (x\ge1)\\(k-1)x+2 & (x<1)\end{cases}$

함수 $f(x)$의 그래프가 증가하거나 감소해야 하므로 두 직선

$$y=(k+1)x\ (x\ge1),\ y=(k-1)x+2\ (x<1)$$

의 기울기의 부호가 일치해야 한다.

$\therefore (k+1)(k-1)>0 \quad \therefore k<-1,\ k>1$ ⇦ 답

■ 기울기의 부호가 일치
⇔ (기울기의 곱)>0

유제 3-6 $X=\{x\,|\,0\le x\le1\}$에서 $Y=\{y\,|\,-1\le y\le1\}$로의 함수 $f(x)=ax+b$(단, $b>0$)가 일대일 대응일 때, $a-b$의 값을 구하시오. 답 -3

■ $f(X)=Y$

유제 3-7 실수 전체의 집합 R에서 R로의 함수

$$f(x)=a|x|+(4-a)x$$

가 일대일 대응이 되도록 하는 실수 a의 값의 범위를 구하시오.

답 $a<2$

■ $x\ge0$인 경우와 $x<0$인 경우로 나누어 함수 $f(x)$의 식을 구한다.

UpGrade 3-2

다음은 실수 전체의 집합 R에서 R로의 함수 f가 임의의 실수 m에 대하여 $f(mx)=mf(x)$이고, $f(1)\neq 0$일 때, 함수 f는 일대일 대응임을 증명한 것이다.

> [증명]
> $f(x_1\cdot 1)-f(x_2\cdot 1)=(x_1-x_2)\cdot$[(가)]
> 따라서 $x_1\neq x_2$이면 $f(x_1)\neq f(x_2)$이다.
> 또, 임의의 실수 y에 대하여 $x=$[(나)]로 놓으면
> $f(x)=y$이므로 f의 치역은 실수 전체의 집합이다.
> 따라서 함수 f는 일대일 대응이다.

위의 증명에서 (가), (나)에 알맞은 것을 순서대로 적으면?

① $f(1),\ y\cdot f(1)$　② $f(1),\ \dfrac{f(1)}{y}$　③ $f(1),\ \dfrac{y}{f(1)}$

④ $1,\ y\cdot f(1)$　⑤ $1,\ \dfrac{y}{f(1)}$

[설명] $f(x_1)-f(x_2)=f(x_1\cdot 1)-f(x_2\cdot 1)$
$=x_1\cdot f(1)-x_2\cdot f(1)=(x_1-x_2)\cdot f(1)$

따라서 $x_1\neq x_2$이면 $f(1)\neq 0$이므로 $(x_1-x_2)\cdot f(1)\neq 0$

$\therefore f(x_1)-f(x_2)\neq 0$　$\therefore f(x_1)\neq f(x_2)$

또, 임의의 실수 y에 대하여 $x=\dfrac{y}{f(1)}$라고 놓으면

$$f(x)=f\left(\frac{y}{f(1)}\right)=f\left(\frac{y}{f(1)}\cdot 1\right)=\frac{y}{f(1)}\cdot f(1)=y$$

이므로 f의 치역은 실수 전체의 집합이다.

따라서 함수 f는 일대일 대응이다.　답 ③

Tip

■ 일대일 대응
함수 $f: X \to Y$에서
(i) 치역과 공역이 같고,
(ii) X에 속하는 임의의 두 원소 x_1, x_2에 대하여 $x_1\neq x_2$이면 $f(x_1)\neq f(x_2)$
일 때, 함수 f를 일대일 대응이라고 한다.

■ 치역과 공역이 같음을 보이는 방법

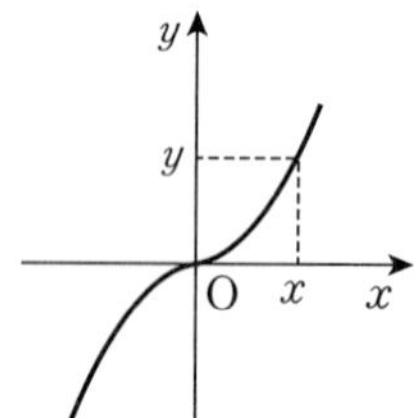

공역에 속하는 임의의 원소 y에 대하여 정의역에 속하는 원소 x가 존재해서
$y=f(x)$
를 만족함을 보이면 된다.

유제 3-8 실수 전체의 집합 R에서 R로의 함수 f가
$$f(x)=ax+b\ (a\neq 0)$$
일 때, 함수 f는 일대일 대응임을 증명하시오.

■ 일대일 대응의 정의를 이용하여 증명한다.

유제 3-9 집합 $A=\{x\mid x\geq a\}$에 대하여 함수 $f: A \to A$인 함수 $f(x)=x^2-2x$가 일대일 대응이 될 때, 상수 a의 값을 구하시오.　답 3

■ $f(a)=a$

유제 3-10 $X=\{x\mid x\geq 0\}$, $Y=\{y\mid y\geq 0\}$에 대하여
$$f: X \to Y,\quad f(x)=x^2$$
일 때, 함수 f는 일대일 대응임을 증명하시오.

■ 정의역과 공역의 범위에 따라서 함수 $f(x)=x^2$은 일대일 대응이 될 수도 있다.

UpGrade 3-3

실수 전체의 집합 R에서 R로의 함수 f에 대하여 다음 물음에 답하시오.

(1) 함수 f가 모든 실수 x에 대하여

$$f(m+x)=f(m-x) \text{ 또는 } f(x)=f(2m-x)$$

를 만족할 때, 함수 $y=f(x)$의 그래프는 직선 $x=m$에 대하여 대칭임을 증명하시오.

(2) 함수 f가 모든 실수 x에 대하여 $f(1+x)=f(1-x)$를 만족하고, 방정식 $f(x)=0$이 서로 다른 두 실근을 가질 때, 이 두 실근의 합을 구하시오.

Tip

■ 우함수
모든 실수 x에 대하여
$f(-x)=f(x)$
를 만족하는 함수 f를 우함수라고 한다.
우함수의 그래프는 직선
$x=0$(y축)
에 대하여 대칭이다.
이것은 (1)번에서 $m=0$인 경우이다.

[설명] (1) 함수 $y=f(x)$의 그래프를 직선 $x=m$에 대하여 대칭이동한 도형의 방정식은 x대신 $2m-x$를 대입하면

$$y=f(2m-x)$$

이다. 그런데 $f(x)=f(2m-x)$ …… ①
이므로 이것은 함수 $y=f(x)$의 그래프가 직선 $x=m$에 대하여 대칭임을 의미한다.
또, $f(x)=f(2m-x)$에서 x대신 $m+x$를 대입하면
$f(m+x)=f(m-x)$ …… ②
따라서 ①, ②는 같은 조건이고, ① 또는 ②를 만족하면
함수 $y=f(x)$의 그래프는 직선 $x=m$에 대하여 대칭이다.

(2) (1)에 의해 $f(1+x)=f(1-x)$를 만족하는 함수 f의 그래프는 직선 $x=1$에 대하여 대칭이다. 그리고 방정식 $f(x)=0$이 서로 다른 두 실근을 가지므로 함수 $y=f(x)$의 그래프는 x축과 서로 다른 두 점에서 만난다. 방정식 $f(x)=0$의 두 실근을 α, β라고 할 때 α와 β는 $x=1$에 대하여 대칭이므로

$\frac{\alpha+\beta}{2}=1 \quad \therefore \alpha+\beta=2$

따라서 두 실근의 합은 2

답 2

■ 기함수
모든 실수 x에 대하여
$f(-x)=-f(x)$
를 만족하는 함수 f를 기함수라고 한다.
기함수의 그래프는 원점에 대하여 대칭이다.
이것은 유제 3-11에서 $a=0$, $b=0$인 경우이다.
기함수는 항상 원점을 지난다.

■ 우함수와 기함수의 정의는 매우 중요하다.
반드시 기억하여 활용하기 바란다.

유제 3-11 실수 전체의 집합 R에서 R로의 함수 f가 모든 실수 x에 대하여

$$f(a+x)+f(a-x)=2b \text{ 또는 } f(x)+f(2a-x)=2b$$

를 만족할 때, 함수 $y=f(x)$의 그래프는 점 $(a,\ b)$에 대하여 대칭임을 증명하시오.

■ 함수 $y=f(x)$의 그래프를 점 $(a,\ b)$에 대하여 대칭이동한 도형의 방정식은
$2b-y=f(2a-x)$
이다.

UpGrade 3-4

실수 전체의 집합 R에서 R로의 함수 f가 모든 실수 x에 대하여

$$f(x+T)=f(x)$$

를 만족하는 0이 아닌 실수 T가 존재할 때, 함수 f는 T를 주기로 하는 주기함수라고 정의한다. 다음 물음에 답하시오.

(1) 함수 f가 모든 실수 x에 대하여

$$f(x+T)=f(x-T)\ (\text{단, } T>0)$$

를 만족할 때, 함수 f의 주기를 구하시오.

(2) 함수 f가 모든 실수 x에 대하여

$$f(x+T)=-f(x)\ (\text{단, } T>0)$$

를 만족할 때, 함수 f의 주기를 구하시오.

Tip

■ 보통 주기라고 하면 $f(x+T)=f(x)$ 를 만족하는 최소의 양수 T를 함수 f의 주기라고 부른다.

[설명] (1) $f(x+T)=f(x-T)$에서 x대신 $x+T$를 대입하면

$f(x+2T)=f(x)$

따라서 함수 f의 주기는 $2T$ 　답 $2T$

(2) $f(x+T)=-f(x)$에서 x대신 $x+T$를 대입하면

$f(x+2T)=-f(x+T)=-(-f(x))=f(x)$

따라서 함수 f의 주기는 $2T$ 　답 $2T$

유제 3-12 함수 f가 모든 실수 x에 대하여

$$f(x+T)=\frac{1+f(x)}{1-f(x)}\ (\text{단, } T>0)$$

를 만족할 때, 함수 f의 주기를 구하시오. 　답 $4T$

■ $f(x+2T)$를 구한 후에 다시 $f(x+4T)$를 구한다.

유제 3-13 다음 세 조건을 만족하는 함수 $f:R \to R$이 있다.(단, R은 실수 전체의 집합)

(가) $0\le x\le 1$일 때 $f(x)=x^2$

(나) 모든 실수 x에 대하여 $f(x)=f(2-x)$

(다) 모든 실수 x에 대하여 $f(x+2)=f(x)$

이때, $f\left(\frac{2015}{2}\right)$의 값을 구하시오. 　답 $\frac{1}{4}$

■ $f(x)=f(2-x)$
⇔ $y=f(x)$의 그래프는 직선 $x=1$에 대하여 대칭

■ $f(x+2)=f(x)$
⇔ 함수 f의 주기는 2

유제 3-14 함수 f가 모든 실수 x, y에 대하여

$$f(x)f(y)=f(x+y)+f(x-y)$$

을 만족하고 $f(1)=1$일 때, 다음 물음에 답하시오.

(1) $f(0)$, $f(2)$의 값을 각각 구하시오.

(2) 함수 f의 주기를 구하시오.

답 (1) $f(0)=2$, $f(2)=-1$ (2) 6

■ x, y에 적당한 값을 대입하여 $f(0)$, $f(2)$의 값을 구한다.

■ $f(x+3)=-f(x)$
⇔ 함수 f의 주기는 6

3-4 합성함수

1. 합성함수

두 함수 $f: X \rightarrow Y$, $g: Y \rightarrow Z$가 주어질 때, f에 의하여 X의 임의의 원소 x에 대응하는 Y의 원소는 $f(x)$이고, g에 의하여 $f(x)$에 대응하는 Z의 원소는 $g(f(x))$이다.

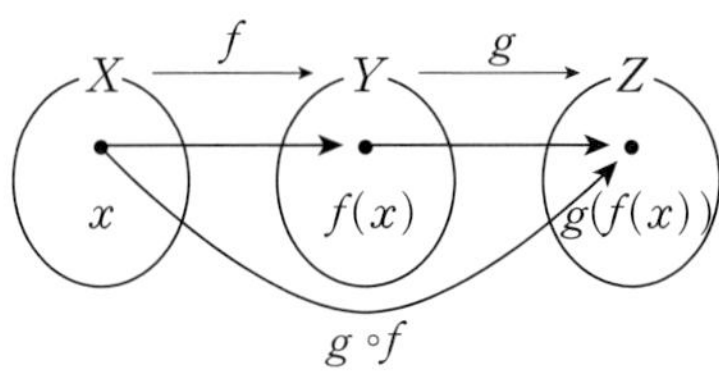

이때 X의 원소 x를 Z의 원소 $g(f(x))$에 대응시키면 정의역이 X이고 공역이 Z인 새로운 함수를 얻는다.

이 함수를 f와 g의 **합성함수**라 하고, 기호 $g \circ f$로 나타낸다.

즉,

$$g \circ f: X \rightarrow Z,\ (g \circ f)(x) = g(f(x))$$

■ 함수 $f: X \rightarrow Y$에서 $f(a)$는
⇨ X의 원소 a에 대응하는 Y의 원소

■ 두 함수
$f: X \rightarrow Y$
$g: Y \rightarrow Z$
의 합성함수
$g \circ f: X \rightarrow Z$
에서 $(g \circ f)(a)$는
⇨ X의 원소 a에 대응하는 Z의 원소이고, $(g \circ f)(a) = g(f(a))$로 계산한다.
즉, $f(a)$를 계산한 다음 $g(f(a))$를 계산한다.

[설명] 예를 들면, 세 집합

$$X = \{1,\ 2,\ 3,\ 4\},\ Y = \{a,\ b,\ c,\ d\},\ Z = \{p,\ q,\ r\}$$

에서 정의된 두 함수가 그림과 같을 때,

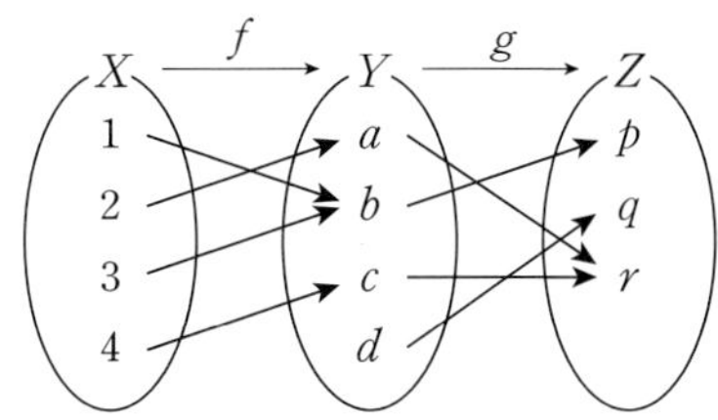

두 함수 f와 g의 합성함수 $g \circ f$는 다음 그림과 같다.

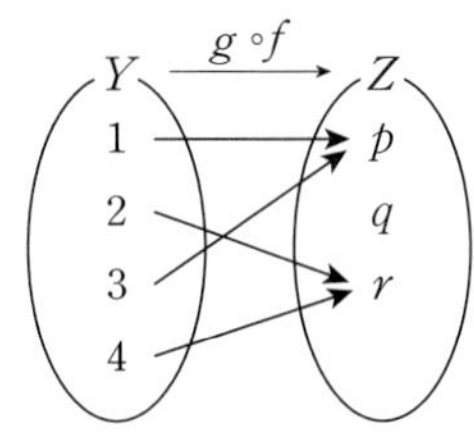

■ $(g \circ f)(1)$
$= g(f(1)) = g(b) = p$,
$(g \circ f)(2)$
$= g(f(2)) = g(a) = r$,
$(g \circ f)(3)$
$= g(f(3)) = g(b) = p$,
$(g \circ f)(4)$
$= g(f(4)) = g(c) = r$

2. 세 함수의 합성함수

세 함수 $f: X \to Y$, $g: Y \to Z$, $h: Z \to W$의 합성함수 $h \circ g \circ f$는 정의역이 X이고 공역이 W인 새로운 함수이고, 그 대응 관계는 f에 의하여 X의 임의의 원소 x에 대응하는 Y의 원소는 $f(x)$이고, g에 의하여 $f(x)$에 대응하는 Z의 원소는 $g(f(x))$이고, h에 의하여 $g(f(x))$에 대응하는 W의 원소는 $h(g(f(x)))$이다. 즉

$$(h \circ g \circ f)(x) = (h \circ g)(f(x)) = h(g(f(x)))$$

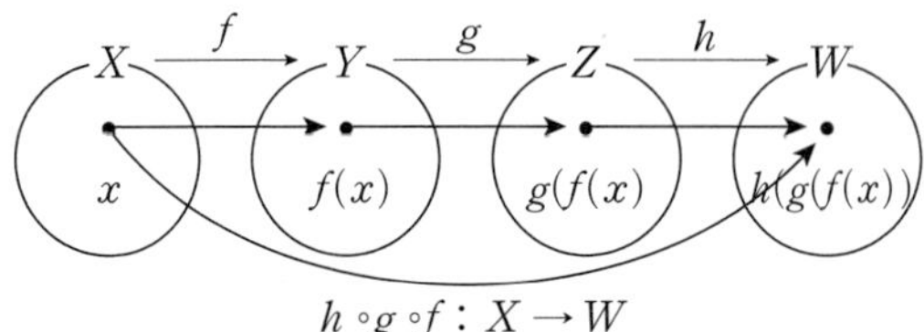

■ $(h \circ g \circ f)(a)$의 계산은 끝에서부터 순차적으로 계산한다. 즉,
$(h \circ g \circ f)(a)$
$= (h \circ g)(f(a))$
$= h(g(f(a)))$
만일, 합성함수 $g \circ f$의 식을 알고 있다면 다음과 같이 계산할 수 있다.
$(h \circ g \circ f)(a)$
$= h((g \circ f)(a))$
만일, 합성함수 $h \circ g$의 식을 알고 있다면 다음과 같이 계산할 수 있다.
$(h \circ g \circ f)(a)$
$= (h \circ g)(f(a))$
그 이유는 결합법칙이 성립하기 때문이다.
결합법칙이 성립하기 때문에 괄호의 의미가 없다. 따라서 괄호를 생략한다.
그러나 교환법칙은 성립하지 않음에 주의하라.

3. 합성함수의 성질

(1) $f \circ g \neq g \circ f$ ⇦ 교환법칙은 성립하지 않는다.

(2) $h \circ (g \circ f) = (h \circ g) \circ f$ ⇦ 결합법칙은 성립한다.

$= h \circ g \circ f$ ⇦ 괄호를 생략한다.

(3) I가 항등함수이면 $f \circ I = I \circ f = f$

보기 1 세 함수 $f(x)=x+1$, $g(x)=x^2$, $h(x)=3x$에 대하여 다음을 각각 구하시오.

(1) $(f \circ g)(1)$ (2) $(g \circ f)(1)$ (3) $(g \circ f)(x)$
(4) $(h \circ g \circ f)(1)$ (5) $(f \circ g \circ h)(x)$

[설명] (1) $(f \circ g)(1) = f(g(1)) = f(1) = 2$

(2) $(g \circ f)(1) = g(f(1)) = g(2) = 4$

(3) $(g \circ f)(x) = g(f(x)) = g(x+1) = (x+1)^2$

(4) $(h \circ g \circ f)(1) = (h \circ g)(f(1)) = (h \circ g)(2)$
$= h(g(2)) = h(4) = 12$

(5) $(f \circ g \circ h)(x) = (f \circ g)(h(x)) = (f \circ g)(3x)$
$= f(g(3x)) = f(9x^2) = 9x^2 + 1$

■ 자연수 n에 대하여
$f^1 = f$,
$f^2 = f \circ f$,
$f^3 = f \circ f^2$,
$f^4 = f \circ f^3$,
……………………………
$f^{n+1} = f \circ f^n$
으로 정의한다.

보기 2 두 함수 $f(x)=x^2-2x$, $I(x)=x$에 대하여 $(f \circ I)(x)$, $(I \circ f)(x)$를 각각 구하시오.

[설명] $(f \circ I)(x) = f(I(x)) = f(x) = x^2 - 2x$ ⇦ $f \circ I = f$

$(I \circ f)(x) = I(f(x)) = f(x) = x^2 - 2x$ ⇦ $I \circ f = f$

■ 항등함수 I는 합성함수의 연산에서 항등원의 역할을 한다.

기본문제 3-7

두 함수 $f: X \to X$, $g: X \to X$가 그림과 같을 때, 다음을 각각 구하시오.

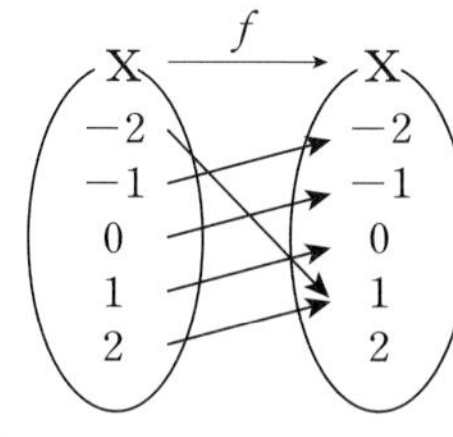

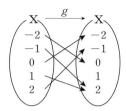

(1) $(f \circ g)(-1)$ (2) $(g \circ f)(-1)$ (3) $(f \circ f)(1)$
(4) $(g \circ g)(2)$ (5) $(f \circ g \circ f)(-2)$ (6) $(f \circ f \circ f)(0)$

Tip

■ 합성함수의 정의를 이용하여 계산한다. 즉
$(g \circ f)(x) = g(f(x))$

[풀이] (1) $(f \circ g)(-1) = f(g(-1)) = f(2) = 1$
(2) $(g \circ f)(-1) = g(f(-1)) = g(-2) = 0$
(3) $(f \circ f)(1) = f(f(1)) = f(0) = -1$
(4) $(g \circ g)(2) = g(g(2)) = g(-1) = 2$
(5) $(f \circ g \circ f)(-2) = (f \circ g)(f(-2)) = (f \circ g)(1)$
$= f(g(1)) = f(2) = 1$
(6) $(f \circ f \circ f)(0) = (f \circ f)(f(0)) = (f \circ f)(-1)$
$= f(f(-1)) = f(-2) = 1$

기본문제 3-8

$f(x) = (x+1)^2$, $g(x) = 2x-1$에 대하여 다음을 구하시오.
(1) $(g \circ f)(1)$ (2) $(g \circ f)(x)$ (3) $(f \circ g)(x)$

■ 일반적으로 합성함수에서는 교환법칙이 성립하지 않는다.
$f \circ g \neq g \circ f$

[풀이] (1) $(g \circ f)(1) = g(f(1)) = g(4) = 7$
(2) $(g \circ f)(x) = g(f(x)) = g((x+1)^2) = 2(x+1)^2 - 1$
(3) $(f \circ g)(x) = f(g(x)) = f(2x-1) = (2x)^2 = 4x^2$

유제 3-15 두 함수 $f(x) = x+2$, $g(x) = x^2 - 1$에 대하여 다음을 구하시오.
(1) $(f \circ g)(x)$ (2) $(g \circ f)(x)$ (3) $(f \circ f)(x)$
(4) $(g \circ g)(x)$ (5) $(f \circ g \circ f)(0)$

답 (1) x^2+1 (2) $(x+2)^2-1$ (3) $x+4$ (4) $(x^2-1)^2-1$ (5) 5

유제 3-16 두 함수 $f(x) = x-2$, $g(x) = x^2+1$에 대하여 $(g \circ f)(x) = 2$를 만족하는 x의 값을 구하시오.

답 1, 3

기본문제 3-9

세 함수 $f(x)=x+1$, $g(x)=2x$, $h(x)=x^2$에 대하여 다음을 구하시오.

(1) $((h\circ g)\circ f)(x)$　　(2) $(h\circ(g\circ f))(x)$

(3) $(f\circ f\circ f)(x)$　　(4) $(f\circ f\circ\cdots\circ f)(x)$($f$가 n개)

[풀이] (1) $(h\circ g)(x)=h(g(x))=h(2x)=(2x)^2=4x^2$

$\therefore ((h\circ g)\circ f)(x)=(h\circ g)(f(x))=(h\circ g)(x+1)$
$=4(x+1)^2$

(2) $(g\circ f)(x)=g(f(x))=g(x+1)=2(x+1)$

$\therefore (h\circ(g\circ f))(x)=h((g\circ f)(x))=h(2(x+1))$
$=\{2(x+1)\}^2=4(x+1)^2$

(3) $(f\circ f)(x)=f(f(x))=f(x+1)=(x+1)+1=x+2$

$(f\circ f\circ f)(x)=(f\circ f)(f(x))=(f\circ f)(x+1)$
$=(x+1)+2=x+3$

(4) $f(x)=x+1$, $(f\circ f)(x)=x+2$,

$(f\circ f\circ f)(x)=x+3$, $\cdots$이므로

$(f\circ f\circ\cdots\circ f)(x)=x+n$

답 (1) $4(x+1)^2$　(2) $4(x+1)^2$　(3) $x+3$　(4) $x+n$

Tip

■ 합성함수에서는 결합법칙이 성립한다.
$(h\circ g)\circ f=h\circ(g\circ f)$

기본문제 3-10

실수에서 정의된 두 함수 $f(x)=ax+1$, $g(x)=-3x+2$에 대하여 $f\circ g=g\circ f$가 성립할 때, 실수 a의 값을 구하시오.

[풀이] $(f\circ g)(x)=f(g(x))=f(-3x+2)=a(-3x+2)+1$
$=-3ax+2a+1$

$(g\circ f)(x)=g(f(x))=g(ax+1)=-3(ax+1)+2$
$=-3ax-1$

$f\circ g=g\circ f$이면 모든 실수 x에 대하여

$(f\circ g)(x)=(g\circ f)(x)$이므로

$-3ax+2a+1=-3ax-1$

$\Leftrightarrow 2a+1=-1$

$\therefore a=-1$

답 -1

■ 항상 $f\circ g=g\circ f$인 것은 아니다. 그러나 [기본문제 3-10]에서와 같이 $f\circ g=g\circ f$인 경우도 있다.

유제 3-17 실수에서 정의된 두 함수 $f(x)=2x+3$, $g(x)=ax+6$에 대하여 $f\circ g=g\circ f$가 성립할 때, 실수 a의 값을 구하시오.

답 3

기본문제 3-11

함수 f가 $f\left(\frac{3x-1}{2}\right)=6x-5$를 만족할 때, 다음 물음에 답하시오.

(1) $f(4)$의 값을 구하시오.

(2) $f(x)$를 구하시오.

(3) $f\left(\frac{x}{x-1}\right)=x$를 만족하는 실수 x의 값을 구하시오.

Tip

■ 함수의 식을 구하는 매우 중요한 문제이다. ★
정확히 이해하고 기억하라.

[풀이] (1) $\frac{3x-1}{2}=4$로 놓으면 $3x-1=8$ $\therefore x=3$

따라서 관계식 $f\left(\frac{3x-1}{2}\right)=6x-5$의 양변에 $x=3$을 대입하면

$f\left(\frac{3\cdot3-1}{2}\right)=6\cdot3-5$ $\therefore f(4)=13$ 　답 13

(2) $f\left(\frac{3x-1}{2}\right)=6x-5$ …… ①

에서 $\frac{3x-1}{2}=t$라고 놓으면 $3x-1=2t$

$\therefore 3x=2t+1$ $\therefore x=\frac{2t+1}{3}$

①에 대입하면

$f(t)=6\cdot\frac{2t+1}{3}-5=4t-3$

여기서 t를 x로 바꾸면

$f(x)=4x-3$ 　답 $f(x)=4x-3$

(3) $f(x)=4x-3$에서 x대신 $\frac{x}{x-1}$를 대입하면

$f\left(\frac{x}{x-1}\right)=4\cdot\frac{x}{x-1}-3=\frac{x+3}{x-1}=x$

$\therefore x+3=x(x-1)$ $\therefore x^2-2x-3=0$

$(x+1)(x-3)=0$에서 $x=-1, 3$ 　답 $-1, 3$

유제 3-18 함수 f가 $f\left(\frac{2x}{x-1}\right)=x-1$을 만족할 때, 다음 물음에 답하시오.

(1) $f(0)$과 $f(4)$의 값을 구하시오. 　답 차례로 $-1, 1$

(2) $f\left(\frac{x+1}{x-1}\right)=x$를 만족하는 x의 값을 구하시오. 　답 -1

■ $f(x)$의 식을 구한 다음 (2)번 문제를 푼다.

■ 분수식에서 분모가 0이 되는 수는 버린다.

기본문제 3-12

두 함수 $f(x)=2x-3$, $g(x)=-x+1$에 대하여
(1) $(g\circ h)(x)=f(x)$를 만족하는 함수 $h(x)$를 구하시오.
(2) $(h\circ g)(x)=f(x)$를 만족하는 함수 $h(x)$를 구하시오.

[풀이] (1) $(g\circ h)(x)=g(h(x))=-h(x)+1$이므로
$(g\circ h)(x)=f(x) \Leftrightarrow -h(x)+1=2x-3$
$\therefore h(x)=-2x+4$ 답 $h(x)=-2x+4$
(2) $(h\circ g)(x)=h(g(x))=h(-x+1)$이므로
$(h\circ g)(x)=f(x) \Leftrightarrow h(-x+1)=2x-3$ …… ①
$-x+1=t$라고 놓으면 $x=-t+1$
이 값을 ①에 대입하면 $h(t)=2(-t+1)-3=-2t-1$
여기서 t를 x로 바꾸면 $h(x)=-2x-1$ ⇦ 답

기본문제 3-13

함수 $f: X \to X$가 오른쪽 그림과 같고,
함수 $g: X \to X$가
$g(1)=4$, $f\circ g=g\circ f$
를 만족시킬 때, $g(2)-g(3)$의 값을 구하시오.

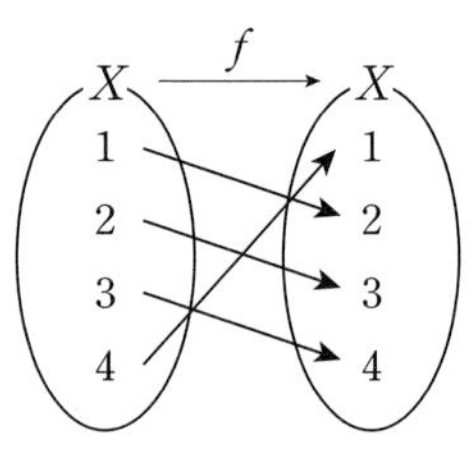

[풀이] $(f\circ g)(1)=(g\circ f)(1) \Leftrightarrow f(g(1))=g(f(1))$
$\therefore f(4)=g(2)$ $\therefore g(2)=1$
$(f\circ g)(2)=(g\circ f)(2) \Leftrightarrow f(g(2))=g(f(2))$
$\therefore f(1)=g(3)$ $\therefore g(3)=2$
$\therefore g(2)-g(3)=1-2=-1$ 답 -1

유제 3-19 세 함수 f, g, h에서 함수 f는 일대일 대응이고, $(f\circ g)(x)=f(x+2)$, $(g\circ h)(x)=f(x)$을 만족할 때, $h(1)-f(1)$의 값을 구하시오. 답 -2

유제 3-20 일대일 대응인 두 함수 f, g가 그림과 같고, 조건 $(g\circ f)(2)=5$를 만족할 때, 다음을 구하시오.

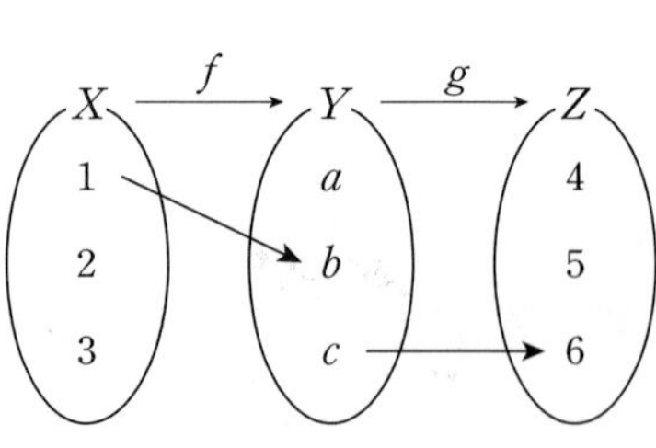

(1) $f(3)$ 답 c
(2) $g(a)$ 답 5

Tip

■ 주의사항
1. $f(h(x))=f(g(x))$이면 $h(x)=g(x)$(거짓)
이것은 함수 f가 일대일 함수일 때에만 성립한다.
2. $f\circ h=g$이면 $h\circ f=g$(거짓)
합성함수는 교환법칙이 성립하지 않는다.
3. $f(h(x))\neq f(g(x))$이면 $h(x)\neq g(x)$(참)
이것은 함수 f의 정의이다.

■ 합성함수의 정의를 이용하여 계산한다. 즉
$(g\circ f)(x)=g(f(x))$

■ 일대일 대응
함수 $f: X \to Y$에서
(i) 치역과 공역이 같고,
(ii) X에 속하는 임의의 두 원소 x_1, x_2에 대하여 $x_1\neq x_2$이면 $f(x_1)\neq f(x_2)$일 때, 함수 f를 일대일 대응이라고 한다. 이때, $x_1\neq x_2$이면 $f(x_1)\neq f(x_2)$의 대우는 $f(x_1)=f(x_2)$이면 $x_1=x_2$

기본문제 3-14

두 함수 $y=f(x)$, $y=x$의 그래프가 오른쪽 그림과 같을 때, 다음 물음에 답하시오.

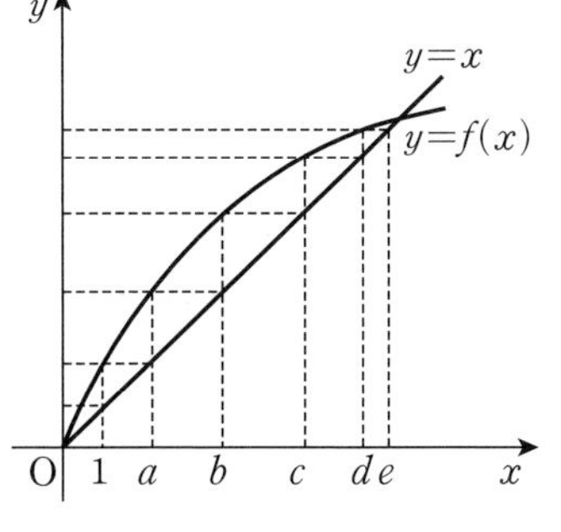

(1) $(f\circ f\circ f)(1)$의 값은?

① a ② b ③ c ④ d ⑤ e

(2) $(f\circ f)(x)=c$를 만족하는 x의 값은?

① 1 ② a ③ b ④ c ⑤ d

Tip

■ 직선 $y=x$를 이용하여 y축 위의 값을 x축 위의 값으로 옮겨갈 수 있다.
반대로 x축 위의 값을 y축 위의 값으로 옮겨갈 수 있다.
⇨ 직선 $y=x$ 위의 점의 x, y좌표는 같다.

[설명] 직선 $y=x$의 함숫값은 $x=k$일 때 $y=k$이고, $y=f(x)$의 그래프는 증가하므로 함수 f는 일대일 대응이다.

(1) $(f\circ f\circ f)(1)$

$=(f\circ f)(f(1))=(f\circ f)(a)$

$=f(f(a))=f(b)=c$

(2) $(f\circ f)(x)=c$

$\Leftrightarrow f(f(x))=c$

한편, $f(b)=c$이고 함수 f가 일대일 대응이므로 $f(x)=b$이다.

또, $f(a)=b$이고 함수 f가 일대일 대응이므로 $x=a$

답 (1) ③ (2) ②

■ 함수 f가 일대일 대응이면 일대일함수이다.
따라서 $f(x_1)=f(x_2)$이면 $x_1=x_2$이다.

유제 3-21 두 함수 $y=f(x)$, $y=x$의 그래프가 그림과 같을 때, 다음 물음에 답하시오.

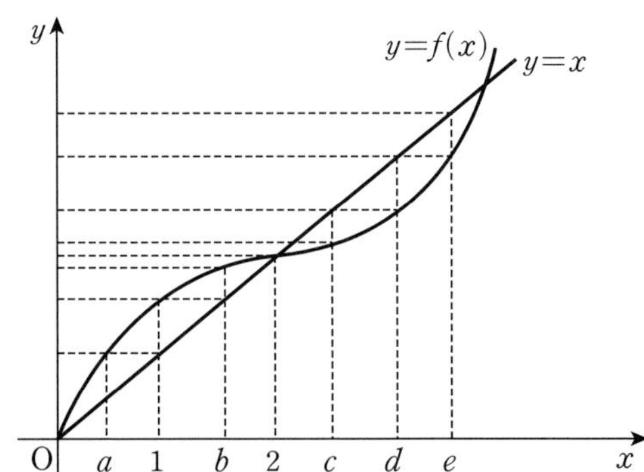

(1) $(f\circ f\circ f\circ f)(1)$과 2의 값 중 더 큰 것은? 답 2

(2) $(f\circ f)(x)=b$을 만족하는 x의 값을 구하시오. 답 a

(3) $(f\circ f)(x)=c$를 만족하는 x의 값을 구하시오. 답 e

■ 합성함수의 함숫값
$f(1)$, $(f\circ f)(1)$, $(f\circ f\circ f)(1)$, …
을 차례로 계산해 보면 그 값들은 2의 값으로 한없이 다가간다.
그러나 결코 2에 도달할 수는 없음을 알 수 있다.

UpGrade 3-5

다음 함수방정식을 만족하는 함수 $f(x)$를 구하시오.

(1) 모든 실수 x에 대하여 $(x-2)f(x)+xf(1-x)=x$

(2) 모든 양수 x에 대하여 $2f(x)+xf\left(\frac{1}{x}\right)=3$

(3) 모든 실수 x, y에 대하여

$$f(x-y)=f(x)-(2x-y+1)y,\ f(0)=1$$

[풀이] (1) $(x-2)f(x)+xf(1-x)=x$ …… ①

①의 양변에 x대신 $1-x$를 대입하면

$-(x+1)f(1-x)+(1-x)f(x)=1-x$ …… ②

연립방정식 ①과 ②에서 $f(1-x)$를 소거시키기 위하여

①$\times(x+1)+$②$\times x$하면

$(x+1)(x-2)f(x)+x(1-x)f(x)=x(x+1)+x(1-x)$

$\Leftrightarrow (x^2-x-2+x-x^2)f(x)=2x$

$\Leftrightarrow -2f(x)=2x$

$\therefore f(x)=-x$ 답 $f(x)=-x$

(2) $2f(x)+xf\left(\frac{1}{x}\right)=3$ …… ①

①의 양변에 x대신 $\frac{1}{x}$을 대입하면

$2f\left(\frac{1}{x}\right)+\frac{1}{x}f(x)=3$ …… ②

연립방정식 ①과 ②에서 $f\left(\frac{1}{x}\right)$을 소거시키기 위하여

①$\times 2-$②$\times x$하면

$3f(x)=-3x+6$

$\therefore f(x)=-x+2$ 답 $f(x)=-x+2(x>0)$

(3) $f(x-y)=f(x)-(2x-y+1)y$에서

양변에 $x=0$을 대입하면 $f(0)=1$이므로

$f(-y)=f(0)-(-y+1)y=y^2-y+1$

여기서 y대신 $-x$를 대입하면

$f(x)=x^2+x+1$ 답 $f(x)=x^2+x+1$

유제 3-22 다음 식을 만족하는 함수 $f(x)$를 구하시오.

(1) 모든 실수 x에 대하여 $xf(x)+(x+1)f(1-x)=-2x$

(2) 모든 양수 x에 대하여 $3f(x)-xf\left(\frac{1}{x}\right)=x+5$

답 (1) $f(x)=x-1$ (2) $f(x)=x+2(x>0)$

Tip

■ 함수방정식의 해법

1. 독립변수를 다른 독립변수로 대체하는 방법
2. 방정식에 포함된 변수에 특정한 값을 대입하는 방법
3. 함수방정식을 미지의 함수에 관한 두 개 또는 몇 개의 방정식으로 고친 다음, 연립방정식으로 푸는 방법
4. 함수방정식의 해가 다항식일 때는 차수를 먼저 결정하는 방법

■ 합성함수에 대한 증명 문제를 하나 풀어보자.

[예제]

두 함수 $f: X \to Y$, $g: Y \to Z$의 합성함수 $g\circ f: X \to Z$는 $(g\circ f)(x)=g(f(x))$로 정의된다.

이때, $g\circ f$가 일대일함수이면 f도 일대일함수임을 증명하시오.

[증명]

$g\circ f$가 일대일함수이므로 $x_1\neq x_2$이면

$(g\circ f)(x_1)\neq(g\circ f)(x_2)$

$\Leftrightarrow g(f(x_1))\neq g(f(x_2))$

$\Leftrightarrow f(x_1)\neq f(x_2)$

(함수 g의 정의)

따라서 f도 일대일함수이다.

UpGrade 3-6

함수 $y=f(x)$의 그래프가 오른쪽 그림과 같이 꺾인 직선일 때, 다음 물음에 답하시오. (단, $0\le x\le 4$)

(1) 합성함수 $g(x)=f(f(x))$의 그래프를 그리시오.

(2) $0\le x\le 4$일 때, 방정식 $f(f(x))=x$의 실근의 개수를 구하시오.

[풀이] (1) 함수 $f(x)$의 식을 구하면

$$f(x)=\begin{cases}-2x+4 & (0\le x\le 2)\\ 2x-4 & (2\le x\le 4)\end{cases}$$

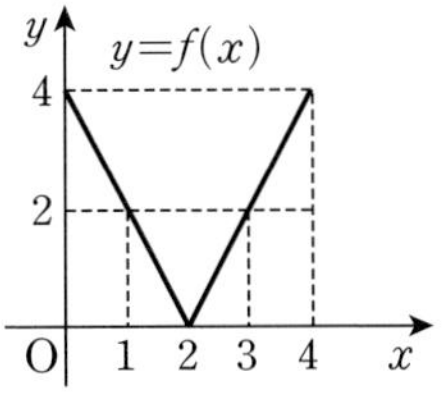

$0\le f(x)\le 2$인 x의 범위는

$1\le x\le 2,\ 2\le x\le 3$

$2\le f(x)\le 4$인 x의 범위는

$0\le x\le 1,\ 3\le x\le 4$

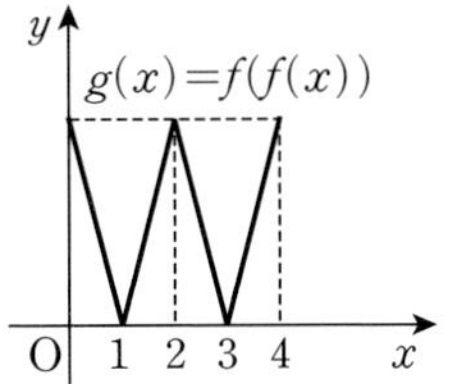

이고, 각 구간에서의 함수의 식은

$0\le x\le 2$일 때 $f(x)=-2x+4$,

$2\le x\le 4$일 때 $f(x)=2x-4$

임을 이용하면 합성함수 $f(f(x))$의 식은 다음과 같다.

$$f(f(x))=\begin{cases}-2f(x)+4 & (0\le f(x)\le 2)\\ 2f(x)-4 & (2\le f(x)\le 4)\end{cases}$$

$$=\begin{cases}-2(-2x+4)+4 & (1\le x\le 2)\\ -2(2x-4)+4 & (2\le x\le 3)\\ 2(-2x+4)-4 & (0\le x\le 1)\\ 2(2x-4)-4 & (3\le x\le 4)\}\end{cases}$$

$$=\begin{cases}-4x+4 & (0\le x\le 1)\\ 4x-4 & (1\le x\le 2)\\ -4x+12 & (2\le x\le 3)\\ 4x-12 & (3\le x\le 4)\}\end{cases}$$

(2) 방정식 $f(f(x))=x$의 실근의 개수는 두 함수 $y=f(f(x))$, $y=x$의 그래프의 교점의 개수와 같으므로 실근의 개수는 4개

답 4개

유제 3-23 함수 $y=f(x)$의 그래프가 오른쪽 그림과 같이 꺾인 직선일 때, 함수 $y=f(f(x))$의 그래프를 이용하여 방정식 $f(f(x))=f(x)$의 모든 실근의 합을 구하시오. (단, $0\le x\le 4$)

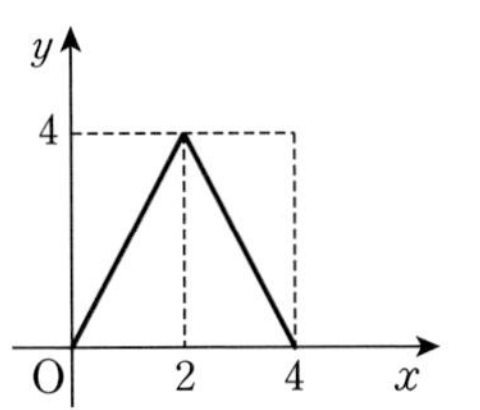

답 8

Tip

■ 방정식의 실근

방정식 $f(x)=g(x)$의 실근은 두 함수 $y=f(x)$, $y=g(x)$의 그래프의 교점의 x좌표와 같다. 따라서 실근의 개수는 두 함수의 그래프의 교점의 개수와 같다.

■ 유제 3-23

[다른 풀이]

방정식 $f(f(x))=f(x)$에서 $f(x)=t$라고 치환하면 준 방정식은 $f(t)=t$이고, 이 방정식의 실근은 두 함수 $y=f(t)$, $y=t$의 교점의 t의 좌표이므로 $t=0,\ \frac{8}{3}$

이때, $f(x)=t$에서

$f(x)=0$이면 $x=0,\ 4$

$f(x)=\frac{8}{3}$이면 $x=\frac{4}{3},\ \frac{8}{3}$

따라서 모든 실근의 합은

$0+4+\frac{4}{3}+\frac{8}{3}=8$ 답 8

UpGrade 3-7

오른쪽 그림과 같이 포물선 $y=f(x)$의 꼭짓점의 좌표가 $(-1,\ -2)$일 때, 방정식

$$f(f(x))=0$$

의 모든 실근의 합을 구하시오.

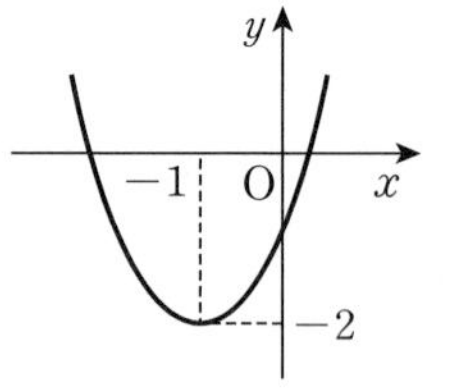

Tip

■ $f(x)=t$라고 치환하고 그래프를 이용한다.
이때, 포물선의 그래프는 포물선의 축에 대하여 대칭임을 이용한다.

[풀이] $f(x)=t$ …… ①

라고 치환하면 방정식 $f(f(x))=0$은

$f(t)=0$ …… ②

포물선 $y=f(x)$의 그래프의 x절편을 $\alpha,\ \beta(\alpha<\beta)$라고 놓으면 축의 방정식이 $x=-1$이므로 $\alpha<-2,\ \beta>0$이고, 방정식 ②의 근은 $t=\alpha,\ \beta$이다. 이 값을 ①에 대입하면

$$f(x)=\alpha \quad \text{또는} \quad f(x)=\beta$$

(i) $f(x)=\alpha$인 경우

방정식 $f(x)=\alpha$의 실근은 두 함수 $y=f(x),\ y=\alpha$의 그래프의 교점의 x좌표이다. 그런데 $\alpha<-2$이므로 직선 $y=\alpha$와 포물선 $y=f(x)$의 교점은 없다.

따라서 이 경우에는 실근이 존재하지 않는다.

(ii) $f(x)=\beta$인 경우

$\beta>0$이므로 두 함수

$y=f(x),\ y=\beta$

의 교점의 x좌표는 두 개있다.

이 교점의 x좌표를 $a,\ b$라고 하면 포물선의 대칭성에 의하여

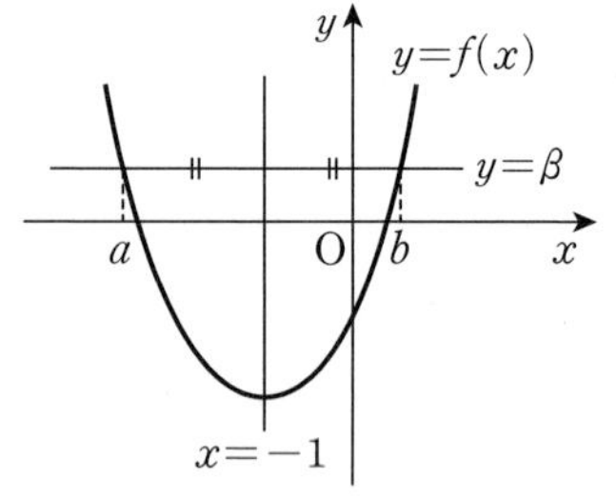

$\dfrac{a+b}{2}=-1 \quad \therefore a+b=-2$

따라서 두 실근의 합은 -2

답 -2

유제 3-24 오른쪽 그림과 같이 포물선 $y=f(x)$의 축의 방정식은 $x=1$이고, 두 함수

$$y=f(x),\ y=x$$

의 그래프가 두 점에서 만날 때, 방정식

$$f(f(x))=f(x)$$

의 모든 실근의 합을 구하시오.

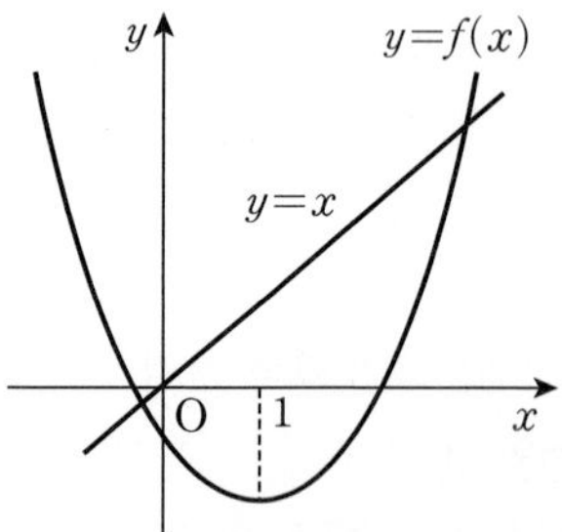

답 4

■ 방정식의 실근
방정식 $f(x)=g(x)$의 실근은 두 함수
$y=f(x),\ y=g(x)$
의 그래프의 교점의 x좌표와 같다.

■ $f(x)=t$라고 치환하고 그래프를 이용한다.

3-5 역함수

1. 역함수

함수 $f: X \to Y$가 일대일 대응일 때, 함수 f의 대응 관계를 반대로 생각하는 역대응 $f^{-1}: Y \to X$도 일대일 대응이 된다. 예를 들면, 아래 왼쪽 그림과 같은 함수 f의 역대응 f^{-1}은 오른쪽 그림과 같다.

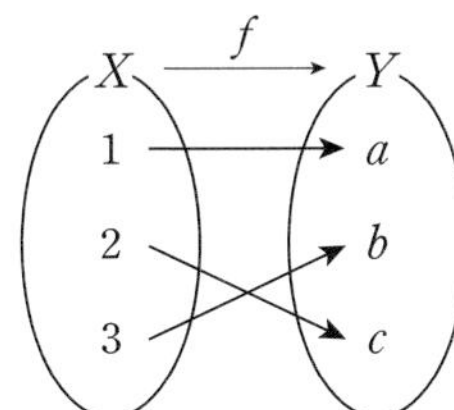

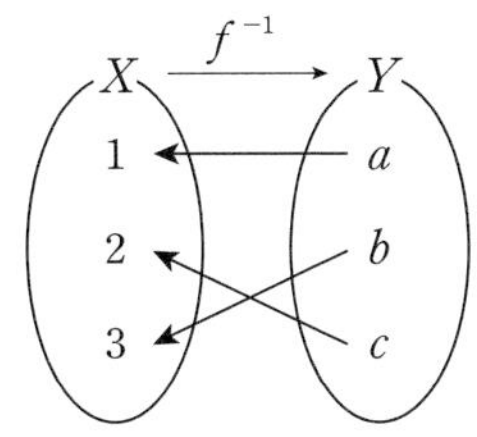

위와 같이 함수 $f: X \to Y$가 일대일 대응이면 Y의 각 원소 y에 대하여 $f(x)=y$를 만족하는 X의 원소 x는 오직 하나 존재한다. 따라서 Y의 각 원소 y에 $f(x)=y$인 X의 원소 x를 대응시키는 대응 관계는 Y에서 X로 가는 함수이다.

이러한 함수를 함수 $f: X \to Y$의 **역함수**라 하고, 기호

$$f^{-1}: Y \to X$$

로 나타낸다. 즉

(1) $f: X \to Y,\ x \to y \Leftrightarrow f^{-1}: Y \to X,\ y \to x$

(2) $y=f(x) \Leftrightarrow x=f^{-1}(y)$

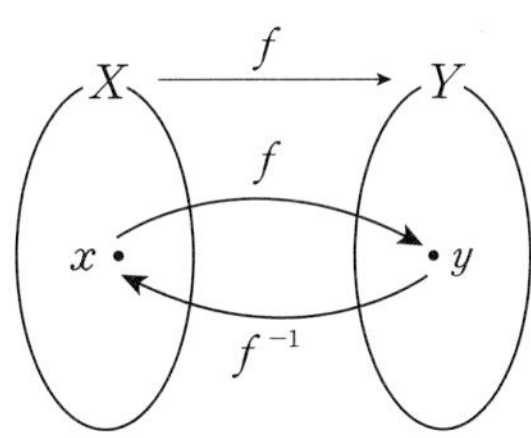

보기 1 함수 $f(x)$는 일대일 대응이고, 함수 $y=f(x)$의 그래프가 오른쪽 그림과 같을 때, 다음의 값을 각각 구하시오.

(1) $f(0),\ f(1)$

(2) $f^{-1}(-1),\ f^{-1}(0)$

(3) $f^{-1}(1)$

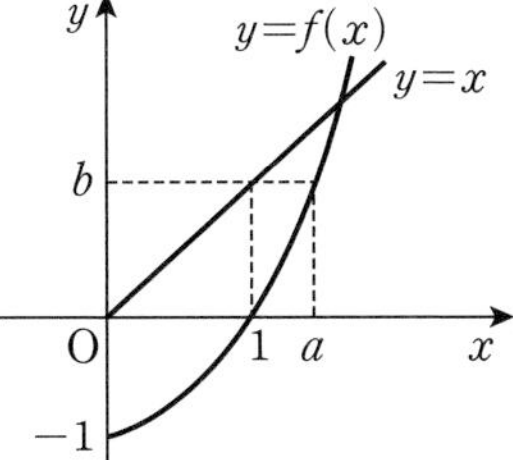

[설명] (1) $f(0)=-1,\ f(1)=0$

(2) $f(0)=-1,\ f(1)=0$이므로 $f^{-1}(-1)=0,\ f^{-1}(0)=1$

(3) $b=1$이므로 $f(a)=b=1 \quad \therefore f^{-1}(1)=a$

■ 기호 f^{-1}를 'f inverse' 라고 읽는다.

■ 역함수가 존재할 조건

함수 $f: X \to Y$가 일대일 대응일 때 f의 역함수

$$f^{-1}: Y \to X$$

가 존재한다.

이때, 역함수도 일대일 대응이므로 역함수의 역함수가 존재해서

$$(f^{-1})^{-1}=f$$

이다. 즉, 역함수의 역함수는 원래의 함수로 되돌아 온다.

만일 함수 $f: X \to Y$가 일대일 대응이 아니면 그의 역함수는 존재하지 않는다.

예를 들면,

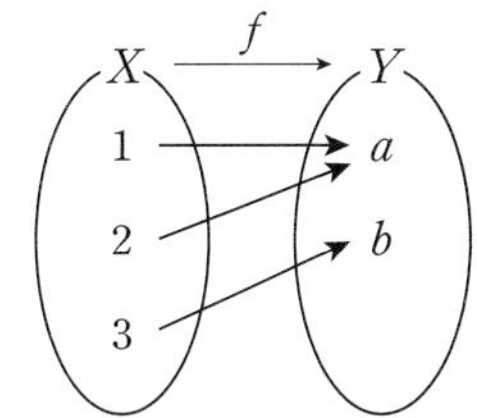

a의 역상이 두 개이므로 역대응은 함수가 아니다.

또,

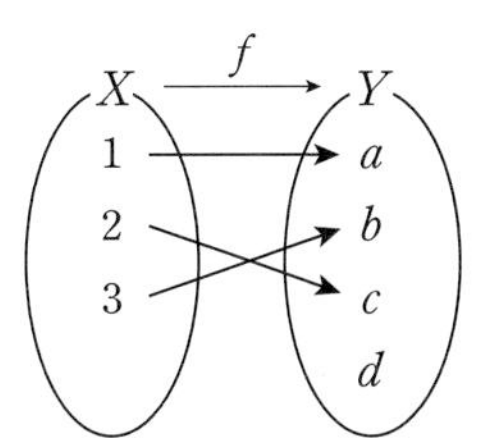

d의 역상이 존재하지 않으므로 역대응은 함수가 아니다.

2. 역함수의 성질

(1) 함수 $f: X \to Y,\ x \to y$가 일대일 대응일 때,
그의 역함수 $f^{-1}: Y \to X,\ y \to x$에 대하여

① $(f^{-1})^{-1} = f$

② $(f^{-1} \circ f)(x) = f^{-1}(f(x))$
$= f^{-1}(y) = x$
즉, $f^{-1} \circ f: X \to X,\ x \to x$
$\therefore f^{-1} \circ f = I_X$

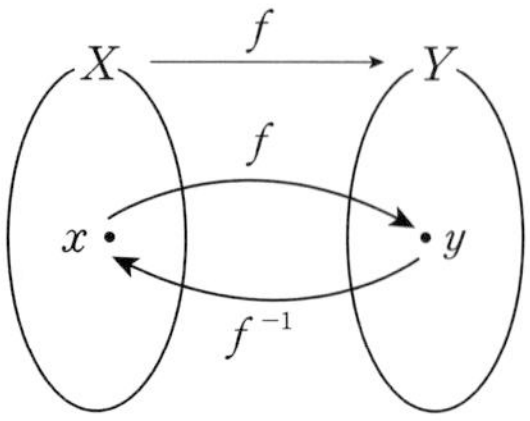

③ $(f \circ f^{-1})(y) = f(f^{-1}(y)) = f(x) = y$
즉, $f \circ f^{-1}: Y \to Y,\ y \to y$
$\therefore f \circ f^{-1} = I_Y$

(2) 두 함수 $f: X \Rightarrow Y,\ g: Y \to X$가 일대일 대응일 때,
$g \circ f = I_X,\ f \circ g = I_Y \Leftrightarrow g = f^{-1},\ \ f = g^{-1}$

(3) 두 함수 $f: X \to Y,\ g: Y \to Z$가 일대일 대응일 때,
$(g \circ f)^{-1} = f^{-1} \circ g^{-1}$

■ 항등함수 I_X 또는 I_Y를 간단히 I로 나타낸다.

■ $g \circ f = I$
$\Rightarrow g = f^{-1}$ 또는 $f = g^{-1}$

■ 합성함수의 역함수
1. $(f \circ g)^{-1} = g^{-1} \circ f^{-1}$
2. $(h \circ g \circ f)^{-1}$
$= f^{-1} \circ g^{-1} \circ h^{-1}$

[증명] $(g \circ f) \circ (f^{-1} \circ g^{-1})$
$= g \circ (f \circ f^{-1}) \circ g^{-1}$ ⇦ 결합법칙
$= g \circ I_Y \circ g^{-1}$ ⇦ $f \circ f^{-1} = I_Y$
$= g \circ g^{-1} = I_Z$ ⇦ $g \circ I_Y = g$
또, 마찬가지로 방법으로 생각하면
$(f^{-1} \circ g^{-1}) \circ (g \circ f) = I_X$
따라서 $g \circ f$의 역함수는 $f^{-1} \circ g^{-1}$이다.
$\therefore (g \circ f)^{-1} = f^{-1} \circ g^{-1}$

보기 2 $f: X \to Y$와 $g: Y \to Z$가 일대일 대응일 때, 합성함수 $g \circ f: X \to Z$도 일대일 대응임을 증명하시오.

[설명] 함수 g가 일대일 대응이므로 Z에 속하는 임의의 원소 z에 대하여 $g(y) = z$인 Y의 원소 y가 존재한다.
또, 함수 f가 일대일 대응이므로 $f(x) = y$인 X의 원소 x가 존재한다.
이때, $(g \circ f)(x) = g(f(x)) = g(y) = z$
$\therefore$ 치역=공역
한편, $(g \circ f)(x_1) = (g \circ f)(x_2)$이면 $f,\ g$가 일대일 대응이므로
$g(f(x_1)) = g(f(x_2)) \Leftrightarrow f(x_1) = f(x_2) \Leftrightarrow x_1 = x_2$
$\therefore$ 일대일함수
따라서 합성함수 $g \circ f: X \to Z$도 일대일 대응이다.

■ 일대일 대응
함수 $f: X \Rightarrow Y$에서
(i) 치역과 공역이 같고,
(ii) X에 속하는 임의의 두 원소 $x_1,\ x_2$에 대하여 $x_1 \neq x_2$이면 $f(x_1) \neq f(x_2)$일 때, 함수 f를
일대일 대응
이라고 한다. 이때, $x_1 \neq x_2$이면 $f(x_1) \neq f(x_2)$의 대우는 $f(x_1) = f(x_2)$이면 $x_1 = x_2$

3. 역함수를 구하는 방법

함수 $f : X \to Y,\ x \to y$의 그래프를 그릴 때 x축은 정의역을 나타내고, y축은 공역을 나타낸다. 그런데 그의 역함수

$$f^{-1} : Y \to X,\ y \to x$$

는 역의 대응 규칙 $y \to x$를 구하는 것이므로 정의역의 원소가 y, 공역의 원소가 x가 되어 우리가 사용하는 좌표축과 반대가 된다. 그래서 우리가 사용하는 좌표축과 일치시키기 위하여 x와 y의 자리를 서로 바꾸어 주게 된다.

예를 들면, 함수 $y=x+2$의 역함수는 $x=y-2$이다.

여기서 좌표축을 일치시키기 위하여 x와 y를 바꾸어 $y=x-2$로 나타낸다.

역함수를 구하는 순서

첫째 : 주어진 함수 $y=f(x)$가 일대일 대응인가를 확인한다.

둘째 : $y=f(x)$를 x에 관하여 풀어 $x=g(y)$를 구한다.

셋째 : $x=g(y)$에서 x와 y를 바꾸어 $y=g(x)$로 나타낸다.

[참고] 둘째와 셋째의 순서를 바꾸어 구해도 된다.
먼저 x와 y를 서로 바꾸고 y에 관하여 푼다.

■ 함수 $y=x+2$의 역함수 $x=y-2$의 그래프

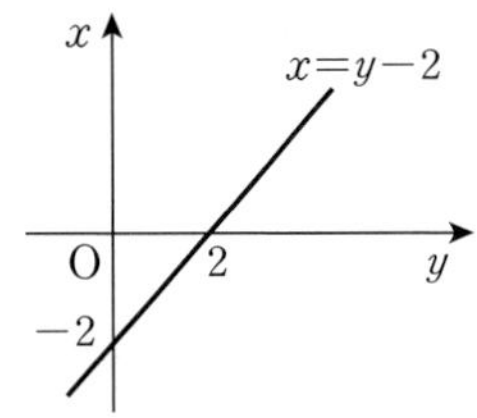

이것은 우리가 사용하는 좌표축과 서로 반대로 되어 있다. 여기서 x와 y의 자리를 서로 바꾸어 주면 그래프의 모양은 변함이 없고 우리가 사용하는 좌표축과 일치하게 된다. 따라서 함수 $y=x+2$의 역함수는 $y=x-2$라고 말한다.

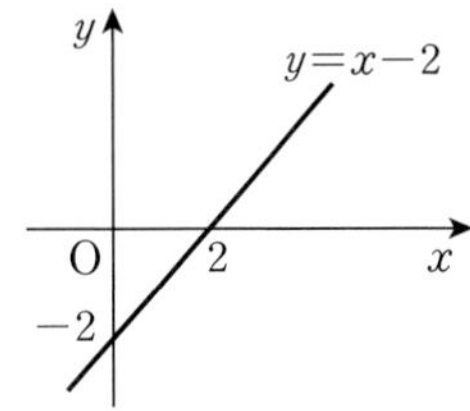

보기 3 다음 각 일대일 대응인 함수의 역함수를 구하시오.

(1) $f(x)=x-1$　　(2) $f(x)=2x+1$

[설명] (1) $y=f(x)=x-1$에서 $x=y+1$, x와 y를 바꾸면 $y=x+1$

$\therefore f^{-1}(x)=x+1$

(2) $y=f(x)=2x+1$에서 먼저 x와 y를 바꾸면 $x=2y+1$

$\therefore y=\frac{1}{2}(x-1)$　$\therefore f^{-1}(x)=\frac{1}{2}(x-1)$

4. 역함수의 그래프

함수 $y=f(x)$와 그의 역함수 $y=f^{-1}(x)$의 그래프는 직선 $y=x$에 대하여 서로 대칭이다.

[설명] 함수 $y=f(x)$의 그래프 위의 점을 (x, y)라고 하면

$$y=f(x) \Leftrightarrow x=f^{-1}(y)$$

가 성립하므로 점 (y, x)는 역함수 $y=f^{-1}(x)$의 그래프 위의 점이다. 그런데 점 (x, y)와 점 (y, x)는 직선 $y=x$에 대하여 대칭이므로 함수 $y=f(x)$와 그의 역함수 $y=f^{-1}(x)$의 그래프는 직선 $y=x$에 대하여 서로 대칭이다.

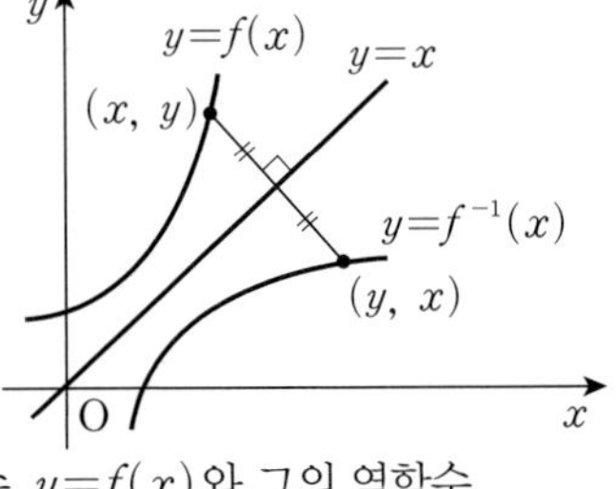

■ 함수 $y=f(x)$의 역함수는 x와 y를 바꾸면

$$x=f(y)$$

$\therefore y=f^{-1}(x)$

따라서 $y=f(x)$의 역함수는 $y=f^{-1}(x)$로 나타낸다.

■ 역함수의 정의역은 원래 함수의 치역과 같음에 유의하라.

기본문제 3-15

오른쪽 그림과 같이 주어진 함수 f에 대하여 다음을 구하시오.

(1) $f(3)$
(2) $f^{-1}(d)$
(3) $(f^{-1}\circ f)(3)$
(4) $(f\circ f^{-1})(d)$

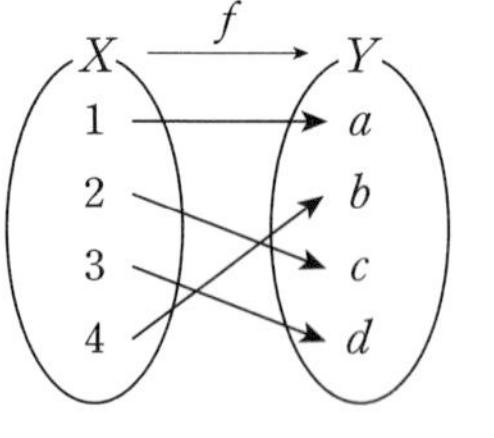

Tip

■ 역함수

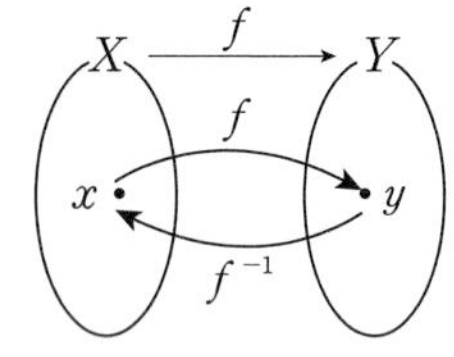

$y=f(x) \Leftrightarrow x=f^{-1}(y)$

[풀이] (1) $f(3)=d$　　(2) $f^{-1}(d)=3$

(3) $(f^{-1}\circ f)(3)=f^{-1}(f(3))=f^{-1}(d)=3$

(4) $(f\circ f^{-1})(d)=f(f^{-1}(d))=f(3)=d$

기본문제 3-16

다음 함수의 역함수를 구하시오.

(1) $y=2x-4$　　(2) $y=(x-1)^2\ (x\geq 1)$

[풀이] (1) $y=2x-4$는 일대일 대응이므로 역함수가 존재한다. $y=2x-4$를 x에 관하여 풀면 $x=\frac{1}{2}(y+4)$ 여기서 x와 y를 바꾸면 구하는 역함수는 $y=\frac{1}{2}(x+4)$ ⇦ 답

(2) $y=(x-1)^2(x\geq 1)$는 정의역이 $\{x\,|\,x\geq 1\}$, 치역이 $\{y\,|\,y\geq 0\}$인 일대일 대응이므로 역함수가 존재한다. $y=(x-1)^2$를 x에 관하여 풀면 $x-1=\pm\sqrt{y}$

그런데 $x\geq 1$이므로 $x=\sqrt{y}+1$

여기서 x와 y를 바꾸면 $y=\sqrt{x}+1$

이때, 역함수의 정의역은 원래 함수의 치역과 같으므로 역함수의 정의역은 $\{x\,|\,x\geq 0\}$이다.

$\therefore y=\sqrt{x}+1\ (x\geq 0)$

답 $y=\sqrt{x}+1\ (x\geq 0)$

■ 역함수를 구할 때에는 먼저 x와 y를 바꾸고 y에 관하여 풀어도 된다.
중요한 것은

역함수의 정의역

이다. 역함수의 정의역은 원래 함수의 치역이므로 원래 함수의 치역은 스스로 구해야 한다.
원래 함수의 정의역을 이용하여 원래 함수의 치역을 구하면 그것이 곧 역함수의 정의역이 된다.
그리고 정의역이 분명한 경우에는 정의역을 생략할 수 있다.
예를 들면, 함수

$y=\sqrt{x-1}$

의 정의역은 $x\geq 1$이다.
왜냐하면 근호 속의 값이 음수이면 허수가 되기 때문이다. 이와 같이 정의역이 분명한 경우에는 정의역을 생략할 수 있다.

유제 3-25 다음 함수의 역함수를 구하시오.

(1) $y=\frac{1}{3}x+1$　　(2) $y=x^2+1\ (x\geq 0)$

(3) $y=x^2-2x\ (x\geq 1)$　　(4) $y=\sqrt{x+2}\ (x\geq -2)$

답 (1) $y=3x-3$ (2) $y=\sqrt{x-1}\ (x\geq 1)$
(3) $y=\sqrt{x+1}+1\ (x\geq -1)$ (4) $y=x^2-2\ (x\geq 0)$

기본문제 3-17

두 함수 $f(x)=x+2$, $g(x)=\frac{1}{2}x$에 대하여 다음을 구하시오.

(1) $f^{-1}(x)$ (2) $g^{-1}(x)$ (3) $(g\circ f)^{-1}(x)$

(4) $(g^{-1}\circ f^{-1})(x)$ (5) $(g\circ (f\circ g)^{-1}\circ g)(x)$

[풀이] (1) $y=f(x)=x+2$에서 $x=y-2$

여기서 x와 y를 바꾸면 $y=x-2$

$\therefore f^{-1}(x)=x-2$ 답 $f^{-1}(x)=x-2$

(2) $y=g(x)=\frac{1}{2}x$에서 $x=2y$

여기서 x와 y를 바꾸면 $y=2x$

$\therefore g^{-1}(x)=2x$ 답 $g^{-1}(x)=2x$

(3) $(g\circ f)^{-1}(x)=(f^{-1}\circ g^{-1})(x)=f^{-1}(g^{-1}(x))$

$=f^{-1}(2x)=2x-2$ ⇦ 답

[다른 풀이] $(g\circ f)(x)=g(f(x))=g(x+2)=\frac{1}{2}(x+2)$

$y=\frac{1}{2}(x+2)$라고 놓으면 $x=2y-2$

여기서 x와 y를 바꾸면 $y=2x-2$

$\therefore (g\circ f)^{-1}(x)=2x-2$ ⇦ 답

(4) $(g^{-1}\circ f^{-1})(x)=g^{-1}(f^{-1}(x))=g^{-1}(x-2)$

$=2(x-2)=2x-4$ ⇦ 답

(5) $g\circ (f\circ g)^{-1}\circ g=g\circ g^{-1}\circ f^{-1}\circ g$

$=f^{-1}\circ g$ $g\circ g^{-1}=I$

$\therefore (g\circ (f\circ g)^{-1}\circ g)(x)=(f^{-1}\circ g)(x)$

$=f^{-1}(g(x))=f^{-1}\left(\frac{1}{2}x\right)$

$=\frac{1}{2}x-2$ ⇦ 답

Tip

■ 합성함수의 역함수

1. $(f\circ g)^{-1}=g^{-1}\circ f^{-1}$
2. $(h\circ g\circ f)^{-1}$
   $=f^{-1}\circ g^{-1}\circ h^{-1}$

■ 합성함수의 연산에서

항등함수 I는 항등원, 역함수 f^{-1}는 f의 역원의 역할을 한다. 즉,

1. $f\circ I=I\circ f=f$
2. $f\circ f^{-1}=f^{-1}\circ f=I$

유제 3-26 두 함수 $f(x)=x-1$, $g(x)=2x+1$에 대하여 다음을 각각 구하시오.

(1) $f^{-1}(x)$ 답 $x+1$

(2) $(f\circ g^{-1})^{-1}(x)$ 답 $2x+3$

(3) $(f\circ (g^{-1}\circ f)^{-1}\circ f^{-1})(x)$ 답 $2x+3$

기본문제 3-18

다음 물음에 답하시오.

(1) $f(x)=ax+b$에 대하여 $f^{-1}(3)=2$, $(f\circ f)(2)=5$일 때, 상수 a, b의 값을 구하시오.

(2) 두 함수 $f(x)=x+1$, $g(x)=2x-5$에 대하여 $(f\circ(g\circ f)^{-1}\circ f)(2)$의 값을 구하시오.

(3) 양의 실수 전체의 집합 A에서 A로의 두 함수 f와 g를 각각

$f(x)=x^2+x$, $g(x)=\dfrac{x+5}{f(x)}$로 정의한다.

h를 f의 역함수라고 할 때, $(g\circ h)(2)$의 값을 구하시오.

[풀이] (1) $f^{-1}(3)=2$에서 $f(2)=3$

$(f\circ f)(2)=5$에서 $f(f(2))=5 \quad \therefore f(3)=5$

따라서 $f(x)=ax+b$에 대입하면

$f(2)=2a+b=3$, $f(3)=3a+b=5$

연립하여 풀면 $a=2$, $b=-1$ 답 $a=2$, $b=-1$

(2) $f\circ(g\circ f)^{-1}\circ f=f\circ f^{-1}\circ g^{-1}\circ f$

$=g^{-1}\circ f$ $\quad f\circ f^{-1}=I$

$\therefore (f\circ(g\circ f)^{-1}\circ f)(2)=(g^{-1}\circ f)(2)$

$=g^{-1}(f(2))=g^{-1}(3)$

여기서 $g^{-1}(3)=k$라고 놓으면 $g(k)=3$

$\therefore 2k-5=3 \quad \therefore k=4 \quad \therefore g^{-1}(3)=4$

따라서 $(f\circ(g\circ f)^{-1}\circ f)(2)=g^{-1}(3)=4$ ⇦ 답

(3) $h(2)=f^{-1}(2)=k$라고 하면 $f(k)=2$

$\therefore k^2+k=2 \quad \therefore (k+2)(k-1)=0$

$k>0$이므로 $k=1$ 즉, $h(2)=1$

$\therefore (g\circ h)(2)=g(h(2))=g(1)$

$=\dfrac{1+5}{f(1)}=\dfrac{6}{2}=3$ 답 3

유제 3-27 두 함수 $f(x)=x+2$, $g(x)=2x+1$에 대하여 $(g\circ(f\circ g)^{-1}\circ g)(2)$의 값을 구하시오. 답 3

유제 3-28 두 함수 $f(x)=2x-4$, $g(x)=\begin{cases} x^2 & (x\geq 0) \\ 4x & (x<0)\end{cases}$에 대하여 $(g\circ f)^{-1}(4)+g^{-1}(-4)$의 값을 구하시오. 답 2

유제 3-29 $f(x)=x+a$, $g(x)=2x+b$에 대하여 $f^{-1}(1)=3$, $g^{-1}(3)=-2$일 때, $a+b$의 값을 구하시오. 답 5

Tip

■ 역함수의 함숫값은 실제로 역함수를 구하지 않아도 그 함숫값을 구할 수 있다.
즉 $f^{-1}(a)=b \Leftrightarrow a=f(b)$ 임을 이용한다.

■ 관계식이 복잡한 합성 함수는 먼저 관계식을 간단히 변형한 후에 계산한다.
$f\circ(g\circ f)^{-1}\circ f$
$=f\circ f^{-1}\circ g^{-1}\circ f$
$=I\circ g^{-1}\circ f$
$=g^{-1}\circ f$

■ $g(x)=\begin{cases} x^2 & (x\geq 0) \\ 4x & (x<0)\end{cases}$
$x\geq 0$일 때 $g(x)=x^2\geq 0$
$x<0$일 때 $g(x)=4x<0$

기본문제 3-19

함수 $f(x)$의 역함수를 $g(x)$, 함수 $f(2x+1)$의 역함수를 $h(x)$라고 할 때, 함수 $h(x)$를 함수 $g(x)$를 써서 나타내시오.

[풀이] $y=f(2x+1)$에서 $l(x)=2x+1$이라고 놓으면

$y=f(2x+1)=f(l(x))=(f\circ l)(x)$ …… ①

①의 역함수 $h(x)$는

$h(x)=(f\circ l)^{-1}(x)=(l^{-1}\circ f^{-1})(x)=l^{-1}(f^{-1}(x))$

$=l^{-1}(g(x))$ …… ② ⇦ $f^{-1}(x)=g(x)$

한편, $y=l(x)=2x+1$에서 $x=\frac{1}{2}(y-1)$

여기서 x와 y를 바꾸면 $y=\frac{1}{2}(x-1)$

$\therefore l^{-1}(x)=\frac{1}{2}(x-1)$

이것을 ②에 대입하면

$h(x)=l^{-1}(g(x))=\frac{1}{2}\{g(x)-1\}$ ⇦ 답

Tip

■ $f(2x+1)$의 역함수는 $f^{-1}(2x+1)$이 아님에 주의하라.
$l(x)=2x+1$이라고 놓고 $f(2x+1)=(f\circ l)(x)$임을 이용하여 역함수 $(f\circ l)^{-1}(x)$를 구한다.

기본문제 3-20

세 개의 함수 $f(x)=2x$, $g(x)=x+1$, $h(x)=ax+b$ $(a\neq0)$에 대하여 $f^{-1}\circ g^{-1}\circ h=f$가 성립할 때, 상수 a, b의 값을 구하시오.

[풀이] $f^{-1}\circ g^{-1}\circ h=f$의 양변에 왼쪽에 f를 합성하면

$f\circ f^{-1}=I$(I는 항등함수)이므로

$f\circ f^{-1}\circ g^{-1}\circ h=f\circ f$ $\therefore g^{-1}\circ h=f\circ f$

다시 양변의 왼쪽에 g를 합성하면 $g\circ g^{-1}=I$이므로

$g\circ g^{-1}\circ h=g\circ f\circ f$ $\therefore h=g\circ f\circ f$

$\therefore h(x)=(g\circ f\circ f)(x)=(g\circ f)(f(x))=(g\circ f)(2x)$

$=g(f(2x))=g(4x)=4x+1$

$\therefore a=4, b=1$ 답 $a=4$, $b=1$

■ $f\circ g\neq g\circ f$이므로 양변에 함수를 합성할 때에는 반드시 같은 쪽(오른쪽 또는 왼쪽)에 합성한다.
이때, 다음의 성질을 이용한다. (I는 항등함수)
1. $f\circ f^{-1}=f^{-1}\circ f=I$
2. $f\circ I=I\circ f=f$
또, 역함수가 존재할 때에만 양변에 역함수를 합성할 수 있다.

유제 3-30 함수 $f(x)$의 역함수를 $f^{-1}(x)$라고 할 때, $f^{-1}(0)=-8$이고, 함수 $h(x)=f(3x-2)$의 역함수를 $h^{-1}(x)$라고 할 때, $h^{-1}(0)$의 값을 구하시오. 답 -2

유제 3-31 $f(x)=x-2$, $g(x)=3x+1$에 대하여 $h\circ g\circ f=f$가 성립할 때, $h(4)$의 값을 구하시오. 답 1

■ 두 함수 f, g의 역함수가 존재할 때,
1. $f\circ h=g$
⇔ $h=f^{-1}\circ g$
2. $h\circ f=g$
⇔ $h=g\circ f^{-1}$
3. $f^{-1}\circ h\circ g^{-1}=f$
⇔ $h=f\circ f\circ g$

UpGrade **3-8**

다음 물음에 답하시오.

(1) $x\geq1$에서 정의된 함수 $f(x)=x^2-2x-10$에 대하여 $y=f(x)$의 그래프와 그의 역함수 $y=f^{-1}(x)$의 그래프는 한 점 $(a,\ b)$에서 만난다. 이때, $a+b$의 값을 구하시오.

(2) 함수 $f(x)=\dfrac{x^2}{2}+2a(x\geq0)$의 역함수를 $g(x)$라고 하자.

방정식 $f(x)=g(x)$가 음이 아닌 서로 다른 두 실근을 가질 때, 실수 a의 값의 범위를 구하시오.

Tip

■ $y=f(x)$와 그 역함수 $y=f^{-1}(x)$의 그래프는 직선 $y=x$에 대하여 대칭이다.

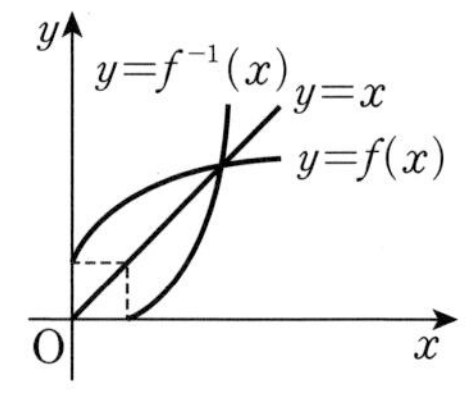

[풀이] $y=f(x)$의 그래프와 그의 역함수 $y=f^{-1}(x)$의 그래프는 직선 $y=x$에 대하여 대칭이므로 두 함수

$$y=f(x),\ y=f^{-1}(x)$$

의 그래프의 교점은 함수 $y=f(x)$의 그래프와 직선 $y=x$의 그래프의 교점과 일치한다.

또, 방정식 $f(x)=f^{-1}(x)$의 실근은 방정식 $f(x)=x$의 실근과 일치한다.

(1) 두 함수 $f(x)=x^2-2x-10,\ y=x$의 교점을 구하면

$x^2-2x-10=x \Leftrightarrow x^2-3x-10=0$

$\therefore (x+2)(x-5)=0 \quad \therefore x=5(\because x\geq1)$

따라서 교점의 좌표는 $(5,\ 5)$

$\therefore a=5, b=5 \quad \therefore a+b=10$ 답 10

(2) 방정식 $f(x)=g(x)$의 실근은 방정식 $f(x)=x$의 실근과 같다.

따라서

$\dfrac{x^2}{2}+2a=x \Leftrightarrow x^2-2x+4a=0 \cdots\cdots$ ①

방정식 ①이 음이 아닌 서로 다른 두 실근 $\alpha,\ \beta$를 가져야 하므로

$D/4=1-4a>0 \quad \therefore a<\dfrac{1}{4}$

$\alpha+\beta=2>0,\ \alpha\beta=4a\geq0 \quad \therefore a\geq0$

동시에 만족하는 a의 범위는 $0\leq a<\dfrac{1}{4}$ ⇦ 답

■ 이차방정식

$$ax^2+bx+c=0$$

의 두 근을 $\alpha,\ \beta$라고 할 때, 이차방정식이 음이아닌 서로 다른 두 실근을 가질 조건

⇨ $D=b^2-4ac>0$,

$\alpha+\beta=-\dfrac{b}{a}>0$

$\alpha\beta=\dfrac{c}{a}\geq0$

유제 3-32 함수 $f(x)=\begin{cases}\dfrac{1}{2}x+1 & (x\geq0)\\ 2x+1 & (x<0)\end{cases}$의 역함수를 $g(x)$라 할 때, 함수 $y=f(x)$와 $y=g(x)$의 그래프로 둘러싸인 도형의 넓이를 구하시오. 답 3

■ 두 함수 $y=f(x)$, $y=x$로 둘러싸인 도형의 넓이의 2배와 같다.

연습문제 03*

3-1 두 집합 $X=\{-1,\ 0,\ 1\}$, $Y=\{-2,\ -1,\ 0,\ 1,\ 2\}$에 대하여 다음 중 X에서 Y로의 함수가 아닌 것은?

① $f(x)=-x+1$ ② $f(x)=2|x|-1$

③ $f(x)=x+2$ ④ $f(x)=x^2+1$

⑤ $f(x)=x^2-x$

■ 함수 $f : X \to Y$
$\Leftrightarrow f(X) \subset Y$

3-2 함수 f가 실수 전체의 집합에서

$$f(x)=\begin{cases} x+1 & (x\text{는 유리수}) \\ -x & (x\text{는 무리수}) \end{cases}$$

로 정의될 때, $f(1)-f(\sqrt{2}-1)$의 값은?

① $1-\sqrt{2}$ ② $1+\sqrt{2}$ ③ $\sqrt{2}-1$

④ $2-\sqrt{2}$ ⑤ $\sqrt{2}$

■ $\sqrt{2}-1$은 무리수

3-3 함수 $f(2x+1)=-4x^2+2x$에 대하여 다음 물음에 답하시오.

(1) $f(3)$의 값을 구하시오. (2) $f(x)$를 구하시오.

■ $2x+1=t$

3-4 두 함수 $f(x)=x^2-2x$, $g(x)$가

$$g(x-2)=f(2x+3)$$

을 만족할 때, $g(-3)$의 값을 구하시오.

■ $x-2=-3$인 x를 양변에 대입한다.

3-5 집합 $X=\{x\,|\,-2\le x\le 5\}$에 대하여 X에서 X로의 함수 $f(x)=ax+b$의 공역과 치역이 서로 같을 때, 실수 a, b의 곱 ab의 값을 구하시오. (단, $ab\neq 0$)

■ (i) $a>0$인 경우
(ii) $a<0$인 경우로 나누어 생각한다.

3-6 집합 $X=\{-1,\ 1,\ 2\}$을 정의역으로 하는 두 함수

$f(x)=x^3+2ax-a$, $g(x)=bx^2-cx$

에 대하여 $f=g$가 성립할 때, $a+b+c$의 값을 구하시오.

■ $f=g$(함수의 상등)
$\Leftrightarrow$ 정의역이 같고, 정의역에 속하는 원소 x에 대하여 $f(x)=g(x)$

3-7 공집합이 아닌 집합 X를 정의역으로 하는 두 함수

$$f(x)=x^2-x,\ g(x)=2x+4$$

에 대하여 $f=g$가 되도록 하는 집합 X를 모두 구하시오.

■ $f(x)=g(x)$인 x의 집합

3-8 임의의 양수 x, y에 대하여 함수 f가

$$f(xy)=f(x)+f(y)$$

를 만족시키고 $f(2)=1$일 때, 다음 물음에 답하시오.

(1) $f(1), f(16)$의 값을 구하시오.

(2) 임의의 양수 x, y에 대하여

$$f\left(\frac{x}{y}\right)=f(x)-f(y)$$

임을 증명하시오.

(3) 임의의 양수 x에 대하여

$$f(x^2)=2f(x),\ f(x^3)=3f(x)$$

임을 증명하시오.

■ x, y 대신 적당한 값을 대입한다.

3-9 실수 전체의 집합에서 정의된 함수

$$f(x)=\begin{cases} x+3 & (x\geq 2) \\ ax+b & (x<2) \end{cases}$$

가 일대일 대응이 되도록 하는 실수 b의 값의 범위를 구하시오.

■ $y=x+3(x\geq 2)$, $y=ax+b(x<2)$의 경계점 $x=2$에서의 함숫값이 서로 같고, 두 직선의 기울기는 서로 같은 부호이다.

3-10 두 집합 $X=\{x|x\geq 2\}$, $Y=\{y|y\geq 1\}$에 대하여 X에서 Y로의 함수 $f(x)=x^2-4x+a$가 일대일 대응일 때, 상수 a의 값은?

① 1 ② 2 ③ 3
④ 4 ⑤ 5

■ $f(2)=1$

3-11 집합 $X=\{1, 2, 3, 4\}$에 대하여 X에서 X로의 함수 중 일대일 대응의 개수를 a, 항등함수의 개수를 b, 상수함수의 개수를 c라고 할 때, $a+b+c$의 값은?

① 27 ② 28 ③ 29
④ 30 ⑤ 31

■ 각 원소 1, 2, 3, 4에 대응되는 가짓수를 생각한다.

3-12 집합 $X=\{-1,\ 0,\ 1\}$에 대하여 X에서 X로의 함수 중 $f(-x)=f(x)$를 만족시키는 함수 f의 개수는?

① 6 ② 7 ③ 8
④ 9 ⑤ 10

■ $f(-x)=f(x)$
$\Leftrightarrow f(-1)=f(1)$
이고 $f(0)=-1,\ 0,\ 1$ 중의 어느 하나이다.

3-13 두 함수 $f(x)=\begin{cases}-2x+4 & (x\geq1)\\ x+1 & (x<1)\end{cases}$, $g(x)=x^2-1$에 대하여 $(f\circ g)(1)+(g\circ f)(2)$의 값은?

① -2 ② -1 ③ 0
④ 1 ⑤ 2

■ $(f\circ g)(x)=f(g(x))$

3-14 $X_n=\{1,\ 2,\ 3,\ \cdots,\ n\}$이고, X_n에서 X_n으로의 함수 f에 대하여 $f\circ f$가 항등함수가 되는 함수 f의 개수를 a_n이라고 할 때, 다음 물음에 답하시오. (단, n은 자연수)

(1) $a_1,\ a_2,\ a_3$의 값을 구하시오.
(2) a_4의 값을 $a_2,\ a_3$를 이용하여 나타내시오.

■ $f\circ f=I$인 함수 f는 원소 두 개씩 서로 엇갈려 대응되고, 나머지 원소는 자기 자신으로 대응된다. 두 개씩 엇갈려 대응되는 쌍의 개수는 0쌍, 1쌍, 2쌍, 3쌍, …인 경우가 있다.

3-15 집합 $X=\{1,\ 2,\ 3\}$에 대하여 X에서 X로의 일대일 대응인 두 함수 $f,\ g$가 있다. $f(1)=g(3)=2$이고 $(g\circ f)(1)=(f\circ g)(3)=3$일 때, $f(3)+g(1)$의 값을 구하시오.

■ 일대일 대응임을 이용하여 함숫값을 결정한다.

3-16 두 함수 $f(x)=ax-2,\ g(x)=-x+1$에 대하여 $f\circ g=g\circ f$가 항상 성립할 때, 상수 a의 값을 구하시오.

■ $f(g(x))=g(f(x))$

3-17 일차함수 $f(x)=ax+b$에 대하여 $f\circ f=f$가 성립하도록 하는 상수 $a,\ b$의 합 $a+b$의 값을 구하시오.

■ $f(f(x))=f(x)$

3-18 함수 $f(x)=2x-3$이고, 두 함수 $f(x),\ g(x)$가 임의의 함수 $h(x)$에 대하여 $(h\circ g\circ f)(x)=h(x)$를 만족시킨다. 이때, $g(5)$의 값을 구하시오.

■ $g\circ f=I$

3-19 두 함수 $f(x)=2x-1$, $g(x)=-6x+3$에 대하여 다음을 구하시오.

(1) $f\circ h=g$를 만족하는 함수 $h(x)$

(2) $h\circ f=g$를 만족하는 함수 $h(x)$

■ $f\circ h=g$
$\Leftrightarrow (f\circ h)(x)=g(x)$
$\Leftrightarrow f(h(x))=g(x)$

3-20 세 함수 f, g, h에 대하여

$$(h\circ g)(x)=2x+1,\ ((f\circ h)\circ g)(x)=4x^2-2x$$

일 때, 함수 $f(x)$를 구하시오.

■ $(f\circ h)\circ g$
$=f\circ(h\circ g)$
$=f\circ h\circ g$

3-21 함수 $f(x)=2x+1$이고, 두 함수 f, g가

$$g(x+1)=(f\circ g)(x),\ g(1)=3$$

을 만족할 때, $g(3)$의 값은?

① 10 ② 12 ③ 15
④ 18 ⑤ 21

■ $x=1$, 2를 대입하여 차례로 함숫값을 구한다.

3-22 두 집합 $X=\{-2,\ 0,\ 2\}$, $Y=\{-3,\ -1,\ 0,\ 1,\ 3\}$에 대하여 $f(-x)=-f(x)$를 만족하는 함수 $f: X \to Y$의 개수는?

① 1 ② 3 ③ 4
④ 5 ⑤ 8

■ $f(-x)=-f(x)$
$\Leftrightarrow f(0)=-f(0)$
$\therefore f(0)=0$
또, $f(-2)=-f(2)$
$\therefore f(2)+f(-2)=0$

3-23 세 집합 $X=\{1,\ 2,\ 3\}$, $Y=\{4,\ 5,\ 6\}$, $Z=\{7,\ 8,\ 9\}$에 대하여 일대일 대응인 두 함수

$$f: X\to Y,\quad g: Y\to Z$$

가 $f(1)=5$, $g(4)=9$, $(g\circ f)(2)=7$을 만족시킬 때, $f(3)+g(5)$의 값을 구하시오.

■ 일대일 대응임을 이용 하여 함숫값을 결정한다.

3-24 함수 $f(x)=\begin{cases}-2x+6 & (x\geq 1)\\ x+3 & (x<1)\end{cases}$에 대하여

$$f=f^1,\ f\circ f=f^2,\ f\circ f^2=f^3,\ \cdots,\ f\circ f^n=f^{n+1}$$

로 정의한다. (단, n은 자연수)

이때, $f^{100}\left(\frac{5}{2}\right)$의 값을 구하시오.

■ $n=1$, 2, 3, $\cdots$일 때의 함숫값을 차례로 계산하여 주기를 찾는다.
이런 유형의 문제는 항상 규칙이 있다.

3-25 함수 $f(x)=k|x-1|+2x+3$의 역함수가 존재하도록 하는 실수 k의 값의 범위를 구하시오.

■ 역함수가 존재한다
⇔ 일대일 대응

3-26 실수 전체의 집합에서 정의된 함수 $f(x)=ax+b$에 대하여 $f^{-1}(5)=2$, $f^{-1}(-4)=-1$이다. 이때, 상수 a, b의 곱 ab의 값을 구하시오.

■ $f^{-1}(y)=x$
⇔ $f(x)=y$

3-27 함수 $f\left(\frac{2x-1}{3}\right)=2x+5$에 대하여 $f^{-1}(0)$의 값을 구하시오.

■ $\frac{2x-1}{3}=t$

3-28 함수 $f(x)=\begin{cases} x^2+3 & (x\ge 0) \\ x+3 & (x<0) \end{cases}$에 대하여
$f^{-1}(2)+f^{-1}(7)$의 값을 구하시오.

■ $f^{-1}(2)=k$
⇔ $f(k)=2$

3-29 함수 $f(x)=ax+b$에 대하여

$$f^{-1}(-3)=2,\ (f\circ f)(2)=7$$

일 때, $f^{-1}(5)$의 값은?

① -3 ② -2 ③ -1
④ 0 ⑤ 1

■ $f^{-1}(-3)=2$
⇔ $f(2)=-3$

3-30 두 함수 $f(x)=2x+4$, $g(x)=-x+1$에 대하여 $(f^{-1}\circ g)(a)=-2$를 만족시키는 상수 a의 값은?

① -2 ② -1 ③ 0
④ 1 ⑤ 2

■ $(f^{-1}\circ g)(a)=-2$
⇔ $g(a)=f(-2)$

3-31 두 집합 $X=\{x|1\le x\le 4\}$, $Y=\{y|a\le y\le b\}$에 대하여 X에서 Y로의 함수 $f(x)=2x-3$의 역함수가 존재할 때, 상수 a, b의 합 $a+b$의 값은?

① 1 ② 2 ③ 3
④ 4 ⑤ 5

■ $f(1)=a$, $f(4)=b$

3-32 실수 전체의 집합에서 정의된 함수 $f(x)=\begin{cases} 2x+a & (x\geq 2) \\ x+3 & (x<2) \end{cases}$ 의 역함수가 존재할 때, $(f^{-1}\circ f^{-1})(7)$의 값을 구하시오.

■ $y=2x+a(x\geq 2)$, $y=x+3(x<2)$ 의 경계점 $x=2$에서의 함숫값이 서로 같다.

3-33 함수 $f(x)=\begin{cases} -3x & (x\geq 0) \\ ax & (x<0) \end{cases}$ 가 일대일 대응이고 $f(x)=f^{-1}(x)$를 만족할 때, 상수 a의 값을 구하시오.

■ 두 함수 $y=-3x$, $y=ax$의 역함수를 각각 구한다. 이때, 역함수의 정의역에 유의한다.

3-34 두 함수 $f(x)=\frac{1}{2}x+1$, $g(x)=2x+a$에 대하여 $(g\circ f)^{-1}=g^{-1}\circ f^{-1}$가 성립할 때, 상수 a의 값은?

① -2 ② -1 ③ 0
④ 1 ⑤ 2

■ $(g\circ f)^{-1}=g^{-1}\circ f^{-1}$
$\Leftrightarrow g\circ f=f\circ g$

3-35 집합 $X=\{1,\ 2,\ 3,\ 4\}$에 대하여 다음 두 조건을 만족하는 X에서 X로의 함수 f의 개수는?

(가) f의 역함수가 존재한다. (나) $f(1)=f^{-1}(1)$

① 12 ② 14 ③ 16
④ 18 ⑤ 20

■ $f(1)=f^{-1}(1)$
$=1,\ 2,\ 3,\ 4$
인 경우로 나누어 생각한다.

3-36 두 함수 $f(x)=ax+b$, $g(x)=x+c$에 대하여

$$(f\circ g)(x)=2x-5,\ f^{-1}(5)=2$$

가 성립할 때, $a+b+c$의 값을 구하시오.

■ $f^{-1}(5)=2$
$\Leftrightarrow f(2)=5$

3-37 집합 $X=\{1,\ 2,\ 3,\ 4\}$에 대하여 역함수를 갖는 함수 $f: X \to X$가 $f=f^{-1}$를 만족시키고 $f^{-1}(1)=3$일 때, $f(2)+f(4)$의 값은?

① 4 ② 5 ③ 6
④ 7 ⑤ 8

■ $f=f^{-1}$
$\Leftrightarrow f\circ f=I$

3-38 두 함수 $f(x)=2x+5$, $g(x)=3x-2$에 대하여 $(f\circ g)^{-1}(1)$의 값을 구하시오.

■ $(f\circ g)^{-1}(1)=k$
$\Leftrightarrow (f\circ g)(k)=1$

3-39 집합 $X=\{1,\ 2,\ 3\}$에 대하여 X에서 X로의 일대일 대응인 f가 $f(1)=2$, $(f\circ f)(1)=3$을 만족할 때, $f(2)+f^{-1}(1)$의 값을 구하시오.

■ 일대일 대응
$\Leftrightarrow$ $f(X)=X$이고
일대일함수

3-40 두 집합 $X=\{x|x\geq 1\}$, $Y=\{y|y\geq 2\}$에 대하여 X에서 Y로의 함수 $f(x)=|x-3|+2x-2$의 역함수를구하시오.

■ $f(x)=\begin{cases} x+1 & (1\leq x<3) \\ 3x-5 & (x\geq 3) \end{cases}$

3-41 일차함수 $f(x)=ax+b$가 $f=f^{-1}$이고 $f(5)=-2$일 때, $f(-1)$의 값은?

① 1 ② 2 ③ 3
④ 4 ⑤ 5

■ $f=f^{-1}$
$\Leftrightarrow f\circ f=I$

3-42 두 함수 $f(x)=\begin{cases} x^2+1 & (x\geq 0) \\ x+1 & (x<0) \end{cases}$, $g(x)=x-2$에 대하여 $(g\circ(f\circ g)^{-1}\circ g)(7)$의 값을 구하시오.

■ $(f\circ g)^{-1}=g^{-1}\circ f^{-1}$

3-43 함수 $f(x)=x^2-2x(x\geq 1)$의 그래프와 그의 역함수 $y=f^{-1}(x)$의 그래프의 교점의 좌표가 $(a,\ b)$일 때, $a+b$의 값을 구하시오.

■ 두 함수
$y=f(x)$, $y=f^{-1}(x)$의 그래프의 교점은 $y=f(x)$, $y=x$의 교점과 같다.

3-44 일차함수 $f(x)=ax+b$의 그래프가 점 $(2,\ -4)$를 지나고, 그의 역함수의 그래프가 점 $(5,\ -1)$을 지날 때, 상수 a, b의 합 $a+b$의 값을 구하시오.

■ $f^{-1}(5)=-1$
$\Leftrightarrow f(-1)=5$

3-45 함수 $f(x)=|x-1|$에 대하여 방정식 $(f\circ f\circ f)(x)=0$의 모든 실근의 합을 구하시오.

■ $f(f(f(x)))=0$
$\Leftrightarrow |f(f(x))-1|=0$

3-46 함수 $y=f(x)$의 그래프 $y=f(x)$가 오른쪽 그림과 같을 때, 다음 물음에 답하시오.

(1) 함수 $y=(f\circ f)(x)$의 그래프를 그리시오.

(2) 함수 $y=g(x)$의 그래프가 오른쪽 그림과 같을 때, 합성함수 $y=g(f(x))$의 그래프를 그리시오.

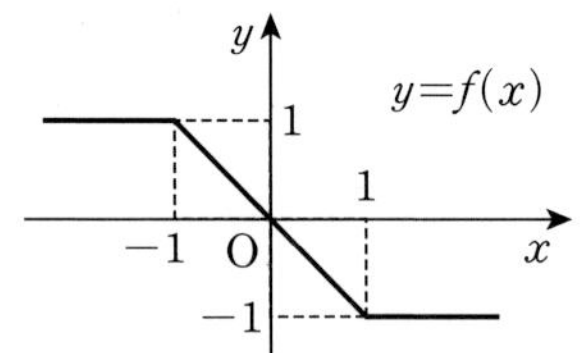

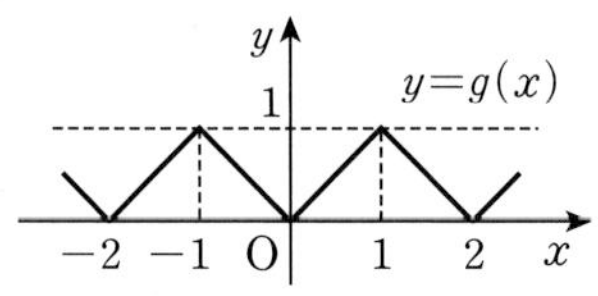

■ $f(x)=\begin{cases} 1 & (x\le -1) \\ -x & (-1<x<1) \\ -1 & (x\ge 1) \end{cases}$

3-47 함수 $y=f(x)$와 직선 $y=x$의 그래프가 오른쪽 그림과 같을 때, 방정식

$$(f\circ f)(x)=f(x)$$

의 실근의 개수를 구하시오.

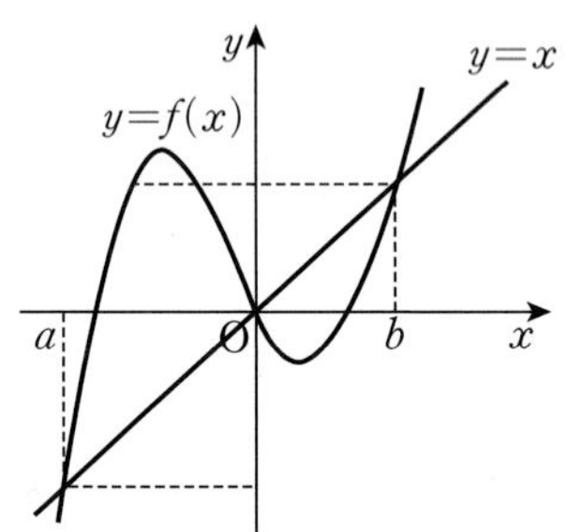

■ $f(x)=t$라고 치환한다.
이때, 방정식 $f(t)=t$의 실근은 두 함수
$y=f(t)$, $y=t$
그래프의 교점의 t의 좌표와 같다.
그래프를 활용한다.

3-48 실수 전체의 집합에서 정의된 함수 f가 임의의 실수 x, y에 대하여 $f(x+y)=f(x)+f(y)+1$을 만족할 때, 다음 [보기] 중 옳은 것을 모두 고르면?

> [보기]
> ㄱ. $f(0)=-1$
> ㄴ. $f(x)+f(-x)=2$
> ㄷ. $y=f(x)$의 그래프는 점 $(0,\ -1)$에 대하여 대칭이다.

① ㄱ　　② ㄱ, ㄴ　　③ ㄱ, ㄷ
④ ㄴ, ㄷ　　⑤ ㄱ, ㄴ, ㄷ

■ $f(x)+f(2a-x)=2b$
또는
$f(a+x)+f(a-x)=2b$
를 만족할 때, 함수 $y=f(x)$의 그래프는 점 $(a,\ b)$에 대하여 대칭이다.

3-49 함수 f가 임의의 실수 x에 대하여 $f(2-x)=f(2+x)$를 만족하고, 방정식 $f(x)=0$이 서로 다른 두 실근을 가질 때, 두 실근의 합을 구하시오.

■ $y=f(x)$의 그래프는 $x=2$에 대하여 대칭

3-50 실수 전체의 집합에서 정의된 함수 $f(x)$가 모든 실수 x에 대하여 관계식

$$f(x+1)=\frac{f(x)-1}{f(x)+1}$$

을 만족시킨다. $f(0)=3$일 때 $f(25)$의 값을 구하시오.

■ $x=0,\ 1,\ 2,\ 3,\ \cdots$을 차례로 대입하여 규칙을 찾는다.

3-51 실수 전체의 집합에서 정의된 임의의 함수 $f(x)$는 우함수와 기함수의 합으로 나타낼 수 있음을 증명하시오.

■ 우함수와 기함수
1. $F(-x)=F(x)$
 $\Leftrightarrow$ $F(x)$는 우함수
2. $F(-x)=-F(x)$
 $\Leftrightarrow$ $F(x)$는 기함수

3-52 함수 f가 다음 세 조건을 만족시킨다.

(가) 임의의 실수 $x,\ y$에 대하여 $f(y+x)+f(y-x)-2f(y)=2x^2$
(나) 임의의 실수 x에 대하여 $f(-x)=f(x)$
(다) $f(0)=1$

이때, $f(5)$의 값을 구하시오.

■ $x,\ y$대신 적당한 값을 대입한다.

3-53 다음 함수 중 서로 다른 임의의 실수 $a,\ b$에 대하여

$$f\left(\frac{a+b}{2}\right)<\frac{f(a)+f(b)}{2}$$

를 만족하는 것을 고르면?

① $f(x)=x$ ② $f(x)=-x$ ③ $f(x)=|x|$
④ $f(x)=x^2$ ⑤ $f(x)=-x^2$

■ $f\left(\frac{a+b}{2}\right)<\frac{f(a)+f(b)}{2}$
$\Leftrightarrow$ 함수 $y=f(x)$의 그래프는 아래로 볼록한 곡선

3-54 실수 전체의 집합에서 정의된 함수 $f(x)$가 다음 두 조건을 만족시킨다.

(가) $0\leq x<1$일 때 $f(x)=2x$
(나) $f(x+1)=-f(x)$

이때, 다음 물음에 답하시오.
(1) $1\leq x<2$일 때 함수 $f(x)$를 구하시오.
(2) 함수 $y=f(x)$의 그래프를 그리시오.
(3) 방정식 $f(x)=x-1$의 실근의 개수를 구하시오.

■ $f(x+1)=-f(x)$
$\Leftrightarrow$ 함수 f의 주기는 2

4장 이차함수의 활용

4-1 일차함수

1. 다항함수

함수 $y=f(x)$에서 $f(x)$가 x에 대한 다항식일 때, 이 함수를 **다항함수**라고 한다.

여기서 $f(x)$가 일차, 이차, 삼차, …의 다항식일 때, 그 다항함수를 각각 일차함수, 이차함수, 삼차함수, …라고 한다.

특히, $f(x)=c$(상수)인 상수함수는 0차의 다항함수이다.

2. 일차함수의 그래프

일차함수 $y=ax+b$의 그래프

(i) (기울기)$=a$, (y절편)$=b$인 직선

(ii) 그래프가 x축의 양의 방향과 이루는 각의 크기를 θ라고 하면 기울기 $a=\tan\theta$

(iii) $a>0$이면 증가함수, $a<0$이면 감소함수,
$a=0$이면 x축에 평행한 직선 (상수함수)

3. 절댓값 기호를 포함한 식의 그래프

절댓값을 포함한 식의 그래프는 방정식에서와 같은 방법으로 절댓값 기호 안의 값을 0으로 하는 값을 기준으로 범위를 나누어 절댓값 기호가 없는 식으로 고친 다음 각 구간에서의 그래프를 그리면 된다.

⇨ $|A|=\begin{cases} A & (A\geq 0) \\ -A & (A<0) \end{cases}$

한편, 도형의 대칭이동을 이용하면 다음과 같이 그릴 수 있다.

(1) $y=|f(x)|$의 그래프
$y=f(x)$의 그래프를 그린 후 $y\geq 0$인 부분은 그대로 두고, $y<0$인 부분은 x축에 대하여 대칭이동한다.

(2) $y=f(|x|)$의 그래프
$y=f(x)$의 그래프를 $x\geq 0$인 부분만 그리고, $x<0$인 부분은 $x\geq 0$인 부분을 y축에 대하여 대칭이동한다.

(3) $|y|=f(x)$의 그래프
$y=f(x)$의 그래프를 $y\geq 0$인 부분만 그리고, $y<0$인 부분은 $y\geq 0$인 부분을 x축에 대하여 대칭이동한다.

Tip

■ 일차함수, 이차함수의 그래프는 앞 단원에서 이미 배웠다. 그래서 기본적인 것은 생략하고 여기에서는 그 활용 방법을 중심으로 공부한다. 특히, 이차함수의 최대와 최소의 문제는 매우 중요하다.

■ 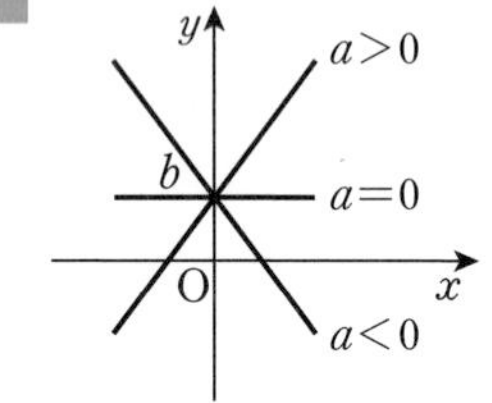

■ 도형의 대칭이동
$y=f(x)$의 그래프를
1. x축에 대하여 대칭이동하면 ⇨ $y=-f(x)$
2. y축에 대하여 대칭이동하면 ⇨ $y=f(-x)$
3. 원점에 대하여 대칭이동하면 ⇨ $y=-f(-x)$

(4) $|y|=f(|x|)$의 그래프

$y=f(x)$의 그래프를 $x\ge0$, $y\ge0$인 부분만 그리고, 이 그래프를 x축, y축, 원점에 대하여 각각 대칭이동한다.

■ 절댓값 기호를 포함한 식의 그래프

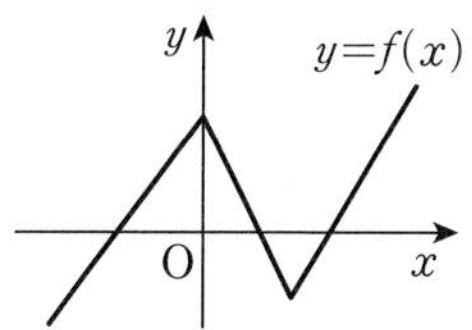

1. $y=|f(x)|$의 그래프

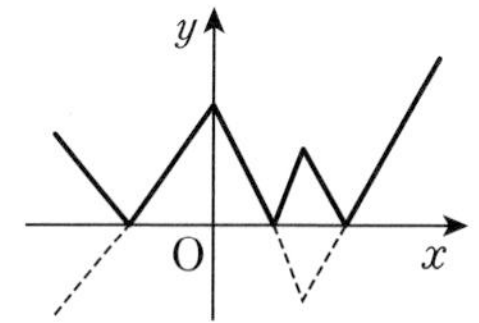

2. $y=f(|x|)$의 그래프

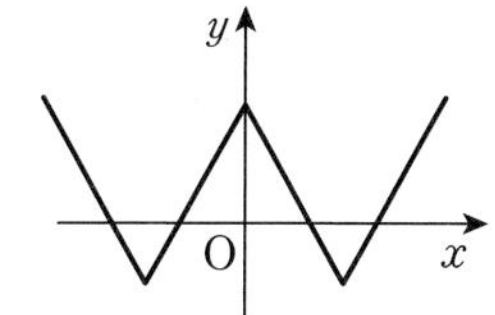

3. $|y|=f(x)$의 그래프

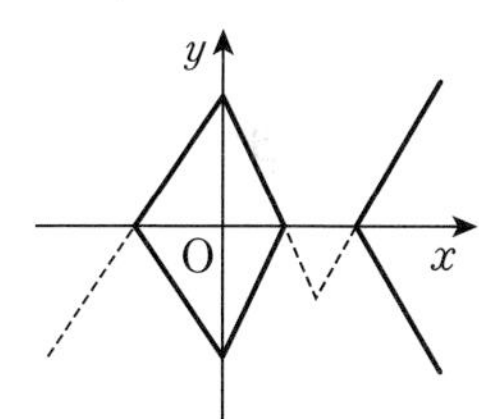

4. $|y|=f(|x|)$의 그래프

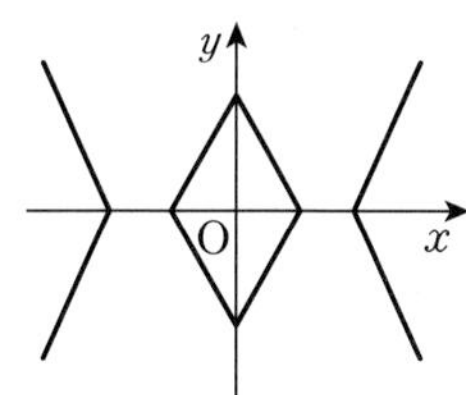

보기 1 다음 식의 그래프를 그리시오.

(1) $y=|x-1|$ (2) $y=|x|-1$

(3) $|y|=x-1$ (4) $|y|=|x|-1$

[설명] (1) $x\ge1$일 때 $y=x-1$, $x<1$일 때 $y=-x+1$

(2) $x\ge0$일 때 $y=x-1$, $x<0$일 때 $y=-x-1$

(3) $y\ge0$일 때 $y=x-1$, $y<0$일 때 $y=-x+1$

(4) $x\ge0$, $y\ge0$일 때 $y=x-1$,

$x\ge0$, $y<0$일 때 $y=-x+1$,

$x<0$, $y\ge0$일 때 $y=-x-1$,

$x<0$, $y<0$일 때 $y=x+1$

답 (1)

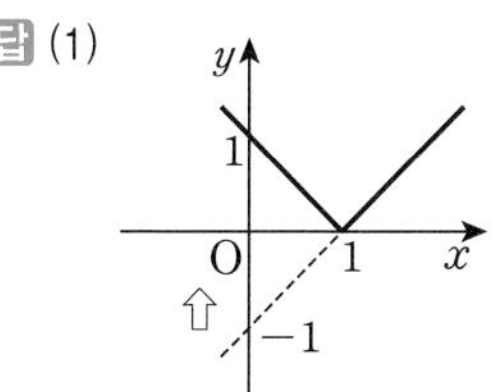

(2)

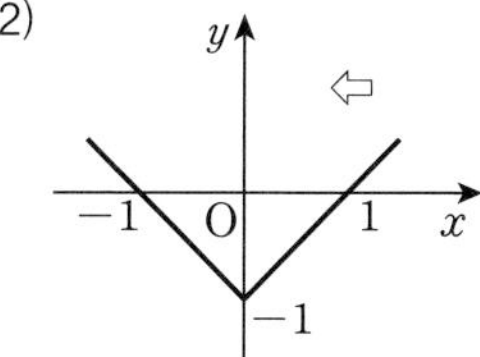

(3)

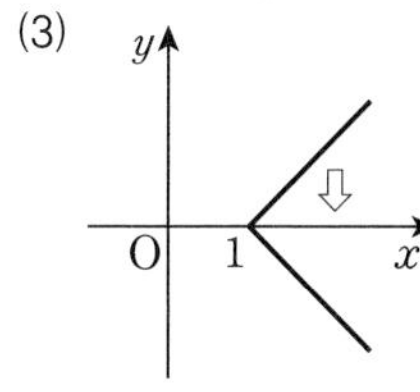

(4)

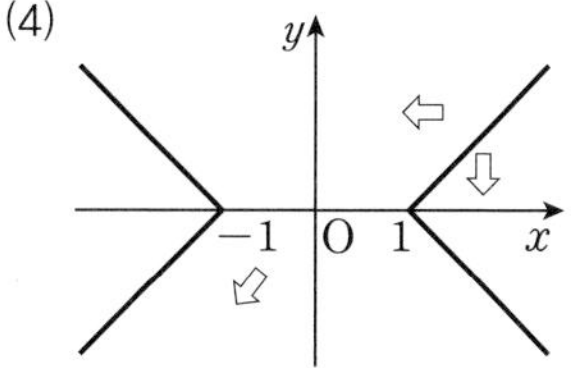

보기 2 다음 식의 그래프를 그리시오.

(1) $y=|x-1|+|x-2|$

(2) $y=|x-1|+|x-2|+|x-3|$

[설명] (1) $x<1$일 때 $y=-2x+3$, $1\le x<2$일 때 $y=1$,

$x\ge2$일 때 $y=2x-3$

(2) $x<1$일 때 $y=-3x+6$, $1\le x<2$일 때 $y=-x+4$,

$2\le x<3$일 때 $y=x$, $x\ge3$일 때 $y=3x-6$

답 (1)

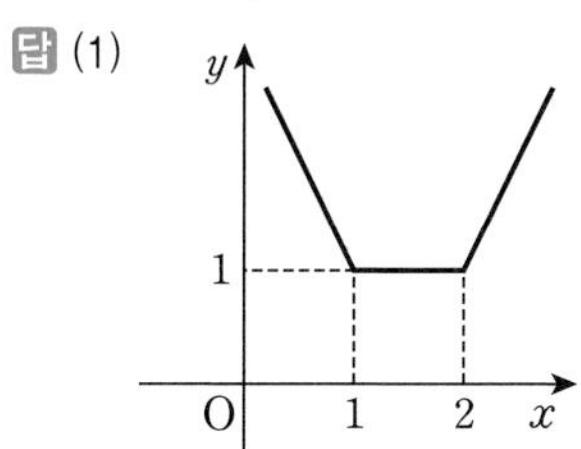

(2)

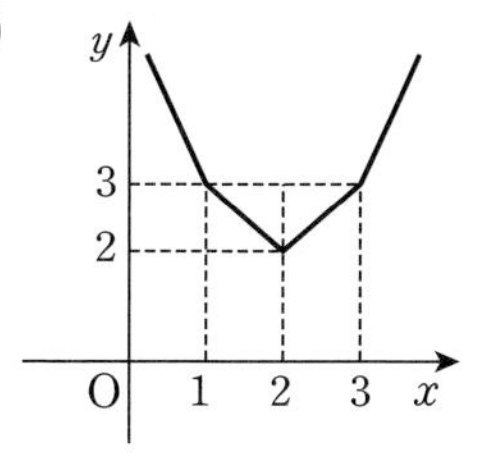

4. 가우스 함수

(1) 가우스 함수의 정의

실수 x에 대하여 x를 넘지 않는 최대의 정수를 $[x]$로 나타낸다. 즉 n이 정수 일 때,

$$n \le x < n+1 \iff [x]=n$$

으로 정의된다. 이때 함수 $f(x)=[x]$를 **가우스 함수**라고 한다.

(2) 가우스 함수의 그래프

가우스 함수 $f(x)=[x]$의 그래프는 다음과 같이 그린다.
가우스 기호의 정의에 의해 n이 정수일 때,

$$n \le x < n+1\text{이면 } [x]=n$$

이므로 정수가 되는 x의 값을 경계로 구간을 나누어 $[x]$의 값을 구한 후에 그래프를 그린다. 즉,

……………………………………

$-2 \le x < -1$일 때 $[x]=-2$,
$-1 \le x < 0$일 때 $[x]=-1$,
$0 \le x < 1$일 때 $[x]=0$,
$1 \le x < 2$일 때 $[x]=1$,
$2 \le x < 3$일 때 $[x]=2$,

……………………………………

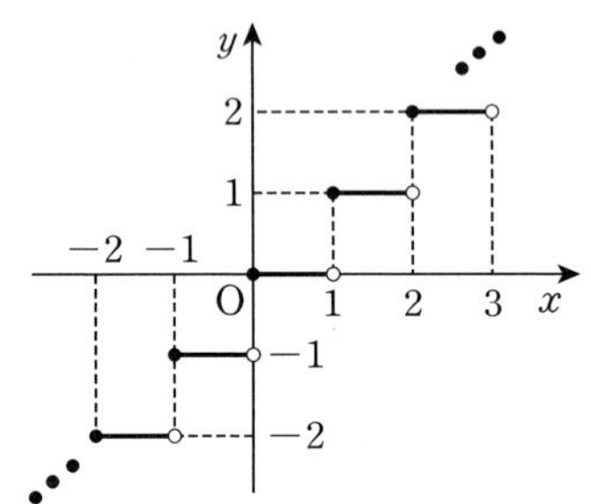

따라서 가우스 함수

$$f(x)=[x]$$

의 그래프는 오른쪽 그림과 같다.

■ 가우스 함수의 기본 성질
1. n은 정수이고, $0 \le \alpha < 1$일 때 $x=n+\alpha \iff [x]=n$
2. $[x]=n$(n은 정수) $\iff n \le x < n+1$
3. $[x] \le x < [x]+1$, $x-1 < [x] \le x$, $0 \le x-[x] < 1$
4. x는 정수 $\iff [x]=x$
5. n은 정수이면, $[x+n]=[x]+n$

■ 가우스 함수 $y=[x]$의 그래프가 계단과 같이 그려진다. 이런 의미에서 가우스 함수를 계단 함수(Step function)라고 한다.

보기 3 다음 함수의 그래프를 그리시오. (단, $-1 \le x < 2$)

(1) $y=x-[x]$ (2) $y=[x]+[-x]$

[설명] (1) (i) $-1 \le x < 0$일 때
$[x]=-1$이므로 $y=x+1$,
(ii) $0 \le x < 1$일 때
$[x]=0$이므로 $y=x$,
(iii) $1 \le x < 2$일 때
$[x]=1$이므로 $y=x-1$

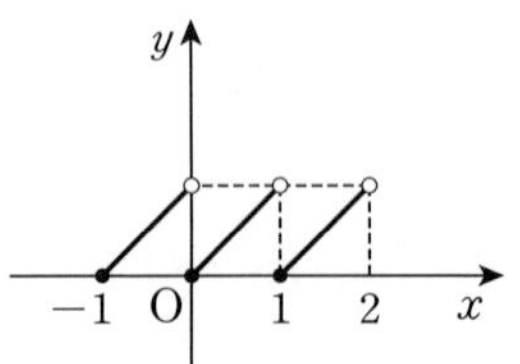

(2) (i) x가 정수일 때
$-x$도 정수이므로
$y=[x]+[-x]=x-x=0$,
(ii) x가 정수가 아닐 때
$[x]=n$이면 $[-x]=-n-1$
$\therefore y=[x]+[-x]=-1$

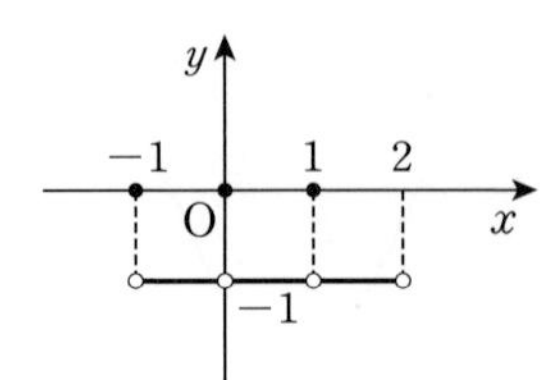

■ 함수 $y=[x]+[-x]$의 치역은 $\{0, -1\}$

■ x가 정수가 아닐 때 $[x]=n$(정수)이면
$n < x < n+1$
$\therefore -n-1 < -x < -n$
$\therefore [-x]=-n-1$

기본문제 4-1

$y=3mx-m+4$에 대하여 다음 물음에 답하시오.

(1) $-1<x<1$에서 y가 항상 양이 되도록 m의 값의 범위를 구하시오.

(2) $-1\le x\le 1$에서 y가 반드시 양, 음의 값을 갖도록 하는 m의 값의 범위를 구하시오.

[풀이] $y=3mx-m+4$에서

(1) $-1<x<1$에서 $y>0$이려면

$x=-1$일 때 $y=-3m-m+4\ge 0$

$\therefore m\le 1$ ······ ①

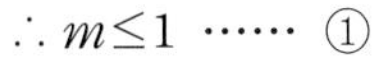

$x=1$일 때 $y=3m-m+4\ge 0$

$\therefore m\ge -2$ ······ ②

①, ②의 공통범위를 구하면

$-2\le m\le 1$

답 $-2\le m\le 1$

(2)

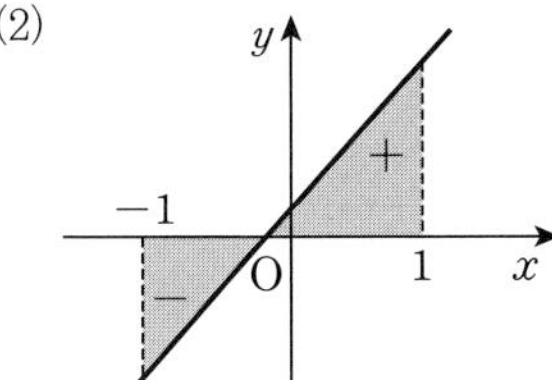

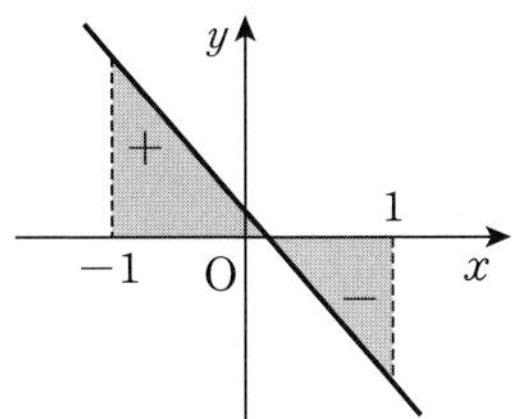

위의 그림과 같이 $-1\le x\le 1$에서 y가 반드시 양, 음의 값을 가지려면 어느 경우이든지 $x=-1$, $x=1$에서의 y의 값이 서로 다른 부호를 가져야 한다. 따라서

$(-3m-m+4)(3m-m+4)<0$

$\therefore (m-1)(m+2)>0$

$\therefore m<-2,\ m>1$

답 $m<-2,\ m>1$

Tip

■ 일차함수 $f(x)=ax+b(a\ne 0)$에 대하여

1. $p<x<q$에서 $f(x)$가 항상 양
⇨ $f(p)\ge 0,\ f(q)\ge 0$

2. $p\le x\le q$에서 $f(x)$가 항상 양
⇨ $f(p)>0,\ f(q)>0$

특히, 끝점의 포함 관계에 유의한다.

유제 4-1 $y=mx+m+3$에 대하여 다음 물음에 답하시오.

(1) $-2\le x<2$에서 y가 항상 양이 되도록 m의 값의 범위를 구하시오.

답 $-1\le m<3$

(2) $-2\le x<2$에서 y가 반드시 양, 음의 값을 갖도록 하는 m의 값의 범위를 구하시오.

답 $m<-1,\ m>3$

■ $-2\le x<2$에서 y가 항상 양이 되려면 $x=-2$일 때 $y>0$, $x=2$일 때 $y\ge 0$을 만족해야 한다.

유제 4-2 일차함수 $y=-x+b(0\le x\le 2)$에 대하여 다음 물음에 답하시오.

(1) y의 최댓값이 3일 때 y의 최솟값을 구하시오.

(2) 공역이 $0\le y\le 5$일 때 b의 값의 범위를 구하시오.

답 (1) 1 (2) $2\le b\le 5$

■ 일차함수의 그래프를 이용하여 b의 값의 범위를 생각한다.

기본문제 4-2

다음 각 식의 그래프를 그리시오.

(1) $y=2-|x-1|$ (2) $|y-2|=2x$ (3) $|x|+|y|=2$

[풀이] (1) (i) $x<1$일 때

$y=2+(x-1)=x+1$,

(ii) $x\geq1$일 때

$y=2-(x-1)$

$=-x+3$

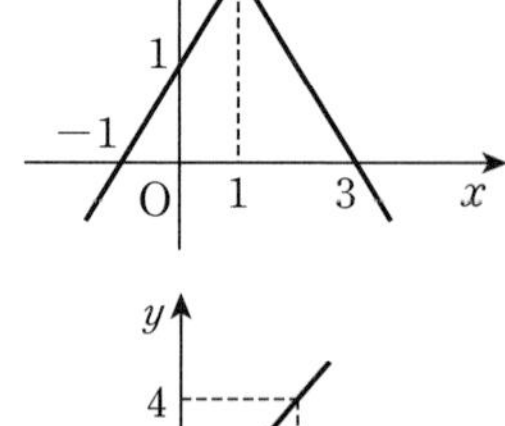

(2) (i) $y<2$일 때

$-(y-2)=2x$

$\therefore y=-2x+2$

(ii) $y\geq2$일 때

$y-2=2x$

$\therefore y=2x+2$

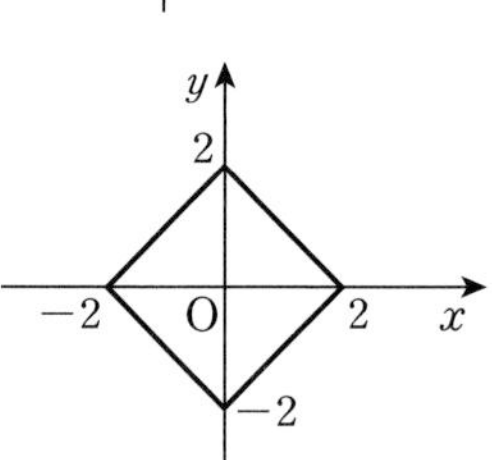

(3) (i) $x\geq0,\ y\geq0$일 때

$x+y=2 \quad \therefore y=-x+2$

(ii) $x\geq0,\ y<0$일 때 $x-y=2$

$\therefore y=x-2$

(iii) $x<0,\ y\geq0$일 때

$-x+y=2 \quad \therefore y=x+2$

(iv) $x<0,\ y<0$일 때

$-x-y=2 \quad \therefore y=-x-2$

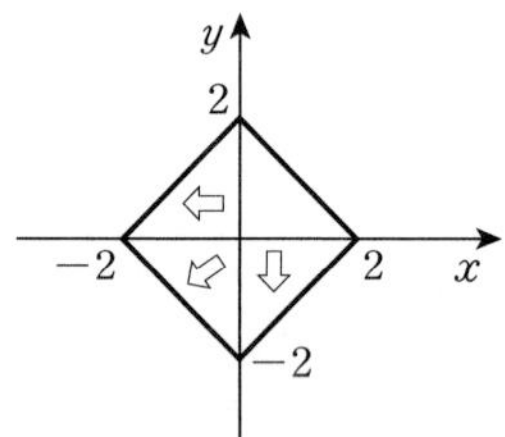

[다른풀이] $x\geq0$, $y\geq0$일 때의 $y=-x+2$의 그래프만 그리고, 이 그래프를 x축, y축, 원점에 대하여 각각 대칭이동한다.

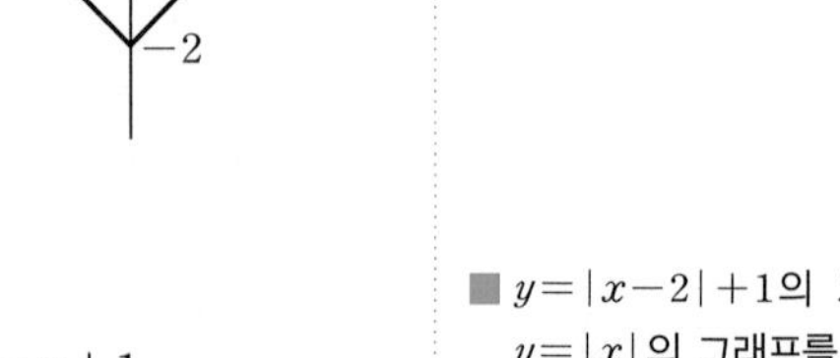

유제 4-3 다음 각 식의 그래프를 그리시오.

(1) $y=|x-2|+1$ (2) $|y-1|=x+1$

(3) $y=x+|x-2|$ (4) $|x|+|y|=4$

유제 4-4 식 $2|x|+|y|=2$의 그래프가 나타내는 도형의 넓이는?

① 2 ② 4 ③ 6

④ 8 ⑤ 12

 ②

Tip

■ 절댓값의 성질

1. $|a|=\begin{cases} a & (a\geq0) \\ -a & (a<0) \end{cases}$

2. $|a|\geq0$

3. $|-a|=|a|$

4. $|a|^2=a^2$

5. $|ab|=|a||b|$

6. $\left|\dfrac{a}{b}\right|=\dfrac{|a|}{|b|}\ (b\neq0)$

■ 절댓값을 포함하는 식의 그래프

$|A|=A \quad (A\geq0)$,

$|A|=-A\ (A<0)$

임을 이용하여 절댓값 기호가 없는 식으로 변형한 다음 그래프를 그린다.

■ $y=|x-2|+1$의 그래프는 $y=|x|$의 그래프를 x축으로 2만큼, y축으로 1만큼 평행이동하여 그릴 수도 있다.

기본문제 4-3

다음 각 식의 그래프를 그리시오.

(1) $y=|x-1|-|x-3|$　　　(2) $y=||x-1|-|x-3||$

[풀이] (1) (i) $x<1$일 때

$y=-(x-1)+(x-3)$
$=-2$

(ii) $1\leq x<3$일 때

$y=(x-1)+(x-3)$
$=2x-4$

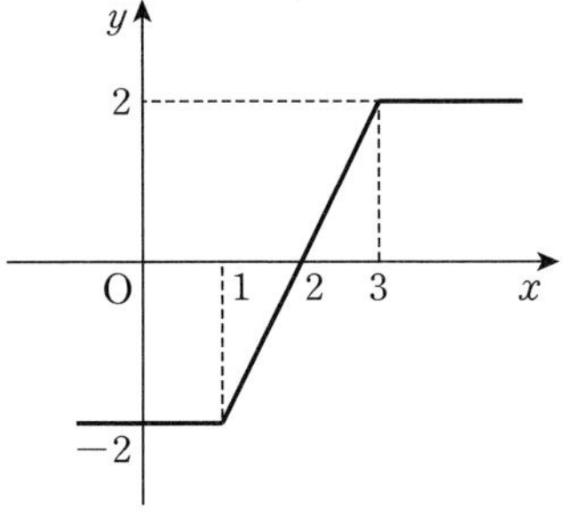

(iii) $x\geq 3$일 때

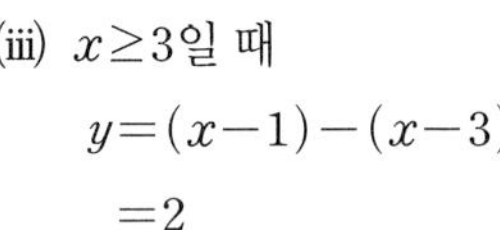

$y=(x-1)-(x-3)$
$=2$

(2) $y=||x-1|-|x-3||$의 그래프는 $y=|x-1|-|x-3|$의 그래프를 그린 후 $y\geq 0$인 부분은 그대로 두고, $y<0$인 부분은 x축에 대하여 대칭이동한다. 따라서 $y=||x-1|-|x-3||$의 그래프는 다음과 같다.

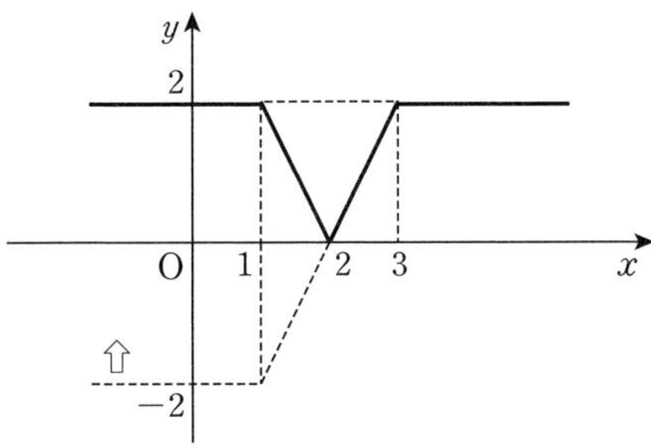

유제 4-5 다음 각 식의 그래프를 그리시오.

(1) $y=|x|-|x-2|$　　　(2) $y=||x|-|x-2||$

유제 4-6 함수 $y=|x^2-4x|$의 그래프와 직선 $y=a$가 서로 다른 네 점에서 만날 때, 정수 a의 개수를 구하시오. 답 3개

유제 4-7 방정식 $|x^2-4|=2x+k$가 서로 다른 세 실근을 가질 때, 상수 k의 값을 구하시오. 답 4, 5

유제 4-8 함수 $y=f(x)$의 그래프가 오른쪽 그림과 같을 때, 함수 $y=|f(x+1)|$의 그래프를 그리시오.

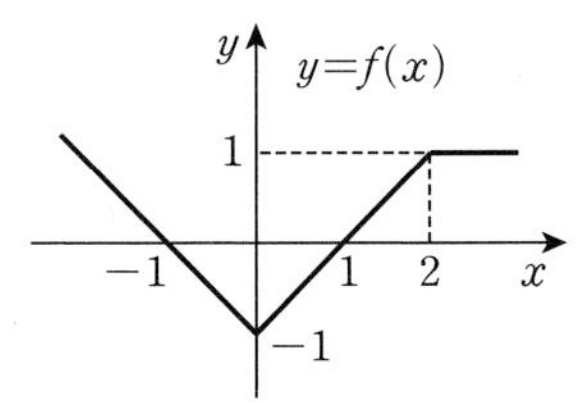

Tip

■ $y=|f(x)|$의 그래프
$y=f(x)$의 그래프를 그린 후 $y\geq 0$인 부분은 그대로 두고, $y<0$인 부분은 x축에 대하여 대칭이동한다.

■ 방정식
$|x^2-4|=2x+k$
의 실근의 개수는 두 함수
$y=|x^2-4|$, $y=2x+k$
의 그래프의 교점의 개수와 같다.

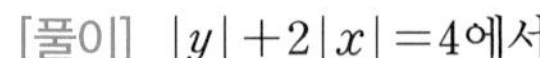

기본문제 4-4

다음 두 방정식의 그래프가 만나지 않도록 m의 값의 범위를 구하시오.

$$|y|+2|x|=4,\ y=mx-m+4$$

[풀이] $|y|+2|x|=4$에서

$x\geq0,\ y\geq0$일 때 $y+2x=4$,

$x\geq0,\ y<0$일 때 $-y+2x=4$,

$x<0,\ y\geq0$일 때 $y-2x=4$,

$x<0,\ y<0$일 때 $-y-2x=4$

한편, 직선

$y=mx-m+4=m(x-1)+4$는

m의 값에 관계없이 점 $(1,\ 4)$를 지난다.

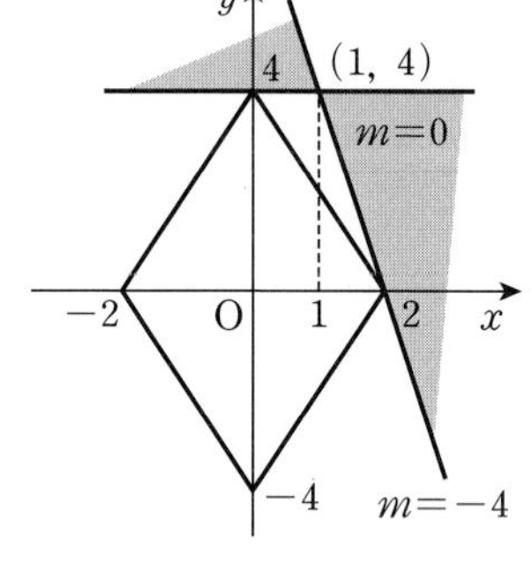

오른쪽 그림에서 그래프가 서로 만나지 않기 위해서는 직선이 색칠한 부분(경계 제외)에 존재해야 하므로 직선의 기울기 m의 값의 범위는

$-4<m<0$

답 $-4<m<0$

Tip

■ 직선 $y=mx-m+4$의 그래프를 그릴 때에는 m의 값에 관계없이 지나는 점 즉, 정점의 좌표를 가장 먼저 생각한다.

기본문제 4-5

함수 $y=|x+1|+|x-1|+|x-3|$은 $x=a$에서 최솟값 b를 가진다. 이때, 상수 a, b의 합 $a+b$의 값을 구하시오.

[풀이] $x<-1$일 때 $y=-3x+3$,

$-1\leq x<1$일 때 $y=-x+5$,

$1\leq x<3$일 때 $y=x+3$,

$x\geq3$일 때 $y=3x-3$

오른쪽 그래프에서

$x=1$일 때 최솟값 4

$\therefore a=1,\ b=4 \quad \therefore a+b=5$

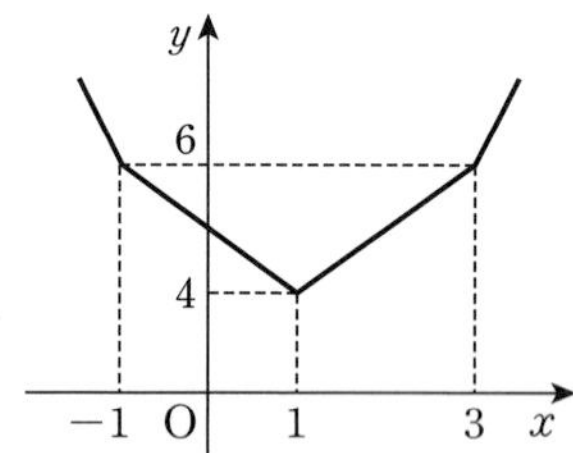

답 5

■ 절댓값 기호로 이루어진 함수

$f(x)=|x-a_1|+|x-a_2|+\cdots+|x-a_n|$

의 최솟값

단, $a_1<a_2<\cdots<a_n$이고, n은 자연수이다.

(i) n이 짝수인 경우

가운데의 구간

$a_{\frac{n}{2}}\leq x\leq a_{\frac{n}{2}+1}$

에서 최솟값을 갖는다.

(ii) n이 홀수인 경우

가운데의 한 점

$x=a_{\frac{n+1}{2}}$

에서 최솟값을 갖는다.

유제 4-9 방정식 $2x+2|x-1|=mx+1$이 서로 다른 두 실근을 갖도록 하는 정수 m의 개수를 구하시오. 답 2

유제 4-10 $-2\leq x\leq1$일 때 함수 $y=x+2|x+1|$의 최댓값과 최솟값을 구하시오. 답 최댓값 5, 최솟값 -1

유제 4-11 다음 함수의 최솟값을 구하시오.

(1) $y=|x-1|+|x-3|$ 답 2

(2) $y=|x|+|x-2|+|x-3|$ 답 3

기본문제 4-6

$-1\le x\le 2$일 때 다음 각 함수의 그래프를 그리시오.
단, $[x]$는 x를 넘지 않는 최대 정수를 나타낸다.

(1) $y=x+[x]$　　　(2) $y=x[x]$

[풀이] $-1\le x<0$일 때 $[x]=-1$, $0\le x<1$일 때 $[x]=0$,
$1\le x<2$일 때 $[x]=1$, $x=2$일 때 $[x]=2$

(1) $-1\le x<0$일 때 $y=x-1$, $0\le x<1$일 때 $y=x$,
$1\le x<2$일 때 $y=x+1$, $x=2$일 때 $y=2+2=4$

(2) $-1\le x<0$일 때 $y=-x$, $0\le x<1$일 때 $y=0$,
$1\le x<2$일 때 $y=x$, $x=2$일 때 $y=2\cdot 2=4$

답 (1)

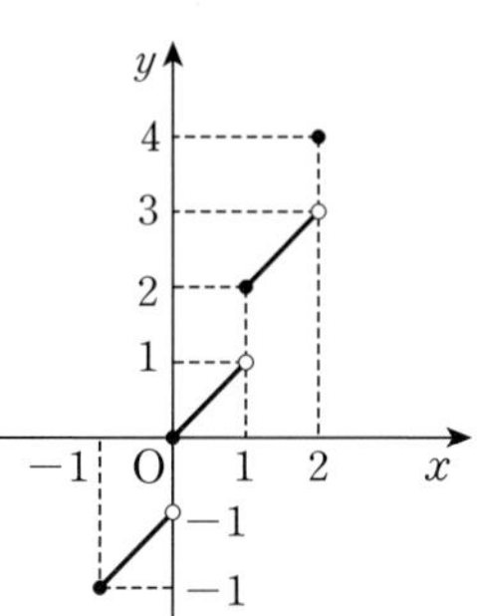

(2)

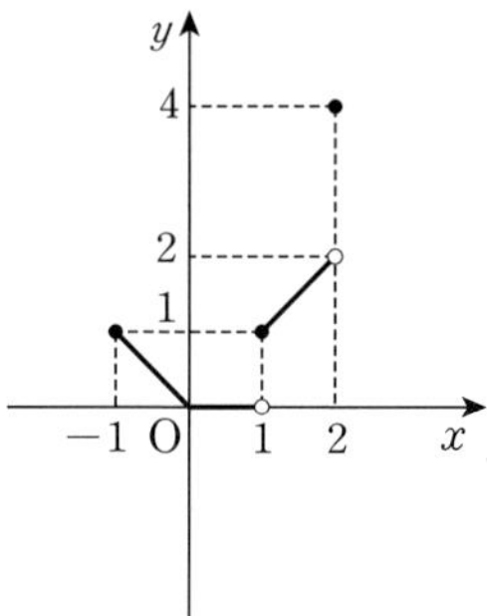

Tip

■ 가우스 함수의 기본 성질
1. $[x]=n$(n은 정수) $\Leftrightarrow n\le x<n+1$
2. $[x]\le x<[x]+1$, $x-1<[x]\le x$, $0\le x-[x]<1$
3. x는 정수 $\Leftrightarrow [x]=x$
4. n은 정수이면, $[x+n]=[x]+n$

기본문제 4-7

$0\le x<3$일 때 함수 $y=[x]$의 그래프를 이용하여 방정식 $2x-2=[x]$의 실근을 구하시오.

[풀이] $0\le x<1$일 때 $y=[x]=0$,
$1\le x<2$일 때 $y=[x]=1$,
$2\le x<3$일 때 $y=[x]=2$
방정식 $2x-2=[x]$의 실근은 두 함수 $y=[x]$, $y=2x-2$의 교점의 x좌표와 같다.

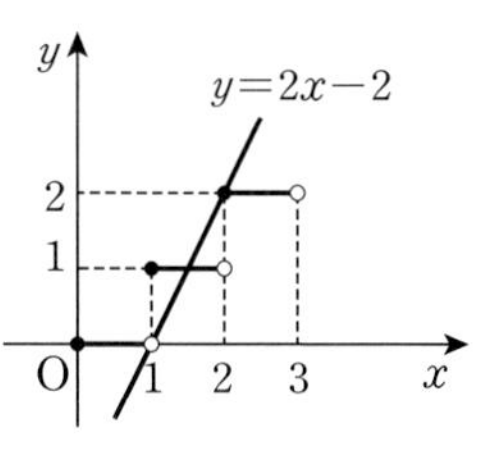

오른쪽 그림에서 $x=2$와 $2x-2=1$에서 $x=\frac{3}{2}$　　답 $\frac{3}{2}$, 2

■ 두 함수 $y=2x-2$, $y=[x]$의 그래프를 이용한다.

유제 4-12 함수 $y=[x]$의 그래프를 이용하여 방정식 $x^2=2[x]$의 실근을 구하시오.　　답 0, $\sqrt{2}$, 2

유제 4-13 $-1\le x\le 2$일 때 함수 $y=|x[x-1]|$의 그래프를 그리시오.　　답 해설 참조

■ $[x]=n$(n은 정수) $\Leftrightarrow n\le x<n+1$

UpGrade 4-1

함수 $f(x)=\max\{-3x-1,\ x+3,\ 5x-9\}$의 최솟값을 구하시오.
단, $\max\{a,\ b,\ c\}$는 $a,\ b,\ c$ 중 최대인 수를 나타낸다.

[풀이] 세 함수 $y=-3x-1,\ y=x+3,\ y=5x-9$의 그래프를 그린 후 교점을 경계로 하여 최대인 그래프를 택하여 그리면 그것이 함수 $y=f(x)$의 그래프이다.

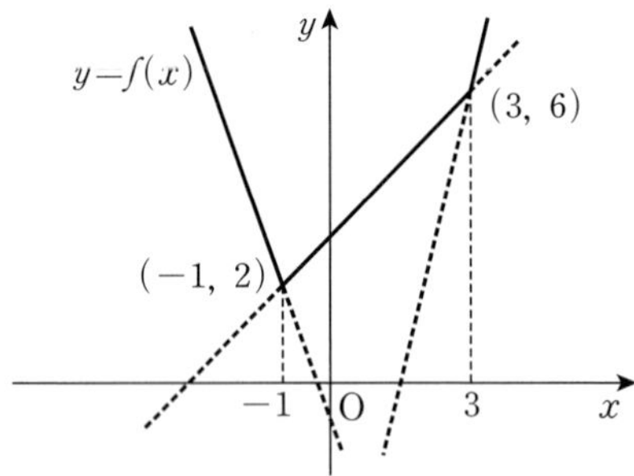

위의 그래프에서 $x=-1$일 때 최솟값 2

답 2

Tip

■ 유제4-14의 해법
세 함수
$y=-x+7,\ y=x+3,$
$y=2x+4$
의 그래프를 그린 후 교점을 경계로 하여 최소인 그래프를 택하여 그리면 그것이 함수 $y=f(x)$의 그래프이다.
max와 min의 정의를 이해하고 함수의 그래프에 응용한다.

UpGrade 4-2

함수 $f(x)=\begin{cases} 2-|x| & (-2\le x\le 2) \\ 0 & (x<-2,\ x>2) \end{cases}$ 에 대하여

$y=f(x+1)+f(x-1)$의 그래프와 x축으로 둘러싸인 도형의 넓이를 구하시오.

■ $y=f(x)$의 그래프

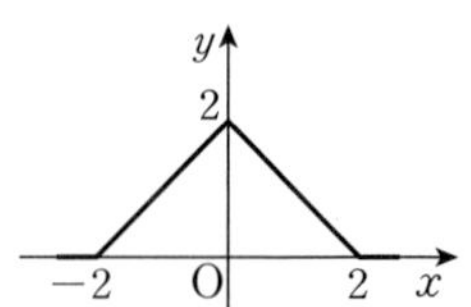

[풀이] $y_1=f(x+1)$의 그래프는 $y=f(x)$의 그래프를 x축으로 -1만큼 평행이동한 것이고, $y_2=f(x-1)$의 그래프는 $y=f(x)$의 그래프를 x축으로 1만큼 평행이동한 것이다. 이때, 함수 $y=y_1+y_2$의 그래프는 두 함수 $y_1,\ y_2$의 함숫값을 더해서 그릴 수 있다.
오른쪽 그래프에서 구하는 도형의 넓이는 8이다.

답 8

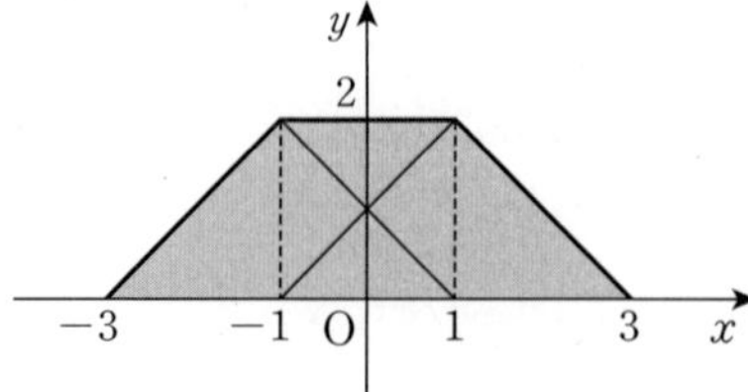

■ 그래프의 합성
함수 $y=y_1+y_2$의 그래프는 두 함수 $y_1,\ y_2$의 함숫값을 더해서 그릴 수 있다. 이와 같이 함숫값을 더해서 그리는 것을 그래프의 합성이라고 한다.

유제 4-14 함수 $f(x)=\min\{-x+7,\ x+3,\ 2x+4\}$의 최댓값을 구하시오. 단, $\min\{a,\ b,\ c\}$는 $a,\ b,\ c$ 중 최소인 수를 나타낸다.

답 5

4-2 이차함수의 최대 · 최소

1. 이차함수의 그래프

(1) $y=ax^2(a\neq0)$의 꼴 ⇦ 기본형

① 꼭짓점 : 원점 $(0, 0)$　　② 축 : $x=0$(y축)

③ $a>0$이면 아래로 볼록($\cup$꼴), $a<0$이면 위로 볼록($\cap$꼴)

④ $|a|$가 클수록 폭이 좁다(y축에 가깝다).

(2) $y=a(x-m)^2+n(a\neq0)$의 꼴 ⇦ 표준형

$y=ax^2$의 그래프를 x축으로 m만큼, y축으로 n만큼 평행이동한 그래프이다.

① 꼭짓점 : (m, n)

② 축 : $x=m$

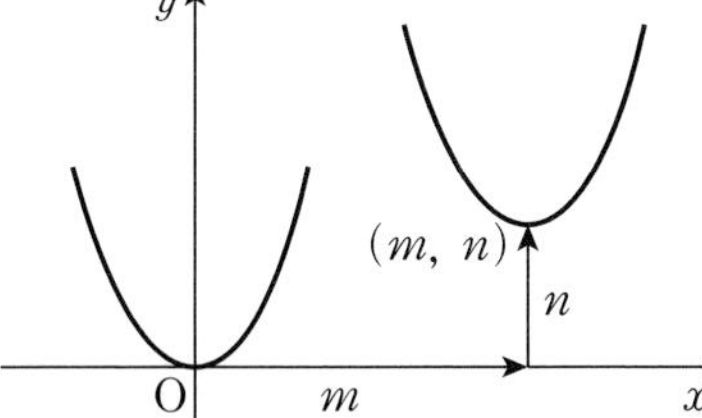

(3) $y=ax^2+bx+c(a\neq0)$의 꼴 ⇦ 일반형

$$y=ax^2+bx+c=a\left(x+\frac{b}{2a}\right)^2-\frac{b^2-4ac}{4a}$$

① 꼭짓점 : $\left(-\frac{b}{2a}, -\frac{b^2-4ac}{4a}\right)$　② 축 : $x=-\frac{b}{2a}$

■ 포물선

$y=a(x-m)^2+n(a\neq0)$의 그래프는 축의 방정식 $x=m$ ⇦ 대칭축에 대하여 대칭이다.

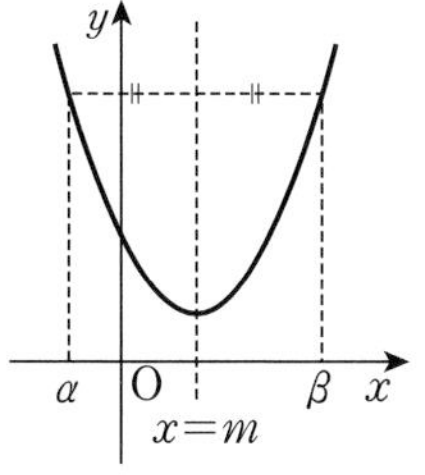

⇨ $\frac{\alpha+\beta}{2}=m$

$\therefore \alpha+\beta=2m$

2. 포물선의 방정식

(1) 꼭짓점 (m, n)이 주어지는 경우

⇨ $y=a(x-m)^2+n$이라고 놓는다.

(2) x축과의 교점이 α, β인 경우　⇦ $(\alpha, 0)$, $(\beta, 0)$

⇨ $y=a(x-\alpha)(x-\beta)$라고 놓는다.

(3) 세 점이 주어지는 경우 일반형 ⇨ $y=ax^2+bx+c$를 이용

■ 포물선의 방정식

점 $(p, 0)$에서 x축에 접한다. ⇨ $y=a(x-p)^2$

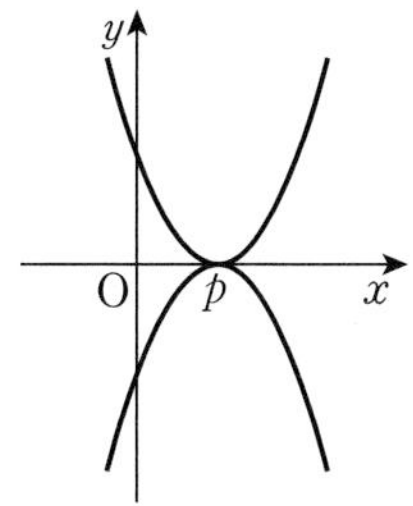

보기 1 다음 조건을 만족하는 포물선의 방정식을 구하시오.

(1) 꼭짓점이 $(2, -1)$이고, 점 $(1, 1)$을 지난다.

(2) 세 점 $(1, 0)$, $(4, 0)$, $(3, 2)$를 지난다.

[설명] (1) 꼭짓점이 $(2, -1)$이므로 $y=a(x-2)^2-1$ …… ①

포물선 ①이 점 $(1, 1)$을 지나므로 $1=a(1-2)^2-1$

$\therefore a=2$　$\therefore y=2(x-2)^2-1$　⇦ 답

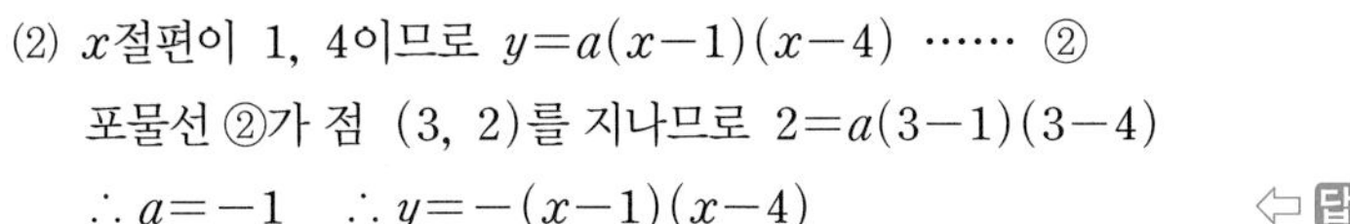

(2) x절편이 1, 4이므로 $y=a(x-1)(x-4)$ …… ②

포물선 ②가 점 $(3, 2)$를 지나므로 $2=a(3-1)(3-4)$

$\therefore a=-1$　$\therefore y=-(x-1)(x-4)$　⇦ 답

기본문제 4-8

$y=x^2-2ax+a+2$에 대하여 다음 물음에 답하시오.
(1) 꼭짓점이 제 1사분면에 있을 때, 상수 a의 값의 범위를 구하시오.
(2) 꼭짓점이 직선 $y=-x+3$위에 있을 때, 상수 a의 값을 구하시오.

[풀이] $y=x^2-2ax+a+2=(x-a)^2-a^2+a+2$이므로
꼭짓점의 좌표는 $(a,\ -a^2+a+2)$이다.
(1) 꼭짓점 $(a,\ -a^2+a+2)$이 제 1사분면에 있으므로
$a>0$이고 $-a^2+a+2>0$
$-a^2+a+2>0$에서 $a^2-a-2<0$
$\therefore (a-2)(a+1)<0 \quad \therefore -1<a<2$
$a>0$과 공통범위를 구하면 $0<a<2$ 답 $0<a<2$
(2) 꼭짓점 $(a,\ -a^2+a+2)$이 직선 $y=-x+3$위에 있으므로
$-a^2+a+2=-a+3 \quad \therefore a^2-2a+1=0$
$(a-1)^2=0$에서 $a=1$ 답 $a=1$

기본문제 4-9

$y=ax^2+bx+c$의 그래프가 오른쪽 그림과 같을 때, 다음 값의 부호를 정하시오.
(1) a (2) b
(3) c (4) $4a+2b+c$
(5) $a+2b+4c$

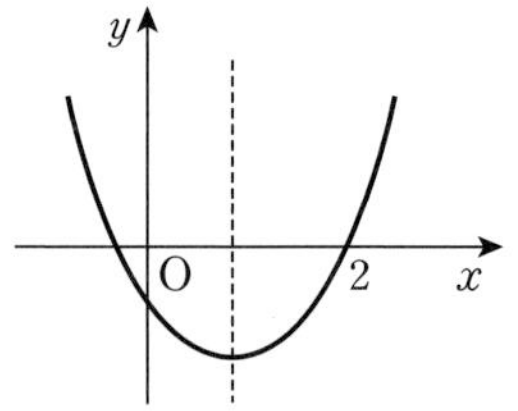

[풀이] (1) 포물선이 아래로 볼록이므로 $a>0$
(2) 대칭축이 양수이므로 $-\dfrac{b}{2a}>0 \quad \therefore b<0$
(3) y절편이 음수이므로 $c<0$
(4) $x=2$일 때 $y=4a+2b+c=0$
(5) $x=\dfrac{1}{2}$일 때 $y=\dfrac{1}{4}a+\dfrac{1}{2}b+c=\dfrac{1}{4}(a+2b+4c)<0$
$\therefore a+2b+4c<0$

유제 4-15 $y=x^2+ax+b$의 꼭짓점이 $(2,\ -3)$일 때, 상수 $a,\ b$의 값을 구하시오. 답 $a=-4,\ b=1$

유제 4-16 $a<0,\ b>0,\ c>0$일 때 포물선 $y=ax^2+bx+c$의 그래프의 개형을 그리시오. 답 해설 참조

Tip

■ 포물선
$y=a(x-m)^2+n(a\neq0)$의 그래프에서
1. 꼭짓점 : $(m,\ n)$
2. 축 : $x=m$

■ 점 $(x,\ y)$가
1. 제 1사분면에 있으면
⇨ $x>0,\ y>0$
2. 제 2사분면에 있으면
⇨ $x<0,\ y>0$
3. 제 3사분면에 있으면
⇨ $x<0,\ y<0$
4. 제 4사분면에 있으면
⇨ $x>0,\ y<0$

■ 이차함수
$f(x)=ax^2+bx+c(a\neq0)$의 그래프에서
1. $a>0$이면 아래로 볼록
$a<0$이면 위로 볼록
2. 축 ⇨ $x=-\dfrac{b}{2a}$
3. y절편 ⇨ c
4. x절편 ⇨ 이차방정식 $ax^2+bx+c=0$의 실근
5. $x=p$에서의 함숫값
⇨ $f(p)$

■ 아래로 볼록 또는 위로 볼록, 대칭축의 위치, y절편의 부호 등을 조사하여 그래프를 그린다.

기본문제 4-10

다음 조건을 만족하는 포물선의 방정식을 구하시오.
(1) 꼭짓점이 $(-2,\ 1)$이고, y절편이 5이다.
(2) 점 $(2,\ 0)$에서 x축에 접하고, 점 $(3,\ -1)$을 지난다.
(3) 세 점 $(-1,\ 2)$, $(1,\ -2)$, $(2,\ -1)$을 지난다.

[풀이] (1) 꼭짓점이 $(-2,\ 1)$이므로 $y=a(x+2)^2+1$ ⋯⋯ ①
포물선 ①이 점 $(0,\ 5)$를 지나므로
$5=a(0+2)^2+1 \quad \therefore a=1$
따라서 구하는 포물선의 방정식은
$y=(x+2)^2+1=x^2+4x+5$ ⇦ 답

(2) 점 $(2,\ 0)$에서 x축에 접하므로 $y=a(x-2)^2$ ⋯⋯ ②
포물선 ②가 점 $(3,\ -1)$을 지나므로
$-1=a(3-2)^2 \quad \therefore a=-1$
따라서 구하는 포물선의 방정식은
$y=-(x-2)^2=-x^2+4x-4$ ⇦ 답

(3) 구하는 포물선의 방정식을 $y=ax^2+bx+c$라고 놓으면
세 점 $(-1,\ 2)$, $(1,\ -2)$, $(2,\ -1)$을 지나므로
$2=a-b+c,\ -2=a+b+c,\ -1=4a+2b+c$
연립방정식을 풀면 $a=1,\ b=-2,\ c=-1$
$\therefore y=x^2-2x-1$ ⇦ 답

Tip

■ 포물선의 방정식
1. 꼭짓점 $(m,\ n)$이 주어지는 경우
⇨ $y=a(x-m)^2+n$
2. x축과의 교점이 $\alpha,\ \beta$인 경우
⇨ $y=a(x-\alpha)(x-\beta)$
3. 세 점이 주어지는 경우
⇨ $y=ax^2+bx+c$
4. x축에 접하는 경우
⇨ $y=a(x-p)^2$

기본문제 4-11

포물선 $y=x^2+ax-2a$는 a의 값에 관계없이 항상 일정한 점을 지난다. 이 점이 포물선의 꼭짓점일 때, a의 값을 구하시오.

[풀이] a에 관하여 정리하면 $(x-2)a+(x^2-y)=0$
a에 관한 항등식이므로 $x-2=0,\ x^2-y=0$
$\therefore x=2,\ y=4$
따라서 점 $(2,\ 4)$가 포물선의 꼭짓점이므로
$y=x^2+ax-2a=(x-2)^2+4=x^2-4x+8$
양변의 계수를 비교하면 $a=-4$ 답 -4

■ 방정식
$f(x,\ y)+mg(x,\ y)=0$의 그래프는 m의 값에 관계없이 항상
$f(x,\ y)=0,\ g(x,\ y)=0$을 만족하는 점 $(x,\ y)$을 지난다.

유제 4-17 다음을 만족하는 포물선의 방정식을 구하시오.
(1) 두 점 $(-1,\ 0)$, $(1,\ 8)$을 지나고 x축에 접한다.
(2) 세 점 $(1,\ 0)$, $(3,\ 0)$, $(2,\ 2)$을 지난다.

답 (1) $y=2(x+1)^2$ (2) $y=-2(x-1)(x-3)$

기본문제 4-12

포물선 $y=x^2+bx+c$을 x축으로 3만큼, y축으로 -1만큼 평행이동한 포물선의 꼭짓점의 좌표가 $(1,\ -2)$이다. 이때, 상수 $b,\ c$의 합 $b+c$의 값을 구하시오.

[풀이] 꼭짓점 $(1,\ -2)$를 반대로 x축으로 -3만큼, y축으로 1만큼 평행이동하면 $(-2,\ -1)$이고, 이 점이 포물선 $y=x^2+bx+c$의 꼭짓점이다. 따라서 $y=x^2+bx+c=(x+2)^2-1=x^2+4x+3$에서 양변의 계수를 비교하면 $b=4,\ c=3$

$\therefore b+c=4+3=7$ 답 7

[다른 풀이] $y=x^2+bx+c$을 x축으로 3만큼, y축으로 -1만큼 평행이동하면

$y+1=(x-3)^2+b(x-3)+c$

이 포물선의 꼭짓점의 좌표가 $(1,\ -2)$이므로

$y=x^2+(b-6)x-3b+c+8=(x-1)^2-2=x^2-2x-1$

양변의 계수를 비교하면 $b-6=-2,\ -3b+c+8=-1$

$\therefore b=4,\ c=3 \quad \therefore b+c=7$ 답 7

Tip

■ 도형의 평행이동
도형 $f(x,\ y)=0$을
x축으로 m만큼,
y축으로 n만큼
평행이동한 도형의 방정식은
x대신 $x-m$,
y대신 $y-n$
을 대입한 것과 같다.
즉 $f(x-m,\ y-n)=0$

■ 포물선의 평행이동과 대칭이동은 포물선의 꼭짓점의 좌표만 생각해도 충분하다.
왜냐하면, 포물선의 꼭짓점은 평행이동과 대칭이동에 의하여 포물선의 꼭짓점으로 옮겨가기 때문이다.

기본문제 4-13

이차함수 $f(x)=x^2+ax+b$는 모든 실수 x에 대하여 $f(6-x)=f(x)$를 만족한다. $f(1)=2$일 때, $f(2)$의 값을 구하시오.

[풀이] $f(6-x)=f(x)$이므로 포물선의 그래프는 직선 $x=3$에 대하여 대칭이다. 따라서 포물선의 대칭축이 $x=3$이므로

$f(x)=x^2+ax+b=(x-3)^2+k$

$f(1)=2$이므로 $2=(1-3)^2+k \quad \therefore k=-2$

따라서 $f(x)=(x-3)^2-2$이므로

$f(2)=(2-3)^2-2=-1$ 답 -1

■ 함수 f가 모든 실수 x에 대하여
$f(m+x)=f(m-x)$
또는 $f(x)=f(2m-x)$를 만족할 때, 함수 $y=f(x)$의 그래프는 직선 $x=m$에 대하여 대칭이다.

■ 함수 f가 모든 실수 x에 대하여
$f(a+x)+f(a-x)=2b$
또는 $f(x)+f(2a-x)=2b$를 만족할 때, 함수 $y=f(x)$의 그래프는 점 $(a,\ b)$에 대하여 대칭이다.

유제 4-18 두 포물선 $y=x^2-2x-1$, $y=-x^2+6x-5$의 그래프가 점 $(a,\ b)$에 대하여 대칭일 때, 상수 $a,\ b$의 곱 ab의 값을 구하시오. 답 2

유제 4-19 이차함수 $f(x)=ax^2+bx+c$는 모든 실수 x에 대하여 $f(4-x)=f(x)$를 만족한다. 방정식 $f(x)=0$이 서로 다른 두 실근을 가질 때, 이 두 근의 합을 구하시오. 답 4

UpGrade 4-3

다음 조건을 만족하는 자취의 방정식을 각각 구하시오.

(1) a가 음이 아닌 값을 가지면서 변할 때,
포물선 $y=x^2-2ax+2a^2-4a$의 꼭짓점의 자취

(2) 점 $\mathrm{P}(a,\ b)$가 원 $x^2+y^2=1$ 위를 움직일 때,
포물선 $y=x^2-2ax+a-2b^2$의 꼭짓점의 자취

(3) 점 $\mathrm{P}(a,\ b)$가 원 $x^2+y^2=1$ 위를 움직일 때,
점 $(a+b,\ ab)$의 자취

[풀이] (1) $y=x^2-2ax+2a^2-4a=(x-a)^2+a^2-4a$이므로
꼭짓점의 좌표는 $(a,\ a^2-4a)$이다.
여기서 $x=a,\ y=a^2-4a$라고 놓으면
$a\geq 0$이므로 $x\geq 0$이고, $y=x^2-4x$
$\therefore y=x^2-4x\ (x\geq 0)$ 답 $y=x^2-4x(x\geq 0)$

(2) 점 $\mathrm{P}(a,\ b)$가 원 $x^2+y^2=1$ 위의 점이므로
$a^2+b^2=1$ …… ①
$y=x^2-2ax+a-2b^2=(x-a)^2-a^2+a-2b^2$이므로
꼭짓점의 좌표는 $(a,\ -a^2+a-2b^2)$이다.
여기서 $x=a,\ y=-a^2+a-2b^2$이라고 놓으면
①에서 $b^2=1-a^2\geq 0$이므로 $-1\leq a(=x)\leq 1$이고,
$y=-a^2+a-2(1-a^2)=a^2+a-2=x^2+x-2$
$\therefore y=x^2+x-2\ (-1\leq x\leq 1)$ ⇦ 답

(3) 점 $\mathrm{P}(a,\ b)$가 원 $x^2+y^2=1$위의 점이므로
$a^2+b^2=1\quad \therefore (a+b)^2-2ab=1$ …… ②
$x=a+b,\ y=ab$라고 놓으면 ②에서 $x^2-2y=1$이고,
$a,\ b$를 두 근으로 하는 이차방정식
$t^2-(a+b)t+ab=0 \Leftrightarrow t^2-xt+y=0$
이 실근을 가져야 하므로 $D=x^2-4y\geq 0$
$\therefore y=\frac{1}{2}x^2-\frac{1}{2}\left(\text{단, } y\leq\frac{1}{4}x^2\right)$ ⇦ 답

Tip

■ 자취의 방정식
첫째 : 조건을 만족하는 임의의 점을 $(x,\ y)$라고 놓고,
둘째 : 주어진 조건을 이용하여 x와 y의 관계식을 구한다.
셋째 : x 또는 y의 제한된 범위가 있는지 살펴본다.
⇨ 변역에 유의하라

■ $a,\ b$가 실수일 때,
$a,\ b$를 두 근으로 하는 이차방정식
$t^2-(a+b)t+ab=0$
은 실근을 갖는다.
따라서
$D=(a+b)^2-4ab\geq 0$

유제 4-20 임의의 실수 a에 대하여 포물선 $y=x^2-ax+a$의 꼭짓점의 자취의 방정식을 구하시오. 답 $y=-x^2+2x$

유제 4-21 점 $\mathrm{P}(a,\ b)$가 원 $x^2+y^2=1$위를 움직일 때, 포물선 $y=x^2-2ax+2a+b^2-1$의 꼭짓점의 자취의 방정식을 구하시오.
답 $y=-2x^2+2x(-1\leq x\leq 1)$

3. 이차함수의 최대 · 최소

이차함수 $y=ax^2+bx+c(a\neq0)$의 최대 · 최소를 구할 때에는 먼저 표준형 $y=a(x-m)^2+n$으로 변형한 후 주어진 정의역의 범위에서 그래프를 그려서 구한다.

(1) 정의역이 실수 전체의 집합인 경우

이차함수 $y=a(x-m)^2+n$에서

① $a>0$이면 $x=m$일 때 최소값은 n이고, 최댓값은 없다.

② $a<0$이면 $x=m$일 때 최댓값은 n이고, 최솟값은 없다.

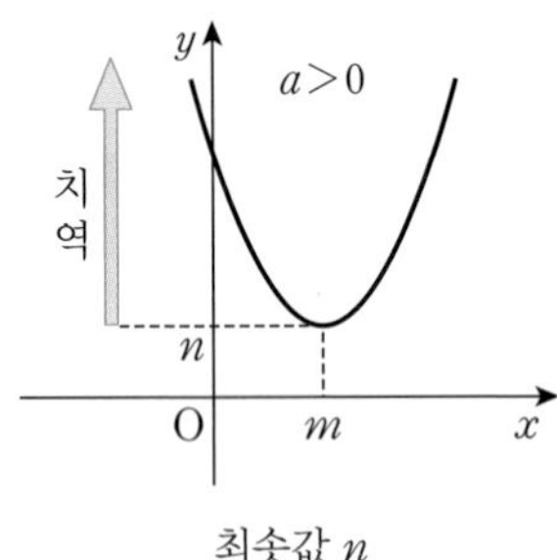

최솟값 n

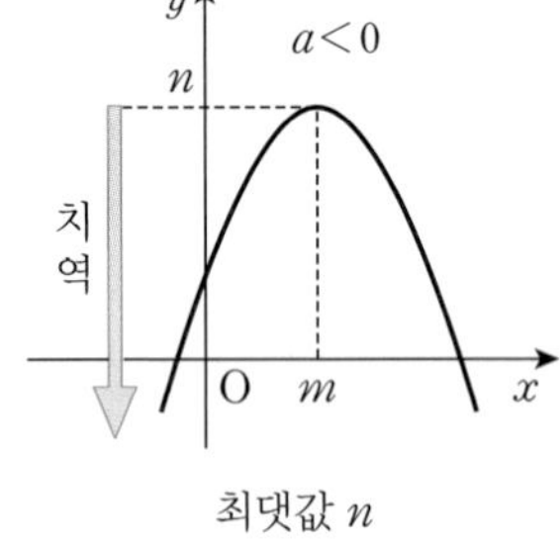

최댓값 n

(2) 정의역이 제한된 범위인 경우

이차함수 $f(x)=a(x-m)^2+n(\alpha\leq x\leq\beta)$의 최대와 최소

① 꼭짓점의 x좌표가 정의역 안에 있을 때 $\Leftrightarrow$ $\alpha<m<\beta$

(i) $a>0$이면 $x=m$일 때 최솟값은 n이고, $f(\alpha)$, $f(\beta)$ 중 큰 값이 최댓값이다.

(ii) $a<0$이면 $x=m$일 때 최댓값은 n이고, $f(\alpha)$, $f(\beta)$ 중 작은 값이 최솟값이다.

② 꼭짓점의 x좌표가 정의역 밖에 있을 때 $\Leftrightarrow$ $m<\alpha$, $m>\beta$

$f(\alpha)$, $f(\beta)$ 중 큰 값이 최댓값이고, 작은 값이 최솟값이다.

[설명] 예를 들어 $a>0$이고, $f(\alpha)<f(\beta)$인 경우의 그래프 를 그려보자.

①의 경우

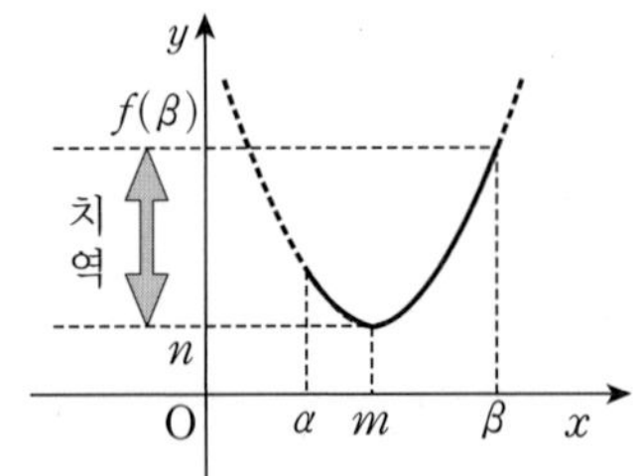

②의 경우

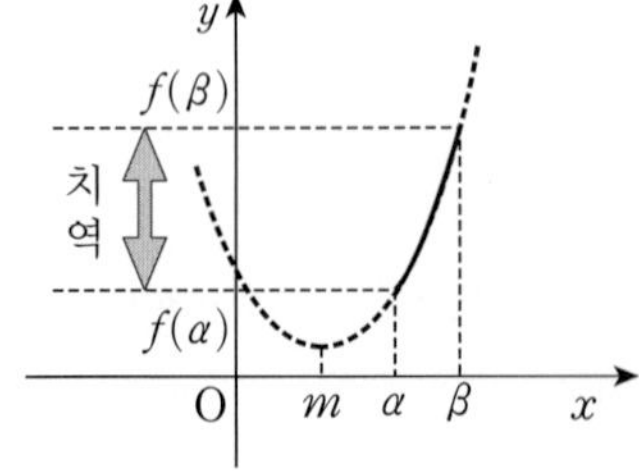

■ 이차함수 $y=a(x-m)^2+n(a\neq0)$의 최대, 최소는 y의 값, 곧 치역 중에서 가장 큰 값과 가장 작은 값을 말한다.
이차함수의 최대, 최소는 이차함수의 그래프를 이용하여 구한다.
이때, 주어진 x의 범위 곧 정의역 안에서 최대, 최소를 생각한다.
특히, 포물선의 꼭짓점이 정의역에 속하는 경우와 속하지 않는 경우를 생각하여 최대, 최소를 결정한다.

■ 포물선의 함숫값 아래로 볼록한 포물선의 함숫값은 꼭짓점에서 가까운 점일수록 더 작은 값을 갖고, 멀리 떨어진 점일수록 더 큰 값을 갖는다.
위로 볼록한 포물선의 함숫값은 그 반대이다.

■ $f(x)=a(x-\alpha)(x-\beta)$는 $x=\dfrac{\alpha+\beta}{2}$에서 최댓값 또는 최솟값을 갖는다.

보기 1 다음 이차함수의 최댓값 또는 최솟값을 구하시오.

(1) $y=x^2-4x+5$ (2) $y=-x^2+2x+3$

[설명] (1) $y=x^2-4x+5=(x-2)^2+1$

따라서 $x=2$일 때 최솟값은 1이고, 최댓값은 없다.

(2) $y=-x^2+2x+3=-(x-1)^2+4$

따라서 $x=1$일 때 최댓값은 4이고, 최솟값은 없다.

보기 2 다음 이차함수의 최댓값과 최솟값을 구하시오.

(1) $y=x^2-2x+3$ $(-2\leq x\leq 2)$

(2) $y=x^2-2x+3$ $(-2\leq x\leq 0)$

(3) $y=-x^2-4x+1$ $(-3\leq x\leq 1)$

(4) $y=-x^2-4x+1$ $(-1\leq x\leq 1)$

[설명] (1) $y=x^2-2x+3=(x-1)^2+2$의 꼭짓점의 x좌표 $x=1$은 정의역 $-2\leq x\leq 2$에 속한다.

따라서 $x=1$일 때 최솟값은 2이고,

$x=-2$일 때 $y=11$, $x=2$일 때 $y=3$이므로

$x=-2$일 때 최댓값은 11이다.

(2) $y=x^2-2x+3=(x-1)^2+2$의 꼭짓점의 x좌표 $x=1$은 정의역 $-2\leq x\leq 0$에 속하지 않는다.

따라서 $x=-2$일 때 $y=11$, $x=0$일 때 $y=3$이므로

최댓값은 11, 최솟값은 3

(3) $y=-x^2-4x+1=-(x+2)^2+5$의 꼭짓점의 x좌표 $x=-2$는 정의역 $-3\leq x\leq 1$에 속한다.

따라서 $x=-2$일 때 최댓값은 5이고, $x=-3$일 때 $y=4$,

$x=1$일 때 $y=-4$이므로 $x=1$일 때 최솟값은 -4이다.

(4) $y=-x^2-4x+1=-(x+2)^2+5$의 꼭짓점의 x좌표 $x=-2$는 정의역 $-1\leq x\leq 1$에 속하지 않는다.

따라서 $x=-1$일 때 $y=4$, $x=1$일 때 $y=-4$이므로

최댓값은 4, 최솟값은 -4

보기 3 $x\geq a$일 때, $y=x^2-2x+3$의 최솟값을 구하시오.

[설명] $y=x^2-2x+3=(x-1)^2+2$의 꼭짓점의 x좌표 $x=1$이 정의역 $x\geq a$에 속하는 경우와 속하지 않는 경우로 나누어 푼다.

(i) $a\leq 1$인 경우 : $x=1$일 때 최솟값 2

(ii) $a>1$인 경우 : $x=a$일 때 최솟값 a^2-2a+3

Tip

■ 포물선의 함숫값

아래로 볼록한 포물선의 함숫값은 꼭짓점에서 가까운 점일수록 더 작은 값을 갖고, 멀리 떨어진 점일수록 더 큰 값을 갖는다.

위로 볼록한 포물선의 함숫값은 그 반대이다.

이 사실을 이용하면 이차함수의 최대, 최소를 이해하는 데 도움이 된다.

■ 이차함수의 최대 · 최소

첫째 : 포물선의 식을 표준형으로 고쳐서 꼭짓점의 x좌표를 구한다.

둘째 : 꼭짓점의 x좌표가 정의역에 속하는지 살펴본다.

셋째 : 정의역에 속하면 아래로 볼록일 때 꼭짓점에서 최소이고, 위로 볼록일 때 꼭짓점에서 최대이다.

그리고 정의역의 양끝점의 함숫값을 비교하여 최대, 최소를 결정한다.

정의역에 속하지 않으면 정의역의 양 끝점의 함숫값 중에서 큰 값이 최대이고, 작은 값이 최소이다.

기본문제 4-14

다음 물음에 답하시오.

(1) 이차함수 $y=2x^2+ax+b$는 $x=-1$일 때 최솟값 -3을 갖는다. 이때, 상수 a, b의 합 $a+b$의 값을 구하시오.

(2) 이차함수 $y=-x^2+4x+k$의 최댓값이 6이 되도록 하는 상수 k의 값을 구하시오.

[풀이] (1) $y=2x^2+ax+b$의 꼭짓점의 좌표가 $(-1,\ -3)$이므로

$y=2x^2+ax+b=2(x+1)^2-3=2x^2+4x-1$

양변의 계수를 비교하면 $a=4$, $b=-1$

$\therefore a+b=4-1=3$ 답 3

(2) $y=-x^2+4x+k=-(x-2)^2+4+k$

$x=2$일 때 최댓값 $4+k$

$\therefore 4+k=6 \quad \therefore k=2$ 답 2

Tip

■ 정의역이 실수 전체의 집합인 경우

1. 아래로 볼록한 경우
⇨ 꼭짓점에서 최솟값, 최댓값은 없다.

2. 위로 볼록한 경우
⇨ 꼭짓점에서 최댓값, 최솟값은 없다.

기본문제 4-15

$0\leq x\leq 3$일 때, $f(x)=-2x^2+4x+k$의 최댓값은 5이다. 이때, 이차함수 $f(x)$의 최솟값을 구하시오.

[풀이] $f(x)=-2x^2+4x+k=-2(x-1)^2+2+k$이므로 꼭짓점의 x좌표 $x=1$은 정의역 $0\leq x\leq 3$에 속한다.

따라서 $x=1$일 때 최댓값 $2+k=5 \quad \therefore k=3$

이때, $f(x)=-2x^2+4x+3$이고, 꼭짓점에서 멀리 떨어진 점 $x=3$에서 최솟값을 갖는다.

따라서 최솟값은 $f(3)=-2\cdot 3^2+4\cdot 3+3=-3$ 답 -3

■ 정의역이 제한된 범위인 경우
⇨ 포물선의 꼭짓점의 x좌표가 정의역에 속하는지 살펴본다.

유제 4-22 다음 물음에 답하시오.

(1) 이차함수 $y=-2x^2+ax+b$는 $x=1$일 때 최댓값 4를 갖는다. 이때, 상수 a, b의 합 $a+b$의 값을 구하시오.

(2) 이차함수 $y=x^2-2ax+b$의 대칭축이 $x=-1$이고 최솟값이 3일 때, 상수 a, b의 곱 ab의 값을 구하시오.

(3) 이차함수 $y=ax^2+6x+2a+5$의 최댓값이 2일 때, 상수 a의 값을 구하시오.

답 (1) 6 (2) -4 (3) -3

■ $y=ax^2+bx+c$가

1. 최댓값을 가지면 ⇨ $a<0$
2. 최솟값을 가지면 ⇨ $a>0$

유제 4-23 $-1\leq x\leq 3$일 때, $f(x)=2x^2-8x+k$의 최솟값은 -6이다. 이때, $f(x)$의 최댓값을 구하시오. 답 12

기본문제 4-16

다음 물음에 답하시오.
(1) $x \le a$일 때, $y=x^2-4x+5$의 최솟값을 구하시오.
(2) $-1 \le x \le 1$일 때, $y=x^2-2ax$의 최솟값을 구하시오.

Tip

■ 정의역의 범위가 문자로 주어지는 경우 또는 꼭짓점의 x좌표가 문자를 포함하는 경우에는 범위를 나누어 생각한다.
즉, 꼭짓점의 x좌표가 주어진 정의역 안에 포함되는 경우와 포함되지 않는 경우로 나누어 푼다.
이때, 포물선의 그래프를 그려서 생각하면 이해하는데 도움이 된다.

[풀이] (1) $y=x^2-4x+5=(x-2)^2+1$

(i) $a \ge 2$인 경우 : $x=2$일 때 최솟값 1

(ii) $a<2$인 경우 : $x=a$일 때 최솟값 a^2-4a+5

(2) $y=x^2-2ax=(x-a)^2-a^2$의 꼭짓점의 x좌표 $x=a$가 정의역 $-1 \le x \le 1$에 속하는 경우와 속하지 않는 경우로 나누어 푼다. 특히, 아래로 볼록한 포물선의 함숫값은 꼭짓점에서 가까운 점일수록 더 작은 값을 갖고, 멀리 떨어진 점일수록 더 큰 값을 갖는다. 위로 볼록한 포물선의 함숫값은 그 반대이다.

(i) $a \le -1$인 경우
꼭짓점의 x좌표 $x=a$가 $x=-1$의 왼쪽에 있으므로 최솟값은 $x=-1$일 때 $y=(-1)^2-2a(-1)=2a+1$

(ii) $-1<a<1$인 경우
꼭짓점의 x좌표 $x=a$가 정의역 $-1 \le x \le 1$에 속하므로 최솟값은 $x=a$일 때 $-a^2$

(iii) $a \ge 1$인 경우
꼭짓점의 x좌표 $x=a$가 $x=1$의 오른쪽에 있으므로 최솟값은 $x=1$일 때 $y=1^2-2a \cdot 1=1-2a$

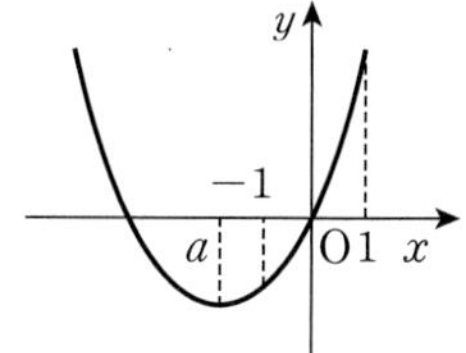

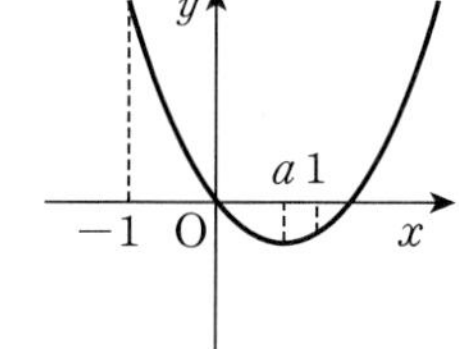

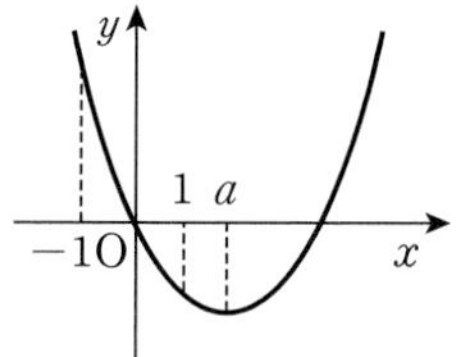

유제 4-24 다음 물음에 답하시오.
(1) $x \ge a$일 때, $y=-x^2+2x+3$의 최댓값을 구하시오.
(2) $-1 \le x \le 1$일 때, $y=-x^2+2ax$의 최댓값을 구하시오.

답 (1) $a \le 1$일 때 4, $a>1$일 때 $-a^2+2a+3$
(2) $a \le -1$: $-2a-1$, $-1<a<1$: a^2, $a \ge 1$: $2a-1$

■ 문자를 포함한 포물선에서는 꼭짓점의 위치에 주의하여 그래프를 그려본다.

유제 4-25 $x \ge 1$에서 $f(x)=x^2-2ax+a$의 최솟값이 -2일 때, 상수 a의 값을 구하시오.

답 2

UpGrade 4-4

x에 관한 이차함수 $y=x^2-2ax-a^2+4a+5$의 최솟값을 $m(a)$라고 할 때, a에 관한 이차함수 $m(a)$의 최댓값을 구하시오.

[풀이] $y=x^2-2ax-a^2+4a+5=(x-a)^2-2a^2+4a+5$이므로
$x=a$일 때 최솟값 $m(a)=-2a^2+4a+5$이다.
$m(a)=-2a^2+4a+5=-2(a-1)^2+7$
따라서 $a=1$일 때 $m(a)$의 최댓값은 7 답 7

Tip

■ 정의역이 실수 전체의 집합인 경우
1. 아래로 볼록한 경우
⇨ 꼭짓점에서 최솟값, 최댓값은 없다.
2. 위로 볼록한 경우
⇨ 꼭짓점에서 최댓값, 최솟값은 없다.

UpGrade 4-5

$0\le x\le 4$에서 이차함수 $f(x)=-x^2+2ax-a$의 최댓값이 6일때, 상수 a의 값을 구하시오.

[풀이] $f(x)=-x^2+2ax-a=-(x-a)^2+a^2-a$이므로 꼭짓점의 x좌표 $x=a$가 정의역 $0\le x\le 4$에 속하는 경우와 속하지 않는 경우로 나누어 푼다.

(i) $a\le 0$인 경우
꼭짓점의 x좌표 $x=a$가 $x=0$의 왼쪽에 있으므로 최댓값은 $x=0$일 때 $y=-a$
$\therefore -a=6 \quad \therefore a=-6$
이 값은 범위 $a\le 0$에 속하므로 적합하다.

(ii) $0<a<4$인 경우
꼭짓점의 x좌표 $x=a$가 정의역 $0\le x\le 4$에 속하므로 최댓값은 $x=a$일 때 $y=a^2-a$
$\therefore a^2-a=6 \quad \therefore (a+2)(a-3)=0 \quad \therefore a=-2,\ 3$
이 값들 중에서 범위 $0<a<4$에 속하는 것은 $a=3$

(iii) $a\ge 4$인 경우
꼭짓점의 x좌표 $x=a$가 $x=4$의 오른쪽에 있으므로 최댓값은 $x=4$일 때 $y=-16+8a-a=7a-16$
$\therefore 7a-16=6 \quad \therefore a=\frac{22}{7}$
이 값은 범위 $a\ge 4$에 속하지 않으므로 버린다.

(i), (ii), (iii)으로부터 구하는 a의 값은 $-6,\ 3$ ⇦ 답

■ 꼭짓점의 x좌표가 주어진 정의역 안에 포함되는 경우와 포함되지 않는 경우로 나누어 푼다.
이때, a의 값을 구한 후에 범위에 속하는 것만을 답으로 한다.

유제 4-26 이차함수 $f(x)=-x^2-2ax+a^2-8a+5$의 최댓값을 $M(a)$라고 할 때, $M(a)$의 최솟값을 구하시오. 답 -3

■ $M(a)$는 a에 관한 이차함수이다.

유제 4-27 $-2\le x\le 1$에서 $f(x)=x^2-2ax+3a$의 최솟값이 -4일 때, 상수 a의 값을 구하시오. 답 $a=-1$

UpGrade 4-6

$0 \le x \le 3$일 때, 함수 $y=(x^2-2x+2)^2-8(x^2-2x+2)+15$의 최댓값과 최솟값을 구하시오.

[풀이] $t=x^2-2x+2=(x-1)^2+1(0 \le x \le 3)$이라고 놓으면
$x=1$일 때 최솟값 $t=1$, $x=3$일 때 최댓값 $t=5$
$\therefore 1 \le t \le 5$
따라서 $y=t^2-8t+15=(t-4)^2-1 \ (1 \le t \le 5)$이므로
$t=4$일 때 최솟값 -1, $t=1$일 때 최댓값 8

Tip

■ 합성함수의 최대 · 최소
$t=x^2-2x+2(0 \le x \le 3)$라고 치환하여 먼저 t의 범위를 구한다.
이와 같이 치환하여 생각하면 합성함수는 간단한 이차함수의 문제로 변형된다.

UpGrade 4-7

이차함수 $y=-x^2+8x$의 그래프와 x축으로 둘러싸인 부분에 오른쪽 그림과 같이 직사각형을 내접시킬 때, 이 직사각형 ABCD의 둘레의 길이의 최댓값을 구하시오.

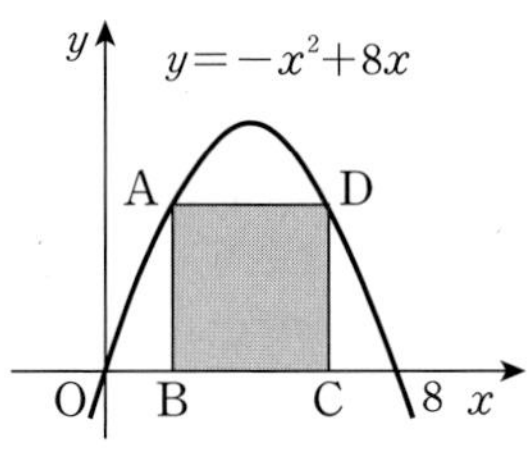

[풀이] 점 D의 좌표를 $(x,\ y)$라고 놓으면 $y=-x^2+8x$이고, 포물선의 축이 $x=4$이므로 대칭성에 의하여
$\overline{AD}=2(x-4)$, $\overline{CD}=y=-x^2+8x$
여기서 $2(x-4)>0$, $-x^2+8x>0$이므로 x의 범위는
$4<x<8$
이때, 직사각형 ABCD의 둘레의 길이 l은
$l=2(\overline{AD}+\overline{CD})=2(2x-8-x^2+8x)$
$=-2x^2+20x-16=-2(x-5)^2+34 \ (4<x<8)$
따라서 $x=5$일 때 최댓값 34

답 34

■ 변수를 적당히 정하고 주어진 조건들을 이용하여 식으로 정리한다.
특히, 포물선에 관한 문제는 대칭성을 이용한다.

■ 최대와 최소에 관한 문제는 변역에 유의한다.

유제 4-28 $-1 \le x \le 2$일 때, 함수

$$y=(-x^2+2x+3)^2-4(-x^2+2x+3)+1$$

의 최댓값과 최솟값을 구하시오.

답 최댓값 1, 최솟값 -3

■ $t=-x^2+2x+3$이라고 치환하여 생각한다.

유제 4-29 $\overline{AB}=12$, $\overline{BC}=6$인 직각삼각형 ABC의 빗변 AC 위의 한 점 D에서 $\overline{AB}$, $\overline{BC}$에 내린 수선의 발을 각각 E, F라고 하자. 사각형 DEBF의 넓이의 최댓값을 구하시오.

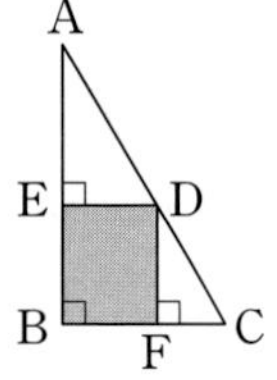

답 18

■ 삼각형의 닮음을 이용한다.
이때, 변역에 유의한다.

4. 여러 가지 최대 · 최소

(1) 완전제곱꼴을 이용하는 이차식의 최대 · 최소

[유형 1]
A, B, C가 실수일 때, (실수)$^2\geq 0$임을 이용하면
① $A^2+B^2+\alpha \Rightarrow A=0,\ B=0$일 때 최솟값 α
② $A^2+B^2+C^2+\alpha \Rightarrow A=0,\ B=0,\ C=0$일 때 최솟값 α

보기 1 x, y가 실수일 때, $x^2-4x+2y^2-4y+9$의 최솟값을 구하시오.

[설명] $x^2-4x+2y^2-4y+9=(x-2)^2+2(y-1)^2+3$
x, y는 실수이므로 $(x-2)^2\geq 0,\ 2(y-1)^2\geq 0$
따라서 준 식은 $x-2=0,\ y-1=0$일 때 최솟값 3을 갖는다.
즉, $x=2,\ y=1$일 때 최솟값 3

[유형 2]
관계식을 이용하여 이차함수의 문제로 변형한다.
이때, (실수)$^2\geq 0$임을 이용하여 변역을 구한다.

보기 2 x, y가 실수이고, $x^2+y^2=4$일 때, $2x+y^2$의 최댓값과 최솟값을 구하시오.

[설명] $x^2+y^2=4$에서 $y^2=4-x^2$ …… ①
y가 실수이므로 $y^2=4-x^2\geq 0$에서 $-2\leq x\leq 2$이고,
$2x+y^2=2x+4-x^2=-(x-1)^2+5\ (-2\leq x\leq 2)$
따라서 $x=1$일 때 최댓값 5, $x=-2$일 때 최솟값 -4

(2) 판별식을 이용하는 이차식의 최대 · 최소

x 또는 y에 관한 이차방정식 $f(x,\ y)=0$에서 x, y가 실수이면 이차방정식 $f(x,\ y)=0$은 실근을 갖는다. 따라서 $D\geq 0$임을 이용하여 y 또는 x의 범위를 구한다. 즉, (실근) $\Leftrightarrow$ $D\geq 0$

보기 2 실수 x, y가 방정식 $x^2-4x+y^2+2y+1=0$을 만족할 때, 다음 각 값을 구하시오.
(1) y의 최댓값, 최솟값　　(2) x의 최댓값, 최솟값

[설명] (1) x에 관하여 정리하면 $x^2-4x+(y^2+2y+1)=0$
x가 실수이므로 $D/4=(-2)^2-(y^2+2y+1)\geq 0$
$\therefore y^2+2y-3\leq 0\quad \therefore (y+3)(y-1)\leq 0\quad \therefore -3\leq y\leq 1$
따라서 y의 최댓값 1, 최솟값 -3
(2) y에 관하여 정리하면 $y^2+2y+(x^2-4x+1)=0$
y가 실수이므로 $D/4=1^2-(x^2-4x+1)\geq 0$
$\therefore x^2-4x\leq 0\quad \therefore x(x-4)\leq 0\quad \therefore 0\leq x\leq 4$
따라서 x의 최댓값 4, 최솟값 0

■ 절대부등식을 이용하는 최대 · 최소
1. (산술평균)≥(기하평균)
① a, b가 양수일 때,
$\frac{a+b}{2}\geq\sqrt{ab}$
단, 등호는 $a=b$일 때
② a, b, c가 양수일 때,
$\frac{a+b+c}{3}\geq\sqrt[3]{abc}$
단, 등호는 $a=b=c$일 때
2. 코시 - 슈바르츠의 부등식 (문자는 모두 실수)
① $(a^2+b^2)(x^2+y^2)\geq(ax+by)^2$
단, 등호는 $\frac{x}{a}=\frac{y}{b}$일 때
② $(a^2+b^2+c^2)(x^2+y^2+z^2)\geq(ax+by+cz)^2$
단, 등호는
$\frac{x}{a}=\frac{y}{b}=\frac{z}{c}$
일 때 성립한다.
위의 절대부등식을 이용하는 최대 · 최소는 매우 중요하다. 부등식의 단원을 복습하라.

■ 이차방정식
$x^2-4x+(y^2+2y+1)=0$
을 x에 관한 이차방정식으로 볼 때 x가 실수이므로 실근을 갖는다.
따라서 $D/4\geq 0$임을 이용하여 y의 범위를 구한다.

기본문제 4-17

x, y, z가 실수일 때, 다음 식의 최솟값을 구하시오.

(1) $f(x,\ y)=2x^2-4x+y^2+4y+10$

(2) $f(x,\ y,\ z)=x^2+2x+2y^2-4y+z^2-6z+13$

Tip

■ 완전제곱꼴을 이용하는 최대, 최소
⇨ (실수)$^2\geq 0$

[풀이] (1) $f(x,\ y)=2x^2-4x+y^2+4y+10=2(x-1)^2+(y+2)^2+4$

x, y는 실수이므로 $2(x-1)^2\geq 0$, $(y+2)^2\geq 0$

따라서 $x-1=0$, $y+2=0$일 때 최솟값 4

즉, $x=1$, $y=-2$일 때 최솟값 4

답 4

(2) $f(x,\ y,\ z)=x^2+2x+2y^2-4y+z^2-6z+13$

$=(x+1)^2+2(y-1)^2+(z-3)^2+1$

x, y, z는 실수이므로

$(x+1)^2\geq 0$, $2(y-1)^2\geq 0$, $(z-3)^2\geq 0$

따라서 $x+1=0$, $y-1=0$, $z-3=0$일 때 최솟값 1

즉, $x=-1$, $y=1$, $z=3$일 때 최솟값 1

답 1

기본문제 4-18

x, y가 실수이고, $2x^2+y^2=8$일 때, $4x+y^2$의 최댓값과 최솟값을 구하시오.

■ 문자를 소거할 때에는 변역에 유의한다.

[풀이] $2x^2+y^2=8$에서 $y^2=8-2x^2$ …… ①

이 값을 $4x+y^2$에 대입하면

$4x+y^2=4x+8-2x^2=-2(x-1)^2+10$ …… ②

한편, y가 실수이므로 $y^2=8-2x^2\geq 0$

$\therefore x^2-4\leq 0$ $\quad\therefore (x-2)(x+2)\leq 0$ $\quad\therefore -2\leq x\leq 2$

따라서 ②에서 $x=1$일 때 최댓값 10, $x=-2$일 때 최솟값 -8

답 최댓값 10, 최솟값 -8

유제 4-30 x, y, z가 실수일 때, 다음 식의 최댓값을 구하시오.

(1) $f(x,\ y)=-x^2-2x-y^2+4y+2$ 답 7

(2) $f(x,\ y,\ z)=-x^2+4x-2y^2+4y-z^2-2z+1$ 답 8

■ A, B가 실수일 때,
1. $-A^2-B^2+\alpha$
⇨ $A=0$, $B=0$일 때 최댓값 α
2. $-A^2-B^2-C^2+\alpha$
⇨ $A=0$, $B=0$, $C=0$일 때 최댓값 α

유제 4-31 x, y가 실수이고, $2x^2+y^2=6x$일 때, y^2-x^2의 최댓값과 최솟값을 구하시오. 답 최댓값 3, 최솟값 -9

기본문제 4-19

실수 x, y가 방정식 $2x^2-2xy+y^2-1=0$을 만족할 때, 다음의 값의 범위를 각각 구하시오.

(1) y (2) x (3) $x+y$

[풀이] (1) x에 관하여 정리하면 $2x^2-2yx+y^2-1=0$

이것을 x에 관한 이차방정식으로 볼 때 x가 실수이므로

$D/4=(-y)^2-2(y^2-1)\geq 0 \quad \therefore y^2-2\leq 0$

$\therefore (y+\sqrt{2})(y-\sqrt{2})\leq 0 \quad \therefore -\sqrt{2}\leq y\leq\sqrt{2}$ ⇦ 답

(2) y에 관하여 정리하면 $y^2-2xy+2x^2-1=0$

이것을 y에 관한 이차방정식으로 볼 때 y가 실수이므로

$D/4=(-x)^2-(2x^2-1)\geq 0 \quad \therefore x^2-1\leq 0$

$\therefore (x+1)(x-1)\leq 0 \quad \therefore -1\leq x\leq 1$ ⇦ 답

(3) $x+y=k$라고 놓으면 $y=-x+k$

이 값을 준 방정식에 대입하면

$2x^2-2x(-x+k)+(-x+k)^2-1=0$

$\therefore 5x^2-4kx+k^2-1=0$

$\therefore D/4=(-2k)^2-5(k^2-1)\geq 0 \quad \therefore k^2-5\leq 0$

$\therefore (k+\sqrt{5})(k-\sqrt{5})\leq 0 \quad \therefore -\sqrt{5}\leq k\leq\sqrt{5}$ ⇦ 답

Tip

■ 판별식을 이용하는 최대, 최소
이차방정식이 실근을 가지면
⇨ $D\geq 0$

기본문제 4-20

x, y가 실수이고, $x^2+y^2=1$일 때, $x+3y$의 최댓값과 최솟값을 구하시오.

[풀이] $x+3y=k$라고 놓으면 $x=-3y+k$

이 값을 $x^2+y^2=1$에 대입하면 $(-3y+k)^2+y^2=1$

$\therefore 10y^2-6ky+k^2-1=0$

y가 실수이므로 $D/4=(-3k)^2-10(k^2-1)\geq 0$

$\therefore k^2-10\leq 0 \quad \therefore -\sqrt{10}\leq k\leq\sqrt{10}$

따라서 최댓값 $\sqrt{10}$, 최솟값 $-\sqrt{10}$ ⇦ 답

■ [다른 풀이]
직선 $x+3y=k$가
원 $x^2+y^2=1$에 접할 때 최댓값과 최솟값을 갖는다.

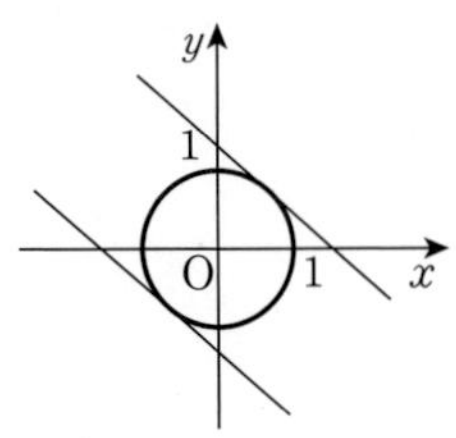

$\dfrac{|k|}{\sqrt{1^2+3^2}}=1$

$\therefore |k|=\sqrt{10}$

$\therefore k=\pm\sqrt{10}$

따라서 최댓값 $\sqrt{10}$,
최솟값 $-\sqrt{10}$

유제 4-32 실수 x, y가 방정식 $x^2-2xy+2y^2-4=0$을 만족 할 때, x, y의 값의 범위를 각각 구하시오.

답 $-2\sqrt{2}\leq x\leq 2\sqrt{2}$, $-2\leq y\leq 2$

유제 4-33 x, y가 실수이고, $x^2+y^2=1$일 때, $2x-y$의 최댓 값과 최솟값을 구하시오. 답 최댓값 $\sqrt{5}$, 최솟값 $-\sqrt{5}$

UpGrade 4-8

다음 물음에 답하시오. (단, x는 실수)

(1) $y=\dfrac{4x}{x^2+1}$의 최댓값과 최솟값을 구하시오.

(2) $y=\dfrac{x^2+2x-2}{x^2-2x+2}$의 최댓값과 최솟값을 구하시오.

[풀이] (1) $y=\dfrac{4x}{x^2+1}$의 양변에 x^2+1을 곱하면

$y(x^2+1)=4x \quad \therefore yx^2-4x+y=0$

이것을 x에 관한 방정식으로 볼 때 x가 실수이므로 실근을 가져야 한다.

(i) $y=0$인 경우

$-4x=0 \quad \therefore x=0$(실수) $\quad \therefore y=0$ …… ①

(ii) $y\neq0$인 경우

$D/4=(-2)^2-y^2\geq0 \quad \therefore y^2-4\leq0$

$\therefore (y+2)(y-2)\leq0 \quad \therefore -2\leq y\leq2 \ (y\neq0)$ …… ②

①과 ②의 합집합을 구하면 $-2\leq y\leq2$

따라서 최댓값 2, 최솟값 -2 ⇦ 답

(2) $y=\dfrac{x^2+2x-2}{x^2-2x+2}$의 양변에 x^2-2x+2를 곱하면

$y(x^2-2x+2)=x^2+2x-2$

$\therefore (y-1)x^2-2(y+1)x+2y+2=0$ ⇦ x에 관한 방정식

(i) $y=1$인 경우

$-4x+4=0 \quad \therefore x=1$(실수) $\quad \therefore y=1$ …… ①

(ii) $y\neq1$인 경우

$D/4=(y+1)^2-(y-1)(2y+2)\geq0$

$\therefore y^2-2y-3\leq0 \quad \therefore -1\leq y\leq3 \ (y\neq1)$ …… ②

①과 ②의 합집합을 구하면 $-1\leq y\leq3$

따라서 최댓값 3, 최솟값 -1 ⇦ 답

Tip

■ 판별식을 이용하는 최대, 최소
이차방정식이 실근을 가지면
⇨ $D\geq0$

■ x에 관한 방정식
$yx^2-4x+y=0$
의 최고차항의 계수가 문자 y로 주어져 있으므로 $y=0$인 경우와 $y\neq0$인 경우로 나누어 푼다.
$y=0$이면 이차방정식이 아니므로 판별식을 쓸 수 없다.

유제 4-34 다음 물음에 답하시오. (단, x는 실수)

(1) $y=\dfrac{x^2-x+1}{x^2+x+1}$의 최댓값과 최솟값을 구하시오.

(2) $y=\dfrac{4ax+b}{x^2+1}$의 최댓값이 4, 최솟값이 -1일 때, 상수 a, b의 값을 구하시오.

답 (1) 최댓값 3, 최솟값 $\dfrac{1}{3}$ (2) $a=\pm1$, $b=3$

■ (2) $y(x^2+1)=4ax+b$
$\therefore yx^2-4ax+y-b=0$
최댓값과 최솟값이 주어져 있으므로 $D\geq0$임을 이용하여 a, b의 값을 구한다.

UpGrade 4-9

두 함수 $f(x)=|2x-1|+1$, $g(x)=x^2-2x$에 대하여 $0\le x\le 2$일 때, 합성함수 $(g\circ f)(x)$의 최댓값과 최솟값을 구하시오.

[풀이] $0\le x\le 2$일 때,

$f(x)=|2x-1|+1$

의 그래프는 오른쪽 그림과 같다.

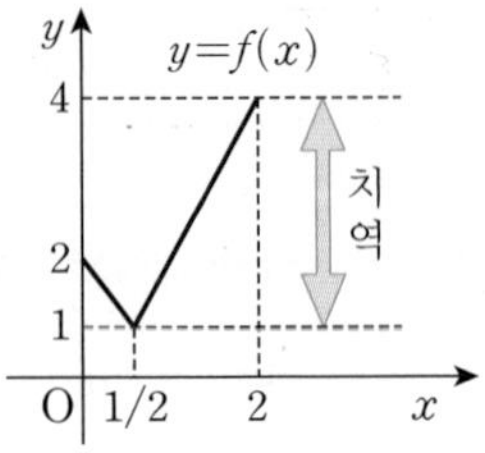

따라서

$\therefore 1\le f(x)\le 4$

$f(x)=t(1\le t\le 4)$라고 놓으면

$(g\circ f)(x)=g(t)=t^2-2t$

$=(t-1)^2-1(1\le t\le 4)$

따라서 $t=1$일 때 최솟값 -1, $t=4$일 때 최댓값 8

답 최댓값 8, 최솟값 -1

Tip

■ 합성함수의 최대 · 최소

$t=f(x)(0\le x\le 2)$라고 치환하여 먼저 t의 범위를 구한다.

이와 같이 치환하여 생각하면 합성함수는 간단한 이차함수의 문제로 변형된다.

UpGrade 4-10

세 개의 실수 x, y, z가 $x+1=\frac{y-1}{2}=\frac{z-4}{2}$를 만족할 때, $x^2+y^2+z^2$의 최솟값을 구하시오.

[풀이] $x+1=\frac{y-1}{2}=\frac{z-4}{2}=t$라고 놓으면

$x=t-1$, $y=2t+1$, $z=2t+4$

이 값을 $x^2+y^2+z^2$에 대입하면

$x^2+y^2+z^2=(t-1)^2+(2t+1)^2+(2t+4)^2$

$=9t^2+18t+18=9(t+1)^2+9$

따라서 $t=-1$일 때 최솟값 9

답 9

■ $x+1=\frac{y-1}{2}=\frac{z-4}{2}=t$

라고 놓으면

$x=t-1$, $y=2t+1$,

$z=2t+4$(단, t는 실수)

유제 4-35 두 함수 $f(x)=|2x+1|-2$, $g(x)=x^2-4x$에 대하여 $-1\le x\le 3$일 때, 합성함수 $(g\circ f)(x)$의 최댓값과 최솟값을 구하시오.

답 최댓값 12, 최솟값 -4

■ $t=f(x)(-1\le x\le 3)$

유제 4-36 세 개의 실수 x, y, z가

$$x-2=\frac{y+3}{2}=z+2$$

를 만족할 때, $x^2+y^2+z^2$의 최솟값을 구하시오.

답 11

■ $x-2=\frac{y+3}{2}=z+2=t$

연습문제 04*

4-1 함수

$f(x)=|x|+|x-1|+|x-3|+|x-6|+|x-10|+|x-15|$

의 값을 최소가 되게 하는 정수 x의 개수는?

① 1 ② 2 ③ 3
④ 4 ⑤ 5

■ 절댓값의 개수가 짝수임에 주목한다.
기본문제 4-5번 참조

4-2 수직선 위의 세 점 $\mathrm{A}(-2)$, $\mathrm{B}(1)$, $\mathrm{C}(3)$가 있다. 이 직선 위에 점 $\mathrm{P}(x)$를 잡아 $\overline{\mathrm{PA}}+\overline{\mathrm{PB}}+\overline{\mathrm{PC}}$의 값을 최소가 되게 할 때, x의 값을 구하시오.

■ 수직선 위의 두 점 $\mathrm{A}(x_1)$, $\mathrm{B}(x_2)$사이의 거리 $\overline{\mathrm{AB}}$는
⇨ $\overline{\mathrm{AB}}=|x_2-x_1|$

4-3 $[x]$는 x를 넘지 않는 최대 정수를 나타낸다.

이때, 방정식 $x-[x]=\frac{1}{5}x$의 실근의 개수는?

① 1 ② 2 ③ 3
④ 4 ⑤ 5

■ 방정식 $f(x)=g(x)$의 실근의 개수는 두 함수 $y=f(x)$, $y=g(x)$ 의 그래프의 교점의 개수와 같다.

4-4 이차함수 $y=x^2-2mx-4m+5$의 그래프의 꼭짓점이 제 2사분면에 있을 때, 정수 m의 개수는?

① 1 ② 2 ③ 3
④ 4 ⑤ 5

■ 점 $(x,\ y)$가 제 2사분면에 있을 조건
⇔ $x<0$, $y>0$

4-5 이차함수 $y=x^2+mx+m$의 그래프는 실수 m의 값에 관계없이 일정한 점 P를 지난다. 점 P가 이 이차함수의 그래프의 꼭짓점일 때, 상수 m의 값을 구하시오.

■ m에 관한 항등식

4-6 $m\geq1$일 때, 이차함수 $y=x^2-4mx+4m$의 그래프의 꼭짓점의 자취의 최댓값은?

① -2 ② -1 ③ 0
④ 1 ⑤ 2

■ 변역에 유의한다.

4-7 $[x]$는 x를 넘지 않는 최대 정수를 나타낸다. 함수 $f(x)=[x]$에 대하여 $f(a)=-1$, $f(a+b)=1$일 때, $f(a-b)$의 최댓값과 최솟값의 합은?

① -6 ② -5 ③ -4
④ -3 ⑤ -2

■ $[x]=n$(n은 정수)
$\Leftrightarrow n \le x < n+1$

4-8 직선 $|y|=x+2$의 그래프와 직선 $y=2x+k$가 서로 다른 두 점에서 만날 때, 상수 k의 값의 범위를 구하시오.

■ $y \ge 0$인 경우와 $y<0$인 경우로 나누어 그래프를 그린다.

4-9 직선 $y=|x|+3$의 그래프와 직선 $y=ax+2-3a$가 교점을 갖지 않을 때, 상수 a의 값의 범위를 구하시오.

■ $y=ax+2-3a$
$\Leftrightarrow (x-3)a+(2-y)=0$
정점 $(3,\ 2)$를 지난다.

4-10 함수 $y=-2|x-4|+8$의 그래프와 x축으로 둘러싸인 부분의 넓이를 직선 $y=mx$가 이등분할 때, 상수 m의 값을 구하시오.

■ $x \ge 4$인 경우와 $x<4$인 경우로 나누어 그래프를 그린다.

4-11 이차함수 $y=x^2-2x+3$의 그래프를 x축으로 m만큼, y축으로 n만큼 평행이동하면 이차함수 $y=x^2+4x+10$의 그래프와 겹쳐진다. 이때, $m+n$의 값은?

① 1 ② 2 ③ 3
④ 4 ⑤ 5

■ 꼭짓점만 생각하면 충분하다.

4-12 $y=\dfrac{4}{x^2+2x+a}$의 최댓값이 1일 때 상수 a의 값을 구하시오.

■ 판별식

4-13 두 포물선 $y=3x^2-5x+8$, $y=x^2+3x-1$과 직선 $x=k$의 교점을 각각 P, Q라고 할 때, 선분 PQ의 길이가 최소가 되게 하는 k의 값은?

① 1 ② 2 ③ 3
④ 4 ⑤ 5

■ 모든 실수 x에 대하여 $3x^2-5x+8>x^2+3x-1$

4-14 포물선 $y=x^2-2x$ 위의 점 P와 점 Q(1, 0)사이의 거리를 l이라고 할 때, l의 최솟값을 구하시오.

■ P(a, b)라고 놓으면 $b=a^2-2a$

4-15 두 점 A(1, 0), B(3, 3)과 직선 $y=2x$ 위의 동점 P에 대하여 $\overline{PA}^2+\overline{PB}^2$의 최솟값을 구하시오.

■ P$(a, 2a)$

4-16 오른쪽 그림과 같이 포물선 $y=x^2-4x+3$이 x축과 두 점 A, B에서 만나고, y축과 점 C에서 만난다. 점 P(x, y)가 호 $\overset{\frown}{CAB}$ 위를 움직일 때, $x+y$의 최솟값을 구하시오.

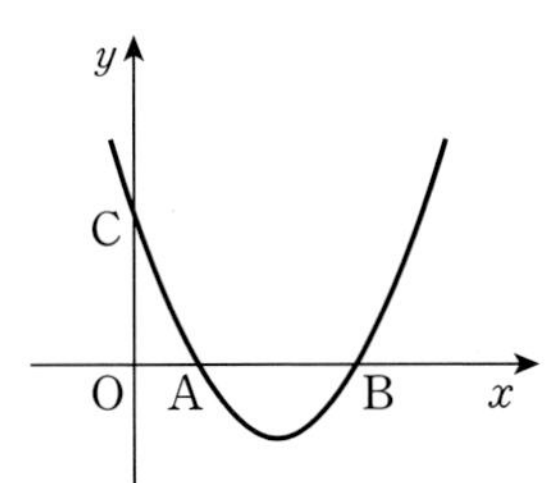

■ A(1, 0), B(3, 0), C(0, 3)
⇨ $0 \le x \le 3$

4-17 포물선 $y=ax^2+bx+c$는 x축과 두 점 A(−1, 0), B(3, 0)에서 만나고, 그 꼭짓점은 직선 $y=3x+1$위에 있다고 한다. 이때, abc의 값은?

① −6 ② −3 ③ 0
④ 3 ⑤ 6

■ $y=a(x+1)(x-3)$

4-18 x에 관한 이차함수 $f(x)=2x^2-4ax+a^2+8a+1$의 최솟값을 $m(a)$라고 할 때, $m(a)$를 최대가 되게 하는 a의 값은?

① 1 ② 2 ③ 3
④ 4 ⑤ 5

■ $m(a)$는 a에 관한 이차함수이다.

4-19 x, y가 실수일 때, $x^2+6x+2y^2-4y+16$의 최솟값은?

① 1　② 2　③ 3
④ 4　⑤ 5

■ 완전제곱꼴을 이용

4-20 실수 x, y가 $x^2-2xy+2y^2=2$를 만족할 때, 이차함수 $f(x)=x^2+2x$의 최댓값과 최솟값을 구하시오.

■ $D\geq0$을 이용하여 x의 범위를 먼저 구한다.

4-21 $0\leq x\leq3$에서 이차함수 $f(x)=2x^2-8x+k$의 최댓값이 5일 때, $f(x)$의 최솟값은?

① -6　② -5　③ -4
④ -3　⑤ -2

■ 꼭짓점의 x좌표가 정의역에 속하는지 살펴본다.

4-22 x가 실수일 때, $y=\dfrac{3x}{x^2+x+1}$의 최댓값과 최솟값을 구하시오.

■ 판별식

4-23 $0\leq x\leq2$에서 이차함수 $f(x)=x^2-2ax+a^2+1$의 최솟값이 2일 때, 모든 상수 a의 값의 합을 구하시오.

■ 꼭짓점의 x좌표가 정의역에 속하는 경우와 속하지 않는 경우로 나누어 푼다.

4-24 $x\geq0$, $y\geq0$이고 $x+y=3$일 때, x^2+2y^2의 최댓값과 최솟값의 합을 구하시오.

■ 변역에 유의하라.

4-25 $x\geq 1$에서 이차함수 $y=-x^2+2ax+a^2-3a$의 최댓값이 5일 때, 모든 상수 a의 값의 곱을 구하시오.

■ 꼭짓점의 x좌표가 정의역에 속하는 경우와 속하지 않는 경우로 나누어 푼다.

4-26 포물선 $y=x^2+1$위의 점 P와 점 A$(2,\ 1)$를 잇는 선분 AP의 중점 M의 자취의 방정식을 구하시오.

■ P$(a,\ a^2+1)$

4-27 $0\leq x\leq a$에서 이차함수 $y=x^2-4x+7$의 최댓값이 7, 최솟값이 3이라고 한다. 이때 a의 값의 범위를 구하시오.

■ 그래프를 이용하여 생각한다.

4-28 두 함수 $f(x)=x^2-2x-1$, $g(x)=-2x^2-4x+6$에 대하여 다음 물음에 답하시오.

(1) $0\leq x\leq 3$일 때, 합성함수 $(f\circ f)(x)$의 최댓값과 최솟값을 구하시오.

(2) $0\leq x\leq 3$일 때, 합성함수 $(g\circ f)(x)$의 최댓값과 최솟값을 구하시오.

■ 합성함수의 최대 · 최소
$t=f(x)\,(0\leq x\leq 3)$라고 치환하여 먼저 t의 범위를 구한다.

4-29 $x>0$일 때, 함수 $y=\left(x+\frac{1}{x}\right)^2+2\left(x+\frac{1}{x}\right)-3$의 최솟값을 구하시오.

■ $x>0$일 때
$x+\frac{1}{x}\geq 2$

4-30 포물선 $y=x^2-2ax+a^2+\frac{4}{a}$의 꼭짓점 P가 원점 O와 가장 가까울 때, 양수 a의 값을 구하시오.

■ (산술평균)≥(기하평균)
즉, 산술 · 기하부등식을 이용한다.

4-31 오른쪽 그림과 같이 밑변의 길이가 12, 높이가 8인 이등변 삼각형 ABC에 내접하는 직사각형 DEFG를 그린다. 이때, 직사각형 DEFG의 넓이의 최댓값을 구하시오.

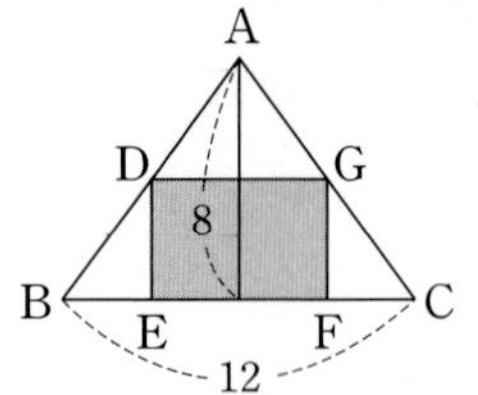

■ 닮음비를 이용한다.

4-32 길이 40cm의 철사를 두 개로 잘라서 각각의 철사로 두 개의 정사각형을 만들려고 한다. 이때, 두 정사각형의 넓이의 합의 최솟값을 구하시오.

■ 두 정사각형의 한 변의 길이를 각각 x, y라고 놓는다.

4-33 폭이 20cm인 철판의 양쪽을 구부려서 오른쪽 그림과 같이 단면의 모양이 직사각형인 물받이를 만들려고 한다. 색칠한 단면의 넓이가 최대가 되도록 하려면 물받이의 높이를 몇 cm로 해야 하는지 구하시오. (단, 철판의 두께는 무시한다.)

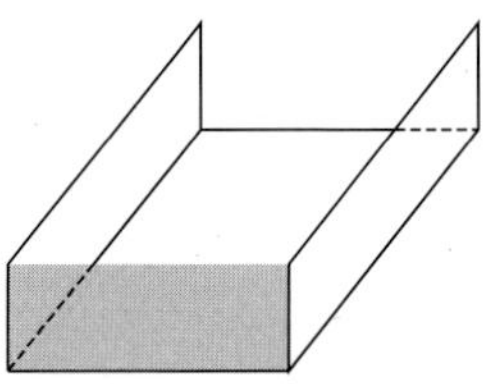

■ 물받이의 높이를 x라고 놓으면 단면의 넓이는 $x(20-2x)$

4-34 실수 x, y가 $x^2+y^2=4$를 만족시킬 때, y^2-2x의 최댓값과 최솟값의 합을 구하시오.

■ 변역에 유의하라.

4-35 실수 x, y가 방정식 $4x^2-2xy+y^2-3=0$을 만족할 때, y의 값의 범위를 구하시오.

■ 판별식

4-36 실수 x, y가 $2x^2+y^2=1$을 만족시킬 때, $2x+y$의 최댓값은?

① 1　　② $\sqrt{2}$　　③ $\sqrt{3}$

④ 2　　⑤ $\sqrt{5}$

■ 판별식

4-37 점 $\mathrm{P}(x,\ y)$가 두 점 $\mathrm{A}(1,\ 3)$, $\mathrm{B}(3,\ -1)$를 잇는 선분 AB 위를 움직일 때, x^2+y^2의 최댓값과 최솟값을 구하시오.

■ 선분 AB의 방정식을이용한다.

4-38 $0\le x\le 4$일 때, 함수 $f(x)=|x^2-2x|-4x+5$의 최댓값과 최솟값을 구하시오.

■ $x^2-2x\ge 0$인 경우와 $x^2-2x<0$인 경우로 나누어 푼다.

4-39 이차함수 $f(x)=ax^2+bx+c$가 두 조건

$$f(x+1)-f(x)=2x-3,\ f(0)=5$$

를 만족한다. $0\le x\le 3$에서 $f(x)$의 최댓값과 최솟값을 구하시오.

■ 함수방정식 $f(x+1)-f(x)=2x-3$ 에 대입한다.

4-40 x에 관한 이차방정식 $x^2-2ax+3a^2-4a-6=0$이 두 실근 α, β를 가질 때, $\alpha^2+\beta^2$의 최댓값과 최솟값을 구하시오.

■ $D\ge 0$을 이용하여 a의 범위를 구한다.

4-41 실수 x, y가 $x^2+xy+y^2=1$을 만족할 때, 다음 물음에 답하시오.

(1) $x+y=u$, $xy=v$라고 할 때, 점 $(u,\ v)$의 자취의 방정식을 구하시오.

(2) (1)을 이용하여 x^2+y^2의 최댓값과 최솟값을 구하시오.

■ x, y를 두 근으로 하는 이차 방정식

$t^2-(x+y)t+xy=0$

은 실근을 갖는다.

$\therefore\ D=(x+y)^2-4xy\ge 0$

4-42 세 실수 x, y, z가 $x+y+z=1$, $2x^2-yz=1$을 만족할때, 다음 물음에 답하시오.

(1) x의 값의 범위를 구하시오.

(2) $xy+yz+zx$의 최댓값과 최솟값을 구하시오.

■ $y+z=-x+1$, $yz=2x^2-1$

5장 유리함수와 무리함수

5-1 유리함수

1. 유리식과 유리함수

(1) 유리식

두 다항식 A, B에 대하여 $\dfrac{A}{B}(B\neq0)$의 꼴을 유리식이라고 하고, A를 분자, B를 분모라고 한다.
유리식에서는 분모가 0이 아닌 값만을 생각하기로 한다.
이때, 분모가 상수인 유리식을 다항식이라 하고, 분모가 일차 이상의 다항식인 유리식을 분수식이라고 한다.

예를 들면, $2x+5$, x^2-1, $\dfrac{x+3}{2}$, $\dfrac{x^2+1}{3}$, …은 다항식이고,

$\dfrac{x-1}{x+1}$, $\dfrac{x^2+1}{2x-1}$, $\dfrac{2x+3}{x^2-4}$, …은 분수식이다.

이와 같이 다항식과 분수식을 통틀어서 유리식이라고 한다.

(2) 유리함수

함수 $y=f(x)$에서 $f(x)$가 x에 관한 유리식일 때, 이 함수를 유리함수라고 한다. 특히, $f(x)$가 x에 관한 다항식일 때, 이 함수를 다항함수라고 하고, $f(x)$가 x에 관한 분수식일 때, 이 함수를 분수함수라고 한다. 다항함수와 분수함수를 통틀어서 유리함수라고 한다.

(3) 분수함수의 정의역

분수함수의 정의역은 특별히 명시되어 있지 않은 경우에 분모를 0으로 하지 않는 실수 전체의 집합이다.

예를 들면, 분수함수 $y=\dfrac{x-1}{x+1}$의 정의역은 $\{x\mid x\neq-1\}$이다.

보기 1 다음 분수함수의 정의역을 각각 구하시오.

(1) $y=\dfrac{1}{x}$　　(2) $y=\dfrac{x+1}{x-1}$

(3) $y=-\dfrac{1}{x-2}+1$　　(4) $y=\dfrac{1-x}{2x+3}$

[설명] 정의역은 분모를 0으로 하지 않는 실수 전체의 집합

(1) $\{x\mid x\neq0\}$　　(2) $\{x\mid x\neq1\}$

(3) $\{x\mid x\neq2\}$　　(4) $\left\{x\,\middle|\,x\neq-\dfrac{3}{2}\right\}$

Tip

■ 부분분수의 공식

$\dfrac{1}{A\cdot B}=\dfrac{1}{B-A}\left(\dfrac{1}{A}-\dfrac{1}{B}\right)$

■ [예제]

$\dfrac{1}{(a+1)(a+2)}+\dfrac{1}{(a+2)(a+3)}$ 을 간단히 하시오.

[풀이]
(준식)
$=\left(\dfrac{1}{a+1}-\dfrac{1}{a+2}\right)+\left(\dfrac{1}{a+2}-\dfrac{1}{a+3}\right)$
$=\dfrac{1}{a+1}-\dfrac{1}{a+3}$
$=\dfrac{2}{(a+1)(a+3)}$ ⇦ 답

■ 유리식 $\begin{cases}\text{다항식}\\\text{분수식}\end{cases}$

■ 유리함수 $\begin{cases}\text{다항함수}\\\text{분수함수}\end{cases}$

■ 다항함수의 정의역은 특별히 명시되어 있지 않은 경우에 실수 전체의 집합이다.

■ 분수함수 $y=\dfrac{g(x)}{f(x)}$의 정의역은 $\{x\mid f(x)\neq0\}$

1. 간단한 유리함수의 그래프

(1) $y=\dfrac{k}{x}(k\neq0)$의 그래프

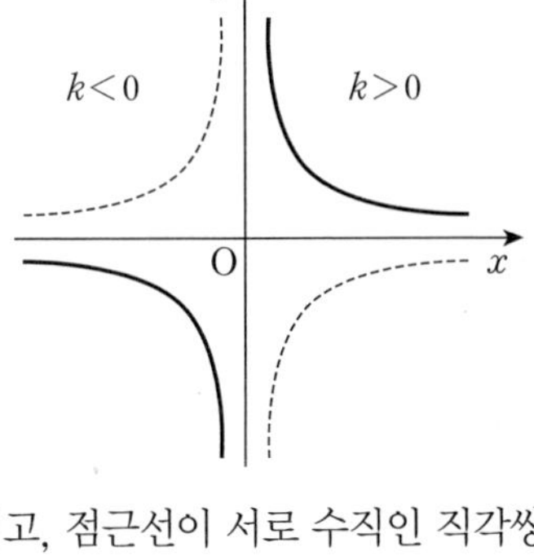

① 정의역과 치역은 0을 제외한 실수 전체의 집합이다.

② 점근선은 x축, y축이다.

③ $k>0$이면 그래프는 ⇨ 제 1, 3사분면에 있고, $k<0$이면 그래프는 ⇨ 제 2, 4사분면에 있다.

④ $|k|$의 값이 클수록 원점에서 멀어진다.

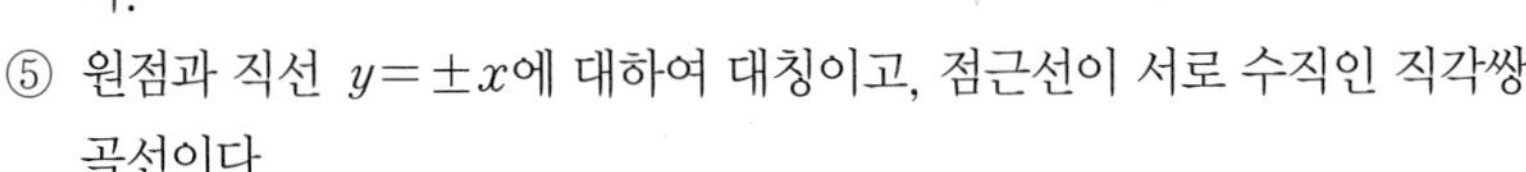
⑤ 원점과 직선 $y=\pm x$에 대하여 대칭이고, 점근선이 서로 수직인 직각쌍곡선이다.

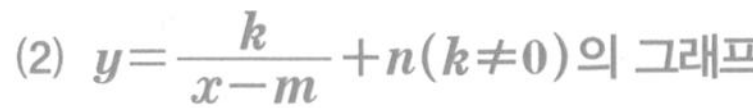
(2) $y=\dfrac{k}{x-m}+n(k\neq0)$의 그래프

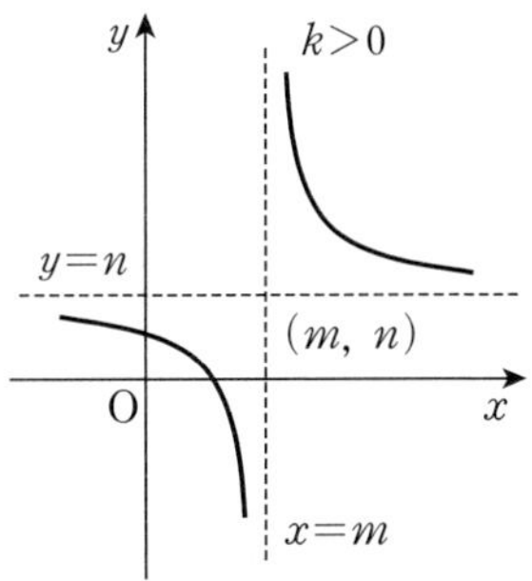

① $y=\dfrac{k}{x}(k\neq0)$의 그래프를 x축으로 m만큼, y축으로 n만큼 y평행이동한 것이다.

② 점 $(m,\ n)$에 대하여 대칭인 직각쌍곡선이다.

③ 점근선은 $x=m$, $y=n$이다.

④ 정의역은 $\{x|x\neq m\}$이고, 치역은 $\{y|y\neq n\}$이다.

⑤ 직선 $y=\pm(x-m)+n$에 대하여 대칭이다.

보기 2 함수 $y=\dfrac{x-3}{x-2}$의 그래프를 그리시오.

[설명] $y=\dfrac{x-3}{x-2}=\dfrac{(x-2)-1}{x-2}$

$=-\dfrac{1}{x-2}+1$

따라서 $y=-\dfrac{1}{x}$의 그래프를 x축으로 2만큼, y축으로 1만큼 평행이동한 것이다.

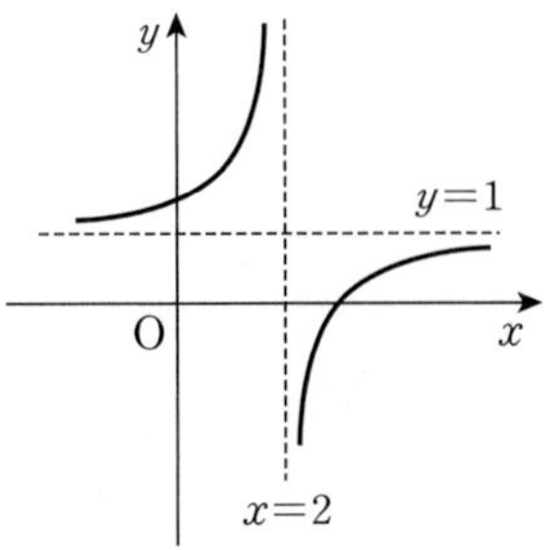

■ 함수 $y=\dfrac{k}{x}(k\neq0)$의 그래프 위의 점이 원점에서 멀어질수록 x축, y축에 한없이 가까워진다.
이와 같이 곡선 위의 점이 한없이 가까워지는 직선을 그 곡선의 **점근선**이라고 한다.

■ 점근선이 서로 수직인 쌍곡선을 **직각쌍곡선**이라고 한다.

■ 분수함수의 일반형

$y=\dfrac{ax+b}{cx+d}$

(단, $c\neq0$, $ad-bc\neq0$)

의 그래프는

⇨ $y=\dfrac{k}{x-m}+n$의 꼴로 변형하여 그린다.

예 $y=\dfrac{2x+5}{x+1}$

$=\dfrac{2(x+1)+3}{x+1}$

$=\dfrac{3}{x+1}+2$

따라서 $y=\dfrac{2x+5}{x+1}$의 그래프는 $y=\dfrac{3}{x}$의 그래프를 x축으로 -1만큼, y축으로 2만큼 평행이동한 것이다.

기본문제 5-1

다음 함수의 그래프를 그리고 정의역, 치역, 점근선의 방정식을 구하시오.

(1) $y=-\dfrac{2}{x+1}+2$　　　(2) $y=\dfrac{2x-1}{x-1}$

[풀이] (1) $y=-\dfrac{2}{x+1}+2$의 그래프는

$y=-\dfrac{2}{x}$의 그래프를 x축으로 -1만큼, y축으로 2만큼 평행이동한 것이다. 따라서 점근선의 방정식은

$x=-1,\ y=2$

정의역은 $\{x\,|\,x\neq-1\}$,

치역은 $\{y\,|\,y\neq2\}$

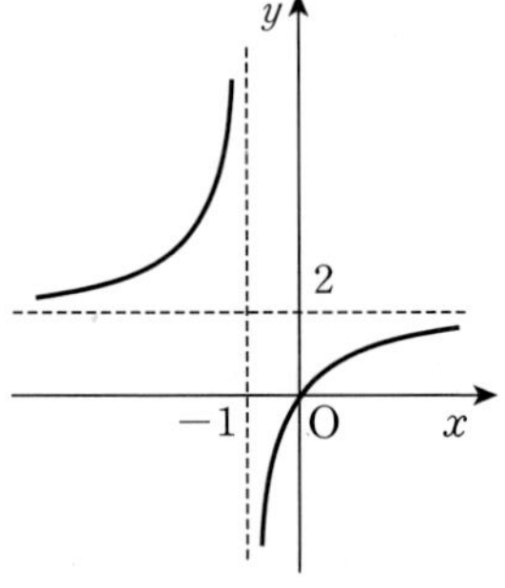

(2) $y=\dfrac{2x-1}{x-1}=\dfrac{2(x-1)+1}{x-1}$

$=\dfrac{1}{x-1}+2$

의 그래프는 $y=\dfrac{1}{x}$의 그래프를 x축으로 1만큼, y축으로 2만큼 평행이동한 것이다.

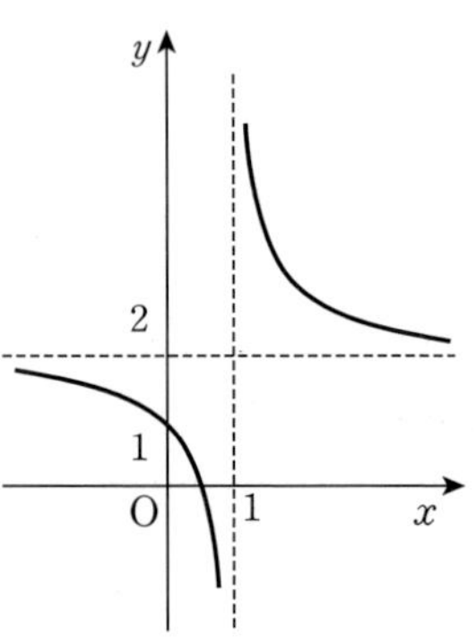

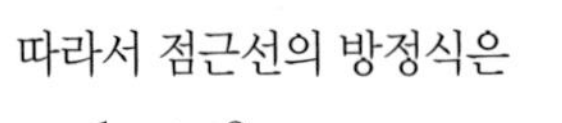
따라서 점근선의 방정식은

$x=1,\ y=2$

정의역은 $\{x\,|\,x\neq1\}$, 치역은 $\{y\,|\,y\neq2\}$

Tip

■ $y=\dfrac{k}{x-m}+n\,(k\neq0)$의 그래프

1. $y=\dfrac{k}{x}\,(k\neq0)$의 그래프를 x축으로 m만큼, y축으로 n만큼 평행이동한 것이다.
2. 점 $(m,\ n)$에 대하여 대칭인 직각쌍곡선이다.
3. 점근선은 $x=m,\ y=n$
4. 정의역은 $\{x\,|\,x\neq m\}$, 치역은 $\{y\,|\,y\neq n\}$
5. x절편은 $y=0$일 때의 x의 값이고, y절편은 $x=0$일 때의 y의 값이다.

유제 5-1 다음 함수의 그래프를 그리고 정의역, 치역, 점근선의 방정식을 구하시오.

(1) $y=-\dfrac{4}{x-2}-1$　　　(2) $y=\dfrac{2x+4}{x+1}$

답 (1) 점근선 : $x=2,\ y=-1$

정의역은 $\{x\,|\,x\neq2\}$, 치역은 $\{y\,|\,y\neq-1\}$

(2) 점근선 : $x=-1,\ y=2$

정의역은 $\{x\,|\,x\neq-1\}$, 치역은 $\{y\,|\,y\neq2\}$

(그래프는 해설 참조)

기본문제 5-2

함수 $y=\frac{4x+1}{2x-1}$의 그래프는 $y=\frac{k}{x}$의 그래프를 x축으로 m만큼, y축으로 n만큼 평행이동한 것이다. 이때 상수 k, m, n의 합 $k+m+n$의 값을 구하시오.

[풀이] $y=\frac{4x+1}{2x-1}=\frac{2(2x-1)+3}{2x-1}=\frac{3}{2x-1}+2=\frac{\frac{3}{2}}{x-\frac{1}{2}}+2$

이므로 $y=\frac{\frac{3}{2}}{x}$의 그래프를 x축으로 $\frac{1}{2}$만큼, y축으로 2만큼 평행이동한 것이다.

$\therefore k=\frac{3}{2},\ m=\frac{1}{2},\ n=2$

$\therefore k+m+n=\frac{3}{2}+\frac{1}{2}+2=4$

답 4

기본문제 5-3

함수 $y=\frac{2x-2}{x+1}$의 그래프는 점 $(m,\ n)$에 대하여 대칭이고, 또, 직선 $y=x+a$와 직선 $y=-x+b$에 대하여 대칭이다.
이때 상수 m, n, a, b의 합 $m+n+a+b$의 값을 구하시오.

[풀이] $y=\frac{2x-2}{x+1}=\frac{2(x+1)-4}{x+1}=-\frac{4}{x+1}+2$이므로

두 점근선 $x=-1$, $y=2$의 교점 $(-1,\ 2)$에 대하여 대칭이고, 점 $(-1,\ 2)$를 지나고 기울기가 ±1인 직선 즉, $y=\pm(x+1)+2$에 대하여 대칭이다.

$\therefore y=x+3,\ y=-x+1$

$\therefore m=-1,\ n=2,\ a=3,\ b=1$

$\therefore m+n+a+b=-1+2+3+1=5$

답 5

유제 5-2 함수 $y=\frac{2x}{2x-1}$의 그래프는 $y=\frac{k}{x}$의 그래프를 x축으로 m만큼, y축으로 n만큼 평행이동한 것이다. 이때 상수 k, m, n의 합 $k+m+n$의 값을 구하시오.

답 2

유제 5-3 함수 $y=\frac{2x+1}{x-1}$의 그래프는 직선 $y=ax+b$에 대하여 대칭이다. 이때, ab의 값을 구하시오.

답 1, -3

Tip

■ 분수함수의 일반형
$y=\frac{ax+b}{cx+d}$
(단, $c\neq0$, $ad-bc\neq0$)
의 그래프는
⇨ $y=\frac{k}{x-m}+n$의 꼴로 변형하여 그린다.

■ 분수함수의 그래프가 두 직선
$y=x+a$, $y=-x+b$
에 대하여 대칭일 때, 두 직선의 교점은 두 점근선의 교점과 같다.

■ 점근선의 교점을 지나고 기울기가 ±1인 직선의 방정식이 $y=ax+b$

기본문제 5-4

함수 $y=\dfrac{ax+b}{x+c}$의 그래프가 오른쪽 그림과 같을 때, 상수 a, b, c의 값을 구하시오.

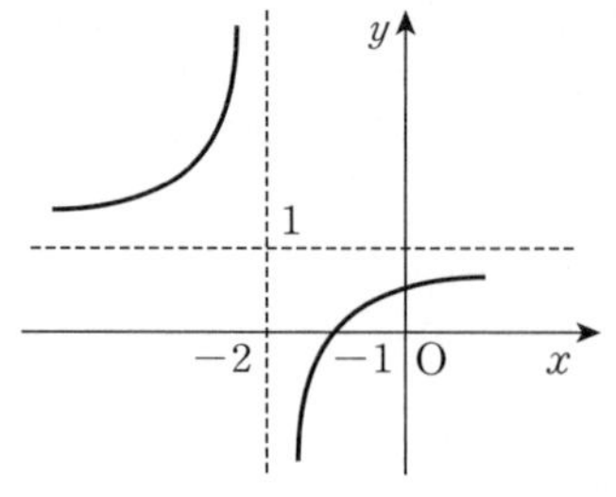

Tip

■ 점근선이
$x=-2,\ y=1$
이므로 주어진 함수를
$y=\dfrac{k}{x+2}+1(k\neq 0)$라고
놓고 푼다.

[풀이] 두 점근선이 $x=-2, y=1$이므로 주어진 함수를

$y=\dfrac{k}{x+2}+1(k\neq 0)$라고 놓으면 이 그래프가 점 $(-1,\ 0)$을

지나므로 $0=\dfrac{k}{-1+2}+1$ $\quad\therefore k=-1$

$\therefore y=-\dfrac{1}{x+2}+1=\dfrac{x+1}{x+2}$

$\therefore a=1,\ b=1,\ c=2$ ⇦ 답

기본문제 5-5

함수 $y=\dfrac{ax+b}{x+c}$의 그래프가 점 $(1,\ -2)$를 지나고, 점근선의 방정식이 $x=2,\ y=-1$일 때, 상수 a, b, c의 값을 구하시오.

■ 점근선이
$x=2,\ y=-1$
이므로 주어진 함수를
$y=\dfrac{k}{x-2}-1(k\neq 0)$
라고 놓고 푼다.

[풀이] 두 점근선이 $x=2,\ y=-1$이므로 주어진 함수를

$y=\dfrac{k}{x-2}-1(k\neq 0)$라고 놓으면 이 그래프가 점 $(1,\ -2)$를 지나므로 $-2=\dfrac{k}{1-2}-1$ $\quad\therefore k=1$

$\therefore y=\dfrac{1}{x-2}-1=\dfrac{-x+3}{x-2}$

$\therefore a=-1,\ b=3,\ c=-2$ ⇦ 답

유제 5-4 함수 $y=\dfrac{ax+b}{x+c}$의 그래프가 오른쪽 그림과 같을 때, 상수 a, b, c의 합 $a+b+c$의 값을 구하시오.

답 0

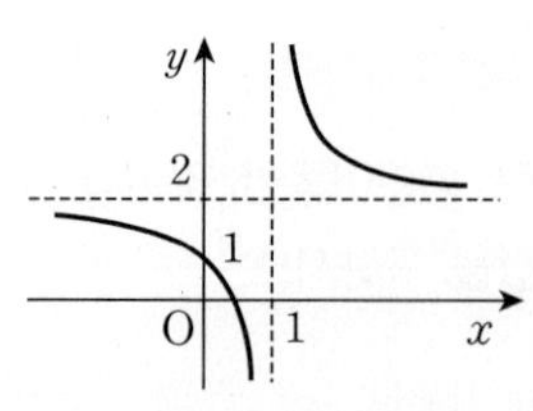

유제 5-5 함수 $y=\dfrac{k}{x+m}+n$의 그래프가 점 $(1,\ 3)$을 지나고, 두 점근선이 $x=-1,\ y=1$일 때, 상수 k, m, n의 합 $k+m+n$의 값을 구하시오.

답 6

■ $y=\dfrac{k}{x+m}+n$의 점근선은
$x=-m,\ y=n$

기본문제 5-6

다음 함수의 그래프 중 평행이동하여 $y=-\frac{2}{x}$의 그래프와 겹치는 것을 모두 고르면? (정답 2개)

① $y=\frac{x+1}{x-1}$ ② $y=\frac{x}{x+2}$ ③ $y=-\frac{2x}{x+1}$

④ $y=\frac{2x}{2x+1}$ ⑤ $y=\frac{2x-3}{2x+1}$

[풀이] ① $y=\frac{x+1}{x-1}=\frac{(x-1)+2}{x-1}=\frac{2}{x-1}+1$ ⇦ $y=\frac{2}{x}$

② $y=\frac{x}{x+2}=\frac{(x+2)-2}{x+2}=-\frac{2}{x+2}+1$ ⇦ $y=-\frac{2}{x}$

③ $y=-\frac{2x}{x+1}=-\frac{2(x+1)-2}{x+1}=\frac{2}{x+1}-2$ ⇦ $y=\frac{2}{x}$

④ $y=\frac{2x}{2x+1}=\frac{(2x+1)-1}{2x+1}=-\frac{1}{2x+1}+1$ ⇦ $y=-\frac{1}{2x}$

⑤ $y=\frac{2x-3}{2x+1}=\frac{(2x+1)-4}{2x+1}=-\frac{2}{x+\frac{1}{2}}+1$ ⇦ $y=-\frac{2}{x}$

따라서 구하는 답은 ②, ⑤

답 ②, ⑤

Tip

■ $y=\frac{k}{x-m}+n$의 꼴로 변형했을 때, k의 값이 서로 같으면 평행이동하여 겹칠 수 있다.

■ ④에서

$y=-\frac{1}{2x+1}+1$

$=-\frac{\frac{1}{2}}{x+\frac{1}{2}}+1$

이므로 $k=-\frac{1}{2}$인 꼴이다.

기본문제 5-7

함수 $y=\frac{x+1}{x+2}$의 그래프와 직선 $y=mx+1$이 한 점에서 만날 때, 양수 m의 값을 구하시오.

[풀이] $\frac{x+1}{x+2}=mx+1$에서 $x+1=(mx+1)(x+2)$

$\therefore mx^2+2mx+1=0$

곡선과 직선이 접하므로 판별식

$D/4=m^2-m=0$ $\therefore m(m-1)=0$

$m>0$이므로 $m=1$

답 1

■ 이차방정식이 중근을 갖기 위한 조건은
⇨ $D=0$

유제 5-6 다음 중 곡선 $y=\frac{1}{x}$을 평행이동 또는 대칭이동하여 포갤 수 있는 곡선을 모두 고르시오.

① $y=\frac{x}{1-x}$ ② $y=\frac{x-1}{x+1}$ ③ $y=\frac{2x+2}{2x+1}$

④ $y=\frac{2x}{2x-1}$ ⑤ $y=\frac{2x-1}{2x+1}$

답 ①, ⑤

■ $y=\frac{1}{x}$의 그래프를 평행이동 또는 대칭이동하여 함수
$y=\frac{\pm 1}{x-m}+n$
의 그래프와 겹칠 수 있다.

기본문제 5-8

함수 $y=\frac{2x-4}{x-1}$에 대하여 다음 물음에 답하시오.

(1) 정의역이 $\{x|0\le x<1,\ 1<x\le 3\}$일 때, 치역을 구하시오.

(2) 치역이 $\{y|y\le 0,\ y\ge 3\}$일 때, 정의역을 구하시오.

Tip

■ 그래프를 이용하여 치역과 정의역을 구한다.

[풀이] $y=\frac{2x-4}{x-1}=\frac{2(x-1)-2}{x-1}=-\frac{2}{x-1}+2$의 그래프는

함수 $y=-\frac{2}{x}$의 그래프를 x축으로 1만큼, y축으로 2만큼 평행이동한 것이다. 따라서 두 점근선은 $x=1$, $y=2$

(1) 정의역이 $\{x|0\le x<1,\ 1<x\le 3\}$일 때, 아래 그래프에서 치역은 $\{y|y\ge 4,\ y\le 1\}$ ⇦ 답

(2) 치역이 $\{y|y\le 0,\ y\ge 3\}$일 때, 아래 그래프에서 정의역은 $\{x|1<x\le 2,\ -1\le x<1\}$ ⇦ 답

(1)의 그래프

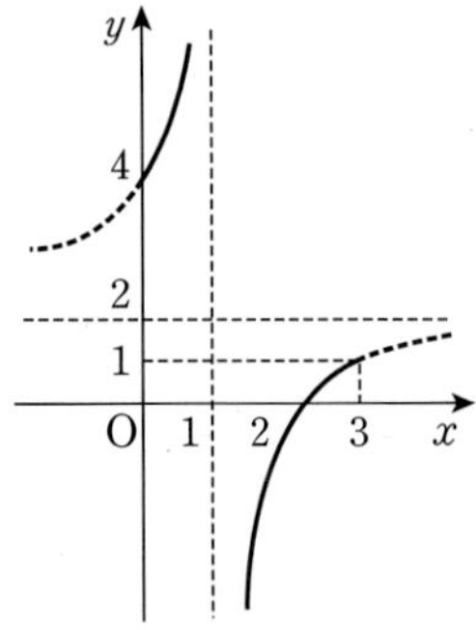

(2)의 그래프

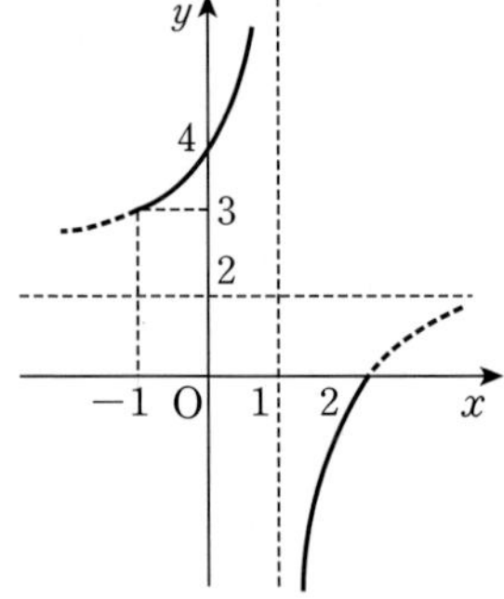

유제 5-7 함수 $y=\frac{2x+4}{x+1}$에 대하여 다음 물음에 답하시오.

(1) 정의역이 $\{x|-2\le x<-1,\ -1<x\le 0\}$일 때, 치역을 구하시오.

답 $\{y|y\le 0,\ y\ge 4\}$

(2) 치역이 $\{y|y\le 1,\ y\ge 3\}$일 때, 정의역을 구하시오.

답 $\{x|-3\le x<-1,\ -1<x\le 1\}$

유제 5-8 $0\le x\le 2$일 때 함수 $y=\frac{2x}{x+2}$의 최댓값과 최솟값을 구하시오.

답 최댓값 1, 최솟값 0

■ 그래프를 이용하여 치역을 구한다.

유제 5-9 $0\le x\le a$일 때 함수 $y=\frac{2x+k}{x+2}$의 최댓값이 4, 최솟값이 3일 때, $a+k$의 값을 구하시오. (단, $k>4$)

답 10

■ $0\le x\le a$인 범위에서 그래프가 감소한다.

기본문제 5-9

함수 $y=\dfrac{ax+b}{x+c}$의 역함수가 $y=\dfrac{-4x+3}{x-2}$일 때, 상수 a, b, c의 합 $a+b+c$의 값을 구하시오.

[풀이] $y=\dfrac{-4x+3}{x-2}$의 역함수가 원래 함수 $y=\dfrac{ax+b}{x+c}$이다.

$y=\dfrac{-4x+3}{x-2}$에서 $y(x-2)=-4x+3$

$\therefore (y+4)x=2y+3 \quad \therefore x=\dfrac{2y+3}{y+4}$

여기서 x와 y의 자리를 바꾸면 $y=\dfrac{-4x+3}{x-2}$의 역함수는

$y=\dfrac{2x+3}{x+4} \quad \therefore a=2,\ b=3,\ c=4$

$\therefore a+b+c=2+3+4=9$

답 9

Tip

■ $(f^{-1})^{-1}=f$

기본문제 5-10

두 함수 $f(x)=\dfrac{4x+1}{2x-1}$, $g(x)=\dfrac{2x+4}{x+1}$의 역함수가 각각 $f^{-1}(x)$, $g^{-1}(x)$일 때, $(g\circ(f\circ g)^{-1}\circ g)(a)=2$를 만족하는 상수 a의 값을 구하시오.

[풀이] $g\circ(f\circ g)^{-1}\circ g=g\circ(g^{-1}\circ f^{-1})\circ g$

$=(g\circ g^{-1})\circ f^{-1}\circ g=f^{-1}\circ g$

$\therefore (g\circ(f\circ g)^{-1}\circ g)(a)=(f^{-1}\circ g)(a)$

$=f^{-1}(g(a))=2$

$\therefore g(a)=f(2) \quad \therefore \dfrac{2a+4}{a+1}=\dfrac{4\cdot2+1}{2\cdot2-1}=3$

$\therefore 3a+3=2a+4 \quad \therefore a=1$

답 1

■ 역함수의 성질
1. $g\circ g^{-1}=g^{-1}\circ g=I$
2. $f\circ I=I\circ f=f$
3. $f^{-1}(g(a))=b$
 $\Leftrightarrow g(a)=f(b)$

유제 5-10 분수함수 $f(x)=\dfrac{ax+b}{cx+d}$ (단, $c\neq0$, $ad-bc\neq0$)와 그 역함수 $f^{-1}(x)$에 대하여 $f(x)=f^{-1}(x)$가 될 조건을 구하시오.

답 $a+d=0$

■ $f(x)=\dfrac{ax+b}{cx+d}$

$\Leftrightarrow f^{-1}(x)=\dfrac{-dx+b}{cx-a}$

유제 5-11 함수 $f(x)=\dfrac{x+4}{2x-3}$와 그 역함수 $f^{-1}(x)$에 대하여 방정식 $f(x)=f^{-1}(x)$의 두 실근을 α, β라고 할 때, $\alpha^2+\beta^2$의 값을 구하시오.

답 8

■ 방정식 $f(x)=f^{-1}(x)$의 실근은 $\Leftrightarrow$ 방정식 $f(x)=x$의 실근과 같다.

UpGrade 5-1

두 집합 $A=\left\{(x,\ y)\,\middle|\,y=\frac{2x-4}{|x-1|+1}\right\}$, $B=\{(x,\ y)\,|\,y=mx\}$에 대하여 $n(A\cap B)=3$일 때, 실수 m의 값의 범위를 구하시오.

Tip

■ $n(A\cap B)=3$
⇔ 두 함수의 그래프가 세 점에서 만난다.

[풀이] $y=\frac{2x-4}{|x-1|+1}$에서

$x<1$일 때, $y=\frac{2x-4}{-x+2}=\frac{-2(-x+2)}{-x+2}=-2$

$x\geq 1$일 때, $y=\frac{2x-4}{x}=-\frac{4}{x}+2$

이므로 $y=\frac{2x-4}{|x-1|+1}$의 그래프는 아래 그림과 같다.

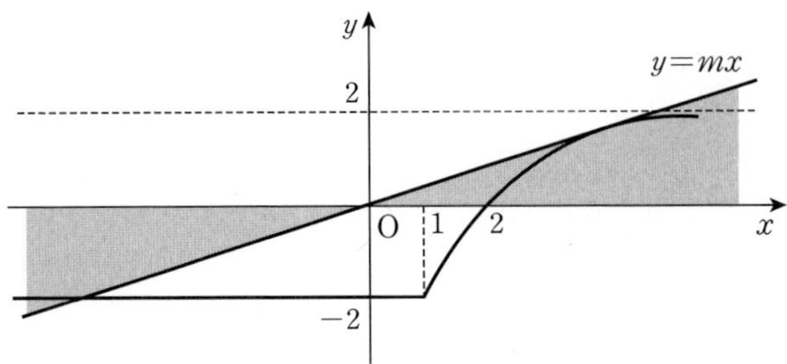

$n(A\cap B)=3$이므로 두 함수 $y=\frac{2x-4}{|x-1|+1}$, $y=mx$의 그래프의 교점이 3개이어야 한다.

직선 $y=mx$가 곡선 $y=\frac{2x-4}{x}\,(x\geq 1)$에 접할 때

$\frac{2x-4}{x}=mx$에서 $mx^2-2x+4=0$

$\therefore D/4=(-1)^2-4m=0\quad \therefore m=\frac{1}{4}$

■ 이차방정식이 중근을 갖기 위한 조건은
⇨ $D=0$

따라서 교점이 3개인 m의 값의 범위는 직선 $y=mx$가 위의 그림의 색칠한 부분(경계선 제외)에 존재할 때

$0<m<\frac{1}{4}$

답 $0<m<\frac{1}{4}$

유제 5-12 두 집합

$A=\left\{(x,\ y)\,|\,y=\frac{|x-1|+1}{x}\right\}$, $B=\{(x,\ y)\,|\,y=mx\}$

에 대하여 $A\cap B=\phi$일 때, 실수 m의 값의 범위를 구하시오.

답 $m\leq 0$

■ $A\cap B=\phi$
⇔ 두 함수의 그래프가 만나지 않는다.

UpGrade 5-2

$2\le x\le 5$인 임의의 실수 x에 대하여 부등식

$$ax+2\le \frac{2x+2}{x-1}\le bx+2$$

가 항상 성립할 때, a의 최댓값과 b의 최솟값의 합을 구하시오.
(단, a, b는 상수이다.)

[풀이] $ax+2\le \frac{2x+2}{x-1}\le bx+2 \Leftrightarrow ax\le \frac{2x+2}{x-1}-2\le bx$

$\therefore ax\le \frac{4}{x-1}\le bx\ (2\le x\le 5)$ …… ①

$2\le x\le 5$일 때 함수 $y=\frac{4}{x-1}$의 그래프를 그리면 아래 그림과 같다.

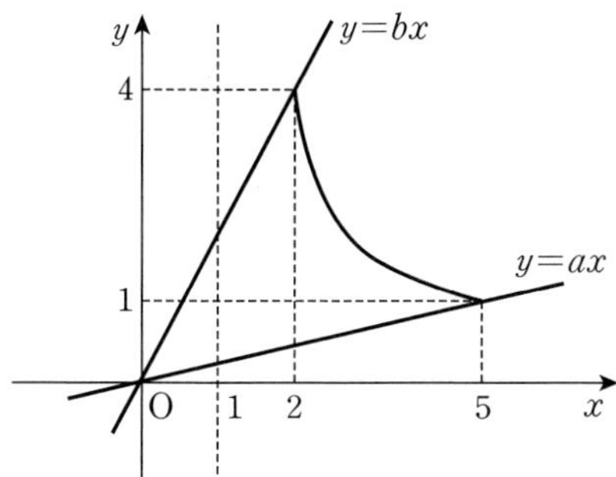

원점과 점 (2, 4)를 지나는 직선의 방정식은 $y=2x$,

원점과 점 (5, 1)를 지나는 직선의 방정식은 $y=\frac{1}{5}x$이므로

부등식 ①을 만족하기 위한 a, b의 값의 범위는

$a\le \frac{1}{5}$, $b\ge 2$

따라서 a의 최댓값은 $\frac{1}{5}$, b의 최솟값은 2

$\therefore \frac{1}{5}+2=\frac{11}{5}$

답 $\frac{11}{5}$

Tip

■ $y=\frac{2x+2}{x-1}$

$=\frac{2(x-1)+4}{x-1}$

$=\frac{4}{x-1}+2$

이므로

$ax+2\le \frac{2x+2}{x-1}\le bx+2$

$\Leftrightarrow ax+2\le \frac{4}{x-1}+2 \le bx+2$

$\Leftrightarrow ax\le \frac{4}{x-1}\le bx$

이와 같이 식을 간단히 변형한 후에 그래프를 이용하여 문제를 푼다.

유제 5-13 $1\le x\le 3$인 임의의 실수 x에 대하여 부등식

$$ax+1\le \frac{x+5}{x+1}\le bx+1$$

이 항상 성립할 때, a의 최댓값과 b의 최솟값의 합을 구하시오.
(단, a, b는 상수이다.)

답 $\frac{7}{3}$

■ $y=\frac{x+5}{x+1}$

$=\frac{(x+1)+4}{x+1}$

$=\frac{4}{x+1}+1$

UpGrade 5-3

다음은 함수 $f(x)=\dfrac{ax+b}{cx+d}$가 분수함수가 될 필요충분조건은 $c\neq0$이고 $ad-bc\neq0$임을 증명하는 과정이다.

[증명]

(i) $c=0$일 때, $f(x)=\dfrac{ax+b}{d}=\dfrac{a}{d}x+\dfrac{b}{d}$이므로

[(가)] 함수가 되어 분수함수라는 조건에 모순이다.

(ii) $ad-bc=0$일 때, $f(x)=\dfrac{a}{c}+\dfrac{[(나)]}{cx+d}$이므로

[(다)] 함수가 되어 분수함수라는 조건에 모순이다.

위의 증명 과정에서 (가), (나), (다)에 알맞은 용어 또는 식을 써 넣으시오.

[풀이] (i)에서 $a=0$이면 상수함수, $a\neq0$이면 일차함수이므로

$f(x)$는 다항함수이다. $\therefore$ (가)=다항

(ii)에서 $f(x)=\dfrac{ax+b}{cx+d}=\dfrac{\frac{a}{c}(cx+d)+\frac{1}{c}(bc-ad)}{cx+d}$

$=\dfrac{a}{c}+\dfrac{\frac{1}{c}(bc-ad)}{cx+d}=\dfrac{a}{c}$

$\therefore$ (나)$=\dfrac{1}{c}(bc-ad)$, (다)=상수

Tip

■ 분수함수의 일반형

$y=\dfrac{ax+b}{cx+d}$

(단, $c\neq0$, $ad-bc\neq0$)

UpGrade 5-4

좌표평면 위의 원점 O와 곡선 $y=\dfrac{4}{x}$위를 움직이는 점 P가 있다. 이때, 선분 OP의 길이의 최솟값을 구하시오.

[풀이] 곡선 $y=\dfrac{4}{x}$는 원점과 직선 $y=x$에 대하여 대칭이므로

$\dfrac{4}{x}=x$에서 $x^2=4$ $\quad\therefore x=\pm2$

따라서 점 P의 좌표가 $(2,\ 2)$ 또는 $(-2,\ -2)$일 때 $\overline{OP}$의 길이는 최소이고, 그 최솟값은 $2\sqrt{2}$

답 $2\sqrt{2}$

■ [UpGrade 5-4]

[다른 풀이]

점 $P\left(a,\ \dfrac{4}{a}\right)$라고 놓으면

$\overline{OP}^2=a^2+\dfrac{16}{a^2}$

$\geq2\sqrt{a^2\cdot\dfrac{16}{a^2}}=8$

$\therefore \overline{OP}\geq\sqrt{8}=2\sqrt{2}$

따라서 최솟값은 $2\sqrt{2}$이고, 등호는

$a^2=\dfrac{16}{a^2}$

즉, $a=\pm2$일 때 성립한다.

답 $2\sqrt{2}$

유제 5-14 점 $A(-1,\ 2)$와 곡선 $y=\dfrac{2x+4}{x+1}$ 위를 움직이는 점 P에 대하여 선분 AP의 길이의 최솟값을 구하시오.

답 2

5-2 무리함수

1. 무리식과 무리함수

(1) 무리식

근호 안에 문자를 포함하는 식을 그 문자에 관한 무리식이라고 한다.
예를 들면,

$$\sqrt{x+1},\ \sqrt{x+2},\ \sqrt{2x-x^2},\ \frac{1}{\sqrt{x+1}-\sqrt{x-1}},\ \cdots$$

은 모두 x에 관한 무리식이다.
무리식에서는 무리식의 값이 실수가 되는 범위에서만 생각한다. 따라서 문자의 값을

$$(\text{근호 안의 식의 값})\geq 0,\ (\text{분모})\neq 0$$

인 범위로 제한하여 생각하기로 한다.
예를 들면, 무리식 $\sqrt{x-2}$에서는 $x-2\geq 0$ 즉, $x\geq 2$인 경우만 생각하면 된다.

(2) 무리함수

함수 $y=f(x)$에서 $f(x)$가 x에 관한 무리식일 때, 이 함수를 무리함수라고 한다.

(3) 무리함수의 정의역

무리함수의 정의역은 특별히 명시되어 있지 않은 경우에 함숫값이 실수가 되도록 근호 안의 식의 값이 0이상이 되게 하는 실수 전체의 집합으로 생각한다.
예를 들면, 무리함수 $y=\sqrt{2x+4}-1$의 정의역은 $2x+4\geq 0$에서 $x\geq -2$인 범위이다. 즉, 정의역은 $\{x\,|\,x\geq -2\}$이다.

■ 이중근호의 공식
$a>b>0$일 때,
$\sqrt{a+b\pm 2\sqrt{ab}}$
$=\sqrt{a}\pm\sqrt{b}$

■ [예제]
$x=\sqrt{3}$일 때,
$\dfrac{1}{\sqrt{x+1-2\sqrt{x}}}-\dfrac{1}{\sqrt{x+1+2\sqrt{x}}}$
의 값을 구하시오.
[풀이] $x>1$이므로
$\sqrt{x+1-2\sqrt{x}}=\sqrt{x}-1$,
$\sqrt{x+1+2\sqrt{x}}=\sqrt{x}+1$,
따라서
(준식)
$=\dfrac{1}{\sqrt{x}-1}-\dfrac{1}{\sqrt{x}+1}$
$=\dfrac{(\sqrt{x}+1)-(\sqrt{x}-1)}{(\sqrt{x}-1)(\sqrt{x}+1)\}}$
$=\dfrac{2}{x-1}=\dfrac{2}{\sqrt{3}-1}$
$=\sqrt{3}+1$ ⇦ 답

보기 1 다음 무리함수의 정의역을 각각 구하시오.

(1) $y=\sqrt{x-1}$　　(2) $y=\sqrt{2-2x}-1$
(3) $y=-\sqrt{2x-4}+1$　　(4) $y=\sqrt{2x-x^2}$

[설명] (1) $y=\sqrt{x-1}$에서 $x-1\geq 0$ 즉, $x\geq 1$
따라서 정의역은 $\{x\,|\,x\geq 1\}$
(2) $y=\sqrt{2-2x}-1$에서 $2-2x\geq 0$ 즉, $x\leq 1$
따라서 정의역은 $\{x\,|\,x\leq 1\}$
(3) $y=-\sqrt{2x-4}+1$에서 $2x-4\geq 0$ 즉, $x\geq 2$
따라서 정의역은 $\{x\,|\,x\geq 2\}$
(4) $y=\sqrt{2x-x^2}$에서 $2x-x^2\geq 0$ 즉, $0\leq x\leq 2$
따라서 정의역은 $\{x\,|\,0\leq x\leq 2\}$

■ 무리함수
$y=\pm\sqrt{f(x)}+k$
의 정의역은
$\{x\,|\,f(x)\geq 0\}$

2. 간단한 무리함수의 그래프

(1) $y=\pm\sqrt{x}$, $y=\pm\sqrt{-x}$의 그래프

① $y=\pm\sqrt{x}$의 그래프

포물선 $y^2=x$의 그래프에서 $y\geq0$인 부분이 $y=\sqrt{x}$, $y\leq0$인 부분이 $y=-\sqrt{x}$의 그래프를 나타낸다.

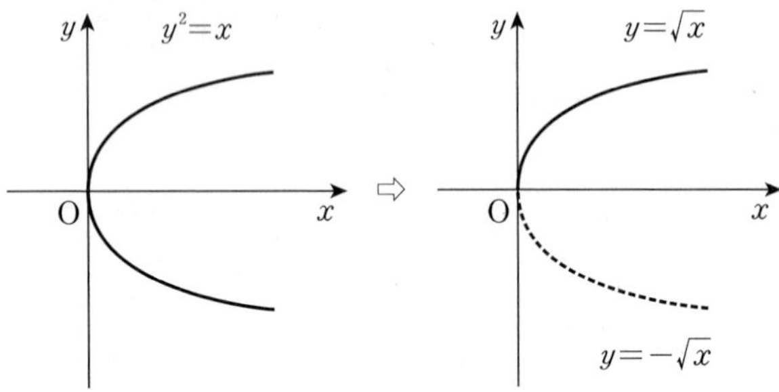

■ 포물선 $y^2=x$의 그래프는 두 무리함수

$y=\sqrt{x}$, $y=-\sqrt{x}$

의 그래프로 나누어 진다.

② $y=\pm\sqrt{-x}$의 그래프

포물선 $y^2=-x$의 그래프에서 $y\geq0$인 부분이 $y=\sqrt{-x}$, $y\leq0$인 부분이 $y=-\sqrt{-x}$의 그래프를 나타낸다.

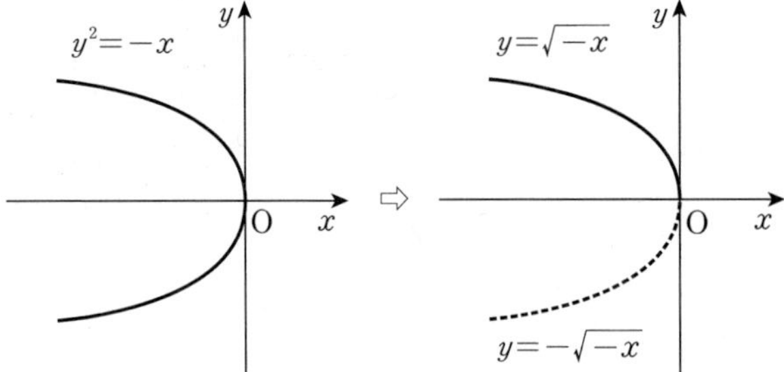

■ 포물선 $y^2=-x$의 그래프는 두 무리함수

$y=\sqrt{-x}$, $y=-\sqrt{-x}$

의 그래프로 나누어 진다.

(2) $y=k\sqrt{x}(k\neq0)$, $y=k\sqrt{-x}(k\neq0)$의 그래프

① $k>0$이면 $y=\sqrt{x}$, $y=\sqrt{-x}$의 그래프와 같은 모양이고, 벌어지는 정도만 다르다.

② $k<0$이면 $y=-\sqrt{x}$, $y=-\sqrt{-x}$의 그래프와 같은 모양이고, 벌어지는 정도만 다르다.

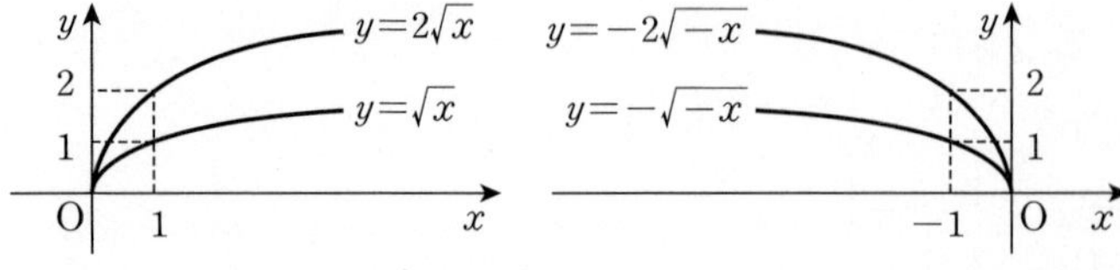

■ 포물선 $y^2=4x$의 그래프는 두 무리함수 $y=2\sqrt{x}$, $y=-2\sqrt{x}$의 그래프로 나누어 진다.
또, 포물선 $y^2=-4x$의 그래프는 두 무리함수 $y=2\sqrt{-x}$, $y=-2\sqrt{-x}$의 그래프로 나누어 진다.

(3) $y=k\sqrt{x-m}+n$, $y=k\sqrt{-(x-m)}+n$의 그래프

① $y=k\sqrt{x-m}+n$의 그래프

⇨ $y=k\sqrt{x}$의 그래프를
x축으로 m만큼,
y축으로 n만큼
평행이동한 것이다.

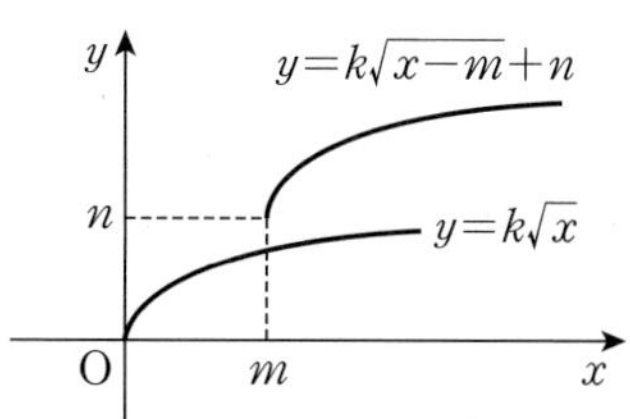

② $y=k\sqrt{-(x-m)}+n$의 그래프

⇨ $y=k\sqrt{-x}$의 그래프를 x축으로 m만큼, y축으로 n만큼 평행이동한 것이다.

■ 도형의 평행이동
도형 $f(x,\ y)=0$을
x축으로 m만큼,
y축으로 n만큼
평행이동한 도형의 방정식은
x대신 $x-m$,
y대신 $y-n$
을 대입한 것과 같다. 즉
$f(x-m,\ y-n)=0$

(4) $y=\sqrt{ax+b}+c\,(a\neq0)$의 그래프

$y=\sqrt{ax+b}+c=\sqrt{a\left(x+\dfrac{b}{a}\right)}+c$의 꼴로 변형하여 그리면
$y=\sqrt{ax}$의 그래프를 x축으로 $-\dfrac{b}{a}$만큼, y축으로 c만큼 평행이동한 것이다.

■ 포물선 $y^2=ax\,(a\neq0)$의 그래프는 두 무리함수
$y=\sqrt{ax}$, $y=-\sqrt{ax}$
의 그래프로 나누어 진다.

보기 2 다음 무리함수의 그래프를 그리고 정의역과 치역을 구하시오.

(1) $y=-\sqrt{x-2}+1$ (2) $y=\sqrt{4-2x}-1$

[설명] (1) $y=-\sqrt{x}$의 그래프를
x축으로 2만큼, y축으로 1만큼 평행이동한 것이다.
정의역은 $\{x\,|\,x\geq2\}$,
치역은 $\{y\,|\,y\leq1\}$

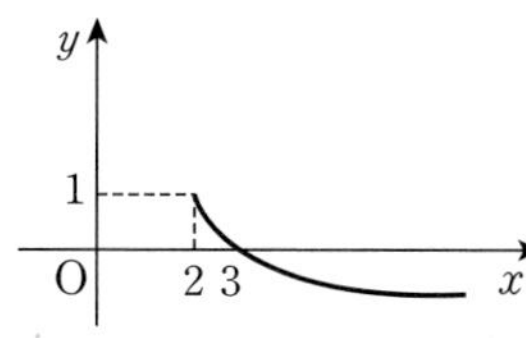

(2) $y=\sqrt{4-2x}-1=\sqrt{-2(x-2)}-1$
$y=\sqrt{-2x}$의 그래프를
x축으로 2만큼, y축으로 -1만큼 평행이동한 것이다.
정의역은 $\{x\,|\,x\leq2\}$,
치역은 $\{y\,|\,y\geq-1\}$

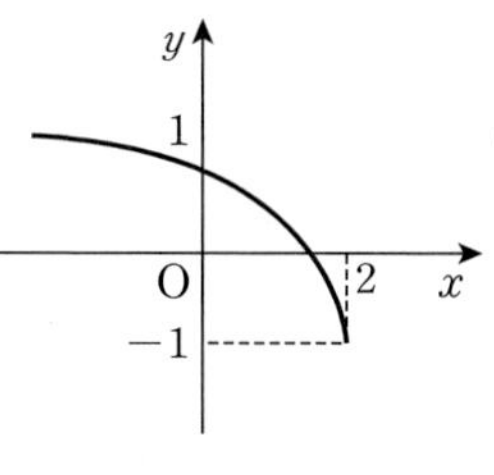

TIP $y=-\sqrt{x-2}+1$의 치역은 $\sqrt{x-2}\geq0$에서 $-\sqrt{x-2}\leq0$이므로 $y\leq1$임을 알 수 있다. ⇦ 그래프를 이용하라.

■ 무리함수
$y=\sqrt{f(x)}+k$
의 정의역은
$\{x\,|\,f(x)\geq0\}$,
치역은
$\{y\,|\,y\geq k\}$

■ 무리함수
$y=-\sqrt{f(x)}+k$
의 정의역은
$\{x\,|\,f(x)\geq0\}$,
치역은
$\{y\,|\,y\leq k\}$

기본문제 5-11

다음 함수의 그래프를 그리고 정의역과 치역을 구하시오.

(1) $y=\sqrt{2x+4}+1$　　(2) $y=-\sqrt{4-2x}+2$

[풀이] (1) $y=\sqrt{2x+4}+1$

$=\sqrt{2(x+2)}+1$

의 그래프는 함수 $y=\sqrt{2x}$의 그래프를 x축으로 -2만큼, y축으로 1만큼 평행이동한 것이다. 오른쪽 그림에서

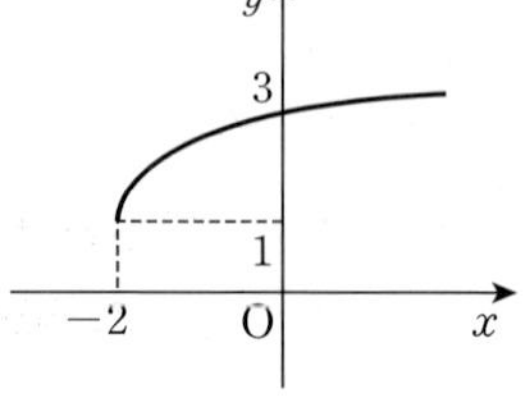

정의역은 $\{x|x\geq-2\}$,

치역은 $\{y|y\geq1\}$ ⇦ 답

(2) $y=-\sqrt{4-2x}+2$

$=-\sqrt{-2(x-2)}+2$

의 그래프는 함수 $y=-\sqrt{-2x}$의 그래프를 x축으로 2만큼, y축으로 2만큼 평행이동한 것이다. 오른쪽 그림에서

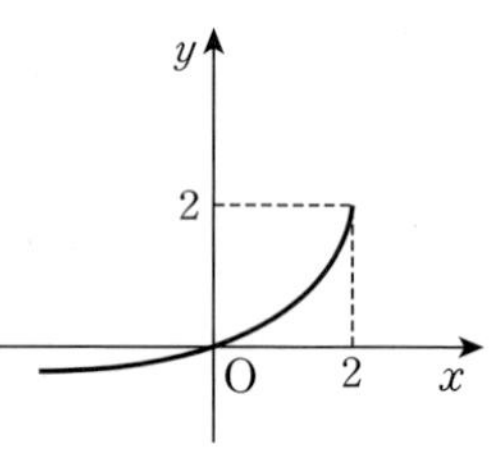

정의역은 $\{x|x\leq2\}$, 치역은 $\{y|y\leq2\}$ ⇦ 답

Tip

■ $y=\sqrt{ax+b}+c$

$=\sqrt{a\left(x+\frac{b}{a}\right)}+c$

의 그래프는 $y=\sqrt{ax}$의 그래프를

x축으로 $-\frac{b}{a}$만큼,

y축으로 c만큼

평행이동한 것이다.

기본문제 5-12

무리함수 $y=\sqrt{ax-2}+b$의 정의역이 $\{x|x\geq1\}$이고, 치역이 $\{y|y\geq2\}$일 때, 상수 a, b의 합 $a+b$의 값을 구하시오.

[풀이] $y=\sqrt{ax-2}+b$의 정의역은 $ax-2\geq0$에서 $ax\geq2$

여기서 $a>0$이고 $x\geq\frac{2}{a}$에서 $\frac{2}{a}=1$　$\therefore a=2$

또, $\sqrt{ax-2}\geq0$이므로 치역은 $y\geq b$이다.　$\therefore b=2$

$\therefore a+b=2+2=4$ 답 4

■ 무리함수

$y=\sqrt{ax+b}+c$

의 정의역은

$\{x|ax+b\geq0\}$,

치역은

$\{y|y\geq c\}$

■ 무리함수

$y=-\sqrt{ax+b}+c$

의 정의역은

$\{x|ax+b\geq0\}$,

치역은

$\{y|y\leq c\}$

유제 5-15 다음 함수의 그래프를 그리고 정의역과 치역을 구하시오.

(1) $y=2\sqrt{1-x}-1$　　(2) $y=\sqrt{|x-1|}$

답 (1) 정의역 : $\{x|x\leq1\}$, 치역 : $\{y|y\geq-1\}$

(2) 정의역 : $\{x|x$는 실수$\}$, 치역 : $\{y|y\geq0\}$

유제 5-16 $y=\sqrt{ax-2}+b$의 정의역이 $\{x|x\leq-1\}$이고, 치역이 $\{y|y\geq1\}$일 때, $a+b$의 값을 구하시오. 답 -1

기본문제 5-13

함수 $y=\sqrt{4x-8}-1$의 그래프는 함수 $y=2\sqrt{x}$의 그래프를 x축으로 m만큼, y축으로 n만큼 평행이동한 것이다. 이때, 상수 m, n의 합 $m+n$의 값을 구하시오.

[풀이] $y=\sqrt{4x-8}-1=\sqrt{4(x-2)}-1=2\sqrt{x-2}-1$
의 그래프는 함수 $y=2\sqrt{x}$의 그래프를
x축으로 2만큼, y축으로 -1만큼
평행이동한 것이다.
$\therefore m=2,\ n=-1 \quad \therefore m+n=2-1=1$

답 1

Tip

■ $y=k\sqrt{x-m}+n$의 그래프는 $y=k\sqrt{x}$의 그래프를 x축으로 m만큼, y축으로 n만큼 평행이동한 것이다.

기본문제 5-14

무리함수 $y=-\sqrt{ax+b}+c$의 그래프가 오른쪽 그림과 같을 때, 상수 a, b, c의 합 $a+b+c$의 값을 구하시오.

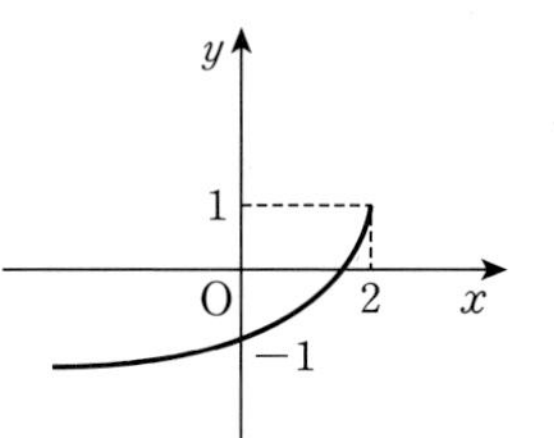

[풀이] 주어진 함수의 그래프는 $y=-\sqrt{ax}$의 그래프를
x축으로 2만큼, y축으로 1만큼
평행이동한 것이므로

$$y=-\sqrt{a(x-2)}+1 \quad \cdots\cdots \ ①$$

①의 그래프가 점 $(0,\ -1)$을 지나므로
$-1=-\sqrt{-2a}+1 \quad \therefore \sqrt{-2a}=2 \quad \therefore a=-2$
이 값을 ①에 대입하면
$y=-\sqrt{-2(x-2)}+1=-\sqrt{-2x+4}+1$
$\therefore a=-2,\ b=4,\ c=1 \quad \therefore a+b+c=3$

답 3

■ $y=-\sqrt{ax}$의 그래프를 x축으로 2만큼, y축으로 1만큼 평행이동한 것이다.

유제 5-17 함수 $y=\sqrt{-2x+2}$의 그래프를 x축으로 1만큼, y축으로 -2만큼 평행이동하면 $y=\sqrt{ax+b}+c$의 그래프와 일치한다. 이때, $a+b+c$의 값을 구하시오.

답 0

유제 5-18 무리함수

$$y=\sqrt{-ax+b}+c$$

의 그래프가 오른쪽 그림과 같을 때, 상수 a, b, c의 합 $a+b+c$의 값을 구하시오.

답 4

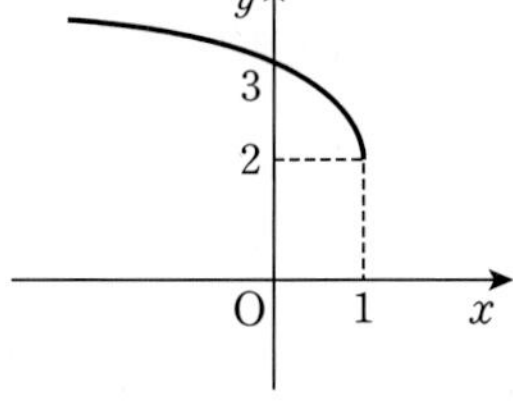

■ $y=\sqrt{-ax}$의 그래프를 x축으로 1만큼, y축으로 2만큼 평행이동한 것이다.

기본문제 5-15

$0 \le x \le 6$에서 함수 $y=\sqrt{2x+4}+b$의 최댓값이 5일 때, 최솟값을 구하시오.

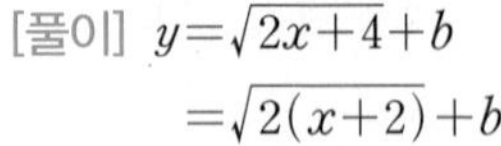

[풀이] $y=\sqrt{2x+4}+b$

$=\sqrt{2(x+2)}+b$

의 그래프는 함수 $y=\sqrt{2x}$의 그래프를 x축으로 -2만큼, y축으로 b만큼 평행이동한 것이다.

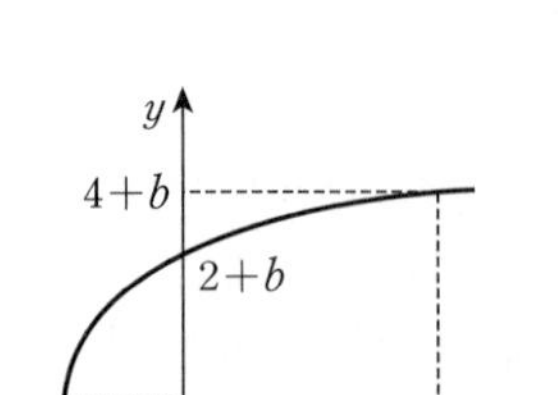

$0 \le x \le 6$에서 함수의 그래프가 증가하므로

$x=6$일 때 최댓값 $4+b=5$ $\quad \therefore b=1$

$x=0$일 때 최솟값 $2+b=2+1=3$ 답 3

> **Tip**
> ■ 주어진 정의역의 범위에서 그래프를 그려서 치역을 구한다.

기본문제 5-16

함수 $y=\sqrt{2x+4}$의 그래프와 직선 $y=x+k$가 서로 다른 두 점에서 만나도록 하는 상수 k의 값의 범위를 구하시오.

[풀이] $y=\sqrt{2x+4}$와 직선 $y=x+k$가 접할 때 $\sqrt{2x+4}=x+k$에서 양변을 제곱하면 $2x+4=x^2+2kx+k^2$

$\therefore x^2+2(k-1)x+k^2-4=0$

$D/4=(k-1)^2-(k^2-4)=0$에서

$-2k+5=0 \quad \therefore k=\frac{5}{2}$

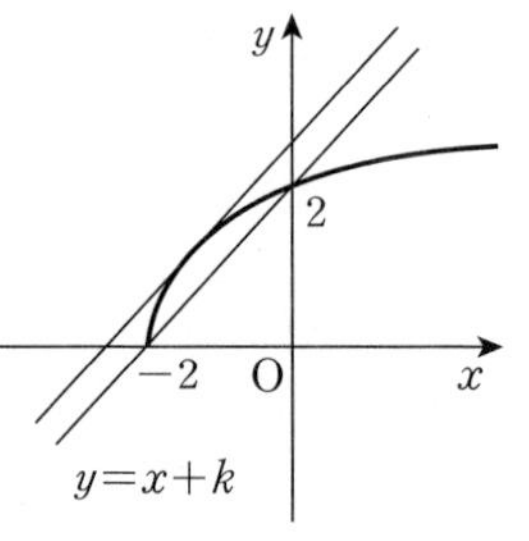

또, 점 $(-2,\ 0)$을 지날 때

$0=-2+k \quad \therefore k=2$

따라서 구하는 k의 값의 범위는 $2 \le k < \frac{5}{2}$ ⇦ 답

> ■ [주의]
> 다음과 같이 풀면 안된다.
> [틀린 풀이]
> 연립방정식
> $\sqrt{2x+4}=x+k$
> 의 양변을 제곱하면
> $x^2+2(k-1)x+k^2-4=0$
> 서로 다른 두 실근을 가져야 하므로
> $D/4$
> $=(k-1)^2-(k^2-4)$
> $=-2k+5>0$
> $\therefore k<\frac{5}{2}$ ⇦ [오답]
> 위의 풀이는 포물선 $y^2=2x+4$와 직선 $y=x+k$가 서로 다른 두 점에서 만날 조건이다.

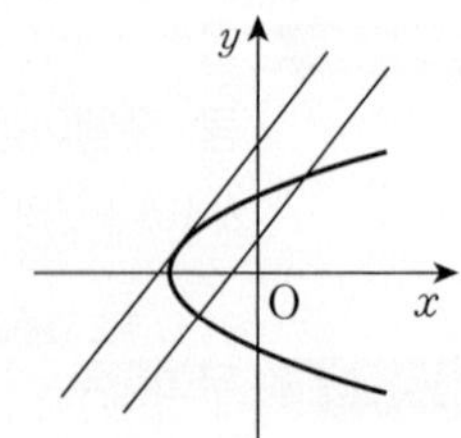

유제 5-19 $-4 \le x \le 2$에서 함수 $y=\sqrt{-2x+a}-1$의 최솟값이 1일 때, 최댓값을 구하시오. 답 3

유제 5-20 함수 $y=\sqrt{x+1}$의 그래프와 직선 $y=x+k$가 다음 조건을 만족하도록 하는 상수 k의 값의 범위를 각각 구하시오.

(1) 만나지 않는다. (2) 한 점에서 만난다.

(3) 서로 다른 두 점에서 만난다.

답 (1) $k>\frac{5}{4}$ (2) $k=\frac{5}{4},\ k<1$ (3) $1 \le k < \frac{5}{4}$

기본문제 5-17

함수 $f(x)=\sqrt{2x-4}+1$의 역함수 $f^{-1}(x)$를 구하고, 그 역함수의 정의역과 치역을 구하시오.

[풀이] 함수 $y=\sqrt{2x-4}+1$의 정의역과 치역은 각각

$\{x\,|\,x\geq 2\}$, $\{y\,|\,y\geq 1\}$ ⇦ 역함수의 치역과 정의역

이다. $y-1=\sqrt{2x-4}$에서 양변을 제곱하면

$(y-1)^2=2x-4 \quad \therefore x=\frac{1}{2}(y-1)^2+2$

여기서 x와 y의 자리를 서로 바꾸면

$y=\frac{1}{2}(x-1)^2+2$

따라서 $f^{-1}(x)=\frac{1}{2}(x-1)^2+2$이고, 역함수의

정의역은 $\{x\,|\,x\geq 1\}$, 치역은 $\{y\,|\,y\geq 2\}$

답 $f^{-1}(x)=\frac{1}{2}(x-1)^2+2$ (단, $x\geq 1$, $y\geq 2$)

Tip

■ 원래 함수의 정의역과 치역은 각각 역함수의 치역과 정의역으로 바뀐다.

기본문제 5-18

두 함수 $y=\sqrt{x-1}+1$, $x=\sqrt{y-1}+1$의 그래프는 두 점에서 만난다. 이때 두 점 사이의 거리를 구하시오.

[풀이] 두 함수는 서로 역함수 관계이므로 두 함수의 그래프의 교점은 함수 $y=\sqrt{x-1}+1$의 그래프와 직선 $y=x$의 교점과 같다.

$\sqrt{x-1}+1=x$에서 $\sqrt{x-1}=x-1$

양변을 제곱하면 $x-1=x^2-2x+1 \quad \therefore x^2-3x+2=0$

$\therefore (x-1)(x-2)=0 \quad \therefore x=1, 2$

따라서 두 함수의 교점은 $(1,\ 1)$, $(2,\ 2)$이므로 그 거리는

$\sqrt{(2-1)^2+(2-1)^2}=\sqrt{2}$

답 $\sqrt{2}$

■ $y=\sqrt{x-1}+1$,
$x=\sqrt{y-1}+1$
은 x와 y의 자리가 바뀐 함수이므로 서로 역함수 관계이다.

■ 방정식 $f(x)=f^{-1}(x)$의 실근은
⇨ 방정식 $f(x)=x$의 실근과 같다.

유제 5-21 함수 $f(x)=-\sqrt{2-x}+1$의 역함수 $f^{-1}(x)$를 구하고, 그 역함수의 정의역과 치역을 구하시오.

답 $f^{-1}(x)=-(x-1)^2+2$ $(x\leq 1,\ y\leq 2)$

유제 5-22 함수 $f(x)=-\sqrt{3-2x}$와 그 역함수 $f^{-1}(x)$의 그래프의 교점의 좌표가 $(a,\ b)$일 때, 상수 a, b의 합 $a+b$의 값을 구하시오.

답 -6

기본문제 5-19

정의역이 $\{x|x>1\}$인 두 함수

$$f(x)=\sqrt{2x-1},\ g(x)=\frac{2x+1}{x-1}$$

에 대하여 $(g\circ(f\circ g)^{-1}\circ g)(4)$의 값을 구하시오.

[풀이] $g\circ(f\circ g)^{-1}\circ g=g\circ(g^{-1}\circ f^{-1})\circ g$

$=(g\circ g^{-1})\circ f^{-1}\circ g$

$=f^{-1}\circ g$ $\Leftarrow g\circ g^{-1}=I$

이므로 $(g\circ(f\circ g)^{-1}\circ g)(4)=f^{-1}(g(4))=f^{-1}(3)$

$f^{-1}(3)=a$라고 놓으면 $f(a)=3$이므로

$\sqrt{2a-1}=3$ $\therefore 2a-1=9$ $\therefore a=5$ 답 5

Tip
- 먼저 합성함수의 기호를 간단히 한다.
- 역함수의 성질
  1. $(f\circ g)^{-1}=g^{-1}\circ f^{-1}$
  2. $g\circ g^{-1}=g^{-1}\circ g=I$
  3. $f\circ I=I\circ f=f$
  4. $f^{-1}(a)=b$ $\Leftrightarrow a=f(b)$

기본문제 5-20

함수 $f(x)$를 $f(x)=\begin{cases}3\sqrt{x+1}+2 & (x\geq 0)\\ 5-\sqrt{-x} & (x<0)\end{cases}$로 정의할 때,

(1) $(f\circ f)^{-1}(a)=-4$를 만족하는 상수 a의 값을 구하시오.

(2) $g(x)=\dfrac{3x-4}{x+2}$에 대하여 $(g\circ f^{-1})(11)$의 값을 구하시오.

- $(f\circ f)^{-1}(a)=-4$ $\Leftrightarrow (f\circ f)(-4)=a$

[풀이] (1) $(f\circ f)^{-1}(a)=-4$에서 $(f\circ f)(-4)=a$

$f(-4)=5-\sqrt{-(-4)}=5-2=3,$

$f(3)=3\sqrt{3+1}+2=6+2=8$

이므로 $a=f(f(-4))=f(3)=8$ 답 8

(2) $f^{-1}(11)=b$라고 놓으면 $f(b)=11$이므로

$3\sqrt{b+1}+2=11$ $\therefore \sqrt{b+1}=3$ $\therefore b=8$

$\therefore (g\circ f^{-1})(11)=g(f^{-1}(11))=g(8)$

$=\dfrac{3\cdot 8-4}{8+2}=2$ 답 2

- $f^{-1}(a)=b$ $\Leftrightarrow a=f(b)$

유제 5-23 두 함수 $f(x)=\sqrt{x+1}$, $g(x)$에 대하여

$$(g\circ f)(x)=\frac{2x-1}{x+2}$$

이 성립한다. 이때, $g(2)$의 값을 구하시오. 답 1

- $f(x)=2$인 x를 먼저 구한다.

유제 5-24 함수 $f(x)$를 $f(x)=\begin{cases}2-\sqrt{5x} & (x\geq 0)\\ 2\sqrt{1-x} & (x<0)\end{cases}$로 정의할 때,

$(f^{-1}\circ f^{-1})(a)=20$을 만족하는 상수 a의 값을 구하시오. 답 6

- $f^{-1}\circ f^{-1}=(f\circ f)^{-1}$

UpGrade 5-5

함수 $y=\sqrt{1-x^2}$의 그래프와 직선 $y=x+k$가 서로 다른 두 점에서 만나도록 하는 상수 k의 값의 범위를 구하시오.

[풀이] $y=\sqrt{1-x^2}$의 정의역은
$1-x^2\geq 0$에서 $-1\leq x\leq 1$이고,
치역은 $\sqrt{1-x^2}\geq 0$이므로 $y\geq 0$이다.
$y=\sqrt{1-x^2}$의 양변을 제곱하면
$y^2=1-x^2$
$\therefore x^2+y^2=1$(단, $y\geq 0$) …… ①
방정식 ①의 그래프는 중심이 $(0,\ 0)$이고 반지름이 1인 원의 $y\geq 0$인 부분을 나타내는 반원이다.
직선 $x-y+k=0$이 반원에 접할 때
$\dfrac{|0-0+k|}{\sqrt{1^2+(-1)^2}}=1 \quad \therefore k=\sqrt{2}\ (\because k>0)$
또, 직선 $y=x+k$가 점 $(-1,\ 0)$을 지날 때 $k=1$이므로
구하는 k의 값의 범위는 $1\leq k<\sqrt{2}$ ⇦ 답

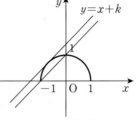

Tip

■ 반원을 나타내는 무리함수 (단, $r>0$)
1. $y=\sqrt{r^2-x^2}$
⇨ 원 $x^2+y^2=r^2$의 $y\geq 0$인 부분
2. $y=-\sqrt{r^2-x^2}$
⇨ 원 $x^2+y^2=r^2$의 $y\leq 0$인 부분
3. $y=\sqrt{r^2-(x-a)^2}+b$
⇨ 원 $(x-a)^2+(y-b)^2=r^2$의 $y\geq b$인 부분
4. $y=-\sqrt{r^2-(x-a)^2}+b$
⇨ 원 $(x-a)^2+(y-b)^2=r^2$의 $y\leq b$인 부분

UpGrade 5-6

함수 $y=\sqrt{x+2}+\sqrt{-x+2}$의 최댓값과 최솟값을 구하시오.

[풀이] $y=\sqrt{x+2}+\sqrt{-x+2}$의
정의역은 $x+2\geq 0$, $-x+2\geq 0$
에서 $-2\leq x\leq 2$이다.
$y_1=\sqrt{x+2}$, $y_2=\sqrt{-x+2}$
라고 놓으면 주어진 함수는
$y=y_1+y_2$
이므로 주어진 함수의 그래프는 두 함수 y_1, y_2의 함숫값을 더해서 그릴 수 있다. 위의 그림에서
$x=0$일 때 최댓값 $2\sqrt{2}$, $x=\pm 2$일 때 최솟값 2

답 최댓값 $2\sqrt{2}$, 최솟값 2

■ 그래프의 합성
$y_1=\sqrt{x+2}$,
$y_2=\sqrt{-x+2}$
라고 놓으면
$y=y_1+y_2$
이므로 이 함수의 그래프는 두 함수 y_1, y_2의 함숫값을 더해서 그릴 수 있다. 이와 같이 함숫값을 더해서 그리는 것을 그래프의 합성이라고 한다.

유제 5-25 방정식 $\sqrt{2x-x^2}=m(x+1)$이 서로 다른 두 실근을 갖도록 하는 상수 m의 값의 범위를 구하시오.

답 $0\leq m<\dfrac{\sqrt{3}}{3}$

유제 5-26 함수 $y=\sqrt{2x+4}+\sqrt{-2x+4}$의 최댓값과 최솟값을 구하시오.

답 최댓값 4, 최솟값 $2\sqrt{2}$

연습문제 05*

5-1 분수함수 $y=\frac{1-3x}{2x+1}$의 점근선의 방정식이 $x=a$, $y=b$일 때, $a+b$의 값을 구하시오.

■ $y=\frac{k}{x-m}+n(k\neq0)$의 점근선은 $x=m$, $y=n$

5-2 다음 함수의 그래프 중 평행이동에 의하여 서로 겹칠 수 없는 것은?

① $y=\frac{x+1}{x-1}$ ② $y=\frac{-x+1}{x+1}$ ③ $y=\frac{3x-4}{x-2}$

④ $y=\frac{-2x+3}{2x+1}$ ⑤ $y=\frac{2x-5}{2x-1}$

■ $y=\frac{k}{x-m}+n$의 꼴로 변형했을 때, k의 값이 서로 같으면 평행이동하여 겹칠 수 있다.

5-3 함수 $y=\frac{ax+7}{bx+c}$의 그래프는 점 $(-1,\ -1)$을 지나고 점근선의 방정식이 $x=\frac{1}{2}$, $y=-\frac{1}{3}$일 때, 상수 a, b, c의 합 $a+b+c$의 값을 구하시오.

■ $y=\frac{k}{x-\frac{1}{2}}-\frac{1}{3}=\frac{2k}{2x-1}-\frac{1}{3}$

5-4 함수 $y=\frac{ax+b}{cx-3}$의 그래프가 오른쪽 그림과 같을 때, 상수 a, b, c의 합 $a+b+c$의 값을 구하시오.

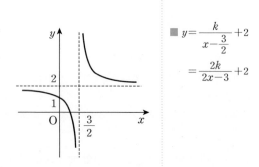

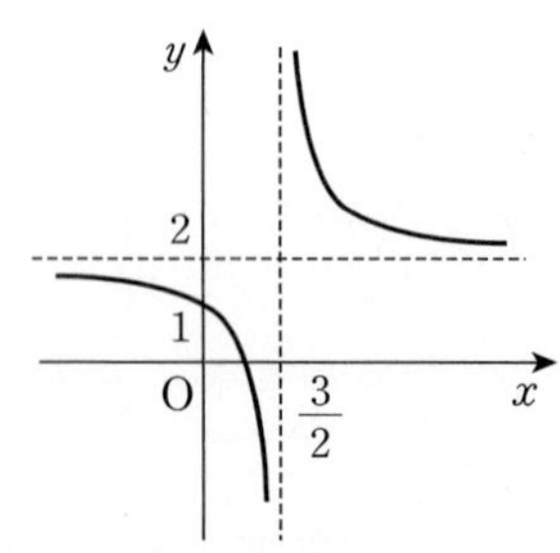

■ $y=\frac{k}{x-\frac{3}{2}}+2=\frac{2k}{2x-3}+2$

5-5 분수함수 $y=\frac{-3x+5}{x-2}$의 그래프가 점 $(a,\ b)$에 대하여 대칭일 때, 상수 a, b의 합 $a+b$의 값을 구하시오.

■ $y=\frac{k}{x-m}+n(k\neq0)$의 그래프는 점 $(m,\ n)$에 대하여 대칭이다.

5-6 분수함수 $y=\frac{-2x+3}{x-1}$의 그래프가 지나지 않는 사분면을 모두 말하시오.

■ 그래프를 그릴 때에는 x절편, y절편을 구한다.

5-7 분수함수 $y=\frac{ax+1}{x+b}$의 그래프가 두 직선 $y=x+3$, $y=-x+1$에 대하여 대칭일 때, 상수 a, b의 합 $a+b$의 값을 구하시오.

■ 두 직선 $y=x+3$, $y=-x+1$의 교점이 점근선의 교점이다.

5-8 함수 $y=\frac{2x+5}{2x+1}$의 그래프는 $y=\frac{k}{x}$의 그래프를 x축으로 m만큼, y축으로 n만큼 평행이동한 것이다. 이때 상수 k, m, n의 합 $k+m+n$의 값은?

① 1 ② $\frac{3}{2}$ ③ 2
④ $\frac{5}{2}$ ⑤ 3

■ $y=\frac{k}{x-m}+n$

5-9 분수함수 $y=\frac{x+1}{3x-2}$에 대하여 다음 [보기] 중 옳은 것을 모두 고르면?

[보기]
ㄱ. 치역은 $\left\{y \mid y\neq\frac{1}{3}\right\}$이다.
ㄴ. 그래프의 점근선은 $x=\frac{2}{3}$, $y=\frac{1}{3}$이다.
ㄷ. 그래프는 $y=\frac{5}{9x}$를 평행이동한 것이다.

① ㄱ ② ㄴ ③ ㄷ
④ ㄱ, ㄴ ⑤ ㄱ, ㄴ, ㄷ

■ $y=\frac{k}{x-m}+n$ 의 그래프에서
1. 정의역 : $\{x \mid x\neq m\}$
2. 치역 : $\{y \mid y\neq n\}$
3. 점근선 : $x=m$, $y=n$
4. $y=\frac{k}{x}$의 그래프를 x축으로 m만큼, y축으로 n만큼 평행이동한 것이다.

5-10 분수함수 $y=\frac{-2x+1}{x-1}$에 대한 다음 설명 중 옳지 않은 것은?

① 그래프는 점 $(1,\ -2)$에 대하여 대칭이다.
② 정의역은 $\{x \mid x\neq1\}$이다.
③ 그래프의 x절편은 $\frac{1}{2}$이다.
④ 그래프는 제 1, 2, 4사분면을 지난다.
⑤ 그래프는 $y=-\frac{1}{x}$의 그래프를 평행이동한 것이다.

■ $y=\frac{k}{x-m}+n(k\neq0)$의 그래프는 점 $(m,\ n)$에 대하여 대칭이다.

5-11 함수 $y=\dfrac{3x+2}{x+1}$의 정의역이

$$\{x\mid -2\leq x<-1,\ -1<x\leq 0\}$$

일 때, 치역은?

① $\{y\mid y\leq 2$ 또는 $y\geq 4\}$　② $\{y\mid 2\leq y\leq 4\}$
③ $\{y\mid y<2$ 또는 $y>4\}$　④ $\{y\mid 2<y<4\}$
⑤ $\{y\mid 2\leq y<3$ 또는 $3<y\leq 4\}$

■ 주어진 정의역의 범위에서 그래프를 그려서 치역을 구한다.

5-12 분수함수 $y=f(x)$가 다음 두 조건을 만족할 때, $1\leq x\leq 3$에서 $y=f(x)$의 최댓값과 최솟값의 합은?

(가) 점근선의 방정식은 $x=-1$, $y=4$이다. (나) 그래프는 원점을 지난다.

① 1　② 2　③ 3
④ 4　⑤ 5

■ $y=\dfrac{k}{x+1}+4$

5-13 함수 $y=\dfrac{2x-1}{x-1}$의 그래프에 대하여 다음 물음에 답하시오.

(1) 직선 $y=mx-m+2$와 만나도록 하는 상수 m의 값의 범위를 구하시오.
(2) 직선 $y=mx+2$와 한 점에서 만날 때, 음수 m의 값을 구하시오.

■ 직선은 정점 (1, 2)를 지난다.
■ $D=0$

5-14 함수 $f(x)=\dfrac{1+x}{1-x}$에 대하여

$$f=f^1,\ f\circ f=f^2,\ f\circ f^2=f^3,\ \cdots,\ f\circ f^n=f^{n+1}$$

로 정의한다. (단, n은 자연수)
함수 $y=f^{15}(x)$의 그래프가 점 $(a,\ b)$에 대하여 대칭일 때, 상수 a, b의 곱 ab의 값을 구하시오.

■ 차례로 몇 개의 함수 f^1, f^2, f^3, f^4, $\cdots$를 구하여 주기를 발견한다.

5-15 함수 $f(x)=\dfrac{ax}{2x-3}$에 대하여 $f=f^{-1}$가 성립할 때, 상수 a의 값을 구하시오. (단, f^{-1}는 f의 역함수이다.)

■ $f(x)=\dfrac{ax+b}{cx+d}$
$\Leftrightarrow f^{-1}(x)=\dfrac{-dx+b}{cx-a}$

5-16 두 함수 $f(x)=\frac{1}{x+2}$, $g(x)=\frac{x}{x+1}$에 대하여 $(h\circ f)(x)=g(x)$를 만족하는 함수 $h(x)$를 구하시오.

■ $\frac{1}{x+2}=t$라고 놓으면 $x=\frac{1}{t}-2=\frac{1-2t}{t}$

5-17 두 함수 $f(x)=\frac{x-2}{x+1}$, $g(x)=\frac{ax+b}{x+c}$에 대하여 $(f\circ g)(x)=\frac{1}{x}$을 만족할 때, 상수 a, b, c의 합 $a+b+c$의 값을 구하시오.

■ $f(g(x))=\frac{g(x)-2}{g(x)+1}$

5-18 정의역이 $\{x\mid x>0\}$인 두 함수 $f(x)=\frac{x+1}{x}$, $g(x)=\sqrt{x}$에 대하여 $(f\circ g^{-1})(a)=5$일 때, $(g\circ f)(a)$의 값을 구하시오. (단, g^{-1}는 g의 역함수이다.)

■ $g(x)=\sqrt{x}(x>0)$의 역함수는 $g^{-1}(x)=x^2(x>0)$

5-19 함수 $f(x)=\frac{ax+b}{x-3}$의 그래프와 그 역함수의 그래프가 모두 점 $(2,\ -1)$을 지날 때, 상수 a, b의 합 $a+b$의 값을 구하시오.

■ $f(2)=-1$이고 $f^{-1}(2)=-1$ $\Leftrightarrow f(2)=-1,\ f(-1)=2$

5-20 함수 $f(x)=\frac{2x+3}{x-1}$와 그 역함수 $f^{-1}(x)$에 대하여 $y=f(x)$의 그래프를 x축으로 m만큼, y축으로 n만큼 평행이동하면 $y=f^{-1}(x)$의 그래프와 일치한다. 이때, 상수 m, n의 곱 mn의 값을 구하시오.

■ $f(x)=\frac{ax+b}{cx+d}$ $\Leftrightarrow f^{-1}(x)=\frac{-dx+b}{cx-a}$

5-21 함수 $f(x)=\frac{2x-5}{x-3}$의 역함수를 $f^{-1}(x)$라고 할 때, $(f^{-1}\circ f\circ f^{-1})(3)$의 값을 구하시오.

■ $f^{-1}\circ f=I$

5-22 함수 $f(x)=\dfrac{2x-4}{x+1}$일 때, $(f\circ g)(x)=x$를 만족시키는 함수 $g(x)$에 대하여 $(g\circ g)(1)$의 값을 구하시오.

■ $g=f^{-1}$

5-23 함수 $y=\sqrt{2x-3}+4$의 그래프는 함수 $y=\sqrt{2x}$의 그래프를 x축으로 m만큼, y축으로 n만큼 평행이동한 것이다. 이때, 상수 m, n의 곱 mn의 값을 구하시오.

■ $y=\sqrt{ax+b}+c$
$=\sqrt{a\left(x+\dfrac{b}{a}\right)}+c$

5-24 다음 함수의 그래프 중 평행이동 또는 대칭이동하여 함수 $y=\sqrt{-x}$의 그래프와 겹쳐지는 것을 [보기]에서 모두 고르면?

[보기]

ㄱ. $y=-\sqrt{x}$	ㄴ. $y=-\sqrt{2-x}$
ㄷ. $y=\dfrac{1}{2}\sqrt{2x-1}$	ㄹ. $y=\dfrac{1}{2}\sqrt{1-4x}+1$

① ㄱ, ㄴ ② ㄱ, ㄷ ③ ㄱ, ㄴ, ㄷ
④ ㄱ, ㄴ, ㄹ ⑤ ㄴ, ㄷ, ㄹ

■ 대칭이동
1. x축
⇨ y대신 $-y$
2. y축
⇨ x대신 $-x$
3. 원점
⇨ x대신 $-x$
y대신 $-y$

5-25 함수 $y=-\sqrt{ax+b}+c$의 y그래프가 오른쪽 그림과 같을 때, 상수 a, b, c의 합 $a+b+c$의 값을 구하시오.

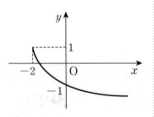

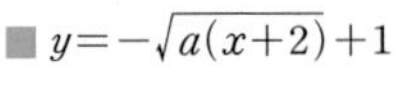

5-26 함수 $y=\sqrt{-2x+4}-3$의 그래프에 대한 다음 설명 중 옳지 않은 것은?

① 정의역은 $\{x\mid x\le 2\}$이다.
② 치역은 $\{y\mid y\ge -3\}$이다.
③ $y=\sqrt{-2x}$의 그래프를 평행이동한 것이다.
④ 제 2사분면을 지나지 않는다.
⑤ x절편은 음수이다.

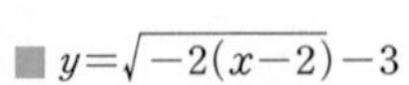

5-27 $1\leq x\leq 5$에서 함수 $y=2-\sqrt{3x+1}$의 최댓값을 M, 최솟값을 m이라고 할 때, $M+m$의 값을 구하시오.

■ 그래프를 이용하여 치역을 구한다.

5-28 $-3\leq x\leq 1$에서 함수 $y=5-\sqrt{a-2x}$의 최댓값이 4일때, 최솟값을 구하시오. (단, $a\geq 2$)

■ 그래프를 이용하여 치역을 구한다.

5-29 두 집합

$$A=\{(x,\ y)\,|\,y=\sqrt{x-1}\},\ B=\{(x,\ y)\,|\,y=kx\}$$

에 대하여 $n(A\cap B)=2$일 때, 실수 k의 값의 범위를 구하시오.

■ $n(A\cap B)=2$
⇔ 두 그래프가 서로 다른 두 점에서 만난다.

5-30 두 집합

$$A=\{(x,\ y)\,|\,y=\sqrt{4-x^2}\},\ \ B=\{(x,\ y)\,|\,y=k(x+3)\}$$

에 대하여 $n(A\cap B)=2$일 때, 실수 k의 값의 범위를 구하시오.

■ $y=\sqrt{4-x^2}$의 그래프는 반원을 나타낸다.
[UpGrade 5−5] 참조

5-31 함수 $f(x)=\sqrt{ax+b}$가 역함수 $g(x)$를 갖는다. 점 $(2,\ 1)$이 함수 $y=f(x)$와 함수 $y=g(x)$의 그래프 위에 있을 때, $f(-6)$의 값은?

① 3　② 4　③ 5
④ 6　⑤ 7

■ $f(2)=1,\ f^{-1}(2)=1$
⇔ $f(2)=1,\ f(1)=2$

5-32 함수 $y=\sqrt{x-2}+1$의 역함수가 $y=x^2+ax+b\ (x\geq c)$일 때, 상수 a, b, c의 합 $a+b+c$의 값은?

① 1 ② 2 ③ 3
④ 4 ⑤ 5

■ x와 y의 자리를 서로 바꾼다.

5-33 함수 $f(x)=2\sqrt{x-a}+1$과 그 역함수 $f^{-1}(x)$에 대하여 방정식 $f(x)=f^{-1}(x)$는 오직 한 개의 실근을 갖는다고 한다. 이때, 양수 a의 값과 실근을 구하시오.

■ 방정식 $f(x)=f^{-1}(x)$의 실근은 방정식 $f(x)=x$의 실근과 같다.

5-34 함수 $f(x)=\sqrt{4-2x}+3$과 $g(x)=\sqrt{2x+1}$의 역함수를 각각 $f^{-1}(x)$, $g^{-1}(x)$라고 할 때, $(f^{-1}\circ g)^{-1}(0)$의 값을 구하시오.

■ $(f^{-1}\circ g)^{-1}=g^{-1}\circ f$

5-35 두 함수 $y=\sqrt{x-2}+2$, $x=\sqrt{y-2}+2$의 그래프는 두점에서 만난다. 이때 두 점 사이의 거리를 구하시오.

■ 두 함수는 서로 역함수 관계이다.

5-36 함수 $f(x)=\sqrt{2x-a}+1$의 그래프와 그 역함수 $y=f^{-1}(x)$의 그래프의 두 교점 사이의 거리가 4일 때, 상수 a의 값을 구하시오.

■ 방정식 $f(x)=x$의 교점을 이용한다.

5-37 정의역이 $\{x\,|\,x>-1\}$인 두 함수

$$f(x)=\frac{1-x}{1+x},\ g(x)=\sqrt{2x+2}-1$$

에 대하여 $(g\circ f)^{-1}(1)$의 값을 구하시오.

■ 역함수의 성질
1. $(g\circ f)^{-1}=f^{-1}\circ g^{-1}$
2. $f^{-1}(a)=b$
$\Leftrightarrow\ a=f(b)$

5-38 정의역이 $\{x\,|\,x>2\}$인 두 함수

$$f(x)=\frac{1}{x-2}+2,\ g(x)=\sqrt{3x-2}$$

에 대하여 $((g\circ f)^{-1}\circ g)(3)=g(a)$일 때, $3a$의 값을 구하시오.

■ $g^{-1}\circ g=I$

5-39 무리함수 $y=\sqrt{ax+b}+c$의 그래프가 오른쪽 그림과 같을 때, 분수함수 $y=\dfrac{ax+b}{x+c}$의 두 점근선의 교점을 구하시오.

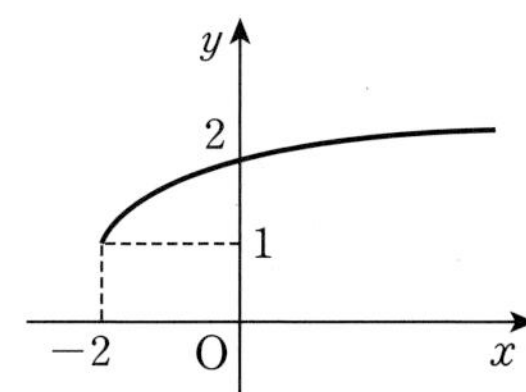

■ $y=\sqrt{a(x+2)}+1$

5-40 정의역이 $\{x\,|\,x>0\}$인 세 함수

$$f(x)=x+\frac{1}{x},\ g(x)=\frac{2x-1}{x+1},\ h(x)=\sqrt{4x+1}$$

에 대하여 다음 물음에 답하시오.

(1) 함수 $f(x)$의 치역과 그래프의 개형을 그리시오.
(2) 합성함수 $(g\circ f)(x)$의 최솟값을 구하시오.
(3) 합성함수 $(h\circ f)(x)$의 최솟값을 구하시오.

■ $y=f(x)$의 그래프는 $y_1=x,\ y_2=\dfrac{1}{x}$라고 놓고 두 함수 $y_1,\ y_2$의 그래프의 합성을 이용하여 그린다.

5-41 무리함수 $y=\sqrt{x}+\sqrt{1-x}$의 그래프의 개형을 그리고, 최댓값과 최솟값을 구하시오.

■ 함수
$y=\sqrt{x}+\sqrt{1-x}$
의 정의역은 $0\le x\le 1$
[UpGrade 5-6] 참조

III 장

수열

제 6 장	등차수열과 등비수열	172

6장 등차수열과 등비수열

6-1 등차수열

1. 수열

(1) 수열 · 항 · 일반항

자연수의 집합 N에서 실수의 집합 R로의 함수

$$f : N \rightarrow R$$

의 함숫값을 차례로 나열하면

$$f(1),\ f(2),\ f(3),\ \cdots,\ f(n),\ \cdots \qquad \cdots\cdots \text{①}$$

이고, 이것을 수열이라고 한다.

이때, 수열의 각 수를 항이라 하고, 처음부터 차례로

첫째항(제1항), 둘째항(제2항), $\cdots$, n째항(제n항), $\cdots$,

이라고 하며, 제n항인 $f(n)$을 일반항이라고 부른다.

여기서 $f(n)=a_n$이라고 놓으면 이 수열은

$$a_1,\ a_2,\ a_3,\ \cdots,\ a_n,\ \cdots \qquad \cdots\cdots \text{②}$$

이 되며, 이때의 일반항은 a_n이다.

또, 수열 ①과 ②를 일반항을 써서 수열

$$\{f(n)\} \text{ 또는 수열 } \{a_n\}$$

과 같이 간단히 나타낸다.

예를 들면, $f(n)=2n$일 때 $n=1,\ 2,\ 3,\ \cdots$을 차례로 대입하여 그 함숫값을 차례로 나열하면

$$2,\ 4,\ 6,\ 8,\ \cdots,\ 2n,\ \cdots$$

이 되며, 이것을 수열 $\{2n\}$이라고 한다.

Tip

■ 수열은 함숫값을 차례로 나열한 것이다.
정의역이 자연수이므로
$n=1,\ 2,\ 3,\ \cdots$
을 대입하여 그 함숫값을 차례로 나열하면 된다.
그런데 수열의 문제에서
$n=0,\ 1,\ 2,\ 3,\ \cdots$
을 대입하여 그 함숫값을 차례로 나열한 것을 다루기도 한다.
즉, 첫째항을 a_0부터 시작하는 수열
$a_0,\ a_1,\ a_2,\ \cdots,\ a_n,\ \cdots$을 다루기도 하는데 이 경우의 일반항 a_n은 $(n+1)$째항이라는 사실에 주의한다.
이 경우에는 $n \geq 0$이라는 조건이 붙는다.
특별한 조건이 없으면 n은 자연수이다.

보기 1 다음 각 함수로 정의된 수열의 첫째항부터 제5항까지 구하시오.

(1) $f(n)=2n-1$　　(2) $f(n)=(-1)^n$

[설명] $f(1),\ f(2),\ f(3),\ f(4),\ f(5)$의 값을 나열하면 된다.

(1) 1, 3, 5, 7, 9　　(2) $-1,\ 1,\ -1,\ 1,\ -1$

보기 2 다음 각 수열의 첫째항부터 제5항까지 구하시오.

(1) $\{n^2\}$　　(2) $\{2^n-n\}$

■ $f(n)=a_n$

[설명] (1) $a_n=n^2$ 또는 $f(n)=n^2$이라고 놓고 $a_1,\ a_2,\ a_3,\ a_4,\ a_5$ 또는 $f(1),\ f(2),\ f(3),\ f(4),\ f(5)$의 값을 구하여 나열 하면 된다.

따라서 구하는 수열은 1, 4, 9, 16, 25

(2) $a_n=2^n-n$에서 $a_1=2^1-1=1$, $a_2=2^2-2=2$, $a_3=2^3-3=5$, $a_4=2^4-4=12$, $a_5=2^5-5=27$이므로 구하는 수열은 1, 2, 5, 12, 27

(2) 유한수열 · 무한수열 · 끝항 · 항수

항의 개수가 유한인 수열을 유한수열이라고 하고, 항의 개수가 무한인 수열을 무한수열이라고 한다.
또, 유한수열의 마지막 항을 끝항이라고 하고, 유한수열의 항의 수를 항수라고 한다.
예를 들면, 수열

$$1,\ 3,\ 5,\ 7,\ 9,\ 11,\ 13$$

은 항수가 7인 유한수열이고, 끝항은 13이다.
또, 수열 $1,\ 3,\ 5,\ \cdots,\ 2n-1,\ \cdots$은 무한수열이다.
무한수열인 경우에는 일반항의 다음에 점 세 개를 찍어서 항의 수가 무한임을 나타낸다.
또는 간단히 $1,\ 3,\ 5,\ \cdots$라고 나타내기도 한다.

2. 등차수열의 일반항

■ 등차수열을 간단히 A.P.로 나타낸다.

(1) 등차수열(Arithmetic Progression)의 정의

예를 들어, 두 수열

$$2,\ 4,\ 6,\ 8,\ 10,\ \cdots \qquad \cdots\cdots ①$$

$$10,\ 8,\ 6,\ 4,\ 2,\ \cdots \qquad \cdots\cdots ②$$

에 대하여 생각해 보자.
수열 ①과 ②의 규칙을 살펴보면 수열 ①은 첫째항 2부터 차례로 2를 더하여 얻어진 수열이고, 수열 ②는 첫째항 10부터 차례로 -2를 더하여 얻어진 수열이다.
이와 같이 첫째항부터 일정한 수를 더하여 얻어지는 수열을 등차수열이라고 하고, 더하는 일정한 수를 공차라고 한다. 위의 예에서 수열 ①은 첫째항이 2, 공차가 2인 등차수열이고, 수열 ②는 첫째항이 10, 공차가 -2인 등차수열이다.

(2) 등차수열의 일반항

■ 공차가 d인 등차수열 $\{a_n\}$은 이웃하는 두 항의 차가 항상 d로 일정하다. 이것을 관계식으로 나타내면
$n=1,\ 2,\ 3,\ \cdots$에 대하여

$$a_{n+1}-a_n=d$$

로 나타낼 수 있다.
즉, $a_{n+1}-a_n=d$
⇔ 공차가 d인 등차수열

등차수열의 첫째항을 a, 공차를 d, 일반항(제n항)을 a_n이라고 하면
수열 $\{a_n\}$은 $a_1=a$이고,

$$a_1,\ a_2,\ a_3,\ \cdots,\ a_n,\ \cdots$$

은 공차가 d인 등차수열이므로
$a_2=a_1+d=a+d$, $a_3=a_2+d=a+2d$, $a_4=a_3+d=a+3d$, $\cdots$
$a_n=a_n-1+d=a+(n-1)d$, $\cdots$ ⇦ $a_{n+1}=a_n+d$
가 된다. 따라서 일반항 a_n은

$$a_n=a+(n-1)d$$

보기 3 다음 등차수열의 제 10항과 제 n항을 구하시오.

(1) 1, 4, 7, $\cdots$ (2) 8, 4, 0, $\cdots$

[설명] 첫째항 a와 공차 d를 구하여 등차수열의 일반항 a_n은

$$a_n=a+(n-1)d$$

임을 이용한다.

(1) $a=1$, $d=3$이므로 $a_{10}=a+9d=1+9\cdot3=28$,

$a_n=a+(n-1)d=1+(n-1)\cdot3=3n-2$

(2) $a=8$, $d=-4$이므로 $a_{10}=a+9d=8+9\cdot(-4)=-28$,

$a_n=a+(n-1)d=8+(n-1)\cdot(-4)=-4n+12$

[참고] 수열 1, 4, 7, $\cdots$의 일반항을 구할 수 있는가?

등차수열이라는 조건이 없으면 일반항을 정할 수 없다.

왜냐하면, 공차가 3이라는 조건이 없으므로 일반항 a_n은 다음과 같이 여러 가지로 표현되기 때문이다.

$a_n=(n-1)(n-2)(n-3)+3n-2$,

$a_n=n(n-1)(n-2)(n-3)+3n-2$,

$a_n=n^2(n-1)(n-2)(n-3)+3n-2$,

위의 어느 경우이든지 $a_1=1$, $a_2=4$, $a_3=7$이다.

■ $a_n=pn+q$일 때,

$a_{n+1}-a_n$

$=\{p(n+1)+q\}-(pn+q)$

$=p$(일정)

이므로 수열 $\{a_n\}$은 공차가 p인 등차수열이다.

$p=0$이면 공차가 0이므로 모든 항이 q, 즉

$a_n=q$(상수)

인 등차수열이고,

공차가 0이 아니면 $p\neq0$이므로

$a_n=pn+q$

는 n에 관한 일차식이다.

■ 우리가 이 단원에서 다루는 수열은 규칙이 있는 수열만 다룬다.

규칙이 있는 수열은 등차수열, 조화수열, 등비수열, 계차수열, 군수열 등이 있다.

따라서 수열의 문제에서는 규칙을 발견하여 문제를 해결한다.

(3) 등차중항

세 수 a, x, b가 이 순서로 등차수열을 이룰 때, x를 a, b의 **등차중항**이라고 한다.

이때, a, x, b가 이 순서로 등차수열을 이루므로 이웃하는 두 항의 차는 공차로 서로 같다. 따라서

$$x-a=b-x \Leftrightarrow 2x=a+b \Leftrightarrow x=\frac{a+b}{2}$$

가 성립한다.

만일 수열 $\{a_n\}$이 $n=1, 2, 3, \cdots$일 때

$$2a_{n+1}=a_n+a_{n+2}$$

인 관계를 만족하면 수열 $\{a_n\}$은 등차수열이다.

■ 두 양수 a, b의 등차중항은 a, b의 산술평균과 같다.

⇨ $x=\frac{a+b}{2}$

보기 4 세 수 x, $3x-2$, x^2이 이 순서로 등차수열을 이룰 때, 모든 x의 값의 합을 구하시오.

[설명] $2(3x-2)=x+x^2$에서 $x^2-5x+4=0$

$\therefore (x-1)(x-4)=0 \quad \therefore x=1, 4$

따라서 모든 x의 값의 합은 $1+4=5$ 답 5

3. 조화수열

> ■ 조화수열을 간단히 H.P.로 나타낸다.

(1) 조화수열(Harmonic Progression)의 정의

수열 $a_1,\ a_2,\ a_3,\ \cdots,\ a_n,\ \cdots$에서 각 항의 역수의 수열

$$\frac{1}{a_1},\ \frac{1}{a_2},\ \frac{1}{a_3},\ \cdots,\ \frac{1}{a_n},\ \cdots$$

이 등차수열을 이룰 때, 수열 $\{a_n\}$을 조화수열이라고 한다.

(2) 조화수열의 일반항

역수의 수열 $\left\{\frac{1}{a_n}\right\}$이 등차수열이므로

$$\frac{1}{a_n}=\frac{1}{a_1}+(n-1)d\ \left(\text{단, } d=\frac{1}{a_2}-\frac{1}{a_1}\right)$$

이고, 이것을 정리한 후에 역수를 취하여 a_n을 구한다.

보기 5 조화수열 $6,\ 3,\ 2,\ \frac{3}{2},\ \cdots,\ a_n,\ \cdots$의 일반항 a_n을 구하시오.

[설명] 주어진 수열이 조화수열이므로 역수의 수열은 등차수열이다. 즉 각 항의 역수의 수열

$$\frac{1}{6},\ \frac{1}{3},\ \frac{1}{2},\ \frac{2}{3},\ \cdots,\ \frac{1}{a_n},\ \cdots$$

은 첫째항은 $\frac{1}{6}$, 공차가 $d=\frac{1}{3}-\frac{1}{6}=\frac{1}{6}$인 등차수열이다.

$\therefore \frac{1}{a_n}=\frac{1}{6}+(n-1)\cdot\frac{1}{6}=\frac{n}{6}\quad \therefore a_n=\frac{n}{6}$ ⇦ 답

(3) 조화중항

0이 아닌 세 수 $a,\ x,\ b$가 이 순서로 조화수열을 이룰 때, x를 $a,\ b$의 조화중항이라고 한다. 이때,

$\frac{1}{a},\ \frac{1}{x},\ \frac{1}{b}$이 등차수열이므로 $\frac{1}{x}$은 $\frac{1}{a},\ \frac{1}{b}$의 등차중항이다.

$$\therefore \frac{2}{x}=\frac{1}{a}+\frac{1}{b}\quad \therefore x=\frac{2ab}{a+b}$$

> ■ 만일 수열 $\{a_n\}$에서 $n=1,\ 2,\ 3,\ \cdots$일 때
> $$\frac{2}{a_{n+1}}=\frac{1}{a_n}+\frac{1}{a_{n+2}}$$
> 인 관계를 만족하면 수열 $\{a_n\}$은 조화수열이다.

보기 6 두 수 $4,\ 12$의 조화중항을 구하시오.

> ■ 두 양수 $a,\ b$의 조화중항은 $a,\ b$의 조화평균과 같다.
> ⇨ $x=\frac{2ab}{a+b}$

[설명] 조화중항을 x라고 하면 $4,\ x,\ 12$가 조화수열을 이루므로

$\frac{2}{x}=\frac{1}{4}+\frac{1}{12}\quad \therefore \frac{2}{x}=\frac{1}{3}\quad \therefore x=6$ 답 6

기본문제 6-1

다음 등차수열의 일반항 a_n을 구하시오.

(1) $-5,\ -2,\ 1,\ 4,\ \cdots$　　(2) $10,\ 6,\ 2,\ -2,\ \cdots$

[풀이] (1) 첫째항이 -5, 공차가 3이므로

$a_n=-5+(n-1)\cdot 3=3n-8$　답 $a_n=3n-8$

(2) 첫째항이 10, 공차가 -4이므로

$a_n=10+(n-1)\cdot(-4)=-4n+14$　⇦ 답

기본문제 6-2

수열 $\{a_n\}$의 일반항 a_n이 $a_n=4n-1$일 때, 다음 물음에 답하시오.

(1) 수열 $\{a_n\}$은 등차수열임을 보이시오.

(2) a_{10}의 값을 구하시오.

(3) 115는 제 몇 항인지 구하시오.

[풀이] (1) $a_{n+1}-a_n=\{4(n+1)-1\}-(4n-1)=4$이므로

이웃하는 두 항의 차가 4로 일정하다.

또, 첫째항은 $a_1=4\cdot 1-1=3$

따라서 수열 $\{a_n\}$은 첫째항이 3, 공차가 4인 등차수열이다.

(2) $a_{10}=4\cdot 10-1=39$　답 39

(3) 115가 제n항이라고 하면 $a_n=4n-1=115$

$\therefore 4n=116$　$\therefore n=29$

따라서 115는 제29항이다.　답 제29항

유제 6-1 다음은 등차수열이다. □ 안에 알맞은 수를 써 넣으시오.

(1) $-4,\ -1,\ \square,\ \square$　　(2) $1,\ \square,\ \square,\ 0$

(3) $3,\ \square,\ 11,\ \square$　　(4) $\square,\ 6,\ \square,\ -2$

답 (1) 2, 5 (2) $\frac{2}{3}$, $\frac{1}{3}$ (3) 7, 15 (4) 10, 2

유제 6-2 다음 등차수열의 일반항 a_n을 구하시오.

(1) $2,\ 7,\ 12,\ 17,\ \cdots,\ a_n,\ \cdots$　답 $a_n=5n-3$

(2) $9,\ 5,\ 1,\ -3,\ \cdots,\ a_n,\ \cdots$　답 $a_n=-4n+13$

유제 6-3 등차수열 $20,\ 17,\ 14,\ 11,\ \cdots,\ a_n,\ \cdots$에서 -100은 제 몇 항인지 구하시오.　답 제41항

Tip

■ 첫째항이 a, 공차가 d인 등차수열 $\{a_n\}$의 일반항(제n항) a_n은
⇨ $a_n=a+(n-1)d$

■ 일반항 a_n이 n에 관한 일차식
$a_n=pn+q$
일 때, 수열 $\{a_n\}$은
첫째항 ⇨ $a_1=p+q$
공차 ⇨ p
인 등차수열이다.

■ 첫째항을 a, 공차를 d라고 놓으면 일반항 a_n은
⇨ $a_n=a+(n-1)d$

■ $a_n=-100$

기본문제 6-3

$a_{11}=28$, $a_{23}=64$인 등차수열 $\{a_n\}$에 대하여
(1) 첫째항과 공차를 구하시오.
(2) 일반항 a_n과 a_{100}을 구하시오.
(3) 148은 제 몇 항인지 구하시오.

Tip

■ 첫째항을 a, 공차를 d라고 놓으면 일반항 a_n은
⇨ $a_n=a+(n-1)d$

[풀이] (1) 첫째항을 a, 공차를 d라고 하면

$a_{11}=a+10d=28$ …… ①, $a_{23}=a+22d=64$ …… ②

①과 ②의 연립방정식을 풀면 $a=-2$, $d=3$ ⇦ 답

(2) $a_n=a+(n-1)d=-2+(n-1)\cdot 3=3n-5$,

$a_{100}=3\cdot 100-5=295$ 답 $a_n=3n-5$, $a_{100}=295$

(3) 148이 제n항이라고 하면 $a_n=3n-5=148$

$\therefore 3n=153$ $\therefore n=51$

따라서 148은 제51항이다. 답 제51항

기본문제 6-4

제5항이 4, 제10항이 -16인 등차수열 $\{a_n\}$에 대하여 다음 물음에 답하시오.
(1) 일반항 a_n을 구하시오.
(2) 제 몇 항에서 처음으로 음수가 나오는지 구하시오.

■ 수열 $\{a_n\}$에서 n의 값은 자연수이다.

■ 처음으로 음수가 되는 항은 $a_n<0$을 만족하는 최소의 자연수 n을 구하면 된다.

[풀이] (1) 첫째항을 a, 공차를 d라고 하면

$a_5=a+4d=4$ …… ①, $a_{10}=a+9d=-16$ …… ②

①과 ②의 연립방정식을 풀면 $a=20$, $d=-4$

$\therefore a_n=a+(n-1)d=20+(n-1)\cdot(-4)$

$=-4n+24$ 답 $a_n=-4n+24$

(2) 제n항에서 처음으로 음수가 나온다고 하면

$a_n=-4n+24<0$에서 $n>6$

$n>6$을 만족하는 최소의 자연수는 $n=7$

따라서 제7항에서 처음으로 음수가 나온다. 답 제7항

유제 6-4 등차수열 $\{a_n\}$에서 $a_5+a_{11}=46$, $a_7+a_{15}=64$일 때, a_{25}의 값을 구하시오. 답 74

■ 첫째항을 a, 공차를 d라고 놓고 식을 세운다.

유제 6-5 제3항과 제18항은 절댓값이 같고 부호가 반대이며, 제30항이 39인 등차수열 $\{a_n\}$에 대하여
(1) 첫째항과 공차를 구하시오. 답 첫째항 -19, 공차 2
(2) 제 몇 항에서 처음으로 양수가 나오는가? 답 제11항

■ 처음으로 양수가 되는 항은 $a_n>0$을 만족하는 최소의 자연수 n을 구하면 된다.

기본문제 6-5

다음 물음에 답하시오.

(1) 5와 17사이에 3개의 수 x, y, z를 넣어 수열

$$5,\ x,\ y,\ z,\ 17$$

이 이 순서로 등차수열을 이루도록 할 때, x, y, z의 값을 구하시오.

(2) -3과 99사이에 n개의 수를 넣어 수열

$$-3,\ a_1,\ a_2,\ \cdots,\ a_n,\ 99$$

가 공차가 2인 등차수열을 이루도록 할 때, n의 값을 구하시오.

[풀이] (1) 공차를 d라고 하면 첫째항이 5, 제5항이 17이므로

$$17=5+4d \quad \therefore d=3$$

따라서 $x=8$, $y=11$, $z=14$ ⇦ 답

(2) 첫째항이 -3, 공차가 2, 제$(n+2)$항이 99이므로

$$99=-3+(n+1)\cdot 2\text{에서 } 2n+2=102$$

$\therefore n=50$ 답 50

Tip

■ 수열

$5,\ x,\ y,\ z,\ 17$

의 공차를 d라고 놓고 푼다.

■ 첫째항이 a, 공차가 d일 때, 제$(n+2)$항은

⇨ $a_n+2=a+(n+1)d$

기본문제 6-6

오른쪽 표에서 가로줄과 세로줄에 있는 세 수가 각각 등차수열을 이룬다.

이때, $a+e$의 값을 구하시오. (단, $b>0$)

a	b	5
0	b^2	c
d	6	e

[풀이] 세 수 b, b^2, 6이 등차수열을 이루므로 $2b^2=b+6$

$\therefore 2b^2-b-6=0 \quad \therefore (b-2)(2b+3)=0 \quad \therefore b=2$

세 수 a, b, 5가 등차수열을 이루므로 $2b=a+5$

$b=2$이므로 $4=a+5 \quad \therefore a=-1$

세 수 0, b^2, c가 등차수열을 이루므로 $2b^2=0+c$

$b=2$이므로 $c=8$

세 수 5, c, e가 등차수열을 이루므로 $2c=5+e$

$c=8$이므로 $16=5+e \quad \therefore e=11$

따라서 $a+e=-1+11=10$ 답 10

■ 등차중항

세 수 a, x, b가 이 순서로 등차수열을 이룰 때

⇨ $2x=a+b$

유제 6-6 4와 64사이에 n개의 수를 넣어 수열

$$4,\ a_1,\ a_2,\ \cdots,\ a_n,\ 64$$

가 공차가 3인 등차수열을 이루도록 할 때, n의 값을 구하시오.

답 19

■ $a_{n+2}=a+(n+1)d$

기본문제 6-7

두 수열 $\{a_n\}$, $\{b_n\}$이 다음과 같이 정의되어 있다.
수열 $\{a_n\}$은 $a_1=1$, $a_n+1=a_n+3$ (n은 자연수)
수열 $\{b_n\}$은 $b_1=36$, $b_2=34$, $2b_n+1=b_n+b_n+2$ (n은 자연수)
이때, 다음 물음에 답하시오.
(1) 두 수열 $\{a_n\}$, $\{b_n\}$의 일반항 a_n, b_n을 각각 구하시오.
(2) 수열 $\{a_n\}$은 제 몇 항에서 처음으로 200보다 커지는지 구하시오.

[풀이] (1) 수열 $\{a_n\}$은 첫째항이 1, 공차가 3인 등차수열이므로
$a_n=1+(n-1)\cdot3=3n-2$
또, 수열 $\{b_n\}$은 첫째항이 36, 공차가 -2인 등차수열이므로
$b_n=36+(n-1)\cdot(-2)=-2n+38$

답 $a_n=3n-2$, $b_n=-2n+38$

(2) 제n항에서 처음으로 200보다 커진다고 하면
$a_n=3n-2>200$에서 $3n>202$ $\therefore n>67.3\times\times\times$
따라서 구하는 항은 제68항

답 제68항

Tip

■ 등차수열을 나타내는 이웃하는 항들 사이의 관계식 (점화식)
1. $a_{n+1}=a_n+d$
2. $2a_{n+1}=a_n+a_{n+2}$

기본문제 6-8

삼차방정식 $x^3-6x^2+3x+k=0$의 세 근이 등차수열을 이룰 때, 상수 k의 값을 구하시오.

[풀이] 세 근을 $a-d$, a, $a+d$라고 하면 근과 계수의 관계에서
$(a-d)+a+(a+d)=6$ …… ①
$a(a-d)+a(a+d)+(a-d)(a+d)=3$ …… ②
$a(a-d)(a+d)=-k$ …… ③
①에서 $3a=6$ $\therefore a=2$
이 값을 ②, ③에 대입하여 풀면 $d^2=9$, $k=10$

답 10

■ 세 수가 등차수열을 이룰 때 그 세수를
$a-d$, a, $a+d$
라고 놓고 푼다.

■ $d^2=9$에서 $d=\pm3$
따라서 세 근은
-1, 2, 5
이다.

유제 6-7 등차수열을 이루는 네 수가 있다. 그 합은 20이고 가장 작은 수와 가장 큰 수의 곱이 -56일 때, 네 수 중 가장 큰 수를 구하시오.

답 14

■ 네 수가 등차수열을 이룰 때 그 네 수를
$a-3d$, $a-d$, $a+d$, $a+3d$
라고 놓고 푼다.

유제 6-8 다섯 사람에게 80개의 빵을 나누어 주는데, 각자의 배당 몫이 등차수열을 이루고, 가장 적게 받는 사람과 그 다음으로 배당받는 사람의 몫의 합이 나머지 세 사람 몫의 합의 $\frac{1}{3}$이 되도록 한다. 이때, 가장 많이 배당 받 는 사람의 몫을 구하시오.

답 24개

■ 다섯 수가 등차수열을 이룰 때 그 다섯 수를
$a-2d$, $a-d$, a, $a+d$, $a+2d$
라고 놓고 푼다.

기본문제 6-9

다음과 같이 정의된 수열 $\{a_n\}$에서 a_{10}과 a_n을 구하시오.

(1) 36, 18, 12, 9, $\cdots$, a_{10}, $\cdots$, a_n, $\cdots$

(2) $a_1=12$, $a_2=6$, $a_{n+1}a_{n+2}-2a_na_{n+2}+a_na_{n+1}=0(n\geq1)$

[풀이] (1) 주어진 수열의 각 항의 역수의 수열은

$$\frac{1}{36}, \frac{1}{18}, \frac{1}{12}, \frac{1}{9}, \cdots, \frac{1}{a_{10}}, \cdots, \frac{1}{a_n}, \cdots$$

이것은 첫째항이 $\frac{1}{36}$, 공차가 $\frac{1}{36}$인 등차수열이므로

$$\frac{1}{a_n}=\frac{1}{36}+(n-1)\cdot\frac{1}{36}=\frac{n}{36}$$

$$\therefore a_n=\frac{36}{n}, \ a_{10}=\frac{18}{5}$$ ⇦ 답

(2) 조건식의 양변을 $a_na_{n+1}a_{n+2}$로 나누면

$$\frac{1}{a_n}-\frac{2}{a_{n+1}}+\frac{1}{a_{n+2}}=0 \quad \therefore \frac{2}{a_{n+1}}=\frac{1}{a_n}+\frac{1}{a_{n+2}}$$

따라서 수열 $\left\{\frac{1}{a_n}\right\}$은 등차수열이고, 첫째항은 $\frac{1}{a_1}=\frac{1}{12}$,

공차는 $\frac{1}{a_2}-\frac{1}{a_1}=\frac{1}{6}-\frac{1}{12}=\frac{1}{12}$이다.

$$\therefore \frac{1}{a_n}=\frac{1}{12}+(n-1)\cdot\frac{1}{12}=\frac{n}{12}$$

$$\therefore a_n=\frac{12}{n}, \ a_{10}=\frac{6}{5}$$ ⇦ 답

Tip

■ 조화수열의 일반항

$\frac{1}{a_n}=\frac{1}{a_1}+(n-1)d$

$\left(\text{단, } d=\frac{1}{a_2}-\frac{1}{a_1}\right)$

■ 조화수열을 나타내는 이웃하는 항들 사이의 관계식 (점화식)

1. $\frac{1}{a_{n+1}}=\frac{1}{a_n}+d$

2. $\frac{2}{a_{n+1}}=\frac{1}{a_n}+\frac{1}{a_{n+2}}$

3. $2a_na_{n+2}$
$=a_{n+1}a_{n+2}+a_na_{n+1}$

유제 6-9 $a_1=1$, $a_n=a_{n+1}+2a_na_{n+1}(n\geq1)$로 정의된 수열 $\{a_n\}$에서 a_n을 구하시오.

답 $a_n=\frac{1}{2n-1}$

■ $\frac{1}{a_{n+1}}=\frac{1}{a_n}+2$

유제 6-10 $\frac{1}{12}$과 $\frac{1}{3}$사이에 두 개의 수 x, y를 넣어 네 개의 수 $\frac{1}{12}$, x, y, $\frac{1}{3}$이 이 순서로 조화수열을 이루도록 할 때, $x+y$의 값을 구하시오.

답 $\frac{5}{18}$

■ $\frac{1}{a_n}=\frac{1}{a_1}+(n-1)d$

$\left(\text{단, } d=\frac{1}{a_2}-\frac{1}{a_1}\right)$

유제 6-11 서로 다른 세 정수 a, b, c에 대하여 a, b, c는 이 순서로 등차수열을 이루고, 세 수 $\frac{1}{b^2}$, $\frac{1}{c^2}$, $\frac{1}{a^2}$은 이 순서로 조화수열을 이룰 때, $a+b+c$의 값을 구하시오. (단, $0<a<10$)

답 3

■ 조화중항

0이 아닌 세 수 a, x, b가 이 순서로 조화수열을 이룰 때,

⇨ $\frac{2}{x}=\frac{1}{a}+\frac{1}{b}$

4. 등차수열의 합

(1) 등차수열의 합의 공식

첫째항이 a, 공차가 d, 제n항이 l인 등차수열의 첫째항부터 제n항까지의 합을 S_n이라고 하면

$S_n=\frac{n(a+l)}{2}$, $S_n=\frac{n\{2a+(n-1)d\}}{2}$ ⇦ n은 항수

[설명] $S_n=a+(a+d)+(a+2d)+\cdots+(l-d)+l$

$+)\ S_n=l+(l-d)+(l-2d)+\cdots+(a+d)+a$

$2S_n=(a+l)+(a+l)+(a+l)+\cdots+(a+l)+(a+l)$

$\therefore 2S_n=n(a+l)$ $\quad\therefore S_n=\frac{\{n(a+l)\}}{2}$

여기서 $l=a_n=a+(n-1)d$를 대입하면

$S_n=\frac{n\{a+a+(n-1)d\}}{2}=\frac{n\{2a+(n-1)d\}}{2}$

■ $S=1+2+3+\cdots+10$의 합을 쉽게 구하는 방법은 더하는 순서를 반대로 한 것, 즉 $S=10+9+8+\cdots+2+1$과 항별로 더하면

$11=1+10$

으로 일정하므로

$2S=(1+10)+(1+10)+\cdots+(1+10)$
$=10(1+10)$

$\therefore S=\frac{10(1+10)}{2}=55$

이와 같은 원리로 등차수열의 합의 공식을 유도한다.

보기 7 다음 각 물음에 답하시오.

(1) 첫째항이 2, 끝항이 25, 항수가 20인 등차수열의 합을 구하시오.

(2) 첫째항이 1, 공차가 -2인 등차수열의 제10항까지의 합을 구하시오.

(3) 첫째항이 3, 공차가 2, 끝항이 81인 등차수열의 합을 구하시오.

(4) $1+2+3+4+\cdots+n$의 합을 구하시오.

(5) $1+3+5+7+\cdots+(2n-1)$의 합을 구하시오.

[설명] (1) $S_{20}=\frac{20(2+25)}{2}=270$

(2) $S_{10}=\frac{10\{2\cdot1+(10-1)\times(-2)\}}{2}=-80$

(3) 끝항 81이 제n항이라고 가정하면

$a_n=3+(n-1)\cdot2=81$에서 $n=40$

$\therefore S_{40}=\frac{40(3+81)}{2}=1680$

(4) 첫째항이 1, 끝항이 n, 항수가 n이므로

$S_n=\frac{n(1+n)}{2}=\frac{n(n+1)}{2}$ ⇦ 자연수의 합

(5) 첫째항이 1, 끝항이 $2n-1$, 항수가 n이므로

$S_n=\frac{n\{1+(2n-1)\}}{2}=n^2$ ⇦ 홀수의 합

■ 등차수열의 합의 공식 (단, n은 항수)

1. 첫째항 a와 공차 d가 주어질 때,

⇨ $S_n=\frac{n\{2a+(n-1)d}{2}$

2. 첫째항 a와 끝항 l이 주어질 때,

⇨ $S_n=\frac{n(a+l)}{2}$

■ 짝수의 합

$2+4+6+\cdots+2n$

$=\frac{n(2+2n)}{2}=n(n+1)$

기본문제 6-10

다음 물음에 답하시오.

(1) $a_3=4$, $a_{10}=25$인 등차수열 $\{a_n\}$에서 첫째항부터 제20항까지의 합을 구하시오.

(2) 첫째항이 60, 제n항이 -20이고 첫째항부터 제 n항까지의 합이 220인 등차수열 $\{a_n\}$의 공차를 구하시오.

[풀이] (1) 첫째항을 a, 공차를 d라고 하면

$a_3=a+2d=4$ …… ①, $a_{10}=a+9d=25$ …… ②

①과 ②의 연립방정식을 풀면 $a=-2$, $d=3$

$\therefore S_{20}=\dfrac{20\{2\times(-2)+(20-1)\times3\}}{2}=530$ ⇦ 답

(2) $S_n=\dfrac{n(60-20)}{2}=220$에서 $n=11$

따라서 제11항이 -20이므로 공차를 d라고 하면

$a_{11}=a+10d=60+10d=-20$ $\quad\therefore d=-8$ ⇦ 답

Tip

■ 등차수열의 합의 공식
(단, n은 항수)

1. 첫째항 a와 공차 d가 주어질 때,
⇨ $S_n=\dfrac{n\{2a+(n-1)d\}}{2}$

2. 첫째항 a와 끝항 l이 주어질 때,
⇨ $S_n=\dfrac{n(a+l)}{2}$

기본문제 6-11

등차수열 $\{a_n\}$에 대하여 첫째항부터 제10항까지의 합이 130, 첫째항부터 제20항까지의 합이 460일 때, 첫째항부터 제30항까지의 합을 구하시오.

■ 첫째항을 a, 공차를 d라고 놓고 식을 세운다.

[풀이] 첫째항을 a, 공차를 d라고 하면

$S_{10}=\dfrac{10\{2a+(10-1)d\}}{2}=130$ $\quad\therefore 2a+9d=26$ …… ①

$S_{20}=\dfrac{20\{2a+(20-1)d\}}{2}=460$ $\quad\therefore 2a+19d=46$ …… ②

①과 ②의 연립방정식을 풀면 $a=4$, $d=2$

$\therefore S_{30}=\dfrac{30\{2\times4+(30-1)\times2\}}{2}=990$ 답 990

유제 6-12 등차수열 $\{a_n\}$에 대하여 다음 물음에 답하시오.

(1) $a_4=1$, $a_8=13$일 때, 첫째항부터 제20항까지의 합을 구하시오. 답 410

(2) 첫째항이 10, 제n항이 70이고 첫째항부터 제n항까지의 합이 640일 때, 공차를 구하시오. 답 4

유제 6-13 등차수열 $\{a_n\}$에 대하여 첫째항부터 제10항까지 의 합이 80, 제11항부터 제20항까지의 합이 480일 때, 제21항부터 제30항까지의 합을 구하시오. 답 880

■ $a_{21}+a_{22}+\cdots+a_{30}$
$=S_{30}-S_{20}$

기본문제 6-12

등차수열 $2,\ a_1,\ a_2,\ \cdots,\ a_n,\ 38$에 대하여 다음 각 물음에 답하시오.

(1) 이 수열의 공차가 2일 때, n의 값을 구하시오.

(2) $n=5$일 때, 이 수열의 공차 d와 합 S를 구하시오.

(3) 이 수열의 합이 200일 때, n의 값과 공차 d를 구하시오.

(4) n이 홀수이고, 이 수열의 홀수번째의 항의 합이 140일 때, n의 값과 공차 d를 구하시오.

[풀이] (1) 첫째항이 2, 공차가 2, 제$(n+2)$항이 38이므로

$2+\{(n+2)-1\}\times 2=38 \quad \therefore n=17$ 답 $n=17$

(2) 첫째항이 2, 공차가 d, 제7항이 38이므로

$2+(7-1)d=38 \quad \therefore d=6$

또, $S=\dfrac{7(2+38)}{2}=140$ 답 $d=6,\ S=140$

(3) $\dfrac{(n+2)(2+38)}{2}=200$에서 $n=8$

따라서 제10항이 38이므로

$2+(10-1)d=38 \quad \therefore d=4$ 답 $n=8,\ d=4$

(4) $n=2k-1$(단, k는 자연수)라고 놓으면 홀수번째의 항수는 $k+1$개이고, 홀수번째의 항의 수열은 첫째항이 2, 끝항이 38, 공차가 $2d$인 등차수열이므로 그 합은

$\dfrac{(k+1)(2+38)}{2}=140 \quad \therefore k=6$

따라서 $n=2k-1=11$이고, 제13항이 38이므로

$2+(13-1)d=38 \quad \therefore d=3$ 답 $n=11,\ d=3$

Tip

■ 첫째항이 a, 공차가 d인 등차수열 $\{a_n\}$에서

1. 일반항(제n항) a_n은
⇨ $a_n=a+(n-1)d$

2. 끝항이 l일 때 제n항까지의 합 S_n은
⇨ $S_n=\dfrac{n(a+l)}{2}$

■ $n=2k-1$라고 놓으면 홀수번째의 항은

$2,\ a_2,\ a_4,\ \cdots,\ a_{2k-2},\ 38$

이므로 그 항수는 $k+1$개이고 공차는 $2d$인 등차수열이다.

유제 6-14 등차수열 $3,\ a_1,\ a_2,\ \cdots,\ a_n,\ 45$에 대하여 다음 각 물음에 답하시오.

(1) 이 수열의 공차가 2일 때, n의 값을 구하시오.

(2) $n=13$일 때, 이 수열의 공차 d와 합 S를 구하시오.

(3) 이 수열의 합이 192일 때, n의 값과 공차 d를 구하시오.

답 (1) $n=20$ (2) $d=3,\ S=360$ (3) $n=6,\ d=6$

유제 6-15 항수가 홀수인 등차수열 $a_1,\ a_2,\ \cdots,\ a_n$에 대하여 이 수열의 홀수번째의 항의 합은 48이고 짝수번째의 항의 합은 42일 때, 이 수열의 항수를 구하시오. 답 15

■ [유제 6-15]
$n=2k-1$라고 놓으면 홀수번째의 항수는 k개, 짝수번째의 항수는 $k-1$개이고 각각 공차가 $2d$인 등차수열이다.

기본문제 6-13

첫째항이 30이고, 제6항까지의 합이 120인 등차수열 $\{a_n\}$에 대하여 다음 물음에 답하시오.

(1) 일반항 a_n을 구하시오.

(2) 이 수열은 제 몇 항에서 처음으로 음수가 되는가?

(3) 이 수열은 몇 항까지의 합이 최대가 되는가?
또, 그 때의 합의 최댓값은 얼마인지 구하시오.

(4) $|a_1|+|a_2|+\cdots+|a_{20}|$의 값을 구하시오.

Tip

■ 첫째항이 a, 공차가 d인 등차수열 $\{a_n\}$의 제n항까지의 합 S_n은

⇨ $S_n=\dfrac{n\{2a+(n-1)d\}}{2}$

[풀이] (1) 공차를 d라고 하면 $S_6=120$이므로

$$\frac{6\{2\times30+(6-1)d\}}{2}=120 \quad \therefore d=-4$$

$\therefore a_n=30+(n-1)\times(-4)=-4n+34$ ⇦ 답

(2) 제n항에서 처음으로 음수가 나온다고 하면

$a_n=-4n+34<0 \quad \therefore n>8.5$

따라서 제9항에서 처음으로 음수가 나온다. 답 제9항

(3) 제n항까지의 합 S_n은

$$S_n=\frac{n\{2\times30+(n-1)\times(-4)\}}{2}=-2n^2+32n$$

$$=-2(n-8)^2+128$$

따라서 $n=8$일 때 S_n은 최대이고, 최댓값은 128이다.

답 제8항, 최댓값 128

■ 제8항까지는 양수이고 제9항부터 음수가 나오므로 제8항까지의 합이 최대가 된다.

(4) 제8항까지는 양수, 제9항부터는 음수이고,

$a_8=-4\times8+34=2,\ a_9=-4\times9+34=-2,$

$a_{20}=-4\times20+34=-46$이므로

$|a_1|+|a_2|+\cdots+|a_{20}|$

$=(a_1+a_2+\cdots+a_8)-(a_9+a_{10}+\cdots+a_{20})$

$=(30+26+\cdots+2)-(-2-6-\cdots-46)$

$=\dfrac{8(30+2)}{2}-\dfrac{12(-2-46)}{2}=128+288=416$ 답 416

유제 6-16 첫째항이 20이고, 제4항까지의 합이 68인 등차수열 $\{a_n\}$에 대하여 다음 물음에 답하시오.

(1) 일반항 a_n을 구하시오. 답 $a_n=-2n+22$

(2) 이 수열은 제 몇 항에서 처음으로 음수가 되는가?

(3) 이 수열은 몇 항까지의 합이 최대가 되는가?

(4) $|a_1|+|a_2|+\cdots+|a_{30}|$의 값을 구하시오.

답 (2) 제12항 (3) 제10항 또는 제11항 (4) 490

■ [유제 6-16]
제10항까지는 양수, $a_{11}=0$, 제12항부터는 음수이므로 제10항까지의 합과 제11항까지의 합은 서로 같다. 따라서 제10항 또는 제11항까지의 합이 최대가 된다.

기본문제 6-14

$\overline{BC}=16$인 삼각형 ABC에서 오른쪽 그림과 같이 두 선분 $\overline{AB}$, $\overline{AC}$를 각각 20등분한 점을 P_1, P_2, $\cdots$, P_{19}, Q_1, Q_2, $\cdots$, Q_{19}라고 할 때,

$$\overline{P_1Q_1}+\overline{P_2Q_2}+\cdots+\overline{P_{19}Q_{19}}$$

의 값을 구하시오.

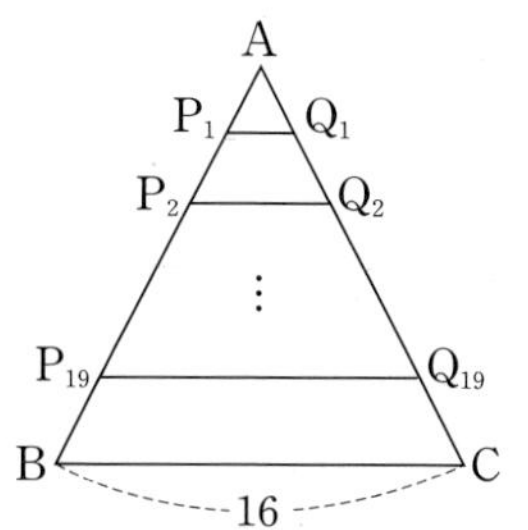

[풀이] 두 직선 $\overline{BC}$와 $\overline{P_1Q_1}$이 평행하므로 $\triangle ABC \backsim \triangle AP_1Q_1$이다.

따라서 $\overline{BC} : \overline{P_1Q_1}=\overline{AB} : \overline{AP_1}$

그런데 $\overline{AP_1}=\dfrac{1}{20}\overline{AB}$이므로 $\overline{P_1Q_1}=\dfrac{1}{20}\overline{BC}$

같은 방법으로 하면

$$\overline{P_2Q_2}=\frac{2}{20}\overline{BC},\quad \overline{P_3Q_3}=\frac{3}{20}\overline{BC},\ \cdots$$

여기서 $\overline{BC}=16$이므로 수열 $\{\overline{P_nQ_n}\}$은 첫째항이

$\overline{P_1Q_1}=\dfrac{1}{20}\overline{BC}=\dfrac{16}{20}=\dfrac{4}{5}$이고, 공차가 $\dfrac{1}{20}\overline{BC}=\dfrac{4}{5}$인

등차수열이다. 따라서 구하는 선분의 길이의 합은

$$\frac{19\left\{2\times\frac{4}{5}+(19-1)\times\frac{4}{5}\right\}}{2}=\frac{19\times16}{2}=152$$ ⇦ 답

TIP 삼각형 ABC를 두 개 붙여서 평행사변형을 만들어 도형의 합동을 이용하면 등차수열의 합의 공식을 유도하는 과정과 같은 원리로 더욱 간단히 풀 수 있다. [다른 풀이]를 참조하라.

Tip

■ [다른 풀이]

아래 그림과 같이 △ABC를 두 개 붙여서 평행사변형을 만들면

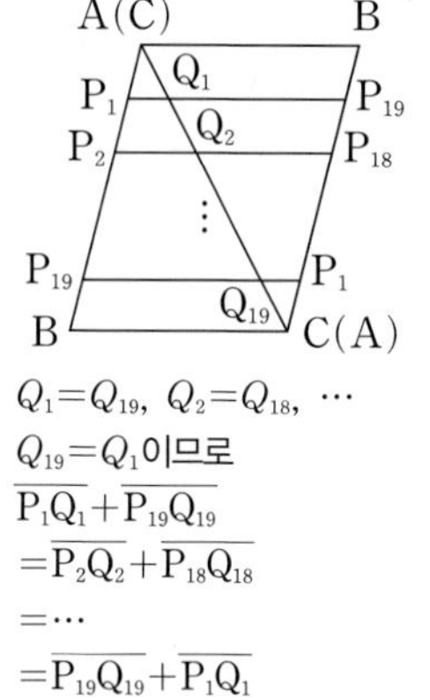

$Q_1=Q_{19}$, $Q_2=Q_{18}$, $\cdots$

$Q_{19}=Q_1$이므로

$\overline{P_1Q_1}+\overline{P_{19}Q_{19}}$

$=\overline{P_2Q_2}+\overline{P_{18}Q_{18}}$

$=\cdots$

$=\overline{P_{19}Q_{19}}+\overline{P_1Q_1}$

$=\overline{BC}$

따라서

$\overline{P_1Q_1}+\overline{P_2Q_2}+\cdots+\overline{P_{19}Q_{19}}$

$=\dfrac{\overline{BC}\times19}{2}=\dfrac{16\times19}{2}$

$=152$ 답 152

유제 6-17 오른쪽 그림은 $\overline{AD}/\!/\overline{BC}$이고, $\overline{AD}=4$, $\overline{BC}=12$인 사다리꼴 ABCD의 변 $\overline{AB}$, $\overline{DC}$를 각각 10등분한 점을 P_1, P_2, $\cdots$, P_9, Q_1, Q_2, $\cdots$, Q_9라고 할 때, $\overline{P_1Q_1}+\overline{P_2Q_2}+\cdots+\overline{P_9Q_9}$의 값을 구하시오. 답 72

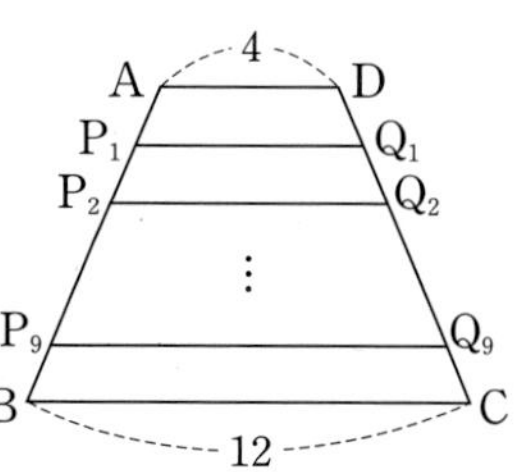

■ 사다리꼴을 두 개 붙여서 평행사변형을 만들어 도형의 합동을 이용한다.

UpGrade 6-1

두 등차수열 $\{a_n\}$, $\{b_n\}$에서

$$S_n=a_1+a_2+\cdots+a_n,\ T_n=b_1+b_2+\cdots+b_n$$

이라고 하자. 모든 자연수 n에 대하여 $\dfrac{T_n}{S_n}=\dfrac{n+1}{3n-1}$이라고 하면

$\dfrac{b_3}{a_3}=\dfrac{q}{p}$이다. 이때, $p+q$의 값을 구하시오.

(단, p와 q는 서로소인 자연수이다.)

[풀이] 수열 $\{a_n\}$의 첫째항을 a, 공차를 d라고 하면

$$a_n=a+(n-1)d,\quad S_n=\frac{n\{2a+(n-1)d\}}{2}$$

또, 수열 $\{b_n\}$의 첫째항을 a', 공차를 d'라고 하면

$$b_n=a'+(n-1)d'\ ,\ T_n=\frac{n\{2a'+(n-1)d'\}}{2}$$

이때,

$$\frac{b_n}{a_n}=\frac{a'+(n-1)d'}{a+(n-1)d},$$

$$\frac{T_n}{S_n}=\frac{2a'+(n-1)d'}{2a+(n-1)d}=\frac{a'+\left(\frac{n-1}{2}\right)d'}{a+\left(\frac{n-1}{2}\right)d}=\frac{n+1}{3n-1}$$

에서 $\dfrac{b_3}{a_3}=\dfrac{a'+2d'}{a+2d}$이므로 $\dfrac{b_3}{a_3}=\dfrac{T_5}{S_5}$와 같다. 따라서

$$\frac{b_3}{a_3}=\frac{T_5}{S_5}=\frac{a'+2d}{a+2d}=\frac{5+1}{3\cdot5-1}=\frac{6}{14}=\frac{3}{7}$$

$\therefore p=7,\ q=3\quad \therefore p+q=7+3=10$

답 10

Tip

■ [다른 풀이]

유제 6-18의 관계식을 이용하면

$a_n=\dfrac{S_{2n-1}}{2n-1},\ b_n=\dfrac{T_{2n-1}}{2n-1}$

이므로

$\dfrac{b_n}{a_n}=\dfrac{T_{2n-1}}{S_{2n-1}}$이다.

따라서

$\dfrac{b_3}{a_3}=\dfrac{T_5}{S_5}=\dfrac{6}{14}=\dfrac{3}{7}$

$\therefore p=7,\ q=3$

$\therefore p+q=10$ 답 10

유제 6-18 등차수열 $\{a_n\}$에서 $S_n=a_1+a_2+\cdots+a_n$이라고 할 때, $a_n=\dfrac{S_{2n-1}}{2n-1}\,(n\geq1)$임을 증명하시오.

■ 첫째항을 a, 공차를 d라고 놓고 공식을 이용한다.

유제 6-19 두 등차수열 $\{a_n\}$, $\{b_n\}$에서

$$S_n=a_1+a_2+\cdots+a_n,\ T_n=b_1+b_2+\cdots+b_n$$

이라고 하자. 모든 자연수 n에 대하여 $\dfrac{T_n}{S_n}=\dfrac{n+2}{3n-4}$이라고 하면 $\dfrac{b_5}{a_5}=\dfrac{q}{p}$이다. 이때, $p+q$의 값을 구하시오.

(단, p와 q는 서로소인 자연수이다.) 답 34

■ 유제 6-18을 이용한다.

$a_n=\dfrac{S_{2n-1}}{2n-1},\ b_n=\dfrac{T_{2n-1}}{2n-1}$

UpGrade 6-2

100이하의 자연수 중에서 3 또는 5의 배수의 합을 구하시오.

[풀이] 자연수 n의 배수의 합을 $S_{(n)}$이라고 하자.

3의 배수는 $3n$이고 $1\le 3n\le 100$에서 $1\le n\le 33$

따라서 첫째항은 $n=1$일 때 3, 끝항은 $n=33$일 때 99, 항수는 33인 등차수열이다.

$$\therefore S_{(3)}=\frac{33(3+99)}{2}=1683$$

또, 5의 배수는 $5n$이고 $1\le 5n\le 100$에서 $1\le n\le 20$

따라서 첫째항은 $n=1$일 때 5, 끝항은 $n=20$일 때 100, 항수는 20인 등차수열이다.

$$\therefore S_{(5)}=\frac{20(5+100)}{2}=1050$$

또, 15의 배수는 $15n$이고 $1\le 15n\le 100$에서 $1\le n\le 6$

따라서 첫째항은 $n=1$일 때 15, 끝항은 $n=6$일 때 90, 항수는 6인 등차수열이다.

$$\therefore S_{(15)}=\frac{6(15+90)}{2}=315$$

따라서 3또는 5의 배수의 합 S는

$S=S_{(3)}+S_{(5)}-S_{(15)}$

$=1683+1050-315=2418$ 답 2418

[참고] 3의 배수는 3, 6, 9, …, 99이므로 첫째항은 3, 끝항은 99, 항수는 33인 등차수열이다. 이와 같이 수를 나열하여 풀 수도 있다. 그러나 일반적으로 문제가 어려울수록 위의 방법으로 푸는 게 좋다.

Tip

■ 자연수 n의 배수의 합을 $S_{(n)}$이라고 하면 3 또는 5의 배수의 합 S는
⇨ $S=S_{(3)}+S_{(5)}-S_{(15)}$

유제 6-20 100 이하의 자연수 중에서

(1) 2또는 3의 배수의 합을 구하시오. 답 3417

(2) 6과 서로소인 수의 합을 구하시오. 답 1633

■ 2 또는 3의 배수의 합을 S라고 하면
⇨ $S=S_{(2)}+S_{(3)}-S_{(6)}$

유제 6-21 두 자리의 자연수 중 5로 나누면 3이 남고, 3으로 나누면 2가 남는 수의 합을 구하시오. 답 363

■ $5m+3$(m은 정수)에서 $m=3n,\ 3n+1,\ 3n+2$인 경우를 생각한다.

유제 6-22 다음 두 등차수열에 공통으로 들어 있는 수들의 합을 구하시오.

$\{a_n\}$: 1, 3, 5, 7, …, 99

$\{b_n\}$: 3, 6, 9, 12, …, 99

답 867

■ 유제 6-21과 같은 방법으로 분석한다.

UpGrade **6-3**

2와 10사이에 있고, 7을 분모로 하는 유리수 중에서 정수가 아닌 분수들의 합을 구하시오.

Tip

■ (정수부분)과 (분수부분)의 합으로 분리하여 각각의 합을 구한다.

[풀이] $\left(2\frac{1}{7}+2\frac{2}{7}+\cdots+2\frac{6}{7}\right)+\left(3\frac{1}{7}+3\frac{2}{7}+\cdots+3\frac{6}{7}\right)+\cdots$

$+\left(9\frac{1}{7}+9\frac{2}{7}+\cdots+9\frac{6}{7}\right)$

$=6(2+3+\cdots+9)+8\left(\frac{1}{7}+\frac{2}{7}+\cdots+\frac{6}{7}\right)$

$=6\cdot\frac{8(2+9)}{2}+\frac{8}{7}\cdot\frac{6(1+6)}{2}$

$=264+24=288$

답 288

UpGrade **6-4**

1부터 20까지의 자연수 중에서 서로 다른 두 수를 택하여 1보다 작은 분수를 만들 때, 이들 분수의 총합을 구하시오.

■ $\frac{1}{n}+\frac{2}{n}+\cdots+\frac{n}{n}$

$=\frac{1}{n}(1+2+\cdots+n)$

$=\frac{1}{n}\cdot\frac{n(n+1)}{2}$

$=\frac{n+1}{2}$

[풀이] $\frac{1}{2}+\left(\frac{1}{3}+\frac{2}{3}\right)+\left(\frac{1}{4}+\frac{2}{4}+\frac{3}{4}\right)+\cdots+\left(\frac{1}{20}+\frac{2}{20}+\cdots+\frac{19}{20}\right)$

$=\left(\frac{1}{2}+\frac{2}{2}\right)+\left(\frac{1}{3}+\frac{2}{3}+\frac{3}{3}\right)+\left(\frac{1}{4}+\frac{2}{4}+\frac{3}{4}+\frac{4}{4}\right)+\cdots$

$+\left(\frac{1}{20}+\frac{2}{20}+\cdots+\frac{19}{20}+\frac{20}{20}\right)-\left(\frac{2}{2}+\frac{3}{3}+\frac{4}{4}+\cdots+\frac{20}{20}\right)$

여기서

$\frac{1}{n}+\frac{2}{n}+\cdots+\frac{n}{n}=\frac{1}{n}(1+2+\cdots+n)=\frac{1}{n}\cdot\frac{n(n+1)}{2}=\frac{n+1}{2}$

임을 이용하면 위의 식은 다음과 같다.

$\frac{3}{2}+\frac{4}{2}+\frac{5}{2}+\cdots+\frac{21}{2}-19=\frac{1}{2}\cdot\frac{19(3+21)}{2}-19$

$=19\times6-19=95$

답 95

유제 6-23 두 양의 정수 m, n $(m<n)$사이에 있고, 3을 분모로 하는 유리수 중에서 정수가 아닌 분수들의 합을 구하시오.

답 n^2-m^2

■ $m\leq k\leq n-1$일 때 $\left(k+\frac{1}{3}+k+\frac{2}{3}\right)$의 합

5. 수열의 합과 일반항

(1) 수열의 합 S_n과 일반항 a_n의 관계

수열 $\{a_n\}$의 첫째항부터 제 n항까지의 합을 S_n이라고 하면

$$a_1=S_1,\ a_n=S_n-S_{n-1}\ (n\geq 2)$$

[설명] $a_1+a_2+a_3+\cdots+a_{n-1}+a_n=S_n$ …… ①

$a_1+a_2+a_3+\cdots+a_{n-1}=S_{n-1}\ (n\geq 2)$ …… ②

①−②하면

$$a_n=S_n-S_{n-1}\ (n=2,\ 3,\ 4,\ \cdots)$$

한편, 첫째항은 제1항까지의 합과 같으므로

$$a_1=S_1$$

■ S_n과 a_n의 관계는 수열 $\{a_n\}$이 등차수열일 필요는 없다. 모든 수열 $\{a_n\}$에 대하여 성립하는 정리이다.

■ $a_n=S_n-S_{n-1}$인 관계에서 $n\geq 2$인 조건이 반드시 필요하다는 사실에 유의하라. 즉, 제2항부터 관계식

$$a_n=S_n-S_{n-1}$$

을 이용하여 a_n의 값을 구할 수 있다.

보기 1 수열 $\{a_n\}$의 첫째항부터 제n항까지의 합 S_n이 $S_n=n^2+2n$일 때, a_1, a_{10}, a_{15}를 구하시오.

[설명] $a_1=S_1=1^2+2\times 1=3$

$a_{10}=S_{10}-S_9=(10^2+2\times 10)-(9^2+2\times 9)=21$

$a_{15}=S_{15}-S_{14}=(15^2+2\times 15)-(14^2+2\times 14)=31$

보기 2 수열 $\{a_n\}$의 첫째항부터 제n항까지의 합 S_n이 다음과 같을 때, 일반항 a_n을 구하시오.

(1) $S_n=n^2+2n$　　　　(2) $S_n=n^2+2n+1$

[설명] (1) $S_n=n^2+2n$에서

$a_n=S_n-S_{n-1}\ (n\geq 2)$

$=(n^2+2n)-\{(n-1)^2+2(n-1)\}=2n+1$

$n=1$일 때 $a_1=S_1=1^2+2\times 1=3$

$a_1=3$은 $a_n=2n+1$에 $n=1$을 대입한 것과 같다.

$\therefore a_n=2n+1\ (n\geq 1)$　　답 $a_n=2n+1$

(2) $S_n=n^2+2n+1$에서

$a_n=S_n-S_{n-1}\ (n\geq 2)$

$=(n^2+2n+1)-\{(n-1)^2+2(n-1)+1\}=2n+1$

$n=1$일 때 $a_1=S_1=1^2+2\times 1+1=4$

$a_1=4$는 $a_n=2n+1$에 $n=1$을 대입한 것과 다르다.

$\therefore a_1=4,\ a_n=2n+1\ (n\geq 2)$　　⇦ 답

[참고] (1)번은 등차수열이고 (2)번은 등차수열이 아니다.

■ $S_n=an^2+bn+c$인 수열 $\{a_n\}$이 등차수열일 조건은 $c=0$이다.

1. $S_n=an^2+bn$일 때
⇨첫째항부터 등차수열을 이룬다.
2. $S_n=an^2+bn+c(c\neq 0)$일 때
⇨제2항부터 등차수열을 이룬다. 그러나 첫째항부터 생각하면 등차수열이 아니다.

기본문제 6-15

수열 $\{a_n\}$의 첫째항부터 제 n항까지의 합을 S_n이라고 하자.

(1) $S_n=2n^2-3n$일 때, 일반항 a_n과 공차를 구하시오.

(2) $S_n=2n^2+n+3$일 때, 일반항 a_n을 구하시오.

(3) $S_n=2n^2-28n$일 때, 이 수열의 모든 음의 항의 합을 구하시오.

Tip

■ $S_n=an^2+bn$일 때, 일반항 a_n과 공차는
⇨ $a_n=2an+b-a$, 공차는 $2a$
[유제6-24 참조]

■ 일반항 a_n이 n에 관한 일차식

$$a_n=pn+q$$

일 때, 공차는 p이다.

[풀이] (1) $S_n=2n^2-3n$에서

$a_n=S_n-S_{n-1}$ $(n\geq2)$

$=(2n^2-3n)-\{2(n-1)^2-3(n-1)\}=4n-5$

$n=1$일 때 $a_1=S_1=2\times1^2-3\times1=-1$

$a_1=-1$은 $a_n=4n-5$에 $n=1$을 대입한 것과 같다.

$\therefore a_n=4n-5$ $(n\geq1)$

또, $a_n=4n-5$에서 n의 계수가 4이므로 공차는 4이다.

답 $a_n=4n-5$, 공차는 4

(2) $S_n=2n^2+n+3$에서

$a_n=S_n-S_{n-1}$ $(n\geq2)$

$=(2n^2+n+3)-\{2(n-1)^2+(n-1)+3\}=4n-1$

$n=1$일 때 $a_1=S_1=2\times1^2+1+3=6$

$a_1=6$은 $a_n=4n-1$에 $n=1$을 대입한 것과 다르다.

$\therefore a_1=6,\ a_n=4n-1$ $(n\geq2)$ ⇦ 답

(3) (1)번과 같은 방법으로 풀면 $a_n=4n-30$ $(n\geq1)$

이므로 공차가 4인 등차수열이다.

제 n항에서 처음으로 양수가 나온다고 하면

$4n-30>0$ $\quad\therefore n>7.5$

따라서 제8항에서 처음으로 양수가 나오므로 첫째항부터 제7항까지는 음수이고, 그 합은 S_7이므로

$S_7=2\times7^2-28\times7=-98$ 답 -98

유제 6-24 수열 $\{a_n\}$의 첫째항부터 제n항까지의 합을 S_n이라고 할 때, 다음 물음에 답하시오.

(1) $S_n=n^2-30n$일 때, $|a_1|+|a_2|+\cdots+|a_{20}|$의 값을 구하시오. 답 250

(2) $S_n=an^2+bn$일 때, 일반항 a_n과 공차를 구하시오.

답 $a_n=2an+b-a$, 공차는 $2a$

■ $a_{16}+a_{17}+\cdots+a_{20}$
$=S_{20}-S_{15}$

6-2 등비수열

1. 등비수열의 일반항

(1) 등비수열(Geometric Progression)의 정의

예를 들어, 두 수열

$$1,\ 3,\ 9,\ 27,\ 81,\ \cdots \qquad \cdots\cdots \text{①}$$

$$81,\ -27,\ 9,\ -3,\ 1,\ \cdots \qquad \cdots\cdots \text{②}$$

에 대하여 생각해 보자.

수열 ①과 ②의 규칙을 살펴보면 수열 ①은 첫째항 1부터 차례로 3을 곱하여 얻어진 수열이고, 수열 ②는 첫째항 81부터 차례로 $-\frac{1}{3}$을 곱하여 얻어진 수열이다.

이와 같이 첫째항부터 일정한 수를 곱하여 얻어지는 수열을 **등비수열**이라고 하고, 곱하는 일정한 수를 **공비**라고 한다. 위의 예에서 수열 ①은 첫째항이 1, 공비가 3인 등비수열이고, 수열 ②는 첫째항이 81, 공비가 $-\frac{1}{3}$인 등비수열이다. 특히, 등비수열에서는 첫째항과 공비가 모두 0이 아닌 것으로 약속한다. 따라서 등비수열의 각 항은 0이 아니다.

■ 등비수열을 간단히 G.P.로 나타낸다.

(2) 등비수열의 일반항

등비수열의 첫째항을 a, 공비를 r, 일반항(제n항)을 a_n이라고 하면 수열 $\{a_n\}$은 $a_1=a$이고,

$$a_1,\ a_2,\ a_3,\ \cdots,\ a_n,\ \cdots$$

은 공비가 r인 등비수열이므로

$a_2=ra_1=ar,\ a_3=ra_2=ar^2,\ a_4=ra_3=ar^3,\ \cdots$

$a_n=ra_{n-1}=ar^{n-1},\ \cdots$ ⇦ $a_{n+1}=ra_n$

가 된다. 따라서 일반항 a_n은

$$a_n=ar^{n-1}$$

또, 공비가 r인 등비수열 $\{a_n\}$은 이웃하는 두 항의 비가 항상 r로 일정하다. 따라서 $n=1,\ 2,\ 3,\ \cdots$에 대하여

$$\frac{a_2}{a_1}=\frac{a_3}{a_2}=\cdots=\frac{a_n}{a_{n-1}}=\frac{a_{n+1}}{a_n}=\cdots=r$$

$\therefore a_{n+1}=ra_n$

즉, $a_{n+1}=ra_n \Leftrightarrow$ 공비가 r인 등비수열

위의 예 ①, ②에서 일반항 a_n을 구하면 다음과 같다.

①은 $a=1,\ r=3$이므로 $a_n=1\cdot 3^{n-1}=3^{n-1}$

②는 $a=81,\ r=-\frac{1}{3}$이므로 $a_n=81\cdot\left(-\frac{1}{3}\right)^{n-1}$

■ 수열 $\{a_n\}$이 공비가 r인 등비수열이면 $n=1,\ 2,\ 3,\ \cdots$에 대하여
⇨ $r=\frac{a_{n+1}}{a_n}$이고,
이웃하는 두 항의 관계 식은 $a_{n+1}=ra_n$

보기 1 다음 각 등비수열의 제10항과 제n항을 구하시오.

(1) 1, 2, 4, 8, ⋯ (2) 32, 16, 8, 4, ⋯

[설명] (1) $a=1,\ r=2$이므로 $a_n=ar^{n-1}$에서

$a_{10}=1\cdot 2^{10-1}=2^9,\quad a_n=1\cdot 2^{n-1}=2^{n-1}$

(2) $a=32,\ r=\frac{1}{2}$이므로 $a_n=ar^{n-1}$에서

$a_{10}=32\cdot\left(\frac{1}{2}\right)^{10-1}=32\cdot\left(\frac{1}{2}\right)^9,\ a_n=32\cdot\left(\frac{1}{2}\right)^{n-1}$

■ 첫째항이 a, 공비가 r인 등비수열 $\{a_n\}$에서 일반항(제n항) a_n은 ⇨ $a_n=ar^{n-1}$

보기 2 등비수열 $\{a_n\}$의 일반항 a_n이 다음과 같을 때, 첫째항과 공비를 구하시오.

(1) $a_n=3^{2n-1}$ (2) $a_n=\left(\frac{1}{2}\right)^{2n-1}$

[설명] (1) $a_n=3^{2n-1}$에서

$a_1=3^{2\cdot 1-1}=3^1=3,\ a_2=3^{2\cdot 2-1}=3^3=27$

$\therefore \frac{a_2}{a_1}=\frac{27}{3}=9$ 답 첫째항은 3, 공비는 9

(2) $a_n=\left(\frac{1}{2}\right)^{2n-1}$에서

$a_1=\left(\frac{1}{2}\right)^{2\cdot 1-1}=\left(\frac{1}{2}\right)^3=\frac{1}{8},\ a_2=\left(\frac{1}{2}\right)^{2\cdot 1-1}=\left(\frac{1}{2}\right)^5=\frac{1}{32}$

$\therefore \frac{a_2}{a_1}=\frac{8}{32}=\frac{1}{4}$ 답 첫째항은 $\frac{1}{8}$, 공비는 $\frac{1}{4}$

■ (공비)$=\frac{a_2}{a_1}$

(3) 등비중항

0이 아닌 세 수 $a,\ x,\ b$가 이 순서로 등비수열을 이룰 때, x를 $a,\ b$의 **등비중항**이라고 한다. 이때, 이웃하는 두 항의 비가 서로 같으므로 다음이 성립한다.

$$\frac{x}{a}=\frac{b}{x} \Leftrightarrow x^2=ab \Leftrightarrow x=\pm\sqrt{ab}$$

만일 수열 $\{a_n\}$이 $n=1,\ 2,\ 3,\ \cdots$일 때

$$(a_{n+1})^2=a_na_{n+2}$$

인 관계를 만족하면 수열 $\{a_n\}$은 등비수열이다.

■ 두 양수 $a,\ b$의 등비중항 중에서 양의 값은 $a,\ b$의 기하평균과 같다. ⇨ $x=\sqrt{ab}$

보기 3 두 수 4와 9의 등비중항을 구하시오.

[설명] 등비중항을 x라고 하면 4, x, 9가 이 순서로 등비수열을 이루므로

$\frac{x}{4}=\frac{9}{x}\quad \therefore x^2=36\quad \therefore x=\pm 6$ 답 ± 6

기본문제 6-16

다음 각 물음에 답하시오. (단, 공비는 실수이다.)

(1) 등비수열 3, -6, 12, -24, ⋯에서 -384는 제 몇 항인지 구하시오.

(2) 첫째항이 2, 제6항이 -486인 등비수열의 공비를 구하시오

(3) 공비가 $-\frac{1}{2}$, 제7항이 10인 등비수열의 첫째항을 구하시오

(4) 제n항이 $a_n=3\cdot\left(\frac{1}{2}\right)^{2n-1}$인 등비수열의 첫째항과 공비를 구하시오.

Tip

■ 첫째항이 a, 공비가 r인 등비수열 $\{a_n\}$에서 일반항(제n항) a_n은 ⇨ $a_n=ar^{n-1}$

[풀이] 첫째항이 a, 공비가 r일 때, 일반항 a_n은 $a_n=ar^{n-1}$임을 이용하자.

(1) $a=3$, $r=-2$이므로 $a_n=3\cdot(-2)^{n-1}$

제n항이 -384라고 가정하면 $3\cdot(-2)^{n-1}=-384$

$\therefore (-2)^{n-1}=-128=(-2)^7$ $\therefore n-1=7$

$\therefore n=8$ 답 제8항

(2) $a=2$이고 공비를 r이라고 하면 $a_n=2\cdot r^{n-1}$

제6항이 -486이므로 $a_6=2\cdot r^{6-1}=-486$

$\therefore r^5=-243=(-3)^5$ $\therefore r=-3$ 답 -3

(3) $r=-\frac{1}{2}$이고 첫째항을 a라고 하면 $a_n=a\cdot\left(-\frac{1}{2}\right)^{n-1}$

제7항이 10이므로 $a_7=a\cdot\left(-\frac{1}{2}\right)^{7-1}=10$

$\therefore a\cdot\left(-\frac{1}{2}\right)^6=10$ $\therefore a=10\times2^6=640$ ⇦ 답

(4) $a_n=3\cdot\left(\frac{1}{2}\right)^{2n-1}$에서 $a_1=3\cdot\left(\frac{1}{2}\right)^{2\cdot1-1}=\frac{3}{2}$,

$a_2=3\cdot\left(\frac{1}{2}\right)^{2\cdot1-1}=\frac{3}{8}$ $\therefore \frac{a_2}{a_1}=\frac{2}{8}=\frac{1}{4}$

따라서 첫째항은 $\frac{3}{2}$, 공비는 $\frac{1}{4}$ ⇦ 답

■ (공비)$=\frac{a_2}{a_1}$

유제 6-25 다음은 등비수열이다. ☐ 안에 알맞은 수를 써 넣으시오.

(1) ☐, ☐, -18, 54 (2) 4, ☐, 2, ☐

답 (1) -2, 6 (2) $\pm2\sqrt{2}$, $\pm\sqrt{2}$(복호동순)

■ 첫째항을 a, 공비를 r이라고 놓으면 a_n은 ⇨ $a_n=ar^{n-1}$

유제 6-26 등비수열 4, -8, 16, -32, ⋯에서 1024는 제 몇항인지 구하시오. 답 제9항

■ $a_n=1024=2^{10}$

기본문제 6-17

제2항이 6, 제7항이 192인 등비수열 $\{a_n\}$에 대하여 다음 각 물음에 답하시오. (단, 공비는 실수이다.)
(1) 첫째항과 공비를 구하시오.
(2) 768은 제 몇 항인지 구하시오.
(3) 제 몇 항에서 처음으로 3000보다 커지는지 구하시오.

Tip

■ 첫째항을 a, 공비를 r이라고 놓으면 a_n은
⇨ $a_n=ar^{n-1}$

[풀이] (1) 첫째항을 a, 공비를 r이라고 하면
제2항이 6이므로 $ar=6$ …… ①
제7항이 192이므로 $ar^6=192$ …… ②
②÷①에서 $r^5=32=2^5$ $\therefore r=2$
이 값을 ①에 대입하면 $a=3$ 답 첫째항 3, 공비 2

(2) 이 수열의 일반항(제 n항) a_n은
$$a_n=3\cdot 2^{n-1}$$
이므로 제 n항이 768이라고 가정하면
$3\cdot 2^{n-1}=768$ $\therefore 2^{n-1}=256=2^8$
$\therefore n-1=8$ $\therefore n=9$ 답 제9항

(3) 제 n항에서 처음으로 3000보다 커진다고 하면
$3\cdot 2^{n-1}>3000$ $\therefore 2^{n-1}>1000$
$2^9=512$, $2^{10}=1024$이므로 $2^{n-1}>1000$을 만족하는 최소의 자연수 n은 $n-1=10$에서 $n=11$이다.
따라서 제11항에서 처음으로 3000보다 커진다 답 제11항

유제 6-27 제3항이 $3\sqrt{3}$, 제6항이 27인 등비수열 $\{a_n\}$에 대하여 다음 각 물음에 답하시오. (단, 공비는 실수)
(1) 첫째항과 공비를 구하시오. 답 첫째항 $\sqrt{3}$, 공비 $\sqrt{3}$
(2) 243은 제 몇 항인가? 답 제10항
(3) 이 수열은 제 몇 항에서 처음으로 2000보다 커지는지 구하시오. (단, $3^7=2187$) 답 제14항

유제 6-28 공비가 실수인 등비수열 $\{a_n\}$에 대하여
$$a_1+a_2+a_3=2,\ a_4+a_5+a_6=-16$$
이 성립할 때, 다음 물음에 답하시오.
(1) 첫째항과 공비를 구하시오. 답 첫째항 $\frac{2}{3}$, 공비 -2
(2) $a_2+a_4+a_6$의 값을 구하시오. 답 -28

■ 첫째항을 a, 공비를 r이라고 놓고 연립방정식을 세운다.

기본문제 6-18

다음 물음에 답하시오.

(1) 두 수 4와 324 사이에 세 양수 a, b, c를 넣어 4, a, b, c, 324가 이 순서로 등비수열을 이루도록 할 때, $a+b+c$의 값을 구하시오.

(2) x, $x+8$, $9x$, …가 등비수열을 이룰 때, 이 수열의 제5항을 구하시오. (단, $x>0$)

(3) 네 양수 4, a, b, 18에서 4, a, b는 이 순서로 등차수열을 이루고, a, b, 18은 이 순서로 등비수열을 이룰 때, $a+b$의 값을 구하시오.

Tip

■ 등비중항 0이 아닌 세 수 a, x, b가 이 순서로 등비수열을 이룰 때
⇨ $x^2=ab$

[풀이] (1) 공비를 r $(r>0)$이라고 하면 첫째항이 4, 제5항이 324이므로 $4r^4=324$ $\quad\therefore r^4=81$ $\quad\therefore r=3$

따라서 $a=4r=12$, $b=4r^2=36$, $c=4r^3=108$

$\therefore a+b+c=12+36+108=156$ 답 156

(2) x, $x+8$, $9x$가 등비수열을 이루므로 등비중항의성질에 의하여

$(x+8)^2=x\cdot(9x)$ $\quad\therefore x^2-2x-8=0$

$\therefore (x+2)(x-4)=0$ $\quad\therefore x=4$ $(\because x>0)$

이때 첫째항이 4, 공비가 3인 등비수열이므로

$a_5=4\cdot3^4=324$ 답 324

(3) 세 수 4, a, b가 이 순서로 등차수열을 이루므로

$2a=b+4$ …… ①

세 수 a, b, 18이 이 순서로 등비수열을 이루므로

$b^2=18a$ …… ②

①을 ②에 대입하면

$b^2=9\cdot2a=9b+36$ $\quad\therefore b^2-9b-36=0$

$\therefore (b+3)(b-12)=0$ $\quad\therefore b=12$ $(\because b>0)$

이 값을 ①에 대입하면 $a=8$

$\therefore a+b=8+12=20$ 답 20

유제 6-29 세 수 a, $a+b$, $2a-b$는 이 순서로 등차수열을 이루고, 세 수 1, $a-1$, $3b+1$은 이 순서로 공비가 양수인 등비수열을 이룬다. 이때, ab의 값을 구하시오. 답 3

■ 등차중항 세 수 a, x, b가 이 순서로 등차수열을 이룰 때
⇨ $2x=a+b$

유제 6-30 공차가 0이 아닌 등차수열 $\{a_n\}$의 세 항 a_2, a_4, a_9가 이 순서로 공비 r인 등비수열을 이룰 때, $2r$의 값을 구하시오. 답 5

기본문제 6-19

삼차방정식 $x^3-3x^2-6x+k=0$의 세 근이 등비수열을 이룰 때, 상수 k의 값을 구하시오.

[풀이] $x^3-3x^2-6x+k=0$의 세 근을 $a,\ ar,\ ar^2$이라고 놓으면 근과 계수의 관계로부터

$a+ar+ar^2=3 \quad \therefore a(1+r+r^2)=3$ …… ①

$a^2r+a^2r^2+a^2r^3=-6 \quad \therefore a^2r(1+r+r^2)=-6$ …… ②

$a\cdot ar\cdot ar^2=-k \quad \therefore (ar)^3=-k$ …… ③

②÷①하면 $ar=-2$

이 값을 ③에 대입하면 $k=8$

답 8

Tip

■ 세 수가 등비수열을 이룰 때 그 세수를

$a,\ ar,\ ar^2$

이라고 놓고 푼다.

기본문제 6-20

두 수열 $\{a_n\}$, $\{b_n\}$이 다음과 같이 정의되어 있다.

수열 $\{a_n\}$은 $a_1=1,\ a_{n+1}=2a_n$ (n은 자연수)

수열 $\{b_n\}$은 $b_1=2^{20},\ b_2=2^{19},\ (b_{n+1})^2=b_nb_{n+2}$ (n은 자연수)

이때, 다음 물음에 답하시오.

(1) 두 수열 $\{a_n\}$, $\{b_n\}$의 일반항 a_n, b_n을 각각 구하시오.

(2) $a_n=b_n$이 되는 n의 값을 구하시오.

■ 등비수열을 나타내는 이웃하는 항들 사이의 관계식 (점화식)

1. $a_{n+1}=ra_n$

2. $(a_{n+1})^2=a_na_{n+2}$

[풀이] (1) 수열 $\{a_n\}$은 첫째항이 1, 공비가 2인 등비수열이므로

$a_n=1\cdot 2^{n-1}=2^{n-1}$

수열 $\{b_n\}$은 첫째항이 2^{20}, 공비가 $\dfrac{b_2}{b_1}=\dfrac{2^{19}}{2^{20}}=\dfrac{1}{2}$인 등비수열이므로

$b_n=2^{20}\cdot\left(\dfrac{1}{2}\right)^{n-1}$

(2) $2^{n-1}=2^{20}\cdot\left(\dfrac{1}{2}\right)^{n-1}$에서 $2^{n-1}\cdot 2^{n-1}=2^{20}$

$\therefore 2^{2(n-1)}=2^{20} \quad \therefore 2(n-1)=20 \quad \therefore n=11$

답 (1) $a_n=2^{n-1},\ b_n=2^{20}\cdot\left(\dfrac{1}{2}\right)^{n-1}$ (2) $n=11$

유제 6-31 곡선 $y=x^3-7x^2-21x+25$와 직선 $y=k$가 서로 다른 세 점에서 만나고, 교점의 x좌표가 차례로 등비수열을 이룬다. 이때 상수 k의 값을 구하시오. 답 -2

■ 연립방정식 $x^3-7x^2-21x+25=k$의 세 근을 $a,\ ar,\ ar^2$이라고 놓고 푼다.

유제 6-32 수열 $\{a_n\}$이 $(a_{n+1})^2=a_na_{n+2}(n\geq 1)$을 만족하고 $a_2=3$, $a_6=6$일 때, a_{14}의 값을 구하시오. 답 24

기본문제 6-21

한 변의 길이가 2인 정삼각형의 종이를 그림과 같이 각 변의 중점을 이어서 4개의 같은 정삼각형을 만든다. 그 중 가운데의 정삼각형을 떼어 내고, 계속 이 일을 남은 3개의 정삼각형에 대하여 반복한다. 이와 같은 방법을 처음부터 20회 반복 시행한 후, 남아 있는 종이의 넓이를 구하시오.

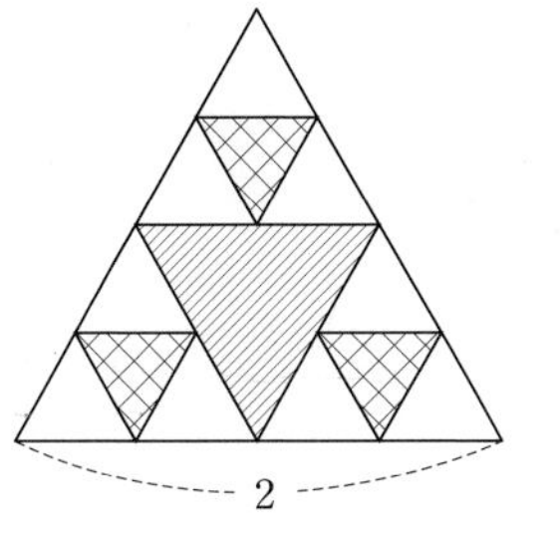

Tip

■ 차례로 몇 번의 시행을 통하여 규칙을 발견한다.

■ 한 변의 길이가 a인 정삼각형의 넓이 S는

⇨ $S=\frac{\sqrt{3}}{4}a^2$

[풀이] 한 변의 길이가 2인 정삼각형의 넓이는

$$\frac{\sqrt{3}}{4}\times 2^2=\sqrt{3}$$

처음부터 제n회 시행한 후 남은 종이의 넓이를 S_n이라고 하자. 제1회 시행에서 넓이가 $\sqrt{3}$인 정삼각형의 넓이를 4등분한 후 3개가 남으므로 남은 넓이 S_1은

$$S_1=\sqrt{3}\times\frac{3}{4}$$

제2회 시행에서도 남은 3개의 정삼각형의 넓이를 각각 4등분한 후 3개씩 남으므로 남은 넓이 S_2는

$$S_2=S_1\times\frac{3}{4}=\left(\sqrt{3}\times\frac{3}{4}\right)\times\frac{3}{4}=\sqrt{3}\times\left(\frac{3}{4}\right)^2$$

이와 같이 매회 시행 때마다 이전 넓이의 $\frac{3}{4}$이 남으므로

수열 $\{S_n\}$은 첫째항이 $\sqrt{3}\times\frac{3}{4}$, 공비가 $\frac{3}{4}$인 등비수열이다.

$$\therefore S_{20}=\left(\sqrt{3}\times\frac{3}{4}\right)\times\left(\frac{3}{4}\right)^{20-1}=\sqrt{3}\times\left(\frac{3}{4}\right)^{20}$$ ⇦ 답

유제 6-33 넓이가 4인 평행사변형의 종이를 그림과 같이 양 변과 평행한 두 쌍의 가로줄과 세로줄을 넣어 9개의 같은 평행사변형을 만든다. 그 중 가운데의 평행사변형을 떼어 내고, 계속 이 일을 남은 8개의 평행사변형에 대하여 반복한다. 이와 같은 방법을 처음부터 10회 반복 시행한 후, 남아 있는 종이의 넓이를 구하시오.

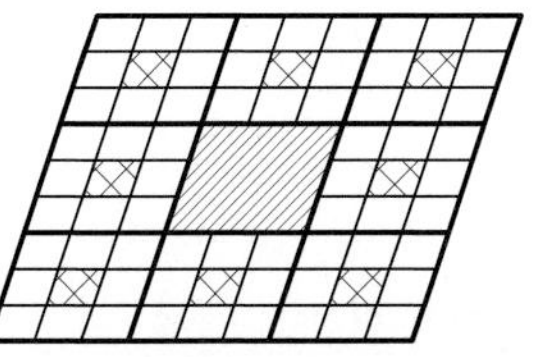

답 $\frac{2^{32}}{3^{20}}$

■ 1회 시행 후 남아 있는 종이의 넓이 S_1은

⇨ $S_1=4\times\frac{8}{9}$

■ 2회 시행 후 남아 있는 종이의 넓이 S_2는

⇨ $S_2=4\times\frac{8}{9}\times\frac{8}{9}$
$=4\times\left(\frac{8}{9}\right)^2$

2. 등비수열의 합

(1) 등비수열의 합의 공식

첫째항이 a, 공비가 r인 등비수열의 첫째항부터 제n항까지의 합을 S_n이라고 하면

(i) $r\neq1$일 때, $S_n=\frac{a(r^n-1)}{r-1}=\frac{a(1-r^n)}{1-r}$ ⇦ n은 항수

(ii) $r=1$일 때, $S_n=na$ ⇦ n은 항수

■ $r>1$일 때 $S_n=\frac{a(r^n-1)}{r-1}$ 임을 이용하고, $r<1$일 때 $S_n=\frac{a(1-r^n)}{1-r}$ 임을 이용하면 편리하다.

[설명] $S_n=a+ar+ar^2+\cdots+ar^{n-2}+ar^{n-1}$ …… ①

①의 양변에 공비 r을 곱하면

$rS_n=ar+ar^2+ar^3+\cdots+ar^{n-1}+ar^n$ …… ②

①－②하면 $S_n-rS_n=a-ar^n \quad \therefore (1-r)S_n=a(1-r^n)$

$r\neq1$일 때, $S_n=\frac{a(1-r^n)}{1-r}=\frac{a(r^n-1)}{r-1}$

$r=1$일 때, $S_n=a+a+a+\cdots+a=na$

보기 1 다음 등비수열의 제n항까지의 합 S_n을 구하시오.

(1) 2, 6, 18, 54, … (2) $\frac{1}{2}$, $\frac{1}{4}$, $\frac{1}{8}$, $\frac{1}{16}$, …

■ 수열 2, 2, 2, … 의 제n항까지의 합은 $S_n=2n$

[설명] (1) $a=2$, $r=3$이므로 $S_n=\frac{2(3^n-1)}{3-1}=3^n-1$

(2) $a=\frac{1}{2}$, $r=\frac{1}{2}$이므로 $S_n=\frac{\frac{1}{2}\left\{1-\left(\frac{1}{2}\right)^n\right\}}{1-\frac{1}{2}}=1-\left(\frac{1}{2}\right)^n$

보기 2 첫째항부터 제n항까지의 합 S_n이 $S_n=Ar^n+B$로 나타내어지는 수열 $\{a_n\}$이 등비수열이 되도록 상수 A, B의 조건을 구하시오.

■ S_n과 a_n의 관계 $\begin{cases}a_n=S_n-S_{n-1} & (n\geq2)\\ a_1=S_1\end{cases}$

[설명] $n\geq2$일 때

$a_n=S_n-S_{n-1}$

$=(Ar^n+B)-(Ar^{n-1}+B)=A(r-1)\cdot r^{n-1}$ …… ①

$n=1$일 때 $a_1=S_1=Ar+B$ …… ②

수열 $\{a_n\}$이 첫째항부터 등비수열이 되려면 ①에 $n=1$을 대입한 값 $A(r-1)$과 $a_1=Ar+B$가 서로 같아야 한다.

$\therefore A(r-1)=Ar+B \quad \therefore A+B=0$

이때, 수열 $\{a_n\}$은 첫째항이 $A(r-1)$, 공비가 r인 등비수열이고, $a_n=A(r-1)\cdot r^{n-1}$ $(n\geq1)$

답 $A+B=0$

■ $n\geq2$일 때 $a_n=A(r-1)\cdot r^{n-1}$이므로 제2항부터 a_2, a_3, …, a_n, … 는 등비수열을 이룬다. 따라서 첫째항부터 등비수열이 되기 위한 조건은 $a_n=A(r-1)\cdot r^{n-1}$에 $n=1$을 대입한 값과 a_1이 서로 같아야 한다.

기본문제 6-22

다음 등비수열의 합을 구하시오.

(1) $3-6+12-24+\cdots+$(제10항)

(2) $1-\sqrt{2}+2-2\sqrt{2}+\cdots+$(제10항)

(3) $1+2+4+8+\cdots+1024$

(4) $2+\dfrac{2}{3}+\dfrac{2}{9}+\dfrac{2}{27}+\cdots+$(제$n$항)

(5) $\left(1+\dfrac{1}{2}\right)+\left(3+\dfrac{1}{4}\right)+\left(5+\dfrac{1}{8}\right)+\left(7+\dfrac{1}{16}\right)+\cdots+$(제10항)

[풀이] (1) 첫째항이 3, 공비가 -2, $n=10$(항수)인 등비수열의 합이므로

$$S_{10}=\frac{3\{1-(-2)^{10}\}}{1-(-2)}=-1023$$ 답 -1023

(2) 첫째항이 1, 공비가 $-\sqrt{2}$, $n=10$인 등비수열의 합이므로

$$S_{10}=\frac{1\{1-(-\sqrt{2})^{10}\}}{1-(-\sqrt{2})}=-31(\sqrt{2}-1)$$ ⇦ 답

(3) 제n항이 1024라고 하면 $1\cdot 2^{n-1}=1024=2^{10}$

$\therefore n-1=10 \quad \therefore n=11$(항수)

$$\therefore S_{11}=\frac{1(2^{11}-1)}{2-1}=2047$$ 답 2047

(4) 첫째항이 2, 공비가 $\dfrac{1}{3}$인 등비수열의 합이므로

$$S_n=\frac{2\left\{1-\left(\frac{1}{3}\right)^n\right\}}{1-\frac{1}{3}}=3\left\{1-\left(\frac{1}{3}\right)^n\right\}$$ ⇦ 답

(5) $S_{10}=\{1+3+5+\cdots+(\text{제10항})\}+\left\{\dfrac{1}{2}+\dfrac{1}{4}+\dfrac{1}{8}+\cdots+(\text{제10항})\right\}$

$$=\frac{10\{2\times 1+(10-1)\times 2\}}{2}+\frac{\frac{1}{2}\left\{1-\left(\frac{1}{2}\right)^{10}\right\}}{1-\frac{1}{2}}$$

$$=101-\frac{1}{1024}$$

답 $101-\dfrac{1}{1024}$

Tip

■ 첫째항이 a, 공비가 r인 등비수열 $\{a_n\}$에서
$a_n=ar^{n-1}=l$
이라고 하면 S_n은 첫째항, 공비, 끝항을 써서 다음과 같이 나타낼 수 있다.

$$S_n=\frac{a(r^n-1)}{r-1}=\frac{ar^n-a}{r-1}=\frac{r\cdot ar^{n-1}-a}{r-1}=\frac{rl-a}{r-1}$$

예를 들면, (3)번에서

$$S_{11}=\frac{2\times 1024-1}{2-1}=2047$$

■ (등차수열)+(등비수열)의 합으로 분리한다.

유제 6-34 다음 등비수열의 합을 구하시오.

(1) $2+6+18+54+\cdots+$(제10항) 답 $3^{10}-1$

(2) $4-8+16-32+\cdots+1024$ 답 684

기본문제 6-23

다음 물음에 답하시오.

(1) 공비가 실수인 등비수열에서 제2항과 제4항의 합이 10, 제5항과 제7항의 합이 80일 때, 제n항과 제n항까지의 합을 구하시오.

(2) 공비가 양수인 등비수열에서 제4항까지의 합이 30, 제8항까지의 합이 510일 때, 제n항까지의 합을 구하시오.

Tip

■ 첫째항이 a, 공비가 r인 등비수열 $\{a_n\}$의 첫째항부터 제n항까지의 합 S_n은

⇨ $S_n=\dfrac{a(1-r^n)}{1-r}$

$=\dfrac{a(r^n-1)}{r-1}$

[풀이] (1) 첫째항을 a, 공비를 r, 제n항을 a_n, 제n항까지의 합을 S_n이라고 하면

$a_2+a_4=10$에서 $ar+ar^3=10$ $\quad\therefore ar(1+r^2)=10$ …… ①

$a_5+a_7=80$에서 $ar^4+ar^6=80$ $\quad\therefore ar^4(1+r^2)=80$ …… ②

②÷①하면 $r^3=8$ $\quad\therefore r=2$

이 값을 ①에 대입하면 $a=1$

$\therefore a_n=1\cdot 2^{n-1}=2^{n-1},\ S_n=\dfrac{1(2^n-1)}{2-1}=2^{n-1}$

답 $a_n=2^{n-1},\ S_n=2^{n-1}$

(2) 첫째항을 a, 공비를 $r(r>0)$, 제n항까지의 합을 S_n이라고 하면

$S_4=30,\ S_8=510$이므로

$\dfrac{a(r^4-1)}{r-1}=30$ … ①, $\quad\dfrac{a(r^8-1)}{r-1}=510$ …… ②

$r^8-1=(r^4-1)(r^4+1)$이므로 ②÷①하면 $r^4+1=17$

$\therefore r^4=16$ $\quad\therefore r=2\ (\because r>0)$

이 값을 ①에 대입하면 $a=2$

$\therefore S_n=\dfrac{2(2^n-1)}{2-1}=2^{n+1}-2$ 답 $S_n=2^{n+1}-2$

■ 인수분해 공식

n이 자연수일 때

1. $x^{2n}-1$
$=(x^n-1)(x^n+1)$

2. $x^{3n}-1$
$=(x^n-1)(x^{2n}+x^n+1)$

유제 6-35 등비수열 $\{a_n\}$의 첫째항부터 제n항까지의 합을 S_n이라고 할 때, 다음 물음에 답하시오.

(1) 공비가 양수이고, 제2항과 제4항의 합이 40, 제4항과 제6항의 합이 160일 때, a_n과 S_n을 구하시오.

답 $a_n=2^{n+1},\ S_n=2^{n+2}-4$

(2) 공비가 실수이고, $S_3=9,\ S_6=-63$이다. 이때, S_n을 구하시오.

답 $S_n=1-(-2)^n$

(3) $S_n=40,\ S_{2n}=60$일 때, S_{3n}의 값을 구하시오. 답 70

(4) $a_1+a_2+\cdots+a_{10}=10,\ a_{11}+a_{12}+\cdots+a_{20}=320$일 때, 수열 $\{a_n\}$의 공비 r을 구하시오. (단, $r>0$) 답 $\sqrt{2}$

■ 첫째항을 a, 공비를 r이라고 놓고 푼다.

기본문제 6-24

수열 $\{a_n\}$의 첫째항부터 제n항까지의 합을 S_n이라고 할 때, 다음 물음에 답하시오.

(1) $S_n=2^{n+1}+k$일 때, 수열 $\{a_n\}$이 첫째항부터 등비수열을 이루도록 하는 상수 k의 값을 구하시오.

(2) $S_n=3\cdot2^n-3$일 때, $a_1+a_3+a_5+a_7+a_9$의 값을 구하시오.

(3) 수열 $\{b_n\}$은 첫째항이 1, 공차가 2인 등차수열이고, 수열 $\{a_n\}$은 $a_n=2^{b_n}$으로 정의된다. 이때 S_5의 값을 구하시오.

Tip

■ S_n과 a_n의 관계

$\begin{cases} a_n=S_n-S_{n-1}\ (n\geq2) \\ a_1=S_1 \end{cases}$

[풀이] (1) $n\geq2$일 때

$a_n=S_n-S_{n-1}=(2^{n+1}+k)-(2^n+k)=2^n$ …… ①

$n=1$일 때 $a_1=S_1=2^{1+1}+k=4+k$ …… ②

수열 $\{a_n\}$이 첫째항부터 등비수열이 되려면 ①에

$n=1$을 대입한 값 $2^1=2$와 $a_1=4+k$의 값이 서로 같아야 한다.

$\therefore 4+k=2 \quad \therefore k=-2$ 답 -2

(2) $n\geq2$일 때

$a_n=S_n-S_{n-1}=(3\cdot2^n-3)-(3\cdot2^{n-1}-3)=3\cdot2^{n-1}$

$n=1$일 때 $a_1=S_1=3\cdot2^1-3=3$

$a_1=3$은 $a_n=3\cdot2^{n-1}$에 $n=1$을 대입한 것과 같다.

$\therefore a_n=3\cdot2^{n-1}\ (n\geq1)$

$\therefore a_1+a_3+a_5+a_7+a_9=3+3\cdot2^2+3\cdot2^4+3\cdot2^6+3\cdot2^8$ ⇦ 공비는 2^2

$=\dfrac{3\{(2^2)^5-1\}}{2^2-1}=2^{10}-1=1023$ 답 1023

■ 등비수열 $\{a_n\}$의 공비가 r일 때, 수열 $\{a_{2n-1}\}$의 공비는 r^2이다.

(3) $b_n=1+(n-1)\times2=2n-1$

$\therefore a_n=2^{b_n}=2^{2n-1}=2\cdot2^{2(n-1)}=2\cdot4^{n-1}$

따라서 수열 $\{a_n\}$은 첫째항이 2, 공비가 4인 등비수열이다.

$\therefore S_5=\dfrac{2(4^5-1)}{4-1}=682$ 답 682

유제 6-36 수열 $\{a_n\}$의 첫째항부터 제n항까지의 합 S_n이 $S_n=3^n+k$일 때, 수열 $\{a_n\}$이 첫째항부터 등비수열을 이루도록 하는 상수 k의 값과 그때의 $a_1+a_3+a_5+a_7+a_9$의 값을 구하시오.

답 $k=-1$이고, 합은 $\dfrac{1}{4}(3^{10}-1)$

■ $S_n=Ar^n+B$ 일 때, 수열 $\{a_n\}$이 등비수열이 되기 위한 조건은 ⇨ $A+B=0$

UpGrade **6-5**

수열 $\{a_n\}$에 대하여 a_1, a_2-a_1, a_3-a_2, $\cdots$, a_n-a_{n-1}은 첫째항이 1이고, 공비가 $\frac{1}{2}$인 등비수열을 이룬다. 이때

$$a_1+a_2+a_3+\cdots+a_n$$

의 값을 구하시오.

Tip

■ 수열의 모든 항을 더하면 + 항과 − 항이 소거되고 a_n만 남는다.

[풀이] 수열 a_1, a_2-a_1, a_3-a_2, $\cdots$, a_n-a_{n-1}의 합을 구하면

$$a_1+(a_2-a_1)+(a_3-a_2)+\cdots+(a_n-a_{n-1})$$

$$=\frac{1-\left(\frac{1}{2}\right)^n}{1-\frac{1}{2}}=2\left\{1-\left(\frac{1}{2}\right)^n\right\}$$

그런데 좌변의 합이 a_n이므로 $a_n=2\left\{1-\left(\frac{1}{2}\right)^n\right\}$

여기서 n대신 1, 2, $\cdots$, n을 차례로 대입하여 더하면

■ (등차수열)+(등비수열)의 합으로 분리한다.

$$a_1+a_2+a_3+\cdots+a_n$$

$$=2\left\{1-\left(\frac{1}{2}\right)^1\right\}+2\left\{1-\left(\frac{1}{2}\right)^2\right\}+\cdots+2\left\{1-\left(\frac{1}{2}\right)^n\right\}$$

$$=(2+2+\cdots+2)-2\left\{\left(\frac{1}{2}\right)^1+\left(\frac{1}{2}\right)^2+\cdots+\left(\frac{1}{2}\right)^n\right\}$$

$$=2n-2\times\frac{\frac{1}{2}\left\{1-\left(\frac{1}{2}\right)^n\right\}}{1-\frac{1}{2}}=2n-2\left\{1-\left(\frac{1}{2}\right)^n\right\}$$

$$=2(n-1)+\left(\frac{1}{2}\right)^{n-1}$$

답 $2(n-1)+\left(\frac{1}{2}\right)^{n-1}$

유제 6-37 수열 $\{a_n\}$에 대하여

a_1, a_2-a_1, a_3-a_2, $\cdots$, a_n-a_{n-1}

은 첫째항이 1이고, 공비가 2인 등비수열을 이룬다.

이때 $a_1+a_2+a_3+\cdots+a_n$의 값을 구하시오.

답 $2^{n+1}-n-2$

유제 6-38 수열 $\{a_n\}$에 대하여

$$\frac{1}{a_1},\ \frac{1}{a_2}-\frac{1}{a_1},\ \frac{1}{a_3}-\frac{1}{a_2},\ \cdots,\ \frac{1}{a_n}-\frac{1}{a_{n-1}}$$

은 첫째항이 2, 공차가 2인 등차수열을 이룬다.

이때, $a_1+a_2+a_3+\cdots+a_n$의 값을 구하시오.

답 $\frac{n}{n+1}$

■ 부분분수의 공식

$$\frac{1}{A\cdot B}=\frac{1}{B-A}\left(\frac{1}{A}-\frac{1}{B}\right)$$

UpGrade 6-6

수열 $\{a_n\}$의 첫째항부터 제n항까지의 곱 P_n이

$$P_n=a_1\times a_2\times\cdots\times a_n=2^{n^2}$$

을 만족할 때, 다음 물음에 답하시오.

(1) 일반항 a_n을 구하시오.

(2) 첫째항부터 제n항까지의 합 S_n을 구하시오.

(3) $S_n>2000$을 만족하는 최소의 자연수 n의 값을 구하시오.

Tip

■ $n\geq2$일 때

$a_n=\dfrac{P_n}{P_{n-1}}$

$n=1$일 때

$a_1=P_1$

■ n대신 $n-1$로 바꿀 때에는 $n-1\geq1$이어야 하므로 $n\geq2$인 조건이 붙는다는 것에 유의하라.

[풀이] (1) $n\geq2$일 때

$P_n=a_1\times a_2\times\cdots\times a_{n-1}\times a_n=2^{n^2}$ …… ①

$P_{n-1}=a_1\times a_2\times\cdots\times a_{n-1}=2^{(n-1)^2}$ …… ②

①÷②하면

$a_n=2^{n^2-(n-1)^2}=2^{2n-1}=2\cdot2^{2(n-1)}=2\cdot4^{n-1}$

$n=1$일 때 $a_1=P_1=2^{1^2}=2$

$a_1=2$는 $n=1$을 $a_n=2\cdot4^{n-1}$ $(n\geq2)$에 대입한 값과 같다.

$\therefore a_n=2\cdot4^{n-1}$ $(n\geq1)$ 답 $a_n=2\cdot4^{n-1}$

(2) 수열 $\{a_n\}$은 첫째항이 2, 공비가 4인 등비수열이므로

$S_n=\dfrac{2(4^n-1)}{4-1}=\dfrac{2}{3}(4^n-1)$ 답 $S_n=\dfrac{2}{3}(4^n-1)$

(3) $S_n=\dfrac{2}{3}(4^n-1)>2000$에서 $4^n>3001$

$4^5=2^{10}=1024$, $4^6=2^{12}=4096$이므로 $4^n>3001$을 만족하는 최소의 자연수 n의 값은 $n=6$ 답 $n=6$

유제 6-39 수열 $\{a_n\}$의 첫째항부터 제n항까지의 곱 P_n이

$$P_n=a_1\times a_2\times\cdots\times a_n=2^n\cdot3^{\frac{n(n-1)}{2}}$$

을 만족할 때, 다음 물음에 답하시오.

(1) 일반항 a_n을 구하시오.

(2) 첫째항부터 제n항까지의 합 S_n을 구하시오.

답 (1) $a_n=2\cdot3^{n-1}$ (2) $S_n=3^n-1$

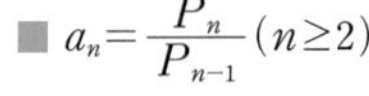

유제 6-40 수열 $\{a_n\}$에서 $a_1+a_2+\cdots+a_n=S_n$이고,

$$a_1=3,\ a_n=a_1+a_2+\cdots+a_{n-1}(n\geq2)$$

이 성립할 때, a_n과 S_n을 구하시오.

답 $a_1=3$, $a_n=3\cdot2^{n-2}(n\geq2)$, $S_n=3\cdot2^{n-1}$

■ $a_n=S_n-S_{n-1}(n\geq2)$

■ $a_{n+1}=a_1+a_2+\cdots+a_n$

UpGrade 6-7

아래 그림과 같이 두 직선 l, m사이에 n개의 정사각형 A_1, A_2, $\cdots$, A_n이 서로 접해 있다.

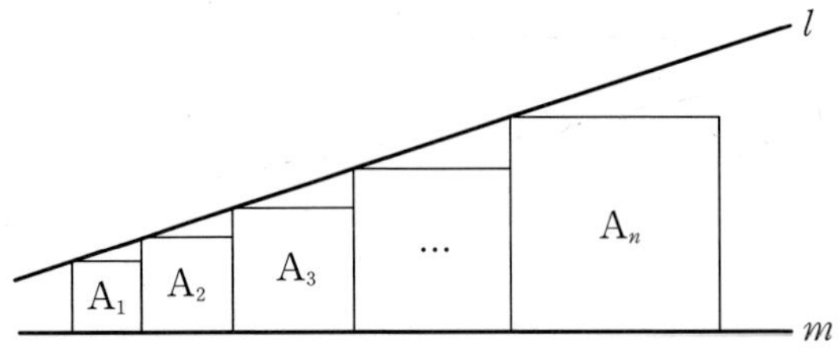

자연수 n에 대하여 정사각형 A_n의 한 변의 길이를 a_n이라고 할 때, $a_1=2$, $a_5=18$이다. 이때 a_n, a_{n+1}, a_{n+2}사이의 관계식과 일반항 a_n을 구하시오.

[풀이]

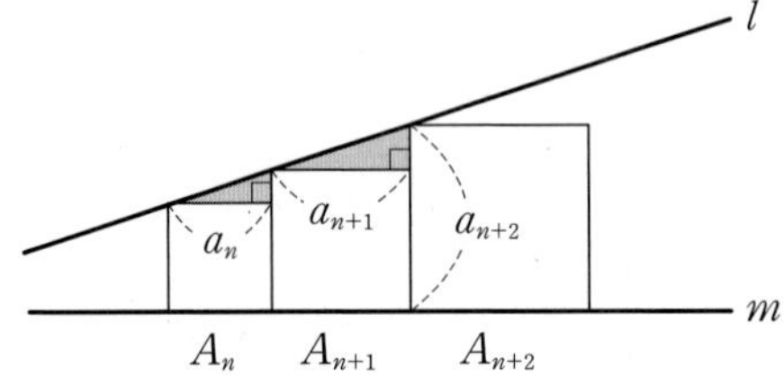

위의 그림에서 색칠한 두 삼각형은 닮음이므로

$a_n : (a_{n+1}-a_n)=a_{n+1} : (a_{n+2}-a_{n+1})$

$\therefore a_{n+1}(a_{n+1}-a_n)=a_n(a_{n+2}-a_{n+1})$

$\therefore (a_{n+1})^2=a_na_{n+2}$

따라서 수열 $\{a_n\}$은 등비수열이므로 공비를 r $(r>0)$이라고 하면

$a_5=a_1\cdot r^{5-1}=2\cdot r^4=18$에서 $r^4=9$ $\quad\therefore r=\sqrt{3}$

$\therefore a_n=a_1\cdot r^{n-1}=2\cdot(\sqrt{3})^{n-1}$

답 $(a_{n+1})^2=a_na_{n+2}$, $a_n=2\cdot(\sqrt{3})^{n-1}$

Tip

■ a_n, a_n+1, a_n+2사이의 관계식을 구하여 수열 $\{a_n\}$은 등비수열임을 이해한다.

■ 등비수열을 나타내는 이웃하는 항들 사이의 관계식 (점화식)

1. $a_{n+1}=ra_n$
2. $(a_{n+1})^2=a_na_{n+2}$

유제 6-1 위의 문제에서 처음 다섯 개의 정사각형의 넓이의 합을 구하시오.

답 484

유제 6-1 오른쪽 그림과 같이 두 직선을 공통접선으로 하고 서로 외접하는 n개의 원이 있다. n번째 원의 반지름 r_n을 구하시오. (단, $r_1=3$, $r_7=24$)

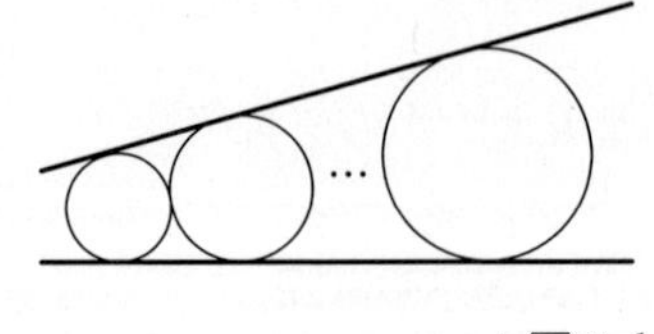

답 $r_n=3\cdot(\sqrt{2})^{n-1}$

■ r_n, r_{n+1}, r_{n+2}사이의 관계식을 구하여 수열 $\{r_n\}$은 등비수열임을 이해한다.

3. 등비수열의 활용

(1) 원리합계의 계산

① 원금과 이자를 합하여 원리합계라고 한다.

② 단리법

⇨ 원금에만 이자를 더하여 원리합계를 계산하는 방법

③ 복리법

⇨ 일정한 기간마다 이자에 원금을 더하여 그 원리합계를 다시 원금으로 계산하는 방법

■ 등비수열의 활용에서는 복리법을 다룬다.

보기 1 원금 a원을 연이율 r로 예금할 때, n년 후의 원리합계 S를 단리법과 복리법으로 각각 구하시오.

[설명] 단리법으로 계산하면 1년마다 이자가 ar이므로

1년 후의 원리합계는 $a+ar=a(1+r)$

2년 후의 원리합계는 $a+2ar=a(1+2r)$

3년 후의 원리합계는 $a+3ar=a(1+3r)$

n년 후의 원리합계는 $a+nar=a(1+rn)$

$\therefore S=a(1+rn)$ ⇦ 단리법

복리법으로 계산하면 이자에 다시 이자가 붙으므로

1년 후의 원리합계는 $a+ar=a(1+r)$

2년 후의 원리합계는 $a(1+r)+a(1+r)r=a(1+r)^2$

3년 후의 원리합계는 $a(1+r)^2+a(1+r)^2r=a(1+r)^3$

n년 후의 원리합계는 $a(1+r)^{n-1}+a(1+r)^{n-1}r=a(1+r)^n$

$\therefore S=a(1+r)^n$ ⇦ 복리법

■ 복리법
원금 a원, 연이율 r,
기간 n년, 원리합계 S
⇨ $S=a(1+r)^n$

(2) 적금(복리법), 기수불, 기말불

① 일정한 금액을 일정한 기간마다 적립하는 것을 적금 또는 적립예금이라고 한다.

② 각 기간의 초에 적립하는 것을 기수불이라고 한다. 기수불은 각 기간의 말에 이자가 한 번 붙는다.

③ 각 기간의 말에 적립하는 것을 기말불이라고 한다. 기말불은 다음 기간의 말에 이자가 한 번 붙는다.

TIP 원리합계의 문제에서는 이자가 몇 번 계산되는지가 매우 중요하다. 복리법으로의 원리합계 $S=a(1+r)^n$에서 n의 값은 이자가 n번(n기간) 계산된다의 의미로 이해한다.

보기 2 매년 초에 a원씩 연이율 r인 복리법으로 n년간 적립했을 때, n년 말의 적립금의 원리합계 S를 구하시오.

[설명] 1년 초　2년 초 …　$n-1$년 초　n년 초　n년 말

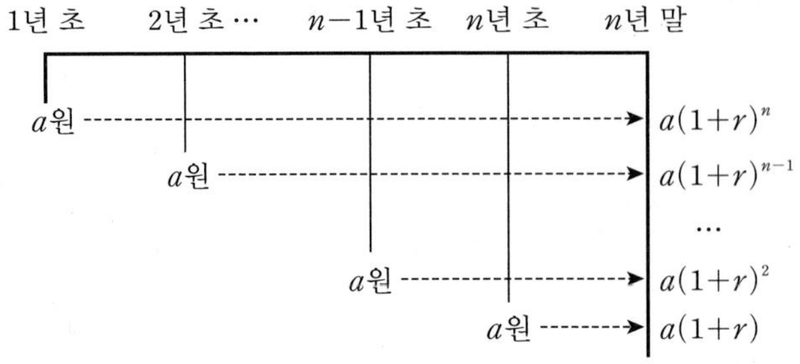

a원 → $a(1+r)^n$
a원 → $a(1+r)^{n-1}$
…
a원 → $a(1+r)^2$
a원 → $a(1+r)$

따라서 n년 말의 적립금의 원리합계 S는

$$S=a(1+r)+a(1+r)^2+a(1+r)^3+\cdots+a(1+r)^n$$

첫째항이 $a(1+r)$, 공비가 $1+r$, 항수가 n인 등비수열의 합이므로

$$S=\frac{a(1+r)\{(1+r)^n-1\}}{(1+r)-1}=\frac{a(1+r)\{(1+r)^n-1\}}{r}$$ ⇦ 답

■ [보기 2]는 기수불

■ 복리법
원금 a원을 연이율 r인 복리법으로 예금할 때, n년 후의 원리합계 S는
⇨ $S=a(1+r)^n$
여기서 n의 값은 이자가 계산되는 횟수로 이해하면 된다. 기수불에서는 1년 초에 넣은 원금은 1년 말부터 매년 말에 한 빈씩 이자가 계산된다.

보기 3 매년 말에 a원씩 연이율 r인 복리법으로 n년간 적립했을 때, n년 말의 적립금의 원리합계 S를 구하시오.

[설명] 1년 초　1년 말　2년 말 …　$n-1$년 말　n년 말

a원 → $a(1+r)^{n-1}$
a원 → $a(1+r)^{n-2}$
…
a원 → $a(1+r)$
a원 a

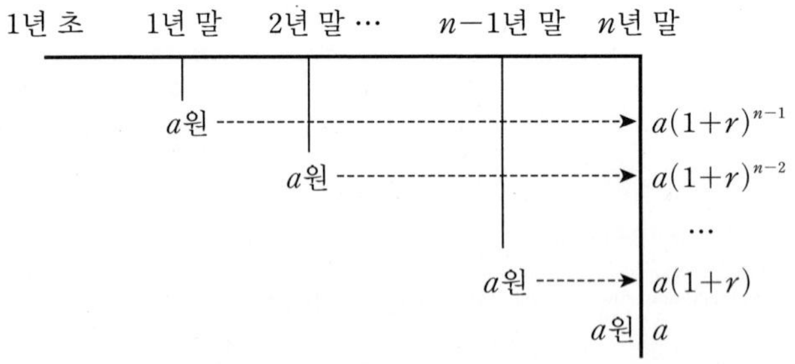

따라서 n년 말의 적립금의 원리합계 S는

$$S=a+a(1+r)+a(1+r)^2+\cdots+a(1+r)^{n-1}$$

첫째항이 a, 공비가 $1+r$, 항수가 n인 등비수열의 합이므로

$$S=\frac{a\{(1+r)^n-1\}}{(1+r)-1}=\frac{a\{(1+r)^n-1\}}{r}$$ ⇦ 답

■ [보기 3]은 기말불
기말불에서의 이자는 1년 말에 넣은 원금은 2년 말부터 매년 말에 한 번씩 이자가 계산된다.

TIP 원리합계의 문제에서는 위의 그림과 같이 그림을 그려서 이자가 몇 번 계산되는지를 확인하는 것이 헷갈리지 않고 문제를 푸는 데 도움이 된다.

(3) 상환

① 월부상환, 월부금

빌린 돈을 매월 일정한 금액씩 갚아나가는 것을 **월부상환**이라 하고, 이 일정한 금액을 **월부금**이라고 한다.

② 연부상환, 연부금

빌린 돈을 매년 일정한 금액씩 갚아나가는 것을 **연부상환**이라 하고, 이 일정한 금액을 **연부금**이라고 한다.

③ 돈의 가치에 대한 비교

돈의 가치를 비교할 때에는 일정한 시점을 정하고, 그 시점에서의 돈의 가치를 비교한다. 보통 돈을 다 갚는 시점을 기 준으로 돈의 가치를 비교한다.

보기 4 금년 초에 A원을 빌리고, 금년 말부터 매년 말에 a원씩 연이율 r, 1년마다의 복리로 n년 동안 갚기로 하였을 때, 연부금 a원을 구하시오.

■ 돈의 가치를 n년 말에서 비교한다.
물론 어떤 특정한 시점에서 비교할 수도 있다.
그러나 부득이한 경우가 아니면 n년 말에서 비교하는 게 쉽다.

[설명]

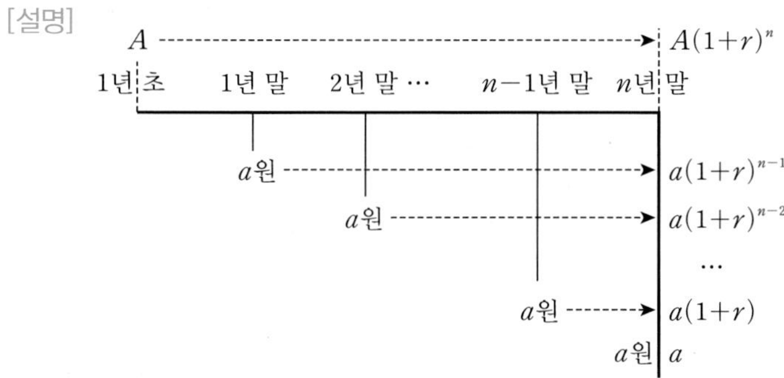

A원에 대한 n년 후의 원리합계는 $A(1+r)^n$ …… ①

한편, 매년 말에 a원씩 적립할 때, n년 후의 원리합계는

$a+a(1+r)+a(1+r)^2+\cdots+a(1+r)^{n-1}$

$=\frac{a\{(1+r)^{n-1}\}}{r}$ …… ②

돈의 가치를 비교했을 때 ①과 ②가 서로 같아야 한다.

$\therefore A(1+r)^n=\frac{a\{(1+r)^{n-1}\}}{r}$

$\therefore a=\frac{Ar(1+r)^n}{(1+r)^n-1}$

답 $a=\frac{Ar(1+r)^n}{(1+r)^n-1}$

[참고] 돈의 가치를 1년 초에서 비교하면 다음과 같다.

$A=\frac{a}{1+r}+\frac{a}{(1+r)^2}+\cdots+\frac{a}{(1+r)^n}$

(4) 연금, 연금의 현가

① 일정한 금액을 일정한 시기마다 계속해서 지급받는 돈을 **연금**이라고 한다.

② 장래에 받을 연금을 현재의 돈의 가치로 환산하여 일시에 받는 돈을 **연금의 현가**라고 한다. 연금의 현가에 관한 문제도 상환의 문제에서와 같이 일정 한 시점에서의 돈의 가치를 비교하여 돈을 받게 된다.

보기 5 금년 말부터 매년 말에 a원씩 n년간 받을 연금을 금년 초에 일시불로 받고자 한다. 연이율 r의 1년마다의 복리로 연금의 현가 P원을 구하시오.

■ 상환과 연금에 관한 문제는 일정한 시점을 기준으로 돈의 가치를 비교하는 문제이다.
그림을 그려서 이자가 몇 번 계산되어야 하는지를 확인하라.

[설명]

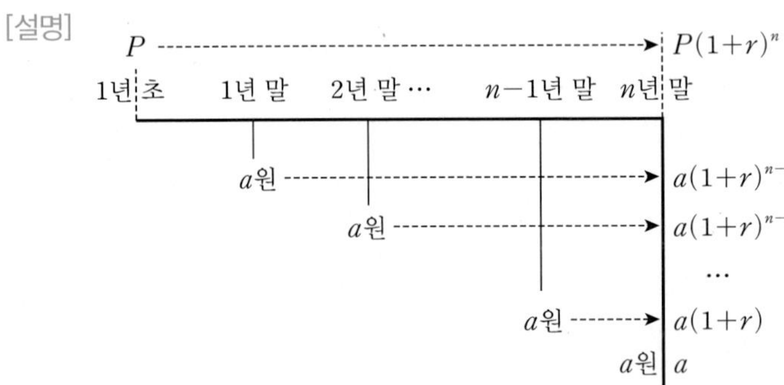

P원에 대한 n년 후의 원리합계는 $P(1+r)^n$ …… ①

한편, 매년 말에 a원씩 적립할 때, n년 후의 원리합계는

$a+a(1+r)+a(1+r)^2+\cdots+a(1+r)^{n-1}$

$=\dfrac{a\{(1+r)^n-1\}}{r}$ …… ②

돈의 가치를 비교했을 때 ①과 ②가 서로 같아야 한다.

$\therefore P(1+r)^n=\dfrac{a\{(1+r)^n-1\}}{r}$

$\therefore P=\dfrac{a\{(1+r)^n-1\}}{r(1+r)^n}$ 　　　　답 $P=\dfrac{a\{(1+r)^n-1\}}{r(1+r)^n}$

[참고] 돈의 가치를 1년 초에서 비교하면 다음과 같다.

$$P=\frac{a}{1+r}+\frac{a}{(1+r)^2}+\cdots+\frac{a}{(1+r)^n}$$

$$=\frac{\frac{a}{1+r}\left\{1-\left(\frac{1}{1+r}\right)^n\right\}}{1-\frac{1}{1+r}}=\frac{a\left\{1-\left(\frac{1}{1+r}\right)^n\right\}}{r}$$

■ $P=\dfrac{a\left\{1-\left(\frac{1}{1+r}\right)^n\right\}}{r}$

$=\dfrac{a\{(1+r)^n-1\}}{r(1+r)^n}$

기본문제 6-25

월이율 1%, 1개월마다의 복리로 매월 초에 100만 원씩 적립할 때, 3년 후 월말의 원리합계를 구하시오. (단, $1.01^{36}=1.4$)

[풀이] 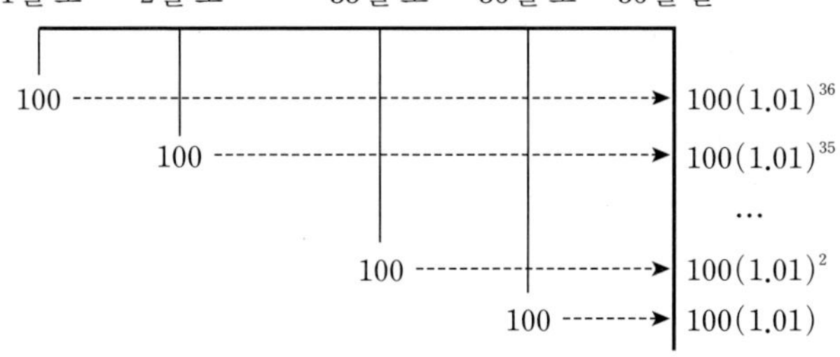

따라서 3년 후 월말의 적립금의 원리합계 S는

$$S=100(1.01)+100(1.01)^2+\cdots+100(1.01)^{36}$$

$$=\frac{100(1.01)\{(1.01)^{36}-1\}}{1.01-1}=\frac{101\times(1.4-1)}{0.01}$$

$=4040$(만 원)

답 4040만 원

기본문제 6-26

은행에서 1000만 원을 이번 달 초에 빌린 후, 이번 달 말부터 매월 일정한 금액을 2년 동안에 갚아 가려고 한다. 월이율 1%의 복리로 할 때, 매월 갚아야 할 금액을 구하시오. (단, $1.01^24=1.27$이고, 만 원 미만은 반올림한다.)

[풀이] 1000만 원에 대한 24개 월 후의 원리합계는

$1000(1.01)^{24}=1270$ …… ①

한편, 매월 a만 원씩 갚아나갈 때, 이들의 24개월 후의 원리합계는

$$a+a(1.01)+a(1.01)^2+\cdots+a(1.01)^{23}$$

$$=\frac{a\{(1.01)^{24}-1\}}{1.01-1}=\frac{a(1.27-1)}{0.01}=27a \quad \cdots\cdots ②$$

돈의 가치를 비교했을 때 ①과 ②가 서로 같아야 한다.

$27a=1270 \quad \therefore a\fallingdotseq 47$(만 원)

답 47만 원

유제 6-1 금년부터 매년 말에 300만 원씩 10년 간 계속하여 받는 연금이 있다. 이 연금을 금년 초에 한꺼번에 지급 받는다면 얼마를 받아야 하는가? (단, $1.1^{10}=2.6$이고, 연이율 10%, 1년마다의 복리로계산하고, 만 원 미만은 반올림한다.)

답 1846만 원

Tip

■ 복리법
원금 a원을 월이율 r인 복리법으로 예금할 때, n개월 후의 원리합계 S는
⇨ $S=a(1+r)^n$
여기서 n의 값은 이자가 계산되는 횟수로 이해하면 된다. 기수불에서는 1월 초에 넣은 원금은 1월 말부터 매월 말에 한 번씩 이자가 계산된다.

■ 기말불
기말불에서의 이자는 1월 말에 넣은 원금은 2월 말부터 매월 말에 한 번씩 이자가 계산된다.

■ 돈의 가치를 10년 말을 기준으로 하여 비교한다.

UpGrade 6-8

철수는 20년 전에 한 보험회사에 만기 후 10년 후부터 매년 말에 900만 원씩 10회를 가입자에게 지급하는 연금보험에 가입하여 지금까지 보험료를 납입하여 왔는데 올해 말에 만기가 된다. 올해 말까지 보험료를 납부하고 올해 말에 연금을 일시불로 받고자 할 때, 연금의 현가 P만 원을 구하시오. (단, $1.04^{10}=1.5$, 연이율 4%, 1년마다의 복리로 계산한다.)

Tip

- 연금을 받기 시작하는 시점과 일시불로 받는 시점의 차이가 10년이다.
  이자 계산에 특히 주의하여 식을 세워야 한다.
- 돈의 가치를 20년 말을 기준으로 하여 비교한다.

[풀이]

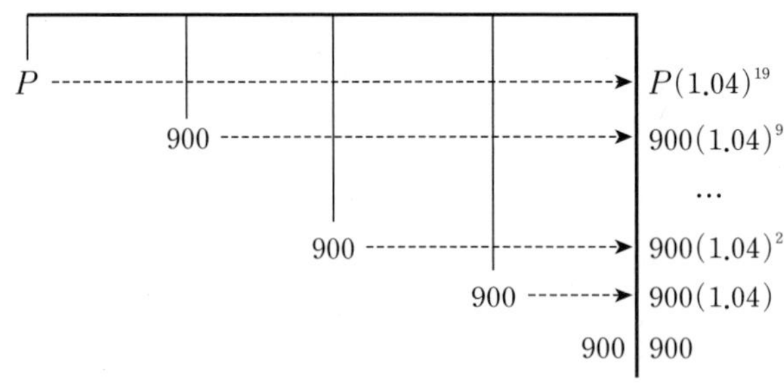

P만 원에 대한 20년 말의 원리합계는

$$P(1.04)^{19}=P\times\frac{(1.04)^{20}}{1.04}=P\times 2.25\times\frac{25}{26} \cdots\cdots ①$$

한편, 10년 후부터 매년 받는 연금 900만 원씩을 적립할 때, 이들의 20년 말까지의 원리합계는

$$900+900(1.04)+900(1.04)^2+\cdots+900(1.04)^9$$

$$=\frac{900\{(1.04)^{10}-1\}}{1.04-1}=\frac{900(1.5-1)}{0.04}=450\times 25 \cdots\cdots ②$$

돈의 가치를 비교했을 때 ①과 ②가 서로 같아야 한다.

$$\therefore P\times 2.25\times\frac{25}{26}=450\times 25$$

$$\therefore P=450\times 26\times\frac{100}{225}=5200(\text{만 원})$$

답 5200만 원

유제 6-1 정부는 기업 구조조정으로 금년 1월 초에 실직한 실업자에게 내년 1월 말부터 매월 말에 10만 원씩 2년 간 계속하여 실업 연금을 지급하기로 하였다. 금년 1월 초에 실직한 실업자가 2년 간 받을 연금을 월이율 1%로 1개월 마다의 복리로 계산하여 금년 1월 초에 일시불로 지급받고자 할 때, 실업 연금의 현가를 구하시오. (단, $1.01^{36}=1.42$, $1.01^{24}=1.27$이고, 천원 이하는 버린다.)

답 190만 원

- 그림을 그려서 이자가 몇 번 계산되어야 하는지 조사하고, 같은 시점에서 돈의 가치를 비교한다.

연습문제 06*

6-1 등차수열 $\{a_n\}$에서 $a_3+a_{10}=41$, $a_5+a_{16}=65$일 때, a_{20}의 값은?

① 58　② 61　③ 64
④ 67　⑤ 70

■ 첫째항을 a, 공차를 d라고 놓으면 일반항 a_n은
⇨ $a_n=a+(n-1)d$

6-2 등차수열 $\{a_n\}$의 공차가 3일 때, 수열 $\{5-2a_n\}$의 공차를 구하시오.

■ $b_n=5-2a_n$일 때, 수열 $\{b_n\}$의 공차 d'은
⇨ $d'=b_{n+1}-b_n$

6-3 첫째항이 3, 공차가 2인 등차수열 $\{a_n\}$에 대하여

$$\frac{1}{a_1a_2}+\frac{1}{a_2a_3}+\frac{1}{a_3a_4}+\cdots+\frac{1}{a_9a_{10}}$$

의 값을 구하시오.

■ 부분분수의 공식
$\frac{1}{A\cdot B}=\frac{1}{B-A}\left(\frac{1}{A}-\frac{1}{B}\right)$

6-4 첫째항이 1, 공차가 2인 등차수열 $\{a_n\}$에 대하여

$$\frac{1}{\sqrt{a_1}+\sqrt{a_2}}+\frac{1}{\sqrt{a_2}+\sqrt{a_3}}+\cdots+\frac{1}{\sqrt{a_{24}}+\sqrt{a_{25}}}$$

의 값을 구하시오.

■ 분모를 유리화한다.

6-5 등차수열 $\{a_n\}$에서 제4항과 제11항은 절댓값이 같고 부호가 반대이며 제7항은 2일 때, 일반항 a_n을 구하시오.

■ $a_4+a_{11}=0$

6-6 제4항이 56, 제10항이 20인 등차수열 $\{a_n\}$에서 처음으로 음수가 되는 항은?

① 제12항 ② 제13항 ③ 제14항
④ 제15항 ⑤ 제16항

■ $a_n<0$을 만족하는 최소의 자연수 n을 구한다.

6-7 공차가 3인 등차수열 $\{a_n\}$에 대하여 $a_{20}=11$일 때, $|a_n|$의 값이 최소가 되는 자연수 n의 값을 구하시오.

■ 처음으로 양이 되는 항의 근방에서 찾는다.

6-8 등차수열 $\{a_n\}$에서 $a_9=4a_2$, $a_3+a_8=35$일 때, 49는 제 몇 항인가?

① 16 ② 17 ③ 18
④ 19 ⑤ 20

■ 첫째항을 a, 공차를 d라고 놓으면 일반항 a_n은
⇨ $a_n=a+(n-1)d$

6-9 등차수열 $\{a_n\}$에 대하여

$$a_1+a_2+a_3=51,\ a_4+a_5+a_6=15$$

일 때, $a_k=-31$을 만족하는 k의 값은?

① 13 ② 14 ③ 15
④ 16 ⑤ 17

■ 첫째항을 a, 공차를 d라고 놓고 푼다.

6-10 두 등차수열 $\{a_n\}$, $\{b_n\}$이

$\{a_n\}$: 2, 9, 16, 23, ⋯
$\{b_n\}$: 5, 7, 9, 11, ⋯

일 때, $a_k\le 3b_k$를 만족하는 자연수 k의 개수는?

① 10 ② 11 ③ 12
④ 13 ⑤ 14

■ 일반항 a_n, b_n을 이용한다.

6-11 1과 85사이에 20개의 수 $a_1,\ a_2,\ \cdots,\ a_{20}$를 넣어

$$1,\ a_1,\ a_2,\ \cdots,\ a_{20},\ 85$$

가 이 순서로 등차수열을 이루도록 할 때, 이 수열의 공차를 구하시오.

■ 85는 제22항이다.

6-12 2와 29사이에 n개의 수를 넣어

$$2,\ a_1,\ a_2,\ \cdots,\ a_n,\ 29$$

가 이 순서로 등차수열을 이루도록 하였다. 이 수열의 공차가 $\frac{3}{2}$일 때, n의 값을 구하시오.

■ 29는 제$(n+2)$항이다.

6-13 세 수 8, a^2-a, $4a$가 이 순서로 등차수열을 이룰 때, 모든 a의 값의 합을 구하시오.

■ 등차중항

6-14 삼차방정식 $x^3-3x^2-kx+15=0$의 세 근이 등차수열을 이룰 때, 상수 k의 값은?

① 10 ② 11 ③ 12
④ 13 ⑤ 14

■ 세 근을
$a-d,\ a,\ a+d$
라고 놓고 푼다.

6-15 등차수열을 이루는 네 개의 수가 있다. 네 수의 합은 20이고 가장 작은 수와 가장 큰 수의 곱이 -56일 때, 네 수 중 가장 큰 수를 구하시오.

■ 네 수를
$a-3d,\ a-d,\ a+d,$
$a+3d$
라고 놓고 푼다.

6-16 세 변의 길이가 등차수열을 이루는 직각삼각형이 있다. 직각삼각형의 넓이가 54일 때, 빗변의 길이를 구하시오.

■ 세 변의 길이를
$a-d,\ a,\ a+d$
라고 놓고 푼다.

6-17 수열 $\{a_n\}$이 $2a_{n+1}=a_n+a_{n+2}(n=1,\ 2,\ 3,\ \cdots)$을 만족하고 $\frac{a_8}{a_3}=2$일 때, $\frac{a_{18}}{a_2}$의 값을 구하시오.

■ 등차수열

6-18 $\frac{1}{9}$과 $\frac{1}{18}$사이에 두 개의 수 x, y를 넣어 네 개의 수 $\frac{1}{9}$, x, y, $\frac{1}{18}$이 이 순서로 조화수열을 이루도록 할 때, $x+y$의 값을 구하시오.

■ 역수가 등차수열이다.

6-19 수열 $\{a_n\}$이

$$6,\ 4,\ 3,\ \frac{12}{5},\ 2,\ \cdots$$

일 때, $a_{19}+a_{29}$의 값은?

① 1 ② 2 ③ 3
④ 4 ⑤ 5

■ 조화수열의 일반항
$\frac{1}{a_n}=\frac{1}{a_1}+(n-1)d$
$\left(단,\ d=\frac{1}{a_2}-\frac{1}{a_1}\right)$

6-20 세 수 a, 2, b가 이 순서로 등차수열을 이루고, 세 수 a, -6, b가 이 순서로 조화수열을 이룰 때, ab의 값을 구하시오.

■ 등차중항과 조화중항

6-21 오른쪽 그림과 같이

$$\angle C=90^\circ,\ \overline{AB}=3$$

인 직각삼각형 ABC의 꼭짓점 C에서 빗변 AB에 내린 수선의 발을 D라고 하자.

$$\triangle ACD,\ \triangle CBD,\ \triangle ABC$$

의 넓이가 이 순서로 등차수열을 이룰 때, 변 BC의 길이를 구하시오.

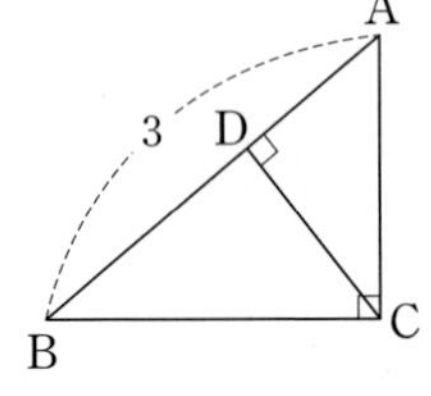

■ 직각삼각형의 닮음
$\triangle ACD \backsim \triangle CBD \backsim \triangle ABC$

6-22 $a_2=9$, $a_5=24$인 등차수열 $\{a_n\}$의 첫째항부터 제20항까지의 합은?

① 1000 ② 1010 ③ 1020
④ 1030 ⑤ 1040

■ 등차수열의 합의 공식(단, n은 항수)
1. 첫째항 a와 공차 d가 주어질 때,
⇨ $S_n=\frac{n\{2a+(n-1)d\}}{2}$
2. 첫째항 a와 끝항 l이 주어질 때,
⇨ $S_n=\frac{n(a+l)}{2}$

6-23 첫째항이 70, 제n항이 10이고, 첫째항부터 제n항까지 의 합이 440인 등차수열 $\{a_n\}$의 공차는?

① -6 ② -5 ③ -4
④ -3 ⑤ -2

6-24 오른쪽 그림과 같이 두 포물선 $f(x)=x^2+ax+b$, $g(x)=x^2+cx+d$ 사이를 y축에 평행하게 같은 간격으로 6개의 선분을 그었다. 가장 짧은 선분의 길이가 2, 가장 긴 선분의 길이가 5일 때, 6개의 선분의 길이의 합을 구하시오.

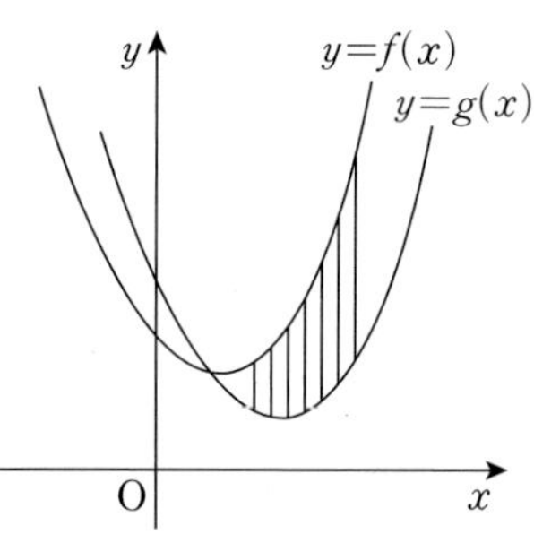

■ 6개의 선분의 길이는 등차수열을 이룬다.
왜 그런지 증명해 보아라.

6-25 등차수열 $\{a_n\}$에서 제3항이 -10이고 $a_9 : a_{13}=2 : 5$일 때, 수열 $\{a_n\}$의 첫째항부터 제20항까지의 합은?

① 230 ② 240 ③ 250
④ 260 ⑤ 270

■ 첫째항을 a, 공차를 d라고 놓고 푼다.

6-26 등차수열 $\{a_n\}$의 일반항 $a_n=4n-5$일 때, 첫째항부터 제10항까지의 합을 구하시오.

■ 첫째항이 a_1, 끝항이 a_{10}인 등차수열의 합

6-27 등차수열 $\{a_n\}$에 대하여 $a_2=41$, $a_{10}=9$일 때,
$|a_1|+|a_2|+\cdots+|a_{20}|$의 값을 구하시오.

■ 처음으로 음이 되는 항을 먼저 찾는다.

6-28 6과 60사이에 n개의 수 a_1, a_2, $\cdots$, a_n을 넣어 등차수열 6, a_1, a_2, $\cdots$, a_n, 60을 만들었다. 이 수열의 모든 항의 합이 990일 때, n의 값은?

① 28 ② 29 ③ 30
④ 31 ⑤ 32

■ 60은 제$(n+2)$항이다.

6-29 두 등차수열 $\{a_n\}$, $\{b_n\}$의 첫째항부터 제n항까지의 합을 각각 S_n, T_n이라고 할 때,

$$a_1+b_1=4, \quad S_{10}+T_{10}=200$$

을 만족한다. 이때 $a_{10}+b_{10}$의 값을 구하시오.

■ 두 등차수열의 합 $\{a_n+b_n\}$도 등차수열이다.

6-30 두 등차수열 $\{a_n\}$, $\{b_n\}$의 공차를 각각 d_1, d_2라고 할 때, $a_1+b_1=5$, $d_1+d_2=4$를 만족한다.
이때, $(a_1+a_2+\cdots+a_{16})+(b_1+b_2+\cdots+b_{16})$의 값은?

① 480 ② 520 ③ 560
④ 600 ⑤ 640

■ 수열 $\{a_n+b_n\}$을 생각한다.

6-31 등차수열 $\{a_n\}$에 대하여 첫째항부터 제10항까지의 합이 150, 첫째항부터 제20항까지의 합이 500일 때, 첫째항부터 제30항까지의 합을 구하시오.

■ 첫째항을 a, 공차를 d라고 놓고 연립방정식을 세운다.

6-32 첫째항부터 제10항까지의 합이 50, 제11항부터 제20항까지의 합이 250인 등차수열의 제21항부터 제30항까지의 합을 구하시오.

■ $a_{21}+a_{22}+\cdots+a_{30}$
$=S_{30}-S_{20}$

6-33 제3항이 19, 제15항이 -17인 등차수열 $\{a_n\}$에서 첫째항부터 제n항까지의 합을 S_n이라고 할 때, S_n의 최댓값을 구하시오.

■ 처음으로 음이 되는 항을 생각한다.

6-34 첫째항부터 제5항까지의 합이 55이고, 첫째항부터 제20항까지의 합이 -80인 등차수열이 있다. 이 수열의 첫째항부터 제k항까지의 합이 최대이고, 그때의 최댓값이 M일 때, $k+M$의 값을 구하시오.

■ 처음으로 음이 되는 항을 생각한다.

6-35 첫째항이 -6인 등차수열 $\{a_n\}$의 첫째항부터 제n항까지의 합을 S_n이라고 할 때, $S_4=S_{13}$이다. 이때, S_n의 최솟값을 구하시오.

■ 처음으로 양이 되는 항을 생각한다.

6-36 100이하의 자연수 중에서 3으로 나누었을 때의 나머지가 2인 수의 총합은?

① 1550 ② 1600 ③ 1650
④ 1700 ⑤ 1750

■ $1 \le 3n+2 \le 100$

6-37 수열 $\{a_n\}$의 첫째항부터 제n항까지의 합 S_n이 $S_n=2n^2+3n$일 때, 다음 물음에 답하시오.

(1) a_3+a_5의 값을 구하시오.

(2) $a_1+a_3+a_5+\cdots+a_{59}$의 값을 구하시오.

6-38 수열 $\{a_n\}$의 첫째항부터 제n항까지의 합 S_n이 $S_n=n^2+2n-1$일 때, $a_1+a_3+a_5+\cdots+a_{29}$의 값을 구하시오.

■ $S_n=an^2+bn+c$인 수열 $\{a_n\}$이 등차수열일 조건은 $c=0$이다.
1. $S_n=an^2+bn$일 때
⇨ 첫째항부터 등차수열을 이룬다.
2. $S_n=an^2+bn+c(c\neq 0)$일 때
⇨ 제2항부터 등차수열을 이룬다. 그러나 첫째항부터 생각하면 등차수열이 아니다.

6-39 첫째항이 3, 공차가 2인 등차수열 $\{a_n\}$의 첫째항부터 제n항까지의 합을 S_n이라고 할 때, $S_n>360$을 만족하는 최소의 자연수 n의 값을 구하시오.

■ $S_n=\dfrac{n\{2a+(n-1)d\}}{2}$

6-40 다음은 n개의 양수 $a_1,\ a_2,\ \cdots,\ a_n(a_1<a_2<\cdots<a_n)$을 원소로 갖는 집합 $A=\{a_1,\ a_2,\ \cdots,\ a_n\}$에 대하여
$a_k-a_1\in A(k=2,\ 3,\ 4,\ \cdots,\ n)$
가 성립할 때, 수열 $\{a_n\}$은 등차수열이 됨을 증명하는 과정이다.

> $a_1<a_2<\cdots<a_n$이므로
> $0<a_2-a_1<a_3-a_1<\cdots<a_n-a_1<a_n$
> 조건으로부터 $a_k-a_1\in A(k=2,\ 3,\ 4,\ \cdots,\ n)$이므로
> $a_2-a_1=$ (가), $a_3-a_1=$ (나), $\cdots$, $a_n-a_1=$ ☐
> 따라서 수열 $\{a_n\}$은 공차가 (다) 인 등차수열이다.

위의 과정에서 (가), (나), (다)에 알맞은 것을 차례대로 나열한 것은?

① $a_1,\ a_1,\ a_1$ ② $a_1,\ a_2,\ 1$ ③ $a_1,\ a_2,\ a_1$
④ $a_2,\ a_3,\ 1$ ⑤ $a_2,\ a_3,\ a_1$

■ 대소 관계에 주목하여 생각한다. 즉
$0<a_2-a_1<a_2$
이고 $a_2-a_1\in A$이므로
$a_2-a_1=a_1$
이다.

6-41 각 항이 실수이고 제3항이 12, 제5항이 48인 등비수열 $\{a_n\}$에 대하여 a_6의 값은? (단, 공비는 양수이다)

① 64 ② 81 ③ 96
④ 128 ⑤ 144

■ 첫째항을 a, 공비를 r이라고 놓으면 a_n은
⇨ $a_n=ar^{n-1}$

6-42 공비가 실수인 등비수열 $\{a_n\}$에 대하여

$$a_1+a_2+a_3=1,\ a_4+a_5+a_6=-8$$

이 성립할 때, $a_2+a_4+a_6$의 값을 구하시오.

■ 첫째항을 a, 공비를 r이라고 놓고 연립방정식을 세운다.

6-43 다항식 $f(x)=2x^2+3x+a$를 일차식 $x+1,\ x-1,\ x-2$로 나누었을 때의 나머지를 각각 $r_1,\ r_2,\ r_3$라고 할 때, $r_1,\ r_2,\ r_3$는 이 순서로 등비수열을 이룬다. 이때, 상수 a의 값을 구하시오.

■ 다항식 $f(x)$를 $x-\alpha$로 나눈 나머지는 $f(\alpha)$이다.

■ 등비중항
⇨ $r_2^2=r_1r_3$

6-44 서로 다른 세 수 $a,\ b,\ c$가 이 순서로 공비가 r인 등비수열을 이루고, $a,\ 3b,\ 5c$가 이 순서로 등차수열을 이룰 때, r의 값은?

① $\frac{1}{2}$ ② $\frac{1}{3}$ ③ $\frac{1}{4}$
④ $\frac{1}{5}$ ⑤ $\frac{1}{6}$

■ 등비중항과 등차중항의 성질을 이용한다.

6-45 등비수열을 이루는 세 실수의 합이 6이고 곱이 -64일 때, 이 세 수의 제곱의 합을 구하시오.

■ 세 수를
$a,\ ar,\ ar^2$
이라고 놓고 푼다.

6-46 점 P_1의 좌표가 $(0,\ 1)$일 때, 오른쪽 그림과 같이 P_1에서 직선 $y=x$에 내린 수선의 발을 P_2, 점 P_2에서 x축에 내린 수선의 발을 P_3, 점 P_3에서 직선 $y=-x$에 내린 수선의 발을 P_4, 점 P_4에서 y축에 내린 수선의 발을 P_5라고 하자. 이와 같은 시행을 반복할 때, 다음 물음에 답하시오.
(단, n은 자연수)

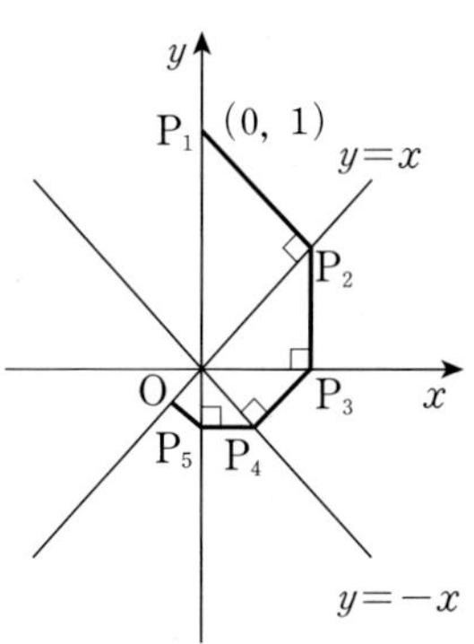

(1) 수열 $\{\overline{OP_n}\}$의 일반항을 구하시오.
(2) 수열 $\{\overline{P_nP_{n+1}}\}$의 일반항을 구하시오.

■ 자연수 n에 대하여 $\angle P_nOP_{n+1}=45°$ 이므로 삼각형 OP_nP_{n+1}은 직각이등변삼각형이다.

6-47 수열 $\{a_n\}$이 $(a_{n+1})^2=a_na_{n+2}(n=1,\ 2,\ 3,\ \cdots)$을 만족하고 $a_2=3$, $a_6=6$일 때, a_{14}의 값은?

① 12 ② 18 ③ 24
④ 27 ⑤ 36

■ 등비수열

6-48 등비수열 $\{a_n\}$에 대하여 수열 $\{3a_{n+1}+a_n\}$은 첫째항이 4, 공비가 $\frac{1}{3}$인 등비수열을 이룬다고 할 때, 수열 $\{a_n\}$의 첫째항을 구하시오.

■ $a_n=ar^{n-1}$일 때 $3a_{n+1}+a_n$을 계산한다.

6-49 삼차방정식 $x^3-kx^2+156x-216=0$의 세 근이 등비수열을 이룰 때, 상수 k의 값을 구하시오.

■ 세 근을 $a,\ ar,\ ar^2$이라고 놓는다.

6-50 첫째항부터 제5항까지의 합이 93, 제6항부터 제10항까지의 합이 2976인 등비수열에서 첫째항과 공비를 각각 구하시오.
(단, 공비는 실수)

■ $S_5=93$이고
$S_{10}=93+2976=3069$

6-51 수열 $\{a_n\}$이 첫째항이 3, 공비가 -2인 등비수열을 이룰 때, 수열 $\{a_{2n-1}\}$의 첫째항부터 제n항까지의 합을 구하시오.

■ 등비수열 $\{a_n\}$의 공비가 r일 때, 수열 $\{a_{2n-1}\}$의 공비는 r^2이다.

6-52 수열 $\{a_n\}$의 첫째항부터 제n항까지의 합 S_n이
$S_n=2^{n-1}+p$이다. 수열 $\{a_n\}$이 첫째항부터 등비수열을 이루도록 하는 상수 p의 값은?

① -1 ② $-\frac{1}{2}$ ③ 0
④ $\frac{1}{2}$ ⑤ 1

■ $S_n=Ar^n+B$일 때,
수열 $\{a_n\}$이 등비수열이 되기 위한 조건은 ⇨ $A+B=0$

6-53 첫째항부터 제n항까지의 합 S_n이 $S_n=2^{n+1}-2$인 등비수열 $\{a_n\}$에 대하여 $a_1+a_3+a_5+\cdots+a_{19}$의 값을 구하시오.

■ S_n과 a_n의 관계
$\begin{cases} a_n=S_n-S_{n-1} \ (n\geq 2) \\ a_1=S_1 \end{cases}$

6-54 공비가 $r(r>1)$인 등비수열 $\{a_n\}$의 첫째항부터 제n항까지의 합 S_n에 대하여 $\frac{S_{3n}}{S_n}=13$일 때, $\frac{S_{2n}}{S_n}$의 값은?

① 3 ② 4 ③ 5
④ 6 ⑤ 7

■ $S_n=\frac{a(r^n-1)}{r-1}$

6-55 자연수 $2^{10}\times 3^6$의 모든 양의 약수의 합을 구하시오.

■ $(1+2+2^2+\cdots+2^{10})$
$\times(1+3+3^2+\cdots+3^6)$

6-56 등비수열에서 첫째항부터 제n항까지의 합은 36, 첫째항부터 제$2n$항까지의 합은 48일 때, 첫째항부터 제$3n$항까지의 합을 구하시오.

■ $x^{3n}-1$
$=(x^n-1)(x^{2n}+x^n+1)$

6-57 각 항이 실수인 등비수열 $\{a_n\}$에서 첫째항부터 제5항까지의 합이 31이고 곱이 2^{10}일 때,

$$\frac{1}{a_1}+\frac{1}{a_2}+\frac{1}{a_3}+\frac{1}{a_4}+\frac{1}{a_5}$$

의 값을 구하시오.

■ 첫째항을 a, 공비를 r이라고 놓고 연립방정식을 세운다.

6-58 수열 $\{a_n\}$은 다음과 같이 정의되어 있다.

$$a_1=1,\ a_n=\begin{cases} 1+a_{\frac{n}{2}} & (n=2,\ 4,\ 6,\ \cdots) \\ \dfrac{1}{a_{n-1}} & (n=3,\ 5,\ 7,\ \cdots) \end{cases}$$

이때, [보기]에서 옳은 것을 모두 고르면?

[보기]

ㄱ. $a_6=\frac{3}{2}$

ㄴ. n이 짝수이면 $a_n>1$이고, n이 홀수이면 $0<a_n\leq 1$이다.

ㄷ. 어떤 자연수 k에 대하여 $a_{2(k+1)}=\frac{7}{4}$이면 $a_k=\frac{4}{3}$이다.

① ㄱ　　② ㄱ, ㄴ　　③ ㄱ, ㄷ
④ ㄴ, ㄷ　　⑤ ㄱ, ㄴ, ㄷ

■ 실제로 몇 개의 항을 계산하여 수열 $\{a_n\}$의 정의를 이해하라.

$a_{2(k+1)}=\frac{7}{4}=1+\frac{3}{4}$

$\Leftrightarrow a_{k+1}=\frac{3}{4}$

여기서 $k+1$은 홀수이다.

6-59 200만 원짜리 컴퓨터를 구입하는데 100만 원은 구입시 현금으로 지불하고 나머지 100만 원은 할부로 지불하기로 하였다. 구입 후 1개월 후부터 매달 일정한 금액을 36회로 나누어 갚는다면 매달 얼마씩 갚아야 하는지 구하시오. (단, $1.01^{36}=1.4$, 월이율 1%, 1개월마다의 복리 로 계산한다.)

■ 컴퓨터를 1월 초에 구입했다고 하면 1월 말부터 돈을 갚아 나가는 상환에 관한 문제이다.
36월 말에서의 돈의 가치를 비교하라.

고등수학의 기초를 더욱 튼튼하고 강하게 만들어 주는 수학 기본서

upgrade math

LEVEL **BASIC**

업그레이드 수학

강순식 지음

수학 II (상)

유제와 연습문제 정답과 풀이

씨실과 날실

씨실과 날실은 도서출판 세화의 자매브랜드입니다.

고등수학의 기초를 튼튼하고 더욱 강하게 만들어 주는 수학 기본서

upgrade math

LEVEL **BASIC**

업그레이드 수학

강순식 지음

유제와 연습문제 정답과 풀이

수학 II (상)

씨실과 날실

씨실과날실은 도서출판세화의 자매브랜드입니다.

해설 및 정답 | 유제

I 집합과 명제

01강 집합의 연산법칙 p012

유제 해답 | 집합의 연산법칙 p012~p034쪽

1-1 ④

1-2 (1) $A\otimes B=\{-2, -1, 0, 2, 4\}$
(2) $B\otimes B=\{-2, 0, 1, 4\}$
(3) $A\otimes(A\otimes B)=\{-4, -2, -1, 0, 2, 4, 8\}$

1-3 64 **1-4** 8 **1-5** $n=6$

1-6 (1) ϕ, $\{\phi\}$, $\{\{1, 2\}\}$, $\{\phi, \{1, 2\}\}$
(2) $\{1, 2\}$, $\{\phi, 1, 2\}$, $\{1, 2, \{1, 2\}\}$, $\{\phi, 1, 2, \{1, 2\}\}$

1-7 8 **1-8** 12 **1-9** 4

1-10 2 **1-11** -1 **1-12** $2\le a<3$

1-13 $\{1, 7, 4\}$, $\{2, 6, 4\}$, $\{3, 5, 4\}$

1-14 7 **1-15** 256 **1-16** 80

1-17 (1) $A\cup B=\{1, 2, 3, 5, 7, 9\}$
(2) $A\cap B=\{3, 5, 7\}$
(3) $A-B=\{1, 9\}$
(4) $A^C=\{2, 4, 6, 8\}$
(5) $B^C=\{1, 4, 6, 8, 9\}$
(6) $(A\cap B)^C=\{1, 2, 4, 6, 8, 9\}$
(7) $A^C\cap B=\{2\}$
(8) $B-A^C=\{3, 5, 7\}$

1-18 (1) $A\cup B=\{x\,|\,-4\le x\le 6\}$
(2) $A\cap B=\{x\,|\,1\le x\le 4\}$
(3) $B^C=\{x\,|\,x<-4$ 또는 $x>4\}$
(4) $A-B=\{x\,|\,4<x\le 6\}$

1-19 4 **1-20** $A\cup B=\{2, 3, 4, 5\}$

1-21 8 **1-22** ② **1-23** 16

1-24 (4) B **1-25** 풀이 참조

1-26 $A\subset B$ **1-27** $\{2, 6, 7\}$

1-28 8 **1-29** 6 **1-30** 33

1-31 (1) 16 (2) 67 (3) 17

1-32 (1) 8 (2) 22

1-33 x의 최댓값은 16, 최솟값은 6

1-34 $3\le x\le 7$, $11\le y\le 15$

유제 1-1

집합 A의 원소가 1, 2, $\{1, 2\}$이므로
$\{1, 2\}\in A$이다.

| 정답 ➜ ④

유제 1-2

(1) $A\otimes B$는 A의 원소와 B의 원소의 곱
$0\times(-1)=0$, $0\times 0=0$, $0\times 2=0$,
$1\times(-1)=-1$, $1\times 0=0$, $1\times 2=2$,
$2\times(-1)=-2$, $2\times 0=0$, $2\times 2=4$
을 원소로 갖는 집합이므로
$A\otimes B=\{-2, -1, 0, 2, 4\}$ ← 정답

(2) $B\otimes B$는 B의 원소와 B의 원소의 곱
$(-1)\times(-1)=1$, $(-1)\times 0=0$,
$(-1)\times 2=-2$,
$0\times(-1)=1$, $0\times 0=0$, $0\times 2=0$,
$2\times(-1)=-2$, $2\times 0=0$, $2\times 2=4$
을 원소로 갖는 집합이다.
$B\otimes B=\{-2, 0, 1, 4\}$ ← 정답

(3) $A\otimes(A\otimes B)$는 A의 원소와 $A\otimes B$의 원소의 곱이므로 위와 같은 방법으로 하면
$A\otimes(A\otimes B)$
$=\{0, 1, 2\}\otimes\{-2, -1, 0, 2, 4\}$
$=\{-4, -2, -1, 0, 2, 4, 8\}$ ← 정답

유제 1-3

$S=\{2, 3, 5, 7, 11, 13\}$이므로 집합 S의 부분집합의 개수는 $2^6=64$

| 정답 ➜ 64

유제 1-4

집합 $A=\{2, 4, 6, 8, 10\}$의 원소 중 2와 4를 제외한 집합 $\{6, 8, 10\}$의 부분집합의 개수와 같다. $\therefore 2^3=8$

| 정답 ➡ 8

유제 1-5

집합 $M=\{1, 2, \cdots, n\}$의 원소 중 n을 포함하는 부분집합의 개수는 2^{n-1}이므로

$2^{n-1}=32$에서 $n-1=5$ $\therefore n=6$

◀| 정답

유제 1-6

(1) $\phi=a$, $\{1, 2\}=b$라고 놓으면

$A=\{a, 1, 2, b\}$

이므로 원소 1, 2를 포함하지 않는 부분집합은 ϕ, $\{a\}$, $\{b\}$, $\{a, b\}$

즉,

ϕ, $\{\phi\}$, $\{\{1, 2\}\}$, $\{\phi, \{1, 2\}\}$ ◀| 정답

(2) 원소 1, 2를 꼭 포함하는 부분집합은 (1)에서 구한 부분집합에 1, 2를 추가하면

$\{1, 2\}$, $\{1, 2, a\}$, $\{1, 2, b\}$, $\{1, 2, a, b\}$

즉, $\{1, 2\}$, $\{\phi, 1, 2\}$, $\{1, 2, \{1, 2\}\}$,

$\{\phi, 1, 2, \{1, 2\}\}$ ◀| 정답

유제 1-7

집합 $A=\{a, b, c, d, e\}$에서 원소 a, b를 제외한 집합 $\{c, d, e\}$의 부분집합의 개수와 같다. $\therefore 2^3=8$

| 정답 ➡ 8

유제 1-8

$S=\{1, 2, 5, 10\}$의 부분집합 전체에서 소수 2, 5를 전혀 포함하지 않는 부분집합을 제외하면 된다.

$\therefore 2^4-2^2=16-4=12$

| 정답 ➡ 12

유제 1-9

집합 $A=\{1, 2, 3, 4, 5\}$의 부분집합 중 원소 1은 포함하고 원소 2, 3을 전혀 포함하지 않는 부분집합 X의 개수는 원소 1, 2, 3을 제외한 집합 $\{4, 5\}$의 부분집합의 개수와 같다. $\therefore 2^2=4$ | 정답 ➡ 4

유제 1-10

$A\subset B$이므로 $0\in B$

(i) $a^2-2a=0$인 경우

$a(a-2)=0$ $\therefore a=0$ 또는 $a=2$

$a=0$이면 $A=\{0, 1\}$, $B=\{0, -1, 3\}$이므로 $A\not\subset B$

$a=2$이면 $A=\{0, 3\}$, $B=\{0, 1, 3\}$이므로 $A\subset B$

(ii) $a-1=0$인 경우

$a=1$에서 $A=\{0, 2\}$, $B=\{0, 3\}$이므로 $A\not\subset B$

따라서 (i), (ii)로부터 $a=2$

| 정답 ➡ 2

유제 1-11

집합 A와 집합 B의 원소는 서로 같다.

$\therefore a^2-3a=4$ $(a-4)(a+1)=0$

$\therefore a=4$ 또는 $a=-1$

$a=4$이면 $A=\{8, 9, 4\}$, $B=\{4, -2, 0\}$ 이므로 $A\neq B$

$a=-1$이면

$A=\{-2, 0, 4\}$, $B=\{4, -2, 0\}$

이므로 $A=B$ $\therefore a=-1$

| 정답 ➡ -1

유제 1-12

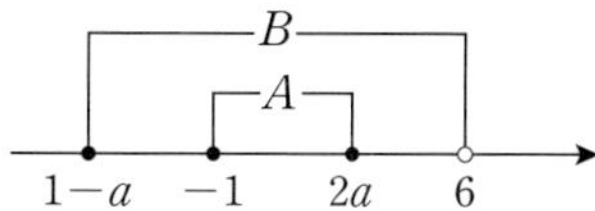

$1-a\leq -1$, $2a<6$에서

$2\leq a<3$

| 정답 ➡ $2\leq a<3$

유제 1-13

$1\in S$이면 $8-1=7\in S$이고, $7\in S$이면 $8-7=1\in S$이므로 1과 7은 같은 집합에 동시에 속해야 한다. 같은 이유에서 2와 6도 같은 집합에 속해야 하며, 3과 5도 같은 집합에 속해야 한다. 그러나 4는 독립적으로 움직일 수 있다.

즉, 결례로 된 집합

$\{1, 7\}, \{2, 6\}, \{3, 5\}, \{4\}$

중에서 몇 개의 합집합으로 된 집합은 조건을 만족한다. 그 중에서 원소의 개수가 3인 집합은

$\{1, 7, 4\}, \{2, 6, 4\}, \{3, 5, 4\}$ ◀ 정답

유제 1-14

$\frac{16}{x}\in S$이고 S는 자연수의 집합이므로 x는 16의 양의 약수이다. 따라서 $x=1, 2, 4, 8, 16$ 중의 어느 하나이다.

$1\in S$이면 $16\in S$이고, $16\in S$이면 $1\in S$이므로 1과 16은 같은 집합에 동시에 속해야 한다. 같은 이유에서 2와 8도 같은 집합에 속해야 한다.

그러나 4는 독립적으로 움직일 수 있다.

즉, 켤레로 된 집합

$\{1, 16\}, \{2, 8\}, \{4\}$

중에서 몇 개의 합집합으로 된 집합은 조건을 만족한다.

따라서 구하는 집합 S의 개수는

$2^3-1=7$

| 정답 ➡ 7

유제 1-15

집합 $A=\{1, 2, 3\}$의 부분집합을 원소로 갖는 집합 $P(A)$의 원소의 개수가 $2^3=8$이므로 $P(A)$의 부분집합의 개수는

$2^8=256$

| 정답 ➡ 256

유제 1-16

집합 $A=\{1, 2, 3, 4, 5\}$의 가장 큰 원소 5를 포함하는 부분집합과 5를 포함하지 않는 부분집합의 개수는 각각 $2^4=16$개씩 존재하고, 5를 포함하는 부분집합과 그 부분집합에서 5를 제외한 부분집합끼리 일대일 대응을 이룬다.

그 두 부분집합의 교대합의 합은 항상 5로 일정하다.

예를 들면, $5>a_1>a_2>a_3$라고 하고 다음과 같이 짝을 만들자.

$\{5, a_1, a_2, a_3\} \longleftrightarrow \{a_1, a_2, a_3\}$

이때, 두 부분집합의 교대합의 합은

$(5-a_1+a_2-a_3)+(a_1-a_2+a_3)=5$

로 일정하다. 따라서 16쌍의 짝이 존재하므로 구하는 교대합의 총합은

$5\times 2^4=5\times 16=80$

| 정답 ➡ 80

유제 1-17

$A=\{1, 3, 5, 7, 9\}$, $B=\{2, 3, 5, 7\}$,
$A^C=\{2, 4, 6, 8\}$, $B^C=\{1, 4, 6, 8, 9\}$

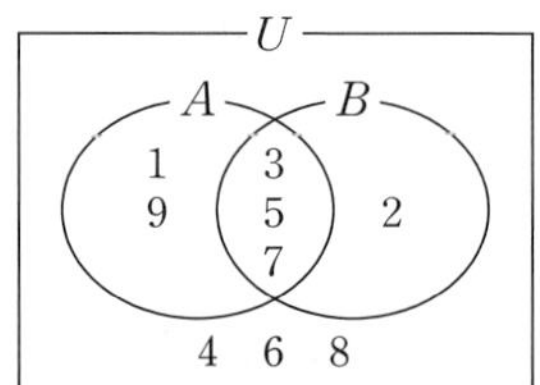

위의 벤 다이어그램을 이용하자.

(1) $A\cup B=\{1, 2, 3, 5, 7, 9\}$
(2) $A\cap B=\{3, 5, 7\}$
(3) $A-B=\{1, 9\}$
(4) $A^C=\{2, 4, 6, 8\}$
(5) $B^C=\{1, 4, 6, 8, 9\}$
(6) $(A\cap B)^C=\{1, 2, 4, 6, 8, 9\}$
(7) $A^C\cap B=\{2\}$
(8) $B-A^C=\{3, 5, 7\}$

유제 1-18

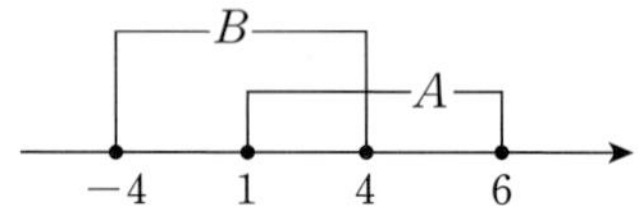

위의 수직선을 이용하자.

(1) $A\cup B=\{x\mid -4\le x\le 6\}$
(2) $A\cap B=\{x\mid 1\le x\le 4\}$
(3) $B^C=\{x\mid x<-4$ 또는 $x>4\}$
(4) $A-B=\{x\mid 4<x\le 6\}$

유제 1-19

$A\cap B=\{4, 5\}$이므로 $4\in A$

$\therefore a^2-a-8=4 \quad (a+3)(a-4)=0$

$a=-3$ 또는 $a=4$

$a=-3$이면

$A=\{2, 5, 4\}$, $B=\{4, 0, 12\}$이므로

$A\cap B\neq\{4, 5\}$

$a=4$이면

$A=\{2,\ 5,\ 4\}$, $B=\{4,\ 7,\ 5\}$이므로
$A\cap B=\{4,\ 5\}$
$\therefore a=4$

| 정답 ➡ 4

유제 1-20

$A\cap B=\{3,\ 5\}$이므로 $5\in B$이고,
a는 정수이므로 $a^2\neq 5$이다. 따라서
$a^2+a-1=5 \quad \therefore (a-2)(a+3)=0$
$a=2$ 또는 $a=-3$
$a=2$이면
$A=\{2,\ 3,\ 5\}$, $B=\{3,\ 4,\ 5\}$이므로
$A\cap B=\{3,\ 5\}$
$a=\ \ 3$이면
$A=\{2,\ 8,\ 15\}$, $B=\{3,\ 9,\ 5\}$이므로
$A\cap B\neq\{3,\ 5\}$
$\therefore a=2$
이때, $A\cup B=\{2,\ 3,\ 4,\ 5\}$ ⬅| 정답

유제 1-21

$U=\{1,\ 2,\ 3,\ 4,\ 5\}$의 부분집합 중에서
원소 2, 4를 포함하지 않는 부분집합은
집합 $A=\{2,\ 4,\ 6\}$와 서로소가 된다.
따라서 원소 2, 4를 포함하지 않는 부분집합의 개수는
$2^{5-2}=2^3=8$

| 정답 ➡ 8

유제 1-22

$A\cup B^C=\phi$이면 $A=\phi$이고 $B^C=\phi$이므로 $B=U$이다. 따라서
$A\cup B=\phi\cup U=U$

| 정답 ➡ ②

유제 1-23

$A\cap X=X$, $(A-B)\cup X=X$이므로
$A-B\subset X\subset A$
⇨ $\{1,\ 2\}\subset X\subset\{1,\ 2,\ 3,\ 4,\ 5,\ 6\}$
집합 $A=\{2,\ 3,\ 4,\ 5,\ 6\}$의 부분집합 중에서 원소 1, 2를 포함하는 분분집합 X의 개수는 $2^{6-2}=2^4=16$

| 정답 ➡ 16

유제 1-24

(1) $A\triangle B=\phi \Leftrightarrow (A-B)\cup(B-A)=\phi$
$\Leftrightarrow A-B=\phi,\ B-A=\phi$
$\Leftrightarrow A\subset B,\ B\subset A$
$\Leftrightarrow A=B$

(2) $A^C\triangle B^C$
$=(A^C-B^C)\cup(B^C-A^C)$
$=\{A^C\cap(B^C)^C\}\cup\{B^C\cap(A^C)^C\}$
$=(A^C\cap B)\cup(B^C\cap A)$
$=(B-A)\cup(A-B)=A\triangle B$

(3) A $B\triangle C$

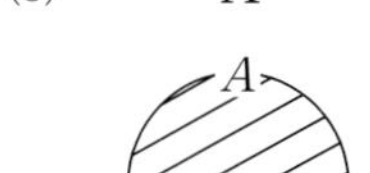

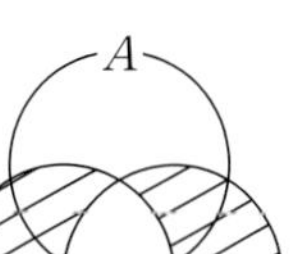

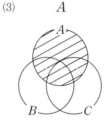

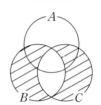

⇨ $A\triangle(B\triangle C)$

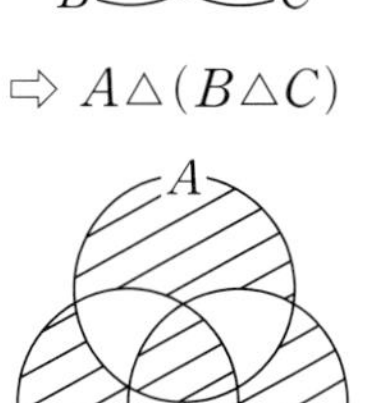

$A\triangle B$ C

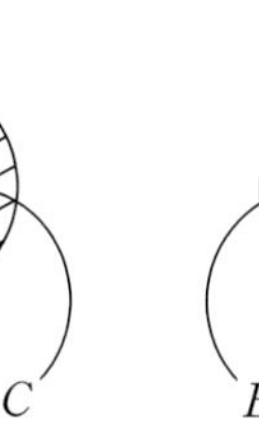

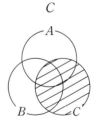

⇨ $(A\triangle B)\triangle C$

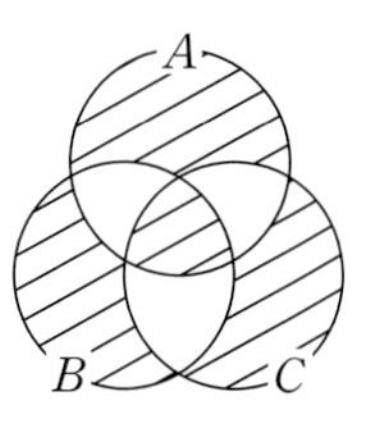

$\therefore (A\triangle B)\triangle C=A\triangle(B\triangle C)$

(4) $A\triangle(A\triangle B)=(A\triangle A)\triangle B$
$=\phi\triangle B$
$=B$

| 정답 ➡ B

유제 1-25

$(A-B)\cup(A-C)$
$=(A\cap B^C)\cup(A\cap C^C)$
$=A\cap(B^C\cup C^C)$
$=A\cap(B\cap C)^C=A-(B\cap C)$

유제 1-26

좌변$=[(A\cap B)\cup(A-B)]\cap B$
$=[(A\cap B)\cup(A\cap B^C)]\cap B$
$=[A\cap(B\cup B^C)]\cap B$
$=(A\cap U)\cap B$
$=A\cap B=A=$우변
$A\cap B=A$이므로 $A\subset B$

| 정답 ➜ $A\subset B$

유제 1-27

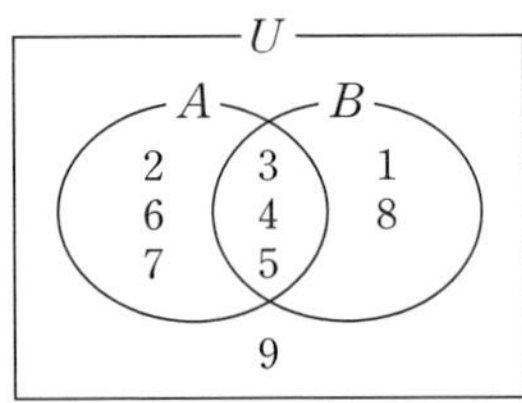

$A\cap B^C=A-B=\{2,\ 6,\ 7\}$ ◀| 정답

유제 1-28

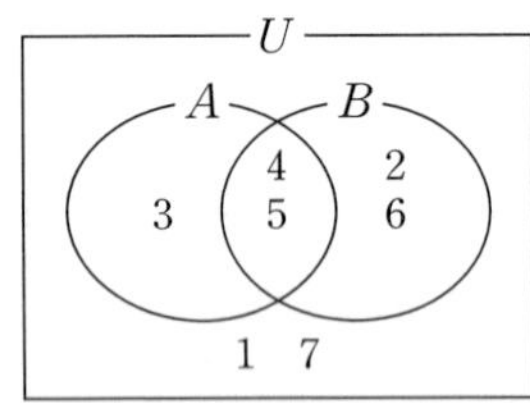

$A^C\cap B=B-A=\{2,\ 6\}$
따라서 원소의 합은 $2+6=8$

| 정답 ➜ 8

유제 1-29

$n(A^C\cap B^C)$
$=n\ ((A\cup B)^C)=n(U)-n(A\cup B)$
$=50-\{n(A)+n(B)-n(A\cap B)\ \}$
$=50-(36+29-21)$
$=50-44=6$

| 정답 ➜ 6

유제 1-30

$n(A\cup C)=n(A)+n(C)-n(A\cap C)$에서
$25=20+12-n(A\cap C)$
$\therefore n(A\cap C)=7$
$n(B\cup C)=n(B)+n(C)-n(B\cap C)$에서
$20=16+12-n(B\cap C)$
$\therefore n(B\cap C)=8$
또, $A\cap B=\phi$이므로
$n(A\cap B)=0,\ n(A\cap B\cap C)=0$
$\therefore n(A\cup B\cup C)$
$=n(A)+n(B)+n(C)-n(A\cap B)$
$-n(B\cap C)-n(C\cap A)+n(A\cap B\cap C)$
$=20+16+12-8-7=33$

| 정답 ➜ 33

유제 1-31

$n(A)=50,\ n(B)=33$
(1) $A\cap B=\{x\,|\,x$는 6의 배수$\}$이므로
$n(A\cap B)=16$

| 정답 ➜ 16

(2) $n(A\cup B)=n(A)+n(B)-n(A\cap B)$
$=50+33-16$
$=67$

| 정답 ➜ 67

(3) $n(A^C\cap B)=n(B-A)$
$=n(B)-n(A\cap B)$
$=33-16=17$

| 정답 ➜ 17

유제 1-32

50명의 학생 전체의 집합을 U라고 하고, a를 푼 학생의 집합을 A, b를 푼 학생의 집합을 B라고 하면
$n(U)=50,\ n(A)=30,\ n(B)=23$
이고, a, b를 다 못 푼 학생의 집합은
$A^C\cap B^C$이므로 $n(A^C\cap B^C)=5$
$\therefore n(A\cup B)=n(U)-n(A^C\cap B^C)$
$=50-5=45$
(1) a, b를 다 푼 학생의 수 $n(A\cap B)$는
$n(A\cup B)=n(A)+n(B)-n(A\cap B)$에서
$45=30+23-n(A\cap B)$
$\therefore n(A\cap B)=8$

| 정답 ➜ 8

(2) a만 푼 학생의 수 $n(A\cap B^C)$는

$$n(A\cap B^C)=n(A-B)$$
$$=n(A)-n(A\cap B)$$
$$=30-8=22$$

| 정답 ➔ 22

유제 1-33

$n(A\cup B)\leq n(U)$에서

$n(A)+n(B)-n(A\cap B)\leq 30$

$\therefore 20+16-x\leq 30$

$\therefore x\geq 6$ …… ①

$n(A\cap B)\leq n(A)$, $n(B)$에서

$x\leq 16$ …… ②

따라서 ①과 ②로부터 $6\leq x\leq 16$이므로

x의 최댓값은 16, 최솟값은 6

◀| 정답

유제 1-34

주어진 조건으로부터 각 영역에 속하는 원소의 개수를 벤 다이어그램으로 나타내면 아래 그림과 같다.

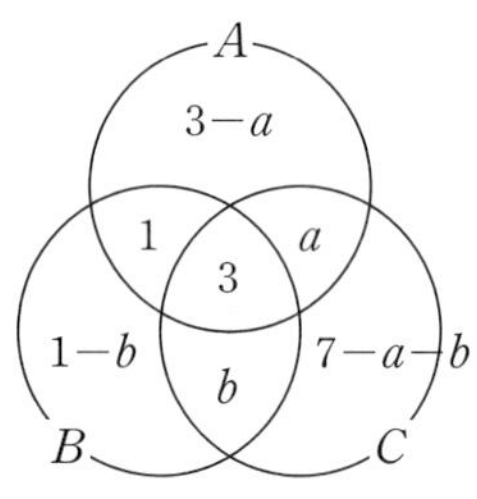

$a\geq 0$, $b\geq 0$이므로 $a+b\geq 0$ …… ①

$3-a\geq 0$, $1-b\geq 0$이므로 $a\leq 3$, $b\leq 1$

$\therefore a+b\leq 4$ …… ②

①과 ②로부터 $0\leq a+b\leq 4$ …… ③

$x=a+b+3$이므로 $3\leq x\leq 7$

$y=(3-a)+1+3+a+b+(1-b)+7-a-b$

$=15-(a+b)$

$\therefore 11\leq y\leq 15$

| 정답 ➔ $3\leq x\leq 7$, $11\leq y\leq 15$

02강 명제

p042

유제 해답 | 명제 p042~p061쪽

2-1 (1) $P\cap Q=\{x|2<x<3\}$
(2) $P\cup Q^C=\{x|-1<x<3\}$

2-2 $\{3, 9\}$

2-3 (1) 참 (2) 거짓 (3) 참 (4) 거짓
(5) 거짓 (6) 참 (7) 참 (8) 참 (9) 거짓

2-4 ③ **2-5** ④ **2-6** ③

2-7 (1) 거짓 (2) 거짓 (3) 참

2-8 풀이 참조 **2-9** ③ **2-10** 풀이 참조

2-11 ③ **2-12** ③

2-13 (1) 충분 (2) 필요충분 (3) 필요

2-14 -6

2-15 (1) 필요 (2) 필요 (3) 필요충분

유제 2-1

두 조건 p, q의 진리집합을 각각 P, Q라고 하면

$P=\{x|1\leq x<3\}$,

$Q=\{x|x\leq -1$ 또는 $x>2\}$

(1) p이고 q의 진리집합은 $P\cap Q$이므로

$P\cap Q=\{x|2<x<3\}$ ◀| 정답

(2) p 또는 $\sim q$의 진리집합은 $P\cup Q^C$이고

$Q^C=\{x|-1<x\leq 2\}$이므로

$P\cup Q^C=\{x|-1<x<3\}$ ◀| 정답

유제 2-2

두 조건 p, q의 진리집합을 각각 P, Q라고 하면

$P=\{2, 4, 6, 8, 10\}$,

$Q=\{3, 6, 9\}$

이고, $P^C=\{1, 3, 5, 7, 9\}$이다.

$\sim p$이고 q의 진리집합은 $P^C\cap Q$이므로

$P^C\cap Q=\{3, 9\}$

| 정답 ➔ $\{3, 9\}$

유제 2-3

(1) 4의 양의 약수의 진리집합을 P, 8의 양의 약수의 진리집합을 Q라고 하면

$P=\{1,\ 2,\ 4\}$, $Q=\{1,\ 2,\ 4,\ 8\}$이므로

$P\subset Q$ $\quad\therefore$ 참

| 정답 ➜ 참

(2) **(반례)** $x=-3,\ y=1$

| 정답 ➜ 거짓

(3) $x\le 1$이고 $y\le 1$이면

$x+y\le 2$이다.

| 정답 ➜ 참

(4) **(반례)** $x=0,\ y=1$

| 정답 ➜ 거짓

(5) **(반례)** $x=0,\ y=1$

| 정답 ➜ 거짓

(6) $2x-5>0$을 만족하는 진리집합을 P, $x>2$를 만족하는 진리집합을 Q라고 하면

$P=\left\{x \mid x>\frac{5}{2}\right\}$, $Q=\{x \mid x>2\}$이므로

$P\subset Q$를 만족한다. $\quad\therefore$ 참

| 정답 ➜ 참

(7) $(\text{실수})^2\ge 0$이고 $0^2=0$이므로

$x\ne 0$이면 $x^2>0$이다.

| 정답 ➜ 참

(8) $x>1$을 만족하는 진리집합을 P, $x^2>1$를 만족하는 진리집합을 Q라고 하면

$P=\{x \mid x>1\}$,

$Q=\{x \mid x<-1$ 또는 $x>1\}$이므로

$P\subset Q$를 만족한다. $\quad\therefore$ 참

| 정답 ➜ 참

(9) **(반례)** $a=\sqrt{2},\ b=-\sqrt{2}$

| 정답 ➜ 거짓

유제 2-4

명제 $\sim p\ \rightarrow\ q$가 참이므로 $P^C\subset Q$

$\therefore Q^C\subset P$

| 정답 ➜ ③

유제 2-5

두 조건 p, q의 진리집합을 각각 P, Q라고 하면

$P=\{x \mid 2a\le x\le a+2\}$,

$Q=\{x \mid -1\le x\le 6\}$

이다. $p \Rightarrow q$이므로 $P\subset Q$를 만족한다.

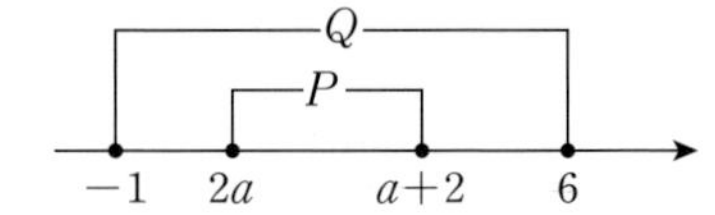

$2a\ge -1,\ a+2\le 6$에서 $-\frac{1}{2}\le a\le 4$

정수 a는 0, 1, 2, 3, 4이므로 정수 a의 개수는 5

| 정답 ➜ ④

유제 2-6

4는 12의 약수이지만 18의 약수는 아니다.

따라서 반례로 알맞은 것은 4

| 정답 ➜ ③

유제 2-7

(1) 「어떤 실수 x에 대하여 $x\ge 2$이고 $x\le 1$이다.」

$x\ge 2$이고 $x\le 1$을 만족하는 진리집합은 ϕ이므로 거짓이다.

| 정답 ➜ 거짓

(2) 「모든 실수 x에 대하여 $x\le 0$ 또는 $x>3$이다.」

$x\le 0$ 또는 $x>3$을 만족하는 진리집합은 실수 전체의 집합이 아니므로 거짓이다.

(반례) $x=1$

| 정답 ➜ 거짓

(3) 「어떤 실수 x에 대하여 $x<1$ 또는 $x\ge 5$이다.」

$x<1$ 또는 $x\ge 5$을 만족하는 진리집합은 공집합이 아니므로 참이다.

| 정답 ➜ 참

유제 2-8

역 : $a+b$, ab가 모두 유리수이면 a, b도 모두 유리수이다. (거짓)

(반례) $a=\sqrt{2},\ b=-\sqrt{2}$

이 : a 또는 b가 무리수이면 $a+b$ 또는 ab가 무리수이다. (거짓)

(반례) $a=\sqrt{2},\ b=-\sqrt{2}$

대우 : $a+b$ 또는 ab가 무리수이면 a 또는 b가 무리수이다. (참)

주어진 명제가 참이므로 대우도 참이다.

유제 2-9

$\sim p \rightarrow q$의 이 $p \rightarrow \sim q$가 참이므로
그 대우 $q \rightarrow \sim p$도 참이다.

| 정답 ③

유제 2-10

주어진 명제의 대우가 참임을 보이자.
임의의 실수 a, b에 대하여 $a^2 \ge 0$, $b^2 \ge 0$이므로
$a^2+b^2 \ge 0$이다. 그런데 $a \ne 0$이면
$a^2>0$, $b \ne 0$이면 $b^2>0$이므로
$a \ne 0$ 또는 $b \ne 0$이면 $a^2+b^2 \ne 0$이다.
$\therefore a^2+b^2=0$이면 $a=0$이고 $b=0$이다.

유제 2-11

$p \Rightarrow \sim q$의 대우도 참이므로 $q \Rightarrow \sim p$,
$r \Rightarrow q$의 대우도 참이므로 $\sim q \Rightarrow \sim r$
삼단논법에 의해서
$p \Rightarrow \sim q$, $\sim q \Rightarrow \sim r$이므로 $p \Rightarrow \sim r$
따라서 옳은 것은 ③

| 정답 ③

유제 2-12

A가 참이면 B, C, D는 모두 거짓이므로
B와 D가 불합격자가 되어 모순이다.
B가 참이면 A, C, D는 모두 거짓이므로
D만 불합격자가 되어 조건을 만족한다.
C가 참인 경우와 D가 참인 경우에는
A가 거짓이 되는데 B의 말이 거짓이므로
A가 참이 되어 모순이다.
이상에서 B가 참이고 불합격자는 D이다.

| 정답 ③

유제 2-13

(1) $a=b$이면 $a^2=b^2$이다. 그러나 그 역은 성립하지 않는다.
(반례) $a=1$, $b=-1$
따라서 $a=b$는 $a^2=b^2$이기 위한 충분조건이다.

| 정답 충분

(2) $a=0$, $b=0$이면 $a^2+b^2=0$이고,
그 역도 성립한다. (유제2－10참조)
따라서 $a=0$, $b=0$는 $a^2+b^2=0$이기 위한 필요충분조건이다.

| 정답 필요충분

(3) 「$a+b=0$이면 $a=0$, $b=0$이다」 거짓이다.
(반례) $a=1$, $b=-1$
그러나 그 역은 성립한다.
따라서 $a+b=0$은 $a=0$, $b=0$이기 위한 필요조건이다.

| 정답 필요

유제 2-14

$\{x \mid -3 \le x \le 5\} \subset \{x \mid x \ge a\}$이므로
$a \le -3$
따라서 a의 최댓값은 -3
$\{x \mid b \le x \le 2\} \subset \{x \mid -3 \le x \le 5\}$이므로
$-3 \le b \le 2$
따라서 b의 최솟값은 -3
$\therefore (-3)+(-3)=-6$

| 정답 -6

유제 2-15

(1) $p \not\Rightarrow q$이고 $q \Rightarrow p$이므로
p는 q이기 위한 필요조건이다.
$p \not\Rightarrow q$임을 보이는 반례는
$x=\sqrt{2}$, $y=-\sqrt{2}$

| 정답 필요

(2) $q \Rightarrow p$임을 보이자.
$x>2$, $y>2$이면 $x+y>4$이고,
$x-1>1$, $y-1>1$이므로
$(x-1)(y-1)>1$을 만족한다.
$\therefore xy-x-y+1>1 \quad \therefore xy>x+y$
따라서 $xy>x+y>4 \quad \therefore q \Rightarrow p$
그러나 $p \not\Rightarrow q$이다. (반례) $x=2$, $y=3$
따라서 $p \not\Rightarrow q$이고 $q \Rightarrow p$이므로
p는 q이기 위한 필요조건이다.

| 정답 필요

(3) $xy+1>x+y>2$
$\Leftrightarrow (x-1)(y-1)>0$이고 $x+y>2$
$\Leftrightarrow x-1>0$이고 $y-1>0$
$\Leftrightarrow x>1$이고 $y>1$
따라서 $p \Leftrightarrow q$이므로 서로 필요충분조건이다.

| 정답 필요충분

Ⅱ 함수

03강 함수 p070

유제 해답 | 함수 p070~p100쪽

3-1 ⑤ **3-2** -3 **3-3** $\{1, 3, 7, 9\}$

3-4 (1) $f(0)=1$, $f(-1)=\frac{1}{3}$, $f(2)=9$
(2) 풀이 참조

3-5 (1) $(-2, 1)$, $(-1, 1)$, $(0, 1)$, $(1, 3)$, $(2, 5)$
(2) $\{1, 3, 5\}$

3-6 -3 **3-7** $a<2$ **3-8** 풀이 참조

3-9 $a=3$ **3-10** 풀이 참조

3-11 풀이 참조 **3-12** $4T$

3-13 $\frac{1}{4}$

3-14 (1) $f(0)=2$, $f(2)=-1$ (2) 6

3-15 (1) x^2+1 (2) $(x+2)^2-1$ (3) $x+4$
(4) $(x^2-1)^2-1$ (5) 5

3-16 1, 3 **3-17** 3

3-18 (1) $f(0)=-1$, $f(4)=1$ (2) -1

3-19 -2

3-20 (1) $f(3)=c$ (2) $g(a)=5$

3-21 (1) 풀이 참조 (2) a (3) e

3-22 (1) $f(x)=x-1$
(2) $f(x)=x+2(x>0)$

3-23 8 **3-24** 4

3-25 (1) $y=3x-3$
(2) $y=\sqrt{x-1}(x\geq1)$
(3) $y=\sqrt{x+1}+1(x\geq-1)$
(4) $y=x^2-2(x\geq0)$

3-26 (1) $f^{-1}(x)=x+1$
(2) $2x+3$ (3) $2x+3$

3-27 3 **3-28** 2 **3-29** 5

3-30 -2 **3-31** 1 **3-32** 3

유제 3-1

대응 관계를 그림으로 나타내면 각각 다음과 같다.

① 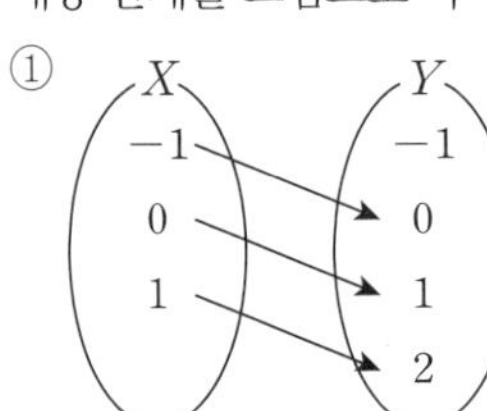

② 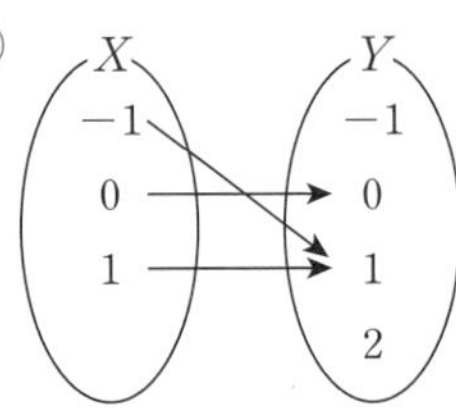

③ 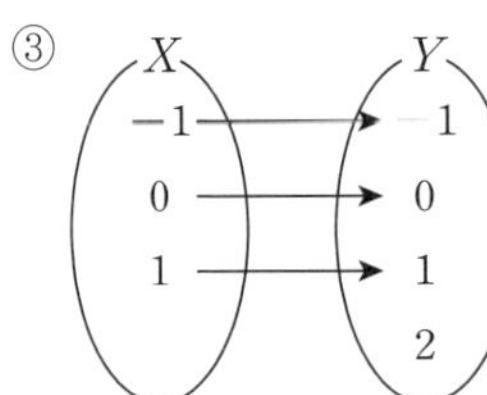

④ 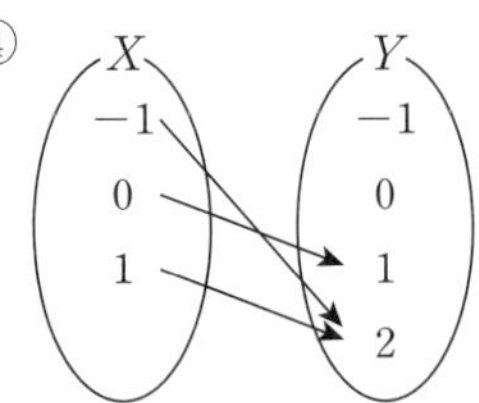

⑤ 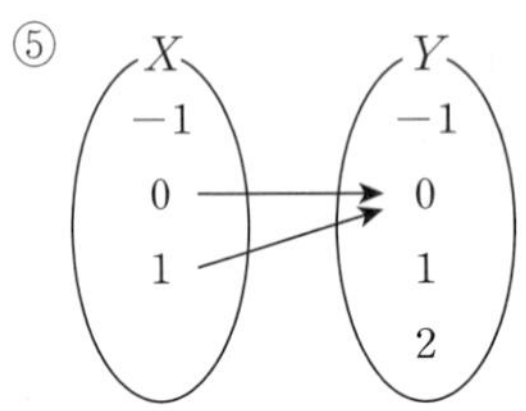

①, ②, ③, ④는 X의 각 원소에 Y의 원소가 하나씩만 대응하므로 함수이다.
그러나 ⑤에서는 -1에 대응하는 Y의 원소가 없으므로 함수가 아니다.

| 정답 ➔ ⑤

유제 3-2

(i) $a>0$인 경우
$f(-1)=-1$, $f(4)=4$이므로
$-a+b=-1$, $4a+b=4$
$\therefore a=1, b=0$
이것은 조건 $ab\neq0$에 부적합하다.

(ii) $a<0$인 경우
$f(-1)=4$, $f(4)=-1$이므로
$-a+b=4$, $4a+b=-1$
$\therefore a=-1, b=3$

(i), (ii)로부터 $a=-1$, $b=3$
$\therefore ab=(-1)\times3=-3$

| 정답 ➔ -3

유제 3-3

$n=1, 2, 3, 4, \cdots$일 때,
$f(1)=3$, $f(2)=9$, $f(3)=7$, $f(4)=1$,

$f(5)=3,\ f(6)=9,\ \cdots$

이므로 3^n의 일의 자리의 숫자는

$3,\ 9,\ 7,\ 1$

네 수가 반복된다.

따라서 함수 f의 치역은

$\{1,\ 3,\ 7,\ 9\}$

| 정답 ➡ $\{1,\ 3,\ 7,\ 9\}$

유제 3-4

$f(x+y)=f(x)f(y)$ …… ①

$f(x)>0$ …… ②

$f(1)=3$ …… ③

(1) ①의 양변에 $x=0,\ y=0$을 대입하면

$f(0)=f(0)f(0)\quad \therefore f(0)(f(0)-1)=0$

$f(0)>0$이므로 $f(0)=1$

①의 양변에 $x=1,\ y=-1$을 대입하면

$f(0)=f(1)f(-1)\quad \therefore 1=3f(-1)$

$\therefore f(-1)=\frac{1}{3}$

①의 양변에 $x=1,\ y=1$을 대입하면

$f(2)=f(1)f(1)=3\cdot 3=9$

| 정답 ➡ $f(0)=1,\ f(-1)=\frac{1}{3},\ f(2)=9$

(2) ①의 양변에 x대신 $x-y$를 대입하면

$f(x-y+y)=f(x-y)\ f(y)$

$\Leftrightarrow f(x)=f(x-y)f(y)$

$f(y)>0$이므로 양변을 $f(y)$로 나누면

$f(x-y)=\frac{f(x)}{f(y)}$

유제 3-5

(1) $f(x)=|x|+x+1$에서

$f(-2)=|-2|+(-2)+1=2-2+1=1,$

$f(-1)=|-1|+(-1)+1=1-1+1=1,$

$f(0)=|0|+0+1=1,$

$f(1)=|1|+1+1=1+1+1=3,$

$f(2)=|2|+2+1=2+2+1=5$

이므로 함수 f의 그래프는 순서쌍

$(-2,\ 1),\ (-1,\ 1),\ (0,\ 1),\ (1,\ 3),\ (2,\ 5)$

의 집합이다.

| 정답 ➡ 그래프는 본문 참조

(2) 함수 f의 치역은 f의 함숫값의 집합이므로 $\{1,\ 3,\ 5\}$

⬅| 정답

유제 3-6

(i) $a>0$인 경우

$f(0)=-1,\ f(1)=1$이므로

$b=-1,\ a+b=1$

$\therefore a=2,\ b=-1$

이것은 조건 $b>0$에 부적합하다.

(ii) $a<0$인 경우

$f(0)=1,\ f(1)=-1$이므로

$b=1,\ a+b=-1$

$\therefore a=-2,\ b=1$

(i), (ii)로부터 $a=-2,\ b=1$

$\therefore a-b=-2-1=-3$

| 정답 ➡ -3

유제 3-7

$$f(x)=a|x|+(4-a)x = \begin{cases} 4x & (x\geq 0) \\ (4-2a)x & (x<0) \end{cases}$$

함수 $f(x)$의 그래프가 증가하거나 감소해야 하므로 두 직선

$y=4x\ (x\geq 0),\ y=(4-2a)x\ (x<0)$

의 기울기의 부호가 일치해야 한다.

$\therefore 4-2a>0\quad \therefore a<2$

| 정답 ➡ $a<2$

유제 3-8

$f(x)=ax+b(a\neq 0)$

(i) 일대일 함수임을 보이자.

임의의 실수 $x_1,\ x_2$에 대하여

$f(x_1)=f(x_2)$이면 $ax_1+b=ax_2+b$

$\therefore ax_1=ax_2$

$a\neq 0$이므로 양변을 a로 나누면

$x_1=x_2$

따라서 함수 $f(x)=ax+b(a\neq 0)$는 일대일 함수이다.

(ii) 치역과 공역이 같음을 보이자.

임의의 실수 y에 대하여 $x=\frac{y-b}{a}$라고 놓으면

$$f(x)=f\left(\frac{y-b}{a}\right)=a\cdot\frac{y-b}{a}+b=y$$

이므로 f의 치역은 실수 전체의 집합이다.

(i), (ii)로부터 함수 $f(x)=ax+b(a\neq 0)$는 일대일 대응이다.

유제 3-9

함수 $f(x)=x^2-2x=(x-1)^2-1$가 $x\geq a$인 범위에서 증가함수가 되어야 하므로 a의 값은 축 $x=1$보다 크거나 같다. 즉

$a\geq 1$ …… ①

또, 치역이 $y\geq a$이므로 $f(a)=a$를 만족해야 한다.

$f(a)=a \Leftrightarrow a^2-2a=a \quad \therefore a(a-3)=0$

$\therefore a=0,\ 3$ …… ②

①, ②의 공통범위를 구하면

$a=3$

| 정답 ➜ $a=3$

유제 3-10

$f(x)=x^2(x\geq 0,\ y\geq 0)$

(i) 일대일 함수임을 보이자.

음이 아닌 임의의 실수 $x_1,\ x_2$에 대하여

$x_1\neq x_2$이면

$f(x_1)-f(x_2)=x_1^2-x_2^2=(x_1-x_2)(x_1+x_2)$

에서 $x_1+x_2>0$이고 $x_1-x_2\neq 0$이므로

$f(x_1)-f(x_2)\neq 0 \quad \therefore f(x_1)\neq f(x_2)$

따라서 함수 f는 일대일 함수이다.

(ii) 치역과 공역이 같음을 보이자.

음이 아닌 임의의 실수 y에 대하여

$x=\sqrt{y}$라고 놓으면 $x\geq 0$이고

$f(x)=f(\sqrt{y})=(\sqrt{y})^2=y$

이므로 함수 f의 치역은 음이 아닌 실수의 집합이다.

(i), (ii)로부터 함수

$f(x)=x^2\ (x\geq 0,\ y\geq 0)$

은 일대일 대응이다.

유제 3-11

함수 $y=f(x)$의 그래프를 점 $(a,\ b)$에 대하여 대칭이동한 도형의 방정식은

$2b-y=f(2a-x)$

이다. 즉 $y=2b-f(2a-x)$

그런데 조건에서

$f(x)=2b-f(2a-x)$

$\Leftrightarrow f(x)+f(2a-x)=2b$ …… ①

이것은 원래 함수 $y=f(x)$의 그래프가 점 $(a,\ b)$에 대하여 대칭임을 의미한다.

왜냐하면, 함수 $y=f(x)$를 점 $(a,\ b)$에 대하여 대칭이동시킨 함수 $y=2b-f(2a-x)$와 원래 함수가 일치하기 때문이다.

또, ①에서 x대신 $a+x$를 대입하면

$f(a+x)+f(a-x)=2b$ …… ②

가 성립한다.

따라서 ①과 ②는 서로 같은 조건이고, ① 또는 ②를 만족하면 함수 $y=f(x)$의 그래프는 점 $(a,\ b)$에 대하여 대칭이다.

유제 3-12

$f(x+T)=\dfrac{1+f(x)}{1-f(x)}$에서 x대신 $x+T$를 대입하면

$$f(x+2T)=\frac{1+f(x+T)}{1-f(x+T)}=\frac{1+\dfrac{1+f(x)}{1-f(x)}}{1-\dfrac{1+f(x)}{1-f(x)}}$$

$$=\frac{1-f(x)+1+f(x)}{1-f(x)-(1+f(x))}=\frac{-1}{f(x)}$$

여기서 x대신 $x+2T$를 대입하면

$$f(x+4T)=-\frac{1}{f(x+2T)}=-\frac{1}{-\dfrac{1}{f(x)}}=f(x)$$

따라서 함수 f의 주기는 $4T$

| 정답 ➜ $4T$

유제 3-13

(가) $0\leq x\leq 1$일 때 $f(x)=x^2$

(나) 모든 실수 x에 대하여

$f(x)=f(2-x)$

$\Leftrightarrow$ 함수 $y=f(x)$의 그래프는 직선 $x=1$에 대하여 대칭

(다) 모든 실수 x에 대하여

$f(x+2)=f(x)$

$\Leftrightarrow$ 함수 f의 주기는 2

조건 (다)로부터

$$f\left(\frac{2015}{2}\right)=f\left(1006+\frac{3}{2}\right)=f\left(503\times 2+\frac{3}{2}\right)=f\left(\frac{3}{2}\right)$$

조건 (나)로부터

$$f\left(\frac{3}{2}\right)=f\left(2-\frac{3}{2}\right)=f\left(\frac{1}{2}\right)=\left(\frac{1}{2}\right)^2=\frac{1}{4}$$

| 정답 ➜ $\dfrac{1}{4}$

[참고]

함수 $y=f(x)$의 그래프는 다음과 같다.

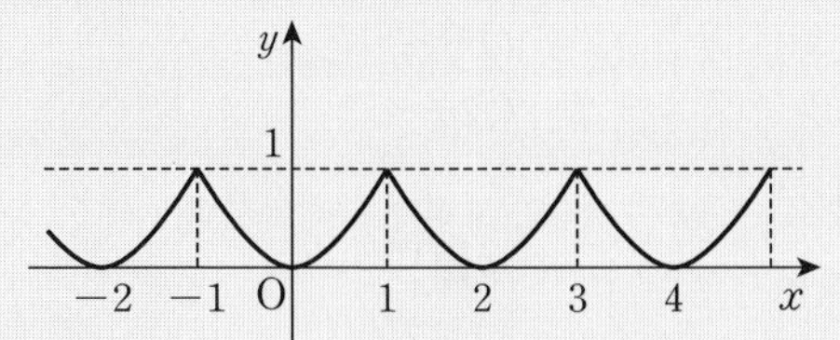

유제 3-14

$f(x)f(y)=f(x+y)+f(x-y)$ …… ①

(1) ①의 양변에 $x=1,\ y=0$을 대입하면

$f(1)f(0)=f(1)+f(1)$

$f(1)=1$이므로 $f(0)=2$

①의 양변에 $x=1,\ y=1$을 대입하면

$f(1)f(1)=f(2)+f(0)$

$f(0)=2,\ f(1)=1$이므로

$1=f(2)+2 \quad \therefore f(2)=-1$

| 정답 ➔ $f(0)=2,\ f(2)=-1$

(2) ①의 양변에 $y=1$을 대입하면

$f(x)f(1)=f(x+1)+f(x-1)$

$f(1)=1$이므로

$f(x)=f(x+1)+f(x-1)$ …… ②

②의 양변에 x대신 $x+1$을 대입하면

$f(x+1)=f(x+2)+f(x)$ …… ③

②와 ③을 변끼리 더하면 $f(x)$와 $f(x+1)$은 소거되므로

$f(x+2)+f(x-1)=0$

$\Leftrightarrow f(x+2)=-f(x-1)$

여기서 x대신 $x+1$을 대입하면

$f(x+3)=-f(x)$

또, x대신 $x+3$을 대입하면

$f(x+6)=-f(x+3)$

$=-(-f(x))=f(x)$

따라서 함수 f의 주기는 6

| 정답 ➔ 6

유제 3-15

$f(x)=x+2,\ g(x)=x^2-1$에서

(1) $(f\circ g)(x)=f(g(x))=f(x^2-1)$

$=(x^2-1)+2=x^2+1$

(2) $(g\circ f)(x)=g(f(x))=g(x+2)$

$=(x+2)^2-1$

(3) $(f\circ f)(x)=f(f(x))=f(x+2)$

$=(x+2)+2=x+4$

(4) $(g\circ g)(x)=g(g(x))=g(x^2-1)$

$=(x^2-1)^2-1$

(5) $(f\circ g\circ f)(0)$

$=(f\circ g)(f(0))=(f\circ g)(2)$

$=f(g(2))=f(3)=5$

| 정답 ➔ (1) x^2+1 (2) $(x+2)^2-1$ (3) $x+4$
(4) $(x^2-1)^2-1$ (5) 5

유제 3-16

$f(x)=x-2,\ g(x)=x^2+1$에서

$(g\circ f)(x)=2$

$\Leftrightarrow g(f(x))=2$

$\Leftrightarrow g(x-2)=2$

$\Leftrightarrow (x-2)^2+1=2$

$\Leftrightarrow (x-2)^2=1 \quad \therefore x-2=\pm1$

$\therefore x=1,\ 3$

| 정답 ➔ 1, 3

유제 3-17

$f(x)=2x+3,\ g(x)=ax+6$에서

$(f\circ g)(x)=f(g(x))=f(ax+6)$

$=2(ax+6)+3=2ax+15,$

$(g\circ f)(x)=g(f(x))=g(2x+3)$

$=a(2x+3)+6=2ax+3a+6$

이므로

$2ax+15=2ax+3a+6$

$\therefore 3a+6=15 \quad \therefore a=3$

| 정답 ➔ 3

유제 3-18

$f\left(\dfrac{2x}{x-1}\right)=x-1$ …… ①

(1) $\dfrac{2x}{x-1}=0$으로 놓으면 $x=0$

따라서 ①의 양변에 $x=0$을 대입하면

$f(0)=-1$

또, $\dfrac{2x}{x-1}=4$로 놓으면 $2x=4(x-1)$

$\therefore x=2$

따라서 ①의 양변에 $x=2$를 대입하면

$f(4)=1$

| 정답 ➔ $f(0)=-1,\ f(4)=1$

(2) $\frac{2x}{x-1}=t$라고 놓으면 $2x=t(x-1)$

$\therefore (t-2)x=t \quad \therefore x=\frac{t}{t-2}$

이 값을 ①에 대입하면

$f(t)=\frac{t}{t-2}-1=\frac{2}{t-2}$

여기서 t를 x로 바꾸면

$f(x)=\frac{2}{x-2}$ …… ②

$$\therefore f\left(\frac{x+1}{x-1}\right)=\frac{2}{\frac{x+1}{x-1}-2}=\frac{2(x-1)}{x+1-2(x-1)}=\frac{2x-2}{-x+3}$$

$f\left(\frac{x+1}{x-1}\right)=x$에서

$\frac{2x-2}{-x+3}=x \quad \therefore 2x-2=-x^2+3x$

$x^2-x-2=0 \quad \therefore (x+1)(x-2)=0$

$\therefore x=-1,\ 2$

그런데 $x=2$일 때 함수 $f(x)=\frac{2}{x-2}$의 분모가 0이므로 $x=2$는 버린다. 따라서

$x=-1$

| 정답 ➔ -1

유제 3-19

$(f\circ g)(x)=f(x+2)$

$\Leftrightarrow f(g(x))=f(x+2)$

함수 f는 일대일 대응이므로

$g(x)=x+2$

따라서

$(g\circ h)(x)=f(x)$

$\Leftrightarrow g(h(x))=f(x)$

$\Leftrightarrow h(x)+2=f(x)$

양변에 $x=1$을 대입하면

$h(1)+2=f(1)$

$\therefore h(1)-f(1)=-2$

| 정답 ➔ -2

유제 3-20

$(g\circ f)(2)=5 \Leftrightarrow g(f(2))=5$ …… ①

(1) $f(3)=a$이면 $f(2)=c$이므로 ①에서

$g(c)=5$

이것은 $g(c)=6$인 조건에 부적합하다.

따라서 $f(3)=c,\ f(2)=a$

(2) $f(2)=a$이므로 ①에서 $g(a)=5$

| 정답 ➔ (1) $f(3)=c$ (2) $g(a)=5$

유제 3-21

(1)

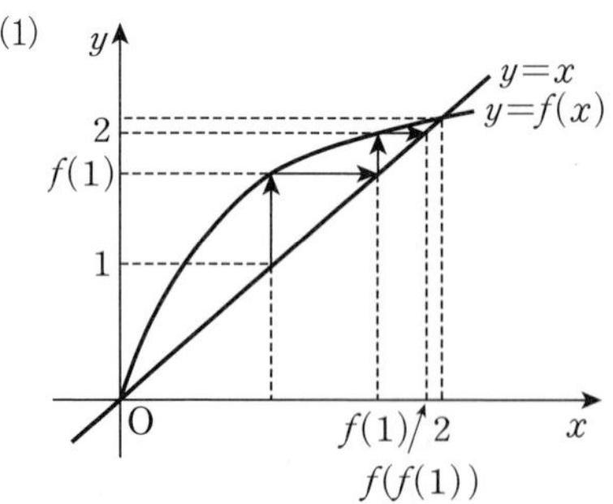

위의 그래프에서 $x=1$에서의 함숫값

$f(1),\ (f\circ f)(1),\ (f\circ f\circ f)(1),\ \cdots$

은 화살표를 따라 진행한다.

따라서 여러 번 합성한 함숫값은 점점 2의 값으로 한없이 다가간다. 그러나 결코 2의 값에 도달할 수는 없다.

$\therefore (f\circ f\circ f\circ f)(1)<2$

(2) $(f\circ f)(x)=b \Leftrightarrow f(f(x))=b$

한편, $f(1)=b$이고 함수 f가 일대일 대응이므로 $f(x)=1$이다.

또, $f(a)=1$이고 함수 f가 일대일 대응이므로 $x=a$

| 정답 ➔ a

(3) $(f\circ f)(x)=c \Leftrightarrow f(f(x))=c$

한편, $f(d)=c$이고 함수 f가 일대일 대응이므로 $f(x)=d$이다.

또, $f(e)=d$이고 함수 f가 일대일 대응이므로 $x=e$

| 정답 ➔ e

유제 3-22

(1) $xf(x)+(x+1)f(1-x)=-2x$ …… ①

①에서 x대신 $1-x$를 대입하면

$(1-x)f(1-x)+(2-x)f(x)=-2(1-x)$ …… ②

연립방정식 ①과 ②에서 $f(1-x)$를 소거시키기 위하여

①×$(1-x)$−②×$(x+1)$하면

$$x(1-x)f(x)-(2-x)(x+1)f(x)$$
$$=-2x(1-x)+2(1-x)(x+1)$$
$$\Leftrightarrow (x-x^2+x^2-x-2)f(x)=-2x+2$$
$$\Leftrightarrow -2f(x)=-2x+2$$
$$\therefore f(x)=x-1$$

| 정답 ➡ $f(x)=x-1$

(2) $3f(x)-xf\left(\frac{1}{x}\right)=x+5$ …… ①

①에서 x대신 $\frac{1}{x}$을 대입하면

$$3f\left(\frac{1}{x}\right)-\frac{1}{x}f(x)=\frac{1}{x}+5 \cdots\cdots ②$$

연립방정식 ①과 ②에서 $f\left(\frac{1}{x}\right)$을 소거시키기 위하여

①×3+②×x하면

$$9f(x)-f(x)=3x+15+1+5x$$
$$\Leftrightarrow 8f(x)=8x+16$$
$$\therefore f(x)=x+2(x>0)$$

◀ 정답

유제 3-23

함수 $f(x)$의 식을 구하면

$$f(x)=\begin{cases}2x & (0\le x\le 2)\\ -2x+8 & (2\le x\le 4)\end{cases}$$

$0\le f(x)\le 2$인 x의 범위는

$0\le x\le 1,\ 3\le x\le 4$

$2\le f(x)\le 4$인 x의 범위는

$1\le x\le 2,\ 2\le x\le 3$

이고, 각 구간에서의 함수의 식은

$0\le x\le 2$일 때 $f(x)=2x$,

$2\le x\le 4$일 때 $f(x)=-2x+8$

임을 이용하면 합성함수 $f(f(x))$의 그래프는 다음과 같다.

$$f(f(x))=\begin{cases}2f(x) & (0\le f(x)\le 2)\\ -2f(x)+8 & (2\le f(x)\le 4)\end{cases}$$

$$=\begin{cases}2(2x) & (0\le x\le 1)\\ 2(-2x+8) & (3\le x\le 4)\\ -2(2x)+8 & (1\le x\le 2)\\ -2(-2x+8)+8 & (2\le x\le 3)\end{cases}$$

$$=\begin{cases}4x & (0\le x\le 1)\\ -4x+8 & (1\le x\le 2)\\ 4x-8 & (2\le x\le 3)\\ -4x+16 & (3\le x\le 4)\end{cases}$$

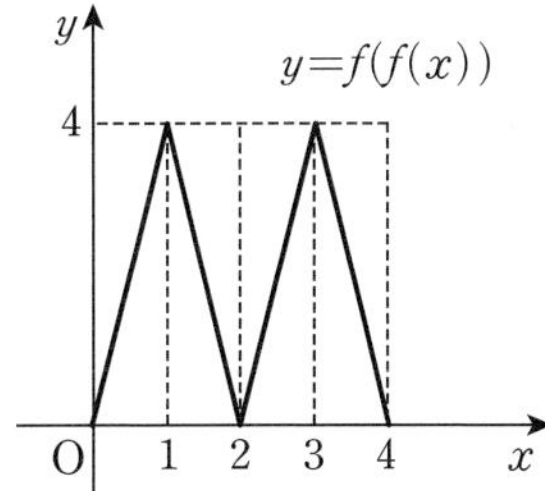

방정식 $f(f(x))=f(x)$의 실근은 두 함수

$y=f(f(x)),\ y=f(x)$

의 그래프의 교점의 x좌표와 같다.

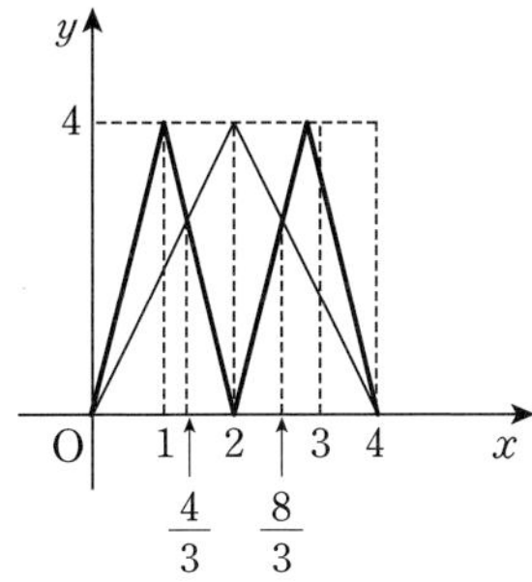

위의 그래프에서 교점의 x좌표는 0, 4와

$2x=-4x+8$에서 $x=\frac{4}{3}$,

$-2x+8=4x-8$에서 $x=\frac{8}{3}$

따라서 모든 실근의 합은

$$0+4+\frac{4}{3}+\frac{8}{3}=8$$

| 정답 ➡ 8

유제 3-24

$f(x)=t$ …… ①

라고 치환하면 방정식 $f(f(x))=f(x)$는

$f(t)=t$ …… ②

방정식 ②의 실근은 두 함수

$y=f(t),\ y=t$

의 그래프의 교점의 t의 좌표와 같다.

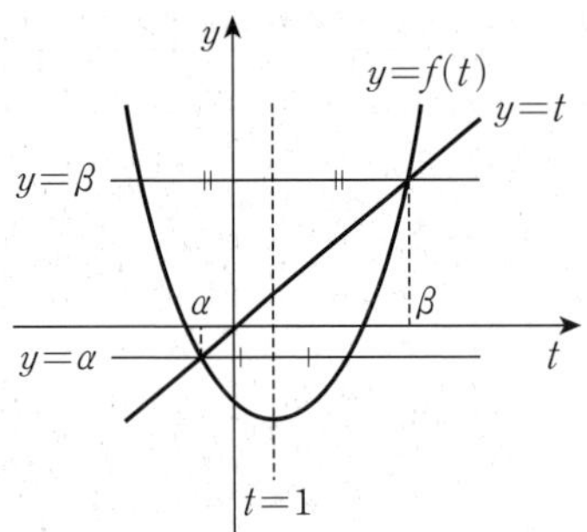

위의 그림에서와 같이 두 함수

$y=f(t),\ y=t$

의 그래프의 교점의 t의 좌표를 $\alpha,\ \beta$라고 하면 ①로부터 다음의 방정식을 얻는다.

(i) $f(x)=\alpha$인 경우

방정식 $f(x)=\alpha$의 실근은 두 함수

$y=f(x),\ y=\alpha$

의 그래프의 교점의 x좌표와 같다.

위의 그래프에서 교점의 좌표는 두 개이고 그것을 $x=a,\ b$라고 놓으면 축의 방정식이 $x=1$이므로 포물선의 대칭성에 의하여

$\dfrac{a+b}{2}=1 \quad \therefore a+b=2$

(ii) $f(x)=\beta$인 경우

(i)에서와 같은 방법으로 생각하면 두 실근의 합은 2이다.

따라서 (i), (ii)로부터 네 실근의 합은

$2+2=4$

| 정답 ➔ 4

[참고]
방정식 $f(f(x))=f(x)$의 네 근 중 두 개의 근은 $x=\alpha,\ \beta$이다.

유제 3-25

(1) $y=\dfrac{1}{3}x+1$에서 $x=3y-3$

여기서 x와 y를 바꾸면 구하는 역함수는

$y=3x-3$

| 정답 ➔ $y=3x-3$

(2) $y=x^2+1(x\geq 0)$에서

$x\geq 0$이면 $y\geq 1$이므로 치역은

$\{y\,|\,y\geq 1\}$

이다.

$y=x^2+1$에서 $x^2=y-1$

$\therefore x=\sqrt{y-1}\ (\because x\geq 0)$

여기서 x와 y를 바꾸면

$y=\sqrt{x-1}$

이때, 역함수의 정의역은 원래 함수의 치역과 같으므로 역함수의 정의역은

$\{x\,|\,x\geq 1\}$이다.

$\therefore y=\sqrt{x-1}(x\geq 1)$ ◀ 정답

[참고]
함수 $y=\sqrt{x-1}$의 정의역이 $x\geq 1$임은 당연하다.
따라서 이런 경우에는 정의역을 생략할 수 있다.

(3) $y=x^2-2x=(x-1)^2-1$에서

$x\geq 1$이면 $y\geq -1$이므로 치역은

$\{y\,|\,y\geq -1\}$

이다.

$y=(x-1)^2-1$에서 $(x-1)^2=y+1$

$x\geq 1$이므로 $x-1=\sqrt{y+1}$

$\therefore x=\sqrt{y+1}+1$

여기서 x와 y를 바꾸면

$y=\sqrt{x+1}+1$

이때, 역함수의 정의역은 원래 함수의 치역과 같으므로 역함수의 정의역은

$\{x\,|\,x\geq -1\}$

$\therefore y=\sqrt{x+1}+1(x\geq -1)$ ◀ 정답

(4) $y=\sqrt{x+2}\ (x\geq -2)$에서

$x\geq -2$이면 $y\geq 0$이므로 치역은

$\{y\,|\,y\geq 0\}$

이다.

$y=\sqrt{x+2}$에서 $x+2=y^2$

$\therefore x=y^2-2$

여기서 x와 y를 바꾸면

$y=x^2-2$

이때, 역함수의 정의역은 원래 함수의 치역과 같으므로 역함수의 정의역은 $\{x\,|\,x\geq 0\}$이다.

$\therefore y=x^2-2(x\geq 0)$ ◀ 정답

유제 3-26

$f(x)=x-1,\ g(x)=2x+1$

(1) $y=f(x)=x-1$에서 $x=y+1$

여기서 x와 y를 바꾸면 구하는 역함수는

$y=x+1 \quad \therefore f^{-1}(x)=x+1$ ◀ 정답

(2) $(f\circ g^{-1})^{-1}(x)$

$=(g \circ f^{-1})(x)$ ⇦ $(g^{-1})^{-1}=g$

$=g(f^{-1}(x))$

$=g(x+1)=2(x+1)+1$

$=2x+3$ ◀| 정답

(3) $(f \circ (g^{-1} \circ f)^{-1} \circ f^{-1})(x)$

$=(f \circ f^{-1} \circ g \circ f^{-1})(x)$

$=(g \circ f^{-1})(x)$ ⇦ $f \circ f^{-1}=I$

$=2x+3$ ◀| 정답

유제 3-27

$f(x)=x+2,\ g(x)=2x+1$에서

$(g \circ (f \circ g)^{-1} \circ g)(2)$

$=(g \circ g^{-1} \circ f^{-1} \circ g)(2)$

$=(f^{-1} \circ g)(2)=f^{-1}(g(2))$

$=f^{-1}(5)$

$f^{-1}(5)=k$라고 놓으면 $f(k)=5$

$\therefore k+2=5 \quad \therefore k=3$

| 정답 ➧ 3

유제 3-28

$g(x)=\begin{cases} x^2 & (x \geq 0) \\ 4x & (x<0) \end{cases}$ 에서

$x \geq 0$일 때 $g(x)=x^2 \geq 0$,

$x<0$일 때 $g(x)=4x<0$

이므로 $g^{-1}(4)=a,\ g^{-1}(-4)=b$라 놓으면

$g(a)=4,\ g(b)=-4$

$\Leftrightarrow a^2=4,\ 4b=-4$

$a \geq 0$이므로 $a=2,\ b=-1$

$\therefore (g \circ f)^{-1}(4)+g^{-1}(-4)$

$=(f^{-1} \circ g^{-1})(4)+g^{-1}(-4)$

$=f^{-1}(g^{-1}(4))+g^{-1}(-4)$

$=f^{-1}(2)-1$ …… ①

$f^{-1}(2)=k$라고 놓으면 $f(k)=2$

$2k-4=2 \quad \therefore k=3$

①에 대입하면 구하는 값은

$3-1=2$

| 정답 ➧ 2

유제 3-29

$f^{-1}(1)=3,\ g^{-1}(3)=-2$에서

$f(3)=1,\ g(-2)=3$

$\therefore 3+a=1,\ 2\times(-2)+b=3$

$\therefore a=-2,\ b=7$

$\therefore a+b=-2+7=5$

| 정답 ➧ 5

유제 3-30

$l(x)=3x-2$라고 놓으면 $l(x)$의 역함수는

$l^{-1}(x)=\frac{1}{3}(x+2)$ …… ①

$h(x)=f(3x-2)=(f \circ l)(x)$에서

$h^{-1}(x)=(f \circ l)^{-1}(x)=(l^{-1} \circ f^{-1})(x)$

$=l^{-1}(f^{-1}(x))=\frac{1}{3}\{f^{-1}(x)+2\}$

양변에 $x=0$을 대입하면

$h^{-1}(0)=\frac{1}{3}\{f^{-1}(0)+2\}=\frac{1}{3}(-8+2)=-2$

| 정답 ➧ -2

[다른 풀이]

$h(x)=f(3x-2)$의 양변의 왼쪽에 f^{-1}를 합성하면

$f^{-1} \circ f=I$이므로

$f^{-1}(h(x))=f^{-1}(f(3x-2))$

$=3x-2$

양변에 $x=-2$를 대입하면

$f^{-1}(h(-2))=-8$

주어진 조건에서 $f^{-1}(0)=-8$이고,

함수 f^{-1}는 일대일 대응이므로

$h(-2)=0$

$\therefore h^{-1}(0)=-2$

| 정답 ➧ -2

유제 3-31

$h \circ g \circ f=f$의 양변의 오른쪽에 f^{-1}을 합성하면

$f \circ f^{-1}=I$이므로

$h \circ g \circ f \circ f^{-1}=f \circ f^{-1}$

$\Leftrightarrow h \circ g=I$

다시 양변의 오른쪽에 g^{-1}를 합성하면

$g \circ g^{-1}=I,\ I \circ g^{-1}=g^{-1}$이므로

$h \circ g \circ g^{-1}=I \circ g^{-1}$

$\Leftrightarrow h \circ I=g^{-1} \Leftrightarrow h=g^{-1}$

$\therefore h(4)=g^{-1}(4)$

$g^{-1}(4)=k$라고 놓으면 $g(k)=4$

$3k+1=4 \quad \therefore k=1$

| 정답 ➧ 1

유제 3-32

$f(x)=\begin{cases} \frac{1}{2}x+1 & (x\geq 0) \\ 2x+1 & (x<0) \end{cases}$ 와 그의 역함수 $g(x)$의 그래프는 직선 $y=x$에 대하여 서로 대칭이므로 두 함수

$y=f(x)$, $y=g(x)$

의 그래프로 둘러싸인 도형의 넓이는 함수 $y=f(x)$의 그래프와 직선 $y=x$로 둘러싸인 도형의 넓이의 2배와 같다.

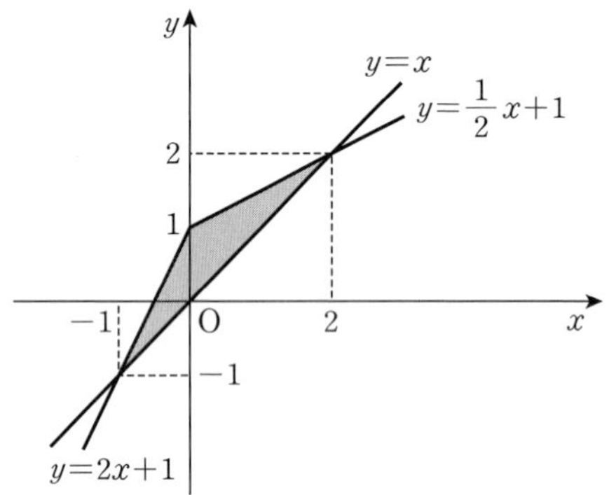

위의 그림에서 함수 $y=f(x)$의 그래프와 직선 $y=x$로 둘러싸인 도형의 넓이는

$\frac{1}{2}\cdot 1\cdot 1+\frac{1}{2}\cdot 1\cdot 2=\frac{3}{2}$

이므로 구하는 도형의 넓이는

$\frac{3}{2}\cdot 2=3$

정답 ➔ 3

04강 이차함수의 활용 p110

유제 해답 이차함수의 활용 p110~p134쪽

4-1 (1) $-1\leq m<3$ (2) $m<-1$, $m>3$

4-2 (1) 1 (2) $2\leq b\leq 5$

4-3 풀이 참조

4-4 ②

4-5 (1) 풀이 참조 (2) 풀이 참조

4-6 3개 **4-7** 4, 5 **4-8** 풀이 참조

4-9 2개 **4-10** 최댓값 5, 최솟값 -1

4-11 (1) 2 (2) 3

4-12 0, $\sqrt{2}$, 2 **4-13** 풀이 참조

4-14 5 **4-15** $a=-4$, $b=1$

4-16 풀이 참조

4-17 (1) $y=2(x+1)^2$

(2) $y=-2(x-1)(x-3)$

4-18 2 **4-19** 4

4-20 $y=-x^2+2x$

4-21 $y=-2x^2+2x(-1\leq x\leq 1)$

4-22 (1) 6 (2) -4 (3) -3

4-23 12 **4-24** 풀이 참조

4-25 2 **4-26** -3

4-27 $a=-1$ **4-28** 최댓값 1, 최솟값 -3

4-29 18

4-30 (1) 7 (2) 8

4-31 $x=1$일 때 최댓값 3,

$x=3$일 때 최솟값 -9

4-32 $-2\sqrt{2}\leq x\leq 2\sqrt{2}$, $-2\leq y\leq 2$

4-33 최댓값 $\sqrt{5}$, 최솟값 $-\sqrt{5}$

4-34 (1) 최댓값 3, 최솟값 $\frac{1}{3}$

(2) $a=\pm 1$, $b=3$

4-35 최댓값 12, 최솟값 -4

4-36 11

유제 4-1

$y=mx+m+3$에서

(1) $-2\le x<2$에서 $y>0$이려면

$x=-2$일 때 $-2m+m+3>0$

$\therefore m<3$ …… ①

$x=2$일 때 $2m+m+3\ge 0$

$\therefore m\ge -1$ …… ②

①과 ②의 공통범위를 구하면

$-1\le m<3$

| 정답 ➔ $-1\le m<3$

(2) $-2\le x<2$에서 y가 반드시 양, 음의 값을 가지려면 $x=-2$, $x=2$에서의 y의 값이 서로 다른 부호를 가져야 한다. 따라서

$(-2m+m+3)(2m+m+3)<0$

$\Leftrightarrow (-m+3)(3m+3)<0$

$\Leftrightarrow (m-3)(m+1)>0$

$\therefore m<-1,\ m>3$ ◀| 정답

유제 4-2

$y=-x+b\ (0\le x\le 2)$ …… ①

(1) 직선 ①의 기울기가 음수이므로 직선 ①의 그래프는 감소한다. 따라서

$x=0$일 때 최댓값 b,

$x=2$일 때 최솟값 $-2+b$

를 갖는다. 조건으로부터 $b=3$이므로

최솟값은 $-2+b=-2+3=1$

| 정답 ➔ 1

(2) 직선 ①의 치역은

$-2+b\le y\le b$

이고, 치역은 공역

$0\le y\le 5$

의 부분집합이므로

$-2+b\ge 0,\ b\le 5$

$\therefore 2\le b\le 5$

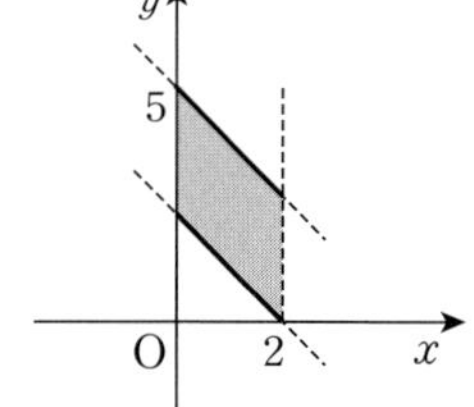

| 정답 ➔ $2\le b\le 5$

[다른 풀이]

함수 $f(x)=-x+b$의 그래프는 위의 그림에서 색칠한 부분에 존재하여야 한다. 따라서

$f(0)=b\le 5,\ f(2)=-2+b\ge 0$

$\therefore 2\le b\le 5$ ◀| 정답

유제 4-3

(1) $y=|x-2|+1$

$x<2$일 때

$y=-(x-2)+1$

$=-x+3$

$x\ge 2$일 때

$y=(x-2)+1$

$=x-1$

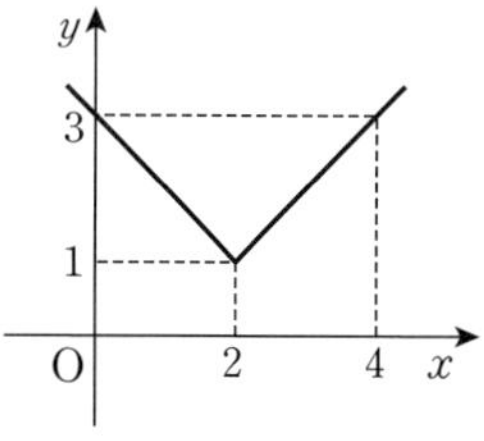

[참고]

$y=|x-2|+1$의 그래프는

$y=|x|$의 그래프를 x축으로 2만큼, y축으로 1만큼 평행이동한 것이다.

(2) $|y-1|=x+1$

$y<1$일 때

$-(y-1)=x+1$

$\therefore y=-x$

$y\ge 1$일 때

$(y-1)=x+1$

$\therefore y=x+2$

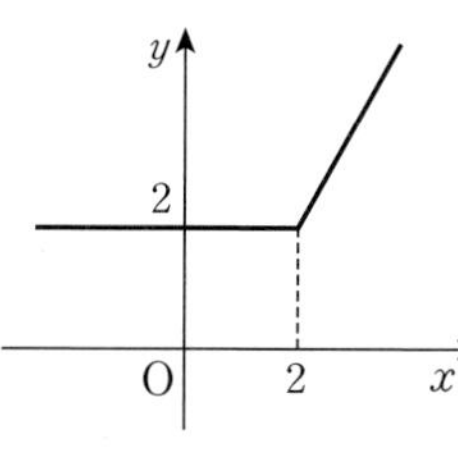

(3) $y=x+|x-2|$

$x<2$일 때

$y=x-(x-2)=2$

$x\ge 2$일 때

$y=x+(x-2)$

$=2x-2$

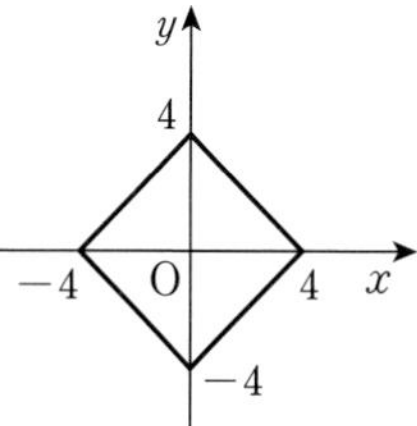

(4) $x\ge 0,\ y\ge 0$일 때의 $x+y=4$의 그래프만 그리고, 이 그래프를 x축, y축, 원점에 대하여 각각 대칭이동한다.

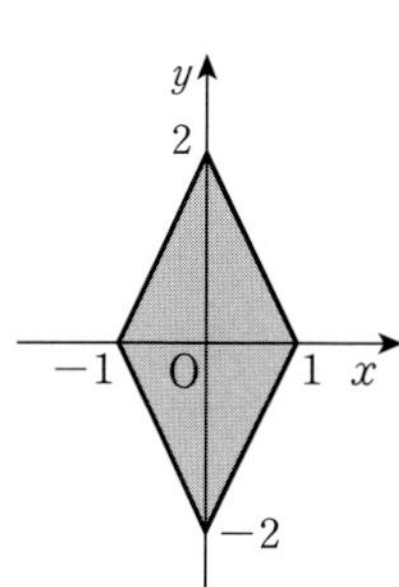

유제 4-4

$2|x|+|y|=2$의 그래프는 $x\ge 0,\ y\ge 0$일 때의 $2x+y=2$의 그래프만 그리고, 이 그래프를 x축, y축, 원점에 대하여 각각 대칭이동한다. 따라서

$2|x|+|y|=2$의 그래프는 오른쪽 그림과 같고, 그 넓이는 4

y
2
−1
O
1
x
−2

| 정답 ➔ ②

유제 4-5

(1) $y=|x|-|x-2|$

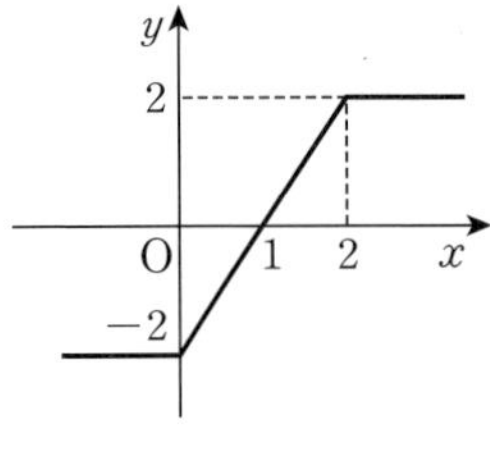

$x<0$일 때

$y=-2$

$0\le x<2$일 때

$y=2x-2$

$x\ge 2$일 때

$y=2$

(2) $y=||x|-|x-2||$의 그래프는 $y=|x|-|x-2|$의 그래프를 그린 후 $y\ge 0$인 부분은 그대로 두고, $y<0$인 부분은 x축에 대하여 대칭이동한다.

따라서 $y=||x|-|x-2||$의 그래프는 다음과 같다.

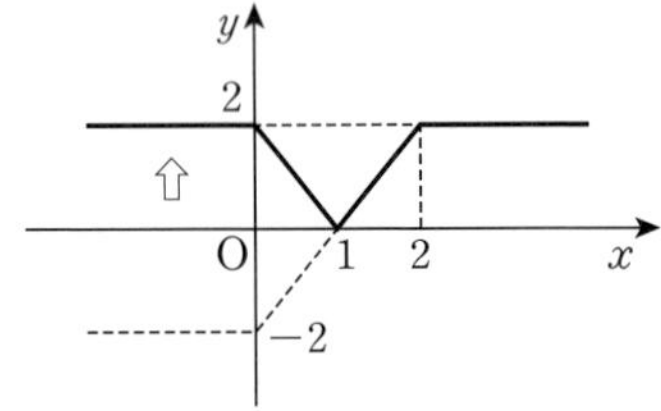

유제 4-6

$y=|x^2-4x|$의 그래프는 $y=x^2-4x$의 그래프를 그린 후 $y\ge 0$인 부분은 그대로 두고, $y<0$인 부분은 x축에 대하여 대칭이동한다.

$y=x^2-4x=(x-2)^2-4$이므로

$y=x^2-4x$의 그래프는 다음과 같다.

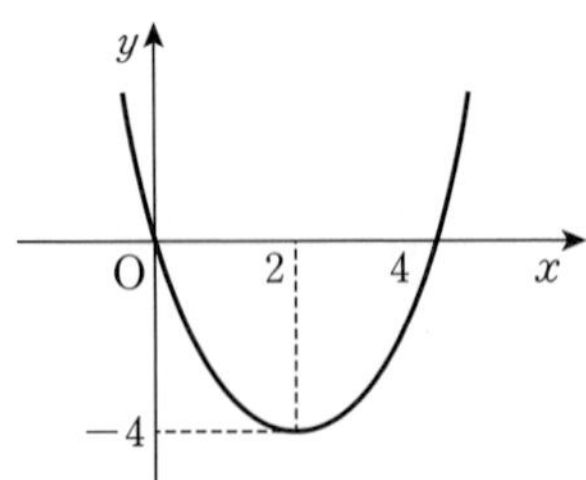

따라서 $y=|x^2-4x|$의 그래프는 다음과 같다.

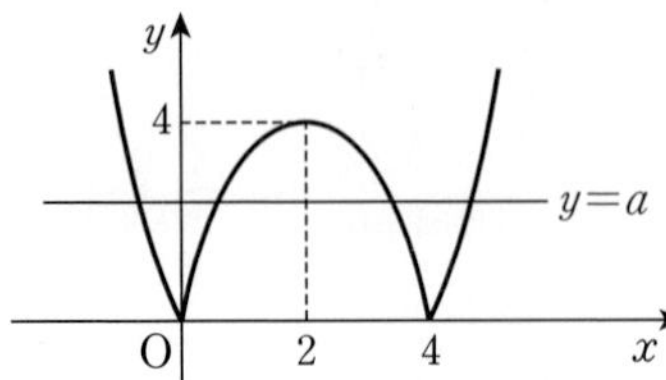

위의 그림에서 $y=|x^2-4x|$의 그래프와 직선 $y=a$가 서로 다른 네 점에서 만날 조건은 $0<a<4$

따라서 정수 a는

1, 2, 3이므로 3개

| 정답 ➜ 3개

유제 4-7

방정식 $|x^2-4|=2x+k$의 실근의 개수는 두 함수

$y=|x^2-4|$, $y=2x+k$

의 그래프의 교점의 개수와 같다.

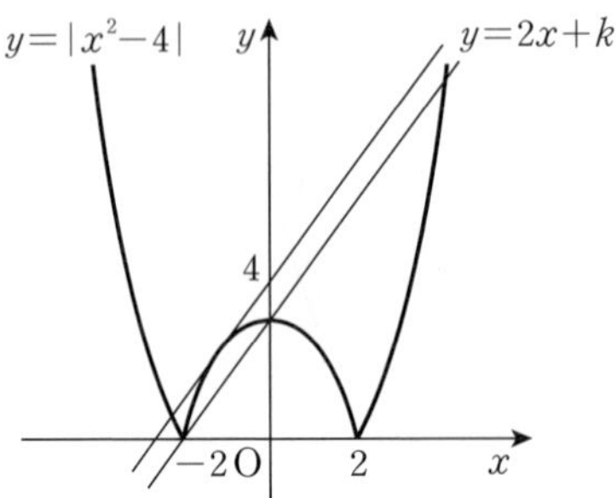

위의 그림에서 두 그래프가 서로 다른 세 점에서 만날 조건은 직선 $y=2x+k$가 점 $(-2,\ 0)$을 지날 때 $k=4$,

또, 직선 $y=2x+k$가 포물선 $y=-x^2+4$에 접할 때이므로

$-x^2+4=2x+k$에서 $x^2+2x+k-4=0$

$D/4=1^2-(k-4)=0$에서 $k=5$

따라서 구하는 상수 k의 값은

$k=4,\ 5$

| 정답 ➜ 4, 5

유제 4-8

$y=|f(x+1)|$의 그래프는 $y=f(x+1)$의 그래프를 그린 후 $y\ge 0$인 부분은 그대로 두고, $y<0$인 부분은 x축에 대하여 대칭이동한다.

여기서 함수 $y=f(x+1)$의 그래프는 $y=f(x)$의 그래프를 x축으로 -1만큼 평행이동한 것이다.

따라서 $y=|f(x+1)|$의 그래프는 다음과 같다.

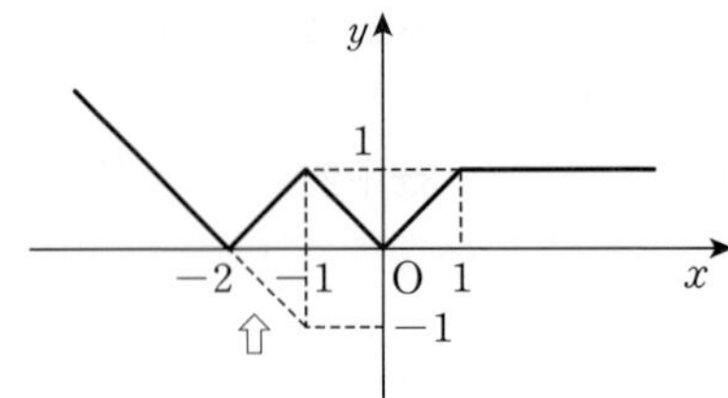

유제 4-9

방정식 $2x+2|x-1|=mx+1$의 실근의 개수는 두 함수

$y=2x+2|x-1|$, $y=mx+1$

의 그래프의 교점의 개수와 같다.

$y=2x+2|x-1|$에서

$x<1$일 때 $y=2x-2(x-1)=2$,

$x\geq1$일 때 $y=2x+2(x-1)=4x-2$

이고, 직선 $y=mx+1$의 그래프는 m의 값에 관계없이 점 $(0,\ 1)$을 지난다.

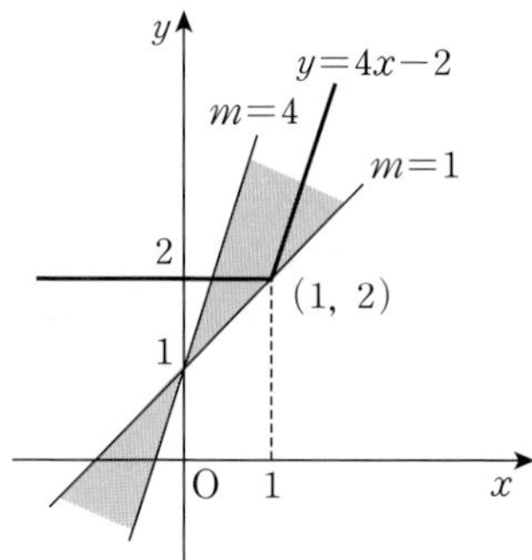

위의 그림에서 두 그래프가 서로 다른 두 점에서 만나기 위해서는 직선이 색칠한 부분(경계 제외)에 존재해야 한다.

직선 $y=mx+1$이 점 $(1,\ 2)$를 지날 때

$2=m+1 \quad \therefore m=1$

또, 직선 $y=mx+1$이 직선 $y=4x-2$와 평행할 때 $m=4$이므로 직선의 기울기 m의 값의 범위는

$1<m<4$

따라서 정수 m의 값은

2, 3이므로 2개

| **정답** ➡ 2개

유제 4-10

$y=x+2|x+1|\ (-2\leq x\leq1)$에서

(i) $-2\leq x<-1$일 때

$y=x-2(x+1)=-x-2$

(ii) $-1\leq x\leq1$일 때

$y=x+2(x+1)=3x+2$

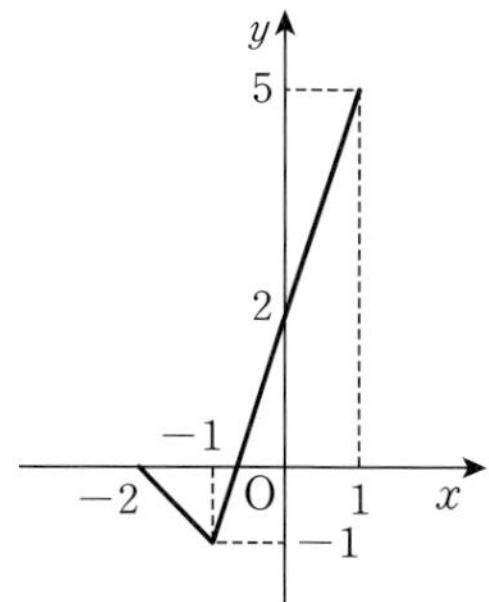

위의 그래프에서

$x=1$일 때 최댓값 5,

$x=-1$일 때 최솟값 -1

| **정답** ➡ 최댓값 5, 최솟값 -1

유제 4-11

(1) $y=|x-1|+|x-3|$

(i) $x<1$일 때

$y=-2x+4$

(ii) $1\leq x<3$일 때

$y=2$

(iii) $x\geq3$일 때

$y=2x-4$

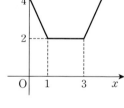

따라서 $1\leq x\leq3$일 때 최솟값 2를 갖는다.

| **정답** ➡ 2

(2) $y=|x|+|x-2|+|x-3|$

(i) $x<0$일 때 $y=-3x+5$

(ii) $0\leq x<2$일 때 $y=-x+5$

(iii) $2\leq x<3$일 때 $y=x+1$

(iv) $x\geq3$일 때 $y=3x-5$

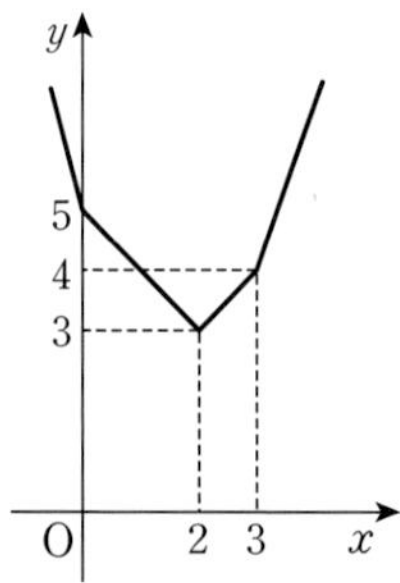

따라서 $x=2$일 때 최솟값 3

| **정답** ➡ 3

유제 4-12

$x^2=2[x] \Leftrightarrow \frac{1}{2}x^2=[x]$

방정식 $\frac{1}{2}x^2=[x]$의 실근은 두 함수

$$y=\frac{1}{2}x^2,\ y=[x]$$

의 그래프의 교점의 x좌표와 같다.
가우스 함수 $y=[x]$의 그래프는 다음과 같다.

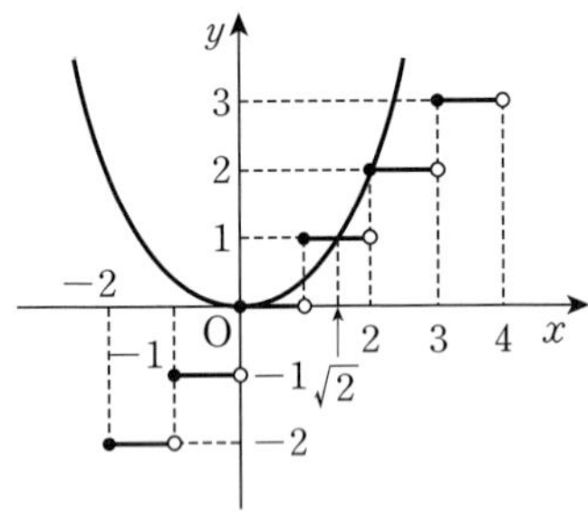

위의 그림에서 두 그래프의 교점은 세 개있다.

$x=0,\ 2$와

$\frac{1}{2}x^2=1$에서 $x^2=2$

$1\le x<2$이므로 $x=\sqrt{2}$

따라서 방정식의 세 실근은

$x=0,\ \sqrt{2},\ 2$

| 정답 ➜ $0,\ \sqrt{2},\ 2$

유제 4-13

$y=|x[x-1]|\ (-1\le x\le 2)$에서

(i) $-1\le x<0$일 때

$-2\le x-1<-1$이므로 $[x-1]=-2$

$\therefore y=|-2x|=-2x$ ⇦ $-2x>0$

(ii) $0\le x<1$일 때

$-1\le x-1<0$이므로 $[x-1]=-1$

$\therefore y=|-x|=x$ ⇦ $-x\le 0$

(iii) $1\le x<2$일 때

$0\le x-1<1$이므로 $[x-1]=0$

$\therefore y=0$

(iv) $x=2$일 때

$x-1=1$이므로 $[x-1]=1$

$\therefore y=|x|=2$

따라서 $y=|x[x-1]|\ (-1\le x\le 2)$의 그래프는 다음과 같다.

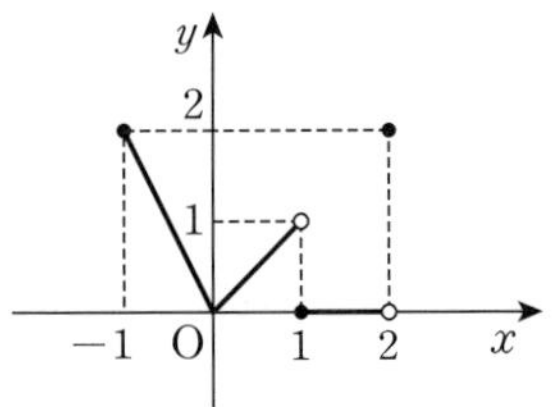

유제 4-14

세 함수 $y=-x+7,\ y=x+3,\ y=2x+4$의 그래프를 그린 후 교점을 경계로 하여 최소인 그래프를 택하여 그리면 그것이 함수 $y=f(x)$의 그래프이다.

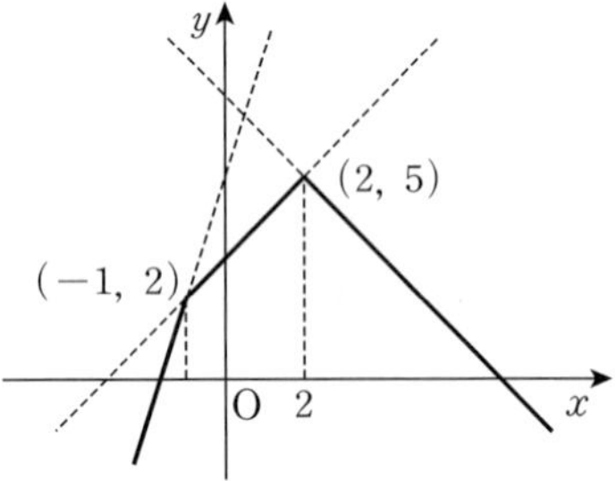

위의 그래프에서 함수 $f(x)$는
$x=2$에서 최댓값 5를 갖는다.

| 정답 ➜ 5

유제 4-15

$y=x^2+ax+b$의 꼭짓점이 $(2,\ -3)$이므로

$y=x^2+ax+b=(x-2)^2-3=x^2-4x+1$

양변의 계수를 비교하면

$a=-4,\ b=1$

| 정답 ➜ $a=-4,\ b=1$

유제 4-16

$$y=ax^2+bx+c=a\left(x+\frac{b}{2a}\right)^2-\frac{b^2-4ac}{4a}$$

에서 $a<0$이므로 위로 볼록이고, $b>0$이므로 대칭축은 $x=-\frac{b}{2a}>0$이고, $c>0$이므로 y절편은 양수이다.

따라서 포물선 $y=ax^2+bx+c$의 그래프의 개형은 다음과 같다.

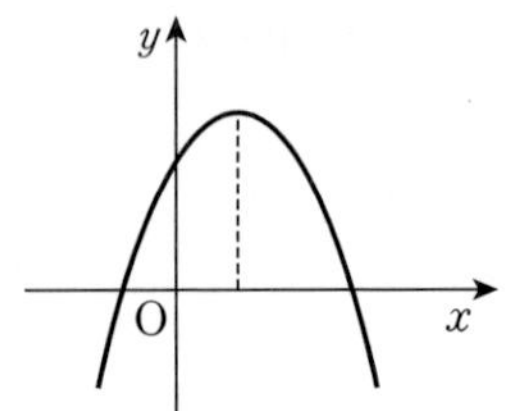

유제 4-17

(1) 포물선이 x축에 접하므로

$y=a(x-p)^2$ …… ①

포물선 ①이 두 점 $(-1,\ 0)$, $(1,\ 8)$을 지나므로

$0=a(-1-p)^2$에서 $p=-1$

$8=a(1-p)^2$에서 $8=a(1+1)^2$

$\therefore a=2$

①에서 구하는 포물선의 방정식은

$y=2(x+1)^2$

| 정답 ➔ $y=2(x+1)^2$

(2) 두 점 $(1,\ 0)$, $(3,\ 0)$을 지나므로 x절편이 1, 3이다. 따라서 포물선의 방정식을

$y=a(x-1)(x-3)$

이라고 놓으면 점 $(2,\ 2)$를 지나므로

$2=a(2-1)(2-3)$ $\quad\therefore a=-2$

$\therefore y=-2(x-1)(x-3)$

◀| 정답

유제 4-18

두 포물선 $y=x^2-2x-1$, $y=-x^2+6x-5$이 점 $(a,\ b)$에 대하여 대칭이므로 두 포물선의 꼭짓점이 점 $(a,\ b)$에 대하여 대칭이다.

$y=x^2-2x-1=(x-1)^2-2$,

$y=-x^2+6x-5=-(x-3)^2+4$

이므로 꼭짓점의 좌표는 각각

$(1,-2)$, $(3,\ 4)$

이고, 두 꼭짓점의 중점의 좌표가 $(a,\ b)$이므로

$$a=\frac{1+3}{2}=2,\ b=\frac{-2+4}{2}=1$$

$\therefore ab=2\cdot1=2$

| 정답 ➔ 2

유제 4-19

$f(4-x)=f(x)$이므로 이차함수 $f(x)=ax^2+bx+c$의 그래프는 직선 $x=2$에 대하여 대칭이다. 따라서 이 포물선의 대칭축은 $x=2$이고, 방정식 $f(x)=0$이 서로 다른 두 실근을 가지므로 함수 $y=f(x)$의 그래프는 x축과 서로 다른 두 점에서 만난다. 이 x절편을 각각 α, β라고 놓으면 대칭성에 의하여 α, β의 중점이 $x=2$와 같다.

$$\therefore \frac{\alpha+\beta}{2}=2 \quad \therefore \alpha+\beta=4$$

따라서 두 실근의 합은 4

| 정답 ➔ 4

유제 4-20

$y=x^2-ax+a=\left(x-\dfrac{a}{2}\right)^2-\dfrac{a^2}{4}+a$이므로

꼭짓점은 $\left(\dfrac{a}{2},\ -\dfrac{a^2}{4}+a\right)$이다.

$x=\dfrac{a}{2}$, $y=-\dfrac{a^2}{4}+a$라고 놓으면

$a=2x$이고, 이 값을 $y=-\dfrac{a^2}{4}+a$에 대입하면

$$y=\frac{-(2x)^2}{4}+2x=-x^2+2x$$

여기서 a가 임의의 실수이므로 x도 임의의 실수이다.
따라서 구하는 자취의 방정식은

$y=-x^2+2x$

◀| 정답

유제 4-21

점 $P(a,\ b)$가 원 $x^2+y^2=1$위의 점이므로

$a^2+b^2=1$ …… ①

$y=x^2-2ax+2a+b^2-1$

$=(x-a)^2-a^2+2a+b^2-1$

이므로 꼭짓점의 좌표는

$(a, -a^2+2a+b^2-1)$

이다. 여기서

$x=a,\ y=-a^2+2a+b^2-1$

이라고 놓으면

①에서 $b^2=1-a^2\geq0$이므로

$-1\leq a(=x)\leq1$

이고,

$y=-a^2+2a+(1-a^2)-1$

$=-2a^2+2a=-2x^2+2x$

따라서 구하는 자취의 방정식은

$y=-2x^2+2x\ (-1\leq x\leq1)$

◀| 정답

유제 4-22

(1) $y=-2x^2+ax+b$의 꼭짓점의 좌표가 $(1,\ 4)$이므로

$y=-2x^2+ax+b$

$=-2(x-1)^2+4=-2x^2+4x+2$

양변의 계수를 비교하면 $a=4$, $b=2$

$\therefore a+b=4+2=6$

| 정답 ➔ 6

(2) $y=x^2-2ax+b$의 꼭짓점의 좌표가 $(-1, 3)$이므로

$y=x^2-2ax+b$
$=(x+1)^2+3=x^2+2x+4$

양변의 계수를 비교하면

$-2a=2, b=4 \quad \therefore a=-1$

$\therefore ab=(-1)\cdot 4=-4$

| 정답 ➜ -4

(3) $y=ax^2+6x+2a+5$
$=a\left(x+\frac{3}{a}\right)^2-\frac{9}{a}+2a+5$

이 포물선이 최댓값을 가지므로

$a<0$ …… ①

이고, 최댓값이 2이므로

$-\frac{9}{a}+2a+5=2$

$\Leftrightarrow 2a^2+3a-9=0$

$\therefore (2a-3)(a+3)=0$

$\therefore a=\frac{3}{2}, -3$

$a<0$이므로 $a=-3$

| 정답 ➜ -3

유제 4-23

$f(x)=2x^2-8x+k=2(x-2)^2-8+k$이므로
꼭짓점의 x좌표 $x=2$는 정의역 $-1\le x\le 3$에 속한다.
따라서 $x=2$일 때 최솟값 $-8+k=-6 \quad \therefore k=2$
이때, $f(x)=2x^2-8x+2$이고, 꼭짓점에서 멀이 떨어진 점 $x=-1$에서 최댓값을 갖는다.
따라서 구하는 최댓값은 $f(-1)=2+8+2=12$

| 정답 ➜ 12

유제 4-24

(1) $y=-x^2+2x+3=-(x-1)^2+4$의 꼭짓점의 x좌표 $x=1$이 정의역 $x\ge a$에 속하는 경우와 속하지 않는 경우로 나누어 푼다.

(i) $a\le 1$인 경우
$x=1$일 때 최댓값 4

(ii) $a>1$인 경우
$x=a$일 때 최댓값 $-a^2+2a+3$

(2) $y=-x^2+2ax=-(x-a)^2+a^2$의 꼭짓점의 x좌표 $x=a$가 정의역 $-1\le x\le 1$에 속하는 경우와 속하지 않는 경우로 나누어 푼다.

(i) $a\le -1$인 경우
꼭짓점의 x좌표 $x=a$가 $x=-1$의 왼 쪽에 있으므로 최댓값은 $x=-1$일 때
$y=-(-1)^2+2a(-1)=-2a-1$

(ii) $-1<a<1$인 경우
꼭짓점의 x좌표 $x=a$가 정의역 $-1\le x\le 1$에 속하므로 최댓값은 $x=a$일 때 a^2

(iii) $a\ge 1$인 경우
꼭짓점의 x좌표 $x=a$가 $x=1$의 오른쪽에 있으므로 최댓값은 $x=1$일 때
$y=-1^2+2a\cdot 1=2a-1$

유제 4-25

$f(x)=x^2-2ax+a=(x-a)^2-a^2+a$의 꼭짓점의 x좌표 $x=a$가 정의역 $x\ge 1$에 속하는 경우와 속하지 않는 경우로 나누어 푼다.

(i) $a<1$인 경우
$x=1$일 때 최솟값 $1-2a+a=-a+1$
$\therefore -a+1=-2 \quad \therefore a=3$
이 값은 범위 $a<1$에 속하지 않으므로 버린다.

(ii) $a\ge 1$인 경우
$x=a$일 때 최솟값 $-a^2+a$
$\therefore -a^2+a=-2$
$\therefore (a-2)(a+1)=0$
$\therefore a=2, -1$
이 값들 중에서 범위 $a\ge 1$에 속하는 것은 $a=2$

(i), (ii)로부터 구하는 a의 값은 2

| 정답 ➜ 2

유제 4-26

$f(x)=-x^2-2ax+a^2-8a+5$
$=-(x+a)^2+2a^2-8a+5$

$x=-a$일 때 최댓값 $M(a)$는

$M(a)=2a^2-8a+5$
$=2(a-2)^2-3$

따라서 $a=2$일 때 최솟값 -3

| 정답 ➜ -3

유제 4-27

$f(x)=x^2-2ax+3a=(x-a)^2-a^2+3a$의 꼭짓점의 x좌표 $x=a$가 정의역 $-2\le x\le 1$에 속하는 경우와

속하지 않는 경우로 나누어 푼다.

(i) $a \le -2$인 경우

꼭짓점의 x좌표 $x=a$가 $x=-2$의 왼쪽에 있으므로 최솟값은 $x=-2$일 때 $4+4a+3a=7a+4$

$\therefore 7a+4=-4 \quad \therefore a=-\frac{8}{7}$

이 값은 범위 $a \le -2$에 속하지 않으므로 버린다.

(ii) $-2<a<1$인 경우

꼭짓점의 x좌표 $x=a$가 정의역 $-2 \le x \le 1$에 속하므로 최솟값은 $x=a$일 때 $-a^2+3a$

$\therefore -a^2+3a=-4$

$\therefore (a-4)(a+1)=0$

$\therefore a=4, \ -1$

이 값들 중에서 범위 $-2<a<1$에 속하는 것은 $a=-1$

(iii) $a \ge 1$인 경우

꼭짓점의 x좌표 $x=a$가 $x=1$의 오른쪽에 있으므로 최솟값은 $x=1$일 때 $1-2a+3a=a+1$

$\therefore a+1=-4 \quad \therefore a=-5$

이 값은 범위 $a \ge 1$에 속하지 않으므로 버린다.

(i), (ii), (iii)으로부터 구하는 a의 값은

$a=-1$

| 정답 ➔ $a=-1$

유제 4-28

$y=(-x^2+2x+3)^2-4(-x^2+2x+3)+1$에서

$t=-x^2+2x+3 \ (-1 \le x \le 2)$

라고 치환하면

$t=-(x-1)^2+4 \ (-1 \le x \le 2)$

이므로

$x=1$일 때 최댓값 $t=4$,

$x=-1$일 때 최솟값 $t=0$

$\therefore 0 \le t \le 4$

이때, $y=t^2-4t+1 \ (0 \le t \le 4)$이므로

$y=(t-2)^2-3 \ (0 \le t \le 4)$

따라서

$t=2$일 때 최솟값 -3,

$t=0, \ 4$일 때 최댓값 1

| 정답 ➔ 최댓값 1, 최솟값 -3

유제 4-29

$\overline{BF}=x, \ \overline{BE}=y$라고 놓으면 $0<x<6$이고

$\triangle ABC \backsim \triangle DFC$이므로

$2 : 1=y : (6-x)$

$\therefore y=2(6-x)=12-2x$

사각형 DEBF의 넓이를 $S(x)$라고 하면

$S(x)=xy=x(12-2x)=-2x^2+12x$

$=-2(x-3)^2+18 \ (0<x<6)$

따라서 $x=3$일 때 최댓값 18

| 정답 ➔ 18

유제 4-30

(1) $f(x, \ y)=-x^2-2x-y^2+4y+2$

$=-(x+1)^2-(y-2)^2+7$

$x, \ y$는 실수이므로

$-(x+1)^2 \le 0, \ -(y-2)^2 \le 0$

따라서 $x+1=0, \ y-2=0$일 때

즉, $x=-1, \ y=2$일 때 최댓값 7

| 정답 ➔ 7

(2) $f(x, \ y, \ z)$

$=-x^2+4x-2y^2+4y-z^2-2z+1$

$=-(x-2)^2-2(y-1)^2-(z+1)^2+8$

$x, \ y, \ z$는 실수이므로

$-(x-2)^2 \le 0, \ -2(y-1)^2 \le 0,$

$-(z+1)^2 \le 0$

따라서 $x-2=0, \ y-1=0, \ z+1=0$일 때

즉, $x=2, \ y=1, \ z=-1$일 때 최댓값 8

| 정답 ➔ 8

유제 4-31

$2x^2+y^2=6x$에서 $y^2=6x-2x^2$ …… ①

이 값을 y^2-x^2에 대입하면

$y^2-x^2=6x-2x^2-x^2$

$=-3(x-1)^2+3$ …… ②

한편, y가 실수이므로 $y^2=6x-2x^2 \ge 0$

$\therefore x^2-3x \le 0 \quad \therefore 0 \le x \le 3$

따라서 ②에서

$x=1$일 때 최댓값 3,

$x=3$일 때 최솟값 -9

◀| 정답

유제 4-32

$x^2-2xy+2y^2-4=0$을 x에 관하여 정리하면

$x^2-2yx+2y^2-4=0$

이것을 x에 관한 이차방정식으로 볼 때 x가 실수이므로

$D/4=(-y)^2-(2y^2-4)\geq 0$

$\therefore y^2-4\leq 0 \quad \therefore -2\leq y\leq 2$

한편, $x^2-2xy+2y^2-4=0$을 y에 관하여 정리하면 $2y^2-2xy+x^2-4=0$

이것을 y에 관한 이차방정식으로 볼 때 y가 실수이므로

$D/4=(-x)^2-2(x^2-4)\geq 0$

$\therefore x^2-8\leq 0 \quad \therefore -2\sqrt{2}\leq x\leq 2\sqrt{2}$

| **정답** ➧ $-2\sqrt{2}\leq x\leq 2\sqrt{2}$, $-2\leq y\leq 2$

유제 4-33

$2x-y=k$라고 놓으면 $y=2x-k$

이 값을 $x^2+y^2=1$에 대입하면

$x^2+(2x-k)^2=1$

$\therefore 5x^2-4kx+k^2-1=0$

x가 실수이므로

$D/4=(-2k)^2-5(k^2-1)\geq 0$

$\therefore k^2-5\leq 0 \quad \therefore -\sqrt{5}\leq k\leq \sqrt{5}$

따라서 최댓값 $\sqrt{5}$, 최솟값 $-\sqrt{5}$

| **정답** ➧ 최댓값 $\sqrt{5}$, 최솟값 $-\sqrt{5}$

유제 4-34

(1) $y=\dfrac{x^2-x+1}{x^2+x+1}$의 양변에 x^2+x+1을 곱하면

$y(x^2+x+1)=x^2-x+1$

$\therefore (y-1)x^2+(y+1)x+y-1=0$

이것을 x에 관한 방정식으로 볼 때 x가 실수이므로 실근을 가져야 한다.

(i) $y=1$인 경우

$x=0$(실수) $\therefore y=1$ …… ①

(ii) $y\neq 1$인 경우

$D=(y+1)^2-4(y-1)^2\geq 0$

$\therefore 3y^2-10y+3\leq 0$

$\therefore (3y-1)(y-3)\leq 0$

$\therefore \dfrac{1}{3}\leq y\leq 3(y\neq 1)$ …… ②

①과 ②의 합집합을 구하면

$\dfrac{1}{3}\leq y\leq 3$

따라서 최댓값 3, 최솟값 $\dfrac{1}{3}$

| **정답** ➧ 최댓값 3, 최솟값 $\dfrac{1}{3}$

(2) $y=\dfrac{4ax+b}{x^2+1}$의 양변에 x^2+1을 곱하면

$y(x^2+1)=4ax+b$

$\therefore yx^2-4ax+y-b=0$ …… ①

y의 최댓값이 4, 최솟값이 -1이므로

$y\neq 0$인 경우만 생각해도 된다.

$y\neq 0$일 때 x가 실수이므로 ①에서

$D/4=(-2a)^2-y(y-b)\geq 0$

$\therefore y^2-by-4a^2\leq 0$

이 부등식의 해가 $-1\leq y\leq 4$이므로

$(y+1)(y-4)\leq 0 \quad \therefore y^2-3y-4\leq 0$

두 부등식의 계수를 비교하면

$b=3$, $4a^2=4$

$\therefore a=\pm 1$, $b=3$

| **정답** ➧ $a=\pm 1$, $b=3$

유제 4-35

$-1\leq x\leq 3$일 때, 함수 $f(x)=|2x+1|-2$의 그래프는 아래 그림과 같다.

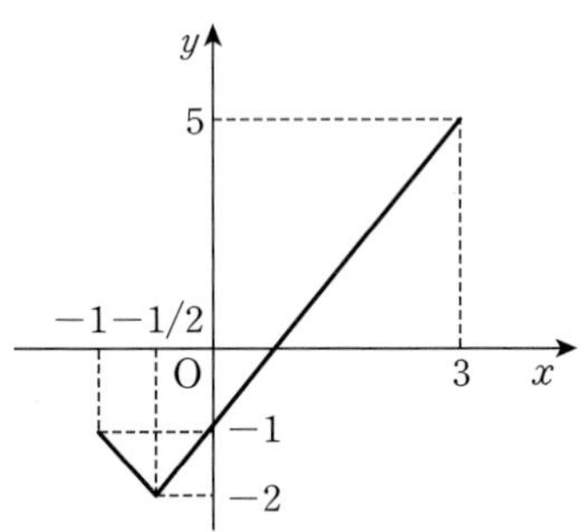

$\therefore -2\leq f(x)\leq 5$

$f(x)=t\ (-2\leq t\leq 5)$라고 놓으면

$(g\circ f)(x)=g(t)=t^2-4t$

$=(t-2)^2-4(-2\leq t\leq 5)$

따라서 $t=2$일 때 최솟값 -4,

$t=-2$일 때 최댓값 12

| **정답** ➧ 최댓값 12, 최솟값 -4

유제 4-36

$x-2=\dfrac{y+3}{2}=z+2=t$라고 놓으면

$x=t+2$, $y=2t-3$, $z=t-2$

$\therefore x^2+y^2+z^2=(t+2)^2+(2t-3)^2+(t-2)^2$
$=6t^2-12t+17$
$=6(t-1)^2+11$

따라서 $t=1$일 때 최솟값 11

| 정답 ➡ 11

05강 유리함수와 무리함수 p142

유제 해답 | 유리함수와 무리함수 p142~p161쪽

5-1 풀이 참조 **5-2** 2 **5-3** $1, -3$
5-4 0 **5-5** 6 **5-6** ①, ⑤
5-7 (1) $\{y \mid y \leq 0,\ y \geq 4\}$
(2) $\{x \mid -3 \leq x < -1, -1 < x \leq 1\}$
5-8 최댓값 1, 최솟값 0
5-9 10 **5-10** $a+d=0$ **5-11** 8
5-12 $m \leq 0$ **5-13** $\frac{7}{3}$ **5-14** 2
5-15 (1) 정의역은 $\{x \mid x \leq 1\}$, 치역은 $\{y \mid y \geq -1\}$
(2) 정의역은 $\{x \mid x$는 실수$\}$, 치역은 $\{y \mid y \geq 0\}$
5-16 -1 **5-17** 0 **5-18** 4
5-19 3
5-20 (1) $k > \frac{5}{4}$ (2) $k=\frac{5}{4},\ k<1$
(3) $1 \leq k < \frac{5}{4}$
5-21 $f^{-1}(x)=-(x-1)^2+2\,(x \leq 1,\ y \leq 2)$
5-22 -6 **5-23** 1 **5-24** 6
5-25 $0 \leq m < \frac{\sqrt{3}}{3}$
5-26 최댓값 4, 최솟값 $2\sqrt{2}$

유제 5-1

(1) $y=-\frac{4}{x-2}-1$의 그래프는 $y=-\frac{4}{x}$ 의 그래프를 x축으로 2만큼, y축으로 -1만큼 평행이동한 것이다.

따라서 점근선의 방정식은

$x=2,\ y=-1$

정의역은 $\{x \mid x \neq 2\}$,

치역은 $\{y \mid y \neq -1\}$

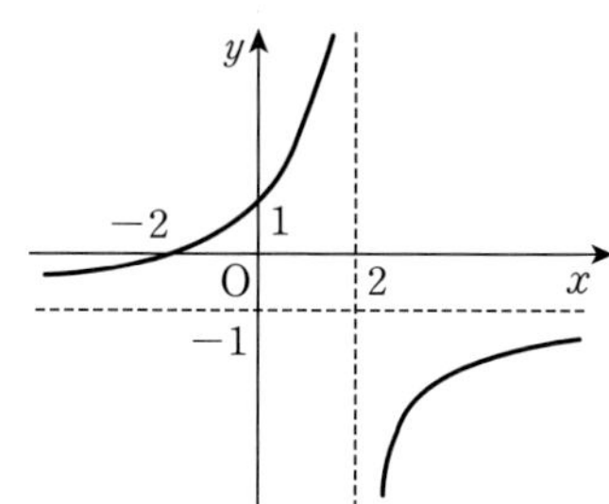

(2) $y=\frac{2x+4}{x+1}=\frac{2(x+1)+2}{x+1}=\frac{2}{x+1}+2$

의 그래프는 $y=\frac{2}{x}$의 그래프를 x축으로 -1만큼, y축으로 2만 큼 평행이동한 것이다.

따라서 점근선의 방정식은

$x=-1$, $y=2$

정의역은 $\{x|x\neq-1\}$,

치역은 $\{y|y\neq2\}$

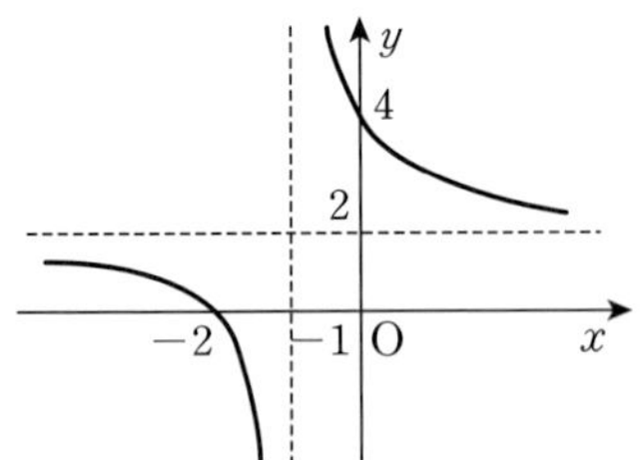

유제 5-2

$y=\frac{2x}{2x-1}=\frac{(2x-1)+1}{2x-1}=\frac{1}{2x-1}+1$

$=\frac{\frac{1}{2}}{x-\frac{1}{2}}+1$

의 그래프는 $y=\frac{\frac{1}{2}}{x}$의 그래프를 x축으로 $\frac{1}{2}$만큼, y축으로 1만큼 평행이동한 것이다.

$\therefore k=\frac{1}{2}$, $m=\frac{1}{2}$, $n=1$

$\therefore k+m+n=\frac{1}{2}+\frac{1}{2}+1=2$

| 정답 ➡ 2

유제 5-3

$y=\frac{2x+1}{x-1}=\frac{2(x-1)+3}{x-1}=\frac{3}{x-1}+2$

의 그래프는 $y=\frac{3}{x}$의 그래프를 x축으로 1만큼, y축으로 2만큼 평행이동한 것이다.

따라서 두 점근선 $x=1$, $y=2$의 교점 $(1,\ 2)$를 지나고 기울기가 ±1인 직선에 대하여 대칭이다.

$\therefore y-2=\pm(x-1)$

$\therefore y=x+1$ 또는 $y=-x+3$

$\therefore a=1$, $b=1$ 또는 $a=-1$, $b=3$

$\therefore ab=1$ 또는 $ab=-3$

| 정답 ➡ 1, −3

유제 5-4

두 점근선이 $x=1$, $y=2$이므로 주어진 함수를

$y=\frac{k}{x-1}+2(k\neq0)$

라고 놓으면 이 그래프가 점 $(0,\ 1)$을 지나므로

$1=\frac{k}{0-1}+2 \quad \therefore k=1$

$\therefore y=\frac{1}{x-1}+2=\frac{2x-1}{x-1}$

$\therefore a=2$, $b=-1$, $c=-1$

$\therefore a+b+c=2-1-1=0$

| 정답 ➡ 0

유제 5-5

두 점근선이 $x=-1$, $y=1$이므로

$y=\frac{k}{x+1}+1$

이고, 점 $(1,\ 3)$을 지나므로

$3=\frac{k}{x+1}+1 \quad \therefore k=4$

따라서 주어진 함수는

$y=\frac{4}{x+1}+1$

$\therefore m=1$, $n=1$, $k=4$

$\therefore k+m+n=4+1+1=6$

| 정답 ➡ 6

유제 5-6

① $y=\frac{x}{1-x}=-\frac{x}{x-1}=-\frac{(x-1)+1}{x-1}$

$=-\frac{1}{x-1}-1$

의 그래프는 $y=-\frac{1}{x}$의 그래프를 x축으로 1만큼, y축으로 -1만큼 평행이동한 것이다.

따라서 $y=\frac{1}{x}$의 그래프를 x축 또는 y축에 대하여 대칭이동하면 $y=-\frac{1}{x}$이고, 이것을 다시 평행이동하면 $y=\frac{x}{1-x}$의 그래프이므로 서로 겹칠 수 있다.

② $y=\frac{x-1}{x+1}=\frac{(x+1)-2}{x+1}=\frac{-2}{x+1}+1$

의 그래프는 $y=-\frac{2}{x}$의 그래프를 x축으로 -1만큼,

y축으로 1만큼 평행이동한 것이다. 따라서 $y=\frac{2}{x}$의 그래프를 평행이동 또는 대칭이동하여 서로 겹칠 수 있다. 그러나 $y=\frac{1}{x}$의 그래프를 평행이동 또는 대칭이동하여 서로 겹칠 수 없다.

③ $y=\frac{2x+2}{2x+1}=\frac{(2x+1)+1}{2x+1}=\frac{1}{2x+1}+1$

$=\frac{\frac{1}{2}}{x+\frac{1}{2}}+1$

의 그래프는 $y=\frac{\frac{1}{2}}{x}$의 그래프를 x축으로 $-\frac{1}{2}$만큼, y축으로 1만큼 평행이동한 것이다. 따라서 $y=\frac{1}{x}$의 그래프를 평행이동 또는 대칭이동하여 서로 겹칠 수 없다.

④ $y=\frac{2x}{2x-1}=\frac{(2x-1)+1}{2x-1}=\frac{1}{2x-1}+1$

$=\frac{\frac{1}{2}}{x-\frac{1}{2}}+1$

의 그래프는 $y=\frac{\frac{1}{2}}{x}$의 그래프를 x축으로 $\frac{1}{2}$만큼, y축으로 1만큼 평행이동한 것이다. 따라서 $y=\frac{1}{x}$의 그래프를 평행이동 또는 대칭이동하여 서로 겹칠 수 없다.

⑤ $y=\frac{2x-1}{2x+1}=\frac{(2x+1)-2}{2x+1}=\frac{-2}{2x+1}+1$

$=\frac{1}{x+\frac{1}{2}}+1$

의 그래프는 $y=-\frac{1}{x}$의 그래프를 x축으로 $-\frac{1}{2}$만큼, y축으로 1만큼 평행이동한 것이다. 따라서 ①의 경우와 마찬가지로 $y=\frac{1}{x}$의 그래프를 평행이동 또는 대칭이동하여 서로 겹칠 수 있다.

이상에서 구하는 답은 ①, ⑤

| 정답 ➔ ①, ⑤

유제 5-7

$y=\frac{2x+4}{x+1}=\frac{2(x+1)+2}{x+1}=\frac{2}{x+1}+2$

의 그래프는 $y=\frac{2}{x}$의 그래프를 x축으로 -1만큼, y축으로 2만큼 평행이동한 것이고, 두 점근선은 $x=-1$, $y=2$이다.

(1) 정의역이

$\{x|-2\le x<-1, -1<x\le 0\}$

일 때, 아래 그래프에서 치역은

$\{y|y\le 0,\ y\ge 4\}$ ◀ 정답

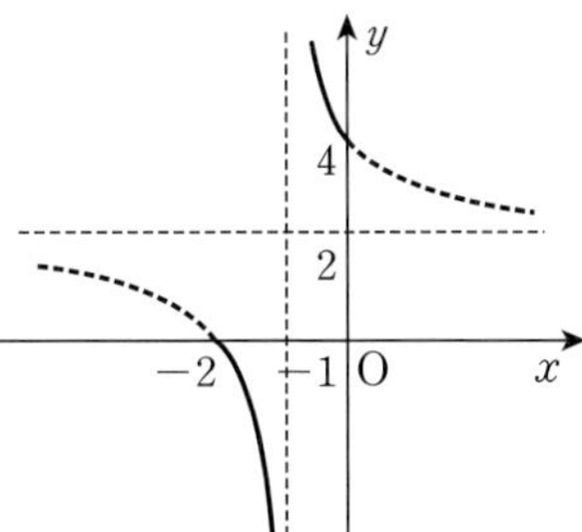

(2)

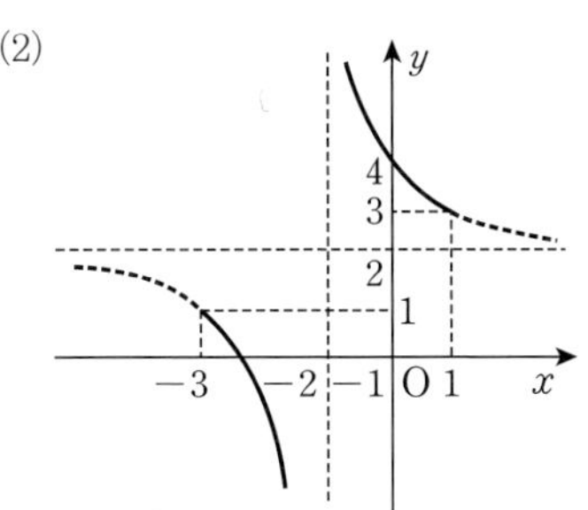

치역이 $\{y|y\le 1,\ y\ge 3\}$일 때, 위의 그래프에서 정의역은

$\{x|-3\le x<-1, -1<x\le 1\}$ ◀ 정답

유제 5-8

$y=\frac{2x}{x+2}=\frac{2(x+2)-4}{x+2}=-\frac{4}{x+2}+2$

의 그래프는 $y=-\frac{4}{x}$의 그래프를 x축으로 -2만큼, y축으로 2만큼 평행이동한 것이고, 두 점근선은 $x=-2$, $y=2$이다.

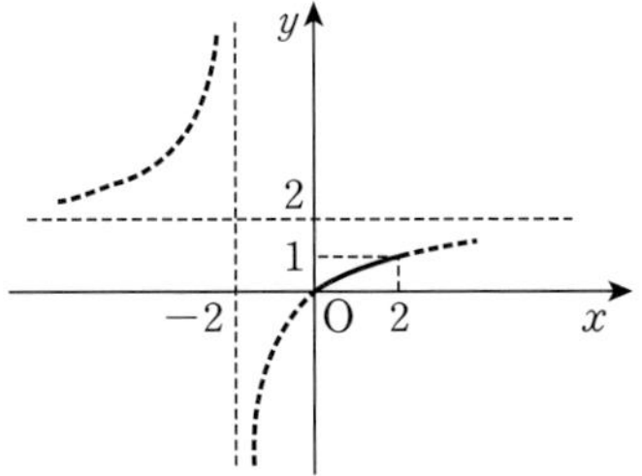

$0\le x\le 2$에서 함수 $y=\frac{2x}{x+2}$의 그래프는 증가한다.

따라서

$x=0$일 때 최솟값 0,

$x=2$일 때 최댓값 1

| **정답** ➧ 최댓값 1, 최솟값 0

유제 5-9

$y=\dfrac{2x+k}{x+2}=\dfrac{2(x+2)+k-4}{x+2}=\dfrac{k-4}{x+2}+2$

의 그래프는 $y=\dfrac{k-4}{x}$의 그래프를 x축으로 -2만큼, y축으로 2만큼 평행이동한 것이고, 두 점근선은 $x=-2$, $y=2$이다.

$k>4$이므로 $y=\dfrac{k-4}{x}$의 그래프는 제 1, 3사분면에 존재한다. 따라서 주어진 함수의 그래프는 다음과 같다.

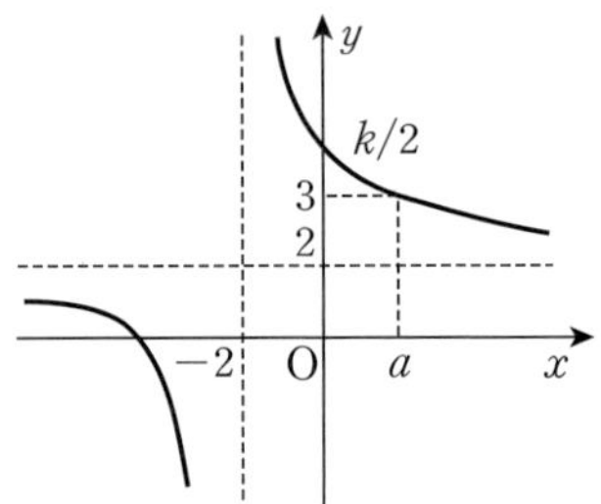

$0\leq x\leq a$에서 그래프가 감소하므로

$x=0$일 때 최댓값 $\dfrac{k}{2}$,

$x=a$일 때 최솟값 $\dfrac{2a+k}{a+2}$

따라서 주어진 조건으로부터

$\dfrac{k}{2}=4$, $\dfrac{2a+k}{a+2}=3$

$\therefore k=8$, $a=2$

$\therefore a+k=2+8=10$

| **정답** ➧ 10

유제 5-10

$y=\dfrac{ax+b}{cx+d} \Leftrightarrow y(cx+d)=ax+b$

$\Leftrightarrow (cy-a)x=-dy+b$

$\Leftrightarrow x=\dfrac{-dy+b}{cy-a}$

여기서 x와 y의 자리를 서로 바꾸면

$y=\dfrac{-dx+b}{cx-a}$

$\therefore f^{-1}(x)=\dfrac{-dx+b}{cx-a}$

따라서 $f(x)=f^{-1}(x)$일 조건은

$\dfrac{ax+b}{cx+d}=\dfrac{-dx+b}{cx-a}$에서 $a=-d$

$\therefore a+d=0$

| **정답** ➧ $a+d=0$

유제 5-11

방정식 $f(x)=f^{-1}(x)$의 두 실근 α, β는 방정식 $f(x)=x$의 두 실근과 같다.

$\dfrac{x+4}{2x-3}=x \Leftrightarrow (2x-3)x=x+4$

$\therefore 2x^2-4x-4=0$

$\therefore x^2-2x-2=0$

이 이차방정식의 두 근이 α, β이므로 근과 계수의 관계로부터

$\alpha+\beta=2$, $\alpha\beta=-2$

$\therefore \alpha^2+\beta^2=(\alpha+\beta)^2-2\alpha\beta$

$=2^2-2(-2)=8$

| **정답** ➧ 8

유제 5-12

$y=\dfrac{|x-1|+1}{x}$에서

$x<1$일 때

$y=\dfrac{-(x-1)+1}{x}=\dfrac{-x+2}{x}=\dfrac{2}{x}-1$

$x\geq 1$일 때 $y=\dfrac{(x-1)+1}{x}=\dfrac{x}{x}=1$

이므로 $y=\dfrac{|x-1|+1}{x}$의 그래프는 아래 그림과 같다.

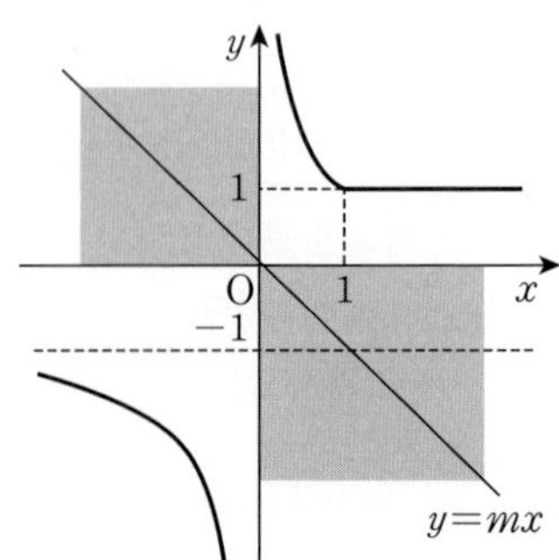

$A\cap B=\phi$이므로 위의 곡선과 직선 $y=mx$가 서로 만나지 말아야 한다.

따라서 직선 $y=mx$가 제 2, 4사분면에서 움직이거나

직선 $y=1$과 평행해야 하므로 구하는 m의 값의 범위는
$m \leq 0$

| 정답 ➔ $m \leq 0$

유제 5-13

$$ax+1 \leq \frac{x+5}{x+1} \leq bx+1 \quad (1 \leq x \leq 3)$$

$$\Leftrightarrow ax \leq \frac{x+5}{x+1} - 1 \leq bx$$

$$\Leftrightarrow ax \leq \frac{4}{x+1} \leq bx \quad (1 \leq x \leq 3) \cdots\cdots ①$$

$1 \leq x \leq 3$인 범위에서 함수 $y=\frac{4}{x+1}$의 그래프를 그리면 다음과 같다.

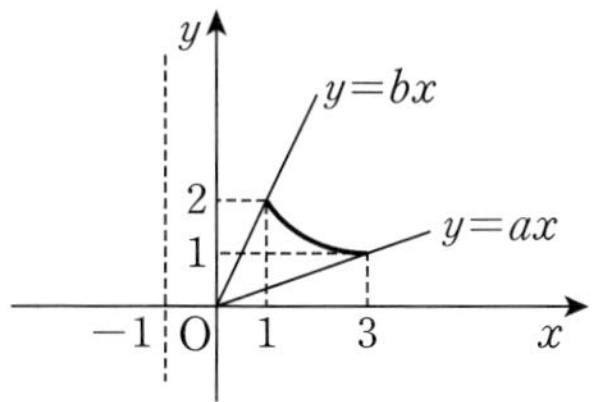

원점과 점 $(1,\ 2)$를 지나는 직선의 방정식은 $y=2x$,
원점과 점 $(3,\ 1)$를 지나는 직선의 방정식은 $y=\frac{1}{3}x$
이므로 부등식 ①을 만족하기 위한 $a,\ b$의 값의 범위는

$a \leq \frac{1}{3},\ b \geq 2$

따라서 a의 최댓값은 $\frac{1}{3}$, b의 최솟값은 2

$\therefore \frac{1}{3}+2=\frac{7}{3}$

| 정답 ➔ $\frac{7}{3}$

유제 5-14

$$y=\frac{2x+4}{x+1}=\frac{2(x+1)+2}{x+1}=\frac{2}{x+1}+2$$

의 그래프는 $y=\frac{2}{x}$의 그래프를 x축으로 -1만큼,
y축으로 2만큼 평행이동한 것이고,
두 점근선은 $x=-1,\ y=2$이다.

따라서 함수 $y=\frac{2x+4}{x+1}$의 그래프는 두 점근선의 교점 $A(-1,\ 2)$와 점 A를 지나고 기울기가 1인 직선 $y=x+3$에 대하여 대칭이다.

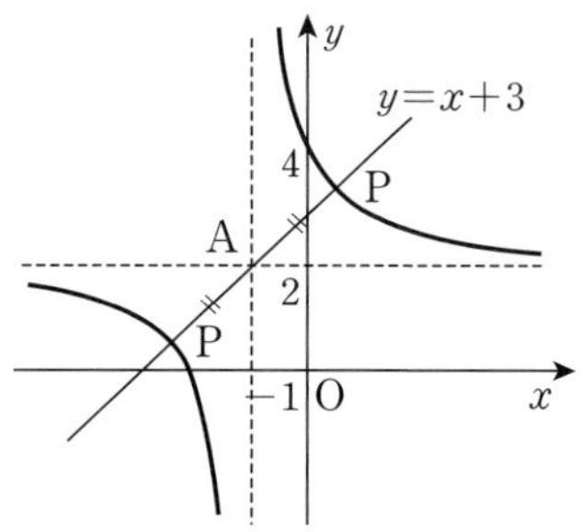

곡선 $y=\frac{2x+4}{x+1}$과 직선 $y=x+3$의 교점이 P일 때 $\overline{AP}$의 길이는 최소이다.

곡선 $y=\frac{2x+4}{x+1}$과 직선 $y=x+3$의 교점을 구하면

$\frac{2x+4}{x+1}=x+3$에서
$2x+4=(x+3)(x+1)$
$\therefore x^2+2x-1=0$
$\therefore x=-1\pm\sqrt{2}$

따라서 점 P의 좌표는
$(-1+\sqrt{2},\ 2+\sqrt{2})$
또는 $(-1-\sqrt{2},\ 2-\sqrt{2})$

이므로 어느 경우이든지
$\overline{AP}=\sqrt{(\sqrt{2})^2+(\sqrt{2})^2}=2$

따라서 $\overline{AP}$의 최솟값은 2

| 정답 ➔ 2

[참고]

점 $A(-1,\ 2)$가 원점 O에 오도록 곡선 $y=\frac{2x+4}{x+1}$과 직선 $y=x+3$을 평행이동하면 $y=\frac{2}{x}$와 $y=x$이고, 이 두 함수의 교점 Q에 대하여 $\overline{AP}=\overline{OQ}$를 만족한다. 따라서 점 Q의 좌표를 이용하여 $\overline{AP}$의 최솟값을 구할 수도 있다.

$\frac{2}{x}=x$에서 $x^2=2 \quad \therefore x=\pm\sqrt{2}$

따라서 점 Q의 좌표는
$(\sqrt{2},\ \sqrt{2})$ 또는 $(-\sqrt{2}, -\sqrt{2})$
이므로 어느 경우이든지
$\overline{AP}=\overline{OQ}=\sqrt{(\sqrt{2})^2+(\sqrt{2})^2}=2$
따라서 $\overline{AP}$의 최솟값은 2

| 정답 ➔ 2

[다른 풀이]

점 P가 곡선 $y=\frac{2x+4}{x+1}$ 위의 점이므로

$P\left(a,\ \frac{2a+4}{a+1}\right)$라고 놓으면

$$\overline{AP}^2=(a+1)^2+\left(\frac{2a+4}{a+1}-2\right)^2$$

$=(a+1)^2+\frac{4}{(a+1)^2}\geq 2\sqrt{(a+1)^2\cdot\frac{4}{(a+1)^2}}$

$=2\sqrt{4}=4$

$\therefore \overline{\mathrm{AP}}\geq 2$

따라서 $\overline{\mathrm{AP}}$의 최솟값은 2이고, 등호는

$(a+1)^2=\frac{4}{(a+1)^2}$

즉, $(a+1)^2=2 \quad \therefore a+1=\pm\sqrt{2}$

$\therefore a=-1\pm\sqrt{2}$

일 때 성립한다.

| 정답 ➔ 2

유제 5-15

(1) $y=2\sqrt{1-x}-1=2\sqrt{-(x-1)}-1$

의 그래프는 $y=2\sqrt{-x}$의 그래프를 x축으로 1만큼, y축으로 -1만큼 평행이동한 것이다.

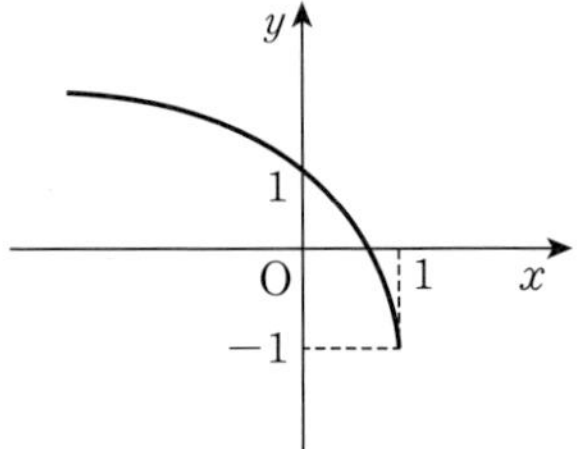

위의 그래프에서

정의역은 $\{x\mid x\leq 1\}$,

치역은 $\{y\mid y\geq -1\}$ ◀ 정답

(2) $y=\sqrt{|x-1|}$에서

$x<1$일 때 $y=\sqrt{-(x-1)}$,

$x\geq 1$일 때 $y=\sqrt{x-1}$

이므로 그래프는 다음과 같다.

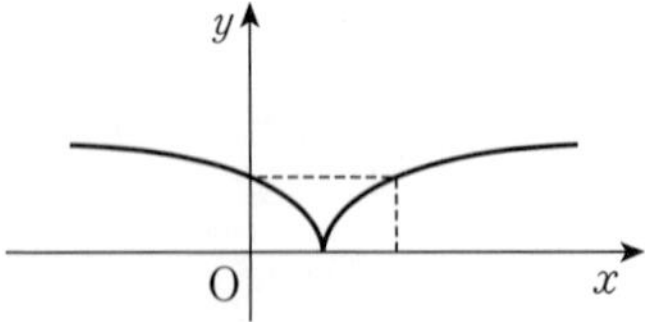

위의 그래프에서

정의역은 $\{x\mid x$는 실수$\}$,

치역은 $\{y\mid y\geq 0\}$ ◀ 정답

유제 5-16

$y=\sqrt{ax-2}+b$의 정의역은 $ax-2\geq 0$에서 $ax\geq 2$

여기서 $a<0$이고 $x\leq\frac{2}{a}$에서 $\frac{2}{a}=-1$

$\therefore a=-2$

또, $\sqrt{ax-2}\geq 0$이므로 치역은 $y\geq b$이다.

$\therefore b=1$

$\therefore a+b=-2+1=-1$

| 정답 ➔ -1

유제 5-17

함수 $y=\sqrt{-2x+2}$의 그래프를 x축으로 1만큼, y축으로 -2만큼 평행이동하면

$y+2=\sqrt{-2(x-1)+2}$

$\Leftrightarrow y=\sqrt{-2x+4}-2$

$\therefore a=-2,\ b=4,\ c=-2$

$\therefore a+b+c=-2+4-2=0$

| 정답 ➔ 0

유제 5-18

주어진 함수의 그래프는 $y=\sqrt{-ax}$의 그래프를

x축으로 1만큼, y축으로 2만큼

평행이동한 것이므로

$y=\sqrt{-a(x-1)}+2$ ⋯⋯ ①

①의 그래프가 점 $(0,\ 3)$을 지나므로

$3=\sqrt{-a(0-1)}+2 \quad \therefore a=1$

이 값을 ①에 대입하면

$y=\sqrt{-(x-1)}+2=\sqrt{-x+1}+2$

$\therefore a=1,\ b=1,\ c=2$

$\therefore a+b+c=1+1+2=4$

| 정답 ➔ 4

유제 5-19

$y=\sqrt{-2x+a}-1=\sqrt{-2\left(x-\frac{a}{2}\right)}-1$

의 그래프는 함수 $y=\sqrt{-2x}$의 그래프를

x축으로 $\frac{a}{2}$만큼, y축으로 -1만큼

평행이동한 것이다.

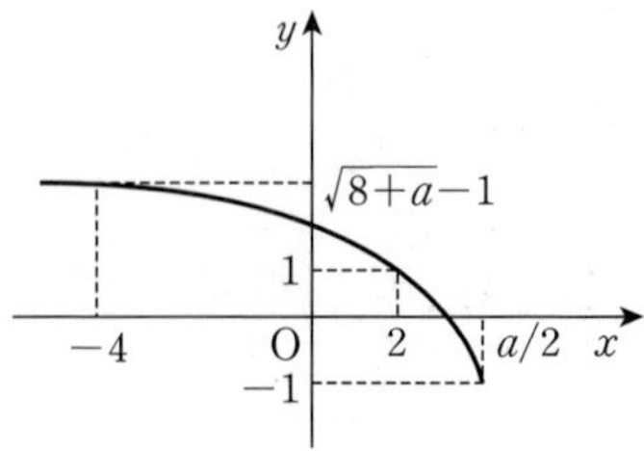

$-4\leq x\leq 2$에서 주어진 함수의 그래프는 감소한다.

따라서

$x=2$일 때 최솟값 $\sqrt{a-4}-1=1$

$\therefore \sqrt{a-4}=2 \quad \therefore a=8$

$x=-4$일 때 최댓값 $\sqrt{8+a}-1$

$a=8$이므로 구하는 최댓값은

$\sqrt{8+a}-1=\sqrt{8+8}-1=4-1=3$

| 정답 ➡ 3

유제 5-20

$y=\sqrt{x+1}$의 그래프와 직선 $y=x+k$가 접할 때

$\sqrt{x+1}=x+k$

에서 양변을 제곱하면

$x+1=x^2+2kx+k^2$

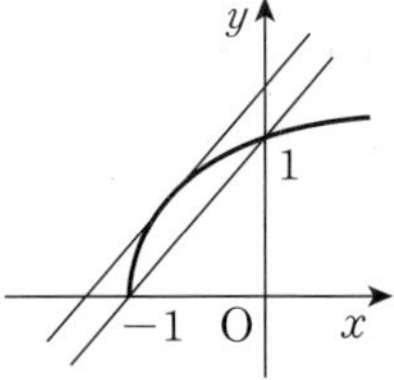

$\therefore x^2+(2k-1)x+k^2-1=0$

$D=(2k-1)^2-4(k^2-1)=0$에서

$-4k+5=0 \quad \therefore k=\frac{5}{4}$

또, 직선 $y=x+k$가 점 $(-1,\ 0)$을 지날 때

$0=-1+k \quad \therefore k=1$

(1) 두 함수의 그래프가 만나지 않을 조건은 $k>\frac{5}{4}$

| 정답 ➡ $k>\frac{5}{4}$

(2) 두 함수의 그래프가 한 점에서 만날 조건은

$k=\frac{5}{4}$ 또는 $k<1$

| 정답 ➡ $k=\frac{5}{4},\ k<1$

(3) 두 함수의 그래프가 두 점에서 만날 조건은

$1\le k<\frac{5}{4}$

| 정답 ➡ $1\le k<\frac{5}{4}$

유제 5-21

$y=-\sqrt{2-x}+1$의 정의역과 치역은 각각

$\{x\,|\,x\le 2\}$, $\{y\,|\,\le 1\}$ ⇦ 역함수의 치역과 정의역

$y-1=-\sqrt{2-x}$에서 양변을 제곱하면

$(y-1)^2=2-x \quad \therefore x=-(y-1)^2+2$

여기서 x와 y의 자리를 바꾸면

$y=-(x-1)^2+2$

따라서 $f^{-1}(x)=-(x-1)^2+2$이고,

역함수의 정의역과 치역은 각각

$\{x\,|\,x\le 1\}$, $\{y\,|\,y\le 2\}$

이다.

| 정답 ➡ $f^{-1}(x)=-(x-1)^2+2\ (x\le 1,\ y\le 2)$

유제 5-22

함수 $f(x)=-\sqrt{3-2x}$와 그 역함수의 교점은

함수 $y=f(x)$와 직선 $y=x$의 교점과 같다.

$-\sqrt{3-2x}=x$ …… ①

에서 양변을 제곱하면

$3-2x=x^2 \quad \therefore x^2+2x-3=0$

$(x-1)(x+3)=0$에서 $x=1, -3$

그런데 ①의 좌변이 음수이므로 $x<0$이다.

$\therefore x=-3$

따라서 구하는 교점의 좌표는 $(-3, -3)$

$\therefore a=-3,\ b=-3$

$\therefore a+b=-3-3=-6$

| 정답 ➡ -6

유제 5-23

$f(x)=\sqrt{x+1}=2$에서 $x=3$이므로

$f(3)=2$

$\therefore g(2)=g(f(3))=(g\circ f)(3)$

$=\frac{2\cdot 3-1}{3+2}=1$

| 정답 ➡ 1

유제 5-24

$f(x)=\begin{cases} 2-\sqrt{5x} & (x\ge 0) \\ 2\sqrt{1-x} & (x<0) \end{cases}$ 에서

$(f^{-1}\circ f^{-1})(a)=20$

$\Leftrightarrow\ (f\circ f)^{-1}(a)=20$

$\Leftrightarrow\ (f\circ f)(20)=a$

따라서

$f(20)=2-\sqrt{5\cdot 20}=2-\sqrt{100}$

$=2-10=-8$

$f(-8)=2\sqrt{1-(-8)}=2\sqrt{9}=6$

이므로

$a=f(f(20))=f(-8)=6$

| 정답 ➡ 6

유제 5-25

방정식 $\sqrt{2x-x^2}=m(x+1)$의 실근의 개수는 두 함수 $y=\sqrt{2x-x^2}$, $y=m(x+1)$의 그래프의 교점의 개수와 같다.

$y=\sqrt{2x-x^2}$의 정의역은 $2x-x^2 \geq 0$에서

$0 \leq x \leq 2$

이고, 치역은 $\sqrt{2x-x^2} \geq 0$이므로

$y \geq 0$

이다.

$y=\sqrt{2x-x^2}$의 양변을 제곱하면

$y^2=2x-x^2 \quad \therefore x^2-2x+y^2=0$

$\therefore (x-1)^2+y^2=1(y \geq 0)$ …… ①

방정식 ①의 그래프는 중심이 $(1,\ 0)$이고 반지름이 1인 원의 $y \geq 0$인 부분을 나타내는 반원이다.

또, 직선 $y=m(x+1)$은 m의 값에 관계없이 점 $(-1,\ 0)$을 지난다.

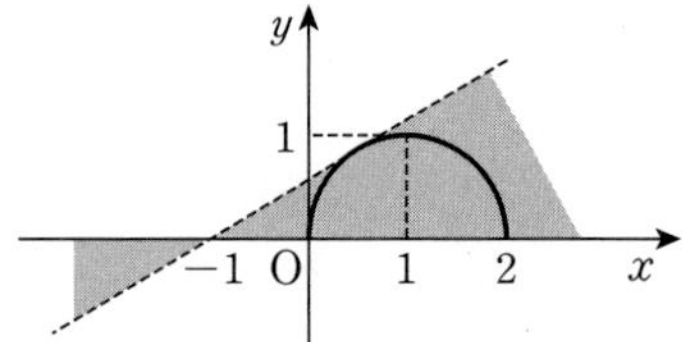

직선 $mx-y+m=0$이 반원에 접할 때

$$\frac{|m\cdot 1-0+m|}{\sqrt{m^2+(-1)^2}}=1$$

$$\Leftrightarrow \frac{|2m|}{\sqrt{m^2+1}}=1$$

$$\Leftrightarrow 4m^2=m^2+1$$

$$\Leftrightarrow m^2=\frac{1}{3}$$

$$\therefore m=\frac{\sqrt{3}}{3} (\because m>0)$$

따라서 교점이 2개인 m의 값의 범위는

직선 $y=m(x+1)$이 위의 그림의 색칠한 부분에 존재할 때이므로

$0 \leq m < \frac{\sqrt{3}}{3}$

| **정답** ➧ $0 \leq m < \frac{\sqrt{3}}{3}$

유제 5-26

$y=\sqrt{2x+4}+\sqrt{-2x+4}$의 정의역은

$2x+4 \geq 0$이고 $-2x+4 \geq 0$

$\therefore -2 \leq x \leq 2$

또, $y_1=\sqrt{2x+4}$, $y_2=\sqrt{-2x+4}$

라고 놓으면 주어진 함수는

$y=y_1+y_2$

이므로 주어진 함수의 그래프는 두 함수 y_1, y_2의 함숫값을 더해서 그릴 수 있다.

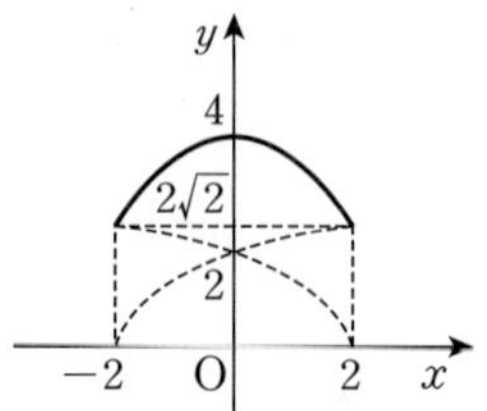

위의 그림에서

$x=0$일 때 최댓값 4,

$x=\pm 2$일 때 최솟값 $2\sqrt{2}$

| **정답** ➧ 최댓값 4, 최솟값 $2\sqrt{2}$

III 수열

06강 등차수열과 등비수열 p172

유제 해답 | 등차수열과 등비수열 p172~p210쪽

6-1 (1) 2, 5 (2) $\frac{2}{3}$, $\frac{1}{3}$ (3) 7, 15 (4) 10, 2
6-2 (1) $a_n=5n-3$
(2) $a_n=-4n+13$
6-3 제41항 **6-4** 74
6-5 (1) 첫째항 -19, 공차 2 (2) 제11항
6-6 19 **6-7** 14 **6-8** 24개
6-9 $a_n=\frac{1}{2n-1}$ **6-10** $\frac{5}{18}$ **6-11** 3
6-12 (1) 410 (2) 4 **6-13** 880
6-14 (1) $n=20$ (2) $d=3$, $S=360$
(3) $n=6$, $d=6$
6-15 15
6-16 (1) $a_n=-2n+22$ (2) 제12항
(3) 제10항 또는 제11항 (4) 490
6-17 72 **6-18** 풀이 참조 **6-19** 34
6-20 (1) 3417 (2) 1633
6-21 363 **6-22** 867 **6-23** n^2-m^2
6-24 (1) 250 (2) $a_n=2an+b-a$, 공차는 $2a$
6-25 (1) -2, 6 (2) $\pm2\sqrt{2}$, $\pm\sqrt{2}$(복호동순)
6-26 제9항
6-27 (1) 첫째항 $\sqrt{3}$, 공비 $\sqrt{3}$
(2) 제10항 (3) 제14항
6-28 (1) 첫째항 $\frac{2}{3}$, 공비 -2 (2) -28
6-29 3 **6-30** 5 **6-31** -2
6-32 24 **6-33** $\frac{2^{32}}{3^{20}}$
6-34 (1) $3^{10}-1$ (2) 684
6-35 (1) $a_n=2^{n+1}$, $S_n=2^{n+2}-4$
(2) $S_n=1-(-2)^n$
(3) 70 (4) $\sqrt{2}$
6-36 $k=-1$이고, 합은 $\frac{1}{4}(3^{10}-1)$
6-37 $2^{n+1}-n-2$ **6-38** $\frac{n}{n+1}$
6-39 (1) $a_n=2\cdot3^{n-1}$ (2) $S_n=3^n-1$
6-40 $a_1=3$, $a_n=3\cdot2^{n-2}(n\geq2)$, $S_n=3\cdot2^{n-1}$
6-41 484 **6-42** $r_n=3\cdot(\sqrt{2})^{n-1}$
6-43 1846만 원 **6-44** 190만 원

유제 6-1

(1) 첫째항이 -4, 공차가 3이므로
주어진 수열은
$-4, -1, 2, 5$
이다.

| 정답 ➔ 2, 5

(2) 첫째항이 1, 공차를 d라고 놓으면
제4항이 0이므로
$0=1+(4-1)d \quad \therefore d=-\frac{1}{3}$
따라서 주어진 수열은
$1, \frac{2}{3}, \frac{1}{3}, 0$
이다.

| 정답 ➔ $\frac{2}{3}$, $\frac{1}{3}$

(3) 첫째항이 3, 공차를 d라고 놓으면
제3항이 11이므로
$11=3+(3-1)d \quad \therefore d=4$
따라서 주어진 수열은
3, 7, 11, 15
이다.

| 정답 ➔ 7, 15

(4) 첫째항을 a, 공차를 d라고 놓으면
제2항이 6이고 제4항이 -2이므로
$6=a+(2-1)d$, $-2=a+(4-1)d$
$\Leftrightarrow a+d=6$, $a+3d=-2$
연립방정식을 풀면 $a=10$, $d=-4$
따라서 주어진 수열은
$10, 6, 2, -2$
이다.

| 정답 ➔ 10, 2

유제 6-2

(1) 첫째항이 2, 공차가 5이므로
$a_n=2+(n-1)\cdot5=5n-3$ ◀| 정답

(2) 첫째항이 9, 공차가 -4이므로

$a_n=9+(n-1)\cdot(-4)$
$=-4n+13$

| 정답 ➡ $a_n=-4n+13$

유제 6-3

첫째항이 20, 공차가 -3이므로 일반항은

$a_n=20+(n-1)\cdot(-3)=-3n+23$

제n항이 -100이라고 하면

$-3n+23=-100$ $\therefore n=41$

따라서 -100은 제41항이다.

| 정답 ➡ 제41항

유제 6-4

첫째항을 a, 공차를 d라고 놓으면

$(a+4d)+(a+10d)=46$

$\therefore a+7d=23$ …… ①

$(a+6d)+(a+14d)=64$

$\therefore a+10d=32$ …… ②

①과 ②를 연립하여 풀면

$a=2$, $d=3$

$\therefore a_{25}=a+24d=2+24\times3=74$

| 정답 ➡ 74

유제 6-5

(1) 첫째항을 a, 공차를 d라고 놓으면

$a_3+a_{18}=0$이고 $a_{30}=39$이므로

$(a+2d)+(a+17d)=0$, $a+29d=39$

$\Leftrightarrow 2a+19d=0$, $a+29d=39$

두 식을 연립하여 풀면

$a=-19$, $d=2$

| 정답 ➡ 첫째항 -19, 공차 2

(2) $a_n=-19+(n-1)\cdot2=2n-21$

제n항에서 처음으로 양수가 나온다고 하면

$a_n=2n-21>0$에서 $n>10.5$

$n>10.5$를 만족하는 최소의 자연수는 $n=11$이므로 제11항에서 처음으로 양수가 나온다.

| 정답 ➡ 제11항

유제 6-6

첫째항이 4, 공차가 3, 제$(n+2)$항이 64이므로

$64=4+(n+1)\cdot3$에서 $3n+7=64$

$\therefore n=19$

| 정답 ➡ 19

유제 6-7

등차수열을 이루는 네 수를

$a-3d$, $a-d$, $a+d$, $a+3d$

라고 놓으면

$(a-3d)+(a-d)+(a+d)+(a+3d)=20$

$\therefore 4a=20$ $\therefore a=5$

또, $(a-3d)(a+3d)=-56$에서

$a^2-9d^2=-56$

$a=5$를 대입하면 $25-9d^2=-56$

$\therefore d^2=9$ $\therefore d=\pm3$

$a=5$, $d=3$일 때 네 수는 -4, 2, 8, 14

$a=5$, $d=-3$일 때 네 수는 14, 8, 2, -4

따라서 가장 큰 수는 14

| 정답 ➡ 14

유제 6-8

등차수열을 이루는 다섯 수를

$a-2d$, $a-d$, a, $a+d$, $a+2d$ (단, $d>0$)

라고 놓으면 다섯 수의 합이 80이므로

$(a-2d)+(a-d)+a+(a+d)+(a+2d)=80$

$\therefore 5a=80$ $\therefore a=16$

또, 문제의 조건으로부터

$(a-2d)+(a-d)=\frac{1}{3}\{a+(a+d)+(a+2d)\}$

$\Leftrightarrow 6a-9d=3a+3d$ $\therefore a=4d$

$a=16$을 대입하면 $d=4$

따라서 다섯 수는

8, 12, 16, 20, 24

이므로 가장 많이 배당 받는 사람의 몫은 24개

| 정답 ➡ 24개

유제 6-9

$a_n=a_{n+1}+2a_na_{n+1}$의 양변을 a_na_{n+1}로 나누면

$$\frac{1}{a_{n+1}}=\frac{1}{a_n}+2$$

따라서 수열 $\left\{\dfrac{1}{a_n}\right\}$은 첫째항이 $\dfrac{1}{a_1}=1$, 공차가 2인 등차수열이다.

$\therefore \dfrac{1}{a_n}=1+(n-1)\cdot 2=2n-1$

$\therefore a_n=\dfrac{1}{2n-1}$

| 정답 ➜ $a_n=\dfrac{1}{2n-1}$

유제 6-10

$\dfrac{1}{12}$, x, y, $\dfrac{1}{3}$이 이 순서로 조화수열을 이루므로 그 역수의 수열

12, $\dfrac{1}{x}$, $\dfrac{1}{y}$, 3이 이 순서로 등차수열을 이룬다.

이 수열의 공차를 d라고 놓으면 첫째항이 12이고 제4항이 3이므로

$3=12+3d \quad \therefore d=-3$

따라서

$\dfrac{1}{x}=12+d=12-3=9 \quad \therefore x=\dfrac{1}{9}$

$\dfrac{1}{y}=12+2d=12-6=6 \quad \therefore y=\dfrac{1}{6}$

$\therefore x+y=\dfrac{1}{9}+\dfrac{1}{6}=\dfrac{5}{18}$

| 정답 ➜ $\dfrac{5}{18}$

유제 6-11

a, b, c는 이 순서로 등차수열을 이루므로

$2b=a+c$ …… ①

$\dfrac{1}{b^2}$, $\dfrac{1}{c^2}$, $\dfrac{1}{a^2}$은 이 순서로 조화수열을 이루므로

$2c^2=a^2+b^2$ …… ②

①에서 $c=2b-a$

이 값을 ②에 대입하면

$2(2b-a)^2=a^2+b^2$

$\Leftrightarrow a^2-8ab+7b^2=0$

$\therefore (a-7b)(a-b)=0$

$a\neq b$이므로 $a=7b$

a는 $0<a<10$인 정수이므로 $b=1$, $a=7$

$\therefore c=2b-a=-5$

$\therefore a+b+c=7+1-5=3$

| 정답 ➜ 3

유제 6-12

(1) 첫째항을 a, 공차를 d라고 놓으면

$a_4=a+3d=1$, $a_8=a+7d=13$

연립방정식을 풀면

$a=-8$, $d=3$

$\therefore S_{20}=\dfrac{20\{2\times(-8)+19\times 3\}}{2}=410$

| 정답 ➜ 410

(2) $S_n=\dfrac{n(10+70)}{2}=640 \quad \therefore n=16$

따라서 제16항이 70이므로 공차를 d라고 하면

$a_{16}=10+15d=70 \quad \therefore d=4$

| 정답 ➜ 4

유제 6-13

첫째항을 a, 공차를 d라고 놓으면

$S_{10}=\dfrac{10\{2a+9d\}}{2}=80$

$\therefore 2a+9d=16$ …… ①

$S_{20}=\dfrac{20\{2a+19d\}}{2}=80+480=560$

$\therefore 2a+19d=56$ …… ②

①과 ②를 연립하여 풀면

$a=-10$, $d=4$

$\therefore a_{21}+a_{22}+\cdots+a_{30}$

$=S_{30}-S_{20}$

$=\dfrac{30\{2\times(-10)+29\times 4\}}{2}-560$

$=880$

| 정답 ➜ 880

유제 6-14

(1) 첫째항이 3, 공차가 2, 제$(n+2)$항이 45이므로

$45=3+(n+1)\times 2 \quad \therefore n=20$

| 정답 ➜ $n=20$

(2) 첫째항이 3, 공차가 d, 제15항이 45이므로

$45=3+14d \quad \therefore d=3$

또, $S=\dfrac{15(3+45)}{2}=360$

| 정답 ➜ $d=3$, $S=360$

(3) $\dfrac{(n+2)(3+45)}{2}=192$에서 $n=6$

따라서 제8항이 45이므로

$3+7d=45 \quad \therefore d=6$

| 정답 ➜ $n=6$, $d=6$

유제 6-15

주어진 수열의 첫째항을 a, 공차를 d, $n=2k-1$(단, k는 자연수)라고 놓으면 홀수번째의 항수는 k개, 짝수번째의 항수는 $k-1$개이고 각각 공차가 $2d$인 등차수열을 이룬다.
따라서 홀수번째의 항의 수열은 첫째항이 $a_1=a$, 공차가 $2d$, 항수가 k이므로

$$\frac{k\{2a+(k-1)\cdot 2d\}}{2}=48$$

$$\therefore k\{a+(k-1)d\}=48 \quad \cdots\cdots ①$$

한편, 짝수번째의 항의 수열은 첫째항이
$a_2=a+d$, 공차가 $2d$, 항수가 $k-1$이므로

$$\frac{(k-1)\{2(a+d)+(k-2)\cdot 2d\}}{2}=42$$

$$\therefore (k-1)\{a+(k-1)d\}=42 \quad \cdots\cdots ②$$

①÷②하면

$$\frac{k}{k-1}=\frac{48}{42}=\frac{8}{7}$$

$$\Leftrightarrow 8(k-1)=7k$$

$$\therefore k=8$$

따라서 구하는 항수는
$n=2k-1=2\times 8-1=15$

| 정답 ➔ 15

유제 6-16

(1) 첫째항이 20, 공차를 d라고 놓으면
$S_4=68$이므로

$$\frac{4\{2\times 20+3d\}}{2}=68 \quad \therefore d=-2$$

$$\therefore a_n=20+(n-1)\times(-2)=-2n+22$$

| 정답 ➔ $a_n=-2n+22$

(2) 제n항에서 처음으로 음수가 나온다고 하면
$a_n=-2n+22<0$에서 $n>11$
따라서 제12항에서 처음으로 음수가 나온다.

| 정답 ➔ 제12항

(3) 제10항까지는 양수, $a_{11}=0$, 제12항부터는 음수이므로 제10항까지의 합과 제11항까지의 합은 서로 같다. 따라서
제10항 또는 제11항
까지의 합이 최대가 된다.

| 정답 ➔ 제10항 또는 제11항

[다른 풀이]

제n항까지의 합 S_n은

$$S_n=\frac{n\{2\times 20+(n-1)\times(-2)\}}{2}$$

$$=-n^2+21n=-\left(n-\frac{21}{2}\right)^2+\frac{441}{4}$$

여기서 꼭짓점의 n의 값이
$n=\frac{21}{2}=10.5$이고, n은 자연수이므로
꼭짓점에서 최댓값을 갖지 못한다.
따라서 꼭짓점의 n의 값에 가장 가까운 자연수 $n=10$ 또는 $n=11$일 때의 합 S_{10} 또는 S_{11}중에서 큰 값이 최댓 값이 된다.
두 합의 크기를 비교하자.
$n=10$일 때
$S_{10}=-10^2+21\times 10=110$,
$n=11$일 때
$S_{11}=-11^2+21\times 11=110$
따라서 $S_{10}=S_{11}$이므로
제10항 또는 제11항
까지의 합이 최대가 된다.

| 정답 ➔ ③제10항 또는 제11항

(4) 제10항까지는 양수, $a_{11}=0$, 제12항부터는 음수이고,
$a_{11}=0$,
$a_{12}=-2\times 12+22=-2$,
$a_{30}=-2\times 30+22=-38$
이므로

$$|a_1|+|a_2|+\cdots+|a_{30}|$$
$$=(a_1+a_2+\cdots+a_{11})-(a_{12}+a_{13}+\cdots+a_{30})$$
$$=(20+18+\cdots+0)-(-2-4-\cdots-38)$$
$$=(20+18+\cdots+0)+(2+4+\cdots+38)$$
$$=\frac{11(20+0)}{2}+\frac{19(2+38)}{2}$$
$$=110+380$$
$$=490$$

| 정답 ➔ 490

유제 6-17

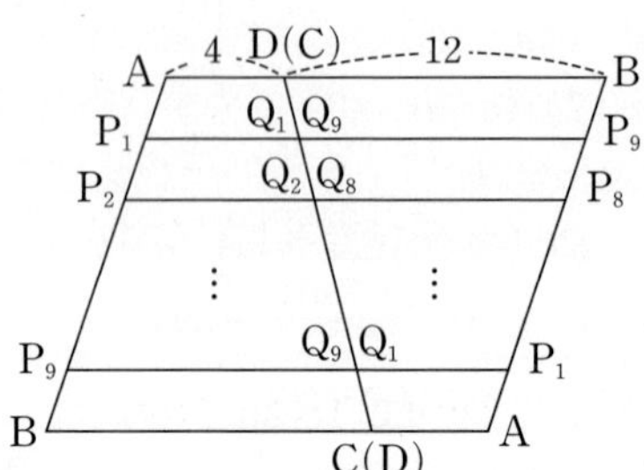

위의 그림과 같이 사다리꼴을 두 개 붙여서 평행사변형을 만들면 두 도형은 서로 합동이므로

$$\overline{P_1Q_1}+\overline{P_9Q_9}=\overline{P_2Q_2}+\overline{P_8Q_8}=\cdots$$
$$=\overline{P_9Q_9}+\overline{P_1Q_1}=4+12=16$$

이다. 따라서

$$\overline{P_1Q_1}+\overline{P_2Q_2}+\cdots+\overline{P_9Q_9}=\frac{16\times9}{2}=72$$

| 정답 ➔ 72

유제 6-18

첫째항을 a, 공차를 d라고 놓으면

$a_n=a+(n-1)d$ …… ①

이므로

$$S_{2n-1}=\frac{(2n-1)\{2a+(2n-2)d\}}{2}$$
$$=\{(2n-1)\{a+(n-1)d\}$$
$$=(2n-1)a_n \ (\because \text{①에 의해})$$
$$\therefore a_n=\frac{S_{2n-1}}{2n-1}$$

유제 6-19

$a_n=\dfrac{S_{2n-1}}{2n-1}$, $b_n=\dfrac{T_{2n-1}}{2n-1}$ 이므로

$$\frac{b_n}{a_n}=\frac{T_{2n-1}}{S_{2n-1}}$$

따라서 $\dfrac{T_n}{S_n}=\dfrac{n+2}{3n-4}$ 임을 이용하면

$$\frac{b_5}{a_5}=\frac{T_9}{S_9}=\frac{9+2}{3\times9-4}=\frac{11}{23}$$
$$\therefore p=23,\ q=11$$
$$\therefore p+q=23+11=34$$

| 정답 ➔ 34

유제 6-20

(1) 자연수 n의 배수의 합을 $S_{(n)}$이라고 하자.

2의 배수는 $2n$이고 $1\le 2n\le 100$에서

$1\le n\le 50$

따라서 첫째항은 $n=1$일 때 2, 끝항은 $n=50$일 때 100, 항수는 50인 등차수열이다.

$$\therefore S_{(2)}=\frac{50(2+100)}{2}=2550$$

또, 3의 배수는 $3n$이고 $1\le 3n\le 100$에서

$1\le n\le 33$

따라서 첫째항은 $n=1$일 때 3, 끝항은 $n=33$일 때 99, 항수는 33인 등차수열이다.

$$\therefore S_{(3)}=\frac{33(3+99)}{2}=1683$$

또, 6의 배수는 $6n$이고 $1\le 6n\le 100$에서

$1\le n\le 16$

따라서 첫째항은 $n=1$일 때 6, 끝항은 $n=16$일 때 96, 항수는 16인 등차수열이다.

$$\therefore S_{(6)}=\frac{16(6+96)}{2}=816$$

따라서 2 또는 3의 배수의 합 S는

$$S=S_{(2)}+S_{(3)}-S_{(6)}$$
$$=2550+1683-816$$
$$=3417$$

| 정답 ➔ 3417

(2) $6=2\times3$이므로 6과 서로소인 자연수의 합은 1부터 100까지의 합에서 2 또는 3의 배수의 합을 뺀 것과 같다.

$$\therefore \frac{100(1+100)}{2}-3417$$
$$=5050-3417=1633$$

| 정답 ➔ 1633

유제 6-21

5로 나누면 3이 남는 두 자리의 자연수는

$5m+3$(단, m은 자연수)

의 꼴이고, 정수 m을 3으로 나눈 나머지를 기준으로 분류하면

$3n$, $3n+1$, $3n+2$(단, n은 자연수)

중의 어느 하나이다.

(i) $m=3n$인 경우

$5m+3=5(3n)+3=15n+3$

이므로 3의 배수이다.

(ii) $m=3n+1$인 경우

$5m+3=5(3n+1)+3=15n+8$

이므로 3으로 나눈 나머지가 2이다.

(iii) $m=3n+2$인 경우

$5m+3=5(3n+2)+3=15n+13$

이므로 3으로 나눈 나머지가 1이다.

따라서 5로 나누면 3이 남고, 3으로 나누면 2가 남는 수는 $15n+8$이다.

$10\le 15n+8\le 99$에서 $1\le n\le 6$

따라서 첫째항은 $n=1$일 때 23, 끝항은 $n=6$일 때 98,

항수는 6인 등차수열이므로 그 합은

$$\frac{6(23+98)}{2}=363$$

| 정답 ➡ 363

유제 6-22

수열 $\{a_n\}$의 각 항은 2로 나누면 1이 남고, 수열 $\{b_n\}$의 각 항은 3의 배수이다.

따라서 두 수열에 공통으로 들어 있는 수는 100이하의 자연수 중 3의 배수인 동시에 2로 나누면 1이 남는 수들이다.

3의 배수는 $3m$(단, m은 자연수)의 꼴이고, 정수 m은 다음 두 가지 중 어느 하나이다.

$2n$, $2n+1$(단, n은 정수)

(i) $m=2n(n\geq 1)$인 경우

$3m=3(2n)=6n$

이므로 2의 배수이다.

(ii) $m=2n+1(n\geq 0)$인 경우

$3m=3(2n+1)=6n+3$

이므로 2로 나눈 나머지가 1이다.

따라서 3의 배수인 동시에 2로 나누면 1이 남는 수는 $6n+3(n\geq 0)$이다.

$1\leq 6n+3\leq 100$에서 $0\leq n\leq 16$

따라서 첫째항은 $n=0$일 때 3, 끝항은 $n=16$일 때 99, 항수는 17인 등차수열이므로 그 합은

$$\frac{17(3+99)}{2}=867$$

| 정답 ➡ 867

유제 6-23

$$\left(m+\frac{1}{3}+m+\frac{2}{3}\right)+\left(m+1+\frac{1}{3}+m+1+\frac{2}{3}\right)+\cdots+\left(n-1+\frac{1}{3}+n-1+\frac{2}{3}\right)$$

$$=2\{m+(m+1)+\cdots+(n-1)\}+(n-m)\left(\frac{1}{3}+\frac{2}{3}\right)$$

$$=2\times\frac{(n-m)(m+n-1)}{2}+(n-m)$$

$$=(n-m)(m+n-1)+(n-m)$$

$$=(n-m)(n+m)$$

$$=n^2-m^2$$

| 정답 ➡ n^2-m^2

유제 6-24

(1) $S_n=n^2-30n$에서

$a_n=S_n-S_{n-1}$ $(n\geq 2)$

$=(n^2-30n)-\{(n-1)^2-30(n-1)\}$

$=2n-31$

$n=1$일 때 $a_1=S_1=1^2-30\times 1=-29$

$a_1=-29$는 $a_n=2n-31$에 $n=1$을 대입한 것과 같다.

$\therefore a_n=2n-31$ $(n\geq 1)$

제n항에서 처음으로 양수가 나온다고 하면

$a_n=2n-31>0$에서 $n>15.5$

따라서 제16항에서 처음으로 양수가 나오므로 첫째항부터 제15항까지는 음수이다.

$\therefore |a_1|+|a_2|+\cdots+|a_{20}|$

$=-(a_1+a_2+\cdots+a_{15})+(a_{16}+a_{17}+\cdots+a_{20})$

$=-S_{15}+(S_{20}-S_{15})$

$=S_{20}-2S_{15}$

$=(20^2-30\times 20)-2(15^2-30\times 15)$

$=-200+450$

$=250$

| 정답 ➡ 250

[다른 풀이]

$S_n=n^2-30n$에서

$a_n=S_n-S_{n-1}$ $(n\geq 2)$

$=(n^2-30n)-\{(n-1)^2-30(n-1)\}$

$=2n-31$

$n=1$일 때 $a_1=S_1=1^2-30\times 1=-29$

$a_1=-29$는 $a_n=2n-31$에 $n=1$을 대입한 것과 같다.

$\therefore a_n=2n-31$ $(n\geq 1)$

제n항에서 처음으로 양수가 나온다고 하면

$a_n=2n-31>0$에서 $n>15.5$

따라서 제16항에서 처음으로 양수가 나오므로 첫째항부터 제15항까지는 음수이고,

$a_{15}=2\times 15-31=-1$,

$a_{16}=2\times 16-31=1$,

$a_{20}=2\times 20-31=9$

이므로

$|a_1|+|a_2|+\cdots+|a_{20}|$

$=-(a_1+a_2+\cdots+a_{15})+(a_{16}+a_{17}+\cdots+a_{20})$

$=-(-29-27-\cdots-1)+(1+3+\cdots+9)$

$=(29+27+\cdots+1)+(1+3+\cdots+9)$

$=\frac{15(29+1)}{2}+\frac{5(1+9)}{2}$

$=225+25$

$=250$

| **정답** ➜ 250

(2) $S_n=an^2+bn$에서

$a_n=S_n-S_{n-1}\ (n\ge 2)$

$=(an^2+bn)-\{a(n-1)^2+b(n-1)\}$

$=2an+b-a$

$n=1$일 때 $a_1=S_1=a+b$

$a_1=a+b$는 $a_n=2an+b-a$에 $n=1$을 대입한 것과 같다.

$\therefore a_n=2an+b-a\ (n\ge 1)$

이제 공차를 구하자.

$a_{n+1}-a_n$

$=\{2a(n+1)+b-a\}-(2an+b-a)$

$=2a$

따라서 공차는 $2a$이다.

| **정답** ➜ $a_n=2an+b-a$, 공차는 $2a$

유제 6-25

(1) 첫째항을 a, 공비를 r이라고 하면

제3항이 -18, 제4항이 54이므로

$ar^2=-18,\ ar^3=54$

$\therefore a=-2,\ r=-3$

따라서 주어진 수열은

$-2,\ 6, -18,\ 54$

이다.

| **정답** ➜ $-2,\ 6$

(2) 첫째항이 4, 공비를 r이라고 하면

제3항이 2이므로

$4r^2=2 \quad \therefore r=\pm\frac{\sqrt{2}}{2}$

따라서 주어진 수열은

$4,\ \pm 2\sqrt{2},\ 2,\ \pm\sqrt{2}$(복호동순)

이다.

| **정답** ➜ $\pm 2\sqrt{2},\ \pm\sqrt{2}$(복호동순)

유제 6-26

첫째항이 4, 공비가 -2이므로

$a_n=4\cdot(-2)^{n-1}$

제n항이 1024라고 가정하면

$4\cdot(-2)^{n-1}=1024$

$\therefore (-2)^{n-1}=256=(-2)^8$

$\therefore n-1=8 \quad \therefore n=9$

| **정답** ➜ 제9항

유제 6-27

(1) 첫째항을 a, 공비를 r이라고 하면

제3항이 $3\sqrt{3}$이므로 $ar^2=3\sqrt{3}$ …… ①

제6항이 27이므로 $ar^5=27$ …… ②

②÷①에서 $r^3=3\sqrt{3} \quad \therefore r=\sqrt{3}$

이 값을 ①에 대입하면 $a=\sqrt{3}$

| **정답** ➜ 첫째항 $\sqrt{3}$, 공비 $\sqrt{3}$

(2) 이 수열의 일반항(제 n항) a_n은

$a_n=\sqrt{3}\cdot(\sqrt{3})^{n-1}=(\sqrt{3})^n$

이므로 제 n항이 243이라고 가정하면

$(\sqrt{3})^n=243=(\sqrt{3})^{10}$

$\therefore n=10$

| **정답** ➜ 제10항

(3) 제 n항에서 처음으로 2000보다 커진다고 하면

$(\sqrt{3})^n>2000$

$(\sqrt{3})^{13}<2000<(\sqrt{3})^{14}$이므로

$(\sqrt{3})^n>2000$을 만족하는 최소의 자연수 n은 $n=14$이다.

따라서 제14항에서 처음으로 2000보다 커진다.

| **정답** ➜ 제14항

유제 6-28

(1) 첫째항을 a, 공비를 r이라고 하면

$a_1+a_2+a_3=2$

$\Leftrightarrow a+ar+ar^2=2$

$\therefore a(1+r+r^2)=2$ …… ①

$a_4+a_5+a_6=-16$

$\Leftrightarrow ar^3+ar^4+ar^5=-16$

$\therefore ar^3(1+r+r^2)=-16$ …… ②

②÷①에서 $r^3=-8 \quad \therefore r=-2$

이 값을 ①에 대입하면 $a=\frac{2}{3}$

| **정답** ➜ 첫째항 $\frac{2}{3}$, 공비 -2

(2) $a_2+a_4+a_6=ar+ar^3+ar^5$

$=ar(1+r^2+r^4)$

$=\frac{2}{3}\times(-2)\times 21=-28$

| **정답** ➜ -28

유제 6-29

세 수 a, $a+b$, $2a-b$가 이 순서로 등차수열을 이루므로

$2(a+b)=a+(2a-b)$

$\therefore a=3b$ ⋯⋯ ①

세 수 1, $a-1$, $3b+1$는 이 순서로 등비수열을 이루므로

$(a-1)^2=1\cdot(3b+1)$

$\therefore a^2-2a=3b$ ⋯⋯ ②

①을 ②에 대입하면

$a^2-2a=a \quad \therefore a=0,\ 3$

그런데 $a=0$이면 $b=0$이므로 공비가 -1이 되어 공비가 양수라는 조건에 부적합하다.

$\therefore a=3,\ b=1$

$\therefore ab=3\times1=3$

| 정답 ➔ 3

유제 6-30

첫째항을 a, 공차를 $d(d\neq0)$라고 놓으면

$a_2=a+d,\ a_4=a+3d,\ a_9=a+8d$

이고, 이 순서로 공비가 r인 등비수열을 이루므로 등비중항의 성질에 의하여

$(a+3d)^2=(a+d)(a+8d)$

$\therefore d^2-3ad=0$

양변을 $d(d\neq0)$로 나누면 $d-3a=0$

$\therefore d=3a$

여기서 $d\neq0$이므로 $a\neq0$이다.

$\therefore r=\frac{a_4}{a_2}=\frac{a+3d}{a+d}=\frac{10a}{4a}=\frac{5}{2}$

$\therefore 2r=5$

| 정답 ➔ 5

유제 6-31

곡선 $y=x^3-7x^2-21x+25$와 직선 $y=k$의 연립방정식

$x^3-7x^2-21x+25=k$

$\Leftrightarrow x^3-7x^2-21x+25-k=0$

의 세 근을 a, ar, ar^2이라고 놓으면 근과 계수의 관계로부터

$a+ar+ar^2=7$

$\therefore a(1+r+r^2)=7$ ⋯⋯ ①

$a^2r+a^2r^2+a^2r^3=-21$

$\therefore a^2r(1+r+r^2)=-21$ ⋯⋯ ②

$a\cdot ar\cdot ar^2=k-25$

$\therefore (ar)^3=k-25$ ⋯⋯ ③

②÷①하면 $ar=-3$

이 값을 ③에 대입하면 $-27=k-25$

$\therefore k=-2$

| 정답 ➔ -2

유제 6-32

수열 $\{a_n\}$은 등비수열이므로 첫째항을 a, 공비를 r이라고 놓으면

$a_2=ar=3$ ⋯⋯ ①

$a_6=ar^5=6$ ⋯⋯ ②

②÷①하면 $r^4=2$

$\therefore a_{14}=ar^{13}=ar\cdot(r^4)^3=3\cdot2^3=24$

| 정답 ➔ 24

유제 6-33

처음부터 제n회 시행한 후 남은 종이의 넓이를 S_n이라고 하자.

제1회 시행에서 넓이가 4인 평행사변형의 넓이를 9등분한 후 8개가 남으므로 남은 넓이 S_1은

$S_1=4\times\frac{8}{9}$

제2회 시행에서도 남은 8개의 평행사변형의 넓이를 각각 9등분한 후 8개씩 남으므로 남은 넓이 S_2는

$S_2=S_1\times\frac{8}{9}=\left(4\times\frac{8}{9}\right)\times\frac{8}{9}=4\times\left(\frac{8}{9}\right)^2$

이와 같이 매회 시행 때마다 이전 넓이의 $\frac{8}{9}$이 남으므로 수열 $\{S_n\}$은

첫째항이 $4\times\frac{8}{9}$, 공비가 $\frac{8}{9}$

인 등비수열이다.

$\therefore S_{10}=\left(4\times\frac{8}{9}\right)\times\left(\frac{8}{9}\right)^{10-1}$

$=4\times\left(\frac{8}{9}\right)^{10}=\frac{2^{32}}{3^{20}}$

| 정답 ➔ $\frac{2^{32}}{3^{20}}$

유제 6-34

(1) 첫째항이 2, 공비가 3, $n=10$인 등비수열의 합이므로

$$S_{10}=\frac{2(3^{10}-1)}{3-1}=3^{10}-1$$

| 정답 ➡ $3^{10}-1$

(2) 제n항이 $1024=2^{10}$이라고 하면

$4\cdot(-2)^{n-1}=2^{10}$ $\therefore n=9$

$$\therefore S_9=\frac{4\{1-(-2)^9\}}{1-(-2)}=684$$

| 정답 ➡ 684

유제 6-35

(1) 첫째항을 a, 공비를 $r(r>0)$이라고 하면

$a_2+a_4=40$에서 $ar+ar^3=40$

$\therefore ar(1+r^2)=40$ …… ①

$a_4+a_6=160$에서 $ar^3+ar^5=160$

$\therefore ar^3(1+r^2)=160$ …… ②

②÷①하면 $r^2=4$ $\therefore r=2$

이 값을 ①에 대입하면 $a=4$

$\therefore a_n=4\cdot2^{n-1}=2^{n+1}$

$$\therefore S_n=\frac{4(2^n-1)}{2-1}=2^{n+2}-4$$

| 정답 ➡ $a_n=2^{n+1}$, $S_n=2^{n+2}-4$

(2) 첫째항을 a, 공비를 r이라고 하면

$$S_3=\frac{a(r^3-1)}{r-1}=9 \text{ …… ①}$$

$$S_6=\frac{a(r^6-1)}{r-1}=-63 \text{ …… ②}$$

$r^6-1=(r^3-1)(r^3+1)$이므로

②÷①하면 $r^3+1=-7$ $\therefore r=-2$

이 값을 ①에 대입하면 $a=3$

$$\therefore S_n=\frac{3\{1-(-2)^n\}}{1-(-2)}=1-(-2)^n$$

| 정답 ➡ $S_n=1-(-2)^n$

(3) 첫째항을 a, 공비를 r이라고 하면

$$S_n=\frac{a(r^n-1)}{r-1}=40 \text{ …… ①}$$

$$S_{2n}=\frac{a(r^{2n}-1)}{r-1}=60 \text{ …… ②}$$

$r^{2n}-1=(r^n-1)(r^n+1)$이므로

②÷①하면 $r^n+1=\frac{3}{2}$ $\therefore r^n=\frac{1}{2}$

$r^{3n}-1=(r^n-1)(r^{2n}+r^n+1)$이므로

$$\begin{aligned}S_{3n}&=\frac{a(r^{3n}-1)}{r-1}\\&=\frac{a(r^n-1)}{r-1}\cdot(r^{2n}+r^n+1)\\&=40\times\left(\frac{1}{4}+\frac{1}{2}+1\right)\\&=40\times\frac{7}{4}=70\end{aligned}$$

| 정답 ➡ 70

(4) 첫째항을 a, 공비를 $r(r>0)$이라고 하면 $S_{20}=10+320=330$이므로

$$S_{10}=\frac{a(r^{10}-1)}{r-1}=10 \text{ …… ①}$$

$$S_{20}=\frac{a(r^{20}-1)}{r-1}=330 \text{ …… ②}$$

$r^{20}-1=(r^{10}-1)(r^{10}+1)$이므로

②÷①하면 $r^{10}+1=33$

$\therefore r^{10}=32$ $\therefore r=\sqrt{2}$

| 정답 ➡ $\sqrt{2}$

유제 6-36

$S_n=3^n+k$에서

$$\begin{aligned}a_n&=S_n-S_{n-1}\ (n\ge2)\\&=(3^n+k)-(3^{n-1}+k)\\&=3^n-3^{n-1}=2\cdot3^{n-1} \text{ …… ①}\end{aligned}$$

$n=1$일 때 $a_1=S_1=3+k$ …… ②

수열 $\{a_n\}$이 첫째항부터 등비수열이 되려면 ①에 $n=1$을 대입한 값 2와 $a_1=3+k$의 값이 서로 같아야 한다.

$\therefore 3+k=2$ $\therefore k=-1$

이때, $a_n=2\cdot3^{n-1}$ $(n\ge1)$이므로 수열 $\{a_n\}$은 첫째항이 2, 공비가 3인 등비수열이다.

따라서 수열 a_1, a_3, a_5, a_7, a_9는 첫째항이 2, 공비가 $3^2=9$, 항수가 5인 등비수열의 합이므로

$a_1+a_3+a_5+a_7+a_9$

$$=\frac{2(9^5-1)}{9-1}=\frac{1}{4}(3^{10}-1)$$

| 정답 ➡ $k=-1$이고, 합은 $\frac{1}{4}(3^{10}-1)$

유제 6-37

수열 a_1, a_2-a_1, a_3-a_2, $\cdots$, a_n-a_{n-1}의 합을 구하면

$a_1+(a_2-a_1)+(a_3-a_2)+\cdots+(a_n-a_{n-1})$

$=\dfrac{2^n-1}{2-1}=2^n-1$

그런데 좌변의 합이 a_n이므로

$a_n=2^n-1$

여기서 n대신 1, 2, ⋯, n을 차례로 대입하여 더하면

$a_1+a_2+a_3+\cdots+a_n$

$=(2^1-1)+(2^2-1)+\cdots+(2^n-1)$

$=(2+2^2+\cdots+2^n)-n$

$=\dfrac{2(2^n-1)}{2-1}-n$

$=2^{n+1}-n-2$

| 정답 ➧ $2^{n+1}-n-2$

유제 6-38

주어진 수열의 모든 항을 더하면

$\dfrac{1}{a_1}+\left(\dfrac{1}{a_2}-\dfrac{1}{a_1}\right)+\left(\dfrac{1}{a_3}-\dfrac{1}{a_2}\right)+\cdots+\left(\dfrac{1}{a_n}-\dfrac{1}{a_{n-1}}\right)$

$=\dfrac{n\{2\times2+(n-1)\cdot2\}}{2}=n(n+1)$

그런데 좌변의 합이 $\dfrac{1}{a_n}$이므로

$\dfrac{1}{a_n}=n(n+1)$

$\therefore a_n=\dfrac{1}{n(n+1)}=\dfrac{1}{n}-\dfrac{1}{n+1}$

여기서 n대신 1, 2, ⋯, n을 차례로 대입하여 더하면

$a_1+a_2+a_3+\cdots+a_n$

$=\left(1-\dfrac{1}{2}\right)+\left(\dfrac{1}{2}-\dfrac{1}{3}\right)+\left(\dfrac{1}{3}-\dfrac{1}{4}\right)+\cdots+\left(\dfrac{1}{n}-\dfrac{1}{n+1}\right)$

$=1-\dfrac{1}{n+1}=\dfrac{n}{n+1}$

| 정답 ➧ $\dfrac{n}{n+1}$

유제 6-39

(1) $n\geq2$일 때

$P_n=a_1\times a_2\times\cdots\times a_n=2^n\cdot3^{\frac{n(n-1)}{2}}$ ⋯⋯ ①

$P_{n-1}=a_1\times a_2\times\cdots\times a_{n-1}=2^{n-1}\cdot3^{\frac{(n-1)(n-2)}{2}}$ ⋯⋯ ②

①÷②하면

$a_n=2\cdot3^{\frac{n(n-1)}{2}-\frac{(n-1)(n-2)}{2}}=2\cdot3^{n-1}$

$n=1$일 때 $a_1=P_1=2\cdot3^0=2$

$a_1=2$는 $n=1$을 $a_n=2\cdot3^{n-1}$ $(n\geq2)$에 대입한 값과 같다.

$\therefore a_n=2\cdot3^{n-1}(n\geq1)$

(2) 수열 $\{a_n\}$은 첫째항이 2, 공비가 3인 등비수열이므로

$S_n=\dfrac{2(3^n-1)}{3-1}=3^n-1$

| 정답 ➧ (1) $a_n=2\cdot3^{n-1}$ (2) $S_n=3^n-1$

유제 6-40

$a_{n+1}=a_1+a_2+\cdots+a_n$ ⋯⋯ ①

$a_n=a_1+a_2+\cdots+a_{n-1}$ $(n\geq2)$ ⋯⋯ ②

①−②하면

$a_{n+1}-a_n=a_n$ $\quad\therefore a_{n+1}=2a_n$ $(n\geq2)$

또, ②에 $n=2$를 대입하면

$a_2=a_1=3$

따라서 수열 $\{a_n\}$은 $n\geq2$일 때 $a_{n+1}=2a_n$이므로 제2항부터 공비가 2인 등비수열을 이룬다.

즉, $a_1=3$, $a_2=3$이고

$a_n=a_2\cdot2^{n-2}=3\cdot2^{n-2}$ $(n\geq2)$

$\therefore a_1=3$, $a_n=3\cdot2^{n-2}$ $(n\geq2)$

또, 제n항까지의 합 S_n은

$S_n=a_1+a_2+\cdots+a_n$

$=a_1+(a_2+a_3+\cdots+a_n)$

$=3+(3+3\cdot2+3\cdot2^2+\cdots+3\cdot2^{n-2})$

$=3+\dfrac{3(2^{n-1}-1)}{2-1}$

$=3\cdot2^{n-1}$

| 정답 ➧ $a_1=3$, $a_n=3\cdot2^{n-2}(n\geq2)$, $S_n=3\cdot2^{n-1}$

[참고]

$a_n=a_1+a_2+\cdots+a_{n-1}$ $(n\geq2)$
에서 n대신 $n+1$을 대입하면
$a_{n+1}=a_1+a_2+\cdots+a_n$
을 얻는다.
또, $n\geq2$일 때 $a_{n+1}=2a_n$이므로
첫째항부터 등비수열을 이루지 못하고
제2항부터 등비수열을 이룸에 주의하라.

유제 6-41

정사각형 A_n의 넓이를 S_n이라고 하면

$S_n=(a_n)^2=4\cdot3^{n-1}$

따라서 수열 $\{S_n\}$은 첫째항이 4, 공비가 3인 등비수열이

므로 제5항까지의 합은

$$\frac{4(3^5-1)}{3-1}=484$$

| 정답 ➾ 484

유제 6-42

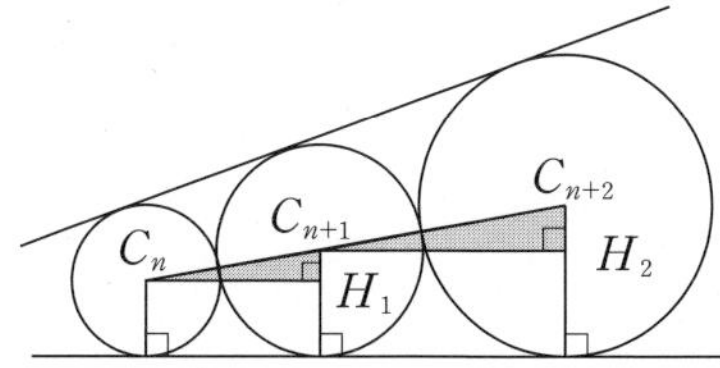

위의 그림과 같이 제n번째 원의 중심을 C_n이라고 하면 색칠한 두 직각삼각형은 서로 닮은 도형이므로

$\overline{C_nC_{n+1}} : \overline{C_{n+1}C_{n+2}}=\overline{C_{n+1}H_1} : \overline{C_{n+2}H_2}$

$\therefore (r_n+r_{n+1}) : (r_{n+1}+r_{n+2})$
$\quad =(r_{n+1}-r_n) : (r_{n+2}-r_{n+1})$

$\therefore (r_{n+1}+r_{n+2})(r_{n+1}-r_n)$
$\quad =(r_n+r_{n+1})(r_{n+2}-r_{n+1})$

전개하여 정리하면

$$(r_{n+1})^2=r_nr_{n+2}$$

따라서 수열 $\{r_n\}$은 등비수열을 이룬다.

공비를 r이라고 놓으면

$$3\cdot r^{7-1}=24 \quad \therefore r^6=8$$

$$\therefore r=\sqrt{2}$$

따라서 일반항 r_n은

$$r_n=3\cdot(\sqrt{2})^{n-1}$$ ⇚ 정답

유제 6-43

연금의 현가를 P만 원이라고 하면

P만 원에 대한 10년 말의 원리합계는

$$P(1.1)^{10}=2.6P=\frac{13}{5}P \ \cdots\cdots \text{①}$$

한편, 매년 받는 연금 300만 원씩을 적립할 때, 이들의 10년 말까지의 원리합계는

$300+300(1.1)+300(1.1)^2+\cdots+300(1.1)^9$

$=\dfrac{300\{(1.1)^{10}-1\}}{1.1-1}$

$=\dfrac{300(2.6-1)}{0.1}=4800 \ \cdots\cdots$ ②

돈의 가치를 비교했을 때 ①과 ②가 서로 같아야 한다.

$$\frac{13}{5}P=4800 \quad \therefore P=1846(\text{만원})$$

| 정답 ➾ 1846만 원

유제 6-44

연금의 현가를 P만 원이라고 하면

P만 원에 대한 36월 말의 원리합계는

$$P(1.01)^{36}=1.42P \ \cdots\cdots \text{①}$$

한편, 12개월 후부터 매월 받는 연금 10만 원씩을 적립할 때, 이들의 36월 말까지의 원리합계는

$10+10(1.01)+10(1.01)^2+\cdots+10(1.01)^{23}$

$=\dfrac{10\{(1.01)^{24}-1\}}{1.01-1}$

$=\dfrac{10\{1.27-1\}}{0.01}=270 \ \cdots\cdots$ ②

돈의 가치를 비교했을 때 ①과 ②가 서로 같아야 한다.

$$1.42P=270 \quad \therefore P=190(\text{만원})$$

| 정답 ➾ 190만 원

부록

연습문제 해설 및 정답

수학 II (상)

해설 및 정답 | 연습문제

Ⅰ 집합과 명제

01강 집합의 연산법칙 p012

연습문제 01 | 집합의 연산법칙 p035~p041쪽

1-1 $A\subset C\subset B$
1-2 ⑤ **1-3** $-4<k\le-2$
1-4 ① **1-5** 16 **1-6** 24
1-7 $\{5,\ 9,\ 12\}$ **1-8** ① **1-9** -1
1-10 ② **1-11** ③ **1-12** 23
1-13 15 **1-14** ⑤ **1-15** 8
1-16 ③ **1-17** ④
1-18 (1) A^C (2) $C\cap D^C$
1-19 $p=1,\ 2\le q\le3$ **1-20** 33
1-21 $S=\left\{-1,\ \frac{1}{2},\ 2\right\}$ **1-20** 풀이 참조
1-22 3 **1-23** 60 **1-24** 4
1-25 (1) 12 (2) 6
1-26 ① **1-27** 8
1-28 ⑤ **1-29** ④ **1-30** ①
1-31 ① **1-32** 8 **1-33** ②
1-34 A **1-35** ③ **1-36** ③
1-37 ④ **1-38** 33 **1-39** ④
1-40 13 **1-41** 36
1-42 (1) 24 (2) 48 (3) 216

1-1

$A=\{0,\ 1,\ 2\}$에서

$B=\{x+y\,|\,x\in A,\ y\in A\}$
$=\{0,\ 1,\ 2,\ 3,\ 4\}$,

$C=\{xy\,|\,x\in A,\ y\in A\}$
$=\{0,\ 1,\ 2,\ 4\}$

$\therefore A\subset C\subset B$

| 정답 ➜ $A\subset C\subset B$

1-2

$\{\phi,\ \{1\}\}\subset A$이므로 옳지 않은 것은 ⑤이다.

| 정답 ➜ ⑤

1-3

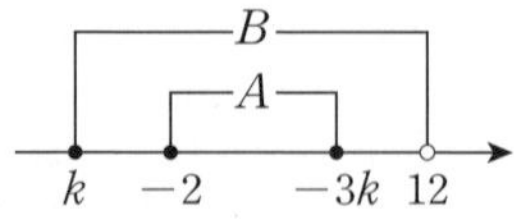

$k\le-2,\ -3k<12$이므로
$-4<k\le-2$

| 정답 ➜ $-4<k\le-2$

1-4

집합 $A=\{1,\ 2,\ 3,\ 4,\ 5,\ 6\}$의 부분집합의 개수는 $2^6=64$이고, 홀수를 전혀 포함하지 않는 부분집합의 개수는 $2^{6-3}=2^3=8$이다.
따라서 적어도 한 개의 홀수를 포함하는 부분집합의 개수는 $64-8=56$

| 정답 ➜ ①

1-5

집합 $A=\{\phi,\ 1,\ 2,\ \{1,\ 2\}\}$의 원소의 개수가 4이므로 부분집합의 개수는 $2^4=16$

| 정답 ➜ 16

1-6

집합 A는 원소 2 또는 3을 포함해야 한다.
즉, $U=\{1,\ 2,\ 3,\ 4,\ 5\}$의 부분집합 중에서 원소 2와 3 중 적어도 어느 하나를 포함하는 부분집합을 구하면 된다. 따라서 부분집합 전체의 개수는 $2^5=32$이고 2와 3을 모두 포함하지 않는 부분집합의 개수는 $2^{5-2}=2^3=8$이므로 구하는 부분집합 A의 개수는 $32-8=24$

| 정답 ➜ 24

1-7

$B=\{x+y \mid x\in A,\ y\in A,\ x\neq y\}$

$=\{a+b,\ b+c,\ c+a\}$

$=\{14,\ 17,\ 21\}$

에서 일반성을 잃지 않고 $a<b<c$라고 가정하면

$a+b=14,\ c+a=17,\ b+c=21$

이다.

세 식을 변끼리 모두 더하면

$2(a+b+c)=52 \quad \therefore a+b+c=26$

따라서 $a=5,\ b=9,\ c=12$

$\therefore A=\{5,\ 9,\ 12\}$

| 정답 ➔ $\{5,\ 9,\ 12\}$

1-8

$S=\{1,\ 2,\ 3,\ 4,\ 5,\ 6\}$의 원소 중에서 5를 꼭 포함하고, 나머지 두 원소는 5보다 작은 수로 이루어진 부분집합의 개수를 구하면 된다.

따라서 구하는 부분집합의 개수는 집합 $\{1,\ 2,\ 3,\ 4\}$의 부분집합에서 원소의 개수가 2인 것의 개수와 같다.

즉, 부분집합

$\{1,\ 2\},\ \{1,\ 3\},\ \{1,\ 4\},\ \{2,\ 3\},\ \{2,\ 4\},\ \{3,\ 4\}$

에 5를 추가하면 된다.

따라서 구하는 부분집합의 개수는 6이다.

| 정답 ➔ ①

[참고]
${}_4C_2=6$ (조합으로 풀면 쉽다)

1-9

$A=\{2,\ a^2-2a\},\ B=\{3,\ a^2-a\}$에서

$A=B$이므로 $3\in A,\ 2\in B$

$\therefore a^2-2a=3,\ a^2-a=2$

⇨ $(a-3)(a+1)=0$이고

$(a-2)(a+1)=0$

⇨ $\therefore a=-1$

| 정답 ➔ -1

1-10

빗금 친 부분을 나타내는 집합은

$A\cap(B\cup C)$

| 정답 ➔ ②

1-11

$(A-B)\cup(B-A)=\phi$

$\Leftrightarrow A-B=\phi,\ B-A=\phi$

$\Leftrightarrow A\subset B,\ B\subset A$

$\Leftrightarrow A=B$

| 정답 ➔ ③

1-12

$A\triangle(A\triangle B)=(A\triangle A)\triangle B$

$=\phi\triangle B=B$

$\therefore B=(A\cup(A\triangle B))-(A\cap(A\triangle B))$

$=\{1,\ 2,\ 3,\ 4,\ 5,\ 7,\ 11\}-\{2,\ 3,\ 5\}$

$=\{1,\ 4,\ 7,\ 11\}$

따라서 원소의 합은

$1+4+7+11=23$

| 정답 ➔ 23

[참고] 대칭차집합의 성질
1. 교환법칙 : $A\triangle B=B\triangle A$
2. 결합법칙 : $A\triangle(B\triangle C)=(A\triangle B)\triangle C$
3. 항등원 ϕ : $A\triangle\phi=A$
4. 역원은 자기 자신 : $A\triangle A=\phi$
5. $A\triangle U=A^C$
6. $A\triangle A^C=U$
7. $A\triangle(A\triangle B)=(A\triangle A)\triangle B=\phi\triangle B=B$
8. $B\triangle(A\triangle B)=(B\triangle B)\triangle A=\phi\triangle A=A$

1-13

$n(U)=50,\ n(A)=25,\ n(B-A)=10$에서

$n(B-A)=n(B)-n(A\cap B)=10$ ⋯⋯ ①

$n(A\cup B)=n(A)+n(B)-n(A\cap B)$

$=25+10=35$

$\therefore n(A^C\cap B^C)=n(U)-n(A\cup B)$

$=50-35=15$

| 정답 ➔ 15

1-14

$(A\cup B)\cap(A\cup B^C)^C$

$=(A\cup B)\cap(A^C\cap B)$

$=A^C\cap B$ ⇦ $(A^C\cap B)\subset(A\cup B)$

$=B-A$

| 정답 ➔ ⑤

1-15

$A=\{1, 2, 3, 4, 5, 6\}$의 부분집합 중에서 원소 2, 4, 6을 포함하지 않는 부분집합의 개수와 같다.

$\therefore 2^{6-3}=2^3=8$

| 정답 ➡ 8

1-16

$(A\cap B)\cup(A-B)$
$=(A\cap B)\cup(A\cap B^C)$
$=A\cap(B\cup B^C)$
$=A\cap U=A$

$(B-A)\cup(A^C\cap B^C)$
$=(B\cap A^C)\cup(A^C\cap B^C)$
$=A^C\cap(B\cup B^C)$
$=A^C\cap U=A^C$

이므로

준 식$=A\cup A^C=U$

| 정답 ➡ ③

1-17

① $A\cap(A\cup B)=A$ ⇦ $A\subset(A\cup B)$

② $A\cup(A\cap B)=A$ ⇦ $(A\cap B)\subset A$

③ $A-(A-B)=A-(A\cap B^C)$
$=A\cap(A\cap B^C)^C$
$=A\cap(A^C\cup B)$
$=(A\cap A^C)\cup(A\cap B)$
$=\phi\cup(A\cap B)=A\cap B$

④ $(A-B)^C=(A\cap B^C)^C$
$=A^C\cup B\neq B-A$

⑤ $A\cap(A\cap B)^C=A\cap(A^C\cup B^C)$
$=(A\cap A^C)\cup(A\cap B^C)$
$=\phi\cup(A\cap B^C)$
$=A\cap B^C=A-B$

| 정답 ➡ ④

1-18

(1) $\{x|f(x)<0\}=A^C$

(2) $\{x|g(x)<0\}$
$=\{x|g(x)\leq 0$이고 $g(x)\neq 0\}$
$=\{x|g(x)\leq 0\}\cap\{x|g(x)\neq 0\}$
$=C\cap D^C$

| 정답 ➡ (1) A^C (2) $C\cap D^C$

1-19

$A\cap X=X$, $(A-B)\cup X=X$이므로

$A-B\subset X\subset A$ …… ①

집합 $A-B$를 구하면

$A-B=\{x|1\leq x\leq 2\}$

따라서 조건 ①에 의해

$\{x|1\leq x\leq 2\}\subset X\subset\{x|1\leq x\leq 3\}$

이므로 집합 $X=\{x|p\leq x\leq q\}$에서

$p=1$, $2\leq q\leq 3$

| 정답 ➡ $p=1$, $2\leq q\leq 3$

1-20

$A_2\cap(A_3\cup A_4)=(A_2\cap A_3)\cup(A_2\cap A_4)$
$=A_6\cup A_4$

$\therefore n(A_6\cup A_4)$
$=n(A_6)+n(A_4)-n(A_6\cap A_4)$
$=n(A_6)+n(A_4)-n(A_{12})$
$=16+25-8=33$

| 정답 ➡ 33

[참고]
가우스 기호를 이용하여 배수의 개수를 구하면 쉽다.

1. 4의 배수의 개수는 $\left[\frac{100}{4}\right]=25$
2. 6의 배수의 개수는 $\left[\frac{100}{6}\right]=16$
3. 12의 배수의 개수는 $\left[\frac{100}{12}\right]=8$

1-21

$-1\in S$이므로 $\frac{1}{1-(-1)}=\frac{1}{2}\in S$

$\frac{1}{2}\in S$이므로 $\frac{1}{1-\frac{1}{2}}=2\in S$

$2\in S$이므로 $\frac{1}{1-2}=-1\in S$

따라서 원소의 개수가 최소인 집합 S는

$S=\left\{-1, \frac{1}{2}, 2\right\}$ ⬅| 정답

1-22

$A \cup B=\{1,\ a,\ a+1,\ a-1\}$,

$A \cap B=\{a+1\}$에서

$(A \cup B)-(A \cap B)=\{1,\ a-1,\ a\}$

$=\{1,\ 2,\ 3\}$

이므로 $a=3$

| 정답 ➔ 3

1-23

$A=\{1,\ 2,\ 3,\ 4,\ 5\}$의 부분집합 중에서 원소 1을 포함하고 원소의 개수가 2인 부분집합의 개수는 4이다.

마찬가지로 원소 2, 3, 4, 5을 포함하고 원소의 개수가 2인 부분집합의 개수는 각각 4이다. 즉, 원소 1, 2, 3, 4, 5는 각각 4개씩 나타나므로 구하는 원소의 종합은

$(1+2+3+4+5)\times 4=60$

| 정답 ➔ 60

1-24

주어진 조건으로부터 각 영역에 속하는 원소의 개수를 아래 벤 다이어그램과 같이 나타내자.

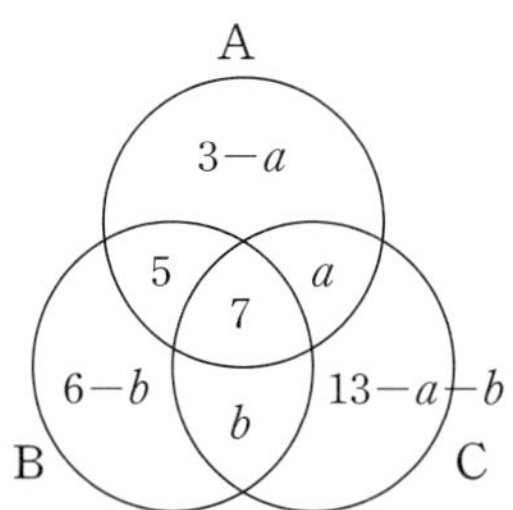

$3-a \geq 0$,

$6-b \geq 0$이므로

$0 \leq a \leq 3,\ 0 \leq b \leq 6$

$\therefore 0 \leq a+b \leq 9$

$\therefore n(C-(A \cup B))$

$=13-a-b$

$=13-(a+b) \geq 13-9=4$

따라서 $n(C-(A \cup B))$의 최솟값은 4이다.

| 정답 ➔ 4

1-25

(1) $A_4 \cap A_6=A_k$이면 k는 4와 6의 최소공배수이다.

$\therefore k=12$ | 정답 ➔ 12

(2) $(A_{18} \cup A_{2}4) \subset A_k$이면 $A_{18} \subset A_k$, $A_{24} \subset A_k$

따라서 k는 18의 약수인 동시에 24의 약수이므로 k의 최댓값은 18과 24의 최대공약수이다. $\therefore k=6$

| 정답 ➔ 6

1-26

$(A \triangle B) \triangle B=(A^C \cap B^C) \triangle B$

$=(A^C \cap B^C)^C \cap B^C$

$=(A \cup B)-B=\phi$

$\therefore (A \cup B) \subset B$

또, $B \subset (A \cup B)$이므로 $A \cup B=B$

$\therefore A \subset B$

| 정답 ➔ ①

1-27

$\{2,\ 4,\ 6\} \cup A=\{2,\ 3,\ 4,\ 5,\ 6\}$이므로 부분집합 A는 3과 5를 꼭 포함하고 1은 포함하지 말아야 한다.

따라서 $U=\{1,\ 2,\ 3,\ 4,\ 5,\ 6\}$의 부분집합 A의 개수는 1, 3, 5을 제외한 집합 $\{2,\ 4,\ 6\}$의 부분집합의 개수와 같다.

$\therefore 2^3=8$

| 정답 ➔ 8

1-28

$(A-B) \cap (A-C)$

$=(A \cap B^C) \cap (A \cap C^C)$

$=(A \cap A) \cap (B^C \cap C^C)$

$=A \cap (B^C \cap C^C)$

$=A \cap (B \cup C)^C$

$=A-(B \cup C)$

| 정답 ➔ ⑤

1-29

$(A \triangle B) \triangle B$

$=(A-B)^C \triangle B$ ⇦ $A \triangle B=(A-B)^C$

$=(A \cap B^C)^C \triangle B$

$=(A^C \cup B) \triangle B$

$=\{(A^C \cup B)-B\}^C$ ⇦ 정의에 의해

$=\{(A^C \cup B) \cap B^C\}^C$

$=\{(A^C \cap B^C) \cup (B \cap B^C)\}^C$

$=\{(A^C \cap B^C) \cup \phi\}^C$

$=(A^C \cap B^C)^C$

$=A \cup B$

| 정답 ➔ ④

1-30

$(A-B)\cup(B-A^C)$

$=(A\cap B^C)\cup\{B\cap(A^C)^C\}$

$=(A\cap B^C)\cup(B\cap A)$

$=A\cap(B^C\cup B)$

$=A\cap U=A$

| 정답 ➔ ①

1-31

$A*B=(A\cap B)\cup(A\cup B)^C$

① $A*U=(A\cap U)\cup(A\cup U)^C$

$=A\cup U^C=A\cup\phi=A\neq U$

② $A*B=(A\cap B)\cup(A\cup B)^C$

$=(B\cap A)\cup(B\cup A)^C=B*A$

③ $A*\phi=(A\cap\phi)\cup(A\cup\phi)^C$

$=\phi\cup A^C=A^C$

④ $A*B=(A\cap B)\cup(A\cup B)^C$

$=(A\cup B)^C\cup(A\cap B)$

$=(A^C\cap B^C)\cup(A^C\cup B^C)^C$

$=A^C*B^C$

⑤ $A*A^C=(A\cap A^C)\cup(A\cup A^C)^C$

$=\phi\cup U^C=U^C=\phi$

| 정답 ➔ ①

1-32

$U=\{0,\ 1,\ 2,\ 3,\ 4\}$이고

$A=\{3,\ 4\}$, $(A^C\cup B)\cap A=\{3\}$에서

$(A^C\cup B)\cap A=(A^C\cap A)\cup(B\cap A)$

$=\phi\cup(A\cap B)=A\cap B$

$\therefore A\cap B=\{3\}$

따라서 집합 B는 원소 3을 포함하고 원소 4는 포함하지 말아야 한다.

$U=\{0,\ 1,\ 2,\ 3,\ 4\}$의 부분집합 중에서 원소 3을 포함하고 원소 4는 포함하지 않는 부분집합 B의 개수는

$2^{5-2}=2^3=8$

| 정답 ➔ 8

1-33

벤 다이어그램으로 나타내면 아래와 같다.

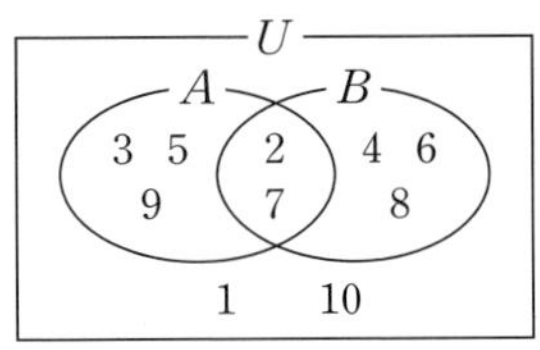

$\therefore A=\{2,\ 3,\ 5,\ 7,\ 9\}$

따라서 원소의 합은

$2+3+5+7+9=26$

| 정답 ➔ ②

1-34

$(A-B)\cup(B-C)=\phi$이므로

$A-B=\phi$이고 $B-C=\phi$이다.

$\therefore A\subset B,\ B\subset C$

$\therefore A\subset B\subset C$

따라서

$A-C=\phi,\ A\cap B=A$

이므로

$(A-C)\cup(A\cap B)$

$=\phi\cup A=A$

| 정답 ➔ A

1-35

$(A_2-A_3)\cup(A_2-A_4)$

$=(A_2\cap A_3{}^C)\cup(A_2\cap A_4{}^C)$

$=A_2\cap(A_3{}^C\cup A_4{}^C)$

$=A_2\cap(A_3\cap A_4)^C$

$=A_2\cap A_{12}{}^C$

이므로 구하는 원소의 개수는

$n(A_2\cap A_{12}{}^C)$

$=n(A_2-A_{12})$

$=n(A_2)-n(A_2\cap A_{12})$

$=n(A_2)-n(A_{12})$

$=25-4=21$

| 정답 ➔ ③

1-36

$A=\{2,\ 3,\ 4\}$, $B=\{1,\ 2,\ 5\}$,

$C=\{2,\ 4,\ 5\}$에서

$(A\cup B)-(A\cap B)$

$=\{1,\ 2,\ 3,\ 4,\ 5\}-\{2\}$

$=\{1,\ 3,\ 4,\ 5\}$

이고, 가장 작은 원소 1이 $1 \in B$이므로

$B \Rightarrow A$이다.

$(A \cup C)-(A \cap C)$

$=\{2, 3, 4, 5\}-\{2, 4\}$

$=\{3, 5\}$

이고, 가장 작은 원소 3이 $3 \in A$이므로

$A \Rightarrow C$이다.

따라서 $B \Rightarrow A \Rightarrow C$

| 정답 ➜ ③

1-37

$A_2=\{x \mid x$는 2와 서로소인 자연수$\}$

$=\{1, 3, 5, 7, 9, 11, 13, \cdots\}$

$A_4=\{x \mid x$는 4와 서로소인 자연수$\}$

$=\{1, 3, 5, 7, 9, 11, 13, \cdots\}$

$A_3=\{x \mid x$는 3과 서로소인 자연수$\}$

$=\{1, 2, 4, 5, 7, 8, 10, 11, 13, \cdots\}$

$A_6=\{x \mid x$는 6과 서로소인 자연수$\}$

$=\{1, 5, 7, 11, 13, \cdots\}$

이므로

ㄱ. $A_2=A_4$(참)

ㄴ. $A_3=A_6$(거짓)

ㄷ. $6=2 \times 3$이므로 2와 서로소이고 동시에 3과 서로소인 자연수의 집합이 A_6이고, $4=2^2$이므로 2와 서로소인 자연수의 집합이 A_4이다. 따라서

$A_6=A_3 \cap A_2=A_3 \cap A_4$(참)

따라서 옳은 것은 ㄱ, ㄷ

| 정답 ➜ ④

1-38

$24=2^3 \times 3$이므로 24와 서로소인 자연수는 2와 서로소이고 동시에 3과 서로소이다.

따라서 구하는 원소의 개수는 100이하의 자연수 중에서 2의 배수도 아니고 3의 배수도 아닌 수의 개수와 같다.

$A_n=\{x \mid x$는 n의 배수$\}$라고 놓으면

구하는 원소의 개수는 $n(A_2{}^C \cap A_3{}^C)$이다.

$n(A_2)=50,\ n(A_3)=33,$

$n(A_2 \cap A_3)=n(A_6)=16$이므로

$n(A_2{}^C \cap A_3{}^C)$

$=100-n(A_2 \cup A_3)$

$=100-\{n(A_2)+n(A_3)-n(A_2 \cap A_3)\}$

$=100-(50+33-16)$

$=100-67=33$

| 정답 ➜ 33

1-39

$A_2=\{2, 4, 6, 8, \cdots\}$

$A_3=\{3, 6, 9, 12, \cdots\}$

$A_4=\{4, 8, 12, 16, \cdots\}$

$A_6=\{6, 12, 18, 24, \cdots\}$

$A_{12}=\{12, 24, 36, 48, \cdots\}$

① $A_4 \subset A_2$(참)

② $A_2 \cap A_3=A_6$(참)

③ $(A_4 \cup A_6) \supset A_{12}$(참)

④ m이 n의 배수이면 $A_m \subset A_n$이므로

$A_m \cup A_n=A_n \neq A_m$(거짓)

⑤ m과 n이 서로소이면 m과 n의 최소공배수가 mn이므로 $A_m \cap A_n=A_{mn}$(참)

| 정답 ➜ ④

1-40

20종류의 스티커 전체의 집합을 U, 갑, 을, 병이 가진 스티커의 집합을 각각 A, B, C라고 하면 문제의 조건에서

$n(U)=20,\ n(A)=4,\ n(B)=n(C)=5,$

$n(A \cap B)=n(B \cap C)=n(C \cap A)=3,$

$n(A \cap B \cap C)=2$이다.

$\therefore n(A \cup B \cup C)$

$=n(A)+n(B)+n(C)-n(A \cap B)$

$-n(B \cap C)-n(C \cap A)+n(A \cap B \cap C)$

$=4+5+5-3-3-3+2$

$=7$

따라서 경품을 받기 위해 필요한 최소의 스티커의 종류는 $20-7=13$

| 정답 ➜ 13

1-41

100명의 학생 전체의 집합을 U, 시험 A, B, C에 합격한 학생의 집합을 각각 A, B, C라고 하자.

문제의 조건으로부터

$n(U)=100,\ n(A)=32,\ n(B)=26,$

$n(A \cap B)=8,\ n(C-(A \cup B))=14$이다.

$n(A \cup B)=n(A)+n(B)-n(A \cap B)$

$=32+26-8=50$

$n(A\cup B\cup C)=n(A\cup B)+n(C-(A\cup B))$

$=50+14=64$

따라서 A, B, C 어디에도 합격하지 못한 학생의 수 $n(A^C\cap B^C\cap C^C)$는

$n(A^C\cap B^C\cap C^C)$

$=n(U)-n(A\cup B\cup C)$

$=100-64=36$

| 정답 ➔ 36

1-42

(1) 집합 $S=\{1, 2, 3, 4, 5, 6\}$의 부분집합 중 홀수를 하나만 포함하는 부분집합은 짝수로만 이루어진 집합 $\{2, 4, 6\}$의 부분집합에 홀수 하나씩만 추가하면 된다. $\{2, 4, 6\}$의 부분집합의 개수는 $2^3=8$이고, 여기에 홀수 1 또는 3또는 5를 추가하면 되므로 구하는 부분집합의 개수는 $3\times 8=24$ $\quad\therefore n=24$

| 정답 ➔ 24

(2) $\{2, 4, 6\}$의 부분집합 중에서 원소 2를 포함하는 부분집합의 개수는 $2^2=4$이고, 마찬가지로 원소 4, 6을 포함하는 부분집합은 각각 4개씩 있다. 따라서 구하는 원소의 총합은 $(2+4+6)\times 4=48$

| 정답 ➔ 48

(3) $a_1+a_2+\cdots+a_n$

$=(1+3+5)\times 8+48\times 3$

$=72+144=216$

| 정답 ➔ 216

02강 명제 p042

연습문제 02 | 명제 p062~p067쪽

2-1 ①　2-2 ②　2-3 ⑤
2-4 ③　2-5 ③　2-6 ④
2-7 ④　2-8 ②　2-9 ③
2-10 ①　2-11 필요충분조건
2-12 $a\ge 1$　2-13 충분조건
2-14 $A\subset B$　2-15 필요조건
2-16 $A\subset B$　2-17 ⑤
2-18 ⑤　2-19 필요충분
2-20 ④　2-21 ①　2-22 ③
2-23 (1) 충분조건　(2) 필요조건
(3) 충분조건　(4) 필요충분조건
2-24 ③　2-25 ⑤　2-26 ①
2-27 ④　2-28 ④　2-29 ③
2-30 (1) 충분조건　(2) 필요충분조건
(3) 필요충분조건
2-31 (1) $0\le a\le 1$　(2) $-1<a<2$
2-32 풀이 참조

2-1

명제 $p\longrightarrow \sim q$가 거짓임을 보이려면 p이고 q인 집합에 속하는 원소가 존재함을 보이면 된다. 따라서 반례가 속하는 집합은 $P\cap Q$

| 정답 ➔ ①

2-2

두 조건 $p: x\le -1$, $q: 1\le x<3$의 진리집합을 각각 P, Q라고 하면

$P=\{x\mid x\le -1\}$, $Q=\{x\mid 1\le x<3\}$이다.

$P^C=\{x\mid x>-1\}$,

$Q^C=\{x\mid x<1$ 또는 $x\ge 3\}$이므로

$P^C\cap Q^C=\{x\mid -1<x<1$ 또는 $x\ge 3\}$

명제 'p 또는 q'의 부정은 '$\sim p$이고 $\sim q$'이므로 부정의 진리집합은 $P^C\cap Q^C$이다. 따라서

$-1<x<1$ 또는 $x\ge 3$

| 정답 ➔ ②

2-3

명제 '$a+b$가 무리수이면 a, b가 모두 무리수이다' (거짓)

(반례) $a=0$, $b=\sqrt{2}$이면 $a+b$는 무리수이지만 a는 무리수가 아니다.

역 : a, b가 모두 무리수이면 $a+b$가 무리수이다. (거짓)

(반례) $a=\sqrt{2}$, $b=-\sqrt{2}$이면 a, b가 모두 무리수이지만 $a+b$는 무리수가 아니다.

이 : $a+b$가 유리수이면 a 또는 b가 유리 수이다. (거짓)

역과 이는 대우 관계이므로 참, 거짓이 일치한다.

대우 : a 또는 b가 유리수이면 $a+b$가 유리수이다. (거짓)

| 정답 ➔ ⑤

2-4

① 역 : $xy>0$이면 $x>0$, $y>0$이다.

(반례) $x=-1$, $y=-1$

이 : $x\leq 0$ 또는 $y\leq 0$이면 $xy\leq 0$이다.

역과 이는 대우 관계이므로 참, 거짓이 일치한다. 따라서 이는 거짓이다.

대우 : $xy\leq 0$이면 $x\leq 0$또는 $y\leq 0$이다.

주어진 명제가 참이므로 대우도 참이다.

② 역 : $x+y$, xy가 모두 정수이면 x, y가 정수이다. (거짓)

(반례) $x=\sqrt{2}$, $y=-\sqrt{2}$

이 : x 또는 y가 정수가 아니면 $x+y$ 또는 xy가 정수가 아니다. (거짓)

대우 : $x+y$ 또는 xy가 정수가 아니면 x 또는 y가 정수가 아니다. (참)

주어진 명제가 참이므로 대우도 참이다.

③ $|x|+|y|=0$이면 $x=0$, $y=0$이고,

$x^2+y^2=0$이면 $x=0$, $y=0$이다.

따라서 두 조건은 서로 필요충분조건이므로 역, 이, 대우가 모두 참이다.

④ 역 : $x^2>1$이면 $x>1$이다. (거짓)

(반례) $x=-2$

이 : $x\leq 1$이면 $x^2\leq 1$이다. (거짓)

대우 : $x^2\leq 1$이면 $x\leq 1$이다. (참)

$P=\{x|x^2\leq 1\}=\{x|-1\leq x\leq 1\}$,

$Q=\{x|x\leq 1\}$라고 놓으면

$P\subset Q$이므로 대우는 참이다.

⑤ 역 : $x>1$ 또는 $y>1$이면 $xy>1$이다.

(반례) $x=2$, $y=\frac{1}{4}$

이 : $xy\leq 1$이면 $x\leq 1$이고 $y\leq 1$이다. (거짓)

대우 : $x\leq 1$이고 $y\leq 1$이면 $xy\leq 1$이다. (참)

| 정답 ➔ ③

2-5

$p \Rightarrow \sim q$, $r \Rightarrow q$의 대우도 참이므로

$q \Rightarrow \sim p$, $\sim q \Rightarrow \sim r$이다.

또, 삼단논법에 의해

$p \Rightarrow \sim q$, $\sim q \Rightarrow \sim r$이므로 $p \Rightarrow \sim r$

또, $p \Rightarrow \sim r$의 대우도 참이므로

$r \Rightarrow \sim p$

따라서 옳은 것은 ③

| 정답 ➔ ③

2-6

① 모든 x에 대하여 $x+3<9$이다. (참)

$x\in U$인 모든 x에 대하여 성립하므로 참이다.

② 어떤 x에 대하여 $x^2=4$이다. (참)

$x=2$일 때 성립하므로 참이다.

③ 어떤 x에 대하여 $x^2>20$이다. (참)

$x=5$일 때 성립하므로 참이다.

④ 모든 x와 모든 y에 대하여 $x^2+y^2\geq 5$이다. (거짓)

$x=1$, $y=1$일 때 성립하지 않는다.

⑤ 어떤 x와 어떤 y에 대하여 $x^2+y^2\leq 2$이다. (참)

$x=1$, $y=1$일 때 성립하므로 참이다.

| 정답 ➔ ④

2-7

$(P\cup Q)\cap R=\phi$

$\Leftrightarrow (P\cap R)\cup(Q\cap R)=\phi$

$\Leftrightarrow P\cap R=\phi$, $Q\cap R=\phi$

$\Leftrightarrow P\subset R^C$, $Q\subset R^C$

$\therefore p \Rightarrow \sim r$, $q \Rightarrow \sim r$

따라서 옳은 것은 ④

| 정답 ➔ ④

2-8

$p \Rightarrow \sim q$, $\sim r \Rightarrow q$이므로 그 대우도 참이다.

$\therefore q \Rightarrow \sim p$, $\sim q \Rightarrow r$

또, 삼단논법에 의해

$p \Rightarrow \sim q$, $\sim q \Rightarrow r$이므로 $p \Rightarrow r$
또, $p \Rightarrow r$의 대우도 참이므로 $\sim r \Rightarrow \sim p$
이상에서 옳은 것은 ㄱ, ㄴ

| 정답 ➡ ②

2-9

명제 'a, b가 자연수일 때, $a+b$가 홀수이면 ab는 짝수이다.' 에 대하여

역 : ab가 짝수이면 $a+b$는 홀수이다.
(반례) $a=2$, $b=2$

이 : $a+b$가 짝수이면 ab는 홀수이다.
(반례) $a=2$, $b=2$

대우 : ab가 홀수이면 $a+b$는 짝수이다.
(증명) ab가 홀수이면 a와 b는 둘 다 홀수이므로 $a+b$는 짝수이다.

따라서 대우는 참이다.

| 정답 ➡ ③

2-10

두 조건
p : $-2\leq x<-2k$, q : $k\leq x<10$
의 진리집합을 각각 P, Q라고 하면
$P=\{x|-2\leq x<-2k\}$,
$Q=\{x|k\leq x<10\}$
이다.
이때, $p \Rightarrow q$이므로 $P\subset Q$이어야 한다.

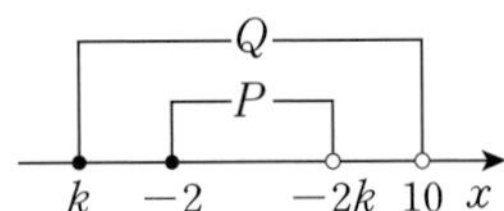

위의 그림에서
$k\leq -2$, $-2k\leq 10$
$\therefore -5\leq k\leq -2$

| 정답 ➡ ①

2-11

$q \Rightarrow p$, $p \Rightarrow r$에서 $q \Rightarrow r$이고,
$\sim q \Rightarrow \sim r$에서 $r \Rightarrow q$이므로
세 조건 p, q, r사이의 관계는

$q \Rightarrow p$
$\Nwarrow\ r\ \Swarrow$

따라서 q는 r이기 위한 필요충분조건이다.

| 정답 ➡ 필요충분조건

2-12

두 조건
p : $-3\leq x\leq 1$, q : $x>a$
의 진리집합을 각각 P, Q라고 하면
$P=\{x|-3\leq x\leq 1\}$,
$Q=\{x|x>a\}$
이므로
$P^C=\{x|x<-3 \text{ or } x>1\}$
이때, $q \Rightarrow \sim p$이므로 $Q\subset P^C$이어야 한다.

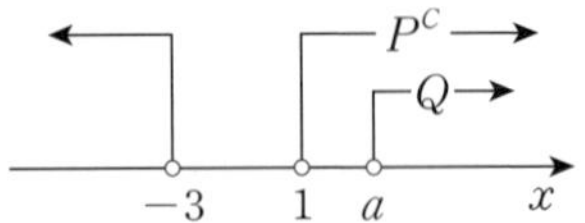

위의 그림에서
$a\geq 1$

| 정답 ➡ $a\geq 1$

2-13

$A\cap B\cap C=A$이면 $A\subset(B\cap C)$
$\therefore A\subset(B\cup C)$
$\therefore A\cup B\cup C=B\cup C$
역으로
$A\cup B\cup C=B\cup C$이면 $A\subset(B\cup C)$
이때, $A\subset(B\cap C)$인 것은 아니므로
$A\cap B\cap C\neq A$
(반례) $A=\{1, 2\}$, $B=\{2, 3\}$, $C=\{1, 3\}$
따라서
$(A\cap B\cap C=A) \Rightarrow (A\cup B\cup C=B\cup C)$
즉, $A\cap B\cap C=A$는 $A\cup B\cup C=B\cup C$이기 위한 충분조건이다.

| 정답 ➡ 충분조건

2-14

$A\cup(B-A)=B$
$\Leftrightarrow A\cup(B\cap A^C)=B$
$\Leftrightarrow (A\cup B)\cap(A\cup A^C)=B$
$\Leftrightarrow (A\cup B)\cap U=B$ (U는 전체집합)
$\Leftrightarrow A\cup B=B$
$\Leftrightarrow A\subset B$

| 정답 ➡ $A\subset B$

2-15

$P\cup(Q\cap P^C)=P$

$\Leftrightarrow (P\cup Q)\cap(P\cup P^C)=P$

$\Leftrightarrow (P\cup Q)\cap U=P$ (U는 전체집합)

$\Leftrightarrow P\cup Q=P$

$\Leftrightarrow Q\subset P$

따라서 p는 q이기 위한 필요조건이다.

| 정답 ➜ 필요조건

2-16

$(A\cup B)\cap(A^C\cup B^C)=B\cap A^C$

$\Leftrightarrow (A\cup B)\cap(A\cap B)^C=B\cap A^C$

$\Leftrightarrow (A-B)\cup(B-A)=B-A$

$\Leftrightarrow (A-B)\subset(B-A)$

$\phi=(A-B)\cap(B-A)=A-B$이므로

$A\subset B$

| 정답 ➜ $A\subset B$

2-17

ㄱ. 자연수 n에 대하여 n^2이 홀수이면 n도 홀수이다. (참)

(증명) 대우 「n이 짝수이면 n^2도 짝수이다.」가 참임을 보이면 된다.

$n=2k$(k는 자연수)이면 $n^2=4k^2=2(2k^2)$이므로 n^2은 짝수이다.

따라서 대우가 참이므로 주어진 명제도 참이다.

ㄴ. 자연수 m, n에 대하여 mn이 짝수이면 m 또는 n이 짝수이다. (참)

(증명) 대우 「m과 n이 모두 홀수이면 mn은 홀수이다」가 참임을 보이면 된다.

$m=2a-1$, $n=2b-1$(a, b는 자연수)라고 놓으면

$mn=(2a-1)(2b-1)$

$=4ab-2a-2b+1$

$=2(2ab-a-b)+1$

이므로 mn은 홀수이다.

따라서 대우가 참이므로 주어진 명제도 참이다.

ㄷ. 실수 x, y에 대하여 $x+y>0$이면 $x>1$ 또는 $y>-1$이다. (참)

(증명) 대우 「$x\leq1$이고 $y\leq-1$이면 $x+y\leq0$이다.」가 참임을 보이면 된다.

$x\leq1$, $y\leq-1$에서 두 부등식을 변끼리 더하면 $x+y\leq1+(-1)=0$이다.

따라서 대우가 참이므로 주어진 명제도 참이다.

이상에서 참인 명제는 ㄱ, ㄴ, ㄷ

| 정답 ➜ ⑤

2-18

① $a=b$이면 $am=bm$

역 : $am=bm$이면 $a=b$

(반례) $a=1$, $b=2$, $m=0$

② $x>1$이면 $x^2>1$

역 : $x^2>1$이면 $x>1$

(반례) $x=-2$

③ $x\geq1$이고 $y\geq1$이면 $x+y\geq2$

역 : $x+y\geq2$이면 $x\geq1$이고 $y\geq1$

(반례) $x=0$, $y=3$

④ $a=b$이고 $c=d$이면 $a+c=b+d$

역 : $a+c=b+d$이면 $a=b$이고 $c=d$

(반례) $a=1$, $b=0$, $c=0$, $d=1$

⑤ $a^2+b^2>0$이면 $a\neq0$ 또는 $b\neq0$

역 : $a\neq0$ 또는 $b\neq0$이면 $a^2+b^2>0$

(증명) $a\neq0$ 또는 $b\neq0$이면

$a^2>0$ 또는 $b^2>0$이므로 $a^2+b^2>0$

따라서 역이 참인 명제는 ⑤

| 정답 ➜ ⑤

2-19

$|x|+|y|=|x+y|$의 양변을 제곱하면

$x^2+y^2+2|xy|=x^2+y^2+2xy$

$\Leftrightarrow |xy|=xy$

$\Leftrightarrow xy\geq0$

따라서 필요충분조건이다.

| 정답 ➜ 필요충분

2-20

$p\Rightarrow q$, $\sim r\Rightarrow\sim q$에서 $p\Rightarrow q$, $q\Rightarrow r$

삼단논법에 의하여 $p\Rightarrow r$

대우도 참이므로 $\sim r\Rightarrow\sim p$

또, $p\Rightarrow q$의 대우도 참이므로 $\sim q\Rightarrow\sim p$

이상에서 반드시 참이라고 할 수 없는 것은 ④

| 정답 ➜ ④

2-21

p : 논리적이다. q : 긍정적이다.

r : 다정하다. s : 정열적이다.

t : 유머를 이해한다.

라고 놓으면 주어진 조건으로부터

$\sim p \Rightarrow \sim q,\ r \Rightarrow s,\ p \Rightarrow t,\ \sim p \Rightarrow \sim s$

대우에 의하여

$q \Rightarrow p,\ \sim s \Rightarrow \sim r,\ \sim t \Rightarrow \sim p,\ s \Rightarrow p$

이때, $r \Rightarrow s$, $s \Rightarrow p$이므로 삼단논법에 의하여

$r \Rightarrow p$이고, 대우도 참이므로

$\sim p \Rightarrow \sim r$

즉, 논리적이지 않은 사람은 다정하지 않다.

따라서 참인 명제는 ①

| 정답 ➔ ①

2-22

세 조건

$p : -1\le x\le 2,\ q : a\le x\le 1,$

$r : b\le x\le 3$

의 진리집합을 각각 P, Q, R이라고 하면

$P=\{x\,|\,-1\le x\le 2\},$

$Q=\{x\,|\,a\le x\le 1\},$

$R=\{x\,|\,b\le x\le 3\}$

이다.

이때, $q \Rightarrow p$이므로 $Q\subset P$

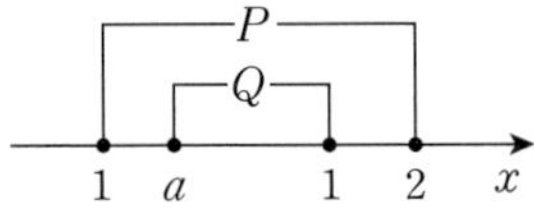

위의 그림에서

$-1\le a\le 1$

따라서 a의 최솟값은 -1

또, $p \Rightarrow r$이므로 $P\subset R$

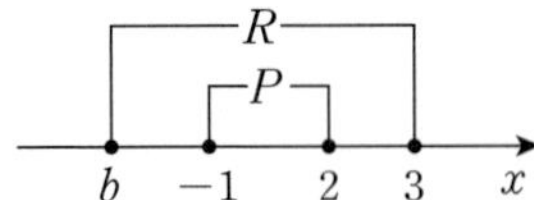

위의 그림에서

$b\le -1$

따라서 b의 최댓값은 -1

a의 최솟값과 b의 최댓값의 곱은

$(-1)\times(-1)=1$

| 정답 ➔ ③

2-23

(1) $p : x<0,\ q : x+|x|=0$

$x<0$이면 $|x|=-x$이므로 $x+|x|=0$

$\therefore p \Rightarrow q$

그러나 역은 성립하지 않는다

(반례) $x=0$ $\therefore q \not\Rightarrow p$

따라서 p는 q이기 위한 충분조건 ◀| 정답

(2) $p : a^2=b^2,\ q : a=b$

$p \not\Rightarrow q$ (반례) $a=-b$

$a=b$이면 $a^2=b^2$이므로 역은 참이다.

$\therefore q \Rightarrow p$

따라서 p는 q이기 위한 필요조건 ◀| 정답

(3) $p : x=3,\ q : x^2=3x$

$x=3$이면 $x^2=3x$이므로 $p \Rightarrow q$

그러나 역은 성립하지 않는다

(반례) $x=0$ $\therefore q \not\Rightarrow p$

따라서 p는 q이기 위한 충분조건 ◀| 정답

(4) $p : |a|+|b|=0,\ q : a^2+b^2=0$

$|a|+|b|=0$이면 $a=0$, $b=0$이므로 $a^2+b^2=0$

이다. $\therefore p \Rightarrow q$

역으로 $a^2+b^2=0$이면 $a=0$, $b=0$이므로

$|a|+|b|=0$이다. $\therefore q \Rightarrow p$

p는 q이기 위한 필요충분조건 ◀| 정답

2-24

$P-Q=R$

$\Leftrightarrow P\cap Q^C=R$

$\Leftrightarrow R\subset P,\ R\subset Q^C$

$\therefore r \Rightarrow p,\ r \Rightarrow \sim q$

대우도 참이므로

$\sim p \Rightarrow \sim r,\ q \Rightarrow \sim r$

따라서 참인 명제는 ㄷ, ㄹ

| 정답 ➔ ③

2-25

'$\overline{\mathrm{AB}}=\overline{\mathrm{AC}}$이면 $\angle B=\angle C$이다' 의

역 : $\angle B=\angle C$이면 $\overline{\mathrm{AB}}=\overline{\mathrm{AC}}$이다. (참)

이 : $\overline{\mathrm{AB}}\ne\overline{\mathrm{AC}}$이면 $\angle B\ne\angle C$이다. (참)

(역과 이는 서로 대우 관계이다)

대우 : $\angle B\ne\angle C$

이면 $\overline{\mathrm{AB}}\ne\overline{\mathrm{AC}}$이다. (참)

따라서 역, 이, 대우 모두 참이다.

| 정답 ⑤

2-26

'm, n이 자연수일 때, m^2+n^2이 홀수이면 mn은 짝수이다' 의

역 : mn이 짝수이면 m^2+n^2은 홀수이다.

(반례) $m=2,\ n=2$

이 : m^2+n^2이 짝수이면 mn은 홀수이다.

(반례) $m=2,\ n=2$

대우 : mn이 홀수이면 m^2+n^2은 짝수이다.

(증명) mn이 홀수이면 m과 n이 모두 홀수이므로 m^2과 n^2도 모두 홀수이다. 따라서 m^2+n^2은 짝수이다.

이상에서 참인 명제는 대우이다.

| 정답 ①

2-27

$|a-b|=|a+b|$의 양변을 제곱하면

$a^2-2ab+b^2=a^2+2ab+b^2 \Leftrightarrow ab=0$

① $a^2b-ab^2=0 \Leftrightarrow ab(a-b)=0$

$\Leftrightarrow ab=0$ 또는 $a=b$

따라서 $a^2b-ab^2=0$은 $ab=0$이기 위한 필요조건이다.

② $ab=0$은 $ab=0$이기 위한 필요충분조건이다.

③ $a=b$는 $ab=0$이기 위한 아무조건도 아니다.

④ $a^2+b^2=0 \Leftrightarrow a=0$이고 $b=0$

$a^2+b^2=0$이면 $ab=0$이다.

그러나 역은 성립하지 않는다.

(반례) $a=0,\ b=1$

따라서 $a^2+b^2=0$은 $ab=0$이기 위한 충분조건이다.

⑤ $(a-b)^2=(a+b)^2 \Leftrightarrow ab=0$

따라서 $(a-b)^2=(a+b)^2$은 $ab=0$이기 위한 필요충분조건이다.

| 정답 ④

2-28

p : 홀수, q : 3의 배수가 아닌수

라고 하면 규칙은 $p \Rightarrow q$이므로 그 대우 $\sim q \Rightarrow \sim p$도 규칙이다.

따라서 숫자 1, 3, 4, 6가 적혀있는 카드 중에서 홀수와 3의 배수인 수 1, 3, 6이 적혀있는 카드의 뒷면을 확인해야 한다.

| 정답 ④

2-29

$(P-Q)\cup(Q-R^C)=\phi$

$\Leftrightarrow P-Q=\phi$ 이고 $Q-R^C=\phi$

$\Leftrightarrow P\subset Q$ 이고 $Q\subset R^C$

따라서

$p \Rightarrow q,\ q \Rightarrow \sim r$

삼단논법에 의하여

$p \Rightarrow \sim r$

즉, p는 $\sim r$이기 위한 충분조건

| 정답 ③

2-30

(1) $(x-1)^2=0 \Leftrightarrow x=1$

$x^2-1=0 \Leftrightarrow x=\pm1$

따라서 $(x-1)^2=0$은 $x^2-1=0$이기 위한 충분조건이다.

| 정답 충분조건

(2) $A-(A\cap B)=\phi$

$\Leftrightarrow A\cap(A\cap B)^C=\phi$

$\Leftrightarrow A\cap(A^C\cup B^C)=\phi$

$\Leftrightarrow (A\cap A^C)\cup(A\cap B^C)=\phi$

$\Leftrightarrow \phi\cup(A\cap B^C)=\phi$

$\Leftrightarrow A\cap B^C=\phi$

$\Leftrightarrow A-B=\phi$

$\Leftrightarrow A\subset B$

따라서 $A-(A\cap B)=\phi$는 $A\subset B$이기 위한 필요충분조건이다.

| 정답 필요충분조건

[다른 풀이]

$A-(A\cap B)=\phi$

$\Leftrightarrow A\subset(A\cap B)$

그런데 $(A\cap B)\subset A$이므로

$A\subset(A\cap B)\subset A$

$\therefore A\cap B=A$

$\therefore A\subset B$

따라서 $A-(A\cap B)=\phi$는 $A\subset B$이기 위한 필요충분조건이다.

| 정답 필요충분조건

(3) $x^2-xy+y^2=0$

$\Leftrightarrow \left(x-\frac{1}{2}y\right)^2+\frac{3}{4}y^2=0$

x, y는 실수이므로

$\left(x-\frac{1}{2}y\right)^2\geq 0$, $\frac{3}{4}y^2\geq 0$

$\therefore x-\frac{1}{2}y=0$, $y=0$

$\therefore x=0$, $y=0$

따라서 $x^2-xy+y^2=0$은 $x=y=0$이기 위한 필요충분조건이다.

| **정답** ➡ 필요충분조건

2-31

$P=\{x\,|\,0<x<1\}$,

$Q=\{x\,|\,|x-a|<1\}=\{x\,|\,-1<x-a<1\}$

$=\{x\,|\,a-1<x<a+1\}$

라고 하자.

(1) $P\subset Q$를 만족해야 한다.

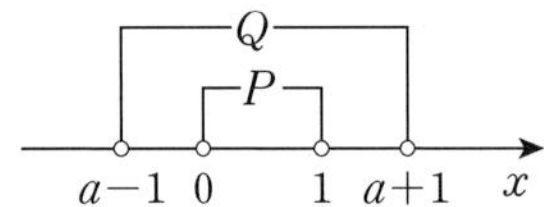

위의 그림에서

$a-1\leq 0$, $a+1\geq 1$

$\therefore 0\leq a\leq 1$

| **정답** ➡ $0\leq a\leq 1$

(2) $P\cap Q\neq\phi$를 만족해야 한다.

따라서 $P\cap Q=\phi$인 a의 값의 범위의 여집합을 구하면 된다.

$P\cap Q=\phi$을 만족하는 a의 값의 범위는

$a-1\geq 1$ 또는 $a+1\leq 0$

$\Leftrightarrow a\geq 2$ 또는 $a\leq -1$

따라서 $P\cap Q\neq\phi$인 a의 값의 범위는

$a\geq 2$ 또는 $a\leq -1$

의 여집합이므로

$-1<a<2$

| **정답** ➡ $-1<a<2$

2-32

(1) x, y가 실수일 때, $x+y>0$이면

$x>0$ 또는 $y>0$이다.

(증명) $x\leq 0$이고 $y\leq 0$이라고 가정하면 $x+y\leq 0$이 되어 가정에 모순이다.

따라서 $x+y>0$이면 $x>0$ 또는 $y>0$이다.

(2) a, b가 자연수일 때, $a+b$가 홀수이면 a, b 중에서 하나는 짝수이고 다른 하나는 홀수이다.

(증명) a와 b가 모두 홀수이거나 모두 짝수라고 가정하면 $a+b$는 짝수가 되어 가정에 모순이다.

따라서 $a+b$가 홀수이면 a, b 중에서 하나는 짝수이고 다른 하나는 홀수이다.

Ⅱ 함수

03강 함수 p070

연습문제 03 | 함수 p101~p109쪽

3-1 ③ **3-2** ②

3-3 (1) -2 (2) $f(x)=-x^2+3x-2$

3-4 -1 **3-5** -3 **3-6** 3

3-7 $\{-1\}$, $\{4\}$, $\{-1, 4\}$

3-8 (1) $f(1)=0$, $f(16)=4$

(2) $f\left(\frac{x}{y}\right)=f(x)+f\left(\frac{1}{y}\right)=f(x)-f(y)$

(3) $3f(x)$

3-9 $b<5$ **3-10** ⑤ **3-11** ③

3-12 ④ **3-13** ③

3-14 (1) $a_1=1$, $a_2=2$, $a_3=4$

(2) $a_4=a_3+3a_2$

3-15 2 **3-16** 5 **3-17** 1 **3-18** 4

3-19 (1) $h(x)=-3x+2$

(2) $h(x)=-3x$

3-20 $f(x)=x^2-3x+2$

3-21 ③ **3-22** ④ **3-23** 12

3-24 1 **3-25** $-2<k<2$ **3-26** -3

3-27 -2 **3-28** 1 **3-29** ②

3-30 ④ **3-31** ④ **3-32** 0

3-33 $-\frac{1}{3}$ **3-34** ① **3-35** ①

3-36 0 **3-37** ③ **3-38** 0 **3-39** 6

3-40 $f^{-1}(x)=\begin{cases} x-1 & (2\le x<4) \\ \frac{1}{3}(x+5) & (x\ge 4) \end{cases}$

3-41 ④ **3-42** 2 **3-43** 6

3-44 -1 **3-45** 3 **3-46** 풀이 참조

3-47 7개 **3-48** ③ **3-49** 4

3-50 $\frac{1}{2}$ **3-51** 풀이 참조 **3-52** 26

3-53 ④

3-54 (1) $f(x)=-2x+2(1\le x<2)$

(2) 풀이 참조 (3) 2개

3-1

$X=\{-1,\ 0,\ 1\}$, $Y=\{-2, -1,\ 0,\ 1,\ 2\}$

① $f(x)=-x+1$의 치역 $f(X)$가

$$f(X)=\{0,\ 1,\ 2\}\subset Y$$

이므로 f는 X에서 Y로의 함수이다.

② $f(x)=2|x|-1$의 치역 $f(X)$가

$$f(X)=\{-1,\ 1\}\subset Y$$

이므로 f는 X에서 Y로의 함수이다.

③ $f(x)=x+2$의 치역 $f(X)$가

$$f(X)=\{1,\ 2,\ 3\}\not\subset Y$$

이므로 f는 X에서 Y로의 함수가 아니다.

④ $f(x)=x^2+1$의 치역$f(X)$가

$$f(X)=\{1,\ 2\}\subset Y$$

이므로 f는 X에서 Y로의 함수이다.

⑤ $f(x)=x^2-x$의 치역 $f(X)$가

$$f(X)=\{0,\ 2\}\subset Y$$

이므로 f는 X에서 Y로의 함수이다.

따라서 X에서 Y로의 함수가 아닌 것은 ③번이다.

| 정답 ➔ ③

3-2

1은 유리수이고, $\sqrt{2}-1$은 무리수이므로

$$f(1)-f(\sqrt{2}-1)=(1+1)+(\sqrt{2}-1)$$
$$=1+\sqrt{2}$$

| 정답 ➔ ②

3-3

$$f(2x+1)=-4x^2+2x \ \cdots\cdots \ ①$$

(1) $2x+1=3$으로 놓으면 $x=1$이므로

①의 양변에 $x=1$을 대입하면

$f(3)=-4+2=-2$

| 정답 ➔ -2

(2) $2x+1=t$라고 놓으면 $x=\frac{1}{2}(t-1)$

이 값을 ①의 양변에 대입하면

$$f(t)=-4\left\{\frac{1}{2}(t-1)\right\}^2+2\cdot\frac{1}{2}(t-1)$$
$$=-(t-1)^2+(t-1)$$
$$=-t^2+3t-2$$

여기서 t를 x로 바꾸면

$f(x)=-x^2+3x-2$

◀| 정답

3-4

$x-2=-3$으로 놓으면 $x=-1$이므로

$g(x-2)=f(2x+3)$의 양변에 $x=-1$을 대입하면

$$g(-3)=f(1)=1-2=-1$$

| 정답 ➡ -1

3-5

(i) $a>0$인 경우

$f(-2)=-2$, $f(5)=5$이므로

$-2a+b=-2$, $5a+b=5$

$\therefore a=1,\ b=0$

이것은 조건 $ab\neq0$에 부적합하다.

(ii) $a<0$인 경우

$f(-2)=5$, $f(5)=-2$이므로

$-2a+b=5$, $5a+b=-2$

$\therefore a=-1,\ b=3$

(i), (ii)로부터 $a=-1$, $b=3$

$\therefore ab=(-1)\times3=-3$

| 정답 ➡ -3

3-6

$f(x)=x^3+2ax-a$, $g(x)=bx^2-cx$에서

$f(-1)=g(-1)$, $f(1)=g(1)$, $f(2)=g(2)$이므로

$-1-2a-a=b+c$,

$1+2a-a=b-c$,

$8+4a-a=4b-2c$

$\Leftrightarrow 3a+b+c=-1$ …… ①

$a-b+c=-1$ …… ②

$3a-4b+2c=-8$ …… ③

연립방정식 ①, ②, ③을 풀면

$a=-2,\ b=2,\ c=3$

$\therefore a+b+c=-2+2+3=3$

| 정답 ➡ 3

3-7

$f(x)=x^2-x$, $g(x)=2x+4$에서

$f(x)=g(x)$를 만족하는 x를 원소로 하는 집합을 구하면 된다.

$f(x)=g(x)$

$\Leftrightarrow x^2-x=2x+4$

$\Leftrightarrow x^2-3x-4=0$

$\therefore (x+1)(x-4)=0$

$\therefore x=-1,\ 4$

따라서 집합 X는

$\{-1\}$, $\{4\}$, $\{-1,\ 4\}$

◀| 정답

3-8

$f(xy)=f(x)+f(y)$ …… ①

(1) ①의 양변에 $x=1$, $y=1$을 대입하면

$f(1)=f(1)+f(1)\quad \therefore f(1)=0$

또, $x=2$, $y=2$을 대입하면 $f(2)=1$이므로

$f(4)=f(2)+f(2)=1+1=2$,

또, $x=4$, $y=4$를 대입하면

$f(16)=f(4)+f(4)=2+2=4$

| 정답 ➡ $f(1)=0$, $f(16)=4$

(2) ①의 양변에 x대신 $\frac{1}{y}$을 대입하면

$f\left(\frac{1}{y}\cdot y\right)=f\left(\frac{1}{y}\right)+f(y)$

$\Leftrightarrow f(1)=f\left(\frac{1}{y}\right)+f(y)$

$\Leftrightarrow 0=f\left(\frac{1}{y}\right)+f(y)$

$\therefore f\left(\frac{1}{y}\right)=-f(y)$ …… ②

또, ①의 양변에 y대신 $\frac{1}{y}$을 대입하면

$f\left(\frac{x}{y}\right)=f(x)+f\left(\frac{1}{y}\right)=f(x)-f(y)$

(3) ①의 양변에 y대신 x를 대입하면

$f(x^2)=f(x)+f(x)=2f(x)$,

또, ①의 양변에 y대신 x^2을 대입하면

$f(x^3)=f(x)+f(x^2)=f(x)+2f(x)$

$=3f(x)$

3-9

함수 $f(x)=\begin{cases}x+3 & (x\geq2)\\ ax+b & (x<2)\end{cases}$가 일대일 대응이므로

두 직선

$y=x+3\ (x\geq2)$, $y=ax+b\ (x<2)$

의 기울기는 서로 같은 부호이고, $x=2$에서의 함숫값이 서로 같다. 즉,

$a>0,\ 2a+b=5$

$\Leftrightarrow a>0,\ 2a=5-b$

따라서 $2a=5-b>0$

$\therefore b<5$

| 정답 ➡ $b<5$

3-10

포물선 $f(x)=x^2-4x+a=(x-2)^2+a-4$의 그래프는 $x\geq2$일 때 증가함수이고 일대일 대응이므로 $f(2)=a-4=1$을 만족한다.

$\therefore a=5$

| 정답 ➧ ⑤

3-11

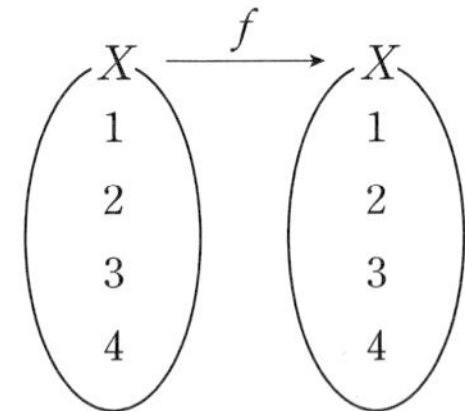

(i) 일대일 대응의 개수

1에 대응할 수 있는 원소는 4가지, 2에 대응할 수 있는 원소는 1에 대응되고 남은 3가지, 3에 대응할 수 있는 원소는 1, 2에 대응되고 남은 2가지, 4에 대응할 수 있는 원소는 1, 2, 3에 대응되고 남은 1가지이므로 일대일 대응의 개수 a는

$a=4\times3\times2\times1=24$(개)

(ii) 항등함수의 개수

$1 \Rightarrow 1,\ 2 \Rightarrow 2,\ 3 \Rightarrow 3,\ 4 \Rightarrow 4$로 대응되므로 항등함수의 개수 b는 $b=1$(개)

(iii) 상수함수의 개수

치역의 원소가 1개이므로 치역이

$\{1\},\ \{2\},\ \{3\},\ \{4\}$

로 이루어진 상수함수의 개수 c는

$c=4$(개)

(i), (ii), (iii)으로부터 구하는 값은

$a+b+c=24+1+4=29$

| 정답 ➧ ③

3-12

$f(-x)=f(x)$를 만족하는 함수 f는

$x=-1$일 때 $f(1)=f(-1)$,

$x=1$일 때 $f(-1)=f(1)$,

$x=0$일 때 $f(0)=f(0)$

이므로 $f(-1)$과 $f(1)$의 함숫값은 서로같고, $f(0)$은 $-1,\ 0,\ 1$의 세 개의 값 중 어느 값을 가져도 된다. 즉 -1에 대응할 수 있는 원소는 3가지, 1에 대응할 수 있는 원소는 -1에 대응하는 원소로 대응해야 하므로 1가지, 0에 대응할 수 있는 원소는 3가지이므로 구하는 함수의 개수는

$3\times1\times3=9$

| 정답 ➧ ④

3-13

$f(x)=\begin{cases}-2x+4 & (x\geq1)\\ x+1 & (x<1)\end{cases}$, $g(x)=x^2-1$에서

$(f\circ g)(1)+(g\circ f)(2)$

$=f(g(1))+g(f(2))=f(0)+g(0)$

$=1-1=0$

| 정답 ➧ ③

3-14

(1) $n=1$일 때 $X_1=\{1\}$에서 X_1으로 가는 함수 f에 대하여 $f\circ f$가 항등함수인 경우는 $f=I$일 때 뿐이다. 즉 1가지

$\therefore a_1=1$

$n=2$일 때 $X_2=\{1,\ 2\}$에서 X_2로 가는 함수 f에 대하여 $f\circ f$가 항등함수인 경우는 f가 항등함수이거나 한 쌍의 원소가 서로 엇갈려 대응되면 된다. 즉

(i) $f=I$인 경우 : 1가지

(ii) $f(1)=2,\ f(2)=1$인 경우 : 1가지

$\therefore a_2=2$

$n=3$일 때 $X_3=\{1,\ 2,\ 3\}$에서 X_3으로 가는 함수 f에 대하여 $f\circ f$가 항등함수인 경우는 f가 항등함수이거나 한 원소는 자기 자신으로 대응하고 나머지 한 쌍의 원소가 서로 엇갈려 대응되면 된다. 즉

(i) $f=I$인 경우 : 1가지

(ii) $f(1)=1,\ f(2)=3,\ f(3)=2$이거나

$f(1)=3,\ f(2)=2,\ f(3)=1$이거나

$f(1)=2,\ f(2)=1,\ f(3)=3$인 경우 : 3가지

$\therefore a_3=1+3=4$

| 정답 ➧ $a_1=1,\ a_2=2,\ a_3=4$

(2) $n=4$일 때 $X_4=\{1,\ 2,\ 3,\ 4\}$에서 X_4로 가는 함수 f에 대하여 $f\circ f$가 항등함수인 경우를 구하자.

(i) $f(4)=4$인 경우

원소 1, 2, 3에 대응할 수 있는 방법의 수는 $n=3$인 경우의 개수와 같다.

따라서 이 경우의 함수의 개수는 a_3

(ii) $f(4)\neq4$인 경우

$f(4)$의 값은 1, 2, 3중의 어느 하나이므로 3가

지이고, 나머지 원소를 대응시키는 방법의 수는 a_2와 같다.

예를 들어 $f(4)=1$이라면 $f(1)=4$이어야 하므로 나머지 두 원소 2, 3에 대응할 수 있는 방법의 수는 $n=2$인 경우의 개수 a_2와 같다.

따라서 이 경우의 함수의 개수는 $3a_2$

(i), (ii)로부터 구하는 a_4의 값은

$a_4=a_3+3a_2$

| 정답 ➡ $a_4=a_3+3a_2$

[참고]
일반적으로 임의의 자연수 n
에 대하여 다음 관계식이 성립한다.
$a_1=1,\ a_2=2,\ a_{n+2}=a_{n+1}+(n+1)a_n$

3-15

$f(1)=g(3)=2$이므로

$(g\circ f)(1)=(f\circ g)(3)=3$

$\Leftrightarrow g(f(1))=f(g(3))=3$

$\Leftrightarrow g(2)=f(2)=3$

두 함수 f와 g가 $X=\{1,\ 2,\ 3\}$에서 X로의 일대일 대응이므로

$f(3)=1,\ g(1)=1$

$\therefore f(3)+g(1)=1+1=2$

| 정답 ➡ 2

3-16

$f(x)=ax-2,\ g(x)=-x+1$에서

$(f\circ g)(x)=(g\circ f)(x)$

$\Leftrightarrow f(g(x))=g(f(x))$

$\Leftrightarrow f(-x+1)=g(ax-2)$

$\Leftrightarrow a(-x+1)-2=-(ax-2)+1$

$\Leftrightarrow -ax+a-2=-ax+3$

$\therefore a-2=3$

$\therefore a=5$

| 정답 ➡ 5

3-17

$f(x)=ax+b$에서 $f(x)$가 일차함수이므로 $a\neq0$이다. 따라서

$(f\circ f)(x)=f(x)$

$\Leftrightarrow f(f(x))=f(x)$

$\Leftrightarrow f(ax+b)=ax+b$

$\Leftrightarrow a(ax+b)+b=ax+b$

$\Leftrightarrow a^2x+ab+b=ax+b$

양변의 계수를 비교하면

$a^2=a,\ ab+b=b$

$a\neq0$이므로 $a=1,\ b=0$

$\therefore a+b=1+0=1$

| 정답 ➡ 1

3-18

두 함수 $f(x),\ g(x)$가 임의의 함수 $h(x)$에 대하여

$(h\circ g\circ f)(x)=h(x)$

를 만족하므로

$g\circ f=I$(항등함수)

이다. 따라서 $g=f^{-1}$

$g(5)=f^{-1}(5)=k$라고 놓으면 $f(k)=5$

$2k-3=5 \quad \therefore k=4$

| 정답 ➡ 4

3-19

$f(x)=2x-1,\ g(x)=-6x+3$

(1) $(f\circ h)(x)=g(x)$

$\Leftrightarrow f(h(x))=g(x)$

$\Leftrightarrow 2h(x)-1=-6x+3$

$\Leftrightarrow 2h(x)=-6x+4$

$\therefore h(x)=-3x+2$ ⬅| 정답

(2) $(h\circ f)(x)=g(x)$

$\Leftrightarrow h(f(x))=g(x)$

$\Leftrightarrow h(2x-1)=-6x+3$ …… ①

$2x-1=t$라고 놓으면 $x=\frac{1}{2}(t+1)$

이 값을 ①에 대입하면

$h(t)=-6\cdot\frac{1}{2}(t+1)+3$

$=-3(t+1)+3=-3t$

여기서 t를 x로 바꾸면

$h(x)=-3x$ ⬅| 정답

3-20

$(f\circ h)\circ g=f\circ(h\circ g)$이므로

$((f\circ h)\circ g)\ (x)=4x^2-2x$

$\Leftrightarrow\ (f\circ(h\circ g))(x)=4x^2-2x$

$\Leftrightarrow\ f((h\circ g)(x))=4x^2-2x$

$\Leftrightarrow\ f(2x+1)=4x^2-2x\ \cdots\cdots$ ①

$2x+1=t$라고 놓으면 $x=\frac{1}{2}(t-1)$

이 값을 ①에 대입하면

$$f(t)=4\cdot\left\{\frac{1}{2}(t-1)\right\}^2-2\cdot\frac{1}{2}(t-1)$$
$$=(t-1)^2-(t-1)$$
$$=t^2-3t+2$$

여기서 t를 x로 바꾸면

$f(x)=x^2-3x+2$ ◀ 정답

3-21

$f(x)=2x+1,\ g(1)=3$

$g(x+1)=(f\circ g)(x)\ \cdots\cdots$ ①

①의 양변에 $x=1$을 대입하면

$g(2)=(f\circ g)(1)=f(g(1))$
$=f(3)=7$

①의 양변에 $x=2$를 대입하면

$g(3)=(f\circ g)(2)=f(g(2))$
$=f(7)=15$

| 정답 ➔ ③

3-22

$f(-x)=-f(x)$에서

$x=2$일 때 $f(-2)=-f(2)$,

$x=0$일 때 $f(0)=-f(0)\quad\therefore f(0)=0$

$x=-2$일 때 $f(2)=-f(-2)$

즉 $f(2)+f(-2)=0,\ f(0)=0$을 만족하는 함수의 개수를 구하면 된다. 따라서 2에 대응할 수 있는 원소는 5가지, -2에 대응할 수 있는 원소는 2에 대응되는 원소와 부호가 다른 수이므로 1가지, 0에 대응할 수 있는 원소는 0으로 1가지

$\therefore 5\times1\times1=5$(개)

| 정답 ➔ ④

3-23

$f(1)=5,\ g(4)=9,\ (g\circ f)(2)=7$

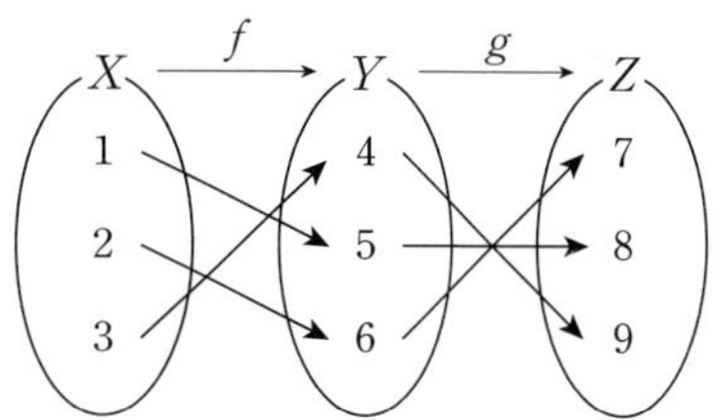

$$(g\circ f)(2)=7\Leftrightarrow g(f(2))=7$$

만일 $f(2)=4$이면, $g(f(2))=g(4)=9$가 되어 조건에 부적합하다.

$\therefore f(2)=6,\ g(6)=7$

따라서 함수 f, g는 위의 그림과 같다.

$\therefore f(3)+g(5)=4+8=12$

| 정답 ➔ 12

3-24

$f(x)=\begin{cases}-2x+6 & (x\geq1)\\ x+3 & (x<1)\end{cases}$ 에서

$f^1\left(\frac{5}{2}\right)=f\left(\frac{5}{2}\right)=1,$

$f^2\left(\frac{5}{2}\right)=f\left(f\left(\frac{5}{2}\right)\right)=f(1)=4,$

$f^3\left(\frac{5}{2}\right)=f\left(f^2\left(\frac{5}{2}\right)\right)=f(4)=-2,$

$f^4\left(\frac{5}{2}\right)=f\left(f^3\left(\frac{5}{2}\right)\right)=f(-2)=1,$

$f^5\left(\frac{5}{2}\right)=f\left(f^4\left(\frac{5}{2}\right)\right)=f(1)=4,$

$\cdots\cdots$

이므로 함숫값은 1, 4, -2가 반복하여 나타난다. 따라서 주기가 3이므로

$$100=3\times33+1$$

임을 이용하면

$$f^{100}\left(\frac{5}{2}\right)=f^1\left(\frac{5}{2}\right)=1$$

| 정답 ➔ 1

[참고]
이런 유형의 문제는 함숫값을 차례로 계산하여 주기를 발견한다.

3-25

함수 $f(x)=k|x-1|+2x+3$의 역함수가 존재하려면 함수 f는 일대일 대응이어야한다. 따라서

$$f(x)=\begin{cases}(k+2)x-k+3 & (x\geq 1)\\(-k+2)x+k+3 & (x<1)\end{cases}$$

에서 두 직선의 기울기의 부호가 서로 같아야 한다.

$\therefore (k+2)(-k+2)>0$

$\therefore (k+2)(k-2)<0$

$\therefore -2<k<2$

| 정답 ➜ $-2<k<2$

3-26

$f^{-1}(5)=2,\ f^{-1}(-4)=-1$

$\Leftrightarrow f(2)=5,\ f(-1)=-4$

$\therefore 2a+b=5,\ -a+b=-4$

두 식을 연립하여 풀면 $a=3,\ b=-1$

$\therefore ab=3\times(-1)=-3$

| 정답 ➜ -3

3-27

$f\left(\frac{2x-1}{3}\right)=2x+5$ …… ①

$\frac{2x-1}{3}=t$라고 놓으면 $x=\frac{1}{2}(3t+1)$

이 값을 ①에 대입하면

$f(t)=2\cdot\frac{1}{2}(3t+1)+5=3t+6$

여기서 t를 x로 바꾸면 $f(x)=3x+6$

$f^{-1}(0)=k$라고 놓으면 $f(k)=0$

$\therefore 3k+6=0\quad \therefore k=-2$

| 정답 ➜ -2

[다른 풀이]

$f\left(\frac{2x-1}{3}\right)=2x+5$

$\Leftrightarrow f^{-1}(2x+5)=\frac{2x-1}{3}$ …… ①

$2x+5=0$으로 놓으면 $x=-\frac{5}{2}$

이 값을 ①에 대입하면

$f^{-1}(0)=-2$

| 정답 ➜ -2

3-28

$f(x)=\begin{cases}x^2+3 & (x\geq 0)\\x+3 & (x<0)\end{cases}$에서

$x\geq 0$일 때 $f(x)=x^2+3\geq 3$,

$x<0$일 때 $f(x)=x+3<3$

따라서 $f^{-1}(2)=a,\ f^{-1}(7)=b$라고 놓으면

$f(a)=2,\quad f(b)=7$

$\Leftrightarrow a+3=2,\ b^2+3=7(b\geq 0)$

$\Leftrightarrow a=-1,\ b=2$

$\therefore f^{-1}(2)+f^{-1}(7)=-1+2=1$

⬅ | 정답

3-29

$f^{-1}(-3)=2,\ (f\circ f)(2)=7$

$\Leftrightarrow f(2)=-3,\ f(f(2))=7$

$\Leftrightarrow f(2)=-3,\ f(-3)=7$

$\therefore 2a+b=-3,\ -3a+b=7$

연립하여 풀면 $a=-2,\ b=1$

$\therefore f(x)=-2x+1$

$f^{-1}(5)=k$라고 놓으면 $f(k)=5$

$\therefore -2k+1=5\quad \therefore k=-2$

| 정답 ➜ ②

3-30

$(f^{-1}\circ g)(a)=-2$의 양변의 왼쪽에 f를 합성하면

$f\circ f^{-1}=I$이므로

$g(a)=f(-2)=0$

$\therefore -a+1=0\quad \therefore a=1$

| 정답 ➜ ④

3-31

$f(x)=2x-3$는 일대일 대응이고, 증가함수이므로

$a=f(1)=-1,\ b=f(4)=5$

$\therefore a+b=-1+5=4$

| 정답 ➜ ④

3-32

$f(x)=\begin{cases}2x+a & (x\geq 2)\\x+3 & (x<2)\end{cases}$가 일대일 대응이므로

$x=2$에서의 함숫값이 서로 같다.

$\therefore 4+a=5\quad \therefore a=1$

$\therefore f(x)=\begin{cases} 2x+1 & (x\geq 2) \\ x+3 & (x<2) \end{cases}$

$x\geq 2$일 때 $f(x)=2x+1\geq 5$

$x<2$일 때 $f(x)=x+3<5$

따라서 $f^{-1}(7)=k$라고 놓으면 $f(k)=7$

$\therefore 2k+1=7 \quad \therefore k=3$

$(f^{-1}\circ f^{-1})(7)$

$=f^{-1}(f^{-1}(7))=f^{-1}(3)$ …… ①

$f^{-1}(3)=m$이라고 놓으면 $f(m)=3$

$\therefore m+3=3 \quad \therefore m=0$

①에 대입하면

$(f^{-1}\circ f^{-1})(7)=0$

| 정답 ➾ 0

3-33

$f(x)=\begin{cases} -3x & (x\geq 0) \\ ax & (x<0) \end{cases}$ 의 역함수를 구하자.

$x\geq 0$일 때 함수 $y=-3x$의 치역은

$\{y\,|\,y\leq 0\}$ ⇦ 역함수의 정의역

이고, $x=-\frac{1}{3}y$에서 x와 y를 바꾸면

$y=-\frac{1}{3}x \ (x\leq 0)$

$x<0$일 때 함수 $y=ax$의 기울기와 직선 $y=-3x$의 기울기의 부호가 서로 같아야 하므로 $a<0$이다. 따라서 함수 $y=ax$의 치역은

$\{y\,|\,y>0\}$ ⇦ 역함수의 정의역

이고, $x=\frac{1}{a}y$에서 x와 y를 바꾸면

$y=\frac{1}{a}x\,(x>0)$

$\therefore f^{-1}(x)=\begin{cases} \frac{1}{a}x & (x>0) \\ -\frac{1}{3}x & (x\leq 0) \end{cases}$

$x=0$에서의 함숫값이 서로 일치하므로 등호가 어디에 붙어 있어도 상관없다.

따라서 조건 $f(x)=f^{-1}(x)$로부터

$a=-\frac{1}{3}$

| 정답 ➾ $-\frac{1}{3}$

3-34

$(g\circ f)^{-1}=g^{-1}\circ f^{-1}$

$\Leftrightarrow \{(g\circ f)^{-1}\}^{-1}=(g^{-1}\circ f^{-1})^{-1}$

$\Leftrightarrow g\circ f=(f^{-1})^{-1}\circ (g^{-1})^{-1}=f\circ g$

즉 $g\circ f=f\circ g$를 만족하면 된다.

$(g\circ f)(x)=(f\circ g)(x)$

$\Leftrightarrow g(f(x))=f(g(x))$

$\Leftrightarrow g\left(\frac{1}{2}x+1\right)=f(2x+a)$

$\Leftrightarrow 2\left(\frac{1}{2}x+1\right)+a=\frac{1}{2}(2x+a)+1$

$\Leftrightarrow x+a+2=x+\frac{1}{2}a+1$

$\therefore a+2=\frac{1}{2}a+1$

$\therefore a=-2$

| 정답 ➾ ①

3-35

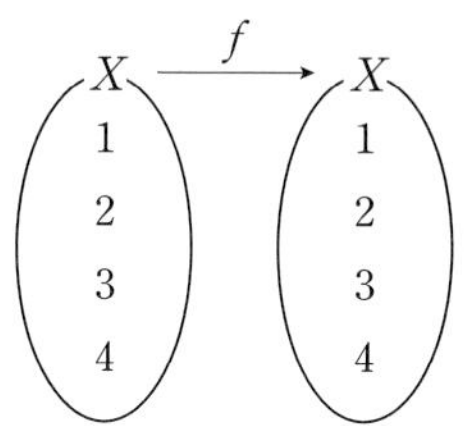

(i) $f(1)=f^{-1}(1)=1$인 경우

$f(1)=1$이므로 나머지 3개의 원소를 대응시키는 방법의 수는 $3\times 2\times 1=6$(가지)

(ii) $f(1)=f^{-1}(1)=2$인 경우

$f(1)=2,\ f(2)=1$이므로 나머지 2개의 원소를 대응시키는 방법의 수는 $2\times 1=2$(가지)

(iii) $f(1)=f^{-1}(1)=3$인 경우

(ii)와 마찬가지로 2가지

(iv) $f(1)=f^{-1}(1)=4$인 경우

(ii)와 마찬가지로 2가지

따라서 구하는 함수의 개수는

$6+2+2+2=12$(개)

| 정답 ➾ ①

3-36

$f^{-1}(5)=2$에서 $f(2)=5$

$\therefore 2a+b=5$ …… ①

$(f\circ g)(x)=2x-5$

$\Leftrightarrow f(g(x))=2x-5$

$\Leftrightarrow f(x+c)=2x-5$

$\Leftrightarrow a(x+c)+b=2x-5$

$\therefore ax+ac+b=2x-5$

$\therefore a=2,\ ac+b=-5$

$\therefore 2c+b=-5$ …… ②

$a=2$를 ①에 대입하면 $b=1$

②에 대입하면 $c=-3$

$\therefore a+b+c=2+1-3=0$

| 정답 ➡ 0

3-37

함수 f는 역함수를 가지므로 일대일 대응이다.

$f^{-1}(1)=3$에서 $f(3)=1$이고,

$f=f^{-1}$이므로 $f(3)=f^{-1}(3)=1$

$\therefore f(1)=3$

따라서

$f(2)=2,\ f(4)=4$ 또는 $f(2)=4,\ f(4)=2$

이다. 어느 경우이든지 $f(2)+f(4)=2+4=6$

| 정답 ➡ ③

[참고]

$f=f^{-1} \Leftrightarrow f\circ f=I$

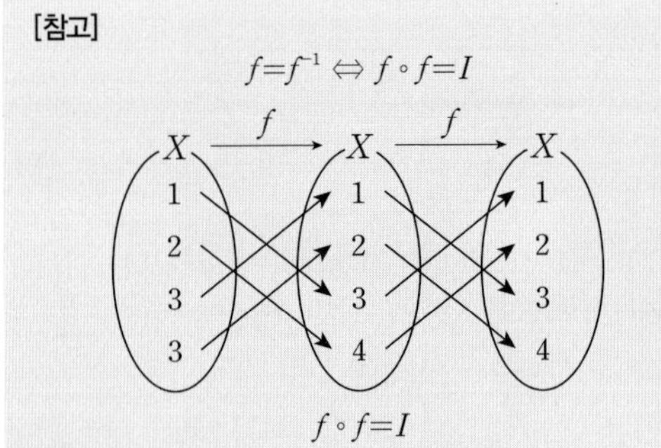

$f\circ f=I$

3-38

$(f\circ g)^{-1}(1)=k$라고 놓으면

$(f\circ g)(k)=1$

$\Leftrightarrow f(g(k))=1$

$\Leftrightarrow f(3k-2)=1$

$\Leftrightarrow 2(3k-2)+5=1$

$\therefore k=0$

| 정답 ➡ 0

[다른 풀이]

$(f\circ g)^{-1}=g^{-1}\circ f^{-1}$이므로

$(f\circ g)^{-1}(1)=(g^{-1}\circ f^{-1})(1)$

$=g^{-1}(f^{-1}(1))$ …… ①

$f^{-1}(1)=k$라고 놓으면 $f(k)=1$

$\therefore 2k+5=1 \quad \therefore k=-2$

①에 대입하면

$(f\circ g)^{-1}(1)=g^{-1}(-2)$ …… ②

$g^{-1}(-2)=m$이라고 놓으면 $g(m)=-2$

$\therefore 3m-2=-2 \quad \therefore m=0$

②에 대입하면

$(f\circ g)^{-1}(1)=0$

| 정답 ➡ 0

3-39

$f(1)=2,\ (f\circ f)(1)=3$에서

$f(f(1))=f(2)=3$

즉 $f(1)=2,\ f(2)=3$

함수 f가 일대일 대응이므로 $f(3)=1$

$\therefore f^{-1}(1)=3$

$\therefore f(2)+f^{-1}(1)=3+3=6$

| 정답 ➡ 6

3-40

$f(x)=|x-3|+2x-2$

$=\begin{cases} x+1 & (1\le x<3) \\ 3x-5 & (x\ge 3) \end{cases}$

$1\le x<3$일 때 함수 $y=x+1$의 치역은

$\{y\,|\,2\le y<4\}$ ⇦ 역함수의 정의역

이고, $x=y-1$에서 x와 y를 바꾸면

$y=x-1(2\le x<4)$

$x\ge 3$일 때 함수 $y=3x-5$의 치역은

$\{y\,|\,y\ge 4\}$ ⇦ 역함수의 정의역

이고, $x=\frac{1}{3}(y+5)$에서 x와 y를 바꾸면

$y=\frac{1}{3}(x+5)(x\ge 4)$

따라서 구하는 역함수는

$f^{-1}(x)=\begin{cases} x-1 & (2\le x<4) \\ \frac{1}{3}(x+5) & (x\ge 4) \end{cases}$

⬅ | 정답

3-41

$f=f^{-1}$이므로 $f(5)=f^{-1}(5)=-2$

$\therefore f(-2)=5$

따라서 $f(5)=-2,\ f(-2)=5$이므로

$5a+b=-2,\ -2a+b=5$

연립하여 풀면 $a=-1,\ b=3$

$\therefore f(x)=-x+3$

$\therefore f(-1)=4$

| 정답 ➡ ④

3-42

$f(x)=\begin{cases} x^2+1 & (x\ge 0) \\ x+1 & (x<0) \end{cases}$ 에서

$x\ge 0$이면 $f(x)=x^2+1\ge 1$

$x<0$이면 $f(x)=x+1<1$

이고,

$g\circ(f\circ g)^{-1}\circ g$

$=g\circ g^{-1}\circ f^{-1}\circ g$

$=f^{-1}\circ g$ ⇦ $g\circ g^{-1}=I$

$\therefore (g\circ(f\circ g)^{-1}\circ g)(7)$

$=(f^{-1}\circ g)(7)=f^{-1}(g(7))$

$=f^{-1}(5)$

$f^{-1}(5)=k$라고 놓으면 $f(k)=5$

$\therefore k^2+1=5(k\ge 0)$

$\therefore k=2$

| 정답 ➧ 2

3-43

$y=f(x)$의 그래프와 그의 역함수

$y=f^{-1}(x)$의 그래프는 직선 $y=x$에 대하여 대칭이므로 두 함수

$$y=f(x),\ y=f^{-1}(x)$$

의 그래프의 교점은 함수 $y=f(x)$의 그래프와 직선 $y=x$의 그래프의 교점과 일치한다.

$$x^2-2x=x \quad \therefore x(x-3)=0$$

$x\ge 1$이므로 $x=3$

따라서 교점의 좌표는 $(3,\ 3)$

$\therefore a+b=3+3=6$

| 정답 ➧ 6

3-44

$f(2)=-4,\ f^{-1}(5)=-1$이므로

$f(2)=-4,\ f(-1)=5$

$\therefore 2a+b=-4,\ -a+b=5$

연립하여 풀면 $a=-3,\ b=2$

$\therefore a+b=-3+2=-1$

| 정답 ➧ -1

3-45

$f(x)=|x-1|$에서

$(f\circ f\circ f)(x)=0$

$\Leftrightarrow f(f(f(x)))=0$

$\Leftrightarrow |f(f(x))-1|=0$

$\Leftrightarrow f(f(x))-1=0$

$\therefore f(f(x))=1 \quad \therefore |f(x)-1|=1$

$\therefore f(x)-1=\pm 1$

$\therefore f(x)=2$ 또는 $f(x)=0$

$\therefore |x-1|=2$ 또는 $|x-1|=0$

$\therefore x-1=\pm 2$ 또는 $x-1=0$

$\therefore x=3, -1,\ 1$

따라서 모든 실근의 합은

$3+(-1)+1=3$

| 정답 ➧ 3

3-46

(1) 함수 $f(x)$는

$$f(x)=\begin{cases} 1 & (x\le -1) \\ -x & (-1<x<1) \\ -1 & (x\ge 1) \end{cases}$$

$f(x)\le -1$인 x의 범위는 $x\ge 1$,

$-1<f(x)<1$인 x의 범위는

$-1<x<1$

$f(x)\ge 1$인 x의 범위는 $x\le -1$이므로

합성함수의 식은 다음과 같다.

$$f(f(x))=\begin{cases} 1 & (f(x)\le -1) \\ -f(x) & (-1<f(x)<1) \\ -1 & (f(x)\ge 1) \end{cases}$$

$$=\begin{cases} 1 & (x\ge 1) \\ -(-x) & (-1<x<1) \\ -1 & (x\le -1) \end{cases}$$

$$=\begin{cases} 1 & (x\ge 1) \\ x & (-1<x<1) \\ -1 & (x\le -1) \end{cases}$$

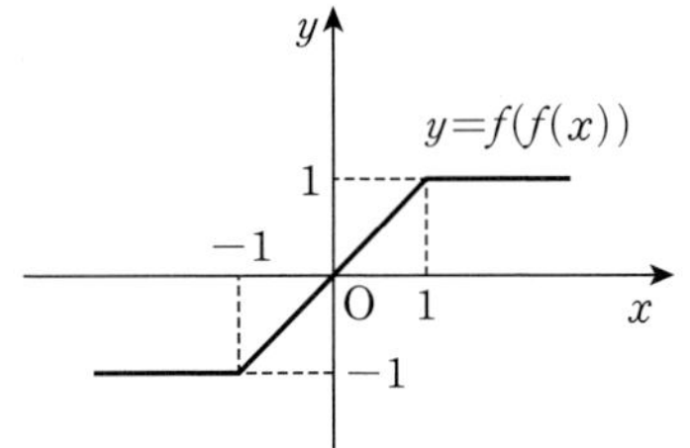

⑵ $x\le -1$일 때 $f(x)=1$이므로

$$g(f(x))=g(1)=1$$

$x\ge 1$일 때 $f(x)=-1$이므로

$$g(f(x))=g(-1)=1$$

이제 $-1<x<1$인 범위에서의 함수 $y=g(f(x))$를 구하면 된다.

$$g(x)=\begin{cases} -x & (-1<x<0) \\ x & (0\le x<1) \end{cases}$$ 이므로

$$g(f(x))=\begin{cases} -f(x) & (-1<f(x)<0) \\ f(x) & (0\le f(x)<1) \end{cases}$$

$$=\begin{cases} -(-x) & (0<x<1) \\ -x & (-1<x\le 0) \end{cases}$$

$$=\begin{cases} x & (0<x<1) \\ -x & (-1<x\le 0) \end{cases}$$

이상을 종합하면 $y=g(f(x))$의 그래프는 다음과 같다.

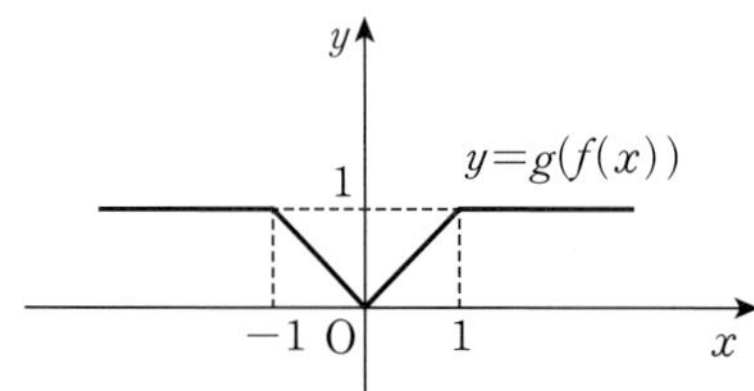

3-47

$$f(x)=t \;\cdots\cdots\; ①$$

라고 치환하면 방정식 $f(f(x))=f(x)$는

$$f(t)=t \;\cdots\cdots\; ②$$

방정식 ②의 실근은 두 함수

$y=f(t)$, $y=t$

의 그래프의 교점의 t의 좌표와 같다.

주어진 그래프에서 두 함수

$y=f(t)$, $y=t$

의 교점의 t의 좌표는 $t=a$, 0, b이고,

이것을 ①에 대입하면 다음 세 개의 방정식을 얻는다.

(i) $f(x)=a$인 경우

방정식 $f(x)=a$의 실근의 개수는 두 함수 $y=f(x)$, $y=a$의 교점의 개수와 같으므로 실근의 개수는 1개다.

(ii) $f(x)=0$인 경우

방정식 $f(x)=0$의 실근의 개수는 함수 $y=f(x)$의 x절편의 개수와 같으므로 실근의 개수는 3개다.

(iii) $f(x)=b$인 경우

방정식 $f(x)=b$의 실근의 개수는 두 함수 $y=f(x)$, $y=b$의 교점의 개수와 같으므로 실근의 개수는 3개다.

(i), (ii), (iii)으로부터 실근의 개수는

$1+3+3=7$(개)

| **정답** ➔ 7개

3-48

$$f(x+y)=f(x)+f(y)+1 \;\cdots\cdots\; ①$$

ㄱ. ①의 양변에 $x=0$, $y=0$을 대입하면

$f(0)=f(0)+f(0)+1 \quad \therefore f(0)=-1$

따라서 ㄱ은 옳다.

ㄴ. ①의 양변에 y대신 $-x$를 대입하면

$$f(0)=f(x)+f(-x)+1$$

$f(0)=-1$이므로

$$f(x)+f(-x)=-2$$

따라서 ㄴ은 옳지 않다.

ㄷ. $f(x)+f(-x)=-2$이므로 함수 $y=f(x)$의 그래프는 점 $(0,-1)$에 대하여 대칭이다.

따라서 ㄷ은 옳다.

이상에서 옳은 것은 ㄱ, ㄷ

| **정답** ➔ ③

> **[참고]**
> 실수 전체의 집합 R에서 R로의 함수 f가 모든 실수 x에 대하여
> $f(a+x)+f(a-x)=2b$
> 또는 $f(x)+f(2a-x)=2b$
> 를 만족할 때, 함수 $y=f(x)$의 그래프는 점 $(a,\ b)$에 대하여 대칭이다.

3-49

임의의 실수 x에 대하여

$f(2-x)=f(2+x)$

를 만족하므로 함수 $y=f(x)$의 그래프는 직선 $x=2$에 대하여 대칭이다.

따라서 방정식 $f(x)=0$의 두 실근을

$x=a$, b

라고 하면

$$\frac{a+b}{2}=2 \quad \therefore a+b=4$$

| **정답** ➔ 4

[참고]
함수 f가 모든 실수 x에 대하여
$f(m+x)=f(m-x)$
또는 $f(x)=f(2m-x)$
를 만족할 때, 함수 $y=f(x)$의 그래프는 직선 $x=m$에 대하여 대칭이다.

3-50

$$f(x+1)=\frac{f(x)-1}{f(x)+1} \quad \cdots\cdots \text{①}$$

①의 양변에 $x=0,\ 1,\ 2,\ 3,\ \cdots$을 차례로 대입하면
$f(0)=3$이므로

$$f(1)=\frac{f(0)-1}{f(0)+1}=\frac{3-1}{3+1}=\frac{1}{2}$$

$$f(2)=\frac{f(1)-1}{f(1)+1}=\frac{\frac{1}{2}-1}{\frac{1}{2}+1}=-\frac{1}{3}$$

$$f(3)=\frac{f(2)-1}{f(2)+1}=\frac{-\frac{1}{3}-1}{-\frac{1}{3}+1}=-2$$

$$f(4)=\frac{f(3)-1}{f(3)+1}=\frac{-2-1}{-2+1}=3$$

………………………………………………………………

따라서 $x=1,\ 2,\ 3,\ 4,\ \cdots$일 때 차례로
함숫값은 $\frac{1}{2},\ -\frac{1}{3},\ -2,\ 3$을 반복하여 갖는다.
주기가 4이므로
$25=4\times6+1$
임을 이용하면

$$f(25)=f(1)=\frac{1}{2}$$

| 정답 ➔ $\frac{1}{2}$

[참고]
$f(x)$가 모든 실수 x에 대하여

$$f(x+1)=\frac{f(x)-1}{f(x)+1}$$

을 만족할 때 함수 $f(x)$의 주기는 4임을 증명하시오.

(증명) x대신 $x+1$을 대입하면

$$f(x+2)=\frac{f(x+1)-1}{f(x+1)+1}$$

$$=\frac{\frac{f(x)-1}{f(x)+1}-1}{\frac{f(x)-1}{f(x)+1}+1}$$

$$=\frac{f(x)-1-(f(x)+1)}{f(x)-1+(f(x)+1)}$$

$$=-\frac{1}{f(x)}$$

여기서 x대신 $x+2$를 대입하면

$$f(x+4)=-\frac{1}{f(x+2)}=-\frac{1}{-\frac{1}{f(x)}}$$

$$=f(x)$$

따라서 함수 f의 주기는 4이다.

3-51

$$f(x)=\frac{f(x)+f(-x)}{2}+\frac{f(x)-f(-x)}{2}$$

에서

$$F(x)=\frac{f(x)+f(-x)}{2},$$

$$G(x)=\frac{f(x)-f(-x)}{2}$$

라고 놓으면
$f(x)=F(x)+G(x)$
로 나타낼 수 있다.
여기서 $F(x)$는 우함수, $G(x)$는 기함수임을 보이면 된다.
임의의 실수 x에 대하여

$$F(-x)=\frac{f(-x)+f(x)}{2}=F(x)$$

이므로 $F(x)$는 우함수이다. 또한

$$G(-x)=\frac{f(-x)-f(x)}{2}=-G(x)$$

이므로 $G(x)$는 기함수이다.
따라서 $f(x)$는 우함수와 기함수의 합으로 나타낼 수 있다.

3-52

$f(y+x)+f(y-x)-2f(y)=2x^2$
의 양변에 $y=0$을 대입하면
$f(x)+f(-x)-2f(0)=2x^2$
$f(0)=1$이고 $f(-x)=f(x)$이므로
$2f(x)-2=2x^2$
$\therefore f(x)=x^2+1$
$\therefore f(5)=5^2+1=26$

| 정답 ➔ 26

3-53

서로 다른 임의의 실수 a, b에 대하여

$$f\left(\frac{a+b}{2}\right)<\frac{f(a)+f(b)}{2}$$

을 만족하는 함수 $f(x)$의 그래프는 아래로 볼록한 곡선이다.

| 정답 ➔ ④

[참고] 아래로 볼록한 곡선

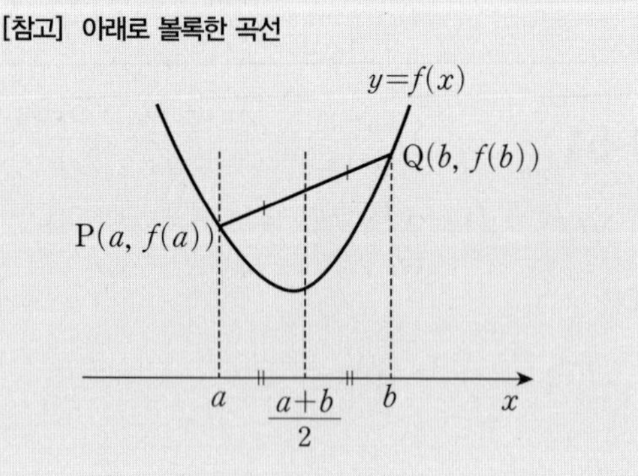

위의 그림과 같이 서로 다른 두 점

$P(a, f(a))$, $Q(b, f(b))$

를 이은 선분이 곡선 $y=f(x)$의 그래프보다 위쪽에 있을 때 함수 $y=f(x)$의 그래프는 아래로 볼록하다고 한다.

이때, 두 점의 중점 $x=\frac{a+b}{2}$에서의 함숫값을 비교하면 $y=f(x)$의 함숫값은

$f\left(\frac{a+b}{2}\right)$이고, 선분 PQ의 중점의 y좌표는

$\frac{f(a)+f(b)}{2}$이므로 부등식

$$f\left(\frac{a+b}{2}\right)<\frac{f(a)+f(b)}{2}$$

이 성립한다.

3-54

(가) $0\le x<1$일 때 $f(x)=2x$

(나) $f(x+1)=-f(x)$

(1) $0\le x<1$일 때

$f(x+1)=-f(x)=-2x$ …… ①

$x+1=t$라고 놓으면 $1\le t<2$이고,

$x=t-1$을 ①에 대입하면

$f(t)=-2(t-1)=-2t+2$

여기서 t를 x로 바꾸면

$f(x)=-2x+2(1\le x<2)$

◀ 정답

(2) $f(x+1)=-f(x)$의 양변에 x대신 $x+1$을 대입하면

$$f(x+2)=-f(x+1)$$
$$=-(-f(x))=f(x)$$

따라서 함수 f는 주기가 2인 주기함수이다. 즉, 함수 $f(x)$는

$$f(x)=\begin{cases}2x & (0\le x<1)\\ -2x+2 & (1\le x<2)\end{cases}$$

이고, 주기가 2이므로 함수 $y=f(x)$의 그래프는 다음과 같다.

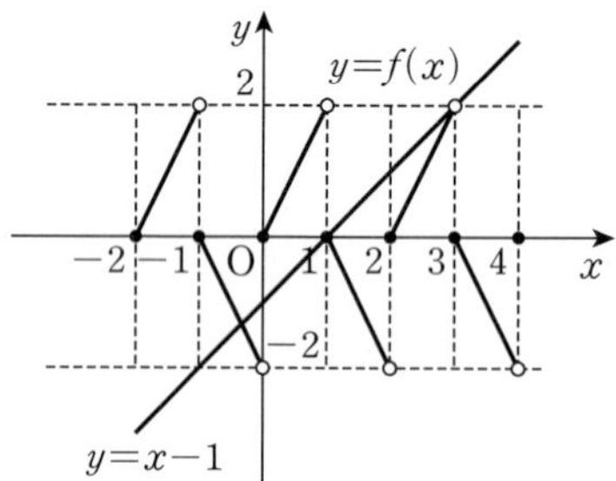

(3) 방정식 $f(x)=x-1$의 실근의 개수는 두 함수

$y=f(x)$, $y=x-1$

의 그래프의 교점의 개수와 같다.

따라서 위의 그래프를 이용하면 교점의 개수가 2개이므로 실근의 개수는 2개다.

| 정답 ➔ 2개

[참고]

방정식 $f(x)=x-1$의 실근은

$-2x-2=x-1$에서 $x=-\frac{1}{3}$

이고, 다른 한 근은 $x=1$이다.

즉, 실근은 $x=-\frac{1}{3}$, 1(2개)

04강 이차함수의 활용 p110

연습문제 04 | 이차함수의 활용 p135~p141쪽

4-1 ④ **4-2** 1 **4-3** ④
4-4 ④ **4-5** $m=2$ **4-6** ③
4-7 ① **4-8** $k<4$
4-9 $\frac{1}{3}<a\le 1$ **4-10** $m=\frac{2}{3}$
4-11 ① **4-12** 5 **4-13** ②
4-14 $\frac{\sqrt{3}}{2}$ **4-15** 9 **4-16** $\frac{3}{4}$
4-17 ① **4-18** ④ **4-19** ⑤
4-20 최댓값 8, 최솟값-1
4-21 ④ **4-22** 최댓값 1, 최솟값 -3
4-23 2 **4-24** 24 **4-25** -5
4-26 $y=2x^2-4x+3$ **4-27** $2\le a\le 4$
4-28 (1) 최댓값 7, 최솟값 -2
(2) 최댓값 8, 최솟값 -10
4-29 5 **4-30** 2 **4-31** 24
4-32 50cm^2 **4-33** -5 **4-34** 1
4-35 $-2\le y\le 2$ **4-36** ③
4-37 최댓값 10, 최솟값 5
4-38 최댓값 5, 최솟값 -4
4-39 최댓값 5, 최솟값 1
4-40 최댓값 20, 최솟값 2
4-41 (1) $v=u^2-1\left(\text{단}, -\frac{2}{\sqrt{3}}\le u\le \frac{2}{\sqrt{3}}\right)$
(2) 최댓값 2, 최솟값 $\frac{2}{3}$
4-42 (1) $-1\le x\le \frac{5}{7}$
(2) 최댓값 $\frac{11}{49}$, 최솟값 $-\frac{5}{4}$

4-1

$f(x)=|x|+|x-1|+|x-3|$
$+|x-6|+|x-10|+|x-15|$
의 꺾인 점의 개수가 짝수이므로 가운데의
구간 $3\le x\le 6$에서 최솟값을 갖는다.
따라서 정수 x는 4개

| 정답 ➔ ④

4-2

$\overline{PA}+\overline{PB}+\overline{PC}$
$=|x+2|+|x-1|+|x-3|$
이고, 꺾인 점의 개수가 홀수이므로 가운데의 한 점 $x=1$에서 최솟값을 갖는다.
따라서 $x=1$

| 정답 ➔ 1

[참고]
절댓값 기호로 이루어진 함수
$f(x)=|x-a_1|+|x-a_2|+\cdots+|x-a_n|$
의 최솟값
단, $a_1<a_2<\cdots<a_n$이고, n은 자연수
(i) n이 짝수인 경우
가운데의 구간 $a_{\frac{n}{2}}\le x\le a_{\frac{n}{2}+1}$에서 최솟값을 갖는다.
(ii) n이 홀수인 경우
가운데의 한 점 $x=a_{\frac{n+1}{2}}$에서 최솟값을 갖는다.

4-3

방정식 $x-[x]=\frac{1}{5}x$의 실근의 개수는 두 함수

$$y=x-[x],\ y=\frac{1}{5}x$$

의 그래프의 교점의 개수와 같다.
$y=x-[x]$의 그래프는
$-1\le x<0$일 때 $y=x-(-1)=x+1$
$0\le x<1$일 때 $y=x-0=x$
$1\le x<2$일 때 $y=x-1$
$2\le x<3$일 때 $y=x-2$

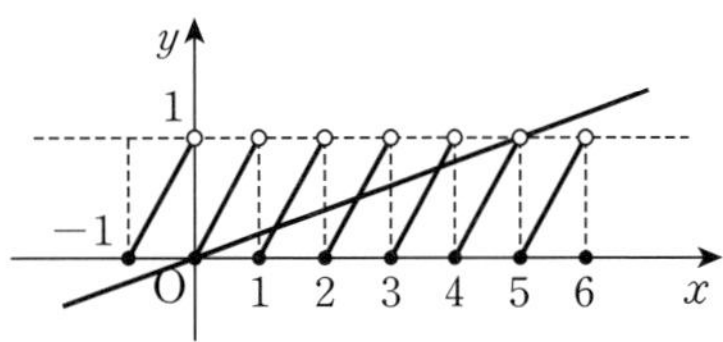

위의 그래프에서 두 함수

$$y=x-[x],\ y=\frac{1}{5}x$$

의 그래프의 교점의 개수가 4이므로 실근의 개수는 4

| 정답 ➔ ④

4-4

$y=x^2-2mx-4m+5$
$=(x-m)^2-m^2-4m+5$
이므로 꼭짓점의 좌표는

$(m,\ -m^2-4m+5)$
이 좌표가 제 2사분면에 있을 조건은
$m<0$이고 $-m^2-4m+5>0$
$-m^2-4m+5>0$에서 $m^2+4m-5<0$

$\therefore (m+5)(m-1)<0$

$\therefore -5<m<1$

$m<0$이므로 $-5<m<0$
따라서 정수 m의 개수는 4

| 정답 ➧ ④

4-5

$y=x^2+mx+m \Leftrightarrow (x+1)m+(x^2-y)=0$
m에 관계없이 성립하므로

$x+1=0,\ x^2-y=0$

$\therefore x=-1,\ y=1$

$\therefore P(-1,\ 1)$

따라서 점 $P(-1,\ 1)$가 포물선
$y=x^2+mx+m$의 꼭짓점이므로
$y=x^2+mx+m=(x+1)^2+1$
$=x^2+2x+2$
양변의 계수를 비교하면

$m=2$

| 정답 ➧ $m=2$

4-6

$y=x^2-4mx+4m=(x-2m)^2-4m^2+4m$
이므로 꼭짓점의 좌표는

$(2m,\ -4m^2+4m)$

$x=2m,\ y=-4m^2+4m$이라고 놓으면

$y=-x^2+2x$

이고, $m\geq1$이므로 $x=2m\geq2$이다.
따라서 꼭짓점의 자취의 방정식은

$y=-x^2+2x\ (x\geq2)$

$=-(x-1)^2+1\ (x\geq2)$

$x=1$은 정의역 $x\geq2$에 속하지 않으므로
$x=2$일 때 최댓값 0을 갖는다.

| 정답 ➧ ③

4-7

$f(a)=-1,\ f(a+b)=1$
$\Leftrightarrow [a]=-1,\ [a+b]=1$
$\Leftrightarrow -1\leq a<0,\ 1\leq a+b<2$

$0<-a\leq1,\ 1\leq a+b<2$에서 두 부등식을 변끼리 더하면

$1<b<3 \quad \therefore -3<-b<-1$

두 부등식 $-1\leq a<0,\ -3<-b<-1$을 변끼리 더하면

$-4<a-b<-1$

$\therefore [a-b]=-4,\ -3,\ -2$
$\therefore f(a-b)=-4,\ -3,\ -2$
따라서 최댓값은 -2, 최솟값은 -4
$\therefore -2-4=-6$

| 정답 ➧ ①

4-8

$|y|=x+2$에서
$y<0$일 때 $-y=x+2$
$y\geq0$일 때 $y=x+2$
따라서 $|y|=x+2$의 그래프는 다음과 같다.

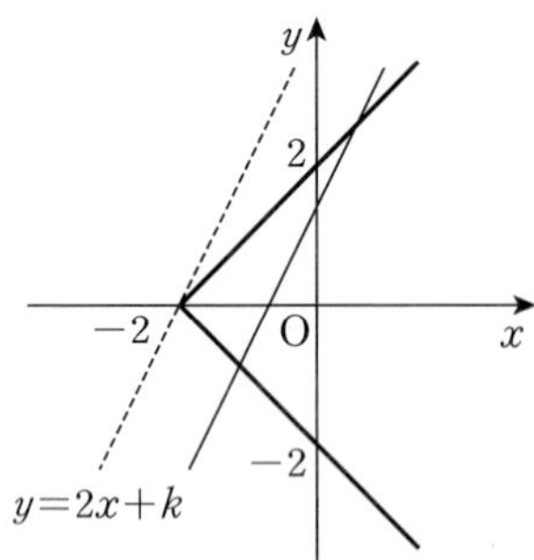

직선 $y=2x+k$가 점 $(-2,\ 0)$을 지날 때

$0=2\cdot(-2)+k \quad \therefore k=4$

따라서 두 그래프가 서로 다른 두 점에서 만날 조건은

$k<4$

| 정답 ➧ $k<4$

4-9

$y=|x|+3$의 그래프는

$x<0$일 때 $y=-x+3$

$x\geq0$일 때 $y=x+3$

이고, 직선 $y=ax+2-3a$의 그래프는
a의 값에 관계없이

$(x-3)a+(2-y)=0$

$\Leftrightarrow x-3=0,\ 2-y=0$

즉, $x=3,\ y=2$인 점 $(3,\ 2)$를 지난다.

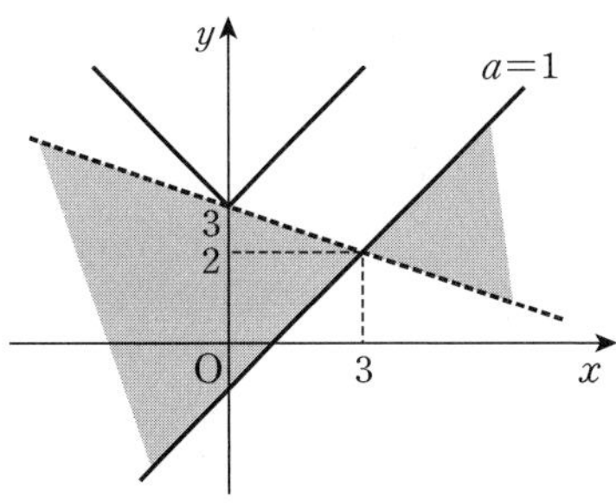

위의 그림에서 직선 $y=ax+2-3a$가

점 $(0,\ 3)$을 지날 때 $3=2-3a \quad \therefore a=-\frac{1}{3}$

직선 $y=x+3$과 평행할 때 $a=1$이므로

직선 $y=ax+2-3a$가 색칠한 부분에서 움직이면 두 그래프는 만나지 않는다.

따라서 구하는 a의 값의 범위는

$$-\frac{1}{3}<a\leq 1$$

| 정답 ➔ $-\frac{1}{3}<a\leq 1$

4-10

$y=-2|x-4|+8$에서

$x<4$일 때 $y=2(x-4)+8=2x$

$x\geq 4$일 때 $y=-2(x-4)+8=-2x+16$

따라서 $y=-2|x-4|+8$의 그래프는 다음과 같다.

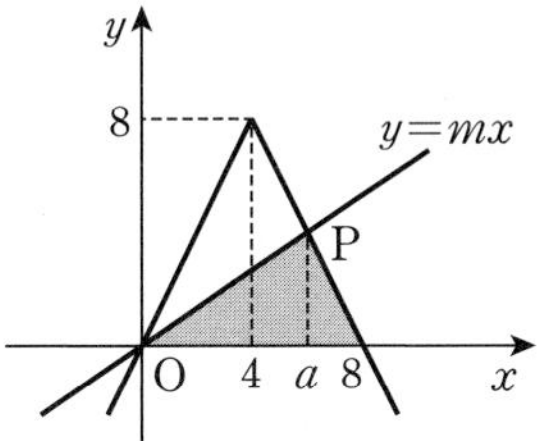

$y=-2|x-4|+8$의 그래프와 x축으로 둘러싸인 부분의 넓이는 $\frac{1}{2}\cdot 8\cdot 8=32$이다.

두 직선 $y=mx$, $y=-2x+16$의 교점을 $P(a,\ ma)$라고 놓으면 $4<a<8$이고,

$$ma=-2a+16 \ \cdots\cdots \ ①$$

또, 색칠한 부분의 넓이가 16이므로

$$\frac{1}{2}\cdot 8\cdot(-2a+16)=16$$

$$\therefore a=6$$

①에 대입하면

$$6m=4 \quad \therefore m=\frac{2}{3}$$

| 정답 ➔ $m=\frac{2}{3}$

4-11

$y=x^2-2x+3=(x-1)^2+2$

의 꼭짓점의 좌표는 $(1,\ 2)$이고,

$y=x^2+4x+10=(x+2)^2+6$

의 꼭짓점의 좌표는 $(-2,\ 6)$이다.

따라서 꼭짓점 $(1,\ 2)$를 x축으로 m만큼, y축으로 n만큼 평행이동하면 꼭짓점 $(-2,\ 6)$과 같다.

$$1+m=-2,\ 2+n=6$$

$$\therefore m=-3,\ n=4$$

$$\therefore m+n=-3+4=1$$

| 정답 ➔ ①

4-12

$y=\frac{4}{x^2+2x+a}$의 분모 x^2+2x+a가 최소일 때 y의 값은 최대가 된다.

$x^2+2x+a=(x+1)^2-1+a$이므로

$x=-1$일 때 분모의 최솟값은 $-1+a$이다.

따라서 y의 최댓값은

$$\frac{4}{-1+a}=1 \quad \therefore a=5$$

| 정답 ➔ 5

4-13

두 포물선 $y=3x^2-5x+8$, $y=x^2+3x-1$의 그래프에서

$3x^2-5x+8-(x^2+3x-1)$

$=2x^2-8x+9=2(x-2)^2+1>0$

이므로 포물선 $y=3x^2-5x+8$의 그래프가 포물선 $y=x^2+3x-1$의 그래프보다 항상 위쪽에 있다.

따라서

$$P(k,\ 3k^2-5k+8),\ Q(k,\ k^2+3k-1)$$

에서

$\overline{PQ}=(3k^2-5k+8)-(k^2+3k-1)$

$\quad=2k^2-8k+9=2(k-2)^2+1$

이므로 $k=2$일 때 최솟값 1

| 정답 ➔ ②

4-14

포물선 $y=x^2-2x$ 위의 점 P의 좌표를

$(a,\ b)$라고 놓으면

$b=a^2-2a=(a-1)^2-1\geq -1$

이고,

$l^2=\overline{PQ}^2=(a-1)^2+b^2$

$=a^2-2a+1+b^2$

$=b+1+b^2$ ⇦ $b=a^2-2a$

$=\left(b+\frac{1}{2}\right)^2+\frac{3}{4}(b\geq-1)$

$b=-\frac{1}{2}$일 때 l^2의 최솟값은 $\frac{3}{4}$

따라서 l의 최솟값은

$\frac{\sqrt{3}}{4}=\frac{\sqrt{3}}{2}$

| 정답 ➔ $\frac{\sqrt{3}}{2}$

4-15

점 P가 직선 $y=2x$ 위의 점이므로

$P(a,\ 2a)$라고 놓으면

$\overline{PA}^2+\overline{PB}^2$

$=\{(a-1)^2+(2a-0)^2\}+\{(a-3)^2+(2a-3)^2\}$

$=10a^2-20a+19$

$=10(a-1)^2+9$

따라서 $a=1$일 때 최솟값 9

| 정답 ➔ 9

4-16

$y=x^2-4x+3=(x-1)(x-3)$에서

$y=0$일 때 $x=1,\ 3$

$x=0$일 때 $y=3$

이므로 세 점 $A,\ B,\ C$의 좌표는

$A(1,\ 0),\ B(3,\ 0),\ C(0,\ 3)$

점 $P(x,\ y)$가 호 $\overset{\frown}{CAB}$ 위를 움직이므로

$0\leq x\leq 3$

이고, $y=x^2-4x+3$이므로

$x+y=x+(x^2-4x+3)=x^2-3x+3$

$=\left(x-\frac{3}{2}\right)^2+\frac{3}{4}(0\leq x\leq 3)$

따라서 $x=\frac{3}{2}$일 때 최솟값 $\frac{3}{4}$

| 정답 ➔ $\frac{3}{4}$

4-17

포물선 $y=ax^2+bx+c$의 x절편이 $-1,\ 3$이므로

$y=ax^2+bx+c=a(x+1)(x-3)$

$=a(x^2-2x-3)=a(x-1)^2-4a$

따라서 포물선의 꼭짓점 $(1,\ -4a)$가 직선

$y=3x+1$ 위에 있으므로

$-4a=3+1\quad\therefore a=-1$

$\therefore y=ax^2+bx+c=-x^2+2x+3$

양변의 계수를 비교하면

$b=2,\ c=3$

$\therefore abc=(-1)\cdot2\cdot3=-6$

| 정답 ➔ ①

4-18

$f(x)=2x^2-4ax+a^2+8a+1$

$=2(x-a)^2-a^2+8a+1$

따라서 $x=a$일 때 최솟값 $-a^2+8a+1$

$\therefore m(a)=-a^2+8a+1=-(a-4)^2+17$

$a=4$일 때 $m(a)$의 최댓값은 17

따라서 구하는 a의 값은 4

| 정답 ➔ ④

4-19

$x^2+6x+2y^2-4y+16$

$=(x^2+6x)+2(y^2-2y)+16$

$=(x+3)^2-9+2(y-1)^2-2+16$

$=(x+3)^2+2(y-1)^2+5$

$x,\ y$가 실수이므로

$(x+3)^2\geq0,\ 2(y-1)^2\geq0$

따라서 $x+3=0,\quad y-1=0$ 즉,

$x=-3,\ y=1$일 때 최솟값 5

| 정답 ➔ ⑤

4-20

$x^2-2xy+2y^2=2$

$\Leftrightarrow\ 2y^2-2xy+x^2-2=0$

이것을 y에 관한 이차방정식으로 볼 때

y가 실수이므로 실근을 갖는다.

$\therefore D/4=(-x)^2-2(x^2-2)\geq0$

$\therefore x^2-4\leq0\quad\therefore -2\leq x\leq 2$

$f(x)=x^2+2x=(x+1)^2-1\ (-2\leq x\leq 2)$

따라서

$x=-1$일 때 최솟값 -1,

$x=2$일 때 최댓값 8

| 정답 ➔ 최댓값 8, 최솟값-1

4-21

$f(x)=2x^2-8x+k=2(x-2)^2-8+k$

$0\le x\le 3$이므로

$x=2$일 때 최솟값 $-8+k$,

$x=0$일 때 최댓값 k

따라서 $k=5$이고, 최솟값은

$-8+k=-8+5=-3$

| 정답 ➭ ④

4-22

$y=\dfrac{3x}{x^2+x+1}$ 의 양변에 x^2+x+1을 곱하면

$y(x^2+x+1)=3x$

$\Leftrightarrow yx^2+(y-3)x+y=0$

이것을 x에 관한 방정식으로 볼 때 x가 실수이므로 실근을 갖는다.

(i) $y=0$인 경우 : $x=0$(실수)

(ii) $y\ne 0$인 경우

$D=(y-3)^2-4y^2\ge 0$

$\therefore y^2+2y-3\le 0 \quad \therefore (y+3)(y-1)\le 0$

$\therefore -3\le y\le 1(y\ne 0)$

(i), (ii)로부터 $-3\le y\le 1$

따라서 최댓값 1, 최솟값 -3

| 정답 ➭ 최댓값 1, 최솟값 -3

4-23

$f(x)=x^2-2ax+a^2+1$

$=(x-a)^2+1\ (0\le x\le 2)$

(i) $a\le 0$인 경우

꼭짓점의 x좌표 $x=a$가 $x=0$의 왼쪽에 있으므로

최솟값은 $x=0$일 때 $y=a^2+1$

$\therefore a^2+1=2 \quad \therefore a=\pm 1$

$a\le 0$이므로 $a=-1$

(ii) $0<a<2$인 경우

꼭짓점의 x좌표 $x=a$가 정의역

$0\le x\le 2$에 속하므로

최솟값은 $x=a$일 때 $y=1$

이것은 최솟값이 2인 조건에 부적합하다.

따라서 이 경우에는 a의 값이 없다.

(iii) $a\ge 2$인 경우

꼭짓점의 x좌표 $x=a$가 $x=2$의 오른쪽에 있으므로 최솟값은 $x=2$일 때

$y=4-4a+a^2+1=a^2-4a+5$

$\therefore a^2-4a+5=2 \quad \therefore a^2-4a+3=0$

$\therefore (a-1)(a-3)=0 \quad \therefore a=1,\ 3$

$a\ge 2$이므로 $a=3$

(i), (ii), (iii)으로부터 구하는 a의 값은

$a=-1,\ 3 \quad \therefore -1+3=2$

| 정답 ➭ 2

4-24

$x\ge 0,\ y\ge 0$이고 $x+y=3$에서

$x=3-y\ge 0 \quad \therefore 0\le y\le 3$

$\therefore x^2+2y^2=(3-y)^2+2y^2$

$=3y^2-6y+9$

$=3(y-1)^2+6\ (0\le y\le 3)$

따라서

$y=1$일 때 최솟값 6,

$y=3$일 때 최댓값 18

$\therefore 6+18=24$

| 정답 ➭ 24

4-25

$y=-x^2+2ax+a^2-3a$

$=-(x-a)^2+2a^2-3a\ (x\ge 1)$

의 꼭짓점의 x좌표 $x=a$가 정의역 $x\ge 1$에 속하는 경우와 속하지 않는 경우로 나누어 푼다.

(i) $a<1$인 경우

$x=1$일 때 최댓값

$y=-1+2a+a^2-3a=a^2-a-1$

$\therefore a^2-a-1=5 \quad \therefore a^2-a-6=0$

$\therefore (a+2)(a-3)=0$

$\therefore a=-2,\ 3$

$a<1$이므로 $a=-2$

(ii) $a\ge 1$인 경우

$x=a$일 때 최댓값 $y=2a^2-3a$

$\therefore 2a^2-3a=5 \quad \therefore 2a^2-3a-5=0$

$\therefore (2a-5)(a+1)=0$

$\therefore a=-1,\ \dfrac{5}{2}$

$a\ge 1$이므로 $a=\dfrac{5}{2}$

(i), (ii)로부터 구하는 a의 값은

$a=-2,\ \dfrac{5}{2}$

$\therefore (-2)\cdot\frac{5}{2}=-5$

| 정답 ➭ -5

4-26

점 P가 포물선 $y=x^2+1$ 위의 점이므로
$P(a,\ a^2+1)$이라고 놓고, $\overline{AP}$의 중점 M의 좌표를 $(x,\ y)$라고 놓으면

$x=\frac{a+2}{2},\ y=\frac{(a^2+1)+1}{2}=\frac{a^2+2}{2}$

$x=\frac{a+2}{2}$에서 $a=2x-2$이므로

$y=\frac{(2x-2)^2+2}{2}=\frac{4x^2-8x+6}{2}$

$=2x^2-4x+3$

따라서 중점 M의 자취의 방정식은
$y=2x^2-4x+3$

◀ | 정답

4-27

$y=x^2-4x+7=(x-2)^2+\ 3(0\le x\le a)$

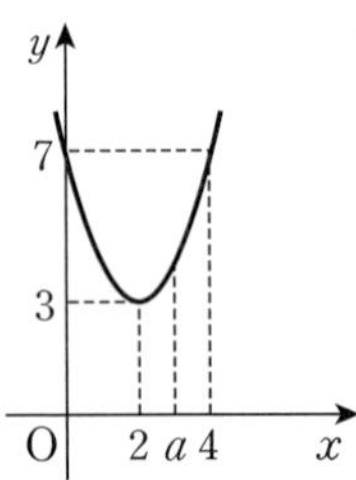

위의 그림에서 $0\le x\le a$인 범위에서
최댓값이 7, 최솟값이 3이 되는 a의 값의 범위는 $2\le a\le 4$

| 정답 ➭ $2\le a\le 4$

4-28

$f(x)=x^2-2x-1,\ g(x)=-2x^2-4x+6$

(1) $f(x)=x^2-2x-1\ \ (0\le x\le 3)$

$=(x-1)^2-2\ \ (0\le x\le 3)$

에서

$x=1$일 때 최솟값 -2,

$x=3$일 때 최댓값 2

이므로 $-2\le f(x)\le 2$

$f(x)=t$라고 치환하면 $-2\le t\le 2$이고,

$(f\circ f)(x)=f(f(x))=f(t)$

$=(t-1)^2-2\ \ (-2\le t\le 2)$

따라서 합성함수 $(f\circ f)(x)$는

$t=1$일 때 최솟값 -2,

$t=-2$일 때 최댓값 7

을 갖는다.

| 정답 ➭ 최댓값 7, 최솟값 -2

(2) $f(x)=t$라고 치환하면 $-2\le t\le 2$이고,

$(g\circ f)(x)=g(f(x))=g(t)$

$=-2t^2-4t+6$

$=-2(t+1)^2+8\ \ (-2\le t\le 2)$

따라서 합성함수 $(g\circ f)(x)$는

$t=-1$일 때 최댓값 8,

$t=2$일 때 최솟값 -10

을 갖는다.

| 정답 ➭ 최댓값 8, 최솟값 -10

4-29

$y=\left(x+\frac{1}{x}\right)^2+2\left(x+\frac{1}{x}\right)-3$에서

$x+\frac{1}{x}=t$라고 치환하면 $x>0$이므로

산술 · 기하부등식에 의하여

$t=x+\frac{1}{x}\ge 2\sqrt{x\cdot\frac{1}{x}}=2$

따라서

$y=t^2+2t-3=(t+1)^2-4\ \ (t\ge 2)$

이고, $t=-1$은 정의역 $t\ge 2$에 속하지 않으므로
$t=2$에서 최솟값 5

| 정답 ➭ 5

4-30

$y=x^2-2ax+a^2+\frac{4}{a}=(x-a)^2+\frac{4}{a}$이므로

꼭짓점의 좌표는 $P\left(a,\ \frac{4}{a}\right)$이다.

$\therefore \overline{OP}^2=a^2+\frac{16}{a^2}\ge 2\sqrt{\frac{a^2\cdot 16}{a^2}}=8$

$\therefore \overline{OP}\ge\sqrt{8}=2\sqrt{2}$

따라서 $\overline{OP}$의 최솟값은 $2\sqrt{2}$이고,

등호는 $a^2=\frac{16}{a^2}$일 때 성립한다.

즉, $a>0$이므로 $a=2$일 때 최솟값을 갖는다.

| 정답 ➭ 2

4-31

$\overline{DG}=x$, $\overline{DB}=y$라고 놓으면

$0<x<12$이고,

$\triangle ABC \backsim \triangle ADG$이므로

$12:8=x:(8-y)$

$\therefore y=-\frac{2}{3}x+8$

$\square DBFG=xy=x\left(-\frac{2}{3}x+8\right)$

$=-\frac{2}{3}x^2+8x$

$=-\frac{2}{3}(x-6)^2+24 \ (0<x<12)$

따라서 $x=6$일 때 최댓값 24

| 정답 ➜ 24

4-32

두 정사각형의 한 변의 길이를 각각 x, y라고 놓으면 정사각형의 둘레의 길이는 각각 $4x$, $4y$이므로

$4x+4y=40 \quad \therefore y=-x+10$

$x>0$, $y>0$이므로 $0<x<10$이고,

두 정사각형의 넓이의 합을 S라고 하면

$S=x^2+y^2=x^2+(-x+10)^2$

$=2x^2-20x+100$

$=2(x-5)^2+50 \ (0<x<10)$

따라서 $x=5$일 때 최솟값 $50(cm^2)$

| 정답 ➜ $50cm^2$

4-33

단면의 높이를 $x$cm라 하고, 단면의 넓이를 S라고 놓으면 $0<x<10$이고,

$S=x(20-2x)=-2x^2+20x$

$=-2(x-5)^2+50(0<x<10)$

$x=5$일 때 최댓값 $50(cm^2)$이므로

단면의 높이를 5cm로 해야 한다.

| 정답 ➜ 5

4-34

$x^2+y^2=4$에서 $y^2=4-x^2$이고, y가 실수이므로 $y^2=4-x^2\geq 0$

$\therefore x^2-4\leq 0 \quad \therefore -2\leq x\leq 2$

따라서

$y^2-2x=(4-x^2)-2x$

$=-x^2-2x+4$

$=-(x+1)^2+5 \ (-2\leq x\leq 2)$

$x=-1$일 때 최댓값 5,

$x=2$일 때 최솟값 -4

따라서 최댓값과 최솟값의 합은

$5+(-4)=1$

| 정답 ➜ 1

4-35

$4x^2-2xy+y^2-3=0$

$\Leftrightarrow 4x^2-2yx+y^2-3=0$

이 방정식을 x에 관한 이차방정식으로 볼 때 x가 실수이므로 실근을 가져야 한다.

$\therefore D/4=(-y)^2-4(y^2-3)\geq 0$

$\therefore y^2-4\leq 0 \quad \therefore -2\leq y\leq 2$

| 정답 ➜ $-2\leq y\leq 2$

4-36

$2x+y=k$라고 놓으면 $y=-2x+k$

이것을 방정식 $2x^2+y^2=1$에 대입하면

$2x^2+(-2x+k)^2=1$

$\Leftrightarrow 6x^2-4kx+k^2-1=0$

x가 실수이므로 실근을 가져야 한다.

$\therefore D/4=(-2k)^2-6(k^2-1)\geq 0$

$\therefore k^2-3\leq 0$

$\therefore (k+\sqrt{3})(k-\sqrt{3})\leq 0$

$\therefore -\sqrt{3}\leq k\leq \sqrt{3}$

따라서 $2x+y$의 최댓값은 $\sqrt{3}$

| 정답 ➜ ③

[참고] 코시-슈바르츠의 부등식에 의하여

$\{(\sqrt{2})^2+1^2\}\{(\sqrt{2}x)^2+y^2\}\geq (2x+y)^2$

$\therefore 3\cdot 1\geq (2x+y)^2 \quad \therefore (2x+y)^2\leq 3$

$\therefore -\sqrt{3}\leq 2x+y\leq \sqrt{3}$

따라서 $2x+y$의 최댓값은 $\sqrt{3}$

4-37

$A(1, 3)$, $B(3, -1)$을 지나는 직선의 방정식은

$y-3=\frac{-1-3}{3-1}(x-1)$

$\therefore y=-2x+5$

따라서 선분 AB의 방정식은

$y=-2x+5 \ (1\leq x\leq 3)$ …… ①

점 $P(x, y)$는 선분 ① 위를 움직이므로

$x^2+y^2=x^2+(-2x+5)^2$
$=5x^2-20x+25$
$=5(x-2)^2+5 \ (1\le x\le 3)$

따라서

$x=2$일 때 최솟값 5,

$x=1, 3$일 때 최댓값 10

| **정답** ➡ 최댓값 10, 최솟값 5

4-38

$f(x)=|x^2-2x|-4x+5 \ (0\le x\le 4)$

(i) $0\le x\le 2$인 경우

$f(x)=-(x^2-2x)-4x+5$
$=-x^2-2x+5=-(x+1)^2+6$

꼭짓점의 좌표 $x=-1$은 정의역 $0\le x\le 2$에 속하지 않으므로

$x=0$일 때 최댓값 5,

$x=2$일 때 최솟값 -3

(ii) $2\le x\le 4$인 경우

$f(x)=(x^2-2x)-4x+5$
$=x^2-6x+5=(x-3)^2-4$

$x=3$일 때 최솟값 -4,

$x=2, 4$일 때 최댓값 -3

(i), (ii)로부터 함수 $f(x)$는

$x=0$일 때 최댓값 5,

$x=3$일 때 최솟값 -4를 갖는다.

| **정답** ➡ 최댓값 5, 최솟값 -4

4-39

$f(x)=ax^2+bx+c$에서 $f(0)=5$이므로

$c=5$

또, $f(x+1)-f(x)=2x-3$에서

$a(x+1)^2+b(x+1)+c-(ax^2+bx+c)=2x-3$

$\therefore 2ax+a+b=2x-3$

양변의 계수를 비교하면

$2a=2, \ a+b=-3$

$\therefore a=1, \ b=-4$

따라서 $f(x)=x^2-4x+5$

$f(x)=x^2-4x+5=(x-2)^2+1 \ (0\le x\le 3)$

이므로 함수 $f(x)$는

$x=2$일 때 최솟값 1,

$x=0$일 때 최댓값 5

를 갖는다.

| **정답** ➡ 최댓값 5, 최솟값 1

4-40

이차방정식 $x^2-2ax+3a^2-4a-6=0$

이 두 실근을 가지므로

$D/4=(-a)^2-(3a^2-4a-6)\ge 0$

$\therefore a^2-2a-3\le 0 \quad \therefore (a+1)(a-3)\le 0$

$\therefore -1\le a\le 3$ …… ①

한편, 근과 계수의 관계로부터

$\alpha+\beta=2a, \ \alpha\beta=3a^2-4a-6$

이므로

$\alpha^2+\beta^2=(\alpha+\beta)^2-2\alpha\beta$
$=(2a)^2-2(3a^2-4a-6)$
$=-2a^2+8a+12$
$=-2(a-2)^2+20 \ (-1\le a\le 3)$

따라서 $\alpha^2+\beta^2$은

$a=2$일 때 최댓값 20,

$a=-1$일 때 최솟값 2

갖는다.

| **정답** ➡ 최댓값 20, 최솟값 2

4-41

(1) $x^2+xy+y^2=1$에서 $(x+y)^2-xy=1$

$\therefore u^2-v=1 \quad \therefore v=u^2-1$ …… ①

한편, x, y를 두 근으로 하는 이차방정식

$t^2-(x+y)t+xy=0 \Leftrightarrow t^2-ut+v=0$

은 실근을 가지므로

$D=u^2-4v\ge 0 \quad \therefore v\le \frac{1}{4}u^2$ …… ②

①과 ②로부터 두 포물선

$v=u^2-1, \ v=\frac{1}{4}u^2$

의 교점을 구하면

$u^2-1=\frac{1}{4}u^2$에서 $u^2=\frac{4}{3}$

$\therefore u=\pm\frac{2}{\sqrt{3}}$

①과 ②를 동시에 만족하는 점 (u, v)의 자취는 $v=u^2-1$의 그래프 중 $v\le \frac{1}{4}u^2$인 부분을 나타내므로

$-\frac{2}{\sqrt{3}}\le u\le \frac{2}{\sqrt{3}}$

따라서 구하는 자취의 방정식은

$v=u^2-1\ \left(\text{단}, -\frac{2}{\sqrt{3}}\le u\le\frac{2}{\sqrt{3}}\right)$

정답

(2) $k=x^2+y^2$라고 놓으면

$k=(x+y)^2-2xy$

$\therefore k=u^2-2v$ ······ ③

$v=u^2-1$을 ③에 대입하면

$k=u^2-2(u^2-1)=-u^2+2$

$-\frac{2}{\sqrt{3}}\le u\le\frac{2}{\sqrt{3}}$ 이므로

$u=0$일 때 최댓값 2,

$u=\pm\frac{2}{\sqrt{3}}$ 일 때 최솟값 $-\frac{4}{3}+2=\frac{2}{3}$

| 정답 ➜ 최댓값 2, 최솟값 $\frac{2}{3}$

4-42

$x+y+z=1,\ 2x^2-yz=1$

$\Leftrightarrow y+z=-x+1,\ yz=2x^2-1$

(1) 두 실수 y, z를 두 근으로 하는 이차방정식

$t^2-(y+z)t+yz=0$

즉, $t^2-(-x+1)t+(2x^2-1)=0$

은 실근을 가져야 한다. 따라서

$D=(-x+1)^2-4(2x^2-1)\ge 0$

$\therefore 7x^2+2x-5\le 0$

$\therefore (7x-5)(x+1)\le 0$

$\therefore -1\le x\le\frac{5}{7}$

정답

(2) $xy+yz+zx$

$=x(y+z)+yz$

$=x(-x+1)+(2x^2-1)$

$=x^2+x-1$

$=\left(x+\frac{1}{2}\right)^2-\frac{5}{4}\ \left(-1\le x\le\frac{5}{7}\right)$

따라서 $xy+yz+zx$는

$x=-\frac{1}{2}$일 때 최솟값 $-\frac{5}{4}$,

$x=\frac{5}{7}$일 때 최댓값 $\frac{11}{49}$

을 갖는다.

| 정답 ➜ 최댓값 $\frac{11}{49}$, 최솟값 $-\frac{5}{4}$

05강 유리함수와 무리함수 p142

연습문제 05 | 유리함수와 무리함수 p162~p169쪽

5-1 -2	**5-2** ⑤	**5-3** 1
5-4 3	**5-5** -1	**5-6** 제 2사분면
5-7 3	**5-8** ④	**5-9** ⑤
5-10 ④	**5-11** ①	**5-12** ⑤
5-13 (1) $m>0$ (2) -4		
5-14 -1	**5-15** 3	
5-16 $h(x)=\frac{2x-1}{x-1}$		
5-17 2	**5-18** $\sqrt{3}$	**5-19** -2
5-20 -1	**5-21** 4	**5-22** -3
5-23 6	**5-24** ④	**5-25** 7
5-26 ④	**5-27** -2	**5-28** 2
5-29 $0<k<\frac{1}{2}$		
5-30 $0\le k<\frac{2\sqrt{5}}{5}$	**5-31** ③	
5-32 ②	**5-33** $a=2,\ x=3$	
5-34 12	**5-35** $\sqrt{2}$	**5-36** 1
5-37 0	**5-38** 11	**5-39** $\left(-1,\ \frac{1}{2}\right)$
5-40 (1) 치역 : $\{y\mid y\ge 2\}$ (2) 1 (3) 3		
5-41 최댓값 $\sqrt{2}$, 최솟값 1		

5-1

$$y=\frac{1-3x}{2x+1}=\frac{-\frac{3}{2}(2x+1)+\frac{5}{2}}{2x+1}$$

$$=\frac{\frac{5}{2}}{2x+1}-\frac{3}{2}=\frac{\frac{5}{4}}{x+\frac{1}{2}}-\frac{3}{2}$$

의 그래프는 함수 $y=\frac{\frac{5}{4}}{x}=\frac{5}{4x}$의 그래프를

x축으로 $-\frac{1}{2}$만큼, y축으로 $-\frac{3}{2}$만큼

평행이동한 것이고, 두 점근선은

$x=-\frac{1}{2},\ y=-\frac{3}{2}$

이다.

$\therefore a=-\frac{1}{2},\ b=-\frac{3}{2}$

$\therefore a+b=-\frac{1}{2}-\frac{3}{2}=-2$

| 정답 ➔ -2

5-2

① $y=\frac{x+1}{x-1}=\frac{(x-1)+2}{x-1}=\frac{2}{x-1}+1$

의 그래프는 함수 $y=\frac{2}{x}$의 그래프를 x축으로 1만큼, y축으로 1만큼 평행이동한 것이다.

② $y=\frac{-x+1}{x+1}=\frac{-(x+1)+2}{x+1}=\frac{2}{x+1}-1$

의 그래프는 함수 $y=\frac{2}{x}$의 그래프를 x축으로 -1만큼, y축으로 -1만큼 평행이동한 것이다.

③ $y=\frac{3x-4}{x-2}=\frac{3(x-2)+2}{x-2}=\frac{2}{x-2}+3$

의 그래프는 함수 $y=\frac{2}{x}$의 그래프를 x축으로 2만큼, y축으로 3만큼 평행이동한 것이다.

④ $y=\frac{-2x+3}{2x+1}=\frac{-(2x+1)+4}{2x+1}$

$=\frac{4}{2x+1}-1=\frac{2}{x+\frac{1}{2}}-1$

의 그래프는 함수 $y=\frac{2}{x}$의 그래프를 x축으로 $-\frac{1}{2}$만큼, y축으로 -1만큼 평행이동한 것이다.

⑤ $y=\frac{2x-5}{2x-1}=\frac{(2x-1)-4}{2x-1}$

$=-\frac{4}{2x-1}+1=-\frac{2}{x-\frac{1}{2}}+1$

의 그래프는 함수 $y=-\frac{2}{x}$의 그래프를 x축으로 $\frac{1}{2}$만큼, y축으로 1만큼 평행이동한 것이다.

따라서 평행이동에 의하여 서로 겹칠 수 없는 것은 ⑤번이다.

| 정답 ➔ ⑤

5-3

점근선의 방정식이 $x=\frac{1}{2},\ y=-\frac{1}{3}$이므로

$y=\frac{k}{x-\frac{1}{2}}-\frac{1}{3}(k\neq0)$

$=\frac{2k}{2x-1}-\frac{1}{3}$ ······ ①

이라고 놓으면 점 $(-1,\ -1)$을 지나므로

$-1=\frac{2k}{-2-1}-\frac{1}{3}=-\frac{2k}{3}-\frac{1}{3}$

$\therefore \frac{2k}{3}=\frac{2}{3}\quad \therefore k=1$

이 값을 ①에 대입하면

$y=\frac{2}{2x-1}-\frac{1}{3}=\frac{-2x+7}{6x-3}$

$\therefore a=-2,\ b=6,\ c=-3$

$\therefore a+b+c=-2+6-3=1$

| 정답 ➔ 1

5-4

두 점근선이 $x=\frac{3}{2},\ y=2$이므로 구하는 함수를

$y=\frac{k}{x-\frac{3}{2}}+2(k\neq0)$

$=\frac{2k}{2x-3}+2$ ······ ①

라고 놓으면 점 $(0,\ 1)$을 지나므로

$1=\frac{2k}{0-3}+2\quad \therefore k=\frac{3}{2}$

이 값을 ①에 대입하면

$y=\frac{3}{2x-3}+2=\frac{4x-3}{2x-3}$

$\therefore a=4,\ b=-3,\ c=2$

$\therefore a+b+c=4-3+2=3$

| 정답 ➔ 3

5-5

$y=\frac{-3x+5}{x-2}=\frac{-3(x-2)-1}{x-2}=-\frac{1}{x-2}-3$

의 그래프는 함수 $y=-\frac{1}{x}$의 그래프를 x축으로 2만큼, y축으로 -3만큼 평행이동한 것이고, 두 점근선은 $x=2,\ y=-3$이다. 따라서 주어진 함수의 그래프는 점근선의 교점 $(2, -3)$에 대하여 대칭이다.

$\therefore a=2,\ b=-3$

$\therefore a+b=2-3=-1$

| 정답 ➔ -1

5-6

$y=\frac{-2x+3}{x-1}=\frac{-2(x-1)+1}{x-1}=\frac{1}{x-1}-2$

의 그래프는 함수 $y=\frac{1}{x}$의 그래프를 x축으로 1만큼, y축으로 -2만큼 평행이동한 것이고, 두 점근선은 $x=1$, $y=-2$이다.

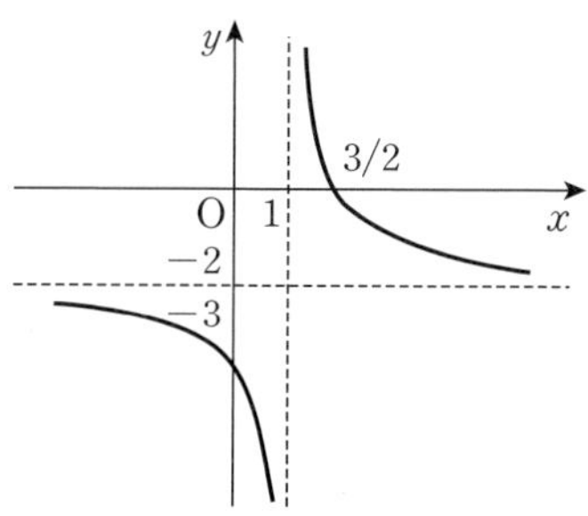

함수의 그래프가 지나지 않는 사분면은 제 2사분면이다.

| 정답 ➔ 제 2사분면

5-7

분수함수 $y=\frac{ax+1}{x+b}$의 그래프가 두 직선 $y=x+3$, $y=-x+1$에 대하여 대칭이므로 두 직선은 점근선의 교점을 지난다.

따라서 두 직선의 교점은 점근선의 교점과 같다.

$x+3=-x+1$에서 $x=-1$

$\therefore y=x+3=-1+3=2$

두 점근선의 교점이 $(-1,\ 2)$이므로 점근선은 $x=-1$, $y=2$이다.

따라서 주어진 함수는

$y=\frac{k}{x+1}+2=\frac{2x+k+2}{x+1}$

의 꼴이고 주어진 식과 계수를 비교하면

$a=2,\ k+2=1,\ b=1$

$\therefore a=2,\ b=1,\ k=-1$

$\therefore a+b=2+1=3$

| 정답 ➔ 3

[다른 풀이]

$y=\frac{ax+1}{x+b}=\frac{a(x+b)+1-ab}{x+b}=\frac{1-ab}{x+b}+a$

이므로 두 점근선은

$x=-b,\ y=a$

이다.

두 직선 $y=x+3$, $y=-x+1$은 점근선의 교점 $(-b,\ a)$를 지나므로

$a=-b+3,\ a=b+1$

두 식을 연립하여 풀면

$a=2,\ b=1$

$\therefore a+b=2+1=3$

| 정답 ➔ 3

5-8

$y=\frac{2x+5}{2x+1}=\frac{(2x+1)+4}{2x+1}=\frac{4}{2x+1}+1$

$=\frac{2}{x+\frac{1}{2}}+1$

의 그래프는 $y=\frac{2}{x}$의 그래프를 x축으로 $-\frac{1}{2}$만큼, y축으로 1만큼 평행이동한 것이다.

$\therefore k=2,\ m=-\frac{1}{2},\ n=1$

$\therefore k+m+n=2-\frac{1}{2}+1=\frac{5}{2}$

| 정답 ➔ ④

5-9

$y=\frac{x+1}{3x-2}=\frac{\frac{1}{3}(3x-2)+\frac{5}{3}}{3x-2}$

$=\frac{\frac{5}{3}}{3x-2}+\frac{1}{3}=\frac{\frac{5}{9}}{x-\frac{2}{3}}+\frac{1}{3}$에서

ㄱ. 치역은 $\left\{y \middle| y\neq\frac{1}{3}\right\}$이므로 옳다.

ㄴ. 점근선은 $x=\frac{2}{3}$, $y=\frac{1}{3}$이므로 옳다.

ㄷ. 함수 $y=\frac{\frac{5}{9}}{x}=\frac{5}{9x}$의 그래프를 x축으로 $\frac{2}{3}$만큼, y축으로 $\frac{1}{3}$만큼 평행이동한 것이므로 옳다.

따라서 옳은 것은 ㄱ, ㄴ, ㄷ

| 정답 ➔ ⑤

5-10

$y=\frac{-2x+1}{x-1}=\frac{-2(x-1)-1}{x-1}=-\frac{1}{x-1}-2$

의 그래프는 함수 $y=-\frac{1}{x}$의 그래프를 x축으로 1만큼, y축으로 -2만큼 평행이동한 것이고, 점근선은 $x=1$,

$y=-2$이다.

① 그래프는 점근선의 교점 $(1,\ -2)$에 대하여 대칭이므로 옳다.

② 정의역은 $\{x|x\neq1\}$이므로 옳다.

③ $y=0$일 때 $-2x+1=0$에서 $x=\frac{1}{2}$이므로 x절편은 $\frac{1}{2}$이다.

④

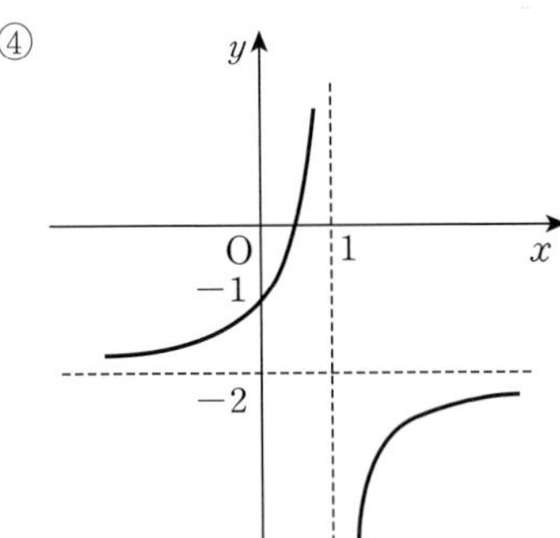

그래프는 제 1, 3, 4사분면을 지나므로 옳지 않다.

⑤ 그래프는 $y=-\frac{1}{x}$의 그래프를 평행이동한 것이므로 옳다.

따라서 옳지 않은 것은 ④번

| 정답 ➔ ④

5-11

$$y=\frac{3x+2}{x+1}=\frac{3(x+1)-1}{x+1}=-\frac{1}{x+1}+3$$

의 그래프는 함수 $y=-\frac{1}{x}$의 그래프를 x축으로 -1만큼, y축으로 3만큼 평행이동한 것이고,

점근선은 $x=-1,\ y=3$이다.

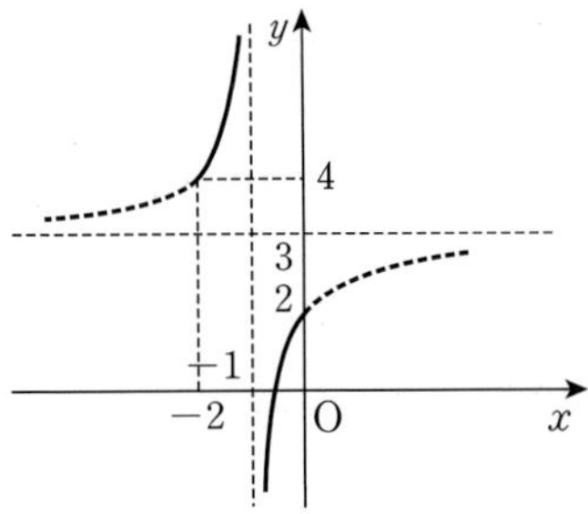

위의 그래프에서 정의역이

$\{x|-2\leq x<-1,\ -1<x\leq0\}$

일 때, 치역은

$\{y|y\leq2$ 또는 $y\geq4\}$

| 정답 ➔ ①

5-12

점근선의 방정식이 $x=-1,\ y=4$이므로

주어진 함수 $f(x)$의 식을

$$f(x)=\frac{k}{x+1}+4(k\neq0)\ \cdots\cdots\ ①$$

라고 놓으면 원점을 지나므로

$$0=\frac{k}{0+1}+4\quad \therefore k=-4$$

이 값을 ①에 대입하면

$$f(x)=-\frac{4}{x+1}+4$$

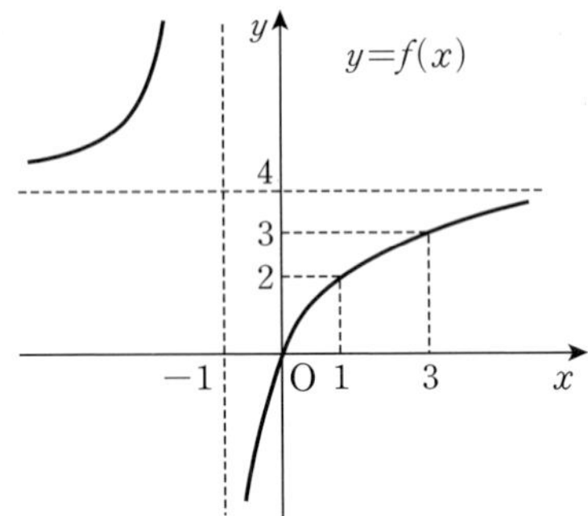

$1\leq x\leq3$일 때 함수 $y=f(x)$의 그래프가 증가하므로

$x=1$일 때 최솟값 2,

$x=3$일 때 최댓값 3

을 갖는다. 따라서 최댓값과 최솟값의 합은 $3+2=5$

| 정답 ➔ ⑤

5-13

$$y=\frac{2x-1}{x-1}=\frac{2(x-1)+1}{x-1}=\frac{1}{x-1}+2$$

의 그래프는 함수 $y=\frac{1}{x}$의 그래프를 x축으로 1만큼, y축으로 2만큼 평행이동한 것이고,

점근선은 $x=1,\ y=2$이다.

(1) 직선 $y=mx-m+2=m(x-1)+2$는 m의 값에 관계없이 점 $(1,\ 2)$를 지난다.

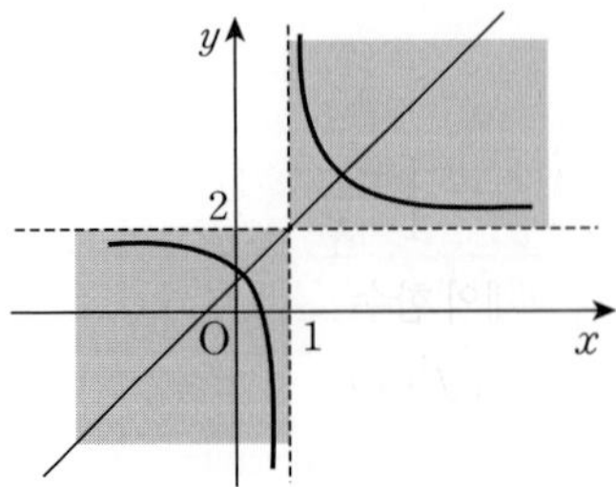

직선 $y=mx-m+2$와 곡선이 만나려면 직선이 위의 그림의 색칠한 부분에 존재해야 한다.

따라서 구하는 m의 값의 범위는

$m>0$

| 정답 ➡ $m>0$

(2) $y=\dfrac{2x-1}{x-1}$과 $y=mx+2$의 연립방정식에서

$\dfrac{2x-1}{x-1}=mx+2$

$\Leftrightarrow 2x-1=(mx+2)(x-1)$

$\Leftrightarrow mx^2-mx-1=0$

이 방정식이 중근을 가져야 하므로

$D=m^2-4\cdot m\cdot(-1)=0$

$\therefore m(m+4)=0$

$m<0$이므로 $m=-4$

| 정답 ➡ -4

5-14

$f^1(x)=f(x)=\dfrac{1+x}{1-x}$

$f^2(x)=f(f(x))=f\left(\dfrac{1+x}{1-x}\right)$

$=\dfrac{1+\dfrac{1+x}{1-x}}{1-\dfrac{1+x}{1-x}}=\dfrac{1-x+(1+x)}{1-x-(1+x)}$

$=\dfrac{2}{-2x}=-\dfrac{1}{x}$

$f^3(x)=f(f^2(x))=f\left(-\dfrac{1}{x}\right)$

$=\dfrac{1+\left(-\dfrac{1}{x}\right)}{1-\left(-\dfrac{1}{x}\right)}=\dfrac{x-1}{x+1}$

$f^4(x)=f(f^3(x))=f\left(\dfrac{x-1}{x+1}\right)$

$=\dfrac{1+\dfrac{x-1}{x+1}}{1-\dfrac{x-1}{x+1}}=\dfrac{x+1+(x-1)}{x+1-(x-1)}$

$=\dfrac{2x}{2}=x$

$f^5(x)=f(f^4(x))=f(x)=\dfrac{1+x}{1-x}$

이므로 함수 $f^n(x)$는 4개의 함수

$f^1(x),\ f^2(x),\ f^3(x),\ f^4(x)$

가 반복되어 나타난다.

따라서

$f^{15}(x)=f^3(x)=\dfrac{x-1}{x+1}$

$=\dfrac{(x+1)-2}{x+1}=-\dfrac{2}{x+1}+1$

이므로 함수 $y=-\dfrac{2}{x}$의 그래프를 x축으로 -1만큼, y축으로 1만큼 평행이동한 것이고, 점근선은 $x=-1$, $y=1$이다.

함수 $y=f^{15}(x)$의 그래프는 두 점근선의 교점 $(-1,\ 1)$에 대하여 대칭이므로

$a=-1,\ b=1$

$\therefore ab=(-1)\cdot 1=-1$

| 정답 ➡ -1

5-15

$y=\dfrac{ax}{2x-3}$에서 $(2x-3)y=ax$

$\therefore (2y-a)x=3y$

$\therefore x=\dfrac{3y}{2y-a}$

여기서 x와 y의 자리를 서로 바꾸면

$y=\dfrac{3x}{2x-a}$

$\therefore f^{-1}(x)=\dfrac{3x}{2x-a}$

$f(x)=f^{-1}(x)$에서 $\dfrac{ax}{2x-3}=\dfrac{3x}{2x-a}$

$\therefore a=3$

| 정답 ➡ 3

[참고]

분수함수 $f(x)=\dfrac{ax+b}{cx+d}$

(단, $c\neq 0,\ ad-bc\neq 0$)

와 그 역함수 $f^{-1}(x)$에 대하여

$f(x)=f^{-1}(x)$가 될 조건은

$\Leftrightarrow a+d=0$

5-16

$f(x)=\dfrac{1}{x+2},\ g(x)=\dfrac{x}{x+1}$에서

$(h\circ f)(x)=g(x)$

$\Leftrightarrow h(f(x))=g(x)$

$\Leftrightarrow h\left(\dfrac{1}{x+2}\right)=\dfrac{x}{x+1}$ …… ①

여기서 $\frac{1}{x+2}=t$라고 놓으면

$x=\frac{1}{t}-2=\frac{1-2t}{t}$

이 값을 ①에 대입하면

$$h(t)=\frac{\frac{1-2t}{t}}{\frac{1-2t}{t}+1}=\frac{1-2t}{(1-2t)+t}$$

$$=\frac{1-2t}{1-t}=\frac{2t-1}{t-1}$$

여기서 t를 x로 바꾸면

$$h(x)=\frac{2x-1}{x-1}$$

| **정답** ➔ $h(x)=\frac{2x-1}{x-1}$

[다른 풀이]

$f(x)=\frac{1}{x+2}$의 역함수를 구하자.

$y=\frac{1}{x+2}$에서 $x=\frac{1}{y}-2=\frac{1-2y}{y}$

여기서 x와 y의 자리를 서로 바꾸면

$y=\frac{1-2x}{x}$ $\quad\therefore f^{-1}(x)=\frac{1-2x}{x}$

$h\circ f=g$에서 $h=g\circ f^{-1}$이므로

$$h(x)=g(f^{-1}(x))=g\left(\frac{1-2x}{x}\right)$$

$$=\frac{\frac{1-2x}{x}}{\frac{1-2x}{x}+1}=\frac{1-2x}{(1-2x)+x}$$

$$=\frac{1-2x}{1-x}=\frac{2x-1}{x-1}$$

| **정답** ➔ $h(x)=\frac{2x-1}{x-1}$

5-17

$f(x)=\frac{x-2}{x+1}$, $g(x)=\frac{ax+b}{x+c}$에서

$(f\circ g)(x)$

$=f(g(x))=f\left(\frac{ax+b}{x+c}\right)$

$$=\frac{\frac{ax+b}{x+c}-2}{\frac{ax+b}{x+c}+1}=\frac{ax+b-2(x+c)}{ax+b+(x+c)}$$

$$=\frac{(a-2)x+b-2c}{(a+1)x+b+c}=\frac{1}{x}$$

$\therefore (a-2)x^2+(b-2c)x=(a+1)x+b+c$

양변의 계수를 비교하면

$a-2=0,\ b-2c=a+1,\ b+c=0$

$\therefore a=2,\ b=1,\ c=-1$

$\therefore a+b+c=2+1-1=2$

| **정답** ➔ 2

[다른 풀이 1]

함수 $f(x)=\frac{x-2}{x+1}$의 역함수를 구하자.

$y=\frac{x-2}{x+1}$에서 $y(x+1)=x-2$

$\therefore (y-1)x=-(y+2)$

$\therefore x=-\frac{y+2}{y-1}$

여기서 x와 y의 자리를 서로 바꾸면

$y=-\frac{x+2}{x-1}$ $\quad\therefore f^{-1}(x)=-\frac{x+2}{x-1}$

$f(g(x))=\frac{1}{x}$에서

$$g(x)=f^{-1}\left(\frac{1}{x}\right)=-\frac{\frac{1}{x}+2}{\frac{1}{x}-1}=-\frac{1+2x}{1-x}=\frac{2x+1}{x-1}$$

$\therefore a=2,\ b=1,\ c=-1$

$\therefore a+b+c=2+1-1=2$

| **정답** ➔ 2

[다른 풀이 2]

$f(g(x))=\frac{1}{x}$

$\Leftrightarrow \frac{g(x)-2}{g(x)+1}=\frac{1}{x}$

$\Leftrightarrow xg(x)-2x=g(x)+1$

$\Leftrightarrow (x-1)g(x)=2x+1$

$\Leftrightarrow g(x)=\frac{2x+1}{x-1}$

$\therefore a=2,\ b=1,\ c=-1$

$\therefore a+b+c=2+1-1=2$

| **정답** ➔ 2

5-18

$g(x)=\sqrt{x}$의 역함수를 구하자.

$y=\sqrt{x}$에서 $x=y^2$

여기서 x와 y의 자리를 서로 바꾸면

$y=x^2$ $\quad\therefore g^{-1}(x)=x^2(x>0)$

$\therefore g^{-1}(a)=a^2$

$\therefore (f\circ g^{-1})(a)=f(a^2)=\dfrac{a^2+1}{a^2}=5$

$\therefore a^2=\dfrac{1}{4} \quad \therefore a=\dfrac{1}{2}\ (\because a>0)$

$\therefore g(f(a))=g\left(f\left(\dfrac{1}{2}\right)\right)=g(3)=\sqrt{3}$

| 정답 ➔ $\sqrt{3}$

[다른 풀이]

$f\circ g^{-1}=(g\circ f^{-1})^{-1}$이므로

$(f\circ g^{-1})(a)=5$

$\Leftrightarrow (g\circ f^{-1})^{-1}(a)=5$

$\Leftrightarrow a=(g\circ f^{-1})(5)=g(f^{-1}(5))$

$f^{-1}(5)=k$라고 놓으면 $f(k)=5$이므로

$\dfrac{k+1}{k}=5 \quad \therefore k=\dfrac{1}{4}$

$\therefore a=g(f^{-1}(5))=g\left(\dfrac{1}{4}\right)=\dfrac{1}{2}$

$\therefore g(f(a))=g\left(f\left(\dfrac{1}{2}\right)\right)=g(3)=\sqrt{3}$

| 정답 ➔ $\sqrt{3}$

5-19

$f(x)=\dfrac{ax+b}{x-3}$의 그래프와 그 역함수

$y=f^{-1}(x)$의 그래프가 모두 점 $(2,\ -1)$을 지나므로

$f(2)=-1,\ f^{-1}(2)=-1$

$\Leftrightarrow f(2)=-1,\ f(-1)=2$

$\Leftrightarrow \dfrac{2a+b}{2-3}=-1,\ \dfrac{-a+b}{-1-3}=2$

$\Leftrightarrow 2a+b=1,\ -a+b=-8$

연립방정식을 풀면

$a=3,\ b=-5$

$\therefore a+b=3-5=-2$

| 정답 ➔ -2

5-20

$f(x)=\dfrac{2x+3}{x-1}$의 역함수를 구하자.

$y=\dfrac{2x+3}{x-1}$에서 $y(x-1)=2x+3$

$\therefore (y-2)x=y+3$

$\therefore x=\dfrac{y+3}{y-2}$

여기서 x와 y의 자리를 서로 바꾸면

$y=\dfrac{x+3}{x-2}$

$\therefore f^{-1}(x)=\dfrac{x+3}{x-2}=\dfrac{(x-2)+5}{x-2}=\dfrac{5}{x-2}+1$

한편,

$y=\dfrac{2x+3}{x-1}=\dfrac{2(x-1)+5}{x-1}=\dfrac{5}{x-1}+2$

의 그래프를 x축으로 m만큼, y축으로 n만큼 평행이동하면

$y=\dfrac{5}{x-m-1}+2+n$

이고, 이 함수가 역함수와 같으므로

$-m-1=-2,\ 2+n=1$

$\therefore m=1,\ n=-1$

$\therefore mn=1\cdot(-1)=-1$

| 정답 ➔ -1

5-21

$f(x)=\dfrac{2x-5}{x-3}$에서

$(f^{-1}\circ f\circ f^{-1})(3)$

$=f^{-1}(3)=k$ ⇦ $f^{-1}\circ f=I$

라고 놓으면 $f(k)=3$이므로

$\dfrac{2k-5}{k-3}=3 \quad \therefore 2k-5=3k-9$

$\therefore k=4$

| 정답 ➔ 4

5-22

$f(x)=\dfrac{2x-4}{x+1}$에 대하여 $(f\circ g)(x)=x$를

만족하는 함수 g는 f의 역함수이다.

즉, $g=f^{-1}$

$y=\dfrac{2x-4}{x+1}$에서 $y(x+1)=2x-4$

$\therefore (y-2)x=-y-4$

$\therefore x=-\dfrac{y+4}{y-2}$

여기서 x와 y의 자리를 서로 바꾸면

$y=-\dfrac{x+4}{x-2} \quad \therefore f^{-1}(x)=-\dfrac{x+4}{x-2}$

따라서

$(g\circ g)(1)=(f^{-1}\circ f^{-1})(1)$

$=f^{-1}(f^{-1}(1))=f^{-1}(5)$

$=-3$

| 정답 ➔ -3

[다른 풀이]

$(f\circ g)(x)=x$에서 $f(g(x))=x$

$\therefore \dfrac{2g(x)-4}{g(x)+1}=x$

$\therefore 2g(x)-4=xg(x)+x$

$\therefore (x-2)g(x)=-x-4$

$\therefore g(x)=-\dfrac{x+4}{x-2}$

$\therefore (g\circ g)(1)=g(g(1))=g(5)$

$=-3$

| 정답 ➔ -3

5-23

$y=\sqrt{2x-3}+4=\sqrt{2\left(x-\dfrac{3}{2}\right)}+4$

의 그래프는 함수 $y=\sqrt{2x}$의 그래프를 x축으로 $\dfrac{3}{2}$만큼, y축으로 4만큼 평행이동한 것이다.

$\therefore m=\dfrac{3}{2},\ n=4$

$\therefore mn=\dfrac{3}{2}\cdot 4=6$

| 정답 ➔ 6

5-24

ㄱ. $y=-\sqrt{x}$의 그래프를 원점에 대하여 대칭이동하면 즉,

x대신 $-x$, y대신 $-y$

를 대입하면 함수 $y=\sqrt{-x}$의 그래프이다.

따라서 대칭이동에 의하여 두 곡선

$y=-\sqrt{x}$, $y=\sqrt{-x}$의 그래프는 서로 겹쳐진다.

ㄴ. $y=-\sqrt{-(x-2)}$의 그래프를 x축으로 -2만큼 평행이동하면 $y=-\sqrt{-x}$이고, 이것을 다시 x축에 대하여 대칭이동하면 함수 $y=\sqrt{-x}$의 그래프이다.

따라서 평행이동과 대칭이동에 의하여

두 곡선 $y=-\sqrt{2-x}$, $y=\sqrt{-x}$의 그래프는 서로 겹쳐진다.

ㄷ. $y=\dfrac{1}{2}\sqrt{2x-1}=\dfrac{1}{2}\sqrt{2\left(x-\dfrac{1}{2}\right)}$의 그래프는

$y=\dfrac{1}{2}\sqrt{2x}$의 그래프를 x축으로 $\dfrac{1}{2}$만큼 평행이동한 것이다.

그런데 $y=\dfrac{1}{2}\sqrt{2x}$의 그래프는 평행이동 또는 대칭이동에 의하여 함수 $y=\sqrt{-x}$의 그래프와 겹쳐지지 않는다.

ㄹ. $y=\dfrac{1}{2}\sqrt{1-4x}+1$

$=\dfrac{1}{2}\sqrt{-4\left(x-\dfrac{1}{4}\right)}+1$

$=\sqrt{-\left(x-\dfrac{1}{4}\right)}+1$

의 그래프를 x축으로 $-\dfrac{1}{4}$만큼, y축으로 -1만큼 평행이동하면 함수 $y=\sqrt{-x}$의 그래프이다.

따라서 평행이동에 의하여 두 곡선

$y=\dfrac{1}{2}\sqrt{1-4x}+1$, $y=\sqrt{-x}$

의 그래프는 서로 겹쳐진다.

따라서 서로 겹쳐지는 곡선은

ㄱ, ㄴ, ㄹ

| 정답 ➔ ④

5-25

주어진 함수의 그래프는 $y=-\sqrt{ax}$를 x축으로 -2만큼, y축으로 1만큼 평행이동한 것이므로

$y=-\sqrt{a(x+2)}+1$ …… ①

이라고 놓으면 ①의 그래프가 점 $(0,\ -1)$을 지나므로

$-1=-\sqrt{a(0+2)}+1$

$\therefore \sqrt{2a}=2 \quad \therefore a=2$

이 값을 ①에 대입하면

$y=-\sqrt{2(x+2)}+1=-\sqrt{2x+4}+1$

$\therefore a=2,\ b=4,\ c=1$

$\therefore a+b+c=2+4+1=7$

| 정답 ➔ 7

5-26

$y=\sqrt{-2x+4}-3=\sqrt{-2(x-2)}-3$

의 그래프는 함수 $y=\sqrt{-2x}$의 그래프를 x축으로 2만큼, y축으로 -3만큼 평행이동한 것이다.

정의역은 $-2x+4\geq 0$에서 $x\leq 2$,

치역은 $\sqrt{-2x+4}\geq 0$이므로 $y\geq -3$,

$x=0$일 때 $y=\sqrt{4}-3=-1$ ⇦ y절편

$y=0$일 때 $\sqrt{-2x+4}=3$에서

$x=-\dfrac{5}{2}$ ⇦ x절편

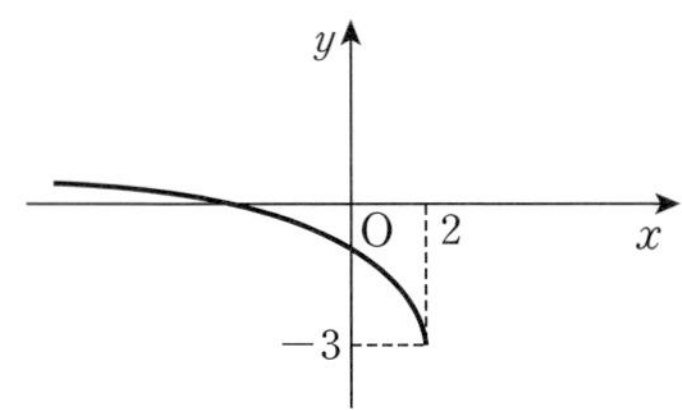

주어진 함수의 그래프는 제 2, 3, 4사분면을 지난다.
따라서 옳지 않은 것은 ④번

| 정답 ➜ ④

5-27

$y=2-\sqrt{3x+1}=-\sqrt{3\left(x+\frac{1}{3}\right)}+2$

의 그래프는 함수 $y=-\sqrt{3x}$의 그래프를 x축으로 $-\frac{1}{3}$ 만큼, y축으로 2만큼 평행이동한 것이다.

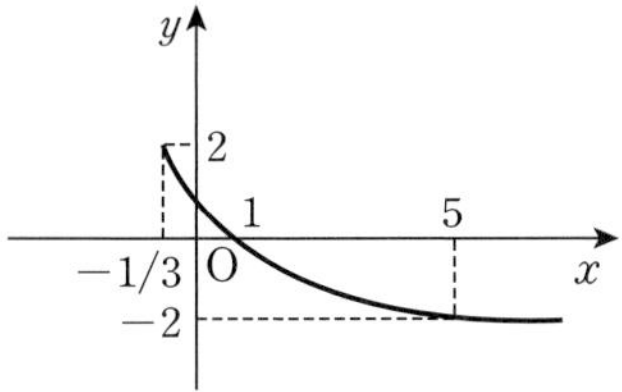

$1\le x\le 5$에서 함수의 그래프가 감소한다.
따라서
$x=1$일 때 최댓값 $M=0$,
$x=5$일 때 최솟값 $m=-2$

$\therefore M+m=0-2=-2$

| 정답 ➜ −2

5-28

$y=5-\sqrt{a-2x}=-\sqrt{-2\left(x-\frac{a}{2}\right)}+5$

의 그래프는 함수 $y=-\sqrt{-2x}$의 그래프를 x축으로 $\frac{a}{2}$ 만큼, y축으로 5만큼 평행이동한 것이다.

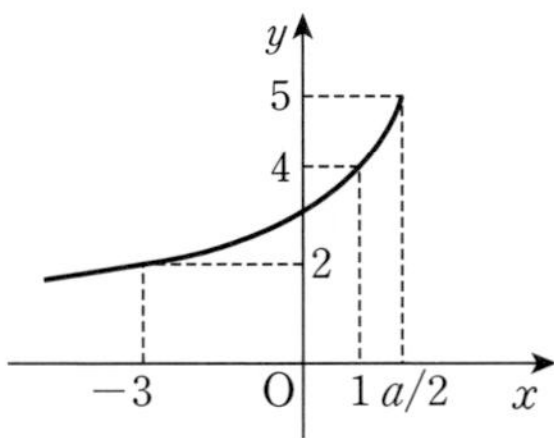

$-3\le x\le 1$에서 주어진 함수의 그래프가 증가한다. 따라서
$x=1$일 때 최댓값 $5-\sqrt{a-2}=4$

$\therefore \sqrt{a-2}=1 \quad \therefore a=3$

$x=-3$일 때 최솟값 $5-\sqrt{3+6}=2$

| 정답 ➜ 2

5-29

$y=\sqrt{x-1}$과 직선
$y=kx$가 접할 때,

$\sqrt{x-1}=kx$

의 양변을 제곱하면

$x-1=k^2x^2$

$\therefore k^2x^2-x+1=0$

$D=(-1)^2-4\cdot k^2\cdot 1=0$에서

$k^2=\frac{1}{4} \quad \therefore k=\frac{1}{2}\ (\because k>0)$

$n(A\cap B)=2$이므로 두 함수의 그래프가 서로 다른 두 점에서 만난다.
따라서 직선 $y=kx$가 위의 그림의 색칠한 부분에 존재해야 하므로 구하는 k의 값의 범위는

$0<k<\frac{1}{2}$

◀| 정답

5-30

$y=\sqrt{4-x^2}$의 정의역은 $4-x^2\ge 0$에서
$-2\le x\le 2$이고, 치역은 $y\ge 0$이다.
$y=\sqrt{4-x^2}$의 양변을 제곱하면
$y^2=4-x^2 \quad \therefore x^2+y^2=4\,(y\ge 0)$ …… ①
방정식 ①의 그래프는 중심이 $(0,\ 0)$이고 반지름이 2인 원의 $y\ge 0$인 부분을 나타내는 반원이다.
한편, 직선 $y=k(x+3)$은 k의 값에 관계없이 점 $(-3,\ 0)$을 지난다.

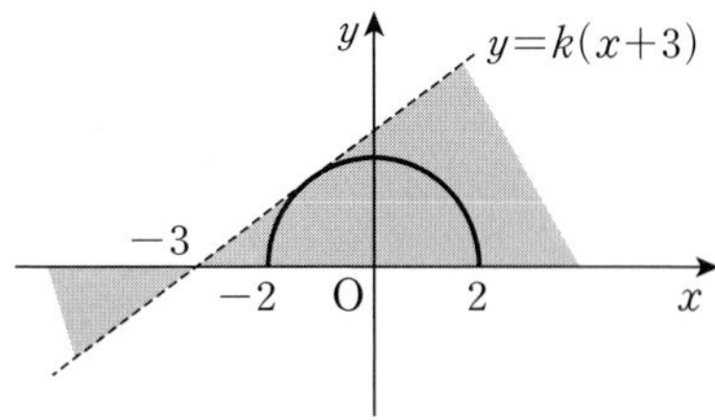

직선 $kx-y+3k=0$이 반원에 접할 때

$\frac{|k\cdot 0-0+3k|}{\sqrt{k^2+(-1)^2}}=2$

$\Leftrightarrow \frac{|3k|}{\sqrt{k^2+1}}=2$

$\Leftrightarrow |3k|=2\sqrt{k^2+1}$

양변을 제곱하면

$9k^2=4k^2+4 \quad \therefore k^2=\frac{4}{5}$

$k>0$이므로 $k=\frac{2\sqrt{5}}{5}$

$n(A\cap B)=2$이므로 두 함수의 그래프가 서로 다른 두 점에서 만난다.

따라서 직선 $y=k(x+3)$이 위의 그림의 색칠한 부분에 존재해야 하므로 구하는 k의 값의 범위는

$0<k<\frac{2\sqrt{5}}{5}$ ◀| 정답

5-31

함수 $f(x)=\sqrt{ax+b}$에서 $g=f^{-1}$이므로

$f(2)=1,\ f^{-1}(2)=1$

$\Leftrightarrow f(2)=1,\ f(1)=2$

$\Leftrightarrow \sqrt{2a+b}=1,\ \sqrt{a+b}=2$

$\Leftrightarrow 2a+b=1,\ a+b=4$

연립방정식을 풀면

$a=-3,\ b=7$

$\therefore f(x)=\sqrt{-3x+7}$

$\therefore f(-6)=\sqrt{-3\cdot(-6)+7}$

$=\sqrt{25}=5$

| 정답 ➜ ③

5-32

$y=\sqrt{x-2}+1$의 정의역과 치역은

$\{x\,|\,x\geq 2\},\ \{y\,|\,y\geq 1\}$

이고, 이것은 각각 역함수의 치역과 정의역이다.

$y-1=\sqrt{x-2}$에서 양변을 제곱하면

$(y-1)^2=x-2 \quad \therefore x=(y-1)^2+2$

여기서 x와 y의 자리를 서로 바꾸면

$y=(x-1)^2+2=x^2-2x+3\,(x\geq 1)$

$\therefore a=-2,\ b=3,\ c=1$

$\therefore a+b+c=-2+3+1=2$

| 정답 ➜ ②

5-33

방정식 $f(x)=f^{-1}(x)$의 실근의 개수는

방정식 $f(x)=x$의 실근의 개수와 같다.

따라서 방정식 $f(x)=x$가 중근을 가져야한다.

$2\sqrt{x-a}+1=x$

$\Leftrightarrow 2\sqrt{x-a}=x-1$

양변을 제곱하면

$4(x-a)=(x-1)^2$

$\therefore x^2-6x+4a+1=0$ …… ①

$D/4=(-3)^2-(4a+1)=0$에서

$4a=8 \quad \therefore a=2$

이 값을 ①에 대입하면

$x^2-6x+9=0 \quad \therefore (x-3)^2=0$

$\therefore x=3$

| 정답 ➜ $a=2,\ x=3$

5-34

$f(x)=\sqrt{4-2x}+3,\ g(x)=\sqrt{2x+1}$에서

$(f^{-1}\circ g)^{-1}(0)=(g^{-1}\circ f)(0)$

$=g^{-1}(f(0))=g^{-1}(5)$

$g^{-1}(5)=k$라고 놓으면 $g(k)=5$

$\therefore \sqrt{2k+1}=5 \quad \therefore k=12$

| 정답 ➜ 12

5-35

두 함수는 서로 역함수 관계이므로 두 함수의 그래프의 교점은 함수

$y=\sqrt{x-2}+2$의 그래프와 직선 $y=x$의 교점과 같다.

$\sqrt{x-2}+2=x$에서 $\sqrt{x-2}=x-2$

양변을 제곱하면 $x-2=x^2-4x+4$

$\therefore x^2-5x+6=0 \quad \therefore (x-2)(x-3)=0$

$\therefore x=2,\ 3$

따라서 두 함수의 교점은 $(2,\ 2),\ (3,\ 3)$이므로 그 거리는

$\sqrt{(3-2)^2+(3-2)^2}=\sqrt{2}$

| 정답 ➜ $\sqrt{2}$

5-36

함수 $f(x)=\sqrt{2x-a}+1$의 그래프와

그 역함수 $y=f^{-1}(x)$의 그래프의 두 교점은

두 함수 $f(x)=\sqrt{2x-a}+1,\ y=x$의 그래프의 두 교점과 같다.

$\sqrt{2x-a}+1=x$에서 $\sqrt{2x-a}=x-1$

양변을 제곱하면 $2x-a=x^2-2x+1$

$\therefore x^2-4x+a+1=0$ …… ①

방정식 ①의 두 실근을 $\alpha,\ \beta$라고 놓으면 근과 계수의 관계로부터

$\alpha+\beta=4,\ \alpha\beta=a+1$

이고, 두 교점은 $(\alpha,\ \alpha),\ (\beta,\ \beta)$이므로

두 교점 사이의 거리는

$\sqrt{(\alpha-\beta)^2+(\alpha-\beta)^2}$
$=\sqrt{2(\alpha-\beta)^2}=\sqrt{2\{(\alpha+\beta)^2-4\alpha\beta\}}$
$=\sqrt{2\{4^2-4(a+1)\}}=2\sqrt{6-2a}$
주어진 조건으로부터
$2\sqrt{6-2a}=4 \quad \therefore \sqrt{6-2a}=2$
$\therefore 6-2a=4 \quad \therefore a=1$

| 정답 ➔ 1

5-37

$f(x)=\dfrac{1-x}{1+x}$, $g(x)=\sqrt{2x+2}-1$에서
$(g\circ f)^{-1}(1)=(f^{-1}\circ g^{-1})(1)$
$=f^{-1}(g^{-1}(1))$
여기서 $g^{-1}(1)=k$라고 놓으면 $g(k)=1$이므로
$\sqrt{2k+2}-1=1$
$\therefore \sqrt{2k+2}=2 \quad \therefore k=1$
또, $f^{-1}(1)=a$라고 놓으면 $f(a)=1$
이므로 $\dfrac{1-a}{1+a}=1 \quad \therefore 1-a=1+a$
$\therefore a=0$
따라서
$f^{-1}\ (g^{-1}\ (1))=f^{-1}(1)=0$

| 정답 ➔ 0

5-38

$f(x)=\dfrac{1}{x-2}+2$, $g(x)=\sqrt{3x-2}$에서
$((g\circ f)^{-1}\circ g)(3)=g(a)$
$\Leftrightarrow\ (f^{-1}\circ g^{-1}\circ g)(3)=g(a)$
$\Leftrightarrow f^{-1}(3)=g(a)$ $\qquad \Leftarrow g^{-1}\circ g=I$
$f^{-1}(3)=k$라고 놓으면 $f(k)=3$
$\therefore \dfrac{1}{k-2}+2=3 \quad \therefore k=3$
$\therefore g(a)=3 \quad \therefore \sqrt{3a-2}=3$
$\therefore 3a-2=9 \quad \therefore 3a=11$

| 정답 ➔ 11

5-39

주어진 무리함수의 그래프는 함수 $y=\sqrt{ax}$의 그래프를 x축으로 -2만큼, y축으로 1만큼 평행이동한 것이므로 무리함수의 식은
$y=\sqrt{a(x+2)}+1$ …… ①
이다. ①의 그래프가 점 $(0,\ 2)$를 지나므로
$2=\sqrt{a(0+2)}+1 \quad \therefore \sqrt{2a}=1$
$\therefore a=\dfrac{1}{2}$
이 값을 ①에 대입하면
$y=\sqrt{\dfrac{1}{2}(x+2)}+1=\sqrt{\dfrac{1}{2}x+1}+1$
$\therefore a=\dfrac{1}{2},\ b=1,\ c=1$
이때, 분수함수의 식은
$$y=\frac{ax+b}{x+c}=\frac{\frac{1}{2}x+1}{x+1}=\frac{\frac{1}{2}(x+1)+\frac{1}{2}}{x+1}$$
$$=\frac{\frac{1}{2}}{x+1}+\frac{1}{2}$$
따라서 두 점근선 $x=-1$, $y=\dfrac{1}{2}$의 교점은 $\left(-1,\ \dfrac{1}{2}\right)$이다.

| 정답 ➔ $\left(-1,\ \dfrac{1}{2}\right)$

5-40

(1) 함수 $y=x+\dfrac{1}{x}$에서
$y_1=x$, $y_2=\dfrac{1}{x}$이라고 놓으면
$y=y_1+y_2$
이므로 주어진 함수의 그래프는 두 함수 y_1, y_2의 함숫값을 더해서 그릴 수 있다.
또, $x>0$이므로 산술 · 기하부등식에 의하여
$y=x+\dfrac{1}{x}\geq 2\sqrt{x\cdot\dfrac{1}{x}}=2$
이고, 등호는 $x=\dfrac{1}{x}$에서 $x=1$일 때 성립한다.
여기서 $x=1$은 두 함수 $y_1=x$, $y_2=\dfrac{1}{x}$의 교점의 x좌표이다.
따라서 함수 $y=x+\dfrac{1}{x}$의 그래프는 다음과 같다.

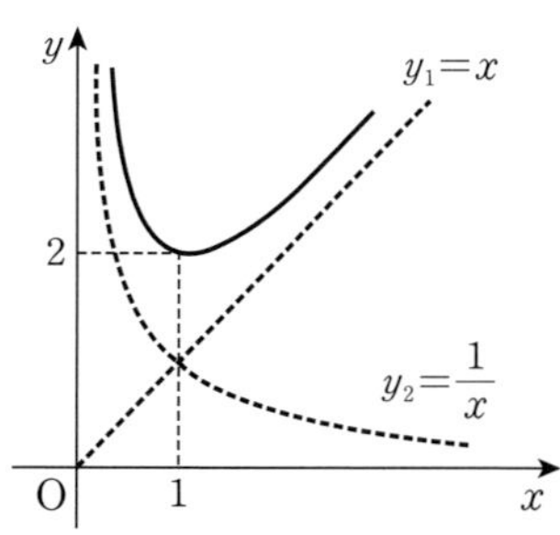

| 정답 ➔ 치역 : $\{y\,|\,y\geq 2\}$

(2) $g(x)=\frac{2x-1}{x+1}$에서

$(g\circ f)(x)=g(f(x))=\frac{2f(x)-1}{f(x)+1}$

여기서 $f(x)=t$라고 치환하면 $t\ge2$이고,

$g(f(x))=g(t)=\frac{2t-1}{t+1}=\frac{2(t+1)-3}{t+1}$

$=-\frac{3}{t+1}+2(t\ge2)$

의 그래프는 함수 $y=-\frac{3}{t}$의 그래프를 t축으로 -1만큼, y축으로 2만큼 평행이동한 것이다.

$t\ge2$에서 함수 $y=g(t)$의 그래프가 증가하므로 $t=2$에서 최솟값을 갖는다.

따라서 구하는 최솟값은

$g(2)=\frac{2\cdot2-1}{2+1}=1$

| **정답** ➔ 1

(3) $h(x)=\sqrt{4x+1}$에서

$(h\circ f)(x)=h(f(x))=\sqrt{4f(x)+1}$

여기서 $f(x)=t$라고 치환하면 $t\ge2$이고,

$h(f(x))=h(t)=\sqrt{4t+1}=\sqrt{4\left(t+\frac{1}{4}\right)}$

의 그래프는 함수 $y=\sqrt{4t}$의 그래프를 t축으로 $-\frac{1}{4}$만큼 평행이동한 것이다.

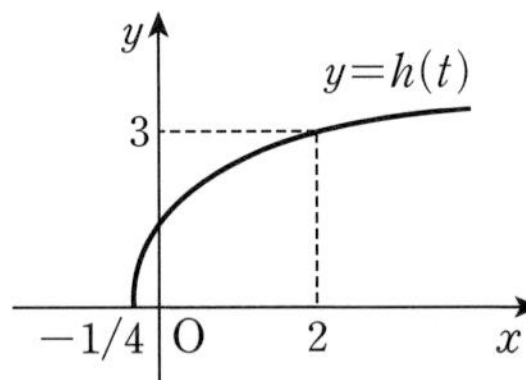

$t\ge2$에서 함수 $y=h(t)$는

$t=2$일 때 최솟값 3을 갖는다.

| **정답** ➔ 3

5-41

무리함수 $y=\sqrt{x}+\sqrt{1-x}$의 정의역은

$x\ge0,\ 1-x\ge0$에서 $0\le x\le1$

이고, $y_1=\sqrt{x}$, $y_2=\sqrt{1-x}$라고 놓으면

$y=y_1+y_2$

이므로 주어진 함수의 그래프는 두 함수 y_1, y_2의 함숫값을 더해서 그릴 수 있다.

또, $f(x)=\sqrt{x}+\sqrt{1-x}$에서

$f(x)=f(1-x)$

를 만족하므로 함수 $y=f(x)$의 그래프는 직선 $x=\frac{1}{2}$에 대하여 대칭이다.

여기서 $x=\frac{1}{2}$은 두 함수 y_1, y_2의 그래프의 교점의 x좌표이다.

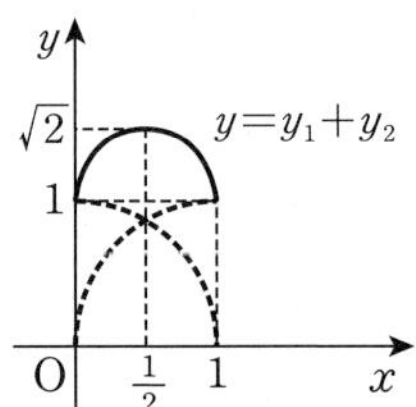

$y=\sqrt{x}+\sqrt{1-x}$의 그래프에서

$x=\frac{1}{2}$일 때 최댓값 $\sqrt{2}$,

$x=0,\ 1$일 때 최솟값 1

을 갖는다.

| **정답** ➔ 최댓값 $\sqrt{2}$, 최솟값 1

Ⅲ 수열

06강 등차수열과 등비수열 p172

연습문제 06 | 등차수열과 등비수열 p211~p221쪽

6-1 ②	**6-2** -6	**6-3** $\frac{1}{7}$
6-4 3	**6-5** $a_n=-4n+30$	
6-6 ③	**6-7** 16	**6-8** ①
6-9 ②	**6-10** ⑤	**6-11** 4
6-12 17	**6-13** 3	**6-14** ④
6-15 14	**6-16** 15	**6-17** 5
6-18 $\frac{3}{20}$	**6-19** ①	**6-20** -12
6-21 $\sqrt{6}$	**6-22** ④	**6-23** ①
6-24 21	**6-25** ③	**6-26** 170
6-27 412	**6-28** ①	**6-29** 36
6-30 ③	**6-31** 1050	
6-32 450	**6-33** 117	
6-34 72	**6-35** -27	**6-36** ③
6-37 (1) 34 (2) 3630		
6-38 464	**6-39** 19	
6-40 ③	**6-41** ③	**6-42** -14
6-43 13	**6-44** ④	**6-45** 84
6-46 (1) $\overline{\mathrm{OP}_n}=\left(\frac{1}{\sqrt{2}}\right)^{n-1}$ (2) $\overline{\mathrm{P}_n\mathrm{P}_{n+1}}=\left(\frac{1}{\sqrt{2}}\right)^{n}$		
6-47 ③	**6-48** 2	**6-49** 26
6-50 첫째항은 3, 공비는 2		
6-51 4^n-1	**6-52** ②	**6-53** $\frac{2}{3}(4^{10}-1)$
6-54 ②	**6-55** $\frac{1}{2}(2^{11}-1)(3^7-1)$	
6-56 52	**6-57** $\frac{31}{16}$	
6-58 ⑤	**6-59** 35000원	

6-1

첫째항을 a, 공차를 d라고 놓으면

$a_3+a_{10}=41$에서

$$(a+2d)+(a+9d)=41$$

$$\therefore 2a+11d=41 \quad \cdots\cdots \text{①}$$

$a_5+a_{16}=65$에서

$$(a+4d)+(a+15d)=65$$

$$\therefore 2a+19d=65 \quad \cdots\cdots \text{②}$$

①과 ②를 연립하여 풀면

$$a=4,\ d=3$$

$\therefore a_{20}=a+19d=4+19\times3=61$

| 정답 ➔ ②

6-2

등차수열 $\{a_n\}$의 공차가 3이므로

$$a_{n+1}-a_n=3 \quad \cdots\cdots \text{①}$$

$b_n=5-2a_n$이라고 놓으면

$$\begin{aligned}b_{n+1}-b_n&=(5-2a_{n+1})-(5-2a_n)\\&=-2(a_{n+1}-a_n)\\&=(-2)\times3=-6\end{aligned}$$

따라서 수열 $\{5-2a_n\}$의 공차는 -6

| 정답 ➔ -6

6-3

첫째항이 3, 공차가 2이므로

$a_n=3+(n-1)\cdot2=2n+1$

$$\therefore \frac{1}{a_1a_2}+\frac{1}{a_2a_3}+\frac{1}{a_3a_4}+\cdots+\frac{1}{a_9a_{10}}$$

$$=\frac{1}{3\times5}+\frac{1}{5\times7}+\frac{1}{7\times9}+\cdots+\frac{1}{19\times20}$$

$$=\frac{1}{2}\left(\frac{1}{3}-\frac{1}{5}\right)\times\frac{1}{2}\left(\frac{1}{5}-\frac{1}{7}\right)+\frac{1}{2}\left(\frac{1}{7}-\frac{1}{9}\right)$$

$$+\cdots+\frac{1}{2}\left(\frac{1}{19}-\frac{1}{21}\right)$$

$$=\frac{1}{2}\left(\frac{1}{3}-\frac{1}{21}\right)=\frac{1}{7}$$

| 정답 ➔ $\frac{1}{7}$

6-4

첫째항이 1, 공차가 2이므로

$$a_n=1+(n-1)\cdot 2=2n-1$$

이고,

$a_2-a_1=a_3-a_2=\cdots=a_{25}-a_{24}=2$

$\therefore \dfrac{1}{\sqrt{a_1}+\sqrt{a_2}}+\dfrac{1}{\sqrt{a_2}+\sqrt{a_3}}+\cdots+\dfrac{1}{\sqrt{a_{24}}+\sqrt{a_{25}}}$

$=\dfrac{\sqrt{a_2}-\sqrt{a_1}}{a_2-a_1}+\dfrac{\sqrt{a_3}-\sqrt{a_2}}{a_3-a_2}+\dfrac{\sqrt{a_4}-\sqrt{a_3}}{a_4-a_3}+\cdots+\dfrac{\sqrt{a_{25}}-\sqrt{a_{24}}}{a_{25}-a_{24}}$

$=\dfrac{\sqrt{a_2}-\sqrt{a_1}}{2}+\dfrac{\sqrt{a_3}-\sqrt{a_2}}{2}+\dfrac{\sqrt{a_4}-\sqrt{a_3}}{2}+\cdots+\dfrac{\sqrt{a_{25}}-\sqrt{a_{24}}}{2}$

$=\dfrac{\sqrt{a_{25}}-\sqrt{a_1}}{2}$

$=\dfrac{\sqrt{49}-\sqrt{1}}{2}=\dfrac{7-1}{2}=3$

| 정답 ➔ 3

6-5

첫째항을 a, 공차를 d라고 놓으면

$a_4+a_{11}=0$, $a_7=2$이므로

$$(a+3d)+(a+10d)=0$$

$$\therefore 2a+13d=0 \cdots\cdots ①$$

$$a_7=a+6d=2 \cdots\cdots ②$$

①과 ②를 연립하여 풀면

$$a=26,\ d=-4$$

$\therefore a_n=26+(n-1)\cdot(-4)=-4n+30$

| 정답 ➔ $a_n=-4n+30$

6-6

첫째항을 a, 공차를 d라고 놓으면

$$a_4=a+3d=56 \cdots\cdots ①$$

$$a_{10}=a+9d=20 \cdots\cdots ②$$

①과 ②를 연립하여 풀면

$$a=74,\ d=-6$$

$\therefore a_n=74+(n-1)\cdot(-6)=-6n+80$

제n항에서 처음으로 음수가 된다고 하면

$a_n=-6n+80<0$에서 $n>13.\times\times$

따라서 제14항에서 처음으로 음수가 된다.

| 정답 ➔ ③

6-7

첫째항을 a라고 놓으면

$$a_{20}=a+(20-1)\cdot 3=11$$

$$\therefore a=-46$$

$$\therefore a_n=-46+(n-1)\cdot 3=3n-49$$

제n항에서 처음으로 양수가 된다고 하면

$a_n=3n-49>0$에서 $n>16.\times\times$

따라서 제17항에서 처음으로 양수가 된다.

$$a_{16}=3\times16-49=-1,$$

$$a_{17}=3\times17-49=2$$

에서 $|a_{16}|=1$, $|a_{17}|=2$이므로 $|a_n|$의 값이 최소인 항은 $n=16$이다.

| 정답 ➔ 16

6-8

첫째항을 a, 공차를 d라고 놓으면

$a_9=4a_2$에서

$$a+8d=4(a+d)$$

$$\therefore 3a-4d=0 \cdots\cdots ①$$

또, $a_3+a_8=35$에서

$$(a+2d)+(a+7d)=35$$

$$\therefore 2a+9d=35 \cdots\cdots ②$$

①과 ②를 연립하여 풀면

$$a=4,\ d=3$$

$\therefore a_n=4+(n-1)\cdot 3=3n+1$

제n항이 49라고 가정하면

$$a_n=3n+1=49$$

$$\therefore n=16$$

| 정답 ➔ ①

6-9

첫째항을 a, 공차를 d라고 놓으면

$a_1+a_2+a_3=51$에서

$$a+(a+d)+(a+2d)=51$$

$$\therefore a+d=17 \cdots\cdots ①$$

$a_4+a_5+a_6=15$에서

$$(a+3d)+(a+4d)+(a+5d)=15$$

$$\therefore a+4d=5 \cdots\cdots ②$$

①과 ②를 연립하여 풀면

$$a=21,\ d=-4$$

$\therefore a_n=21+(n-1)\cdot(-4)=-4n+25$

$a_k=-31$에서

$$-4k+25=-31 \quad \therefore k=14$$

| 정답 ➜ ②

6-10

수열 $\{a_n\}$은 첫째항이 2, 공차가 7이므로

$$a_n=2+(n-1)\cdot 7=7n-5$$

수열 $\{b_n\}$은 첫째항이 5, 공차가 2이므로

$$b_n=5+(n-1)\cdot 2=2n+3$$

따라서 $a_k \le 3b_k$에서

$$7k-5 \le 3(2k+3) \quad \therefore k \le 14$$

즉, $k=1, 2, \cdots, 14$이므로 자연수 k의 개수는 14

| 정답 ➜ ⑤

6-11

공차를 d라고 하면 제22항이 85이므로

$$85=1+(22-1)d \quad \therefore d=4$$

| 정답 ➜ 4

6-12

첫째항이 2, 공차가 $\frac{3}{2}$, 제$(n+2)$항이 29이므로

$$29=2+(n+1)\cdot\frac{3}{2} \quad \therefore n=17$$

| 정답 ➜ 17

6-13

세 수 8, a^2-a, $4a$가 이 순서로 등차수열을 이루므로 등차중항의 성질에 의하여

$$2(a^2-a)=8+4a$$

$$\therefore a^2-3a-4=0$$

$(a-4)(a+1)=0$에서 $a=-1, 4$

따라서 모든 a의 값의 합은

$$(-1)+4=3$$

| 정답 ➜ 3

6-14

삼차방정식 $x^3-3x^2-kx+15=0$의 세 근을

$$a-d,\ a,\ a+d$$

라고 놓으면 근과 계수의 관계로부터

$(a-d)+a+(a+d)=3$에서 $a=1$

$a(a-d)+a(a+d)+(a-d)(a+d)=-k$

에서 $a=1$을 대입하면

$$k=d^2-3 \ \cdots\cdots \ ①$$

$a(a-d)(a+d)=-15$에서

$a=1$을 대입하면

$$1-d^2=-15 \quad \therefore d^2=16$$

이 값을 ①에 대입하면

$$k=16-3=13$$

| 정답 ➜ ④

6-15

등차수열을 이루는 네 개의 수를

$$a-3d,\ a-d,\ a+d,\ a+3d$$

라고 놓으면

$(a-3d)+(a-d)+(a+d)+(a+3d)=20$

$$\therefore a=5$$

$(a-3d)(a+3d)=-56$에서 $a=5$를 대입하면

$$25-9d^2=-56 \quad \therefore d^2=9$$

$$\therefore d=\pm 3$$

따라서 네 수는

$$-4,\ 2,\ 8,\ 14$$

이므로 가장 큰 수는 14이다.

| 정답 ➜ 14

6-16

세 변의 길이를

$$a-d,\ a,\ a+d \ (d>0)$$

라고 놓으면 빗변의 길이가 $a+d$이므로

$$(a+d)^2=a^2+(a-d)^2$$

$$\therefore a^2-4ad=0$$

$a\neq 0$이므로 양변을 a로 나누면

$$a=4d \ \cdots\cdots \ ①$$

한편, 넓이가 54이므로

$$\frac{1}{2}a(a-d)=54$$

$$\therefore a(a-d)=108 \ \cdots\cdots \ ②$$

①을 ②에 대입하면

$$4d\cdot 3d=108 \quad \therefore d^2=9$$

$$\therefore d=3$$

$$\therefore a=4d=4\times 3=12$$

따라서 빗변의 길이는

$$a+d=12+3=15$$

| 정답 ➜ 15

6-17

수열 $\{a_n\}$은 등차수열이므로 첫째항을 a, 공차를 d라고 놓으면

$\frac{a_8}{a_3}=2$에서 $\frac{a+7d}{a+2d}=2$

$\therefore a+7d=2a+4d \quad \therefore a=3d$

따라서

$\frac{a_{18}}{a_2}=\frac{a+17d}{a+d}=\frac{3d+17d}{3d+d}=\frac{20d}{4d}=5$

| 정답 ➜ 5

6-18

$\frac{1}{9}$, x, y, $\frac{1}{18}$이 이 순서로 조화수열을 이루므로 역수의 수열

$9, \frac{1}{x}, \frac{1}{y}, 18$

은 등차수열을 이룬다. 이 등차수열의 공차를 d라고 놓으면 제4항이 18이므로

$18=9+(4-1)d \quad \therefore d=3$

따라서

$\frac{1}{x}=9+3=12 \quad \therefore x=\frac{1}{12}$

$\frac{1}{y}=9+2\times3=15 \quad \therefore y=\frac{1}{15}$

$\therefore x+y=\frac{1}{12}+\frac{1}{15}=\frac{3}{20}$

| 정답 ➜ $\frac{3}{20}$

6-19

역수의 수열

$\frac{1}{6}, \frac{1}{4}, \frac{1}{3}, \frac{5}{12}, \frac{1}{2}, \cdots$

은 첫째항이 $\frac{1}{6}$, 공차가 $\frac{1}{12}$인 등차수열이므로

일반항 $\frac{1}{a_n}$은

$\frac{1}{a_n}=\frac{1}{6}+(n-1)\cdot\frac{2}{12}=\frac{n+1}{12}$

$\therefore a_n=\frac{12}{n+1}$

$\therefore a_{19}+a_{29}=\frac{12}{19+1}+\frac{12}{29+1}=\frac{60}{60}=1$

| 정답 ➜ ①

6-20

세 수 a, 2, b가 이 순서로 등차수열을 이루므로 등차중항의 성질에 의하여

$2\times2=a+b \quad \therefore a+b=4$ …… ①

세 수 $a, -6$, b가 이 순서로 조화수열을 이루므로 조화중항의 성질에 의하여

$-\frac{2}{6}=\frac{1}{a}+\frac{1}{b} \quad \therefore \frac{a+b}{ab}=-\frac{1}{3}$ …… ②

①의 값을 ②에 대입하면

$ab=-12$

| 정답 ➜ -12

6-21

$\overline{BC}=x$, $\overline{AC}=y$라고 놓으면 피타고라스의 정리에 의하여

$x^2+y^2=3^2=9$ …… ①

직각삼각형의 닮음에서

$\triangle ACD \backsim \triangle CBD \backsim \triangle ABC$

이고, 닮음비는

$\overline{AC} : \overline{CB} : \overline{AB}=y : x : 3$

이므로 세 삼각형

$\triangle ACD$, $\triangle CBD$, $\triangle ABC$

의 넓이의 비는 $y^2 : x^2 : 3^2$에 비례한다.

따라서 각각의 넓이를 ky^2, kx^2, $9k$라고 놓으면 이 순서로 등차수열을 이루므로 등차중항의 성질에 의하여

$2kx^2=ky^2+9k$

$2x^2=y^2+9$ …… ②

①에서 $y^2=9-x^2$을 ②에 대입하면

$2x^2=(9-x^2)+9 \quad \therefore x^2=6$

$x>0$이므로 $x=\sqrt{6}$

| 정답 ➜ $\sqrt{6}$

6-22

첫째항을 a, 공차를 d라고 놓으면

$a_2=a+d=9$ …… ①

$a_5=a+4d=24$ …… ②

①과 ②를 연립하여 풀면

$a=4$, $d=5$

$\therefore S_{20}=\frac{20\{2\times4+(20-1)\times5\}}{2}=1030$

| 정답 ➜ ④

6-23

공차를 d라고 놓으면

$a_n=70+(n-1)d=10$에서

$(n-1)d=-60$ …… ①

$S_n=\frac{n\{2\times70+(n-1)d\}}{2}=440$에서

$n\{140+(n-1)d\}=880$ …… ②

①의 값을 ②에 대입하면

$n(140-60)=880 \quad \therefore n=11$

이 값을 ①에 대입하면 $10d=-60$

$\therefore d=-6$

| 정답 ➡ ①

6-24

$f(x)-g(x)=(x^2+ax+b)-(x^2+cx+d)$

$=(a-c)x+(b-d)$

n번째 선분의 x좌표를 x_n, 선분의 길이를 l_n이라고 하면 6개의 선분이 같은 간격으로 놓여있으므로 $1\le n\le5$일 때

$x_{n+1}-x_n=p$(일정)

이고,

$l_{n+1}-l_n$

$=\{f(x_{n+1})-g(x_{n+1})\}-\{f(x_n)-g(x_n)\}$

$=\{(a-c)x_{n+1}+(b-d)\}-\{(a-c)x_n+(b-d)\}$

$=(a-c)(x_{n+1}-x_n)=(a-c)p$(일정)

따라서 6개의 선분의 길이는 등차수열을 이룬다.

첫째항이 2, 끝항이 5, 항수가 6인 등차수열의 합은

$\frac{6(2+5)}{2}=21$

| 정답 ➡ 21

6-25

첫째항을 a, 공차를 d라고 놓으면

$a_3=a+2d=-10$ …… ①

$a_9 : a_{13}=2 : 5$

에서

$(a+8d) : (a+12d)=2 : 5$

$\therefore 5(a+8d)=2(a+12d)$

$\therefore 3a+16d=0$ …… ②

①과 ②를 연립하여 풀면

$a=-16,\ d=3$

$\therefore S_{20}=\frac{20\{2\times(-16)+(20-1)\times3\}}{2}=250$

| 정답 ➡ ③

6-26

$a_n=4n-5$에서

$a_1=4\times1-5=-1,\ a_{10}=4\times10-5=35$이다.

따라서 첫째항이 -1, 끝항이 35, 항수가 10인 등차수열의 합은

$\frac{10(-1+35)}{2}=170$

| 정답 ➡ 170

6-27

첫째항을 a, 공차를 d라고 놓으면

$a_2=a+d=41$ …… ①

$a_{10}=a+9d=9$ …… ②

①과 ②를 연립하여 풀면

$a=45,\ d=-4$

$\therefore a_n=45+(n-1)\cdot(-4)=-4n+49$

제n항에서 처음으로 음수가 된다고 하면

$a_n=-4n+49<0$에서 $n>12.\times\times$

따라서 $n=13$에서 처음으로 음수가 나온다.

$a_{12}=-4\times12+49=1,$

$a_{13}=-4\times13+49=-3,$

$a_{20}=-4\times20+49=-31$

이므로

$|a_1|+|a_2|+\cdots+|a_{20}|$

$=(a_1+a_2+\cdots+a_{12})-(a_{13}+a_{14}+\cdots+a_{20})$

$=(45+41+\cdots+1)-(-3-7-\cdots-31)$

$=(45+41+\cdots+1)+(3+7+\cdots+31)$

$=\frac{12(45+1)}{2}+\frac{8(3+31)}{2}$

$=276+136$

$=412$

| 정답 ➡ 412

6-28

공차를 d라고 하면 첫째항이 6, 제$(n+2)$항이 60이므로

$60=6+(n+1)d$

$\therefore (n+1)d=54$ …… ①

제$(n+2)$항까지의 합이 990이므로

$$\frac{(n+2)\{2\times 6+(n+1)d\}}{2}=990 \cdots\cdots ②$$

①의 값을 ②에 대입하면

$$\frac{(n+2)(12+54)}{2}=990$$

$\therefore n+2=30 \quad \therefore n=28$

| 정답 ➧ ①

6-29

두 등차수열 $\{a_n\}$, $\{b_n\}$의 공차를 각각 d_1, d_2라고 놓으면

$a_n=a_1+(n-1)d_1$, $b_n=b_1+(n-1)d_2$

이므로

$a_n+b_n=a_1+b_1+(n-1)(d_1+d_2)$

따라서 수열 $\{a_n+b_n\}$은

첫째항이 a_1+b_1, 공차가 d_1+d_2

인 등차수열을 이루므로 제10항까지의 합을 구하면

$$S_{10}+T_{10}=\frac{10\{(a_1+b_1)+(a_{10}+b_{10})\}}{2}$$

$$\therefore 200=\frac{10\{4+(a_{10}+b_{10})\}}{2}$$

$\therefore a_{10}+b_{10}=36$

| 정답 ➧ 36

6-30

$a_n=a_1+(n-1)d_1$, $b_n=b_1+(n-1)d_2$

이므로

$a_n+b_n=a_1+b_1+(n-1)(d_1+d_2)$

따라서 수열 $\{a_n+b_n\}$은

첫째항이 a_1+b_1, 공차가 d_1+d_2

인 등차수열을 이룬다.

조건에서 $a_1+b_1=5$, $d_1+d_2=4$이므로

$(a_1+a_2+\cdots+a_{16})+(b_1+b_2+\cdots+b_{16})$

$=(a_1+b_1)+(a_2+b_2)+\cdots+(a_{16}+b_{16})$

$=\dfrac{16\{2\times 5+(16-1)\times 4\}}{2}$

$=560$

| 정답 ➧ ③

6-31

첫째항을 a, 공차를 d라고 놓으면

$S_{10}=\dfrac{10\{2a+9d\}}{2}=150$에서

$2a+9d=30 \cdots\cdots ①$

$S_{20}=\dfrac{20\{2a+19d\}}{2}=500$에서

$2a+19d=50 \cdots\cdots ②$

①과 ②를 연립하여 풀면

$a=6$, $d=2$

$\therefore S_{30}=\dfrac{30\{2\times 6+29\times 2\}}{2}=1050$

| 정답 ➧ 1050

6-32

첫째항을 a, 공차를 d라고 놓으면

$S_{10}=\dfrac{10\{2a+9d\}}{2}=50$에서

$2a+9d=10 \cdots\cdots ①$

$S_{20}=S_{10}+250=300$이므로

$S_{20}=\dfrac{20\{2a+19d\}}{2}=300$에서

$2a+19d=30 \cdots\cdots ②$

①과 ②를 연립하여 풀면

$a=-4$, $d=2$

$\therefore a_{21}+a_{22}+\cdots+a_{30}$

$=S_{30}-S_{20}$

$=\dfrac{30\{2\times(-4)+29\times 2\}}{2}-300$

$=750-300$

$=450$

| 정답 ➧ 450

6-33

첫째항을 a, 공차를 d라고 놓으면

$a_3=a+2d=19 \cdots\cdots ①$

$a_{15}=a+14d=-17 \cdots\cdots ②$

①과 ②를 연립하여 풀면

$a=25$, $d=-3$

$\therefore a_n=25+(n-1)\cdot(-3)=-3n+28$

제n항에서 처음으로 음수가 된다고 하면

$a_n=-3n+28<0$에서 $n>9.\times\times$

따라서 $n=10$일 때 처음으로 음수가 된다.

즉, 제1항부터 제9항까지는 양수이고 제10항부터 음수이므로 제9항까지의 합이 최대가 된다.
따라서 최댓값은

$$S_9=\frac{9\{2\times25+8\times(-3)\}}{2}=117$$

| 정답 ➾ 117

6-34

첫째항을 a, 공차를 d라고 놓으면

$S_5=\frac{5(2a+4d)}{2}=55$에서

$a+2d=11$ ⋯⋯ ①

$S_{20}=\frac{20(2a+19d)}{2}=-80$에서

$2a+19d=-8$ ⋯⋯ ②

①과 ②를 연립하여 풀면

$a=15,\ d=-2$

$\therefore a_n=15+(n-1)\cdot(-2)=-2n+17$

제n항에서 처음으로 음수가 된다고 하면

$a_n=-2n+17<0$에서 $n>8.5$

따라서 $n=9$일 때 처음으로 음수가 되므로 제8항까지의 합이 최대가 된다.
따라서 최댓값은

$$S_8=\frac{8\{2\times15+7\times(-2)\}}{2}=64$$

$\therefore k=8,\ M=64$

$\therefore k+M=8+64=72$

| 정답 ➾ 72

6-35

첫째항이 -6, 공차를 d라고 놓으면

$S_4=S_{13}$이므로

$$\frac{4\{2\times(-6)+3d\}}{2}=\frac{13\{2\times(-6)+12d\}}{2}$$

$\therefore 12d-48=156d-156$

$\therefore 144d=108$

$\therefore d=\frac{108}{144}=\frac{3}{4}$

$\therefore a_n=-6+(n-1)\cdot\frac{3}{4}=\frac{1}{4}(3n-27)$

제n항에서 처음으로 양수가 된다고 하면

$a_n=\frac{1}{4}(3n-27)>0$에서 $n>9$

따라서 $n=10$일 때 처음으로 양수가 되므로 제9항까지의 합이 최소가 된다.

$$\therefore S_9=\frac{9\left\{2\times(-6)+8\times\frac{3}{4}\right\}}{2}=-27$$

| 정답 ➾ -27

[참고]
$a_9=0$이므로 $S_8=S_9$이다.

6-36

100이하의 자연수 중에서 3으로 나누었을 때의 나머지가 2인 수를

$3n+2$(n은 정수)

라고 놓으면

$1\le3n+2\le100$에서 $0\le n\le32$

따라서

$n=0$일 때 첫째항은 2,

$n=32$일 때 끝항은 98,

항수는 33

인 등차수열의 합이므로

$$\frac{33(2+98)}{2}=1650$$

| 정답 ➾ ③

6-37

(1) $S_n=2n^2+3n$에서

$a_3=S_3-S_2$

$=(2\times3^2+3\times3)-(2\times2^2+3\times2)$

$=27-14=13$

$a_5=S_5-S_4$

$=(2\times5^2+3\times5)-(2\times4^2+3\times4)$

$=65-44=21$

$\therefore a_3+a_5=13+21=34$

| 정답 ➾ 34

(2) $S_n=2n^2+3n$에서

$a_n=S_n-S_{n-1}(n\ge2)$

$=(2n^2+3n)-\{2(n-1)^2+3(n-1)\}$

$=4n+1$

$n=1$일 때 $a_1=S_1=5$

$a_1=5$는 $a_n=4n+1(n\ge2)$에 $n=1$을 대입한 것과 같다.

$\therefore a_n=4n+1(n\ge1)$

따라서 $a_{2n-1}=4(2n-1)+1=8n-3$이므로 수열

$\{a_{2n-1}\}$은 공차가 8인 등차수열이다. 즉 수열

$a_1,\ a_3,\ a_5,\ \cdots,\ a_{59}$

는

$a_1=8\times1-3=5,$ ⇦ 첫째항

$a_{59}=8\times30-3=237,$ ⇦ 끝항

항수가 30

인 등차수열이므로 그 합은

$a_1+a_3+a_5+\cdots+a_{59}$

$=\dfrac{30(5+237)}{2}=3630$

| 정답 ➜ 3630

6-38

$S_n=n^2+2n-1$에서

$a_n=S_n-S_{n-1}\ (n\ge2)$

$=(n^2+2n-1)-\{(n-1)^2+2(n-1)-1\}$

$=2n+1$

$n=1$일 때 $a_1=S_1=2$

$a_1=2$는 $a_n=2n+1(n\geqq2)$에 $n=1$을 대입한 것과 다르다.

$\therefore a_1=2,\ a_n=2n+1(n\geqq2)$

따라서 수열 $\{a_n\}$은 둘째항부터 공차가 2인 등차수열을 이룬다.

이때, 홀수번째 항들의 수열

$a_1,\ a_3,\ a_5,\ \cdots,\ a_{29}$

는 둘째항부터 공차가 4인 등차수열을 이룬다.

수열 $a_1,\ a_3,\ a_5,\ \cdots,\ a_{29}$의 각 항을 나열하면

2, 7, 11, 15, ⋯, 59(제15항)

이므로 그 합은

$a_1+a_3+a_5+\cdots+a_{29}$

$=a_1+(a_3+a_5+a_7+\cdots+a_{29})$

$=2+(7+11+15+\cdots+59)$

$=2+\dfrac{14(7+59)}{2}$

$=2+462=464$

| 정답 ➜ 464

6-39

첫째항이 3, 공차가 2이므로

$S_n=\dfrac{n\{2\times3+(n-1)\cdot2\}}{2}=n^2+2n$

따라서 $S_n>360$에서

$n^2+2n>360\quad\therefore n^2+2n-360>0$

$\therefore (n+20)(n-18)>0$

n은 자연수이므로 $n+20>0$이다.

$\therefore n-18>0\quad\therefore n>18$

따라서 $S_n>360$을 만족하는 최소의 자연수는 $n=19$

| 정답 ➜ 19

6-40

$a_1,\ a_2,\ \cdots,\ a_n$이 모두 양수이고,

$a_1<a_2<\cdots<a_n$

이므로

$0<a_2-a_1<a_2$

여기서 $a_2-a_1\in A$이므로

$a_2-a_1=a_1$ ⇦(가)

또, $0<a_2-a_1=a_1<a_3-a_1<a_3$이고

$a_3-a_1\in A$이므로

$a_3-a_1=a_2$ ⇦(나)

같은 방법으로 생각하면

$a_n-a_1=a_{n-1}$

$\therefore a_n=a_{n-1}+a_1$

따라서 수열 $\{a_n\}$은 공차가 a_1 ⇦(다)

인 등차수열이다.

| 정답 ➜ ③

6-41

첫째항을 a, 공비를 $r\ (r>0)$이라고 하면

$a_3=ar^2=12$ ⋯⋯ ①

$a_5=ar^4=48$ ⋯⋯ ②

②÷①하면 $r^2=4\quad\therefore r=2$

이 값을 ①에 대입하면 $a=3$

$\therefore a_6=ar^5=3\cdot2^5=96$

| 정답 ➜ ③

6-42

첫째항을 a, 공비를 r이라고 하면

$a_1+a_2+a_3=1$에서 $a+ar+ar^2=1$

$\therefore a(1+r+r^2)=1$ ⋯⋯ ①

$a_4+a_5+a_6=-8$에서 $ar^3+ar^4+ar^5=-8$

$\therefore ar^3(1+r+r^2)=-8$ ⋯⋯ ②

②÷①하면 $r^3=-8\quad\therefore r=-2$

이 값을 ①에 대입하면 $a=\dfrac{1}{3}$

$\therefore a_2+a_4+a_6=ar+ar^3+ar^5$

$=ar(1+r^2+r^4)$

$=\frac{1}{3}\cdot(-2)\cdot(1+4+16)$

$=-14$

| 정답 ➜ -14

6-43

$f(x)=2x^2+3x+a$에서

$r_1=f(-1)=2-3+a=a-1$,

$r_2=f(1)=2+3+a=a+5$,

$r_3=f(2)=8+6+a=a+14$

이고, r_1, r_2, r_3는 이 순서로 등비수열을 이루므로 등비중항의 성질에 의하여

$r_2{}^2=r_1r_3 \Leftrightarrow (a+5)^2=(a-1)(a+14)$

$\therefore 3a=39 \quad \therefore a=13$

| 정답 ➜ 13

6-44

서로 다른 세 수 a, b, c가 이 순서로 공비가 r인 등비수열을 이루므로

$b=ar,\ c=ar^2$ …… ①

세 수 a, $3b$, $5c$가 이 순서로 등차수열을 이루므로 등차중항의 성질에 의하여

$2\cdot(3b)=a+5c$

$\therefore 6b=a+5c$ …… ②

①을 ②에 대입하면

$6ar=a+5ar^2$

$a\neq 0$이므로 양변을 a로 나누면

$5r^2-6r+1=0$

$\therefore (5r-1)(r-1)=0$

a, b, c가 서로 다른 세 수이므로 $r\neq 1$

$\therefore r=\frac{1}{5}$

| 정답 ➜ ④

6-45

세 수를 a, ar, ar^2이라고 놓으면

$a+ar+ar^2=6$에서

$a(1+r+r^2)=6$ …… ①

$a\cdot(ar)\cdot(ar^2)=-64$에서

$(ar)^3=-64$ …… ②

②에서 $ar=-4 \quad \therefore a=-\frac{4}{r}$

이 값을 ①에 대입하면

$\left(-\frac{4}{r}\right)\cdot(1+r+r^2)=6 \Leftrightarrow -4-4r-4r^2=6r$

$\therefore 2r^2+5r+2=0$

$\therefore (2r+1)(r+2)=0$

$\therefore r=-\frac{1}{2}, -2$

$r=-\frac{1}{2}$일 때 $a=-\frac{4}{r}=8$이므로 세 수는

$8,\ -4,\ 2$

이고, $r=-2$일 때 $a=-\frac{4}{r}=2$이므로 세 수는

$2,\ -4,\ 8$

이다.

따라서 어느 경우이든지 제곱의 합은

$2^2+(-4)^2+8^2=84$

| 정답 ➜ 84

6-46

자연수 n에 대하여 $\angle P_nOP_{n+1}=45°$이므로

삼각형 OP_nP_{n+1}은 직각이등변삼각형이다.

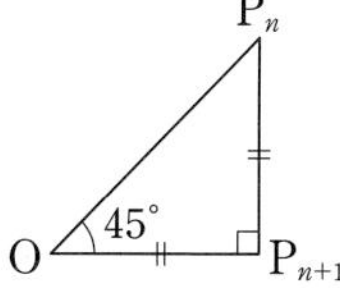

(1) $\overline{OP_1}=1$이고,

$\overline{OP_{n+1}}=\overline{OP_n}\cdot\cos 45°=\frac{1}{\sqrt{2}}\overline{OP_n}$

이므로 수열 $\{\overline{OP_n}\}$은 첫째항이 1, 공비가 $\frac{1}{\sqrt{2}}$인 등비수열이다.

$\therefore \overline{OP_n}=1\cdot\left(\frac{1}{\sqrt{2}}\right)^{n-1}=\left(\frac{1}{\sqrt{2}}\right)^{n-1}$

| 정답 ➜ $\overline{OP_n}=\left(\frac{1}{\sqrt{2}}\right)^{n-1}$

(2) $\overline{P_nP_{n+1}}=\overline{OP_n}\cdot\sin 45°$

$=\left(\frac{1}{\sqrt{2}}\right)^{n-1}\cdot\frac{1}{\sqrt{2}}$

$=\left(\frac{1}{\sqrt{2}}\right)^{n}$

| 정답 ➜ $\overline{P_nP_{n+1}}=\left(\frac{1}{\sqrt{2}}\right)^{n}$

6-47

수열 $\{a_n\}$은 등비수열이므로 첫째항을 a, 공비를 r이라고 하면

$a_2=ar=3$ …… ①

$a_6=ar^5=6$ …… ②

②÷①하면 $r^4=2$

$\therefore a_{14}=ar^{13}=ar\cdot r^{12}=ar\cdot(r^4)^3$

$=3\cdot 2^3=24$

| 정답 ➔ ③

6-48

등비수열 $\{a_n\}$의 일반항 a_n을

$a_n=ar^{n-1}$

이라고 놓으면

$3a_{n+1}+a_n=3ar^n+ar^{n-1}$

$=(3ar+a)r^{n-1}$

이므로 수열 $\{3a_{n+1}+a_n\}$은

첫째항이 $3ar+a$, 공비가 r인 등비수열이다.

따라서

$3ar+a=4,\ r=\frac{1}{3}$

연립하여 풀면 $a=2$

| 정답 ➔ 2

6-49

삼차방정식 $x^3-kx^2+156x-216=0$의 세 근을 a, ar, ar^2이라고 놓으면 근과 계수의 관계로부터

$a+ar+ar^2=k$

$\therefore a(1+r+r^2)=k$ …… ①

$a^2r+a^2r^2+a^2r^3=156$

$\therefore a^2r(1+r+r^2)=156$ …… ②

$a\cdot ar\cdot ar^2=216$

$\therefore (ar)^3=216$ …… ③

③에서 $ar=6$

이 값을 ②에 대입하면

$6a(1+r+r^2)=156$

$\therefore a(1+r+r^2)=26$

따라서 ①에서 $k=26$

| 정답 ➔ 26

6-50

첫째항을 a, 공비를 r이라고 하면

$S_5=\frac{a(r^5-1)}{r-1}=93$ …… ①

$S_{10}=\frac{a(r^{10}-1)}{r-1}=3069$ …… ②

$r^{10}-1=(r^5-1)(r^5+1)$이므로 ②÷①하면

$r^5+1=33\quad \therefore r^5=32\quad \therefore r=2$

이 값을 ①에 대입하면

$\frac{a(2^5-1)}{2-1}=93\quad \therefore a=3$

따라서 첫째항은 3, 공비는 2

| 정답 ➔ 첫째항은 3, 공비는 2

6-51

$a_n=3\cdot(-2)^{n-1}$이므로

$a_{2n-1}=3\cdot(-2)^{2n-1-1}=3\cdot(-2)^{2(n-1)}$

$=3\cdot\{(-2)^2\}^{(n-1)}$

$=3\cdot 4^{n-1}$

따라서 수열 $\{a_{2n-1}\}$의 첫째항은 3, 공비가 4인 등비수열이므로 제n항까지의 합은

$S_n=\frac{3(4^n-1)}{4-1}=4^n-1$

| 정답 ➔ 4^n-1

6-52

$S_n=2^{n-1}+p$에서

$a_n=S_n-S_{n-1}(n\geq 2)$

$=(2^{n-1}+p)-(2^{n-2}+p)$

$=2^{n-1}-2^{n-2}=2^{n-2}$ …… ①

$n=1$일 때 $a_1=S_1=2^0+p=1+p$ …… ②

수열 $\{a_n\}$이 첫째항부터 등비수열이 되려면 ①에 $n=1$을 대입한 값 $2^{-1}=\frac{1}{2}$과 $a_1=1+p$가 서로 같아야 한다.

$\therefore 1+p=\frac{1}{2}\quad \therefore p=-\frac{1}{2}$

| 정답 ➔ ②

6-53

$S_n=2^{n+1}-2$에서

$a_n=S_n-S_{n-1}(n\geq 2)$

$=(2^{n+1}-2)-(2^n-2)$

$=2^{n+1}-2^n=2^n$

$n=1$일 때 $a_1=S_1=2^2-2=2$

$a_1=2$는 $a_n=2^n$에 $n=1$을 대입한 것과 같다.

$\therefore a_n=2^n(n\geq 1)$

따라서

$a_1=2,\ a_3=2^3,\ a_5=2^5,\ \cdots,\ a_{19}=2^{19}$

이므로 수열 $a_1,\ a_3,\ a_5,\ \cdots,\ a_{19}$는

첫째항이 2, 공비가 $2^2=4$, 항수 10인 등비수열이다.

$\therefore a_1+a_3+a_5+\cdots+a_{19}=\dfrac{2(4^{10}-1)}{4-1}=\dfrac{2}{3}(4^{10}-1)$

| 정답 ➔ $\dfrac{2}{3}(4^{10}-1)$

6-54

첫째항을 a라고 놓으면

$S_n=\dfrac{a(r^n-1)}{r-1}$ …… ①

$S_{2n}=\dfrac{a(r^{2n}-1)}{r-1}$ …… ②

$S_{3n}=\dfrac{a(r^{3n}-1)}{r-1}$ …… ③

$r^{3n}-1=(r^n-1)(r^{2n}+r^n+1)$이므로

③÷①하면

$\dfrac{S_{3n}}{S_n}=r^{2n}+r^n+1=13$

$\therefore r^{2n}+r^n-12=0$

$\therefore (r^n+4)(r^n-3)=0$

$r>1$이므로 $r^n=3$ …… ④

$r^{2n}-1=(r^n-1)(r^n+1)$이므로 ②÷①하면

$\dfrac{S_{2n}}{S_n}=r^n+1=3+1=4$

| 정답 ➔ ②

6-55

자연수 $2^{10}\times 3^6$의 모든 양의 약수의 합은

$(1+2+2^2+\cdots+2^{10})(1+3+3^2+\cdots+3^6)$

$=\dfrac{2^{11}-1}{2-1}\times\dfrac{3^7-1}{3-1}$

$=\dfrac{1}{2}(2^{11}-1)(3^7-1)$

| 정답 ➔ $\dfrac{1}{2}(2^{11}-1)(3^7-1)$

6-56

첫째항을 a, 공비를 r이라고 하면

$S_n=\dfrac{a(r^n-1)}{r-1}=36$ …… ①

$S_{2n}=\dfrac{a(r^{2n}-1)}{r-1}=48$ …… ②

$r^{2n}-1=(r^n-1)(r^n+1)$이므로 ②÷①하면

$r^n+1=\dfrac{48}{36}=\dfrac{4}{3}\quad \therefore r^n=\dfrac{1}{3}$

$\therefore S_{3n}=\dfrac{a(r^{3n}-1)}{r-1}$

$=\dfrac{a(r^n-1)}{r-1}\times(r^{2n}+r^n+1)$

$=36\times\left(\dfrac{1}{9}+\dfrac{1}{3}+1\right)$

$=36\times\dfrac{13}{9}=52$

| 정답 ➔ 52

6-57

첫째항을 a, 공비를 r이라고 하면

$S_5=\dfrac{a(r^5-1)}{r-1}=31$에서

$r^5-1=(r-1)(r^4+r^3+r^2+r+1)$이므로

$a(r^4+r^3+r^2+r+1)=31$ …… ①

또,

$a\cdot ar\cdot ar^2\cdot ar^3\cdot ar^4=2^{10}$

$\therefore (ar^2)^5=2^{10}\quad \therefore ar^2=4$ …… ②

$\therefore \dfrac{1}{a_1}+\dfrac{1}{a_2}+\dfrac{1}{a_3}+\dfrac{1}{a_4}+\dfrac{1}{a_5}$

$=\dfrac{1}{a}+\dfrac{1}{ar}+\dfrac{1}{ar^2}+\dfrac{1}{ar^3}+\dfrac{1}{ar^4}$

$=\dfrac{r^4+r^3+r^2+r+1}{ar^4}$

$=\dfrac{1}{(ar^2)^2}\times a(r^4+r^3+r^2+r+1)$

$=\dfrac{1}{4^2}\times 31=\dfrac{31}{16}$

| 정답 ➔ $\dfrac{31}{16}$

6-58

$$a_1=1,\ a_n=\begin{cases} 1+a_{\frac{n}{2}} & (n=2,\ 4,\ 6,\ \cdots) \\ \dfrac{1}{a_{n-1}} & (n=3,\ 5,\ 7,\ \cdots) \end{cases}$$

에서 몇 개의 항을 차례로 계산해 보면

$a_1=1,\ a_2=1+a_1=2,\ a_3=\dfrac{1}{a_2}=\dfrac{1}{2},$

$a_4=1+a_2=3,\ a_5=\dfrac{1}{a_4}=\dfrac{1}{3},$

$a_6=1+a_3=1+\dfrac{1}{2}=\dfrac{3}{2},\ a_7=\dfrac{1}{a_6}=\dfrac{2}{3},$

$a_8=1+a_4=4,\ a_9=\dfrac{1}{a_8}=\dfrac{1}{4},\ \cdots$

이제 위의 정의를 이용하여 문제를 풀자.

ㄱ. $a_6=\dfrac{3}{2}$은 옳은 값이다.

ㄴ. 모든 자연수 n에 대하여 $a_n>0$이고,

n이 짝수이면 $n=2k(k\geq 1)$이므로

$$a_n=a_{2k}=1+a_k>1$$

따라서 n이 짝수이면 $a_n>1$이다.

n이 홀수이면 $a_1=1$이고,

$n=2k+1(k\geq 1)$일 때 $a_{2k}>1$이므로

$$a_n=a_{2k+1}=\frac{1}{a_{2k}}<1$$

따라서 n이 홀수이면 $0<a_n\leq 1$이다.

$\therefore$ ㄴ은 옳다.

ㄷ. $a_{2(k+1)}=1+a_{k+1}$이므로

$a_{2(k+1)}=\dfrac{7}{4}=1+\dfrac{3}{4} \Leftrightarrow a_{k+1}=\dfrac{3}{4}$

$a_{k+1}=\dfrac{3}{4}<1$이므로 $k+1$은 홀수이다.

$\therefore a_{k+1}=\dfrac{1}{a_k}=\dfrac{3}{4} \quad \therefore a_k=\dfrac{3}{4}$

$\therefore$ ㄷ은 옳다.

따라서 ㄱ, ㄴ, ㄷ 모두 옳다.

| **정답** ➜ ⑤

6-59

100만 원에 대한 36개월 후의 원리합계는

$$100(1.01)^{36}=140 \ \cdots\cdots \ ①$$

한편, 매월 a만 원씩 갚아나갈 때, 이들의 36개월 후의 원리합계는

$$a+a(1.01)+a(1.01)^2+\cdots+a(1.01)^{35}$$
$$=\frac{a\{(1.01)^{36}-1\}}{1.01-1}$$
$$=\frac{a(1.4-1)}{0.01}=40a \ \cdots\cdots \ ②$$

돈의 가치를 비교했을 때 ①과 ②가 서로 같아야 한다.

$\therefore 40a=140 \quad \therefore a=3.5$(만원)

| **정답** ➜ 35000원